钣金展开计算法

第2版

主　编　王振强

副主编　翟洪绪　王传禹

参　编　王秀清　翟纯雷　翟艺铭　翟润雪

机械工业出版社

本书是《钣金展开计算法》的第 2 版，是编者多年从事钣金下料计算展开工作的经验总结。书中计算公式简单，在第 1 版的基础上，针对每一个构件提出了具体的板厚处理方法，并增加了展开图的画法，实用性强。

本书共 12 章，分别介绍了钣金展开计算原理及锥管、弯管、三通管、方矩锥管、方圆连接管、型钢、封头、圆异口管、螺旋、钢梯等构件的展开算法和展开图画法，以及白铁件的下料和制作。

本书适合铆工、钣金工、管工、钳工等工种使用，也可供有关工程技术员做设计时参考使用。

图书在版编目（CIP）数据

钣金展开计算法/王振强主编 . —2 版 . —北京：
机械工业出版社，2014.1（2025.2 重印）
ISBN 978-7-111-45210-2

Ⅰ . ①钣… Ⅱ . ①王… Ⅲ . ①钣金工-计算方法 Ⅳ . ①TG936

中国版本图书馆 CIP 数据核字（2013）第 304446 号

机械工业出版社（北京市百万庄大街 22 号 邮政编码 100037）
策划编辑：孔 劲 责任编辑：孔 劲
版式设计：霍永明 责任校对：樊钟英
封面设计：赵颖喆 责任印制：常天培
北京机工印刷厂有限公司印刷
2025 年 2 月第 2 版第 11 次印刷
184mm×260mm · 35.5 印张 · 872 千字
标准书号：ISBN 978-7-111-45210-2
定价：68.00 元

再 版 前 言

《钣金展开计算法》一书自 1995 年出版以来，已重印 16 次，今再版与全国广大读者见面。

前书问世后，读者通过各种形式跟编者联系。在好评的同时，读者们提出了一些宝贵的建议和意见，如：板厚处理叙述得较笼统，不具体到每一件上；未加展开图的画法；个别计算公式还不够简化；白铁件只有计算方法没有制作方法等。鉴于以上不足，编者几经斟酌，通过多年再行积累、实践、修改，在第 1 版的基础上对本书加以完善，进行再版，以尽量满足钣金行业中读者的要求。

为了让读者更快地掌握计算原理，实现快捷计算，编者在全面掌握钣金理论和实践的同时，总结出了一个通用计算线段实长的公式：

$$线段实长\ l = \sqrt{a^2 + b^2 + h^2}$$

式中　a、b——非实长线段的纵横投影长；

　　　　h——构件实高。

以上公式完全适用于天圆地方管、三通管、球体、椭圆体、碟形体、方矩锥管、圆锥管、螺旋体等。钣金展开中，最难构件不外乎上述几种，故上述公式被誉为通用公式，只要熟练地掌握和运用上述公式，就可以方便地进行钣金展开计算。

要想灵活运用上述公式，还应熟练掌握下述十个初等数学的基础公式：

1）正锥台展开料包角 $\omega = 360° \times \sin\alpha$。

2）展开料弦长 $A = 2R\sin\dfrac{\omega}{2}$。

3）展开料曲端的弧长 $s = \pi R \dfrac{\omega}{180°}$。

4）正圆锥台的展开半径 $R = \sqrt{H^2 + r^2}$。

5）圆周上每等分弦长 $A_1 = 2R\sin\dfrac{180°}{m}$

式中　α——半锥顶角；

　　　　H——圆锥高；

　　　　m——圆周等分数；

　　　　r——圆端中半径。

6）螺旋导轨任一曲面位置上近似展开半径 $P = \dfrac{B^2}{8h} + \dfrac{h}{2}$（相交弦定理之推理）

式中　B——弦长；

　　　　h——起拱高。

7）多节弯头端节任一素线长 $l = \tan\alpha\ (R \pm r\sin\beta_n)$

式中 α——端节角度；

R——弯头的弯曲半径；

$\pm$——内侧用"$-$"，外侧用"$+$"；

r——根据节与节的接触情况定，或为内半径，或为中半径，或为外半径；

β_n——端面圆周各等分点与同一横向半径的夹角。

8）来回弯钢梯用余弦定理斜边长 $c = \sqrt{a^2 + b^2 - 2ab\cos C}$

式中 a、b、c——斜三角形的三条边；

C——c 边所对的角。

9）球、椭圆周上任一点的展开半径 $P = R\tan Q$

10）纬圆半径 $r = R\sin Q$

式中 Q——圆心角；

R——球或椭圆体的半径，根据接触情况确定是内半径、中半径或外半径。

本书的特点是：

1. 计算公式简单、准确。

本书中使用的公式皆为初等数学公式，如勾股定理及其推理，正、余弦定理，相交弦定理，等面积原理，弧角互换定理，相似多边形成比例等，具有初中文化水平的人即能轻松学会。

编者最初工作时，是用放样的方法取得数据，后来用计算的方法在现场下料，通过近40年的反复实践证明，所用计算公式还是相当准确的。

2. 有具体的板厚处理

全书的每一个构件都示出了明确的板厚处理，可大大提高展开计算的质量。

根据广大读者的要求，本书作了如下的修改：

1）第1版只是在序中概括地叙述了板厚处理，本书则是对每一件都有了明确的板厚处理；

2）第1版对展开图的画法从略，本书对每一构件都增加了展开图的画法；

3）第1版为了缩简篇幅，只是在举例中计算2条素线，以示计算过程和方法，再版后对每条素线都进行了计算，便于读者借鉴和使用；

4）第1版对白铁件只举出了常见的15件，再版后将其增加到54件，其中有绝热白铁皮15件，并增加了加工工具、扳折方法。

本书由王振强主编，翟洪绪、王传禹副主编，参加编写的还有王秀清、翟纯皎、高绍俊、翟纯雷、张志慧、卢涛、翟艺铭、翟润雪、夏侯铸、穆若英、夏侯明震、夏侯蕴、李永麟、李亚男、任军勇、高绪明、苏莉、高岩等。本书在编写过程中得到冯汝学（绝热高级技师）、韩红梅（封头旋压专家）等的指导，在此表示最衷心的感谢！

由于水平所限，书中难免存在缺憾和不足，竭诚欢迎广大读者不吝赐教！

编　者

于山东淄博

目　　录

第一章　钣金展开计算原理

一、板厚处理

板厚处理是机械制造业的一个专用术语，因板的厚度不同，故下料的基准也不同，从而导致了组对方法、坡口形式、加工方法和焊接方法的不同。日常生活中也存在着板厚处理，如每天早上的叠被褥，特厚的被子对折时，中间要留出较长的距离；较薄的被子对折时，中间要留出较短的距离；很薄的床单中间可不留距离，两端对折后，整体平整圆滑，有角有棱，美观大方；否则，一床大厚被子，中间不留间隙，两端对折后，中间会出个大鼓包，一厚一薄，像个楔子，很难看，什么原因呢？这就是被褥的"板厚"处理不当造成的。

板厚处理不是说只在板厚上作处理，还与其他诸多方面有关系，这些因素都处理正确了，才能确定正确的下料基准，才能下出最准确的料，才能制造出合格的产品。下面分别叙述其他诸因素。

1. 板厚因素

1）一般来讲，板厚在 3mm 以下的板，可不作板厚处理，如槽制一个小型天圆地方连接管，按里皮或外皮下料都关系不大，圆端按中径下料或按外径、内径下料也都可以，成形后的尺度都能在允差范围，可不考虑坡口。

2）当板厚在 6～16mm 时，如各种直径的正圆筒，可考虑按中径下料，绝不能按外径或内径下料，自身连接或上下端连接时，即使直径再大，也应考虑开外坡口，底部留 1～3mm 的钝边，因为外坡口比内坡口有利于焊接。

3）当板厚超过 20mm 时，如球罐的球皮，有的达 40～50mm，此时应考虑开两面 X 形坡口，底部留 3～5mm 的钝边。下料时应以中径为基准，按内径或外径都是不对的（有人按内径）。

2. 坡口因素

1）如常见的规格较小的方矩锥管、天圆地方管、三通管和弯头等，由于内部无法进入施焊，不考虑计算基准怎样，其自身的连接和与上下端构件的连接都应该开外坡口。

2）如贮罐底板由于规格较大，只能现场铺设完成后施焊，为了保证严密的密封性（焊完后要作氨气试漏和真空试漏），故常采用搭接形式，只在上面焊搭接缝；即使是对接缝，也只是上面的单面坡口，此时底部应留较大的钝边，以防穿透。

3）如球罐，因为板很厚，可达 40～50mm，设计要求有足够的强度和密封性，所以不管内部的焊接环境恶劣到什么程度，都应该开 X 形坡口。

3. 内部焊接空间

1）如油罐的拱形顶盖，因规格较大，所以是在罐壁成形后，在其上分层吊装组焊成形的，为了保证其密封性和强度，尽管顶盖下有足够大的空间，但焊工无法在内部施焊且是仰焊，故采用了搭接焊缝，只焊上面不焊下面。

2）上已述及，如天圆地方管、方矩锥管、圆筒管、弯头等，只要是内部空间很小、无法进人施焊的，不考虑其他因素，一律开外坡口。

退一步说，即使内部空间再大，因板厚只开单面坡口时，应首选开外坡口，因外侧比内侧便于施焊且焊接环境也好。

4. 加工方法

加工方法不同，板厚处理也不同，如常见的方矩锥管、天圆地方管、正方管、受液盘、分布盘和降液板等，当采用折弯连接成形时，由于所采用的折弯手段不同（手工折弯和机械折弯），其料计算基准就不同。下面叙述一下手工折弯和机械折弯。

（1）手工折弯　不管厚板薄板，板料都有它的刚性和弹性，本书所指的手工折弯是指为了折出较明显的棱角，要用气焊炬烤至樱红色，然后用人力扳折至成形的折弯方法；手工折弯时，按里皮算料长，成形后的尺寸总是偏小一点，后经长期实践验证，按里皮计，折一个直角应加 $0.23t$（t 为板厚），这是因为手工扳折折不出设计的清角，所以偏小。

（2）机械折弯　机械折弯包括：用大锤和槽弧锤在胎具上用人力折弯、在折弯机上机械折弯和在压力机上用胎具折弯三种折弯方法。机械折弯时，由于在强大的压力作用下，折弯部分单位面积所受的力特大（1000tf[⊖]左右，大锤和槽弧锤的瞬间爆发力也不小于此），使板料由屈服阶段进入强化阶段，使板料产生了冷硬现象，卸压后无回弹，折线处的内外层都产生了拉伸变薄，圆角半径 r 下移，这样压制后的料长按里皮计定在允差范围，此理论名曰尖角镦压理论，已在实践中检验是正确的。

5. 严密性和强度

容器或设备的严密性和强度不同，板厚处理也不同。严密性好和强度高，在压力容器的制造中几乎是同时要求具备的，为了达到此要求，设备制造完毕后要进行各种检测，除了要求焊工的技术精湛外，还要有合理的坡口形式作保证。球罐是压力容器，要求高的严密性和强度，所以设计要求开 X 形坡口，并有 3～5mm 的钝边，一侧焊完后，再从另一侧刨掉钝边、磨光，并作磁粉检验和着色检验；成形后还要作 100% 射线无损检测、水压试验和气压试验等，最后作热处理，以降低罐壁板应力峰值、提高韧性。

如贮罐，也要求高强度，但更重要的是要求有好的密封性，不渗漏，所以壁板设计为各种不同厚度（下端厚、上部薄）的较厚板，开下外单 L 形坡口留钝边，成形后作装水检验和煤油渗漏检验、丁字缝射线无损检测；底板虽采用较薄板，但采用上面搭接焊缝，以保证严密性，焊完后再作氨气试漏和真空试漏。

如鞍座，只要求高强度不要求严密性，所以焊接时不要求开坡口，只需在角焊缝上加大焊肉高度就可以了。

6. 增加断面防变形

凡是搞机械制造的，都知道这样一个道理：薄板刚性小，容易变形；厚板刚性大，不容易变形。那么为了提高刚性大大地增加板厚行不行呢？可以肯定地回答：不行。例如，一个 50m 的电视转播铁塔是由角钢、工字钢连接而成的，为了提高其刚性，整塔改用铸铁浇注而成，或用厚度 100～200mm 的钢板焊接而成，固然这样刚性很大，也不会变形，但是这是不可能的，因为一是代价太高，二是没法安装。本来的方法已经是很合理的了，这种方法叫增加断面法，断面增加了，就是增加了厚度。下面举出常见到的增加断面防变形的例子，如图 1-1 所示。

⊖　$1tf = 9.807 \times 10^3 N$。

图 1-1a 为贮罐的抗风圈，是用角钢加平板焊接而成，这样可大大增加筒体的刚性；图 1-1b 为焊接筒体用的槽钢胀圈，加胀圈后断面增大，可大大减小环缝的变形；图 1-1c 为筒体纵缝两端的引弧板，由于端头属于自由端，容易变形，加引弧板后变为封闭端，也属增大了断面，可大大减小纵缝两端的外张变形；图 1-1d 为原始的平板，为了增加其刚性，在平面内压上两道鼓，它就不会颤动了，如车间的大门，为了防止出现软绵绵的颤动，在板上压鼓或点焊[⊖]角钢，就是这个道理；图 1-1e 为在平板的两边或四边折边，其刚性比平板大得多，实际上就是增加了平板的厚度；图 1-1f 为圆筒体加鼓，如家用水桶，不加鼓时盛水后容易颤动，加鼓后盛水稳定性很强。

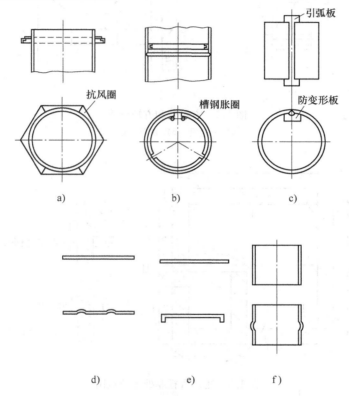

图 1-1　加大断面防变形实例

a）大型贮罐抗风圈　b）焊接环缝用胀圈　c）焊接纵缝用防变形板和引弧板
d）加大断面前后的平板板材　e）加大断面前后的折边板材　f）加大断面前后的筒体

7. 板厚处理不同，下料基准也不同

下料基准与构件的空间位置、类别和板厚有着密切的关系，本文将常见构件的板厚处理原理及下料基准分析于后，举一反三，可推理出所有钣金构件的下料基准。

（1）方矩管和方矩锥管　方矩管和方矩锥管如图 1-2 所示，其板厚处理形式共六种，如图 1-3 所示，可根据强度、压力和密封要求灵活选用，图 1-3 中 Ⅰ 为半搭，Ⅱ 为整搭，Ⅲ 为互搭，Ⅳ 为里皮连接，Ⅴ 为整搭开坡口，Ⅵ 为互搭开坡口。

⊖　按新版国家标准中术语，本文所述点焊均应是定位焊，但考虑行业使用的习惯和本书描述的需要，仍采用点焊表达。

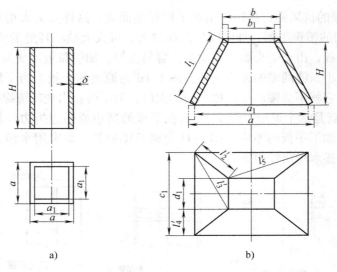

图 1-2　方矩管和方矩锥管

a）方矩管　b）方矩锥管

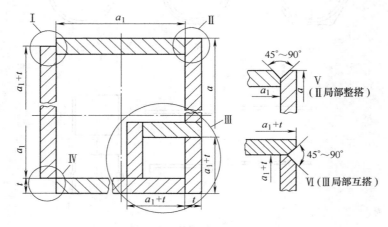

图 1-3　矩形管板厚处理节点图

　　下料基准是：高 H 为两端口间的垂直距离；不管机械折弯还是切断连接，一律按里皮，其原理可参阅下述尖角镦压理论。

　　如图 1-4 所示为在 1000t 压力机上压制直角的情况，圆角半径 r 约等于板厚 t，当上下胎挤压板时，角部单位面积所受力特大，使板料由屈服阶段进入强化阶段，使板料产生了冷硬现象，卸压后无回弹，角部的内外层和中心层都产生了拉伸变薄，板厚由原来的 t_1 变为被拉伸变薄的板厚 t_2，圆角半径 r 下移，由 r_1 变为 r_2，这样加工的构件料长按里皮计算是完全可以的，只长不短。

　　（2）正圆筒　层状圆形板和圆筒件，其料长的计算基准是按中心径，其原理是：如图 1-5 所示，内层在上轴辊的挤压下被压缩变厚，外层被拉伸变薄，长度都发生了变化，只有中径不变，所以计算料长应按中径。其下料基准是：高 H 为两端口间的垂直距离；按中径算料长，料长 $L = \pi D_1$（D_1 为中径）。

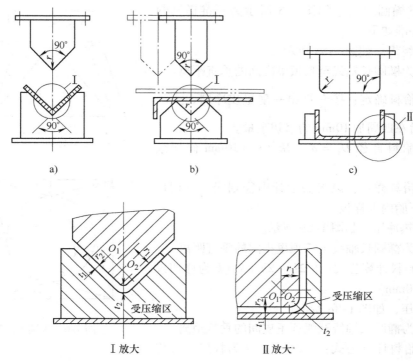

图 1-4　尖角镦压原理

a）压角钢　b）压来回弯受液盘　c）压槽钢

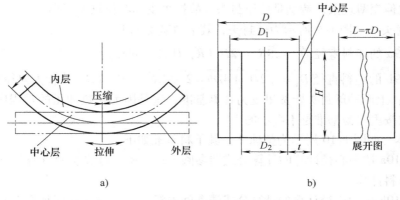

图 1-5　圆筒体按中径计算的原理

a）成形原理　b）下料基准

（3）天圆地方管　天圆地方管是方和圆的组合体，其下料基准即可推理而出。如图 1-6 所示为天圆地方管，其下料基准是：高 H 为方端里皮圆端中径间的垂直距离；展开料，方按里皮，圆按中径。

（4）圆锥台　圆锥台的结构形式为上下皆圆形，即是说应该与正圆筒的下料基准相似。如图 1-7 所示为圆锥台管，不管是正圆锥台，还是直角、钝角、锐角斜圆锥台，下料基准是一样的，即：高 h 为两端中径点间的垂直距离；两端皆按中径算料长，即 $s = \pi D$，$s_1 = \pi a$。

（5）**标准椭圆封头**　如图 1-8 所示为标准椭圆封头，其下料基准如下。

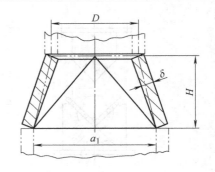

1）瓜瓣组焊，如图 1-8a 所示。

① 高 H 为椭圆长轴线至弧顶里皮间的垂直距离。

② 展开胎料确定：按 $\frac{1}{n}$ 算出一扇里皮净料，大端加直边，之后在四周加 10mm 的修切余量。

③ 顶圆胎料直径 $D_1 = d + 2k$（$k = 10mm$ 修切余量）。

④ 压制胎具样板：以封头设计内径划线，一切切出，即为上下胎内卡样板。

2）漏环热冲压，如图 1-8b 所示。

① 高 H 为椭圆长轴线至弧顶里皮间的垂直距离。

② 展开胎料计算公式：$1.2D + 2h + k$（k 为修切余量，一般为 10mm）。

3）冷旋压，如图 1-8c 所示。

① 高 H 为椭圆长轴线至弧顶里皮间的垂直距离。

② 展开胎料计算公式：$1.2D + t$（t 为板厚，有修切余量）。

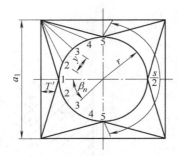

图 1-6　天圆地方管

4）从图 1-8 可以看出，高 H 和内径 D 皆为里皮，计算基准也是里皮，按道理可能偏小，实践不会小，其理由是：三种封头的胎料直径都加了充足的余量；三种封头在压延过程中都发生了拉伸变薄现象，特别是旋压封头。故按里皮算料长只大不小。

（6）**球封头**　如图 1-9 所示为球封头，其下料基准如下。

1）图 1-9a 的坯料直径 $D_1 = \sqrt{8R} = \sqrt{2}D$（$R$，$D$ 皆为内径）。

2）图 1-9b 的坯料直径 $D_1 = \sqrt{2D^2 + 4Dh} = 2\sqrt{2R^2 + 2Rh}$（$R$，$D$ 皆为内径）。

3）说明：上两种球封头皆按里皮为计算基准，这是因为在热冲压的过程中板料产生了拉伸变薄，故按里皮为基准是不会小的。

（7）**球体**　如图 1-10 所示为整球体，其下料基准如下。

1）图 1-10a 按中心径计算的计算公式请参阅本章"七、球壳板料计算"中球罐整瓜瓣的板厚处理与料计算。

2）图 1-10b 按中心径计算的计算公式请参阅本章"七、球壳板料计算"中橘瓣球壳瓣片的板厚处理与料计算。

3）两者的顶圆直径 $D_1 = \pi R \frac{60°}{180°}$。

4）说明：瓣片球体的料计算基准很不统一，有的人按内径（大多数人），有的人按中径，没有人采用外径，按内径肯定偏小，按外径肯定偏大，按中径既结合实践也符合曲面弯曲理论，故本人认为按中径为合理，这是因为壳体经点压至成形，板料肯定受挤压会变薄伸长，但焊接后诸多的焊缝收缩也不可忽视，且板越厚，收缩量越大，两者比较起来还是后者的量大，所以按中径。

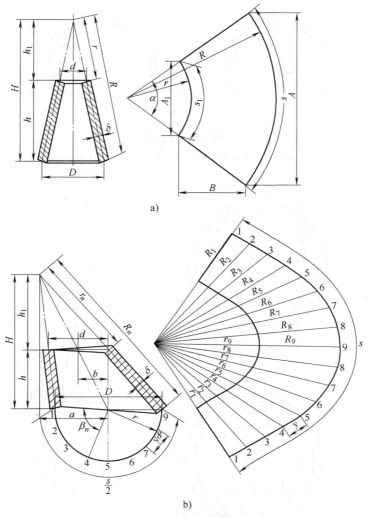

a)

b)

图 1-7　圆锥台管

a) 正圆锥台　b) 斜圆锥台

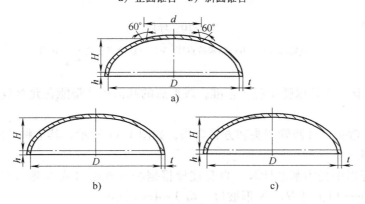

图 1-8　标准椭圆封头

a) 瓜瓣组焊　b) 漏环热冲压　c) 冷旋压

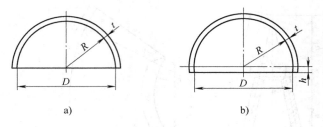

图1-9 球封头

a）无直边漏环热冲压 b）有直边漏环热冲压

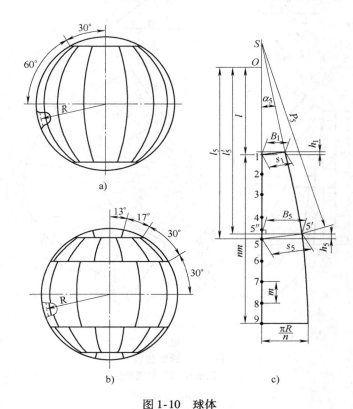

图1-10 球体

a）整瓣冷点压 b）橘瓣冷点压 c）整瓣冷点压之$\frac{1}{2}$展开图

根据实践经验，不管以哪个径为基准，成形后的几何尺寸都能在允差范围，故不必认真追究。

（8）弯头 弯头可分圆管弯头和方管弯头，如图1-11所示，其下料基准如下。

1）圆管弯头：

① 自身展开以中径为基准计算，自身连接根据板开外坡口或 X 形坡口，16mm 以下开单面外坡口，16mm 以上开双面 X 形坡口，留 3～4mm 钝边。

② 节与节连接同自身连接。

③ 计算筒节素线长时，应以接触点的半径画断面图，从而计算出素线长，如里皮接触，

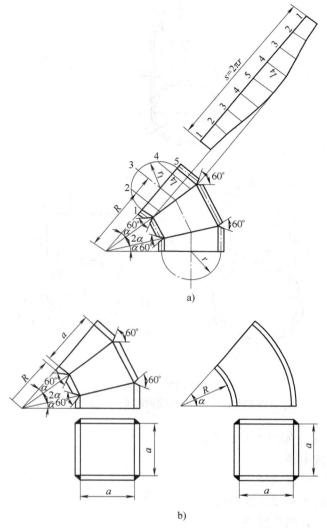

图 1-11　弯头

a）圆管弯头　b）方管弯头

就应按里皮画断面图计算，如中径接触，就应按中径画断面图计算。

④ 在满足设计要求的前提下，尽量不开内坡口，因为内坡口不利于焊接，且焊接环境不好。

2）方管弯头：

① 自身展开一般按里皮，也有采用半搭或整搭的，应视设计的密封要求和强度而定；自身的连接一般按里皮开外坡口。

② 节与节的连接一般按里皮开外坡口。

③ 板厚大于 20mm、内部空间大于 1000mm 时才考虑开 X 形坡口。

④ 在满足设定要求的情况下，尽量不开内坡口。

（9）三通管　图 1-12 所示为三种板厚处理的三通管，其下料基准如下。

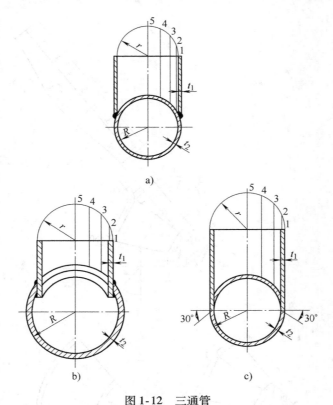

图 1-12　三通管

a）支内主外连接　b）支外主内连接　c）支外主外连接

1）支内主外连接，如图 1-12a 所示。

① 支主管展开按中径。

② 支管的各素线长按内径。

③ 主管孔实形的各素线长按外径。

④ 支主管间形成自然外坡口。

2）支外主内连接，如图 1-12b 所示。

① 支主管展开按中径。

② 支管各素线长按外径。

③ 主管孔实形各素线长按外径。

④ 支主管间形成自然坡口，再内外焊接。

3）支外主外连接，如图 1-12c 所示。

① 支主管的展开按中径。

② 支管各素线长按外径。

③ 主管孔实形各素线长按外径。

④ 支主管间结合后里皮平齐，主管开 30°外坡口焊接。

（10）圆异径管　所谓圆异径管，即按空间位置分，有垂直、相交和偏心，按形状分有椭圆、正圆和长圆，如图 1-13 所示为两正圆端口垂直相交的异径管，其他形式的异径管同理。其下料基准如下。

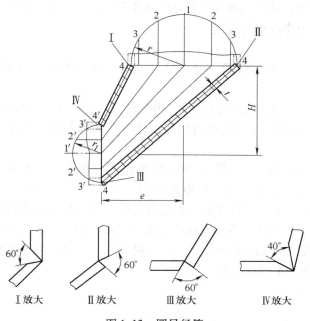

图 1-13　圆异径管

1）高 H 为一端口平面至另一端口中心线的垂直距离。

2）两端口的展开皆按中心径。

3）自身和与上下构件的连接皆以里皮为基准开外坡口，如图 1-13 中Ⅰ、Ⅱ、Ⅲ、Ⅳ放大所示。

二、展开半径和纬圆半径

平面几何中有这么一道数学题，如图 1-14 所示，地球半径约 6370km，有一颗彗星距地面 1880km，地面上能观察到这颗彗星的最远地方离彗星有多远？这个地方在地球上的周长是多少？

根据平面几何的切线定理：过圆周上任一点与中心线的连线与过该点同圆心的连线垂直。

这道数学题实际就是求展开半径和纬圆半径，CB 是展开半径，BO_1 是纬圆半径，现解题如下：

在直角三角形 CBO 中

因为 $\angle COB = \arccos \dfrac{6370}{6370 + 1880} = 39.46°$[⊖]

所以 $CB = 6370\text{km} \times \tan 39.46° = 5243.56\text{km}$

在直角三角形 OO_1B 中

$O_1B = 6370\text{km} \times \sin 39.46° = 4048.39\text{km}$

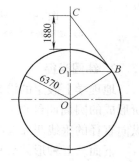

图 1-14　求展开半径的
数学题

B 点的纬圆周长 $s = 2\pi \times 4048.39\text{km} = 25436.78\text{km}$。

在钣金展开计算中，常遇到展开半径和纬圆半径的问题，如果分辨不清，使用不当，就会酿成质量事故，下面作以解释说明。

1. 展开半径

展开半径分两种，一是切线展开半径，二是累计展开半径，怎样区分呢？如图1-15所示。

（1）切线展开半径　上面已经叙述过，即过圆周上任一点与中心线的连线与过该点同圆心的连线垂直。与中心线的连线即为切线，这条切线即是精确的展开半径，如图1-15a所示。

（2）累计展开半径　如图1-15b所示，用各分点的累计长度作为展开半径，这个展开半径是近似的展开半径，误差较大，其原理如图1-16所示。从图中可看出，$P_切$ 为切线展开半径，$P_累$ 为累计展开半径。如图中过 A 点的展开半径，分别用两种展开半径画弧，在两弧上分别取同样的弧长，图中设为500mm，截得点的位置便出现了 e 值和 f 值，e 值说明在宽度上瘦了一点，f 值说明在高度上低了一点。成形后，用 $P_切$ 画的弧对接处圆滑过渡，用 $P_累$ 画的弧对接处下凹、不圆滑过渡。

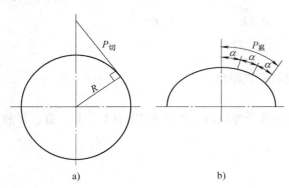

图 1-15　两种展开半径
a）切线展开半径　b）累计展开半径

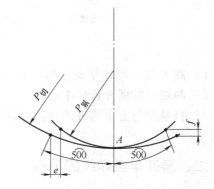

图 1-16　用累计展开半径有误差的原因分析

2. 纬圆半径

地理学上假定的沿地球表面跟赤道带平行的线叫纬线，所形成的圆周叫纬圆；从钣金的角度看，圆周上任一点作纵向直径的垂线叫纬圆半径。

下面从五种形体分析展开半径、纬圆半径。

1. 正圆锥

如图1-17所示为圆锥的展开半径和纬圆半径及相关的展开数据的分析图，从图中可得以下结论。

定理：正圆锥侧面展开图是一个扇形，扇形的半径 P 等于圆锥的母线长，扇形的弧长 s 等于圆锥底圆的周长 $2\pi r$，扇形的夹角 α 等于 $\dfrac{180° \times 2r}{P}$，圆锥大端的纬圆半径 r

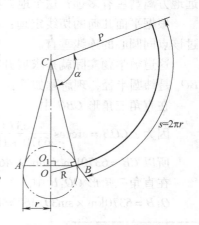

图 1-17　正圆锥展开分析图

等于圆锥底圆半径 r。

推理：异径旋转体的上下端口的展开线是曲线而不是直线。

图中作 $OB \perp CB$，与轴线交于 O，以 O 为圆心、OB 为半径画圆，CB 为切线，即展开半径，O_1B 为纬圆半径，说明正圆锥的展开半径是切线半径，纬圆半径是底圆半径。

编者通过 40 年的实践，完全证实了上述结论是千真万确的放之四海而皆准的结论。

举例：如图 1-18 所示为一正圆锥台的施工图，计算有关数据如下。

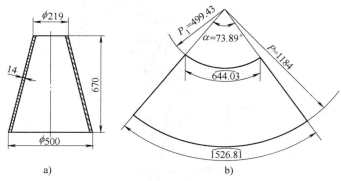

图 1-18　正圆锥台及展开半径

a）正圆锥台　b）展开图

整圆锥高 $H = \dfrac{rh}{r - r_1} = \dfrac{243 \times 670}{243 - 102.5}\text{mm} = 1158.8\text{mm}$

上部锥台的高 $h_1 = H - h = (1158.8 - 670)\text{mm} = 488.8\text{mm}$

整圆锥展开半径 $P = \sqrt{H^2 + r^2} = \sqrt{1158.8^2 + 243^2}\text{mm} = 1184\text{mm}$

上部圆锥展开半径 $P_1 = \dfrac{h_1 P}{H} = \dfrac{488.8 \times 1184}{1158.8}\text{mm} = 499.43\text{mm}$

展开料夹角 $\alpha = \dfrac{360° r}{P} = \dfrac{360° \times 243}{1184} = 73.89°$

展开料大端弧长 $s = 2\pi r = 2\pi \times 243\text{mm} = 1526.81\text{mm}$

展开料小端弧长 $s_1 = 2\pi r_1 = 2\pi \times 102.5\text{mm} = 644.03\text{mm}$

式中　r、r_1——大、小端中半径（mm）；

　　　　h——圆锥台高（mm）。

2. 球体

（1）球封头　如图 1-19 所示为球体分析图。从正圆锥的定理中已知：CB 为展开半径，O_1B 为纬圆半径。但是，当找 D 点的展开半径时，数值特别大，无法用抢弧的方法定外轮廓点，其解决的方法是：根据此点算出的展开半径、纬圆半径求出展开料包角，从而算出过此点的弦长和弦高，用弦长的外点定轮廓线点便解决了 D 点的画弧问题，那么 A 点又怎样处理呢？其办法就是过 A 点作展开料中线的垂线，在垂线上量取 A 点所对应的弦长，便定出 A 点的外轮廓点，圆滑连接各点即得球瓜瓣的净料展开图。根据旋转体的展开形状规律分析，过 A 点的展开线肯定是曲线而不是直线，通过实

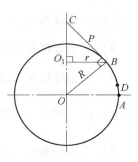

图 1-19　球体分析图

践，把 A 点按直线处理，角部会出现角高现象，角高总比缺角好处理，焊接成形后在大端整体划线切成正圆即可。通过实践这种方法完全可行。如图 1-20 所示为画展开图的方法，图中双点画线范围即为角部多出的部分。

1）将图 1-20a 中的 AD、DB 的弧线长移植到展开图 1-20b 的中线上。

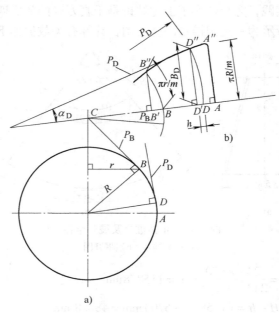

图 1-20　画展开图的方法
a）立体图　b）用切线半径作的展开图

2）以 C 点为圆心、B 点的展开半径 P_B 为半径画弧，并在其上截取弧长 $\overset{\frown}{BB''}$，使其等于 $\pi r/m$（r——B 点纬圆半径；m——瓜瓣数）。

3）根据 D 点的纬圆弧长和展开半径求出 D 点在展开料上的包角 α_D。

4）根据 D 点的包角和展开半径求出 D 点的弦长 B_D 和弦高 h 定展开料的外轮廓点 D''。

5）过 A 点作展开料中线的垂线，截取 AA'' 等于 $\pi R/m$（R——球内半径）。

6）圆滑连接各点即得半个展开图。

举例：如图 1-21 所示为一半球形封头的施工图和展开图，计算有关数据如下。

1）半顶圆所对球心角 $\omega = \arcsin \dfrac{r_7}{R} = \arcsin \dfrac{1616}{3000} = 32.59°$。

2）一扇球形板所对球心角 $Q = 90° - \omega = 90° - 32.59° = 57.41°$。

3）一扇球形板弧长 $s = \pi R \dfrac{Q}{180°} = \pi \times 3000\text{mm} \times \dfrac{57.41°}{180°} = 3005.83\text{mm}$。

4）任一等分点的弧长 $s_1 = \dfrac{s}{n} = \dfrac{3005.83}{6}\text{mm} = 500.97\text{mm}$。

5）一等分弧长所对球心角 $Q_1 = \dfrac{Q}{n} = \dfrac{57.41°}{6} = 9.57°$。

6）任一等分点展开半径 $P_n = R\tan(\omega + nQ_1)$

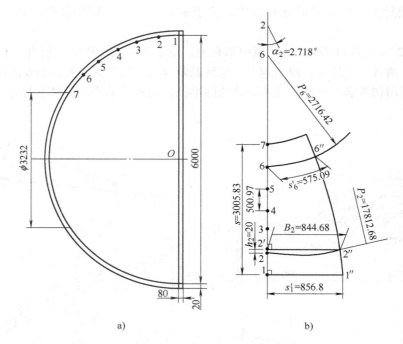

图 1-21　半球形封头及展开图

a）球形封头　b）半展开图（不包括直边）

如 $P_4 = 3000\text{mm} \times \tan(32.59° + 3 \times 9.57°) = 5478.48\text{mm}$

同理得：P_1 为无穷大，$P_2 = 17812.68\text{mm}$，$P_3 = 8639.09\text{mm}$，$P_5 = 3802.75\text{mm}$，$P_6 = 2716.42\text{mm}$，$P_7 = 1917.84\text{mm}$。

7）任一等分点的纬圆半径 $r_n = R\sin(\omega + nQ_1)$

如 $r_4 = 3000\text{mm} \times \sin(32.59° + 3 \times 9.57°) = 2631.44\text{mm}$

同理得：$r_1 = 3000\text{mm}$，$r_2 = 2958.34\text{mm}$，$r_3 = 2834.33\text{mm}$，$r_5 = 2355.3\text{mm}$，$r_6 = 2013.61\text{mm}$，$r_7 = 1615.87\text{mm}$。

8）一扇球形板上任一等分位置横向半弧长 $s'_n = \dfrac{\pi r_n}{m}$

如 $s'_4 = \dfrac{\pi \times 2631.44}{11}\text{mm} = 751.54\text{mm}$

同理得：$s'_1 = 856.8\text{mm}$，$s'_2 = 844.9\text{mm}$，$s'_3 = 809.49\text{mm}$，$s'_5 = 672.07\text{mm}$，$s'_6 = 575.09\text{mm}$，$s'_7 = 461.49\text{mm}$。

式中　R——球内半径（mm）；

　　　m——瓜瓣数，本例为 11 等分；

　　　n——瓜瓣纵向等分数，本例为 6 等分。

近大端等分点 2 各数据计算：展开图上 2 点所对的顶角 $\alpha_2 = 180° s'_2 / (\pi P_2) = 180° \times 844.9 / (\pi \times 17812.68) = 2.718°$；展开图上 2 点所对应弦长 $B_2 = P_2 \sin\alpha_2 = 17812.68\text{mm} \times \sin 2.718° = 844.68\text{mm}$；展开图上 2 点的弦高 $h_2 = P_n(1 - \cos\alpha_2) = 17812.68\text{mm} \times (1 - \cos 2.718°) = 20\text{mm}$。

（2）球缺封头   在上节的球封头中，关于展开半径和纬圆半径的问题已作了详尽的叙述。

如图 1-22 所示为 11000m³ 的油罐拱形顶盖，由于规格大，用切线展开半径和累计展开半径作展开，两者误差较大，规格越小，这种误差越大。故本例的大小端及内部的各条横向加强筋都必须用切线展开半径画弧并计算纬圆半径，用累计半径是绝对不对的。

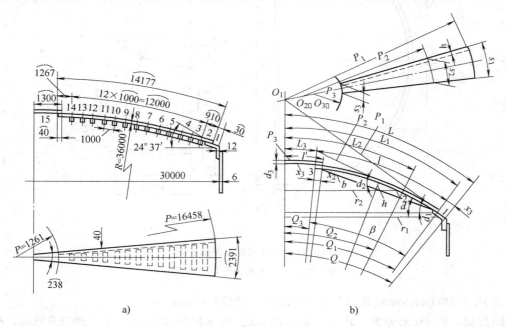

a)   b)

图 1-22   球缺封头及计算原理图

3. 标准椭圆封头

通过以上对正圆锥和球体的分析，已经很明确展开半径和纬圆半径的基本原理，标准椭圆封头的展开半径和纬圆半径同理，即上端用切线展开半径，近大端用弦长定外轮廓点，最下端用大端弧长定外轮廓点，下部缺角缺宽的弊病便迎刃而解。

如图 1-23 所示为标准椭圆封头展开半径和纬圆半径计算原理图。

（1）画椭圆方法

1）以 O 为顶点作出直角线。

2）以 O 为圆心、R 和 h 为半径画同心圆，R 为长轴内半径，h 为短轴内半径。

3）将内外 $\frac{1}{4}$ 圆周分八等份，得各等分点为 $1'$、$2'$、$3'$、…、1、2、3…

4）分别过内圆周各等分点 $1'$、$2'$、$3'$…作横轴的平行线，与过外圆周上各等分点 1、2、3…作纵轴的平行线得各交点 $1''$、$2''$、$3''$…

5）圆滑连接 $1''$、$2''$、$3''$、…、$9''$，便得出半椭圆封头内皮轮廓线。

（2）找展开半径和纬圆半径的方法   如找 $4''$ 点的展开半径和纬圆半径。

1）连接 $O4''$。

2）以 $4''$ 为顶点，作 $O4''$ 的垂线得 $C4''$。

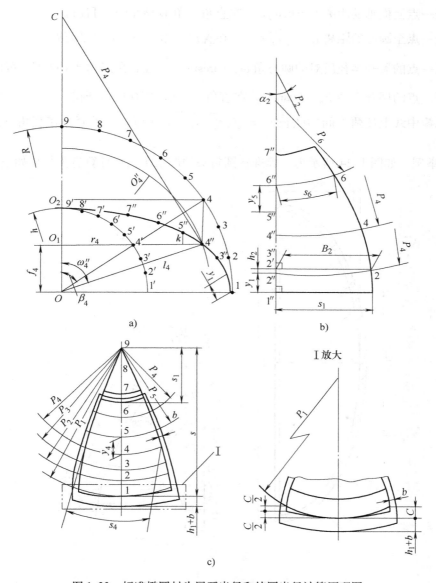

图 1-23　标准椭圆封头展开半径和纬圆半径计算原理图

a）计算原理　b）用切线半径作展开图　c）用累计半径作展开图

3）直角三角形 $CO_1 4''$ 即为半个正圆锥，根据以上正圆锥已证得的理论：$C4''$ 为以 O 点为圆心、$O4''$ 为半径所画弧的切线，即是说，$C4''$ 为 $4''$ 点的切线展开半径，$O_1 4''$ 为 $4''$ 点的纬圆半径。

（3）展开半径和纬圆半径的计算原理　标准椭圆封头的展开半径，以前的习惯方法就是用累计展开半径，四周加 $30 \sim 40\text{mm}$ 的余量，压制成形后再作立体胎划线切割，这种作法的最大缺点就是太浪费料。细追究起来，根据切线的原理，这种封头完全可以用切线展开半径配以展开料大端弦长法作展开，下面叙述编者在这方面研究的结果。

1）任一点的纬圆半径 $r_n = R\sin\beta_n$，在直角三角形 $OO_2 4$ 中可证得。

2）任一点至横轴的距离 $f_n = h\cos\beta_n$，在直角三角形 OO_14' 中可证得。

3）任一点至圆心的距离 $l_n = \sqrt{f_n^2 + r_n^2}$，在直角三角形 OO_14'' 中可证得。

4）任一点的展开半径所对的圆心角 $\omega_n = \arcsin\dfrac{r_n}{l_n}$，在直角三角形 OO_14'' 中可证得。

5）任一点的展开半径 $P_n = l_n\tan\omega_n$，在直角三角形 $C4''O$ 中可证得。

6）瓜瓣中线上任两点间的弦长 $y_n = \sqrt{(r_n - r_{n+1})^2 + (f_{n+1} - f_n)^2}$，在直角三角形 $4''k5''$ 中可证得。

（4）举例　如图1-24所示为一标准椭圆封头的施工图，现计算有关数据如下。

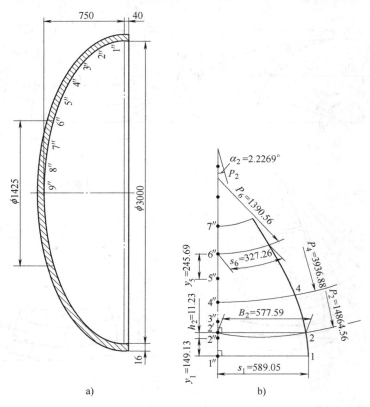

图1-24　标准椭圆封头及展开图（8等分）
a）标准椭圆封头　b）半展开图（不包括直边）

下面计算 $2''$ 点的有关数据，计算时应结合图1-23的计算原理。

1）纬圆半径 $r_2 = R\sin\beta_2 = 1500\text{mm} \times \sin78.75° = 1471.18\text{mm}$；

2）展开料半弧长 $s_2 = 2\pi r_2/16 = 2\pi \times 1471.18\text{mm}/16 = 577.73\text{mm}$；

3）$2''$ 点至横轴的距离 $f_2 = h\cos\beta_2 = 750\text{mm} \times \cos78.75° = 146.32\text{mm}$；

4）$2''$ 至圆心的距离 $l_2 = \sqrt{f_2^2 + r_2^2} = \sqrt{146.32^2 + 1471.18^2}\text{mm} = 1478.44\text{mm}$；

5）$2''$ 的展开半径所对的圆心角 $\omega_2 = \arcsin\dfrac{r_2}{l_2} = \arcsin\dfrac{1471.18}{1478.44} = 84.32°$；

6）$2''$ 的展开半径 $P_2 = l_2\tan\omega_2 = 1478.44\text{mm} \times \tan84.32° = 14864.56\text{mm}$；

7）展开图上 $2''$ 点所对应的半顶角 $\alpha_2 = 180°s_2/(\pi P_2) = 180° \times 577.73/(\pi \times 14864.56) = 2.2269°$；

8）展开图上 $2''$ 的半弦长 $B_2 = P_2\sin\alpha_2 = 14864.56\text{mm} \times \sin2.2269° = 577.59\text{mm}$；

9）展开图上 $2''$ 点的弦高 $h_2 = P_2(1 - \cos\alpha_2) = 14864.56\text{mm} \times (1 - \cos2.2269°) = 11.23\text{mm}$；

10）$1''\sim2''$ 点的弦长 $y_1 = \sqrt{(r_1 - r_2)^2 + (f_2 - f_1)^2} = \sqrt{(1500 - 1471.18)^2 + (146.32 - 0)^2}\text{mm} = 149.13\text{mm}$。

4. 碟形封头

碟形封头是由两个不同曲率的球半径和直边组成的，通过以上对正圆锥和球体的分析，已经很明确展开半径和纬圆半径的基本原理，碟形封头稍有差别，即：大半径区，展开半径按大区间形成的展开半径，纬圆半径按大区间形成的纬圆半径；小半径区，展开半径按小区间形成的展开半径，纬圆半径应是小区间与大区间纬圆半径之和，这个规律应严格遵守。

如图 1-25 所示为碟形封头放样和计算原理图。

（1）计算原理 根据几何作图画椭圆的基本方法已经知道：

$$AO = a, \quad OC = b,$$
$$AC = \sqrt{a^2 + b^2}, \quad CE = a - b,$$
$$EF = AF = \frac{AC - CE}{2},$$
$$CF = EF + CE。$$

1）在直角三角形 AOC 中

$$\alpha = \arctan\frac{b}{a}, \quad \beta = 90° - \alpha。$$

2）在直角三角形 AFO_1 中

$$R_1 = AO_1 = \frac{AF}{\cos\alpha}。$$

3）在直角三角形 O_2FC 中

$$R_2 = \frac{CF}{\cos\beta}$$

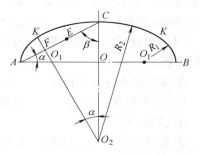

图 1-25 碟形封头放样和计算原理图

弦长 $CK = 2R_2\sin\dfrac{\alpha}{2}$（两弧必交于 K 点）。

（2）举例 如图 1-26 所示为淋洗塔碟形封头施工图，计算各数据如下。

1）$AC = \sqrt{a^2 + b^2}$

$= \sqrt{3100^2 + 1100^2}\text{mm}$

$\approx 3289.38\text{mm}$；

2）$CE = a - b$

$= (3100 - 1100)\text{mm}$

$= 2000\text{mm}$；

3）$EF = AF = \dfrac{AC - CE}{2} = \dfrac{3289.38 - 2000}{2}\text{mm} = 644.69\text{mm}$；

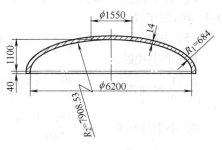

图 1-26 碟形封头

4）$CF = EF + CE = (644.69 + 2000)\,\text{mm} = 2644.69\,\text{mm}$;

5）$\alpha = \arctan\dfrac{b}{a} = \arctan\dfrac{1100}{3100} = 19.537°$;

6）$\beta = 90° - \alpha = 90° - 19.537° = 70.463°$;

7）$R_1 = AO_1 = \dfrac{AF}{\cos\alpha} = \dfrac{644.69\,\text{mm}}{\cos 19.537°} = 684\,\text{mm}$;

8）$R_2 = \dfrac{CF}{\cos\beta} = \dfrac{2644.69\,\text{mm}}{\cos 70.463°} = 7908.53\,\text{mm}$;

9）$CK = 2r_2\sin\dfrac{\alpha}{2} = 2 \times 7908.53\,\text{mm} \times \sin\dfrac{19.537°}{2} = 2683.6\,\text{mm}$。

（3）画碟形封头的方法　如图 1-27 所示为画碟形封头的方法，画图步骤如下。

1）画十字线交于 O 点，使长轴等于 6200mm，半短轴等于 1100mm。

2）从长轴的两端点往内取 $R_1 = 684\text{mm}$，得交点 O_1，从短轴的上端点往内取 $R_2 = 7908.53\text{mm}$，得交点 O_2。

3）分别以 O_1、O_2 为圆心，$R_1 = 684\text{mm}$、$R_2 = $

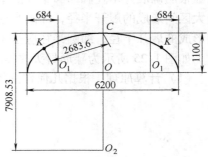

图 1-27　画碟形封头的方法

7908.53mm 为半径画弧得交点 K，并以 C 点为圆心、2683.6mm 为半径画弧，三个圆心和三个半径所画的弧必交于 K 点，两弧在 K 点圆滑过渡。

（4）找展开半径和纬圆半径的方法　如图 1-28 所示为碟形封头展开半径和纬圆半径计算原理图。

此碟形封头分大半径区和小半径区，所以应分别叙述。

1）小半径区：如找 $3'$ 点的展开半径和纬圆半径。

① 连接 $O3'$。

② 以 $3'$ 为顶点，作 $O3'$ 的垂线得 $B3'$。

③ 直角三角形 BO_13' 即为半个正锥台，根据以上正圆锥已证得的结论：$B3'$ 为以 O 为圆心、$O3'$ 为半径所画弧的切线，即 $B3'$ 为 $3'$ 点的展开半径；O_13' 为 $3'$ 点小区间的纬圆半径。

2）大半径区：如找 4 点的展开半径和纬圆半径，与小半径区同理，$C4$ 为展开半径，O_24 为纬圆半径。

（5）展开图　如图 1-29 所示为碟形封头的展开图。

1）小半径区：

① $\dfrac{1}{4}$ 球面弧长 $s_0 = \dfrac{\pi R_1}{2} = \dfrac{\pi \times 684\,\text{mm}}{2} = 1074.42\,\text{mm}$。

② 小半径区弧长 $s_1 = \dfrac{\pi R_1 \beta}{180°} = \dfrac{\pi \times 684\,\text{mm} \times 70.46°}{180°} = 841.2\,\text{mm}$。

③ 每等份弧长 $m_1 = \dfrac{s_1}{n} = \dfrac{841.2}{4}\,\text{mm} = 210.3\,\text{mm}$。

④ K 点至纵向中心线弧长 $s_K = s^0 - s_1 = (1074.42 - 841.2)\,\text{mm} = 233.22\,\text{mm}$。

⑤ 各等分点至纵向中心线的弧长 $s_n = s_K + nm_1$

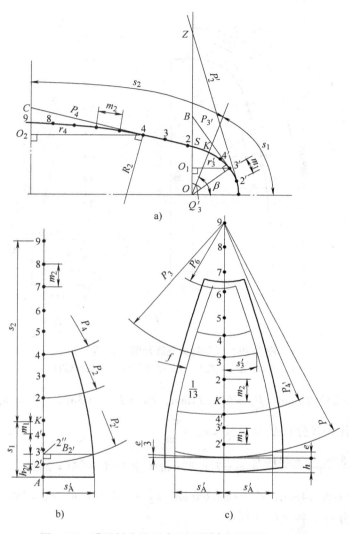

图 1-28　碟形封头展开半径和纬圆半径计算原理图

a）计算原理图　b）用切线半径作展开图　c）用累计半径作展开图

如 $s_{3'} = s_K + 2m_1 = (233.22 + 2 \times 210.3)\text{mm} = 653.82\text{mm}$

同理得：$s_{4'} = 443.52\text{mm}$，$s_{2'} = 864.12\text{mm}$，$s_A = 1074.42\text{mm}$。

⑥ 各等分点所对应的球心角 $Q_n = 180° s_n / (\pi R_1)$

如 $Q_{3'} = 180° \times 653.82 / (\pi \times 684) = 54.77°$

同理得：$Q_K = 19.54°$，$Q_{4'} = 37.15°$，$Q_{2'} = 72.38°$，$Q_{A'} = 90°$。

⑦ 任一点所对的纬圆半径 $r_n = R_1 \sin Q_n$

如 $r_{3'} = R_1 \sin Q_{3'} = 684\text{mm} \times \sin 54.77° = 558.72\text{mm}$

同理得：$r_{K'} = 228.77\text{mm}$，$r_{4'} = 413.07\text{mm}$，$r_{2'} = 651.91\text{mm}$，$r_A = 684\text{mm}$。

⑧ 任一点的展开半径 $P_n = R_1 \tan Q_n$

如 $P_{3'} = 684\text{mm} \times \tan 54.77° = 968.55\text{mm}$

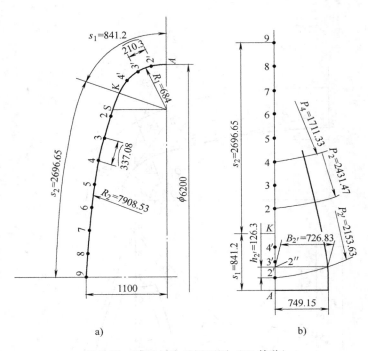

图 1-29　碟形封头及展开图（13 等分）

a）碟形封头（里皮）　b）半展开图（不包括直边）

同理得：$P_K = 242.75\text{mm}$，$P_{4'} = 518.24\text{mm}$，$P_{2'} = 2153.63\text{mm}$，$P_A = $ 无穷大。

⑨ 展开图上任一等分点横向半弧长 $s'_n = \dfrac{\pi r_n}{m}$

如 $s'_{3'} = \dfrac{\pi \times (558.72 + 2416)}{13}\text{mm} = 718.87\text{mm}$（注 $3100 - 684 = 2416$）

同理得：$s'_K = 639.14\text{mm}$，$s'_{4'} = 683.68\text{mm}$，$s'_{2'} = 741.39\text{mm}$，$s'_A = 749.15\text{mm}$。

⑩ 近大端等分点 2′各数据计算：

展开图上 2′点所对应的顶角 $\alpha_{2'} = \dfrac{180°s'_2}{\pi P_{2'}} = \dfrac{180° \times 741.39}{\pi \times 2153.63} = 19.72°$；

展开图上 2′点所对应的弦长 $B_{2'} = P_{2'}\sin\alpha_{2'} = 2153.63\text{mm} \times \sin19.72° = 726.83\text{mm}$；

展开图上 2′点的弦高 $h_{2'} = P_{2'}(1 - \cos\alpha_{2'}) = 2153.63\text{mm} \times (1 - \cos19.72°) = 126.3\text{mm}$。

2）大半径区

① 大半径区弧长 $s_2 = \dfrac{\pi R_2 \alpha}{180°} = \dfrac{\pi \times 7908.53\text{mm} \times 19.537°}{180°} = 2696.65\text{mm}$（$\alpha$ 为同位角）。

② 每等分弧长 $m_2 = \dfrac{s_2}{n} = \dfrac{2696.65\text{mm}}{8} = 337.08\text{mm}$。

③ 各等分点至纵向中心线弧长 $s_n = (n-1)m_2$

如 $s_5 = 4 \times 337.08\text{mm} = 1348.32\text{mm}$

同理得：$s_4 = 1685.4\text{mm}$，$s_2 = 2696.65\text{mm}$。

④ 各等分点所对应的球心角 $Q_n = 180°s_n/(\pi R_2)$

如 $Q_5 = \dfrac{180° \times 1348.32}{\pi \times 7908.53} = 9.768°$

同理得：$Q_4 = 12.21°$，$Q_2 = 17.09°$。

⑤ 任一点的纬圆半径 $r_n = R_2 \sin Q_n$

如 $r_5 = 7908.53\text{mm} \times \sin9.768° = 1341.8\text{mm}$

同理得：$r_4 = 1672.62\text{mm}$，$r_2 = 2324.11\text{mm}$。

⑥ 任一点的展开半径 $P_n = R_2 \tan Q_n$

如 $P_5 = 7908.53\text{mm} \times \tan9.768° = 1361.54\text{mm}$

同理得：$P_4 = 1711.33\text{mm}$，$P_2 = 2431.47\text{mm}$。

5. 油盘

在车床下承接润滑油和润滑液的长方形敞口盘叫油盘，此盘角部由三部分组成，即锥台、球面和平面扇形。要使三者有机地结合在一起，关键就是采用正确的展开半径和纬圆半径。如图 1-30 所示为一油盘的施工图，如图 1-31 所示为油盘角部分析图。

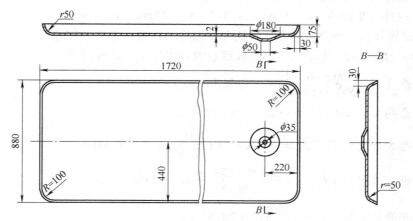

图 1-30　油盘

（1）角部各数据计算

1）在直角三角形 ACB 中

因为 $\angle BAC = \arctan\dfrac{28}{73} = 20.98°$

所以 $AB = \dfrac{BC}{\sin\angle BAC} = \dfrac{28\text{mm}}{\sin20.98°} = 78.2\text{mm}$。

2）在直角三角形 $A'C'B$ 中

$\angle A'BC' = 90° - 20.98° = 69.02°$。

3）在四边形 $EA'BF$ 中

因为 $\angle FEA' = 69.02°$（互补角）

所以 $\angle BEA' = 34.51°$（$\triangle EFB$ 与 $\triangle EA'B$ 全等）

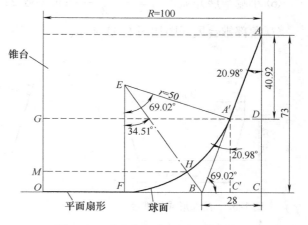

图 1-31　油盘角部分析图（按里皮）

所以 $\overset{\frown}{A'F} = \dfrac{\pi \times 50\text{mm} \times 69.02°}{180°} = 60.23\text{mm}$。

4）在直角三角形 $EA'B$ 中

因为 $A'B = 50\text{mm} \times \tan34.51° = 34.38\text{mm}$

所以 $A'C' = 34.38\text{mm} \times \cos20.98° = 32\text{mm}$

$AA' = (78.2 - 34.38)\text{mm} = 43.82\text{mm}$。

5）在直角三角形 ADA' 中

因为 $A'D = 43.82\text{mm} \times \sin20.98° = 15.69\text{mm}$

所以 $AD = \dfrac{15.69\text{mm}}{\tan20.98°} = 40.92\text{mm}$。

6）$OF = (100 - 28 - 34.38)\text{mm} = 37.62\text{mm}$。

7）圆角的累计展开半径 $R = OF + \overset{\frown}{A'F} + AA' = (37.62 + 60.23 + 43.82)\text{mm} = 141.67\text{mm}$。

8）A' 点的纬圆半径 $A'G = (100 - 15.69)\text{mm} = 84.31\text{mm}$。

9）H 点的纬圆半径 $HM = (50 \times \sin34.51° + 37.62)\text{mm} = 65.95\text{mm}$。

（2）角部展开料　角部由锥台、球面和平面扇形组成，故分别叙述。

1）锥台：如图 1-32 所示为角部形成锥台的具体尺寸，计算如下。

① 整圆锥高 $H = \dfrac{200 \times 40.92}{200 - 168.62}\text{mm} = 260.8\text{mm}$；

② 小圆锥高 $h = (260.8 - 40.92)\text{mm} = 219.9\text{mm}$；

③ 整圆锥大端展开半径 $R_1 = \sqrt{260.8^2 + \left(\dfrac{200}{2}\right)^2}\ \text{mm} = 279.31\text{mm}$；

④ 小圆锥大端展开半径 $R_2 = \dfrac{219.9 \times 279.31}{260.8}\text{mm} = 235.51\text{mm}$；

⑤ 大端半展开弧长 $s_1 = \dfrac{\pi \times 200}{8}\text{mm} = 78.54\text{mm}$；

⑥ 小端半展开弧长 $s_2 = \dfrac{\pi \times 168.62}{8}\text{mm} = 66.22\text{mm}$；

⑦ 角部锥台展开图如图 1-33 所示。

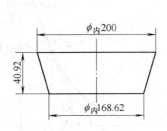

图 1-32　角部形成的锥台

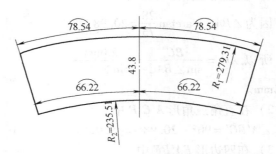

图 1-33　角部锥台展开图

2）球面：如图 1-34 所示为角部形成球体的具体尺寸，计算如下。

① 大端展开半径 $R_1 = 50\text{mm} \times \tan69.02° = 130.39\text{mm}$；

② 大端纬圆半径 $r_1 = 130.39\text{mm} \times \sin20.98° = 46.69\text{mm}$；

③ 大端加平面扇形部分的纬圆半径 $r_1' = (46.69 + 37.62)\text{mm} = 84.31\text{mm}$；

④ 中端展开半径 $R_2 = 50\text{mm} \times \tan34.51° = 34.38\text{mm}$；

⑤ 中端纬圆半径 $r_2 = 34.38\text{mm} \times \sin55.49° = 28.33\text{mm}$；

⑥ 中端加平面扇形部分的纬圆半径 $r_2' = (37.62 + 28.33)\text{mm} = 65.95\text{mm}$；

⑦ 角部球体展开图如图 1-35 所示，从中间剪开，以备作展开图用之。

下面计算用弦长、弦高定展开图轮廓点的有关数据：

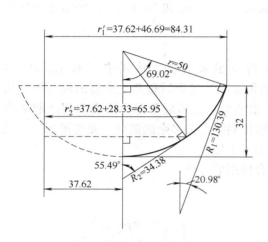

图 1-34　角部形成的球体（按里皮）

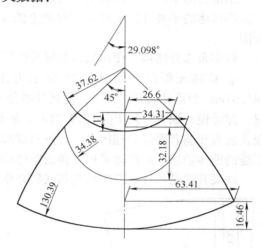

图 1-35　角部球体展开图

大端半弧长 $s_1 = \dfrac{\pi \times 84.31}{4}\text{mm} = 66.22\text{mm}$；

中端半弧长 $s_2 = \dfrac{\pi \times 65.95}{4}\text{mm} = 51.8\text{mm}$；

小端半弧长 $s_3 = \dfrac{\pi \times 37.62}{4}\text{mm} = 29.55\text{mm}$；

大端弧长所对应的展开料包角 $\alpha_1 = 180° \times 66.22/(\pi \times 130.39) = 29.098°$；

大端弧长所对应的弦长 $B_1 = 130.39\text{mm} \times \sin29.098° = 63.41\text{mm}$；

弦长所对应的弦高 $h_1 = 130.39\text{mm} \times (1 - \cos29.098°) = 16.46\text{mm}$；

中端弧长所对应的展开料包角 $\alpha_2 = 180° \times 51.8/(\pi \times 34.38) = 86.327°$；

中端弧长所对应的弦长 $B_2 = 34.38\text{mm} \times \sin86.327° = 34.31\text{mm}$；

弦长所对应的弦高 $h = 34.38\text{mm} \times (1 - \cos86.327°) = 32.18\text{mm}$；

小端弧长所对应的展开料包角 $\alpha_3 = 180° \times 29.55/(\pi \times 37.62) = 45°$；

小端弧长所对应的弦长 $B_3 = 37.62\text{mm} \times \sin45° = 26.6\text{mm}$；

弦长所对应的弦高 $h_3 = 37.62\text{mm} \times (1 - \cos45°) = 11\text{mm}$。

3）平面扇形：角部结构由锥台到球体到矩形的平底，必须有一个过渡段，这个过渡段就是平面扇形，其扇形半径为 37.62mm。

4）角部展开图：此油盘的展开可分为角部有焊缝和无焊缝两种展开形式，具体采用哪一种要视产品数量和本厂的实际条件定，下面按两种形式叙述之。

① 角部有焊缝。如图 1-36 所示为角部有焊缝的精确展开图,用压力机压制或手工槽制出设计的弧度后焊接成形,不需要加余量,焊接成形后打磨至圆滑平整。作展开样板过程如下:

作出直角轮廓线;

在两直角边上分别截取 37.62mm、30.12mm、30.12mm 和 43.82mm,全长为 141.67mm;

用锥台的半展开样板对正直角边上的 43.82mm,画出锥台的展开图;

用球体的半展开样板对正直角边上的 37.62mm、30.12mm 和 30.12mm,画出球面的展开图;

将多余部分切掉,便作出角部展开样板。

② 角部无焊缝。如图 1-37 所示为角部无焊缝的展开图,从图中可看出,$P_{累}$ = 141.67mm 为累计展开半径,以此展开半径下出的角部料,成形后角部上沿会出现凹下的情况,即常说的缺肉;用 $P_{切}$ = 279.31mm 为半径下出的料,成形后角部上沿会出现凸起的现象,后者比前者要好处理得多,待压制成形后,整体划线切去多余的部分、便可得到一个无焊缝的整体油槽。此油槽可用浇铸的整体胎在压力机上压出。

此展开图是累计展开半径与切线展开半径结合使用的范例。

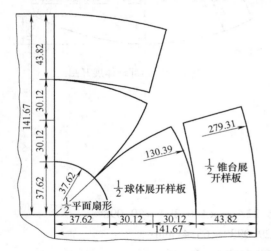 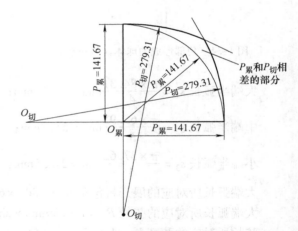

图 1-36　精确的有焊缝的角部展开图　　　　图 1-37　近似的无焊缝的角部展开图（只大不小）
　　　　　　　　　　　　　　　　　　　　　　　　　　（$P_{切}$ 为圆锥台展开半径）

三、正圆锥台展开料包角是定值——$\omega = 360° \times \sin\alpha$

正圆锥台单、双折边正锥体,其展开料是用计算方法取得的,为了更准确地计算和验证展开料的计算数据,探讨展开料的包角规律是有实用价值的。下面分别找出顶角为 60°、90°、任意角度的正圆锥台的展开料包角:$\omega = 360° \times \sin\alpha$($\alpha$ 为半锥顶角)。

本节的计算公式及推导完全同下节“双折边锥体料计算”,请参阅。

1. 60°正锥台的展开料包角

如图 1-38 所示为 60°正锥台的计算原理图,图 1-39 为其展开图。

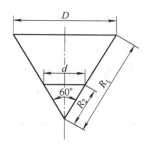

图 1-38　60°正锥台计算原理图

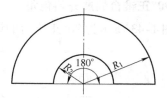

图 1-39　60°正锥台展开图

（1）展开料包角 ω

1）直径 $D = 2R_1\sin30° = R_1$。

2）包角 $\omega = \dfrac{\pi D 180°}{\pi R_1} = \dfrac{\pi R_1 180°}{\pi R_1} = 180°$。

（2）举例　如图 1-40 所示为一 60°单折边锥体，下面计算伸直后锥台和展开料各数据。图 1-41 为伸直后锥台，图 1-42 为展开图。

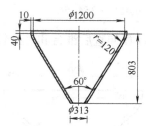

图 1-40　60°单折边锥体

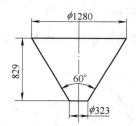

图 1-41　伸直后锥台（中径）

1）大端中半径 $\dfrac{D}{2} = \dfrac{D_g}{2} - r(1-\cos\alpha) + \left(\dfrac{\pi r\alpha}{180°} + h_1\right)\sin\alpha = \left[605 - 125\times(1-\cos30°) + \right.$

$\left.\left(\dfrac{\pi\times125\times30°}{180°} + 40\right)\times\sin30°\right]$ mm $= 640$ mm。

2）锥台高 $H' = \dfrac{D-d}{2} \div \tan\alpha = \dfrac{1280-323}{2}$ mm $\div \tan30° = 829$ mm。

3）大端展开半径 $R_1 = \dfrac{D}{2\sin\alpha} = \dfrac{1280\text{mm}}{2\times\sin30°} = 1280$ mm。

4）小端展开半径 $R_2 = \dfrac{d}{2\sin\alpha} = \dfrac{323\text{mm}}{2\times\sin30°} = 323$ mm。

5）展开料包角 $\omega = \dfrac{\pi D 180°}{\pi R} = \dfrac{\pi\times1280\times180°}{\pi\times1280} = 180°$。

式中　D_g——单折边锥体大端中直径（mm）；

　　　D、d——锥台大、小端中直径（mm）；

　　　r——折边过渡段中半径（mm）；

h_1——直边高（mm）；

α——锥体半顶角（°）。

2. 90°正锥台的展开料包角

如图1-43所示为90°正锥台的计算原理图，如图1-44所示为其展开图。

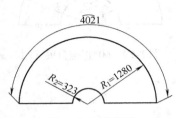

图1-42　展开图

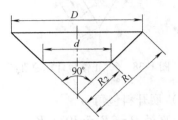

图1-43　90°正锥台计算原理图

（1）展开料包角 ω

1）直径 $D = 2R_1 \sin45°$。

2）包角 $\omega = \dfrac{\pi D 180°}{\pi R_1} = \dfrac{\pi \times 2R_1 \times \sin45° \times 180°}{\pi R_1} = 360° \times \sin45° \approx 254.56°$。

（2）举例　如图1-45所示为一90°单折边锥体，下面计算伸直后锥台和展开料各数据。

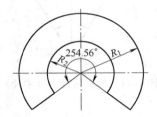

图1-44　90°正锥台展开图

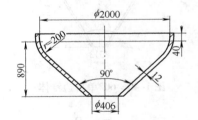

图1-45　90°单折边锥体

如图1-46所示为伸直后锥台，如图1-47所示为展开图。

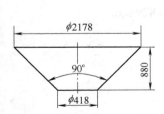

图1-46　伸直后锥台（中径）

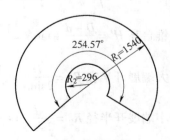

图1-47　展开图

1）大端中半径 $\dfrac{D}{2} = \dfrac{D_g}{2} - r(1 - \cos\alpha) + \left(\dfrac{\pi\alpha}{180°} + h_1\right)\sin\alpha = \Big[1006 - 206 \times (1 - \cos45°) + $

$\left(\dfrac{\pi \times 206 \times 45°}{180°} + 40\right) \times \sin45°\Big]$ mm $= 1089$mm。

2）锥台高 $H' = \dfrac{D-d}{2} \div \tan\alpha = \dfrac{2178-418}{2} \div \tan45° = 880$（mm）。

3）大端展开半径 $R_1 = \dfrac{D}{2\sin\alpha} = \dfrac{2178}{2 \times \sin45°} = 1540$（mm）。

4）小端展开半径 $R_2 = \dfrac{d}{2\sin\alpha} = \dfrac{418}{2 \times \sin45°} = 296$（mm）。

5）展开料包角 $\omega = \dfrac{\pi D 180°}{\pi R_1}$

$$= \dfrac{\pi \times 2178 \times 180°}{\pi \times 1540}$$

$$= 254.57°$$

式中　D_g——单折边锥体大端中直径（mm）；

D、d——锥台大、小端中直径（mm）；

r——折边过渡段中半径（mm）；

h_1——直边高（mm）；

α——锥体半顶角（°）。

3. 任意角度正锥台的展开料包角

如图 1-48 所示为任意角度正锥台的计算原理图，如图 1-49 所示为其展开图。

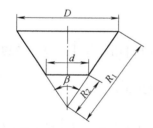

图 1-48　任意角度正锥台计算原理图

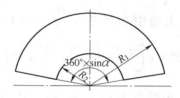

图 1-49　任意角度正锥台展开图

（1）展开料包角 ω

1）直径 $D = 2R_1\sin\alpha$。

2）包角 $\omega = \dfrac{\pi D 180°}{\pi R_1} = \dfrac{\pi \times 2R_1 \times \sin\alpha \times 180°}{\pi R_1} = 360° \times \sin\alpha$。

（2）举例　如图 1-50 所示为闪蒸洗涤塔双折边锥体，下面计算伸直后锥台和展开料各数据。

如图 1-51 所示为伸直后半锥台，如图 1-52 所示为其展开图。计算式推导见"双折边锥体料计算"。

1）半顶角 α 的计算：

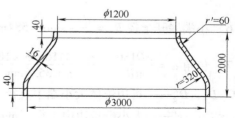

图 1-50　闪蒸洗涤塔双折边锥体

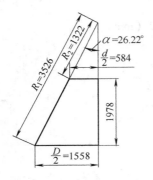

图 1-51　伸直后半锥台（中径）

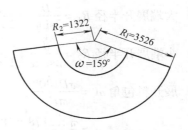

图 1-52　展开图

① $\beta = \arcsin \dfrac{r + r'}{\sqrt{\left(\dfrac{D_g}{2} - r - \dfrac{D'_g}{2} - r'\right)^2 + H^2}}$

$= \arcsin \dfrac{328 + 68}{\sqrt{(1508 - 328 - 608 - 68)^2 + 1920^2}} = 11.51°$;

② $\gamma = \arctan \dfrac{\dfrac{D_g}{2} - r - \dfrac{D'_g}{2} - r'}{H} = \arctan \dfrac{1508 - 328 - 608 - 68}{1920}$

$= 14.71°$;

③ $\alpha = \beta + \gamma = 11.51° + 14.71° = 26.22°$。

2) 大端中半径 $\dfrac{D}{2} = \dfrac{D_g}{2} - r(1 - \cos\alpha) + \left(\dfrac{\pi r}{180°} \times \alpha + h_1\right)\sin\alpha = \Big[1508 - 328 \times (1 -$

$\cos 26.22°) + \left(\dfrac{\pi \times 328 \times 26.22°}{180°} + 40\right) \times \sin 26.22°\Big]\text{mm} = 1558\text{mm}$。

3) 小端中半径 $\dfrac{d}{2} = \dfrac{D'_g}{2} + r'(1 - \cos\alpha) - \left(\dfrac{\pi r'}{180°} \times \alpha + h_1\right)\sin\alpha = \Big[608 + 68 \times (1 -$

$\cos 26.22°) - \left(\dfrac{\pi \times 68 \times 26.22°}{180°} + 40\right) \times \sin 26.22°\Big]\text{mm} = 584\text{mm}$。

4) 伸直后锥台高 $H' = \left(\dfrac{D}{2} - \dfrac{d}{2}\right) \div \tan\alpha = (1558 - 584)\text{mm} \div \tan 26.22° = 1978\text{mm}$。

5) 大端展开半径 $R_1 = \dfrac{D}{2} \div \sin\alpha = 1558\text{mm} \div \sin 26.22° = 3526\text{mm}$。

6) 小端展开半径 $R_2 = \dfrac{d}{2} \div \sin\alpha = 584\text{mm} \div \sin 26.22° = 1322\text{mm}$。

7) 包角 $\omega = \dfrac{\pi D 180°}{\pi R_1} = \dfrac{\pi \times 3116\text{mm} \times 180°}{\pi \times 3526\text{mm}} = 159°$。

式中　D_g、D'_g——折边锥体大小端中直径（mm）；

　　　r、r'——大小端折边中半径（mm）；

　　　h_1——大小端直边高（mm），本例两端高相等，故只出现一个 h_1；

　　　H——双折边锥体不包括直边的垂直高；

　　α——伸直后的锥台半顶角。上两例其锥台顶角已给定，此例未出现顶角，故应计算，计算时应同时计算两个值，β 和 γ，因为 γ 常出现负值，所以必须要计算。

4. 结论

1）一切正锥台展开料包角 $\omega = 360° \times \sin\alpha$（$\alpha$ 为锥台半顶角）。

2）具体地说：

① 60°正锥台展开料的包角 $\omega = 180°$；

② 90°正锥台展开料的包角 $\omega = 254.56°$；

③ 任意角正锥台的展开料包角 $\omega = 360° \times \sin\alpha$。

四、双折边锥体料计算

　　对于双折边锥体，由于有两个过渡段，致使下料难度较大，一般采用放实样后两端再加毛料的方法处理，通过长时间的冲压和旋压实践，总结出精确的计算公式，直接下成净料。由于双折边锥体几何形状的特殊性，给下料计算带来了难度，难就难在如何分辨 γ 角的正负值，万一分辨不准，将会造成报废性重大责任事故，如何才能正确地分辨呢？通过下面两例的叙述，便可明确分辨。

　　例1　如图 1-53 所示为一般常见双折边锥体施工图，本例可旋压成形。

1. 板厚处理

以中心径为基准下料，自身连接和与上下管道的连接采用以里皮为基准开外坡口。

2. 下料计算（见图 1-54）

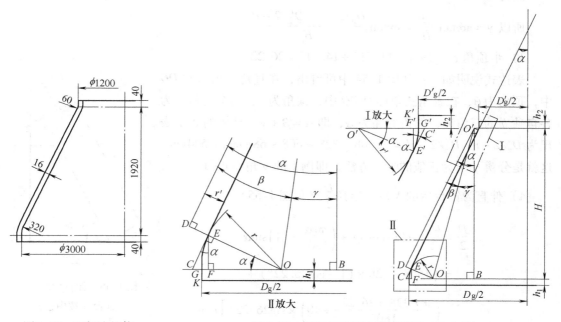

图 1-53　双折边锥体　　　　　　图 1-54　板厚处理及计算原理图（按中径）

1）$\beta = \arcsin \dfrac{r+r'}{\sqrt{(D_g/2 - r - D'_g/2 - r')^2 + H^2}}$

$= \arcsin \dfrac{328 + 68}{\sqrt{(1508 - 328 - 608 - 68)^2 + 1920^2}}$

$= \arcsin \dfrac{396}{1985.05} = 11.51°$。

表达式推导如下：

在直角三角形 $O'BO$ 中

因为 $OB = D_g/2 - r - D'_g/2 - r'$

所以 $OO' = \sqrt{(D_g/2 - r - D'_g/2 - r')^2 + H^2}$

在直角三角形 ODO' 中

因为 $OD = r + r'$

所以 $\beta = \arcsin \dfrac{OD}{OO'} = \arcsin \dfrac{r+r'}{\sqrt{(D_g/2 - r - D'_g/2 - r')^2 + H^2}}$

2）$\gamma = \arctan \dfrac{D_g/2 - r - D'_g/2 - r'}{H}$

$= \arctan \dfrac{1508 - 328 - 608 - 68}{1920} = 14.71°$。

表达式推导如下：

在直角三角形 $O'BO$ 中

因为 $OB = D_g/2 - r - D'_g/2 - r'$

所以 $\gamma = \arctan \dfrac{OB}{H} = \arctan \dfrac{D_g/2 - r - D'_g/2 - r'}{H}$。

3）半顶角 $\alpha = \beta + \gamma = 11.51° + 14.71° = 26.22°$。

表达式说明如下：从图 1-54 中可看出，在直角三角形 $O'DO$ 中，顶角为 β，在直角三角形 $O'BO$ 中，顶角为 γ，两个三角形为各自独立的三角形，两角的和为 α，即 $\alpha = \beta + \gamma$，具体的数字表现为 $D_g/2 - r - D'_g/2 - r' = (1508 - 328 - 608 - 68)$ mm = 504mm，这就是分辨 γ 角为正值的唯一方法，即例 1 的 γ 角为正值。

4）伸直为锥台后的大端中半径 $\dfrac{D}{2}$（见图 1-55）

$\dfrac{D}{2} = \dfrac{D_g}{2} - r(1 - \cos\alpha) + \left(\dfrac{\pi r \alpha}{180°} + h_1\right)\sin\alpha$

$= \left[1508 - 328 \times (1 - \cos 26.22°) + \right.$

$\left. \left(\dfrac{\pi \times 328 \times 26.22°}{180°} + 40\right) \times \sin 26.22°\right]$ mm

$= 1558$ mm。

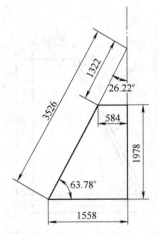

图 1-55　伸直后形成的
锥台（按中径）

表达式推导说明如下：

分两步叙述（见图1-54中的Ⅱ放大）。

① $r(1 - \cos\alpha)$

在直角三角形 OFE 中，

因为 $OF = r\cos\alpha$

$\qquad GF = r - OF = r - r\cos\alpha$

所以 $GF = r\ (1 - \cos\alpha)$

② $\left(\dfrac{\pi r\alpha}{180°} + h_1 \right)\sin\alpha$

在直角三角形 OEC 中：

$\widehat{EG} = \dfrac{\pi r\alpha}{180°}$，$GK = h_1$，即过渡段加直边的长 $\widehat{EGK}$ 为 $\dfrac{\pi r\alpha}{180°} + h_1$，$\widehat{EGK}$ 伸直后与 EC 必重合，

也可能比 EC 长，也可能比 EC 短，即 C 点的位置可能在原 C 点之下或之上；

在直角三角形 EFC 中：

$CF = EC\sin\alpha = \left(\dfrac{\pi r\alpha}{180°} + h_1 \right)\sin\alpha$，在 C 点不定的情况下，CF 可能在原 CF 之下或之上，

但必与原 CF 平行，α 是定值，所以 $\widehat{EGK}$ 伸直后算出来的 CF 必符合计算原理，是精确数据。

5）伸直为锥台后的小端中半径

$$\frac{d}{2} = \frac{D'_g}{2} + r'(1 - \cos\alpha) - \left(\frac{\pi r'\alpha}{180°} + h_2 \right)\sin\alpha$$

$$= \left[608 + 68 \times (1 - \cos 26.22°) - \left(\frac{\pi \times 68 \times 26.22°}{180°} + 40 \right) \times \sin 26.22° \right]\text{mm} = 584\text{mm}$$

表达式推导原理完全同大端 $\dfrac{D}{2}$，只是因为内外侧的不同，所以"$-$、$+$"号正相反。

6）伸直为锥台后的底角 $\lambda = 90° - \alpha = 90° - 26.22° = 63.78°$。

7）伸直为锥台后的锥台高

$$H' = \frac{D - d}{2}\tan\lambda = (1558 - 584)\text{mm} \times \tan 63.78° = 1978\text{mm}。$$

8）锥台展开料大端展开半径

$$R_1 = \frac{D}{2\cos\lambda} = \frac{1558\text{mm}}{\cos 63.78°} = 3526\text{mm}。$$

9）锥台展开料小端展开半径 $R_2 = \dfrac{d}{2\cos\lambda} = \dfrac{584\text{mm}}{\cos 63.78°} = 1322\text{mm}$。

10）展开料夹角 $\omega = 360° \times \sin\alpha = 360° \times \sin 26.22° = 159°$。

11）展开料大端弦长 $A_1 = 2R_1\sin\dfrac{\omega}{2} = 2 \times 3526\text{mm} \times \sin\dfrac{159°}{2} = 6934\text{mm}$。

12）展开料小端弦长 $A_2 = 2R_2\sin\dfrac{\omega}{2} = 2 \times 1322\text{mm} \times \sin\dfrac{159°}{2} = 2600\text{mm}$。

如图 1-56 所示为展开图（按中径）。

13）大小端弦心距

$$B = (R_1 - R_2)\cos\frac{\omega}{2} = (3526 - 1322)\,\text{mm} \times \cos\frac{159°}{2}$$

$$= 402\,\text{mm}_{\circ}$$

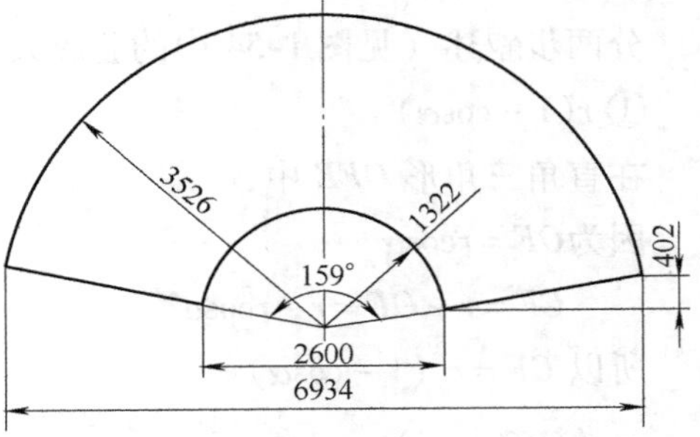

式中　D_g、D'_g——双折边锥体大小端公称直径，本文指中心直径（mm）；

r、r'——双折边锥体大小端过渡段中半径（mm）；

h_1、h_2——双折边锥体大小端直边高（mm）；

H——双折边锥体不包括两端直边的垂直高（mm）；

α——伸直成锥台后的半顶角（°）。

图 1-56　展开图（按中径）

例 2　如图 1-57 所示为特大规格的双折边锥体，且板也特厚，无法在旋压机上旋压，经设计同意，双折边加直边部分切下后用胎具压制，中间部分锥体在卷板机上卷制，因而给下料增加了难度，下面叙述之。

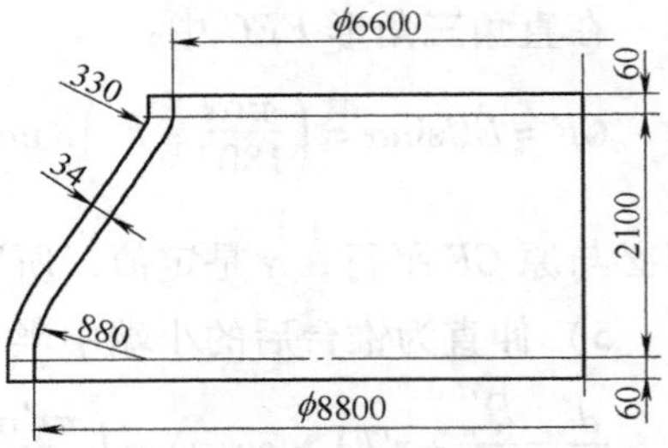

1. 板厚处理

基本同例 1，即按中心径为基准下料，开 X 形坡口，留 3 ~ 5mm 钝边。

2. 下料计算

如图 1-58 所示为板厚处理及计算原理图。

图 1-57　特大规格双折边锥体

1）$\beta = \arcsin\dfrac{r + r'}{\sqrt{(D_g/2 - r - D'_g/2 - r')^2 + H^2}}$

$= \arcsin\dfrac{897 + 347}{\sqrt{(4417 - 897 - 3317 - 347)^2 + 2100^2}} = 36.23°_{\circ}$

2）$\gamma = \arctan\dfrac{D_g/2 - r - D'_g/2 - r'}{H}$

$= \arctan\dfrac{4417 - 897 - 3317 - 347}{2100} = 3.923°_{\circ}$

3）半顶角 $\alpha = \beta - \gamma = 36.23° - 3.923° = 32.307°_{\circ}$

表达式说明如下：

从图 1-58 中可看出，在直角三角形 $O'DO$ 中，顶角为 β，在直角三角形 $O'BO$ 中，顶角为 γ，后三角形顶角 γ 是前三角形顶角 β 的一部分，两角的差为 α，即 $\alpha = \beta - \gamma$，具体的数字表现为 $D_g/2 - r - D'_g/2 - r' = (4417 - 897 - 3317 - 347)\,\text{mm} = -144\,\text{mm}$，这就是分辨 γ 角为负值的唯一方法，即例 2 的 γ 角为负值。

4）伸直为锥台后的大端中半径 $\dfrac{D}{2} = \dfrac{D_g}{2} - r(1 - \cos\alpha) + \left(\dfrac{\pi r\alpha}{180°} + h_1\right)\sin\alpha = \Big[4417 - 897 \times$

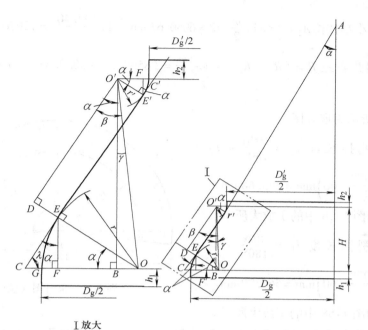

Ⅰ放大

图 1-58　板厚处理及计算原理图（按中径）

$$(1-\cos 32.307°)+\left(\frac{\pi\times897\times32.307°}{180°}+60\right)\times\sin32.307°\Big]\,\mathrm{mm}=4580.53\,\mathrm{mm}。$$

5）伸直为锥台后的小端中半径 $\dfrac{d}{2}=\dfrac{D'_g}{2}+r'(1-\cos\alpha)-\left(\dfrac{\pi r'\alpha}{180°}+h_2\right)\sin\alpha=$

$$\left[3317+347\times(1-\cos32.307°)-\left(\frac{\pi\times347\times32.307°}{180°}+60\right)\times\sin32.307°\right]\mathrm{mm}=3234.08\,\mathrm{mm}。$$

6）伸直为锥台后的底角 $\lambda=90°-\alpha=90°-32.307°=57.69°$。

7）伸直为锥台后的锥台高 $H'=\dfrac{D-d}{2}\tan\lambda=(4580.53-3234.08)\,\mathrm{mm}\times\tan57.69°=$
2129.05 mm。

8）锥台展开料大端展开半径 $R_1=\dfrac{D}{2\cos\lambda}=\dfrac{4580.53\,\mathrm{mm}}{\cos57.69°}=8569.75\,\mathrm{mm}$。

9）锥台展开料小端展开半径 $R_2=\dfrac{d}{2\cos\lambda}=\dfrac{3234.08\,\mathrm{mm}}{\cos57.69°}=$
6050.67 mm。

如图 1-59 所示为伸直后形成的锥台（按中径）。

10）展开料夹角 $\omega=360°\times\sin\alpha=360°\times\sin32.307°=$
192.40°。

11）展开料大端弦长 $A_1=2R_1\sin\dfrac{\omega}{2}=2\times8569.75\,\mathrm{mm}\times$

$\sin\dfrac{192.40°}{2}=17039.25\,\mathrm{mm}$。

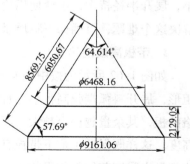

图 1-59　伸直后形成的
锥台（按中径）

12）展开料小端弦长 $A_2 = 2R_2 \sin \dfrac{\omega}{2} = 2 \times 6050.67\text{mm} \times \sin \dfrac{192.40°}{2} = 12030.56\text{mm}$。

13）大小端弦心距 $B = (R_1 - R_2) \times \cos \dfrac{\omega}{2} = (8569.75 - 6050.67)\text{mm} \times \cos \dfrac{192.40°}{2} =$

272.06mm。

如图1-60所示为展开图。

14）小端割掉长度 $l_2 = \dfrac{\pi r' \alpha}{180°} + h_2 =$

$\left(\dfrac{\pi \times 347 \times 32.307°}{180°} + 60 \right)\text{mm} = 255.66\text{mm}$。

公式推导如图1-58中的Ⅰ放大所示。

15）大端割掉长度 $l_1 = \dfrac{\pi r \alpha}{180°} + h_1 =$

$\left(\dfrac{\pi \times 897 \times 32.307°}{180°} + 60 \right)\text{mm} = 565.79\text{mm}$。

公式推导如图1-58中的Ⅰ放大所示。

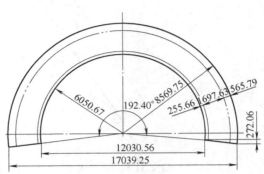

图1-60　展开图（按中径）

16）去卷床卷制锥台的板宽 $O'D = R_1 - R_2 - l_1 - l_2 = (8569.75 - 6050.67 - 565.79 -$

255.66)mm = 1697.63mm。

式中　D_g、D_g'——双折边锥体大小端公称直径，本文指中径（mm）；

　　　r、r'——双折边锥体大小端过渡段中半径（mm）；

　　　h_1、h_2——双折边锥体大小端直边高（mm）；

　　　H——双折边锥体不包括两端直边的垂直高（mm）；

　　　α——伸直成锥台后的半顶角（°）。

17）成形方法：前已述及，小端割掉255.66mm、大端割掉565.79mm，作胎具压出翻边，中间部分1697.63mm在卷床上卷制，打X形坡口组对成整体。

五、特小锥度圆锥台烟囱料计算

如图1-61所示为一特小锥度圆锥台烟囱施工图。从图可看出，此烟囱两端口直径差较小，展开半径特大，不便使用抢弧的方法直接划线或作样板，增加下料难度。用计算的方法解决这个难题，可确保下料质量，提高工效，节约钢材。下面叙述其方法。

1. 带板高度的确定

如图1-62所示为按中径画出的分带图，由于底角接近90°，接近正圆筒，展开料接近矩形，展开料弧端弦高很小，且越往上越小（经计算已证明此结论），相应来说，用同一规格的板，其余量越往上越大，所以只要算出最下带板的高度，也就等于算出了其他各带板的高度。这样既保证了最下带板有一定余量，又保证了以上各带板不至于有太大的板料浪费，达到最大限度节约料的目的。

下面进行第一带板下带板的高度计算（见图1-63）。

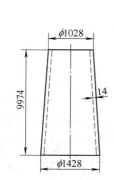

图 1-61　特高锥台烟囱

图 1-62　分带图（按中径）

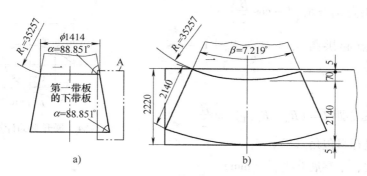

图 1-63　第一带板下带板的计算确定带板高度

a）第一带板的下带板锥台　b）第一带板的下带板展开料

1）底角 $\alpha = \arctan\dfrac{2 \times 9974}{1414 - 1014} = 88.851°$。

2）小端展开半径 $R_1 = \dfrac{1414\text{mm}}{2 \times \cos88.851°} = 35257\text{mm}$。

3）展开料包角 $\beta = \dfrac{\pi \times 1414 \times 180°}{\pi \times 35257} = 7.219°$。

4）小端弦高 $h_1 = 35257\text{mm} \times \left(1 - \cos\dfrac{7.219°}{2}\right) = 70\text{mm}$。

5）第一带下带锥台斜边长 $l'_1 = (2220 - 5 - 70 - 5)\text{mm} = 2140\text{mm}$（见图 1-63b）。

6）第一带下带锥台高度 $H'_1 = 2140\text{mm} \times \sin88.851° = 2140\text{mm}$（见图 1-63a 中 A）。

考虑到以上各带板，故本例各带板的高度确定为 2145mm 为最节约料。

2. 各带直径和展开半径的计算（见图 1-62）

1）第一直径 $D_1 = 1414\text{mm}$。

2）第一展开半径 $R_1 = \dfrac{1414\text{mm}}{2 \times \cos88.851°} = 35257\text{mm}$。

3）第二直径 $D_2 = 1414\text{mm} - 2 \times \dfrac{2145\text{mm}}{\tan 88.851°} = 1328\text{mm}$。

4）第二展开半径 $R_2 = \dfrac{1328\text{mm}}{2 \times \cos 88.851°} = 33113\text{mm}$。

同理得：$D_3 = 1242\text{mm}$，$R_3 = 30974\text{mm}$；

$\qquad\qquad D_4 = 1156\text{mm}$，$R_4 = 28829\text{mm}$；

$\qquad\qquad D_5 = 1070\text{mm}$，$R_5 = 26683\text{mm}$；

$\qquad\qquad D_6 = 1014\text{mm}$，$R_6 = 25289\text{mm}$。

3. 展开料的计算

如图1-64所示为展开料的计算原理图。

1）大端弦长 $B = 2R_n \sin\dfrac{\beta}{2}$。

2）小端弦长 $B' = 2R_{n+1} \sin\dfrac{\beta}{2}$。

3）大端起拱高 $h_1 = R_n\left(1 - \cos\dfrac{\beta}{2}\right)$。

4）各等分点起拱高 $h_n = h_1 - R_n\left[1 - \cos\left(\arcsin\dfrac{nb}{R_n}\right)\right]$。

5）大小端弦心距 $L = (R_n - R_{n+1})\cos\dfrac{\beta}{2}$

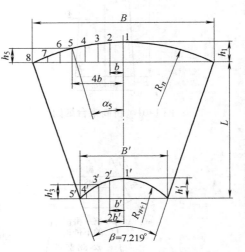

图1-64 展开料的计算原理图

式中　　β——展开料包角（°）；

R_n、R_{n+1}——大、小端展开半径（mm）；

$\qquad b$——从中间向外分的等分距（mm）。

下面计算第一带板各数据，以示计算过程。

（1）大端

1）大端弦长 $B = 35257\text{mm} \times 2 \times \sin\dfrac{7.219°}{2} = 4439\text{mm}$。

2）大端弦高 $h_1 = 35257\text{mm} \times \left(1 - \cos\dfrac{7.219°}{2}\right) = 70\text{mm}$。

3）各等分点起拱高 h_n

$$h_2 = 70\text{mm} - 35257\text{mm} \times \left[1 - \cos\left(\arcsin\dfrac{200}{35257}\right)\right] = 69\text{mm}$$

同理得：$h_3 = 68\text{mm}$，$h_4 = 65\text{mm}$，$h_5 = 61\text{mm}$，$h_6 = 56\text{mm}$，$h_7 = 50\text{mm}$，$h_8 = 42\text{mm}$，$h_9 = 34\text{mm}$，$h_{10} = 24\text{mm}$，$h_{11} = 13\text{mm}$，$h_{12} = 1.3\text{mm}$，$h_{13} = 0$。

4）大小端弦心距 $L = (35257 - 33113)\text{mm} \times \cos\dfrac{7.219°}{2} = 2140\text{mm}$。

（2）小端

1）小端弦长 $B' = 33113\text{mm} \times 2 \times \sin\dfrac{7.219°}{2} = 4169\text{mm}$。

2）小端弦高 $h'_1 = 33113\text{mm} \times \left(1 - \cos\dfrac{7.219°}{2}\right) = 66\text{mm}$。

3）各等分点起拱高 h'_n

$$h'_2 = 66\text{mm} - 33113\text{mm} \times \left[1 - \cos\left(\arcsin\dfrac{200}{33113}\right)\right] = 65\text{mm}$$

同理得：$h'_3 = 64\text{mm}$，$h'_4 = 61\text{mm}$，$h'_5 = 56\text{mm}$，$h'_6 = 51\text{mm}$，$h'_7 = 32\text{mm}$，$h'_8 = 36\text{mm}$，$h'_9 = 27\text{mm}$，$h'_{10} = 17\text{mm}$，$h'_{11} = 6\text{mm}$，$h'_{12} = 0$。

4. 展开料在板上直接划线方法

如图 1-65 所示为在板上划第一带板的方法，其他各带方法相同，此从略。

1）在板的一侧平行板边划一平行线 AB，距板边 75mm。

2）作 AB 的平行线使距离等于 $(2140 + 5)$ mm（为了确保锥台高度，考虑到气割余量和焊接收缩量，所以多加 5mm，这样第一带小端正到边，以上各带因其弦高变小就更有余量了）。

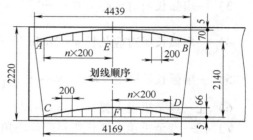

图 1-65　第一带板在板上划线的方法

3）以 A、B 两点为基点，用找直角的方法在 AB 的平行线上定出 C、D 两点。

4）找出 AB、CD 线的中点 E 和 F，分别以两点为始点向左右以 200mm 为定距找出等分点。

5）过各等分点作垂线，并在其上量取各弦高得诸点，圆滑连接各点，即得展开料实形。

六、油罐瓜瓣拱形顶盖料计算

贮罐的拱形顶盖实际上就是球缺封头。本文主要叙述瓜瓣料计算、加强筋板料计算。图 1-66 为 11000m³ 拱顶盖施工图，分 40 等份，搭接量 40mm。图 1-67 为计算原理图。

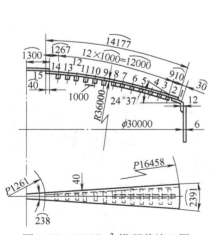

图 1-66　11000m³ 拱顶盖施工图

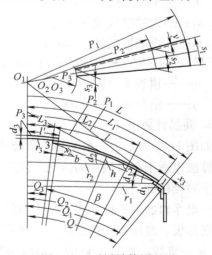

图 1-67　瓜瓣计算原理图

1. 板厚处理

本例顶盖板之间采用搭接焊，这是因为顶盖板现场组焊完毕后，内侧焊立焊难度较大，只能在外侧焊平焊。为了保证焊缝的严密性，采用搭接焊比采用对接焊要好得多，故采用搭接焊。搭接断面实际上就是一个直角形坡口，对提高焊接质量很有利。

顶盖板 6mm，又加之为搭接，故可不考虑板厚因素。

2. 瓜瓣料计算

1）半拱顶弧长 $L = \dfrac{\pi R \alpha}{180°} = \dfrac{\pi \times 36000\text{mm} \times 24.617°}{180°} = 15467\text{mm}$。

2）一扇展开料长 $l = L - l' - x_1 + x_2 = (15467 - 1300 - 30 + 40)\text{mm} = 14177\text{mm}$。

3）一扇弧长所对球心角 $\beta = \dfrac{l \times 180°}{\pi R} = \dfrac{14177 \times 180°}{\pi \times 36000} = 22.564°$。

4）一扇弧长所对应弦长 $b = 2R\sin\dfrac{\beta}{2} = 2 \times 36000\text{mm} \times \sin\dfrac{22.564°}{2} = 14086\text{mm}$。

5）一扇弧长的弦高 $h = R - R\cos\dfrac{\beta}{2} = \left(36000 - 36000 \times \cos\dfrac{22.564°}{2}\right)\text{mm} = 696\text{mm}$。

6）任一点至拱顶点弧长 $L_n = L - L'_n$ （$L_1 = 15437\text{mm}$，$L_6 = 10527\text{mm}$，$L_{15} = 1260\text{mm}$）。

7）任一点至拱顶点弧长所对应球心角

$$Q_n = \frac{L_n 180°}{\pi R} \quad (Q_1 = 24.569°,\ Q_6 = 16.754°,\ Q_{15} = 2.005°)。$$

8）任一点纬圆半径 $r_n = R\sin Q_n$ （$r_1 = 14968\text{mm}$，$r_6 = 10378\text{mm}$，$r_{15} = 1259\text{mm}$）。

9）一扇展开料上任一位置横向弧长

$$s_n = \frac{2\pi r_n}{m} + y \quad (s_1 = 2391\text{mm},\ s_6 = 670\text{mm},\ s_{15} = 238\text{mm})。$$

10）任一点展开半径 $P_n = R\tan Q_n$ （$P_1 = 16458\text{mm}$，$P_6 = 10838\text{mm}$，$P_{15} = 1261\text{mm}$）。

式中　R——顶盖球内半径（mm）；

　　　α——拱底抑角（°），根据互余关系，$\alpha = Q$（球心角）；

　　　l'——半顶圆弧长（mm）；

　　　x_1——大端搭接量（mm）；

　　　x_2——小端搭接量（mm）；

　　　L'_n——任一点至拱底弧长（mm）；

　　　m——顶盖等分数；

　　　y——横向搭接量（mm）。

3. 简易计算法

如图 1-68 所示为一扇简易计算展开图，此计算法仅适于有搭接量的情况下使用，不适用于对接板的情况。

一扇净料的顶盖板，实形是中部圆滑起拱的扇形板，经压制达到设计的曲率后，其投影 是一直线。简易下料的关键就是找出中部起凸点的位置，然后大端、中点、小端

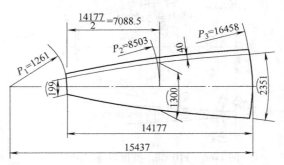

图 1-68　简易计算展开图

三点圆滑连线，即为简易方法作出的一扇展开料样板。下面仅计算中凸点的位置。大小端各数据同各点计算法，此从略。

中段各数据的计算：

1）球心角 $Q_2 = \dfrac{\left(l_3 - \dfrac{l}{2}\right) \times 180°}{\pi R} = \dfrac{\left(15437 - \dfrac{14177}{2}\right) \times 180°}{\pi \times 36000} = 13.29°$。

2）中点纬圆半径 $r_2 = R\sin Q_2 = 36000\text{mm} \times \sin 13.29° = 8274\text{mm}$。

3）中点横向弧长 $s_2 = \dfrac{2\pi r_2}{m} = \dfrac{2\pi \times 8274}{40}\text{mm} = 1300\text{mm}$。

4）中点展开半径 $P_2 = R\tan Q_2 = 36000\text{mm} \times \tan 13.29° = 8503\text{mm}$。

式中　l_3——球中心至瓜瓣大端弧长（mm）；

　　　l——一扇展开料长（mm）；

　　　R——球内半径（mm）。

连线的方法：大、中、小三点决定后，通过大、小两点打一粉线，打粉线的目的是徒手连线时作为基准线，以期使弧线更圆滑。净料线划出后，同时在一侧划出40mm的搭接线。

4. 展开料样板的画法

1）由于此顶盖规格特大，用油毡纸作样板要接用，接用的工具为两端为尖状的薄铁皮即可。

2）画一线段长为14177mm，并找出其中点。

3）用钢卷尺画弧，其小、中、大端的半径分别为 $P_1 = 1261\text{mm}$、$P_2 = 8503\text{mm}$、$P_3 = 16458\text{mm}$。

4）在中线上以小、中、大三点，为基点，分别向两侧直线量取$\dfrac{199}{2}$mm、$\dfrac{1300}{2}$mm、$\dfrac{2351}{2}$mm，与弧线相交得各交点，圆滑连接各点即得顶盖净料样板。

向两侧直线量取半弧长是完全可取的，这是因为：

① 由于规格太大，弧长和弦长相差甚微，可忽略不计。

② 顶盖板之间为搭接，搭接量大点小点无大碍。

5）在一侧平行加出40mm，即为搭接量。

5. 筋板料计算

如图1-66中所示，每扇有13条横向筋板和一条中筋板，其计算方法在扇形展开料的计算中已经涉及到，现介绍如下。

1）横向筋板的计算。

① 平弯半径。筋板的平弯半径也就是筋板所处位置的展开半径，如第六条筋板的平弯半径是：

$P_6 = R\tan Q_6 = 36000\text{mm} \times \tan 16.7543° = 10838\text{mm}$。

② 立弯半径。筋板的立弯半径也就是球半径，即36000mm。

③ 筋板的长度。筋板的长度也就是此筋板所处位置的横向弧长减去两个搭接量，如第六条的长度是：

$s_6 = \dfrac{2\pi r_6}{m} - 2y - \delta = \left(\dfrac{2\pi \times 10378}{40} - 80 - 10\right)\text{mm} = 1540\text{mm}$。

中间无纵向筋板者可不减 δ。

2）纵向筋板的计算：如图1-66中所示，只在大端的中下部有中筋板，其曲率等于球半径，其长度按等分数计算便是，本例一扇的纵向长度约7000mm。

3）说明：

① 弦长 b、弦高 h 供制作胎具和安装顶盖时作验证数据用。

② 立筋也属顶盖下料范围，横向应是符合 R、P_n 的双曲立筋，纵向应是符合 R 的单曲立筋。

③ 瓜瓣成形方法：将一扇瓜瓣放于组对胎上，按设计位置周向点焊限位铁，以控制瓜瓣板的位置，放上缺口工字钢，通过绞链和楔铁将板压贴压紧，然后再点焊纵向、横向筋板，有间隙时可用压杠压贴之。

焊完后，一扇瓜瓣板的双向曲率就基本定形了。

七、球壳板料计算

球形贮罐按分瓣形式分为橘瓣式、足球瓣式、混合瓣式等几种，但常用的为橘瓣式；按分瓣的规格分为整瓜瓣和半瓜瓣两种形式。本节分别按橘瓣式、整瓜瓣式和半整瓜瓣式叙述，目的是为了向读者阐明三个问题：一是料的计算方法；二是整瓜瓣和半整瓜瓣料计算有何不同；三是球壳板的压制胎具和压制方法。

小型的瓜瓣球和瓜瓣封头，如网架结构的球、装饰用的球，道理同上，此略。

还有整圆形料压制的半球形（两半焊成一个球），请参见本书有关章节。

（一）橘瓣式

施工图如图1-69所示，计算原理图如图1-70所示。

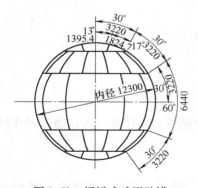 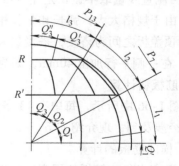

图1-69　橘瓣式球形贮罐　　　　　　　　　图1-70　计算原理图

1. 赤道带

（1）展开料计算方法（见图1-70和图1-71）

1）半纵向长 $l_1 = \pi R \dfrac{Q_1}{180°} = \pi \times 6150\text{mm} \times \dfrac{30°}{180°} = 3220\text{mm}$。

2）纵向每等分弧长 $y = \dfrac{l_1}{n} = \dfrac{3220}{6}\text{mm} = 536.69\text{mm}$。

3）每等分所对球心角 $Q_1' = \dfrac{\gamma 180°}{\pi R} = \dfrac{180° \times 536.9}{\pi \times 6150} = 5°$

4）每等分点所处截圆半径 $R_n = R\cos nQ_1'$

如 $R_2 = 6150\text{mm} \times \cos5° = 6126.6\text{mm}$

同理得：$R_1 = 6150\text{mm}$，$R_3 = 6056.6\text{mm}$，$R_4 = 5940.4\text{mm}$，$R_5 = 5779.1\text{mm}$，$R_6 = 5573.8\text{mm}$，$R_7 = 5320.1\text{mm}$。

5）各等分点横向弧长 $s_n = \pi R_n \dfrac{30°}{180°}$（赤道带分 12 瓣片，每片球心角为 30°）

如 $s_2 = \pi \times 6126.6\text{mm} \times \dfrac{30°}{180°} = 3207.9\text{mm}$

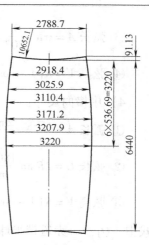

图 1-71　赤道带展开图

同理得：$s_1 = 3220\text{mm}$，$s_3 = 3171.2\text{mm}$，$s_4 = 3110.4\text{mm}$，$s_5 = 3025.9\text{mm}$，$s_6 = 2918.4\text{mm}$，$s_7 = 2788.7\text{mm}$。

6）上口展开半径 $P_7 = R\tan(Q_2 + Q_3) = 6150\text{mm} \times \tan60° = 10652.1\text{mm}$。

7）展开料上口包角 $\alpha_7 = \dfrac{s_7 180°}{\pi P_7} = \dfrac{2788.7 \times 180°}{\pi \times 10652.1} = 15°$。

8）展开料上口弦高 $l_7 = P_7\left(1 - \cos\dfrac{\alpha_7}{2}\right) = 10652.1\text{mm} \times (1 - \cos7.5°) = 91.13\text{mm}$。

（2）成形后尺寸计算方法（见图 1-72）

1）端口尺寸：

①上口截圆半径 $R' = R\cos Q_1 = 6150\text{mm} \times \cos30° = 5326.1\text{mm}$。

②上口弧长 $A_1 = \dfrac{2\pi R'}{m} = \dfrac{2\pi \times 5326.1\text{mm}}{12} = 2788.7\text{mm}$。

③上口弦长 $C_1 = 2R'\sin\dfrac{360°}{2 \times 12} = 2 \times 5326.1\text{mm} \times \sin15° = 2757\text{mm}$。

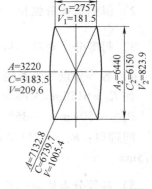

图 1-72　赤道带成形后尺寸

④上口弦高 $V_1 = R'\left(1 - \cos\dfrac{180°}{m}\right) = 5326.1\text{mm} \times (1 - \cos15°) = 181.5\text{mm}$。

2）纵向尺寸：

①弧长 $A_2 = \pi R\dfrac{2Q_1}{180°} = \pi \times 6150\text{mm} \times \dfrac{60°}{180°} = 6440\text{mm}$。

②弦长 $C_2 = 2R\sin Q_1 = 12300\text{mm} \times \sin30° = 6150\text{mm}$。

③弦高 $V_2 = R(1 - \cos Q_1) = 6150\text{mm} \times (1 - \cos30°) = 823.9\text{mm}$。

3）对角线尺寸：

①对角线弦长 $C = \sqrt{C_1^2 + C_2^2} = \sqrt{2757^2 + 6150^2}\,\text{mm} = 6739.7\text{mm}$。

②对角线所对球心角 $Q = 2 \times \arcsin\dfrac{C}{2R} = 2 \times \arcsin\dfrac{6739.7}{12300} = 66.452°$（由弦长公式推导而得）。

③ 弧长 $A = \pi R \dfrac{Q}{180°} = \pi \times 6150\text{mm} \times \dfrac{66.452°}{180°} = 7132.8\text{mm}$。

④ 弦高 $V = R\left(1 - \cos\dfrac{Q}{2}\right) = 6150\text{mm} \times \left(1 - \cos\dfrac{66.452°}{2}\right) = 1005.4\text{mm}$。

4）中横向尺寸：

① 弧长 $A = \dfrac{2\pi R}{m} = \dfrac{2\pi \times 6150\text{mm}}{12} = 3220\text{mm}$。

② 弦长 $C = 2R\sin\dfrac{180°}{m} = 2 \times 6150\text{mm} \times \sin 15° = 3183.5\text{mm}$。

③ 弦高 $V = R\left(1 - \cos\dfrac{180°}{m}\right) = 6150\text{mm} \times (1 - \cos 15°) = 209.6\text{mm}$。

式中　Q_1——赤道带半球心角（°）；

$\quad Q_2$、Q_3——温带、极带球心角（°）；

$\qquad R$——球内半径（mm）；

$\qquad m$——赤道带瓜瓣数，本例 $m = 12$。

2. 温带

（1）展开料计算方法（见图 1-70 和图 1-73）

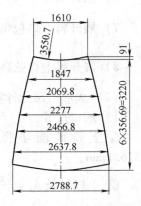

图 1-73　温带展开图

1）纵向长 $l_2 = \pi R \dfrac{Q_2}{180°} = \pi \times 6150\text{mm} \times \dfrac{30°}{180°} = 3220\text{mm}$。

2）纵向每等分弧长 $y = \dfrac{l_2}{n} = \dfrac{3220\text{mm}}{6} = 536.69\text{mm}$。

3）每等分所对球心角 $Q_2' = \dfrac{y\,180°}{\pi R} = \dfrac{536.69 \times 180°}{\pi \times 6150} = 5°$。

4）各等分点所处截圆半径 $R_n = R\cos(Q_1 + nQ_2')$

如 $R_7 = 6150\text{mm} \times \cos 30° = 5326.1\text{mm}$

$R_8 = 6150\text{mm} \times \cos 35° = 5037.8\text{mm}$

同理得：$R_9 = 4711.2\text{mm}$，$R_{10} = 4348.7\text{mm}$，$R_{11} = 3953\text{mm}$，$R_{12} = 3527.5\text{mm}$，$R_{13} = 3075\text{mm}$。

5）各等分点横向弧长 $s_n = \pi R_n \dfrac{30°}{180°}$（温带 12 等分，每等分 30°）

如 $s_7 = \pi R_7 \dfrac{30°}{180°} = \pi \times 5326.1\text{mm} \times \dfrac{30°}{180°} = 2788.7\text{mm}$

同理得：$s_8 = 2637.8\text{mm}$，$s_9 = 2466.8\text{mm}$，$s_{10} = 2277\text{mm}$，$s_{11} = 2069.8\text{mm}$，$s_{12} = 1847\text{mm}$，$s_{13} = 1610\text{mm}$。

6）上口展开半径 $P_{13} = R\tan Q_3 = 6150\text{mm} \times \tan 30° = 3350.7\text{mm}$。

7）展开料上端所对顶角 $\alpha_{13} = \dfrac{s_{13}\,180°}{\pi P_{13}} = \dfrac{1610 \times 180°}{\pi \times 3350.7} = 25.98°$。

8）展开料上口弦高 $e_{13} = P_{13}\left(1 - \cos\dfrac{\alpha_{13}}{2}\right) = 3550.7\text{mm} \times (1 - \cos 12.99°) = 91\text{mm}$。

（2）成形后尺寸计算方法（见图 1-74）

1）上端口尺寸：

① 截圆半径 $R'' = R\cos(Q_1 + Q_2) = 6150\text{mm} \times \cos60° = 3075\text{mm}$。

② 弧长 $A = \dfrac{2\pi R''}{m} = \dfrac{2\pi \times 3075\text{mm}}{12} = 1610\text{mm}$。

③ 弦长 $C = 2R''\sin\dfrac{180°}{m} = 2 \times 3075\text{mm} \times \sin\dfrac{180°}{2} = 1591.7\text{mm}$。

④ 弦高 $V = R''\left(1 - \cos\dfrac{180°}{m}\right) = 3075\text{mm} \times (1 - \cos15°) = 104.8\text{mm}$。

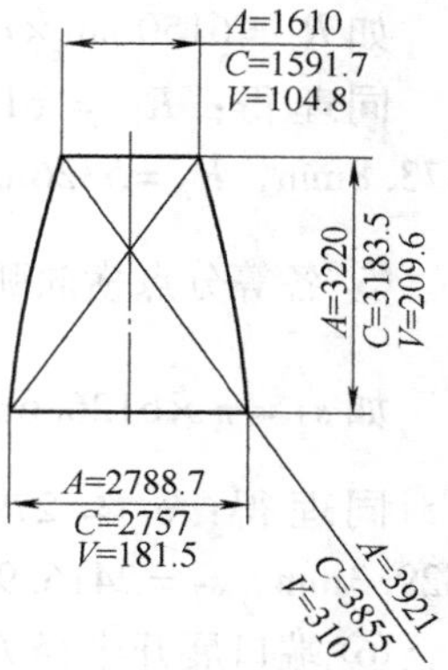

2）下端口尺寸：同赤道带端口尺寸。

3）纵向尺寸：

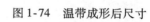

① 弧长 $A = \pi R\dfrac{Q_2}{180°} = \pi \times 6150\text{mm} \times \dfrac{30°}{180°} = 3220\text{mm}$。

② 弦长 $C = 2R\sin\dfrac{Q_2}{2} = 12300\text{mm} \times \sin15° = 3183.5\text{mm}$。

图 1-74　温带成形后尺寸

③ 弦高 $V = R\left(1 - \cos\dfrac{Q_2}{2}\right) = 6150\text{mm} \times (1 - \cos15°) = 209.6\text{mm}$。

4）对角线尺寸：

① 弦长 $C = \sqrt{\left(C_3 - \dfrac{C_3 - C_1}{2}\right)^2 + C_2^2}$（计算原理见图 1-75）

$= \sqrt{\left(2757 - \dfrac{2757 - 1591.7}{2}\right)^2 + 3183.5^2}\text{mm} = 3855\text{mm}$。

② 对角线所对球心角 $Q = 2\arcsin\dfrac{C}{2R}$（由弦长公式推导而得）$=$

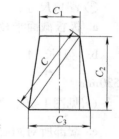

$2\arcsin\dfrac{3855}{12300} = 36.53°$。

图 1-75　对角线弦长
计算原理图

③ 弧长 $A = \pi R\dfrac{Q}{180°} = \pi \times 6150\text{mm} \times \dfrac{36.53°}{180°} = 3921\text{mm}$。

④ 弦长 $V = R\left(1 - \cos\dfrac{Q}{2}\right) = 6150\text{mm} \times \left(1 - \cos\dfrac{36.53°}{2}\right) = 310\text{mm}$。

3. 极带

（1）中央板（见图 1-76）

1）展开料计算方法。

① 半纵向长 $l = \pi R\dfrac{Q_3}{180°} = \pi \times 6150\text{mm} \times \dfrac{30°}{180°} = 3220\text{mm}$。

② 纵向每等分弦长 $y = \dfrac{l}{n} = \dfrac{3220\text{mm}}{6} = 536.68\text{mm}$。

③ 每等分所对球心角

$$Q = \dfrac{y180°}{\pi R} = \dfrac{536.68 \times 180°}{\pi \times 6150} = 5°。$$

④ 各等分点所处截圆半径 $R_n = R\cos(n-1)Q$

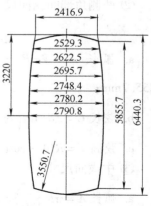

图 1-76　极带中央板

如 $R_2 = 6150\text{mm} \times \cos 5° = 6126.6\text{mm}$

同理得：$R_1 = 6150\text{mm}$，$R_3 = 6056.6\text{mm}$，$R_4 = 5940.45\text{mm}$，$R_5 = 5779\text{mm}$，$R_6 = 5573.8\text{mm}$，$R_7 = 5326\text{mm}$。

⑤ 各等分点横向弧长 $s_n = \pi R_n \dfrac{2Q''_3}{180°}$ （见图1-69，Q''_3 等于13°）

如 $s_2 = \pi \times 6126.6\text{mm} \times \dfrac{26°}{180°} = 2780.2\text{mm}$

同理得：$s_1 = 2790.8\text{mm}$，$s_3 = 2748.4\text{mm}$，$s_4 = 2695.7\text{mm}$，$s_5 = 2622.5\text{mm}$，$s_6 = 2529.3\text{mm}$，$s_7 = 2416.9\text{mm}$。

⑥ 端口展开半径 $P_{13} = R\tan Q_3 = 6150\text{mm} \times \tan 30° = 3550.7\text{mm}$。

⑦ 边沿半弧长 $l = \pi R \dfrac{\arcsin \sqrt{1 - \left(\dfrac{\cos Q_3}{\cos Q''_3}\right)^2}}{180°} = \pi \times 6150\text{mm} \times \dfrac{\arcsin \sqrt{1 - \left(\dfrac{\cos 30°}{\cos 13°}\right)^2}}{180°} = 2927.8\text{mm}$。

2）极带中央板成形后尺寸计算方法（见图1-77）。

① 端口尺寸：

a. 极板截面半径 $R' = R\sin Q_3 = 6150\text{mm} \times \sin 30° = 3075\text{mm}$；

b. 弧长 $A = \dfrac{2\pi R' - 4s'}{2} = \dfrac{2\pi \times 3075 - 4 \times 3565.2\text{mm}}{2} = 2530\text{mm}$

（s' 见图1-79，等于3565.2mm）；

c. 端部所对圆心角 $\alpha = \dfrac{A180°}{\pi R'} = \dfrac{2530 \times 180°}{\pi \times 3075} = 47.14°$；

d. 弦长 $C = 2R' \sin \dfrac{\alpha}{2} = 2 \times 3075\text{mm} \times \sin \dfrac{47.14°}{2} = 2459.2\text{mm}$；

e. 弦高 $V = R'\left(1 - \cos \dfrac{\alpha}{2}\right) = 3075\text{mm} \times \left(1 - \cos \dfrac{47.14°}{2}\right) = 256.6\text{mm}$。

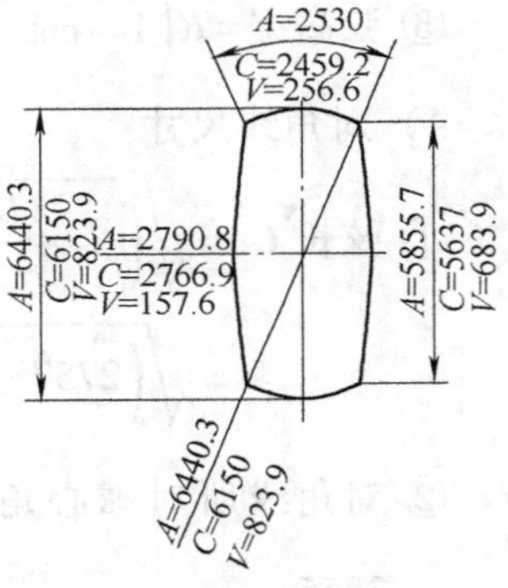

② 两侧角部间纵向尺寸：

a. 弧长 $A = 2\pi R \dfrac{\arcsin \sqrt{1 - \left(\dfrac{\cos Q_3}{\cos Q''_3}\right)^2}}{180°} = 2\pi \times 6150\text{mm} \times \dfrac{\arcsin \sqrt{1 - \left(\dfrac{\cos 30°}{\cos 13°}\right)^2}}{180°} = 5855.7\text{mm}$；

b. 弦长 $C = 2R\sin \alpha \left(令 \alpha = \arcsin \sqrt{1 - \left(\dfrac{\cos 30°}{\cos 13°}\right)^2}\right) = 2 \times 6150\text{mm} \times \sin 27.28° = 5637\text{mm}$；

c. 弦高 $V = R(1 - \cos \alpha) = 6150\text{mm} \times (1 - \cos 27.28°) = 683.9\text{mm}$。

③ 中横向尺寸：

a. 弧长 $A = \pi R \dfrac{2Q''_3}{180°} = 2 \times 6150\text{mm} \times \dfrac{26°}{180°} = 2790.8\text{mm}$；

b. 弦长 $C = 2R\sin Q''_3 = 2 \times 6150\text{mm} \times \sin 13° = 2766.9\text{mm}$；

图 1-77　板带中央板成形后尺寸

c. 弦高 $V = R(1 - \cos Q''_3) = 6150\text{mm} \times (1 - \cos 13°) = 157.6\text{mm}$。

④ 对角线（纵中线）尺寸：

a. 弧长 $A = \pi R \dfrac{2Q_3}{180°} = \pi \times 6150\text{mm} \times \dfrac{60°}{180°} = 6440.3\text{mm}$；

b. 弦长 $C = 2R\sin Q_3 = 12300\text{mm} \times \sin 30° = 6150\text{mm}$；

c. 弦高 $V = R(1 - \cos Q_3) = 6150\text{mm} \times (1 - \cos 30°) = 823.9\text{mm}$。

（2）边板（见图1-78）

1）边板左部分：

① 半纵向长 $l = \pi R \dfrac{\arcsin \sqrt{1 - \left(\dfrac{\cos Q_3}{\cos Q''_3}\right)^2}}{180°} = \pi \times 6150\text{mm} \times$

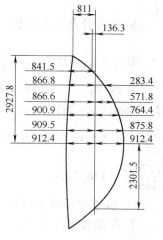

图1-78　极带边板

$\dfrac{\arcsin \sqrt{1 - \left(\dfrac{\cos 30°}{\cos 13°}\right)^2}}{180°} = 2927.8\text{mm}$。

② 每等分弧长 $y = \dfrac{l}{n} = \dfrac{2927.8\text{mm}}{6} = 487.97\text{mm}$。

③ 每等分所对球心角 $Q = \dfrac{y180°}{\pi R} = \dfrac{487.97 \times 180°}{\pi \times 6150} = 4.546°$。

④ 每等分点所处截圆半径 $R_n = R\cos(n-1)Q$

如 $R_2 = 6150\text{mm} \times \cos 4.546° = 6130.65\text{mm}$

同理得：$R_1 = 6150\text{mm}$，$R_3 = 6072.73\text{mm}$，$R_4 = 5976.6\text{mm}$，$R_5 = 5842.85\text{mm}$，$R_6 = 5672.35\text{mm}$，$R_7 = 5466.15\text{mm}$。

⑤ 各等分横向弧长 $s_n = \pi R_n \dfrac{Q'_3}{2 \times 180°}$（$\dfrac{Q'_3}{2} = 8.5°$，见图1-69）

如 $s_2 = \pi \times 6130.65\text{mm} \times \dfrac{8.5°}{180°} = 909.5\text{mm}$

同理得：$s_1 = 912.4\text{mm}$，$s_3 = 900.9\text{mm}$，$s_4 = 886.6\text{mm}$，$s_5 = 866.8\text{mm}$，$s_6 = 841.5\text{mm}$，$s_7 = 811\text{mm}$。

2）边板右部分：

① 半纵向弧长 $l = \pi R \dfrac{\arcsin \sqrt{1 - \left[\dfrac{\cos Q_3}{\cos\left(Q''_3 + \dfrac{Q'_3}{2}\right)}\right]^2}}{180°} = \pi \times 6150\text{mm} \times \dfrac{\arcsin \sqrt{1 - \left(\dfrac{\cos 30°}{\cos 21.5°}\right)^2}}{180°} =$

2301.5mm。

② 每等分弧长 y，同边板左部分的计算。

③ 每等分所对球心角 Q，同边板左部分的计算。

④ 各等分点所处纬圆地径 R_n，同边板左部分的计算。

⑤ 各横向弧在其截圆上的圆心角 λ_n（左部分皆为 $8.5°$，而右部分各异）

$$\lambda_n = \arcsin \dfrac{\sqrt{\sin^2 Q_3 - \sin^2 nQ}}{\cos nQ} - \left(Q''_3 + \dfrac{Q'_3}{2}\right)$$

如 $\lambda_2 = \arcsin \dfrac{\sqrt{\sin^2 30° - \sin^2 4.5461°}}{\cos 4.5461°} - (13° + 8.5°) = 8.185°$

同理得：$\lambda_3 = 7.212°$，$\lambda_4 = 5.482°$，$\lambda_5 = 2.779°$，$\lambda_6 = -1.376°$，$\lambda_7 = -8.5°$。

式中　　Q——中线一等分所对球心角，从边板左部分已知为 4.5461°；

$Q''_3 + \dfrac{Q'_3}{2}$——13° + 8.5° = 21.5°为定值。

⑥ 各等分点横向弧长 $s_n = \pi R_n \dfrac{\lambda_n}{180°}$（$R_n$ 同边板左部分的 R_n）

如 $s_1 = \pi \times 6150\text{mm} \times \dfrac{8.5°}{180°} = 912.4\text{mm}$

同理得：$s_2 = 875.8\text{mm}$，$s_3 = 764.4\text{mm}$，$s_4 = 571.8\text{mm}$，$s_5 = 283.4\text{mm}$，$s_6 = 136.3\text{mm}$，$s_7 = 811\text{mm}$。

⑦ 6 点与中心线的距离 $s = \pi R_n \dfrac{\lambda_6}{180°} = \pi \times 5672.35\text{mm} \times \dfrac{1.3761°}{180°} = 136.3\text{mm}$。

3）极带边板成形后尺寸（见图 1-79）。

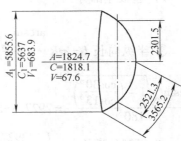

图 1-79　极带边板成形后尺寸

① 左部分纵向尺寸：

a. 弧长 $A_1 = 2\pi R \dfrac{\arcsin \sqrt{1 - \left(\dfrac{\cos Q_3}{\cos Q''_3}\right)^2}}{180°}$

$= 2\pi \times 6150\text{mm} \times \dfrac{\arcsin \sqrt{1 - \left(\dfrac{\cos 30°}{\cos 13°}\right)^2}}{180°}$

$= 5855.6\text{mm}$；

b. 弦长 $C_1 = 2R\sin\beta \left(\diamondsuit\, \beta = \arcsin \sqrt{1 - \left(\dfrac{\cos 30°}{\cos 13°}\right)^2}\right)$

$= 2 \times 6150\text{mm} \times \sin 27.276° = 5637\text{mm}$；

c. 弦高 $V_1 = R(1 - \cos\beta) = 6150\text{mm} \times (1 - \cos 27.276°) = 683.9\text{mm}$。

② 右部分纵向尺寸：

a. 弧长 $A_2 = 2\pi R \dfrac{\arcsin \sqrt{1 - \left[\dfrac{\cos Q_3}{\cos\left(Q''_3 + \dfrac{Q'_3}{2}\right)}\right]^2}}{180°}$

$= 2\pi \times 6150\text{mm} \times \dfrac{\arcsin \sqrt{1 - \left(\dfrac{\cos 30°}{\cos 21.5°}\right)^2}}{180°} = 4603\text{mm}$；

b. 弦长 $C_2 = 2R\sin\beta \left(\diamondsuit\, \beta = \arcsin \sqrt{1 - \left(\dfrac{\cos 30°}{\cos 21.5°}\right)^2}\right)$

$= 2 \times 6150\text{mm} \times \sin 21.44° = 4496\text{mm}$；

c. 弦高 $V_2 = R(1 - \cos\beta) = 6150\text{mm} \times (1 - \cos21.44°) = 425.6\text{mm}$。

③ 横中线尺寸：

a. 弧长 $A = \pi R \dfrac{Q_3'}{180°} = \pi \times 6150\text{mm} \times \dfrac{17°}{180°} = 1824.7\text{mm}$；

b. 弦长 $C = 2R\sin\dfrac{Q_3'}{2} = 2 \times 6150\text{mm} \times \sin\dfrac{17°}{2} = 1818.1\text{mm}$；

c. 弦高 $V = R\left(1 - \cos\dfrac{Q_3'}{2}\right) = 6150\text{mm} \times (1 - \cos8.5°) = 67.6\text{mm}$。

④ 右部分大小弧长：

a. 极板的截圆半径 $R'' = R\sin Q_3 = 6150\text{mm} \times \sin30° = 3075\text{mm}$；

b. 大弧长 $s' = \pi R'' \dfrac{\arcsin\dfrac{C_1}{2R'}}{180°} = \pi \times 3075\text{mm} \times \dfrac{\arcsin\dfrac{5637}{2 \times 3075}}{180°} = 3565.2\text{mm}$；

c. 小弧长 $s'' = \pi R'' \dfrac{\arcsin\dfrac{C_2}{2R''}}{180°} = \pi \times 3075\text{mm} \times \dfrac{\arcsin\dfrac{4496.3}{2 \times 3075}}{180°} = 2521.3\text{mm}$。

（二）整瓜瓣式

如图 1-80 所示为一整瓜瓣贮罐的施工图，图 1-81 为计算原理图。

计算方法如下。

1）半顶圆弧长 $l_1 = \pi R \dfrac{Q_1}{180°} = \pi \times 3060\text{mm} \times \dfrac{30°}{180°} = 1602.21\text{mm}$。

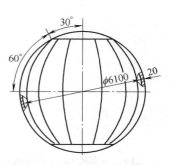

图 1-80　120m³ 球罐

2）各等分点至顶圆中心弧长 $l_n = l_1 + nm$

如 $l_{10} = (1602.21 + 9 \times 200)\text{mm} = 3402.21\text{mm}$

同理得：$l_2 = 1802.21\text{mm}$，$l_3 = 2002.21\text{mm}$，$l_4 = 2202.21\text{mm}$，$l_5 = 2402.21\text{mm}$，$l_6 = 2602.21\text{mm}$，$l_7 = 2802.21\text{mm}$，$l_{10} = 3402.21\text{mm}$，$l_{16} = 4602.21\text{mm}$，$l_{17} = 4806.63\text{mm}$，$l_{13} = 4002.21\text{mm}$。

3）各点所对球心角 $Q_n = 180°l_n/(\pi R)$

如 $Q_{10} = 180° \times 3402.21/(\pi \times 3060) = 63.7°$

同理得：$Q_1 = 30°$，$Q_2 = 33.74°$，$Q_3 = 37.49°$，$Q_4 = 41.23°$，$Q_5 = 44.98°$，$Q_6 = 48.72°$，$Q_7 = 52.47°$．$Q_{10} = 63.7°$，$Q_{16} = 86.17°$，$Q_{17} = 90°$，$Q_{13} = 74.94°$。

4）各点展开半径 $P_n = R\tan Q_n$

如 $P_{10} = 3060\text{mm} \times \tan63.7° = 6191.44\text{mm}$

同理得：$P_1 = 1766.7\text{mm}$，$P_2 = 2043.85\text{mm}$，$P_3 = 2347.17\text{mm}$，$P_4 = 2681.66\text{mm}$，$P_5 = 3057.86\text{mm}$，$P_6 = 3485.58\text{mm}$，$P_7 = 3983.55\text{mm}$，$P_{16} = 45708.58\text{mm}$，$P_{17} = $ 无穷大，$P_{13} = 11370.7\text{mm}$。

5）纬圆半径 $r_n = R\sin Q_n$

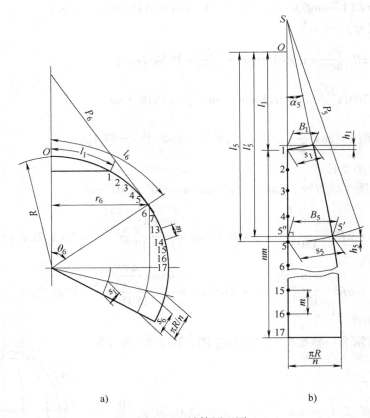

图 1-81　计算原理图

a）部分主视图　b）$\frac{1}{4}$整瓜瓣展开图

如 $r_{10} = 3060\text{mm} \times \sin 63.7° = 2743.25\text{mm}$

同理得：$r_1 = 1530\text{mm}$，$r_2 = 1699.6\text{mm}$，$r_3 = 1862.39\text{mm}$，$r_4 = 2016.8\text{mm}$，$r_5 = 2162.99\text{mm}$，$r_6 = 2299.57\text{mm}$，$r_7 = 2426.69\text{mm}$，$r_{16} = 3053.17\text{mm}$，$r_{17} = 3060$，$r_{13} = 2954.9\text{mm}$。

6）每瓣各纬圆 $\frac{1}{2}$ 弧长 $s_n = \pi r_n / n'$

如 $s_{10} = \pi \times 2743.25\text{mm}/12 = 718.18\text{mm}$

同理得：$s_1 = 400.55\text{mm}$，$s_2 = 444.95\text{mm}$，$s_3 = 487.57\text{mm}$，$s_4 = 528\text{mm}$，$s_5 = 566.27\text{mm}$，$s_6 = 602.03\text{mm}$，$s_7 = 635.31\text{mm}$，$s_{16} = 799.32\text{mm}$，$s_{17} = 801.11\text{mm}$，$s_{13} = 773.59\text{mm}$。

7）展开图上各点所对顶角 $a_n = \dfrac{180° s_n}{\pi P_n}$

如 $\alpha_{10} = \dfrac{180° \times 718.18}{\pi \times 6191.44} = 6.65°$

同理得：$\alpha_1 = 12.99°$，$\alpha_2 = 12.47°$，$\alpha_3 = 11.9°$，$\alpha_4 = 11.28°$，$\alpha_5 = 10.61°$，$\alpha_6 = 9.896°$，$\alpha_7 = 9.14°$，$\alpha_{16} = 1.0019°$，$\alpha_{17} = 0°$，$\alpha_{13} = 3.898°$。

8）展开图上各点所对应弦长 $B_n = P_n \sin \alpha_n$（见图 1-82）

如 $B_{10} = 6191.44\text{mm} \times \sin 6.65° = 716.99\text{mm}$

同理得：$B_1 = 397.12$mm，$B_2 = 441.33$mm，$B_3 = 484$mm，$B_4 = 524.54$mm，$B_5 = 563.02$mm，$B_6 = 599.03$mm，$B_7 = 632.78$mm，$B_{16} = 799.24$mm，$B_{17} = 801.11$mm，$B_{13} = 773$mm。

9）展开图上各点弦高 $h_n = P_n(1 - \cos\alpha_n)$

如 $h_{10} = 6191.44$mm $\times (1 - \cos6.65°) = 41.66$mm

同理得：$h_1 = 45.21$mm，$h_2 = 48.22$mm，$h_3 = 50.44$mm，$h_4 = 51.8$mm，$h_5 = 52.28$mm，$h_6 = 51.86$mm，$h_7 = 50.58$mm，$h_{16} = 6.99$mm，$h_{17} = 0$，$h_{13} = 26.3$mm。

10）展开图上各垂足至顶圆中心长 $l'_n = l_n - h_n$

如 $l'_{10} = l_{10} - h_{10} = (3402.21 - 41.66)$mm $= 3360.55$mm

同理得：$l'_1 = 1557$mm，$l'_2 = 1753.99$mm，$l'_3 = 1951.77$mm，$l'_4 = 2150.41$mm，$l'_5 = 2349.93$mm，$l'_6 = 2550.36$mm，$l'_7 = 2751.63$mm，$l'_{16} = 4595.22$mm，$l'_{17} = 4806.63$mm，$l'_{13} = 3975.91$mm。

式中　Q_1——半顶圆所对球心角（°），设计为30°；

　　　n——半整瓜瓣等分数，本例共16等分、17个序号；

　　　m——每等分的弧长（mm），m_{16}为204.42mm，其余为200mm；

　　　n'——球瓜瓣数，本例为12个整瓜瓣。

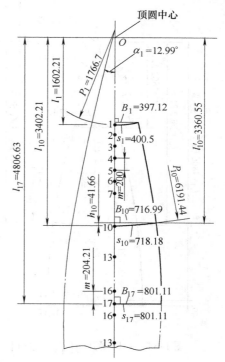

图 1-82　$\frac{1}{4}$ 整瓜瓣展开图（净料）

（三）半整瓜瓣式

为了更显明地说明整瓜瓣和半整瓜瓣料计算有何不同，仍利用上 120m³ 球罐，把它变成半球形式，下成半整瓜瓣，如图 1-83 所示为半球体，图 1-84 所示为一扇展开图。

通过计算，两者的展开数据完全一样，展开料皆为净料，但在实践中发现，两者还是不一样，前者为净料，可不经任何修切，打出坡口，压制成形后便可组对成球，但后者

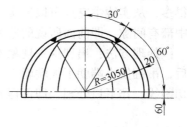

图 1-83　半球体

根据计算数据也是净料，压制成形在组胎上组对时却不是净料，需组焊成形后二次切制，这是为什么呢？下面分析原因如下。

在分析原因之前，先明确两个术语，即封闭区域和自由边缘，如图 1-85a 所示为瓜瓣壳板的封闭区域和自由边缘的分析图，1 为封闭区域，2 为自由边缘，压制时，不论是点压或上下胎对压，封闭区域的材质相互阻抗和牵制总是遵循着内层缩外层伸长的规律，但自由边缘就不同了，施压后，由于边缘部位受不到内部金属材质的阻抗和牵制，内外层皆发生了伸长变薄，幸好，这种伸长变薄是对称均匀进行的，总起来分析，这块料的总面积肯定比原始面积要大，因为四周都发生了拉伸变薄现象（封闭区域也有拉伸变薄的倾向，但量很小），由于对称、均匀，故不会影响壳板的组对、但大数据会增大，如直径和容积，但都能在允差范围。

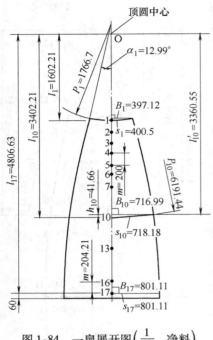

图 1-84　一扇展开图$\left(\dfrac{1}{12}，净料\right)$

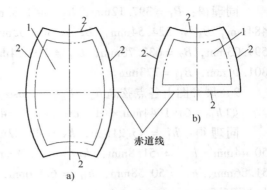

图 1-85　瓜瓣封闭区域和自由边缘分析图
a) 整瓜瓣　b) 半整瓜瓣
1—封闭区域　2—自由边缘

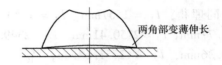

图 1-86　一扇壳板压制成形
后的变形情况

如图 1-85b 所示为半整瓜瓣展开图，即整瓜瓣料沿赤道线切断、赤道线范围由封闭区域变为自由边缘，由原来的内层缩外层伸变为内外层皆伸长，而这种伸长很不均匀，尤其是大端的角部，是两个自由边缘交汇的地方，所以这里的拉伸变薄要比赤道线中部的拉伸变薄大得多，从实践中完全可以证实这一分析，如图 1-86 所示，在平台组对时，两角接触平台而中部有间隙，即前面所说的原为净料变成了毛料。

处理方法：出现这种现象不是因为下料缺陷，而是因为压制变形造成的。整体组焊成形后，吊翻使小端朝下大端朝上，以大端中部为基点（最好量取半球体的高而定）划出端口切割线，作平口处理，即可得到无任何缺陷的半球体。

第二章 锥 管

本章主要介绍各类锥管料计算，如正圆锥台、双折边圆锥台、膨胀节、有斜度锥度方管等，还介绍了较大和特大展开半径圆锥台的计算和排版方法。

一、正圆锥台料计算（见图 2-1）

如图 2-2 所示为常见正圆锥台的施工图，图 2-3 为计算原理图。

1. 板厚处理

1）大小端皆按中径为计算基准。

2）高为两端中心线点间的垂直距离。

3）纵缝开 60° 外坡口。

图 2-1 立体图

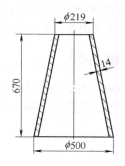

图 2-2 正圆锥台

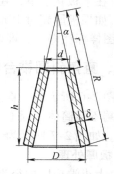

图 2-3 计算原理图

2. 下料计算（展开图见图 2-4）

1）整锥半顶角 $\alpha = \arctan \dfrac{D-d}{2h} = \arctan \dfrac{486-205}{2 \times 670} = 11.84°$。

2）整锥展开半径 $R = \dfrac{D}{2\sin\alpha} = \dfrac{486\text{mm}}{2\sin11.84°} = 1184\text{mm}$。

3）上锥展开半径 $r = \dfrac{d}{2\sin\alpha} = \dfrac{205\text{mm}}{2\sin11.84°} = 500\text{mm}$。

4）展开料包角 $\omega = 360° \times \sin\alpha = 360° \times \sin11.84° = 73.865°$。

5）展开料大端弧长 $s = \pi D = \pi \times 486\text{mm} = 1527\text{mm}$。

6）展开料小端弧长 $s_1 = \pi d = \pi \times 205\text{mm} = 644\text{mm}$。

7）展开料大端弦长 $A = 2R\sin\dfrac{\omega}{2} = 2 \times 1184\text{mm} \times \sin\dfrac{73.865°}{2} = 1423\text{mm}$。

8）展开料小端弦长 $A_1 = 2r\sin\dfrac{\omega}{2} = 2 \times 500\text{mm} \times \sin\dfrac{73.865°}{2} = 601\text{mm}$。

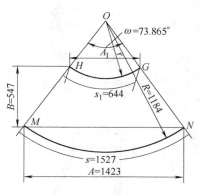

图 2-4 展开图

9）大小端弦心距 $B = (R - r)\cos\dfrac{\omega}{2} = (1184 - 500)\,\text{mm} \times \cos\dfrac{73.865°}{2} = 547\text{mm}$。

式中　　D、d——大小端中直径（mm）；

　　　　　h——两端中心径点间垂直距离（mm）；

　　　　　α——锥台半顶角（°）。

3. 展开图的划法

用放射线法作展开。

1）作一线段 MN，使 $MN = A = 1423\text{mm}$。

2）分别以 M、N 为圆心，以 $R = 1184\text{mm}$ 为半径画弧，两弧交于 O 点，$\angle OMN$ 必为 $\alpha = 73.865°$，若不是这个角度，说明计算有误。

3）以 O 点为圆心，以 $r = 500\text{mm}$ 为半径画弧，与前轮廓线相交得交点 H、G，$MHGN$ 即为展开料。

4）验证一下 A_1 和 B 是否等于 601mm 和 547mm，若不是，说明计算有误。

4. 说明

1）在平板状态下，在刨边机上刨出纵缝外坡口；

2）如果板厚超过 10mm，圆锥台的高可考虑按两端中径点间垂直距离，若在 10mm 以下，按图样标注即可，即使有点误差，也可用开外坡口补之。

二、直角斜圆锥台料计算（见图 2-5）

如图 2-6 所示为一直角斜圆锥台的施工图，在机械制造行业常见到此锥台，大端连筒体，小端不接筒体；因上下端不同心，所以是斜的，倾斜之后的底角等于 90°，故称直角斜圆锥台。如图 2-7 所示为计算原理图。

1. 板厚处理

1）大小端皆以中径为计算基准。

图 2-5　立体图

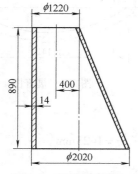

图 2-6　直角斜圆锥台

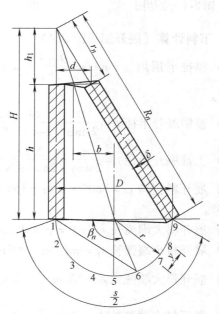

图 2-7　计算原理图

2）此例小端不接筒体，允差量较大，故高按设计即可。

3）大端和纵缝皆开60°外坡口。

2. 下料计算（展开图见图2-8）

本例大小端有 n 条展开半径，必须一条一条地计算，较正圆锥台麻烦一些。

1）整斜圆锥高 $H = \dfrac{Dh}{D-d} = \dfrac{2006 \times 890}{2006 - 1206}$ mm = 2232mm（相似三角形）。

2）上部斜锥高 $h_1 = H - h = (2232 - 890)$ mm = 1342mm。

3）整斜圆锥任一展开半径 $R_n = \sqrt{\left(D\sin\dfrac{\beta}{2}\right)^2 + H^2}$（旋转法求实长）。

如 $R_6 = \sqrt{\left(2006 \times \sin\dfrac{112.5°}{2}\right)^2 + 2232^2}$ mm = 2786mm

同理得：$R_1 = 2232$mm，$R_2 = 2266$mm，$R_3 = 2360$mm，$R_4 = 2495$mm，$R_5 = 2645$mm，$R_7 = 2901$mm，$R_8 = 2975$mm，$R_9 = 3001$mm；

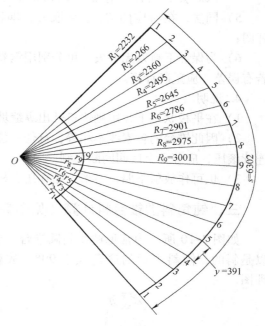

图2-8　展开图

4）上部斜圆锥任一展开半径 $r_n = \dfrac{R_n h_1}{H}$（相似三角形），如

$$r_6 = \frac{2786 \times 1342}{2232} \text{mm} = 1675\text{mm}$$

同理得：$r_1 = 1342$mm，$r_2 = 1362$mm，$r_3 = 1419$mm，$r_4 = 1500$mm，$r_5 = 1590$mm，$r_7 = 1744$mm，$r_8 = 1789$mm，$r_9 = 1804$mm。

5）大端每等分弦长 $y = D\sin\dfrac{180°}{m} = 2006\text{mm} \times \sin11.25° = 391$mm。

6）大端展开弧长 $s = \pi D = \pi \times 2006\text{mm} = 6302$mm。

7）小端展开弧长 $s_1 = \pi d = \pi \times 1206\text{mm} = 3789$mm。

式中　D、d——大小端中径（mm）；

h——设计高（mm）；

β_n——圆周各等分点与同一横向直径的夹角（°）；

m——大端圆周等分数，本例为16等分；

r——大端中半径（mm）。

3. 展开图的画法

用三角形法作展开。

1）作线段 $O9 = R_9 = 3001$mm；

2）分别以9、O点为圆心，以 $y = 391$mm、$R_8 = 2975$mm 为半径画弧，两弧交于8点（两个）；

3）同法得出大弧所有点；

4）以 O 点为圆心，用 $r_9 = 1804$mm 截取 $O9$，得 $9'$ 点；

5）同法，在对应的 R_n 上截取 r_n，即得小端各点，圆滑连接大小弧上各点，即得展开图；

6）为保证下料万无一失，可分别用钢卷尺量取大小端弧长分别为6302mm 和3789mm，若有误差，应重新计算。

4. 说明

1）在平板状态下，用刨边机开出纵缝坡口；

2）因此锥台的各素线不相等，且任一位置的曲率不同，所以不能用卷正圆锥台的方法连续滚压，应分几个区间间断卷制；

3）也可作放射下胎、刀形上胎在压力机上从外向内一刀一刀地压制。

三、钝角斜圆锥台料计算（见图2-9）

如图2-10所示为常见钝角斜圆锥台。施工图因为钝角斜圆锥台上下端口不同心，所以是斜的，倾斜之后的底角大于90°，故称为钝角斜圆锥台。如图2-11所示为计算原理图。

图2-9　立体图

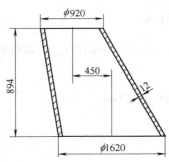

图2-10　钝角斜圆锥台

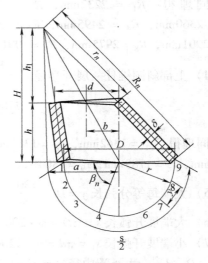

图2-11　计算原理图

1. 板厚处理

1）大小端皆以中径为计算基准。

2）高为两端中心线点间垂直距离。

3）纵缝开60°外坡口。

2. 下料计算（展开图见图2-12）

1）整斜圆锥高 $H = \dfrac{Dh}{D-d} = \dfrac{1608 \times 894}{1608 - 904}$mm $= 2054$mm。

2）上部斜圆锥高 $h_1 = H - h = (2054 - 894)$mm $= 1160$mm。

3）大端中心与锥顶偏心距 $a = \dfrac{Hb}{h} = \dfrac{2054 \times 450}{894}$ mm $= 1034$ mm（相似三角形）。

4）整斜圆锥任一展开半径 $R_n = \sqrt{a^2 + r^2 - 2ar\cos\beta_n + H^2}$（余弦定理）

如 $R_7 = \sqrt{1034^2 + 804^2 - 2 \times 1034 \times 804 \times \cos135° + 2054^2}$ mm $= 2666$ mm

同理得：$R_1 = 2067$ mm，$R_2 = 2097$ mm，$R_3 = 2181$ mm，$R_4 = 2302$ mm，$R_5 = 2436$ mm，$R_6 = 2563$ mm，$R_8 = 2733$ mm，$R_9 = 2756$ mm。

5）上部斜圆锥任一展开半径 $r_n = \dfrac{h_1 R_n}{H}$（相似三角形）

如 $r_7 = \dfrac{1160 \times 2666}{2054}$ mm $= 1505$ mm

同理得：$r_1 = 1167$ mm，$r_2 = 1184$ mm，$r_3 = 1232$ mm，$r_4 = 1300$ mm，$r_5 = 1376$ mm，$r_6 = 1447$ mm，$r_8 = 1543$ mm，$r_9 = 1556$ mm。

6）大端每等分弦长 $y = D\sin\dfrac{180°}{m} = 1608$ mm $\times \sin\dfrac{180°}{16} = 314$ mm。

7）大端展开弧长 $s = \pi D = \pi \times 1608$ mm $= 5052$ mm。

8）小端展开弧长 $s_1 = \pi d = \pi \times 908$ mm $= 2853$ mm。

式中　D——大端中直径（mm）；

$\quad\quad d$——小端中直径（mm）；

$\quad\quad h$——两端中径点间垂直距离（mm）；

$\quad\quad b$——两端口偏心距（mm）；

$\quad\quad r$——大端中半径（mm）；

$\quad\quad \beta_n$——大端圆周各等分点与同一横向直径的夹角（°）；

$\quad\quad m$——整圆周等分数，本例为 16。

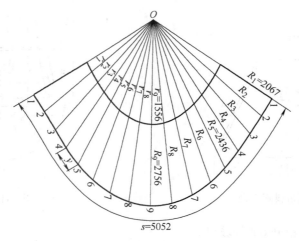

图 2-12　展开图

3. 展开图的划法

用三角形法作展开。

1）划线段 $O9 = R_9 = 2756$mm。

2）分别以 O、9 点为圆心，以 $y = 314$mm、$R_8 = 2733$mm 为半径划弧，两弧交于 8 点（两个）。

3）同法得出大弧所有点。

4）以 O 点为圆心，用 $r_9 = 1556$mm 截取 $O9$，得 $9'$ 点。

5）同法，在对应的 R_n 上截取 r_n，即得小端各点，圆滑连接大小弧上各点，即得展开图。

6）为保证下料的准确性，可分别用钢卷尺量取大小端弧长分别为 5052mm 和 2853mm，若有误差，应重新计算。

4. 说明

1）平板时在刨边机上开出纵缝坡口。

2）因不是正圆锥台，各位置的曲率各异，应分几个区间分别间断卷制。

3）也可作放射下胎、刀形上胎在压力机上从外向内压制。

四、锐角斜圆锥台料计算（见图 2-13）

如图 2-14 所示为工程上常见到的锐角斜圆锥台，上下端皆焊接筒体，因上下端口不同心，即谓斜，倾斜后的底角小于 90°，故称为锐角斜圆锥台，图 2-15 所示为计算原理图。

图 2-13 立体图

1. 板厚处理

1）大小端以中径为计算基准。

2）高按两端口中径点间的垂直距离（因两端皆与筒体连接，故允差较小）。

图 2-14 锐角斜圆锥台

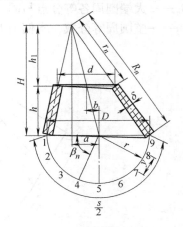

图 2-15 计算原理图

3）纵缝和两端口都开 60°外坡口。

2. 下料计算

本例的各素线不等，故展开半径也各异，必须一条一条地计算。

1）整斜圆锥高 $H = \dfrac{Dh}{D-d} = \dfrac{1806 \times 894}{1806 - 1006}$mm $= 2018$mm。

2）上部斜圆锥高 $h_1 = H - h =$ （2018 – 894）mm $= 1124$mm。

3）大端中心与锥顶偏心距 $a = \dfrac{Hb}{h} = \dfrac{2018 \times 220}{894}$mm $= 497$mm。

4）整锥任一展开半径 $R_n = \sqrt{a^2 + r^2 - 2ar\cos\beta_n + H^2}$ （余弦定理）

如 $R_2 = \sqrt{497^2 + 903^2 - 2 \times 497 \times 903 \times \cos 22.5° + 2018^2}$mm $= 2075$mm

同理得：$R_1 = 2058$mm，$R_3 = 2121$mm，$R_4 = 2189$mm，$R_5 = 2266$mm，$R_6 = 2341$mm，$R_7 = 2402$mm，$R_8 = 2442$mm，$R_9 = 2456$mm。

5）上锥任一展开半径 $r_n = \dfrac{h_1 R_n}{H}$ （相似三角形）

如 $r_2 = \dfrac{1124 \times 2075}{2018}$mm $= 1156$mm

同理得：$r_1 = 1146$mm，$r_3 = 1181$mm，$r_4 = 1219$mm，$r_5 = 1262$mm，$r_6 = 1304$mm，$r_7 = 1338$mm，$r_8 = 1360$mm，$r_9 = 1368$mm。

6）大端每等分弦长 $y = D\sin\dfrac{180°}{m} = 1806$mm $\times 0.195 = 352$mm。

7）大端展开弧长 $s = \pi D = \pi \times 1806$mm $= 5674$mm。

8）小端展开弧长 $s_1 = \pi d = \pi \times 1006$mm $= 3160$mm

式中　D——大端中直径（mm）；

　　　h——两端中径点间垂直距离（mm）；

　　　b——两端口偏心距（mm）；

　　　r——大端中半径（mm）；

　　　β_n——大端圆周各等分点与同一横向直径的夹角（°）；

　　　m——整周等分数，本例为 16。

3. 展开图的划法（见图 2-16）

用三角形法划展开图。

1）作线段 $O9 = R_9 = 2456$mm。

2）分别以 O、9 点为圆心，以 $y = 352$mm、$R_8 = 2442$mm 为半径划弧，两弧交于 8 点（两个）。

3）同法得出大弧所有点。

4）以 O 点为圆心，用 $r_9 = 1368$mm 截取 $O9$，得 $9'$ 点。

5）同法，在对应的 R_n 上截取 r_n，即得小端各点，圆滑连接各点，即得展开图。

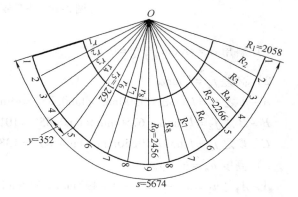

图 2-16　展开图

6）为保证下料正确，可分别用钢卷尺量取大小端弧长是否分别为 5674mm 和 3160mm，若有误差，应重新计算。

4. 说明

1）在平板状态下，在刨边机上开出纵缝坡口。

2）此锥台的任一位置的曲率不同，所以不能用卷正圆锥台的方法连续卷制，应分区间卷制。

3）也可作放射下胎、刀形上胎在压力机上压制。

五、带斜度、锥度管类断面的计算方法（见图2-17）

在机械制造和安装工作中，经常会遇到要计算带斜度、锥度的管件某一断面的直径，如长为30m带锥度的圆管烟囱，是由很多节圆锥台连接而成的，下节的上端口必须与上节的下端口的直径相等，才能连为一体，所以计算某一断面的尺寸就显得很重要。

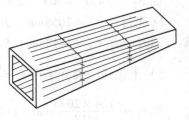

图2-17　立体图

下面说一说斜度和锥度。

1）斜度：一条直线与水平线相交的倾斜程度叫斜度，用交角的正切来表示。如斜度≥1:50，即每50个长度单位缩小1个长度单位，常在一面倾斜的构件中见到。

2）锥度：构件的断面向一端逐渐缩小的形式叫锥度，缩小的程度用交角的正切来表示。如锥度≥1:60，即每60个长度单位缩小1个长度单位，常在周向缩小的构件中见到。

1. 下料计算

例1　如图2-18所示为只有下板倾斜的排废水用方管施工图，需分三段运抵现场组焊。

图2-18　下部倾斜排水管

1）斜角 $\alpha = \arctan \dfrac{1}{67.5} = 0.85°$。

2）高差 $f_n = l_n \tan\alpha$

$A - A$ 之 $f_1 = l_1 \tan\alpha = 3300\text{mm} \times \tan 0.85° = 49\text{mm}$

$B - B$ 之 $f_2 = l_2 \tan\alpha = 6750\text{mm} \times \tan 0.85° = 101\text{mm}$

$C - C$ 之 $f_3 = l_3 \tan\alpha = 9250\text{mm} \times \tan 0.85° = 138\text{mm}$。

3）高度 $h_n = h_0 + f_n$

$A - A$ 之 $h_1 = h_0 + f_1 = (600 + 49)\text{mm} = 649\text{mm}$

$B - B$ 之 $h_2 = h_0 + f_2 = (600 + 101)\text{mm} = 701\text{mm}$

$C - C$ 之 $h_3 = h_0 + f_3 = (600 + 138)\text{mm} = 738\text{mm}$。

4）断面尺寸

$A - A$　　500mm × 649mm

$B - B$　　500mm × 701mm

$C - C$　　500mm × 738mm

式中 l_n——每段长（mm）；

h_0——小端立板高（mm）。

例2 如图2-19所示为排烟用方锥管施工图，是四板皆缩小的情况，设计分三段运往现场组焊。

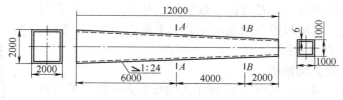

图2-19 排烟方锥管

1）锥角 $\alpha = \arctan \dfrac{1}{24} = 2.4°$。

2）高差 $f_n = l_n \tan\alpha$

$A - A$ 之 $f_1 = 6000 \text{mm} \times \tan 2.4° = 250 \text{mm}$

$B - B$ 之 $f_2 = 10000 \text{mm} \times \tan 2.4° = 417 \text{mm}$。

3）高度 $h_n = h_0 - 2f_n$

$A - A$ 之 $h_1 = (2000 - 2 \times 250) \text{mm} = 1500 \text{mm}$

$B - B$ 之 $h_2 = (2000 - 2 \times 417) \text{mm} = 1166 \text{mm}$。

4）断面尺寸

$A - A$ 　1500mm × 1500mm

$B - B$ 　1166mm × 1166mm

式中 h_0——大端边长（mm）。

例3 如图2-20所示为粗丁醇接收罐锥体施工图，用 $-8 \text{mm} \times 2000 \text{mm} \times 6000 \text{mm}$ 16Mn钢板制作，受板宽限制，需分三个锥台和一个锥体下料制作，然后组焊成形。

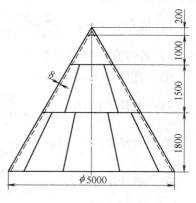

1）半顶角 $\alpha = \arctan \dfrac{2500}{4500} = 29°$。

2）半直径差 $f_n = l_n \tan\alpha$（从大端到小端分别为 f_1、f_2、f_3）

$f_1 = 1800 \text{mm} \times \tan 29° = 1000 \text{mm}$

$f_2 = 3300 \text{mm} \times \tan 29° = 1834 \text{mm}$

$f_3 = 4300 \text{mm} \times \tan 29° = 2389 \text{mm}$。

3）任一断面直径 $D_n = D_0 - 2f_n$

断面 $D_1 = (5000 - 2 \times 1000) \text{mm} = 3000 \text{mm}$

断面 $D_2 = (5000 - 2 \times 1834) \text{mm} = 1332 \text{mm}$

断面 $D_3 = (5000 - 2 \times 2389) \text{mm} = 222 \text{mm}$

图2-20 粗丁醇接收罐锥体

式中 l_n——每段高（mm）；

D_0——大端直径（mm）。

六、较小展开半径圆锥台料计算和排版方法

所谓较小展开半径，即是能用盘尺画弧作样板的锥台，此类锥台的排版分两种，即展开扇形沿板宽方向和板长方向，前者可使锥台的带数减少，片数增加；后者可使带数增加，片数减少，各有利弊，排版时可按板料规格和锥台用途决定之。下面以图 2-21 为例，用两种不同的排版方法叙述之。

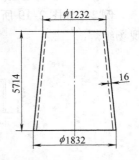

图 2-21　锥体裙座

1. 扇形板沿板宽方向排版

（1）带板高度的确定　如图 2-22 所示为沿板宽方向排版下料的分析图，图 a 为沿板长方向顺排，图 b 为沿板长方向倒插排。若展开料的包角较小，即大小端差较小时，可用前法；若展开料的包角较大，即大小端差较大时，可用后法。对本例来说，展开料的包角较小，所以用前法，又根据本锥台的高度，所以选定 2000mm 为带板高。

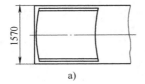
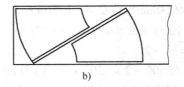

图 2-22　沿板宽方向排版的分析图
a）顺排　b）倒插排

（2）展开所用各数据计算　每带板的高度确定后，便可进行展开用各数据的计算，如图 2-23 所示为按中径画出的分带图，现计算各数据如下。

1）底角 $\alpha = \arctan \dfrac{2 \times 5714}{1816 - 1216} = 86.99458064°$

2）各带直径和展开半径

第一直径 $D_1 = 1816\text{mm}$

第一展开半径 $R_1 = \dfrac{1816\text{mm}}{2 \times \cos 86.99458064°} = 17318\text{mm}$；

第二直径 $D_2 = \left(1816 - 2 \times \dfrac{2000}{\tan 86.99458064°}\right)\text{mm} = 1606\text{mm}$

第二展开半径 $R_2 = \dfrac{1606\text{mm}}{2 \times \cos 86.99458064°} = 15316\text{mm}$

同理得：$D_3 = 1396\text{mm}$，$R_3 = 13313\text{mm}$；

$\qquad\qquad D_4 = 1216\text{mm}$，$R_4 = 11596\text{mm}$。

（3）排版用各数据计算　如图 2-24 所示为展开排版图。

1）展开料包角 $\beta = \dfrac{\pi \times 1816 \times 180°}{\pi \times 17318} = 18.87515879°$。

2）第一直径展开长 $s_1 = \pi \times 1816\text{mm} = 5705\text{mm}$

同理得：$s_2 = 5045\text{mm}$，$s_3 = 4386\text{mm}$，$s_4 = 3820\text{mm}$。

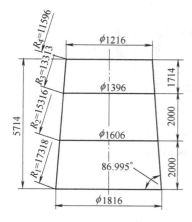

图 2-23 分带图（按中径）

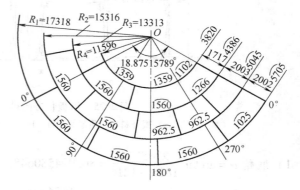

图 2-24 展开排版图

3）各带片板最大弧长的确定。确定最大弧长的目的是根据已给定的板宽达到最大限度节约板料的目的。最大弧长确定的方法很简单，即用试算的方法找出一片板的包角，以此角度算出弦长，此弦长若小于板宽 10mm，即为最理想的包角，然后以此包角求弧长，下面以第一带板为例作计算。

① 假定包角为 5.1°，其弦长为：$17318\text{mm} \times 2 \times \sin\dfrac{5.1°}{2} = 1541\text{mm}$。

② 假定包角为 5.2°，其弦长为：$17318\text{mm} \times 2 \times \sin\dfrac{5.2°}{2} = 1571\text{mm}$。

5.1°稍小，5.2°稍大，所以取 5.16°为合适，其弦长为：

$$17318\text{mm} \times 2 \times \sin\frac{5.16°}{2} = 1560\text{mm}。$$

所对应的弧长为：$\pi \times 17318\text{mm} \times \dfrac{5.16°}{180°} = 1560\text{mm}$。

4）最上带片板小端弧长的验证。最上带片板大端弧长确定后，小端弧长也就相应确定了，其验证原理是：弧长的比等于直径的比，也等于展开半径的比。下面计算之。

$$\frac{1560}{13313} = \frac{x}{11596} \quad x = 1359 \text{（mm）}$$

$$\frac{1266}{13313} = \frac{x}{11596} \quad x = 1102 \text{（mm）}$$

2. 扇形板沿板长方向排版

如图 2-25 所示为沿板长方向排版下料分析图，图 a、b 皆为颠倒顺排，图 a 为展开料包角较小时，图 b 为展开料包角较大时，本例属于前者，所以采用图 a 进行排版计算。

（1）带板高度的确定 带板高度的确定，在板宽一定的前提下，主要计算每一小片弦高，小端弦高求得后，便可求得锥台的斜边长，然后再求高。

下面进行最下带板的高度计算。因为展开料的弧端弦高越往上越小（经计算已证明此结论），计算出最下带小端弦高后，上面几带的弦高肯定比它小，其高度增加，所以应计算最下带板的高度。最下带板高度确定后，既能保证最下带板有一定余量，又可保证上几带板不致有太大的板料浪费。

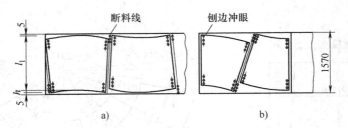

图2-25　沿板长方向排版的分析图

a) 展开料小包角颠倒顺排　b) 展开料大包角颠倒顺排

1）底角 $\alpha = \arctan \dfrac{2 \times 5714}{1816 - 1216} = 86.99458064°$。

2）最下带小端展开半径 $R_2 = \dfrac{1654\text{mm}}{2 \times \cos 86.99458064°} = 15771\text{mm}$。

3）展开料包角 $\beta = \dfrac{\pi \times 1816 \times 180°}{\pi \times 17318} = 18.87515879°$。

4）最下带 $\dfrac{1}{4}$ 片小端弦高 $h_1 = 15771\text{mm} \times \left(1 - \cos \dfrac{18.87515879°}{8}\right) = 13\text{mm}$。

5）最下带锥台斜边长 $l'_1 = (1570 - 5 - 13 - 5)\text{mm} = 1547\text{mm}$。式中的 -5、-13、-5 分别为大端起割量、小端弦高、小端角部划刨边线余量。

6）最下带锥台高度 $H'_1 = 1547\text{mm} \times \sin 86.99458064° = 1545\text{mm}$。

（2）展开所用各数据计算　每带板的高度确定后，便可进行展开用各数据的计算，如图2-26所示为按中径画出的分带锥台图，现计算各数据如下。

1）底角 $\alpha = \arctan \dfrac{2 \times 5714}{1816 - 1216} = 86.99458064°$。

2）各带直径和展开半径

第一直径 $D_1 = 1816\text{mm}$

第一展开半径 $R_1 = \dfrac{1816\text{mm}}{2 \times \cos 86.99458064°} = 17318\text{mm}$；

第二直径 $D_2 = \left(1816 - 2 \times \dfrac{1545}{\tan 86.99458064°}\right)\text{mm} = 1654\text{mm}$

图2-26　分带图（按中径）

第二展开半径 $R_2 = \dfrac{1654\text{mm}}{2 \times \cos 86.99458064°} = 15773\text{mm}$；

同理得：$D_3 = 1492\text{mm}$，$R_3 = 14224\text{mm}$；

$D_4 = 1330\text{mm}$，$R_4 = 12677\text{mm}$；

$D_5 = 1217\text{mm}$，$R_5 = 11596\text{mm}$。

（3）排版用各数据计算　如图2-27所示为展开排版图。

1）展开料包角 $\beta = \dfrac{\pi \times 1816 \times 180°}{\pi \times 17320} = 18.87515879°$。

2）第一直径展开长 $s_1 = \pi \times 1816\text{mm} = 5706\text{mm}$

同理得：$s_2 = 5196mm$，$s_3 = 4687mm$，$s_4 = 4175mm$，$s_5 = 3820mm$。

3）小片板最大弧长的确定。以上计算带板高度时，已经决定了一整带板分四片，那么最下带一片大端弧长为：

$$\pi \times 1816mm \div 4 = 1426mm$$

越往上直径越小，当然每片的弧也越小。

（4）包角较大展开料沿板长方向的排版 在图 2-25b 中提到包角较大的展开料沿板长方向颠倒顺排，编者谈谈自己的看法。

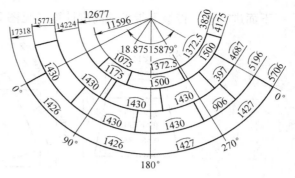

图 2-27 展开排版图

1）锥台分带高度的确定：其高度可近似用包角较小者处理，此略。

2）每带分片数：每带的分片方法难度较大，最简捷的办法是试分法，即在给定的板宽的情况下，用较大的样板覆于板上，找正位置，留出一定的切割量，然后用回缩弧线的方法，将样板上多余的部分剪掉，此样板即为一扇展开样板，并盘取其大端弧长，最后各片相加保证总弧长。

七、特大展开半径圆锥台料计算和排版方法

如图 2-28 所示为一烟囱裙座施工图。从图可看出，两端口直径差较小，展开半径特大，不便使用抢弧的方法直接划线或作样板，增加下料难度。用计算的方法解决这个难题，可确保下料质量，提高工效，节约钢材。下面叙述其方法。

1. 带板高度的确定

如图 2-29 所示为按中径画出的分带图，由于底角接近 90°，接近正圆筒，展开料接近矩形，展开料弧端弦高很小，且越往上越小（经计算已证明此结论），相应来说，用同一规格的板，其余量越往上越大，所以只要算出最下带板的高度，也就等于算出了其他各带板的高度。这样既保证了最下带板有一定余量，又保证了以上各带板不至于有太大的板料浪费，达到最大限度节约材料的目的。

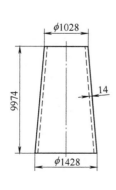

图 2-28 锥体裙座

图 2-29 分带图（按中径）

下面进行第一带板下带板的高度计算（见图 2-30）。

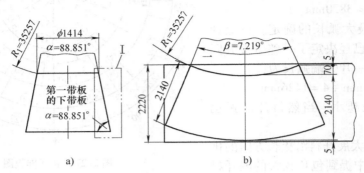

图 2-30 第一带板下带板的计算确定带板高度

a）第一带板的下带板锥台 b）第一带板的下带板展开

1）底角 $\alpha = \arctan \dfrac{2 \times 9974}{1414 - 1014} = 88.851°$。

2）小端展开半径 $R_1 = \dfrac{1414mm}{2 \times \cos 88.851°} = 35257mm$。

3）展开料包角 $\beta = \dfrac{\pi \times 1414 \times 180°}{\pi \times 35257} = 7.219°$。

4）小端弦高 $h_1 = 35257mm \times \left(1 - \cos \dfrac{7.219°}{2}\right) = 70mm$。

5）第一带下带锥台斜边长 $l'_1 = (2220 - 5 - 70 - 5)mm = 2140mm$（见图 2-30b）。

6）第一带下带锥台高度 $H'_1 = 2140mm \times \sin 88.851° = 2140mm$（见图 2-30a 中 I）。

考虑到以上各带板，故本例各带板的高度确定为 2145mm 为最节约料。

2. 各带直径和展开半径的计算（见图 2-29）

1）第一直径 $D_1 = 1414mm$。

2）第一展开半径 $R_1 = \dfrac{1414mm}{2 \times \cos 88.851°} = 35257mm$。

3）第二直径 $D_2 = \left(1414 - 2 \times \dfrac{2145}{\tan 88.851°}\right)mm = 1328mm$。

4）第二展开半径 $R_2 = \dfrac{1328mm}{2 \times \cos 88.851°} = 33113mm$。

同理得：$D_3 = 1242mm$，$R_3 = 30969mm$；

$\qquad D_4 = 1156mm$，$R_4 = 28824mm$；

$\qquad D_5 = 1070mm$，$R_5 = 26680mm$；

$\qquad D_6 = 1014mm$，$R_6 = 25284mm$。

3. 展开料的计算

如图 2-31 所示为计算原理图。

1）大端弦长 $B = 2R_n \sin \dfrac{\beta}{2}$。

2）小端弦长 $B' = 2R_{n+1} \sin \dfrac{\beta}{2}$。

3）大端起拱高 $h_1 = R_n \left(1 - \cos \dfrac{\beta}{2} \right)$。

4）各等分点起拱高 $h_n = h_1 - R_n \left[1 - \cos \left(\arcsin \dfrac{nb}{R_n} \right) \right]$。

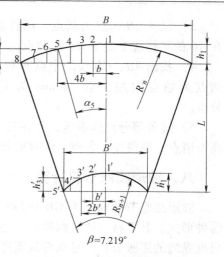

图 2-31　计算原理图

5）大小端弦心距 $L = (R_n - R_{n+1}) \cos \dfrac{\beta}{2}$。

式中　β——展开料包角（°）；

R_n、R_{n+1}——大、小端展开半径（mm）；

　　　　b——从中间向外分的等分距（mm）。

下面计算第一带板各数据，以示计算过程。

（1）大端

1）大端弦长 $B = 35257\text{mm} \times 2 \times \sin \dfrac{7.219°}{2} =$ 4439mm。

2）大端弦高 $h_1 = 35257\text{mm} \times \left(1 - \cos \dfrac{7.219°}{2} \right) = 70\text{mm}$。

3）各等分点起拱高 h_n

如 $h_2 = 70\text{mm} - 35257\text{mm} \times \left[1 - \cos \left(\arcsin \dfrac{200}{35257} \right) \right] = 69\text{mm}$

同理得：$h_3 = 68\text{mm}$，$h_4 = 65\text{mm}$，$h_5 = 61\text{mm}$，$h_6 = 56\text{mm}$，$h_7 = 50\text{mm}$，$h_8 = 42\text{mm}$，$h_9 = 34\text{mm}$，$h_{10} = 24\text{mm}$，$h_{11} = 13\text{mm}$，$h_{12} = 1.3\text{mm}$，$h_{13} = 0$。

4）大小端弦心距 $L = (35257 - 33113)\text{mm} \times \cos \dfrac{7.219°}{2} = 2133\text{mm}$。

（2）小端

1）小端弦长 $B' = 33113\text{mm} \times 2 \times \sin \dfrac{7.219°}{2} = 4169\text{mm}$。

2）小端弦高 $h_1' = 33113\text{mm} \times \left(1 - \cos \dfrac{7.219°}{2} \right) = 66\text{mm}$。

3）各等分点起拱高 h_n'

如 $h_2' = 66\text{mm} - 33113\text{mm} \times \left[1 - \cos \left(\arcsin \dfrac{200}{33113} \right) \right] = 65\text{mm}$

同理得：$h_3' = 64\text{mm}$，$h_4' = 61\text{mm}$，$h_5' = 56\text{mm}$，$h_6' = 51\text{mm}$，$h_7' = 32\text{mm}$，$h_8' = 36\text{mm}$，$h_9' = 27\text{mm}$，$h_{10}' = 17\text{mm}$，$h_{11}' = 6\text{mm}$，$h_{12}' = 0$。

4. 展开料在板上直接划线方法

如图 2-32 所示为在板上划第一带板的方法，其他各带方法相同，此从略。

1）在板的一侧平行板边划一平行线 AB，距板边 75mm。

2）作 AB 的平行线使距离等于（2140 + 5）mm（为了确保锥台高度，考虑到气割余量和焊接收缩量，所以多加 5mm，这样第一带小端正好到边，以上各带因其弦高变小就更有余量了）。

3）以 A、B 两点为基点，用找直角的方法在 AB 的平行线上定出 C、D 两点。

4）找出 AB、CD 线的中点 E 和 F，分别以两点为始点向左右以 200mm 为定距找出等分点。

5）过各等分点作垂线，并在其上量取各弦高得诸点，圆滑连接各点，即得展开料实形。

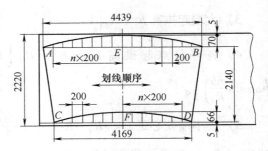

图 2-32　第一带板在板上划线方法

八、波形膨胀节料计算

波形膨胀节的标准为 GB 16749—1997，其结构形式有：立式、卧式、内衬套式。不论哪种形式。其下料方法有两种：一是按双折边锥体的计算公式计算下料，此法适于大型允许出现纵缝的膨胀节；二是局部放实样取得展开料半径，此法适于小型 $\phi900\text{mm}$ 以下不允许出现纵缝的膨胀节，下面分别叙述。

本书的计算公式及推导完全同"双折边锥体料计算"，请参阅。

1. 计算法

（1）计算公式　如图 2-33 所示为一膨胀节施工图，图 2-34 为计算原理图。现列出计算公式如下。

1）$\beta = \arcsin \dfrac{r + r'}{\sqrt{\left(\dfrac{D_g}{2} - r - \dfrac{D'_g}{2} - r' \right)^2 + H^2}}$

2）$\gamma = \arctan \dfrac{\dfrac{D_g}{2} - r - \dfrac{D'_g}{2} - r'}{H}$。

3）锥体半顶角 $\alpha = \beta + \gamma$。

4）$\dfrac{D}{2} = \dfrac{D_g}{2} - r(1 - \cos\alpha) + \left(\dfrac{\pi r}{180°} \times \alpha + h_1 \right)\sin\alpha$。

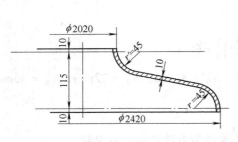

图 2-33　膨胀节

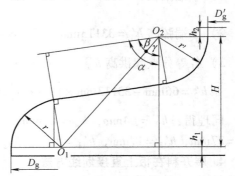

图 2-34　计算原理图

5）$\dfrac{d}{2} = \dfrac{D'_g}{2} + r'(1 - \cos\alpha) - \left(\dfrac{\pi r'\alpha}{180°} + h_2 \right)\sin\alpha$。

6）展开后锥台底角 $\lambda = 90° - \alpha$。

7）展开后锥台高度 $H' = \dfrac{D-d}{2}\tan\lambda$。

8）锥台展开料大端展开半径 $R_1 = \dfrac{D}{2\cos\lambda}$。

9）锥台展开料小端展开半径 $R_2 = \dfrac{d}{2\cos\lambda}$。

10）锥台展开料缺口大端弧长 $s = \pi(2R_1 - D)$

式中　D、d——展开后形成锥台大小端中直径（mm）；

　　D_g、D'_g——双折边锥体大小端公称直径，为计算的需要，这里指中直径（mm）；

　　　r、r'——双折边锥体大小端过渡段中半径（mm）；

　　h_1、h_2——双折边锥体大小端直边高（mm）；

　　　　H——双折边锥体不包括两端直边的垂直高（mm）。

表达式推导见第一章双折边锥体料计算。

（2）计算举例　以图 2-33 为例计算如下：

1）$\beta = \arcsin \dfrac{50 + 50}{\sqrt{(1205 - 50 - 1005 - 50)^2 + 115^2}} = 41°$。

2）$\gamma = \arctan \dfrac{1205 - 50 - 1005 - 50}{115} = 41°$。

3）$\alpha = \beta + \gamma = 82°$。

4）$\dfrac{D}{2} = \left[1205 - 50 \times (1 - \cos 82°) + \left(\pi \times 50 \times \dfrac{82°}{180°} + 10\right) \times \sin 82°\right]\text{mm} = 1243\text{mm}$。

5）$\dfrac{d}{2} = \left[1005 + 50 \times (1 - \cos 82°) - \left(\pi \times 50 \times \dfrac{82°}{180°} + 10\right) \times \sin 82°\right]\text{mm} = 967\text{mm}$。

6）$\lambda = 90° - 82° = 8°$。

7）$H' = \dfrac{2486 - 1934}{2}\text{mm} \times \tan 8° = 39\text{mm}$。

8）$R_1 = \dfrac{2486\text{mm}}{2 \times \cos 8°} = 1255\text{mm}$。

9）$R_2 = \dfrac{1934\text{mm}}{2 \times \cos 8°} = 976.5\text{mm}$。

10）$s = \pi \times (2 \times 1255 - 2486)\text{mm} = 75\text{mm}$。

根据以上计算数据，可得出展开后圆锥台，如图 2-35 所示。膨胀节展开图如图 2-36 所示。

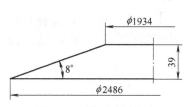

图 2-35　展开后圆锥台

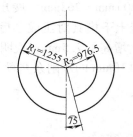

图 2-36　用计算法求得的膨胀节展开图

（3）经旋压后实测高度　设计高度135mm，实际高度145mm，增加了10mm。由此看来，若用旋压法成形，端部被拉伸变薄，下料时少加余量就足以车削平口，因为两端的10mm即已为车削余量。

2. 放样法

如图2-37所示为软化水预热器膨胀节施工图，图2-38为放局部实样求膨胀节圆环内外半径示意图，其放样步骤如下。

1）作垂直距离等于72.5mm的平行线AA、BB。

2）大小端中半径差$e = \dfrac{480 - 320}{2}mm = 80mm$。

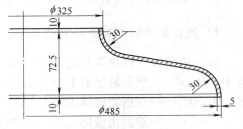

图2-37　软化水预热器膨胀节

3）在两平行线上分别定出C、F两点，并使其投影等于80mm，然后以32.5mm确定O_1和O_2两圆心。

4）分别以O_1和O_2为圆心，以32.5mm为半径画弧，并作两弧的切线得GH。

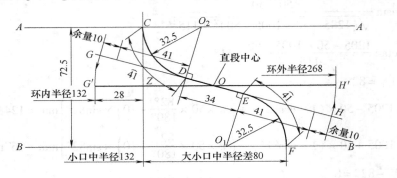

图2-38　局部放样求膨胀节圆环内外半径

5）分别过O_1和O_2作GH的垂线，得垂足E、D。

6）分别盘取CD、DE、EF的弧长等于41mm、34mm、41mm。

7）以直段DE的中点Q为基点，分别向两端截取$OG = OH = 68mm$。

8）以O为圆心，将GH转至水平位置得$G'H'$。

9）过C点作$G'H$的垂线得Z点，实测$G'Z$等于28mm，那么内环半径则为（160 - 28）mm = 132mm，外环半径则为（132 + 41 × 2 + 34 + 20）mm = 268mm，展开图如图2-39所示。

10）经上下模具对压成形后实测，设计高度92.5mm，实际为100mm，增高了7.5mm，说明对压后发生了拉伸变薄，下料时大小端各加10mm的车削余量就足够了，余量太大，翻边时会产生裂纹。

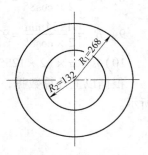

图2-39　用放样法求得的膨胀节展开图

第三章 弯 管

本章主要介绍两节无弯曲半径和多节有弯曲半径的旋转体弯管。有弯曲半径又分为不同节数、不同弯曲半径和不同节角度弯管。其中有钢板下料和成品管下料两种作样板方法，并有明显板厚处理和坡口形式。从我国弯管规范看，端节为中间节之半，只要作出端节样板，即可得出中间样板，同时，有一种可以最大限度减少流阻的特殊节角度圆管弯管，本章也作了计算介绍。

一、两节任意度数圆管弯管料计算（见图3-1）

本例只有弯曲角度而无弯曲半径，与以下有弯曲半径的方法不同，所以单独叙述。此例大部分为成品管下料，所以都按外皮作展开样板。

本例适于一切两节圆管焊接弯管，如60°、90°、135°等。

下面以 -135°两节圆管弯管为例进行计算，其管外皮直径为219mm，H 为375mm，如图3-2所示为计算原理图和展开样板。

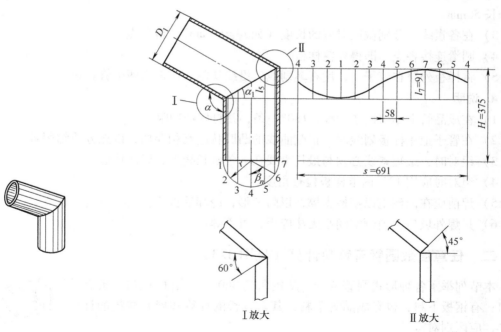

图3-1 立体图   图3-2 计算原理图和展开样板

1. 板厚处理

本例按成品管下料，故按外皮作展开样板，内侧按图3-2中的Ⅰ放大，外侧按图3-2中的Ⅱ放大，中间部分圆滑过渡即可，从外侧施焊。

2. 下料计算

1）斜角 $\alpha_1 = 90° - \dfrac{\alpha}{2} = 90° - \dfrac{135°}{2} = 22.5°$。

2）斜角部分素线长 $l_n = (r \pm r\sin\beta_n)\tan\alpha_1$

如 $l_2 = (109.5 - 109.5 \times \sin60°)\text{mm} \times \tan22.5° = 6\text{mm}$

$l_6 = (109.5 + 109.5 \times \sin60°)\text{mm} \times \tan22.5° = 84.64\text{mm}$

同理得：$l_1 = 0$，$l_3 = 23\text{mm}$，$l_4 = 45\text{mm}$，$l_5 = 68\text{mm}$，$l_7 = 91\text{mm}$。

3）外皮样板展开长 s（设样板厚为 1mm）$= \pi(D_1 + t) = \pi \times (219 + 1)\text{mm} = 691\text{mm}$

式中　α——弯头夹角（°），本例为 135°；

　　　　r——管外皮半径（mm）；

　　　　β_n——圆周各等分点与同一纵向直径的夹角（°）；

　　　　D_1——管外皮直径（mm）；

　　　　t——样板厚度（mm）；

　+、-——内侧用"-"、外侧用"+"。

3. 管外覆样板作法

1）作一长方形，使长、宽分别等于 691mm 和 375mm。

2）将展开长为 691mm 分为 12 等份，只在斜角部位画出素线即可，并标出素线号，每等分长 58mm。

3）在各素线上分别截取对应的长度（如 $l_5 = 68\text{mm}$），得各点。

4）圆滑连接各点，即得外覆样板。

5）将样板外覆在管子上，用石笔划线后沿线切割，便得出两个管斜口。

4. 说明

1）在成品管上划出两条素线，180°一条，并打好样冲眼。

2）在管子上用样板划线时，正弦曲线的凸凹状应互相穿插，以充分节约用料。

3）组对时，最短素线必须与最长素线在一条延长线上，以防错心。

4）组对时应用 135°内卡样板检查角度。

5）焊前应在内侧施以刚性支撑，以防变形，冷却后拆除。

6）只焊外坡口，内侧空间小无法施焊，可不焊。

二、任意度数圆管弯管料计算（见图 3-3）

本节列举了各种形式圆管弯管，从锐角到 360°角，有内坡口，也有外坡口；有钢板下料，也有成品管下料，其素线长的计算和展开样板的计算各异，应区别对待。

本节列举了五种形态的弯管，因为其计算原理基本相同，所以在前面先推出计算原理图（见图 3-4），以共同使用。

图 3-3　立体图

例 1　图 3-5 为 50.53°二节圆管弯管施工图，用钢板下料，端节角度

$\alpha_1 = \dfrac{50.53°}{2(n-1)} \approx 12.633°\ (n=3)$，内坡口。

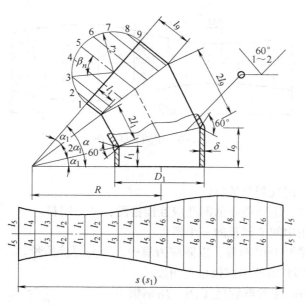

图 3-4　计算原理图及展开图

注（图中及下文中）：α_1—端节角度　"$\pm$"—内侧用"$-$"，外侧用"$+$"　R—弯管弯曲半径　α—弯管弯曲角度

r—根据板接触情况分别为外皮半径 r_1、内皮半径 r_2、中半径 r_3　β_n—圆周各等分点与同一直径的夹角

D_3—圆管中直径　D_1—圆管外直径　t—样板厚度　n—弯管节数

1. 板厚处理

此弯管内腔不大，在内侧施焊远不如在外侧施焊通风好且便于操作，故应安排在平板状态下开出纵环缝 60° 外坡口。

2. 下料计算

1）端节任一素线长 $l_n = \tan\alpha_1\ (R \pm r_2\sin\beta_n)$

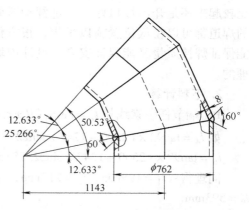

图 3-5　锐角圆管弯管

如 $l_2 = \tan12.633° \times (1143 - 373 \times \sin67.5°)\mathrm{mm} = 179\mathrm{mm}$

$l_8 = \tan12.633° \times (1143 + 373 \times \sin67.5°)\mathrm{mm} = 333\mathrm{mm}$

同理得：$l_1 = 173\mathrm{mm}$，$l_3 = 197\mathrm{mm}$，$l_4 = 224\mathrm{mm}$，$l_5 = 256\mathrm{mm}$，$l_6 = 288\mathrm{mm}$，$l_7 = 315\mathrm{mm}$，$l_9 = 340\mathrm{mm}$。

2）钢板下料展开样板长 $s = \pi D_3 = \pi \times 754\mathrm{mm} = 2369\mathrm{mm}$。

3）展开样板每等份长 $s_2 = 2369\mathrm{mm} \div 16 = 148\mathrm{mm}$。

3. 作样板方法

1）在油毡纸上划出一个长方形，使尺寸为 2369mm × 680mm，并划出中线。

2）在中线上将 2369mm 分为 16 等份，每份长 148mm。

3）过各等分点作中线的垂线，并标出序号。

4）在各平行线上对应截取各素线长。

5）圆滑连接各端点，即得中间节展开样板，如图 3-6 所示。

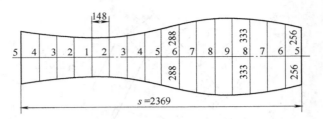

图 3-6　中间节展开图

4. 说明

1）在平板状态下用气割开坡口。

2）用样板划线时，正弦曲线的凹凸应互插搭配，节约用料。

3）划端节时，用中间节样板的一半即可。

4）对接纵缝应错开 180° 布置，以防应力集中，提高焊接质量。

5）组对时应用 155° 的外卡样板检查角度。

例2　图 3-7 为 90°圆管弯管施工图，用钢板下料，端节角度 $\alpha_1 = \dfrac{90°}{2(n-1)} = 9°$（$n=6$），内坡口。

1. 板厚处理

此弯管 $\phi2500$mm，开内坡口或外坡口皆可，但比较起来还是开内坡口好，通过翻动弯管，大部分的焊道都可以在低位置施以平焊，很方便操作，既能保证焊接质量又能保证安全，设计内坡口是很合理的。

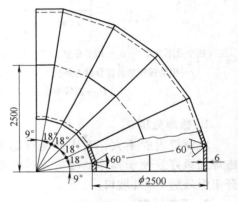

图 3-7　90°内坡口圆管弯管

2. 下料计算

1）端节任一素线长 $l_n = \tan\alpha_1(R \pm r_1\sin\beta_n)$

如 $l_4 = \tan9° \times (2500 - 1247 \times \sin22.5°)$mm $= 320$mm

$l_6 = \tan9° \times (2500 + 1247 \times \sin22.5°)$mm $= 472$mm

同理得：$l_1 = 198$mm，$l_2 = 213$mm，$l_3 = 256$mm，$l_5 = 396$mm，$l_7 = 536$mm，$l_8 = 578$mm，$l_9 = 593$mm。

2）钢板下料展开样板长 $s = \pi D_3 = \pi \times 2494$mm $= 7835$mm。

3）展开样板每等份长 $s_2 = 7835$mm $\div 16 = 490$mm。

3. 作样板方法

1）在油毡纸上划出一长方形，尺寸为 7835mm $\times$（593 $\times$ 2）mm，并划出中线。

2）在中线上将 7835mm 分成 16 等份，每等份长 490mm。

3）过各等分点作中线的垂线，并标出序号。

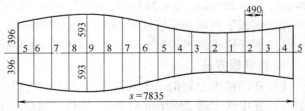

图 3-8　中间节展开图

4）在各平行线上对应截取各素线长。

5）圆滑连接各端点，即得中间节展开样板，如图3-8所示。

4. 说明

1）用样板划线时，正弦曲线的凸凹应互插搭配，以节约用料。

2）在平板上开坡口，纵缝用刨边机，环缝用气割。

3）纵、环缝在内侧焊完后，外侧清根盖面。

4）对接纵缝应错180°布置，以防应力集中。

5）组对时应用162°的外卡样板检查角度。

例3 图3-9为90°圆管弯管施工图，用成品管下料。端节角度 $\alpha_1 = \dfrac{90°}{2(n-1)} = 15°$（$n=4$），外坡口。

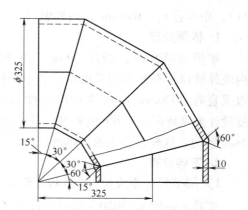

图3-9 90°成品管圆管弯管

1. 板厚处理

本例直径 $\phi325\text{mm}$，有现成的成品管。由于直径较小，不能在内侧施焊，只能在外侧施焊，故开60°外坡口。

2. 下料计算

1）端节任一素线长 $l_n = \tan\alpha_1(R \pm r_2\sin\beta_n)$

如 $l_4 = \tan15° \times (325 - 162.5 \times \sin22.5°)\text{mm} = 70\text{mm}$

$l_6 = \tan15° \times (325 + 162.5 \times \sin22.5°)\text{mm} = 104\text{mm}$

同理得：$l_1 = 44\text{mm}$，$l_2 = 47\text{mm}$，$l_3 = 56\text{mm}$，$l_5 = 87\text{mm}$，$l_7 = 118\text{mm}$，$l_8 = 127\text{mm}$，$l_9 = 131\text{mm}$。

2）成品管下料展开样板长 $s_1 = \pi(D_1 + t) = \pi(325 + 1)\text{mm} = 1024\text{mm}$。

3）展开样板每等份长 $s_2 = 1024\text{mm} \div 16 = 64\text{mm}$。

3. 作样板方法

1）在油毡纸上划出一长方形，尺寸为 $1024\text{mm} \times (131 \times 2)\text{mm}$，并划出中线。

2）在中线上将1024mm分成16等份，每等份长64mm。

3）过各等分点作中线的垂线，并标明序号。

4）在各平行线上对应截取各素线长。

5）圆滑连接各端点，即得中间节展开样板，如图3-10所示。

4. 说明

1）在成品管上用钢直尺和钢针划出管体素线，按180°划出两条。

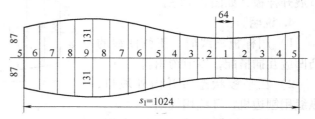

图3-10 中间节展开样板

2）在管子上用样板划线时，正弦曲线的凸凹状应互相搭配，以节约用料。

3）组对时，最短素线必须与最长素线在一条延长线上，不能出现错心。

4）组对时应用150°的内卡样板检查角度。

5）全部点焊成形后，应立于平台上用直角尺检查直角情况，如有误差应磨开焊点重新调整。

6）焊前应在内侧施以刚性支撑，以防变形。

7）只焊外坡口，内侧因空间小无法施焊，可不焊。

例4　图3-11为180°圆管弯管施工图，共11节，端节角度 $\alpha_1 = \dfrac{180°}{2(n-1)} = 9°$（$n = 11$），中半径 $r_3 = 1000\text{mm}$，内外坡口。

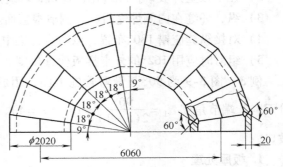

图3-11　180°圆管弯管

1. 板厚处理

本例 $\phi2020\text{mm}$，板厚20mm，开单面内或外坡口，不如两面开坡口更利于焊接，根据直径2020mm在内侧也可方便施焊，故设计为纵环两面开60°内外坡口且中间留2mm钝边，这是最合理的板厚处理。

2. 下料计算

1）端节任一素线长 $l_n = \tan\alpha_1(R \pm r_3\sin\beta_n)$

如 $l_4 = \tan9° \times (3030 - 1000 \times \sin22.5°)\text{mm} = 419\text{mm}$

$l_6 = \tan9° \times (3030 + 1000 \times \sin22.5°)\text{mm} = 541\text{mm}$

同理得：$l_1 = 322\text{mm}$，$l_2 = 334\text{mm}$，$l_3 = 368\text{mm}$，$l_5 = 480\text{mm}$，$l_7 = 592\text{mm}$，$l_8 = 626\text{mm}$，$l_9 = 638\text{mm}$。

2）钢板下料展开长 $s = \pi D_3 = \pi \times 2000\text{mm} = 6283\text{mm}$。

3）展开样板每等份长 $s_2 = 6283\text{mm} \div 16 = 393\text{mm}$。

3. 作样板方法

1）在油毡纸上划出一长方形，尺寸为6283mm×（638×2）mm，并划出中线。

2）在中线上将6283mm分成16等份，每等份长393mm。

3）过各等分点作中线的垂线，并标出序号。

4）在各平行线上对应截取各素线长。

5）圆滑连接各端点，即得中间节展开样板，如图3-12所示。

4. 说明

1）用样板划线时，正弦曲线的凸凹应互插搭配，以节约用料。

2）在平板状态时开内外坡口，纵缝用刨边机，环缝用气割。

3）对接纵缝应错开180°布置，美观且防止应力集中。

4）组对时应用162°的外卡样板检查角度。

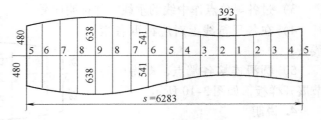

图3-12　中间节展开图

5）整体组对成形后，应用钢卷尺量取两端口外皮长为（6060＋2020）mm＝8080mm，只能大不能小。

6）施焊前在内侧应点焊型钢以防焊接收缩变形，即刚性固定法，全冷后再拆除。

例5 图 3-13 为一高炉围管施工图，16 大节，端节

角度 $\alpha_1 = \dfrac{360°}{2n} = 11.25°$，中半径 $r_3 = 477mm$，外坡口。

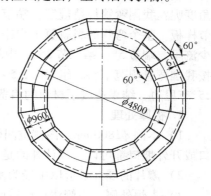

图 3-13　360°高炉围管

1. 板厚处理

本例直径 $\phi960mm$，在内侧施焊有一定困难，而板厚 6mm，纵环缝可只开单面 60°外坡口，内侧清根盖面。

2. 下料计算

1）端节任一素线长 $l_n = \tan\alpha_1(R \pm r_2 \sin\beta_n)$

如 $l_3 = \tan11.25° \times (2400 - 477 \times \sin45°)mm = 410mm$

$l_7 = \tan11.25° \times (2400 + 477 \times \sin45°)mm = 544mm$

同理得：$l_1 = 383mm$，$l_2 = 390mm$，$l_4 = 441mm$，$l_5 = 477mm$，$l_6 = 514mm$，$l_8 = 565mm$，$l_9 = 572mm$。

2）钢板下料展开长 $s = \pi D_3 = \pi \times 954mm = 2997mm$。

3）展开样板每等份长 $s_2 = 2997mm \div 16 = 187mm$。

3. 作样板方法

1）在油毡纸上划出一长方形，尺寸为 $2997mm \times (572 \times 2)mm$。

2）在中线上将 2997mm 分成 16 等份，每等份长 187mm。

3）过各等分点作中线的垂线，并标出序号。

4）在各平行线上对应截取各素线长。

5）圆滑连接各端点，即得中间节展开样板，如图 3-14 所示。

4. 说明

1）应在平板状态下开坡口，纵缝用刨边机，环缝用气割。

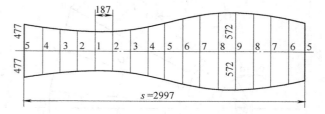

图 3-14　中间节展开样板

2）用样板划线时，正弦曲线的凸凹应互相搭配，以节约用料。

3）在平板状态下用气割开出外坡口。

4）对接纵缝应错开 180°布置，以防应力集中，而且还美观。

5）组对时应用 157.5°的外卡样板检查角度。

6）组对成 180°为一大节，应用钢卷尺量取两端口外皮长为 5760mm，只能大不能小。

7）施焊前应在内侧施以刚性固定，以防焊接收缩变形，整体组对时困难。

8）先外侧施焊完毕，后内侧清根盖面。

三、特殊节角度的圆管弯管料计算（见图3-15）

编者曾接到过一个日本图样的弯管，如图3-16所示。为什么叫特殊节角度呢？我国弯管规范规定，端节角度为中间节角度的一半，只要作出端节样板，整个弯管的料就算下来了，但这个弯管却不然，为了尽量地减少流阻，端节5°，第二节25°，中间节30°。编者接到这个图样后，习惯地按我国弯管规范下料，组对时，5°节和25°节因端口周长不等，5°节钻进了25°节里边，结果造成了材料的浪费。

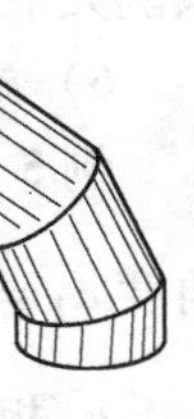

图3-15　立体图

1. 板厚处理

1）本例 ϕ1800mm，内侧空间较大，因此开内坡口或开外坡口都可以，设计开的是60°外坡口。

2）瓣片的展开长应以中径为基准计算。

3）先焊外侧，内侧清根后盖面。

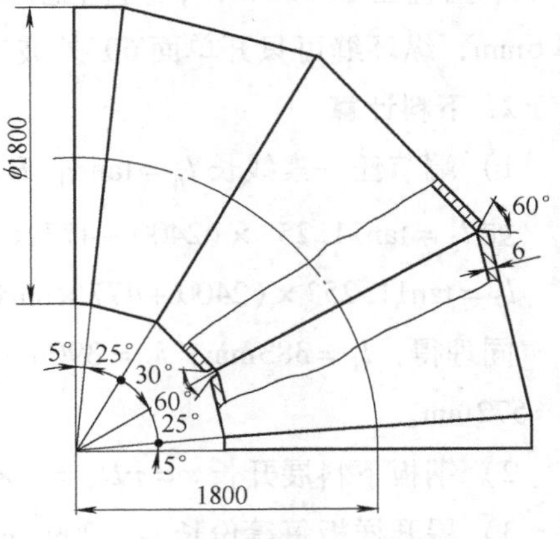

2. 下料计算

图3-17为计算原理图，图3-18为展开图。

整个弯头为三节，Ⅰ节为5°，Ⅱ节为25°，Ⅲ节为30°，那么，Ⅰ节的计算角度为5°，Ⅱ节的计算角度为12.5°，Ⅲ节的计算角度为15°，中半径 $r = 897$mm，外坡口。

（1）Ⅰ节（见图3-17a）

图3-16　特殊节角度90°圆管弯管

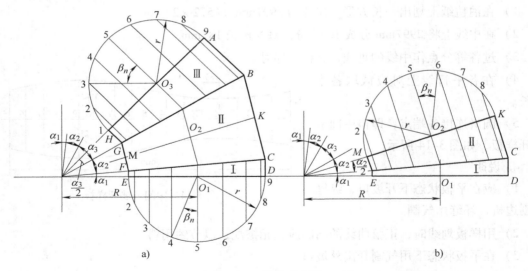

图3-17　计算原理图

a）半个90°弯管　b）半个Ⅱ节弯管

1）端节任一素线长 $l_n = \tan\alpha_1 (R \pm r\sin\beta_n)$

如 $l_4 = \tan5° \times (1800 - 897 \times \sin22.5°)\text{mm} = 127\text{mm}$

$l_6 = \tan5° \times (1800 + 897 \times \sin22.5°)\text{mm} = 188\text{mm}$

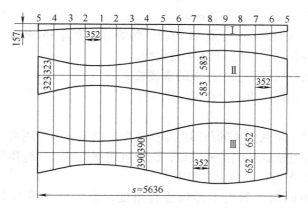

图 3-18 展开图

同理得：$l_1 = 79$mm，$l_2 = 85$mm，$l_3 = 102$mm，$l_5 = 157$mm，$l_7 = 213$mm，$l_8 = 230$mm，$l_9 = 236$mm。

2）端节钢板下料展开长 $s = \pi \times 1794$mm $= 5636$mm。

3）展开样板每等份长 $s_2 = 5636$mm $\div 16 = 352$mm。

（2） Ⅱ节（见图3-17b）

1）半节任一素线长 $l_n = \tan \dfrac{\alpha_2}{2}(R \pm r\sin\beta_n)$

如 $l_4 = \tan 12.5° \times (1800 - 897 \times \sin 22.5°)$mm $= 323$mm

$l_6 = \tan 12.5° \times (1800 + 897 \times \sin 22.5°)$mm $= 475$mm

同理得：$l_1 = 200$mm，$l_2 = 215$mm，$l_3 = 258$mm，$l_5 = 399$mm，$l_7 = 540$mm，$l_8 = 583$mm，$l_9 = 598$mm。

2）Ⅱ节钢板下料展开长 $s = \pi \times 1794$mm $= 5636$mm。

3）展开样板每等分长 $s_2 = 5636$mm $\div 16 = 352$mm。

（3） Ⅲ节（见图3-17a）

1）半节任一素线长 $l_n = \tan \dfrac{\alpha_3}{2}(R \pm r\sin\beta_n)$

如 $l_4 = \tan 15° \times (1800 - 897 \times \sin 22.5°)$mm $= 390$mm

$l_6 = \tan 15° \times (1800 + 897 \times \sin 22.5°)$mm $= 574$mm

同理得：$l_1 = 242$mm，$l_2 = 260$mm，$l_3 = 312$mm，$l_5 = 482$mm，$l_7 = 652$mm，$l_8 = 704$mm，$l_9 = 723$mm。

2）Ⅲ节钢板下料展开长 $s = \pi \times 1794$mm $= 5636$mm。

3）展开样板每等分长 $s_2 = 5636$mm $\div 16 = 352$mm

式中　r——中半径（mm）；

　　　R——弯头弯曲半径（mm）。

3. 作样板方法

三种节角度要作三种样板，为了快捷可一次作出。

1）在油毡纸上划出一长方形，使长度等于5636mm，宽度大于三个样板的最长素线，即（236 + 598 × 2 + 723 × 2）mm = 2878mm。

2）在上下边线上将5636mm分成16等份，每等分长度为352mm，并标出序号。

3）连接上下各等分点，得出17条平行素线。

4）在各平行线上对应截取三个样板的素线长。

5）圆滑连接各点，即得出三个样板。

4. 说明

1）用样板划线时，正弦曲线的凸凹应穿插搭配，以充分节约用料。

2）在平板状态时开出纵环缝的外坡口，纵缝可用刨边机，环缝用气割。

3）纵缝应错180°布置，以防应力集中。

4）组对时应用不同角度的内卡样板检查角度，Ⅰ节与Ⅱ节为162.5°，Ⅱ节与Ⅲ节为152.5°。

5）组对成形后，应放在平台上用大于2700mm的大直角尺检查弯管的直角度，如有误差，可从两端口调整。

6）先从外侧施焊，后内侧清根盖面。

四、蛇形管料计算（见图3-19）

如图3-20所示为分离器至煤磨的下料管，由于两端口的空间位置有偏差，故产生了偏心，本例用钢板下料，端节角度10°，外坡口。图3-21为计算原理图。

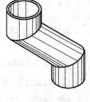

1. 板厚处理

本例ϕ480mm，板厚8mm，由于内腔较小，在内侧施焊难度较大，故设计为50°外坡口。

图3-19　立体图

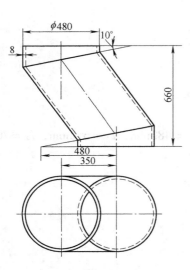

图3-20　分离器至煤磨蛇形管

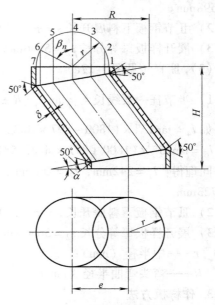

图3-21　计算原理图

2. 下料计算

1）端节任一素线 $l_n = \tan\alpha_1(R \pm r\sin\beta_n)$

如 $l_3 = \tan10° \times (480 - 236 \times \sin30°)\,\text{mm} = 64\,\text{mm}$

$l_5 = \tan10° \times (480 + 236 \times \sin30°)\,\text{mm} = 105\,\text{mm}$

同理得：$l_1 = 43\,\text{mm}$，$l_2 = 49\,\text{mm}$，$l_4 = 85\,\text{mm}$，$l_6 = 121\,\text{mm}$，$l_7 = 126\,\text{mm}$。

2）中间节素线长 $L = \sqrt{(H - 2R\tan\alpha_1)^2 + e^2} = \sqrt{(660 - 2 \times 480 \times \tan10°)^2 + 350^2}\,\text{mm} = 603\,\text{mm}$。

3）钢板下料展开长 $s = \pi D = \pi \times 472\,\text{mm} = 1483\,\text{mm}$。

4）料宽 $B = L + 2R\tan\alpha_1 = (603 + 2 \times 480 \times \tan10°)\,\text{mm} = 772\,\text{mm}$

式中 α_1——端节角度（°）；

$\quad R$——弯曲半径（mm）；

$\quad r$——中半径（mm）；

$\quad \beta_n$——圆管各等分点与同一纵向直径的夹角（°）；

$\quad e$——偏心距（mm）。

3. 作样板的方法

1）在油毡纸上划出一个长方形，尺寸为 $1483\,\text{mm} \times 772\,\text{mm}$。

2）将 $1483\,\text{mm}$ 分成 12 等份，每等份长 $124\,\text{mm}$，并在两条长边标出序号，但序号必相反，如 1 对 7，3 对 5。

3）两条长边对应点连出 13 条素线。

4）在各平行线上对应截取各素线长。

5）圆滑连接各端点，即得三节的展开图，如图 3-22 所示。

4. 说明

1）此例的特点是三节料可整体卷制。

2）用上述样板在钢板上划线后，要打上样冲眼，以防卷制后用石笔划的线被抹掉，具体要求如下：

① 最长素线 7 和最短素线 1 上必打。

② 正弦曲线上必打，以备卷后切割。

3）卷制成形后，用气割将三节分离。

4）在圆形状用气割开 50° 外坡口。

5）按设计点焊成蛇形管。

6）将蛇形状立于平台上，上端口立上钢板尺，测设计高度和两端口的平行度是否符合设计要求。

7）先焊外坡口，后内清根盖面。

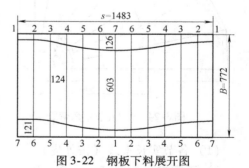

图 3-22　钢板下料展开图

五、任意度数牛角弯管料计算（见图 3-23）

我国弯管的规范皆为端节为中间之半，如圆管弯管、牛角弯管等，如图 3-24 所示的

90°五节牛角弯管也同样执行这个标准。

图3-23　立体图

这种弯管的成形思路是：将施工图的各节内外颠倒配制，便成了正锥台，正锥台用平钢板按中径下出展开料，其上的素线按外皮素线划出，圆滑连接各点，即得出各节的展开料，在各节的轮廓线上打上样冲眼，卷制成形后按样冲眼切断，并开出外坡口，调转180°点焊成形，便成了一端大一端小的90°牛角弯管。

1. 板厚处理

1）本例内腔空间不大，不便在内侧施焊，故设计为纵、环缝皆开60°外坡口，留1mm钝边。

2）正锥台的下料是用平钢板按中径下料，其上的素线按外皮计算的各素线直接划在平钢板上，卷制成形后按线切断，然后组对成形。

2. 下料计算

图3-25为计算原理图，图3-26为变成正锥台的计算原理图，图3-27为颠倒后形成的正锥台。

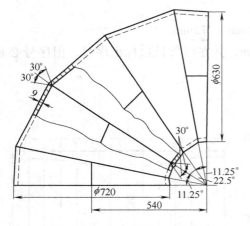

图3-24　90°五节牛角弯管

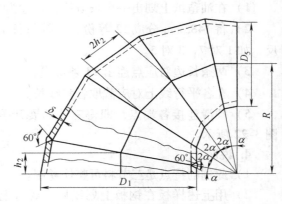

图3-25　计算原理图

（1）各节实长素线（按外皮）

1）正圆锥台高 $h = 2(m-1)R\tan\alpha = 8 \times 540\text{mm} \times \tan11.25° = 860\text{mm}$。

2）任一小锥台高 $h_1 = 2R\tan\alpha = 2 \times 540\text{mm} \times \tan11.25° = 215\text{mm}$。

3）相邻断面半径差 $f_1 = \dfrac{r_1 - r_5}{m-1} = \dfrac{360 - 315}{4}\text{mm} = 11.25\text{mm}$。

4）任一小锥台实长素线 $L_1 = \sqrt{h_1^2 + f_1^2} = \sqrt{215^2 + 11.25^2}\text{mm} = 215.3\text{mm}$。

5）整圆锥高 $H = \dfrac{D_1 h}{D_1 - D_5} = \dfrac{720 \times 860}{720 - 630}\text{mm} = 6880\text{mm}$。

6）展开半径 $P = \sqrt{H^2 + r_1^2} = \sqrt{6880^2 + 360^2}\text{mm} = 6889\text{mm}$。

7）顶圆锥展开半径 $P_1 = \dfrac{P D_5}{D_1} = \dfrac{6889 \times 630}{720}\text{mm} = 6028\text{mm}$。

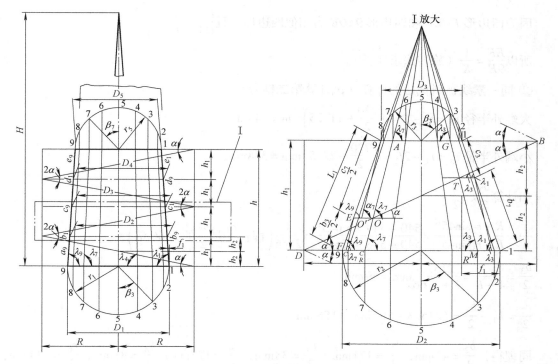

图 3-26 变成正锥台的计算原理图

8）展开料夹角 $\omega = \dfrac{180°D_1}{P} = \dfrac{180° \times 720}{6889} = 18.81°$。

9）展开料大端每等份弦长 $y = 2P\sin\dfrac{\omega}{2n} = 2 \times 6889\,\text{mm} \times$

$\sin\dfrac{18.81°}{32} = 141\,\text{mm}$。

10）大端弦长 $B = 2P\sin\dfrac{\omega}{2} = 2 \times 6889\,\text{mm} \times \sin\dfrac{18.81°}{2} =$

$2252\,\text{mm}$。

11）大端外皮弧长 $s = \pi D_1 = \pi \times 720\,\text{mm} = 2262\,\text{mm}$。

12）实长线的求法（图 3-26 中的 I_A 放大）。

① 任一小锥台素线被斜截后的比值

$$\frac{1}{K} = \frac{R - r_2（或 r_3）\sin\beta_n}{R + r_3（或 r_2）\ \sin\beta_n}$$

公式推导如下（见图 3-26）：

在 $\triangle AOB$ 和 $\triangle COD$ 中，$\dfrac{OC}{OA} = \dfrac{CD}{AB} = \dfrac{R - r_2\sin\beta_n}{R + r_3\sin\beta_n}$（相似三角形）

在 $\triangle MTD$ 和 $\triangle GTB$ 中，$\dfrac{GT}{TM} = \dfrac{BG}{DM} = \dfrac{R - r_3\sin\beta_n}{R + r_2\sin\beta_n}$（相似三角形）

由 O 点作底边平行线与轮廓线得交点 E。

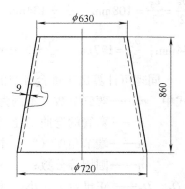

图 3-27 颠倒后的正锥台

因为四边形 $EOCF$ 和四边形 $9AOE$ 为相似四边形，且 $\dfrac{OC}{OA} = \dfrac{1}{K}$

所以 $\dfrac{EF}{9E} = \dfrac{1}{K}$（旋转法求实长）。

② 同一素线被斜截后的计算（试计算第二锥台）

大端外半径 $r_2 = r_1 - f_1 = \left(\dfrac{720}{2} - 11.25\right)\text{mm} = 349\text{mm}$

小端外半径 $r_3 = r_1 - 2f_1 = \left(\dfrac{720}{2} - 22.5\right)\text{mm} = 338\text{mm}$

如计算 $\dfrac{b_3}{2}$、$\dfrac{c_7}{2}$：

$\dfrac{1}{K} = \dfrac{R - r_2\sin45°}{R + r_3\sin45°} = \dfrac{540 - 349 \times \sin45°}{540 + 338 \times \sin45°} = \dfrac{1}{2.66}\left(\text{即：} \dfrac{c_7}{2} \text{是} \dfrac{b_3}{2} \text{的 2.66 倍}\right)$

$\dfrac{b_3}{2} = \dfrac{L_1}{1 + K} = \dfrac{215.3}{1 + 2.66}\text{mm} = 59\text{mm}$

$\dfrac{c_7}{2} = L_1 - \dfrac{b_3}{2} = (215.3 - 59)\text{mm} = 156\text{mm}$

同理得：$\dfrac{b_2}{2} = 43\text{mm}$，$\dfrac{c_8}{2} = 171\text{mm}$；$\dfrac{b_1}{2} = 38\text{mm}$，$\dfrac{c_9}{2} = 177\text{mm}$，$\dfrac{b_4}{2} = 81\text{mm}$，$\dfrac{c_6}{2} = 134\text{mm}$；

$\dfrac{b_5}{2} = \dfrac{c_5}{2} = 108\text{mm}$；$\dfrac{b_6}{2} = 134\text{mm}$，$\dfrac{c_4}{2} = 81\text{mm}$；$\dfrac{b_7}{2} = 155\text{mm}$，$\dfrac{c_3}{2} = 60\text{mm}$；$\dfrac{b_8}{2} = 171\text{mm}$，$\dfrac{c_2}{2} = 44\text{mm}$；$\dfrac{b_9}{2} = 177\text{mm}$，$\dfrac{c_1}{2} = 38\text{mm}$。

同理可计算出正锥台各节的实长素线，如图 3-28 所示。

式中　m——弯管节数，本例为 5 节；

　　　R——弯管的弯曲半径（mm）；

　　　α——端节角度（°），本例为 11.25°；

　　　n——圆周等分数；

D_1、D_5——正锥台大、小端外直径（mm）；

$r_1 \sim r_5$——正锥台从大到小各端面外半径（mm）；

$\dfrac{1}{K}$——小锥台同一素线被斜截后的比值，短者为 1，长者为 K。

（2）颠倒后形成的正锥台（按中径）（见图 3-28）

1）整锥台半顶角 $\beta = \arctan\dfrac{D - d}{2h} = \arctan\dfrac{711 - 621}{2 \times 860} = 3°$。

2）整锥展开半径 $P = \dfrac{D}{2\sin\beta} = \dfrac{711\text{mm}}{2\sin3°} = 6793\text{mm}$。

3）上锥展开半径 $P_1 = \dfrac{d}{2\sin\beta} = \dfrac{621\text{mm}}{2\sin3°} = 5933\text{mm}$。

4）展开料包角 $\omega = 360° \times \sin\beta = 360° \times \sin3° = 18.84°$。

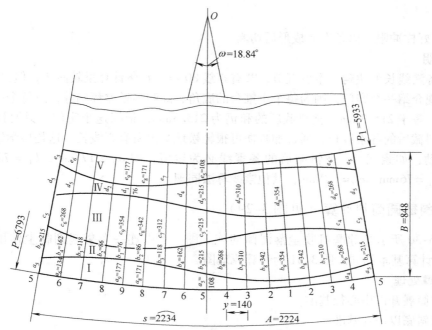

图 3-28 颠倒后形成正锥台用钢板下料展开图

（展开料按中径，素线长按外皮）

5）展开料大端弧长 $s = \pi D = \pi \times 711\,\text{mm} = 2234\,\text{mm}$。

6）展开料小端弧长 $s_1 = \pi d = \pi \times 621\,\text{mm} = 1951\,\text{mm}$。

7）展开料大端弦长 $A = 2R\sin\dfrac{\alpha}{2} = 2 \times 6793\,\text{mm} \times \sin\dfrac{18.84°}{2} = 2224\,\text{mm}$。

8）展开料小端弦长 $A_1 = 2r\sin\dfrac{\alpha}{2} = 2 \times 5933\,\text{mm} \times \sin\dfrac{18.84°}{2} = 1942\,\text{mm}$。

9）大小端弦心距 $B = (R - r)\cos\dfrac{\alpha}{2} = (6793 - 5933)\,\text{mm} \times \cos\dfrac{18.84°}{2} = 848\,\text{mm}$。

10）展开料大端每等份弦长 $y = 2R\sin\dfrac{\alpha}{2n} = 2 \times 6793\,\text{mm} \times \sin\dfrac{18.84°}{2 \times 16} = 140\,\text{mm}$。

3. 展开图的划法

展开图如图 3-28 所示。

1）不作油毡外覆样板，直接划线在钢板上，卷制成正锥台后再割断。

2）在钢板上作 O 点，以 O 点为圆心，分别以 $P = 6793\,\text{mm}$ 和 $P_1 = 5933\,\text{mm}$ 为半径划弧。

3）在大弧上截取弦长 2224mm，与 O 点相连所形成的展开料包角必为 18.84°，大端弧长必为 2234mm，小端弦长必为 1942mm，小端弧长必为 1951mm。

4）在大弧上将大弧分成 16 等份，每等份的弦长 $y = 140\,\text{mm}$，等分点为 5、6、7、8、9、8、7、6、5、4、3、2、1、2、3、4、5。

5）各等分点与 O 点相连得 17 条素线 $O1$、$O2$、…、$O9$。

6）在三条素线 $O5$ 上，相间截取 108mm 和 215mm。

7）继而在其他各素线上截取各节的素线长得各点，圆滑连接各点，即得五个节的钢板展开图。

8）打好样冲眼，以备卷制成形后切断。

4. 说明

计算各素线长的诀窍：本例五节，共有素线80条，每条计算虽较简单，但也要走过程，很费时。现介绍一个窍门，因为每个小锥台的底角、高和半径差都相等，故每个小锥台的素线都相等，等于215.3mm，被斜截后的和仍为215.3mm，根据这个窍门，只要计算出一个小锥台被斜截后的各素线长，通过加减便可很轻松地算出所有素线长。这是科学给我们的恩赐，很省劲，如素线9，被斜截后的各素线必为定值，即 $a_9 = 177$mm，$b_1 = 76$mm，$c_9 = 354$mm，$d_1 = 76$mm，$e_9 = 177$mm，其他素线算法同理。

六、斜截圆筒料计算（见图3-29）

如图3-30所示为球磨机收尘落泥筒的施工图，下端连一布袋起到收尘作用，与两节90°弯管的计算基本相同。图3-31为计算原理图。

1. 板厚处理

1）圆筒展开以中心径基准。

2）筒斜底以内径基准。

3）筒体纵缝不开坡口，留2mm间隙内外施焊。

4）底板与筒体不开坡口，采用角焊缝。

图 3-29　立体图

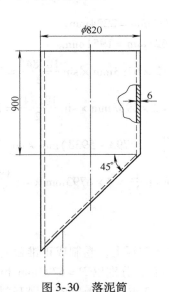

图 3-30　落泥筒

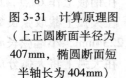

图 3-31　计算原理图
（上正圆断面半径为
407mm，椭圆断面短
半轴长为404mm）

2. 下料计算

（1）圆筒体

1）任一素线长 $l_n = H + r(1 + \sin\beta_n)\tan\alpha$

如 $l_2 = 900\text{mm} + 407\text{mm} \times (1 - \sin60°) \times \tan45° = 955\text{mm}$

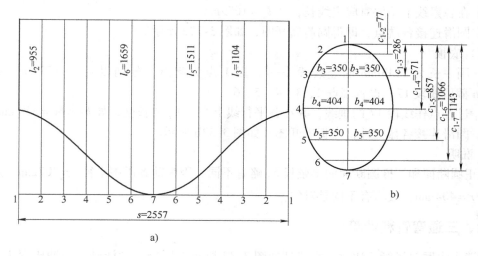

图 3-32 展开图

a) 筒体（按中径） b) 底板（按筒体内径）

$l_6 = 900\text{mm} + 407\text{mm} \times (1 + \sin60°) \times \tan45° = 1659\text{mm}$

同理得：$l_1 = 900\text{mm}$，$l_3 = 1104\text{mm}$；$l_4 = 1307\text{mm}$，$l_5 = 1511\text{mm}$；$l_7 = 1714\text{mm}$。

2）钢板下料展开长 $s = \pi \times 814\text{mm} = 2557\text{mm}$。

（2）底板 底板为椭圆板，下料方法有三种：一是覆盖法，即将整好圆的斜口盖在钢板上划出外形，然后再往里缩进一个板厚，即得底板实形；二是放样法，直接根据下方的半椭圆长、短轴截取即可；三是计算法。下面详细叙述计算法。

1）椭圆端面半弦长 $b_n = r\cos\beta_n$

如 $b_2 = b_6 = 404\text{mm} \times \cos60° = 202\text{mm}$

同理得：$b_1 = b_7 = 0$；$b_3 = b_5 = 350\text{mm}$。

2）椭圆长轴上 1 点至 n 点的距离 $c_{1-n} = \dfrac{r(1 \pm \sin\beta_n)}{\cos\alpha}$

如 $c_{1-2} = \dfrac{404\text{mm} \times (1 - \sin60°)}{\cos45°} = 77\text{mm}$

同理得：$c_{1-3} = 286\text{mm}$，$c_{1-4} = 571\text{mm}$，$c_{1-5} = 857\text{mm}$，$c_{1-6} = 1066\text{mm}$，$c_{1-7} = 1143\text{mm}$。

式中 H——圆筒中心高（mm）；

r——圆筒中半径 407mm 或底板内半径 404mm；

α——斜截角度（°）；

β_n——圆周各等分点与同一纵向直径的夹角（°）；

"$\pm$"——短侧用"$-$"、长侧用"$+$"。

3. 样板制作方法

（1）圆筒体

1）画一个长方形，使尺寸为 2557mm × 1714mm。

2）将长边分为 12 等份，共有 13 条素线。

3）在各素线上截取对应素线长，如 $l_6 = 1659\mathrm{mm}$。

4）圆滑连接各端点，即得圆筒展开图，如图 3-32a 所示。

（2）底板

1）画一长为 1143mm 的竖线段 1—7，以 1 点为起点，分别以 $c_{1-2} = 77\mathrm{mm}$，$c_{1-6} = 1066\mathrm{mm}$ 截取线段 17，得各端点 2、3、4、5、6。

2）过各点作线段 17 的垂线，并在各平行线上截取 b_n 的长度，如 $b_3 = b_5 = 350\mathrm{mm}$。

3）圆滑连接各截点即得底板展开图，如图 3-32b 所示。

4. 说明

上正圆断面和下椭圆断面的半弦长 b_n 略有不同，因为前者用中半径 $r = 407\mathrm{mm}$，后者用内半径 $r = 404\mathrm{mm}$，故略有不同是对的。

七、三通弯管料计算

制造入煤磨热风管三通时，会遇到如图 3-33 所示的图例，设计要求为冲压弯头，由于规格较大，无成品弯管，需用多节焊接弯管代替，两者的料计算原理相同，前者用同心圆与等分点相交求结合线得孔实形，后者用管体素线与等分点相交求结合线得孔实形。焊接弯管的料可用计算法求得，孔实形和弯管切去部分的数据需放实样求得。下面叙述其下料过程。

1. 弯管展开料计算（用多节成品管切割）

如图 3-34 所示为端节展开料计算原理和展开图。

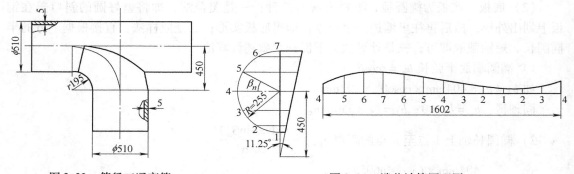

图 3-33　等径三通弯管　　　　　　　图 3-34　端节计算原理图

各素线 $l_n = (R \pm r\sin\beta_n)\tan\alpha$

式中　α——端节角度（°）；

　　　R——弯管弯曲半径（mm）；

　　　r——管外半径（mm）；

　　　β_n——圆周各等分点与同一横向直径的夹角（°）。

如 $l_2 = (450 - 255 \times \sin 60°)\mathrm{mm} \times \tan 11.25° = 45.6\mathrm{mm}$

$l_6 = (450 + 255 \times \sin 60°)\mathrm{mm} \times \tan 11.25° = 133\mathrm{mm}$

同理得：$l_3 = 46\mathrm{mm}$，$l_5 = 115\mathrm{mm}$，$l_1 = 39\mathrm{mm}$，$l_7 = 140\mathrm{mm}$，$l_4 = 90\mathrm{mm}$。

若用油毡作样板时，因包在筒体外面，样板周长上应加大 6mm，即 1608mm。

2. 结合线与孔实形

（1）结合线的求法

如图3-35所示为展开原理图，通过主视图上各等分素线与左视图上各对应等分点所得交点的连线，即为弯头与主管的结合线，在作图中若有空档较大处连线不圆滑时，可视具体情况加几个点，如图中的"特"字。

（2）孔实形的求法

1）由主、左视图可看出，结合部分的长度为半周，即 $510mm \times \pi \div 2 = 801mm$，若用油毡作样板时为804mm。

2）将左视图正断面圆周上各等分点弧长截于展开图上得7、6、5、特、4各点。

3）在展开图上截取各主管素线至结合线的距离，即得展开图上各交点，圆滑连接各点，即得主管上孔实形。

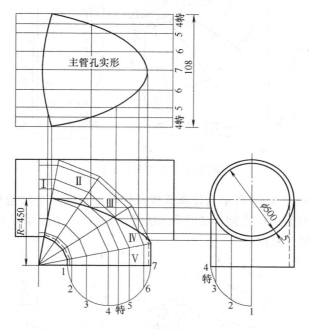

图3-35 展开原理图

4）主管孔实形样板也可不作出，待弯管舍去部分割掉后，用覆盖法在主管上划线也可。

3. 展开料的留舍

如图3-36所示为弯管留舍展开图，在展开图上量取用放实样所得的各数据得各点并连线，即得应去掉的部分。为了便于成形和组对，不要将去掉的部分先割掉，应打好样冲眼，待组焊成整弯管后再按线割去。从图中可看出，第Ⅰ端节可不下料。

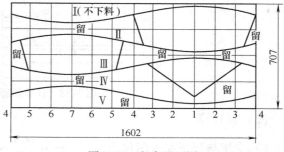

图3-36 留舍展开图

此等径三通弯管的下料完全适于异径三通弯管。

八、弯管支架料计算

因弯管所处空间、几何尺寸、重量和刚性的需要，有时需在下部增设支架，以增加稳定性，因弯管的几何形状不同，又分焊接弯管支架、圆管弯管支架和方弯管支架，因圆管弯管的几何尺寸都比较小，所以增设支架的情况并不多，但不排除没有，故本文也叙述了。

1. 焊接弯管支架

如图 3-37 所示为焊接弯管支架施工图，在弯管支架中此类用得最多，但计算起来相对较复杂。

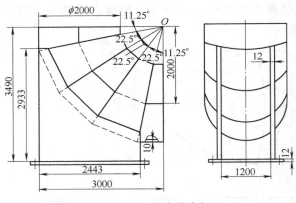

图 3-37 焊接弯管支架

（1）板厚处理 如图 3-38 所示为计算原理及板厚处理图，支架是平面，弯管是曲面，两者接触只能是里皮接触，外皮间形成小间隙的自然坡口。两面都不需开坡口，使用堆积焊，故支架按里皮为展开基准。

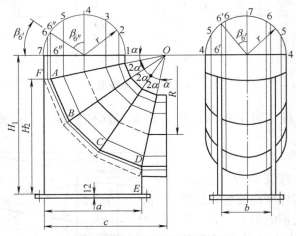

图 3-38 计算原理及板厚处理

（2）料计算

1）支架与弯管左视图包角 $\beta_{6'} = \arcsin \dfrac{600}{1000} \approx 36.87°$。

2）支架与弯管主视图包角 $\beta_{6''} = 90° - 36.87° = 53.13°$。

3）O 点至 A 点的垂直距离 $O6'' = (2000 + 1000 \times \sin53.13°)\text{mm} = 2800\text{mm}$。

4）$A6'' = O6'' \times \tan\alpha = 2800\text{mm} \times \tan11.25° = 556.95\text{mm}$。

5）$OA = \dfrac{O6''}{\cos\alpha} = \dfrac{2800\text{mm}}{\cos11.25°} = 2854.86\text{mm}$。

6）$H_2 = H_1 - A6'' = (3490 - 556.95)\text{mm} = 3933.05\text{mm}$。

7）$DE = H_1 - O6'' = (3490 - 2800)\text{mm} = 690\text{mm}$。

8）$FA = r(1 - \sin\beta_{6''}) = 1000\text{mm} \times (1 - \sin53.13°) = 200\text{mm}$。

（3）展开图的画法 如图 3-39 所示为支架展开图，其画法如下：

1）以 O 点为直角顶点，画矩形，其尺度为 3000mm × 3490mm，对角点为 O'。

2）以 O' 为直角点，使其两直角边分别等于 2933mm 得 F 点和 2443mm 得 E 点。

3）以 O 为圆心、2854.86mm 为半径画弧，与以 $F(E)$ 点为圆心、200mm（690mm）为半径画弧得交点 $A(D)$。

4）以 O 为圆心、2854.86mm 为半径画弧，与以 $A(D)$ 点为圆心、556.95mm × 2 = 1113.9mm 为半径画弧得交点 $B(C)$。

5）连接 B、C，即得支架展开实形。

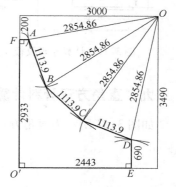

图 3-39 支架展开图的画法

2. 圆管弯管支架

如图 3-40 所示为冲压圆管弯管施工图。

（1）板厚处理 板厚处理完全同焊接弯管支架，即以里皮为基准作展开实形。

（2）料计算 如图 3-41 所示为计算原理及板厚处理图。

1）支架与弯管左视图包角 $\beta_{6'} = \arcsin\dfrac{b}{2r} = \arcsin\dfrac{280}{2 \times 230} = 37.5°$。

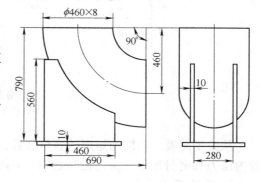

图 3-40 圆管弯管支架

2）支架与弯管主视图包角 $\beta_{6''} = 90° - 37.5° = 52.5°$。

3）$O6'' = r\sin\beta_{6''} + R = (230 \times \sin52.5° + 460)\text{mm} = 642.47\text{mm}$。

（3）展开图的画法 如图 3-42 所示为支架展开图，其画法如下：

1）以 O 点为直角顶点画矩形，其尺度为 790mm × 690mm，对角点为 O' 点。

2）以 O' 点为直角点，使其两直角边分别为 560mm 得 F 点和 460mm 得 E 点。

3）以 O 点为圆心、642.47mm 为半径画弧。

4）过 F 点作 $O'F$ 的垂线，过 E 点作 $O'E$ 的垂线，与前弧分别得交点 A 和 B。

5）$O'FABE$ 即为支架实形。

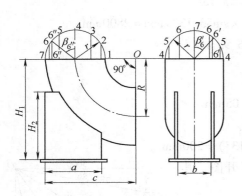

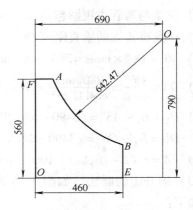

图 3-41　计算原理及板厚处理图　　　　　图 3-42　支架展开图的画法

九、直角方弯管料计算

如图 3-43 所示为直角方弯管施工图及展开图。

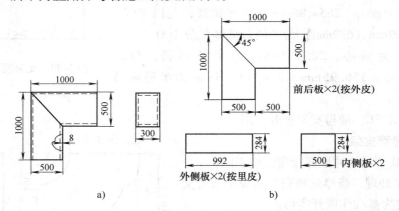

a)　　　　　　　　　　　　　　　　b)

图 3-43　直角方弯管施工图及展开图

a）施工图　b）展开图

从施工图看，断面为矩形的直角弯管，从计算下料到焊接成形都较简单，下料时要考虑管内压力和密封程度来决定板厚处理，下面分别分析。

1. 料计算

前后板内短边长 =（1000 – 500）mm = 500mm。

2. 板厚处理分析

1）前后板按里皮接触下成一块板，内外侧板也按里皮接触，这样会有足够的焊肉，且能在外侧施焊，对焊工有利；此形式适于压力高、密封性能好的管道。

2）前后板按外皮下成一块板，在内侧开 30°坡口，内外侧板按里皮，在长边外侧开 30°坡口，此形式也适于高压、密封性能好的管道。

3）前后板按外皮下成一块板，不开坡口，内外侧板皆按整搭处理，即一板按里皮、一板按外皮，也不开坡口，焊接时采用穿透能力较大的电流，焊肉高于板面 1～2mm，此形式适于低压、密封性要求不高的管道。

4）分两段下料组对。根据以上分析的板厚处理，再配以具体要求，然后决定实际的板厚处理，下料组对皆按两段进行，对口处开30°外坡口，分段组对检查无误后再两节组对为一体，组对时应严格控制直角度，并点焊限位铁，以防止焊接变形，影响与管道的连接。

十、多节方弯管料计算

如图3-44所示为一三节方弯管施工图，图3-45为计算原理图，三节和 n 节的计算原理完全相同；方弯管与圆弯管一样，也遵循我国弯管规范，即端节为中间节之半，只要作出端节样板，中间样板即可作出。端节角度 $\alpha_1 = \dfrac{90°}{2(n-1)}$ （式中， n 为弯管节数），本例 $\alpha_1 = \dfrac{90°}{2 \times (3-1)} = 22.5°$ 。

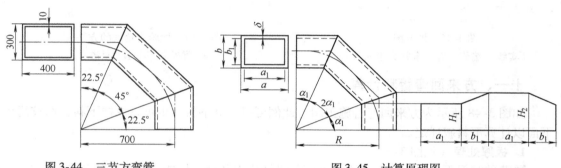

图3-44　三节方弯管　　　　　　　　图3-45　计算原理图

1. 板厚处理

此类弯管不论厚板或薄板，一律按里皮计算，不管是薄板的整料折弯，还是厚板的分片切断，对口皆开30°外坡口，内侧大于30°，外侧小于30°，中间等于30°，这样设计的好处是便于施焊，对焊工和保证产品质量都有好处。

2. 计算方法 （展开图见图3-46）

1）内侧板高 $H_1 = \left(R - \dfrac{b}{2}\right)\tan\alpha = (700 - 150)\,\text{mm} \times \tan 22.5° = 227.82\,\text{mm}$ 。

2）外侧板高 $H_2 = \left(R + \dfrac{b}{2} - \delta\right)\tan\alpha = (700 + 150 - 10)\,\text{mm} \times \tan 22.5° = 347.94\,\text{mm}$ 。

3）前后板尺寸 $280\,\text{mm} \times 227.82\,\text{mm} \times 347.94\,\text{mm}$ 。

4）左右板矩形尺寸 $380\,\text{mm} \times 227.82\,\text{mm}$ ； $380\,\text{mm} \times 347.94\,\text{mm}$ 。

3. 加工方法

（1）板料加工　此类弯管也有薄板和厚板之分。3mm以上应切断下料，气割或剪板机断料；3mm以下应折弯下料，即用手工或在压力机上压出折弯线，然后组对。

（2）组对

1）在平台上放外皮实样，定位焊限位铁，分别组对出两个端节，并作好中线记号，以便与中间节组对，这样作的目的是防止错心。

2）用卡直角尺法组对出中间节，也作好中线记号，以便与端节组对。

3）在平台上按组对记号组对三节，不用放实样，只允许在前后板上点焊小疤固定，以便调整直角度，保证直角度的方法如图 3-47 所示，用样板法检验时，应两端检查才能保证准确无误，不能只检验一端。

4）样板角度 α 的计算 $\alpha = (90° - \alpha_1) \times 2 = (90° - 22.5°) \times 2 = 135°$。

（3）焊接　焊接左右板时，应立放于平台，定位焊小疤固定，施以横焊；焊接前后板时，应平放于平台施以平焊，千万不要垫木块或方铁，以防垫不平产生弯形或扭曲。

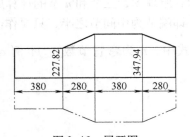

图 3-46　展开图
（实线为端节，虚实合并为中间节）

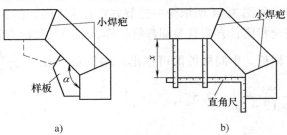

a)　　　　　　b)

图 3-47　检验直角度的方法
a）样板法　b）直角尺法

十一、方来回弯管料计算

如图 3-48 所示为方来回弯管施工图，此例可以计算下料，也可以放样下料，都较简单，下面以计算下料叙述之。

1. 板厚处理（见图 3-49）

单节的方框下料与组对，可根据弯管的设计压力和密封性能，按图中的节点图任意选择板厚处理，节与节的组对就稍复杂些，内侧自然形成外皮接触，外侧自然形成里皮接触，为保证能在外侧施焊和保证焊接质量，对接口一律采用里皮接触，开 40° 外坡口，内侧大于40°，外侧小于 40°，中间等于 40°。

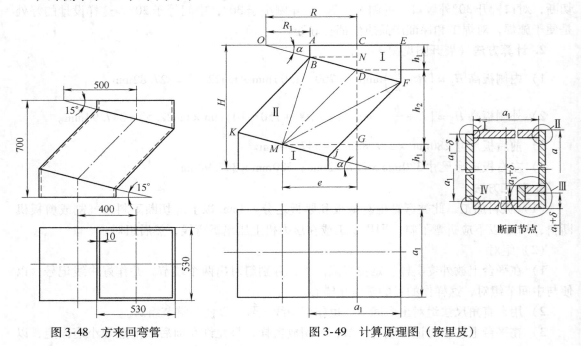

图 3-48　方来回弯管　　　　　　　　图 3-49　计算原理图（按里皮）

2. 计算方法

因为 $R = 500\text{mm}$

所以 $R_1 = (500 - 255)\text{mm} = 245\text{mm}$

在直角三角形 OAB 中

$AB = R_1\tan\alpha = 245\text{mm} \times \tan15° = 65.65\text{mm}$

在直角三角形 OCD 中

$$CD = R\tan\alpha = 500\text{mm} \times \tan15° = 133.97\text{mm}$$

在直角三角形 OEF 中

$EF = (R + CE)\tan\alpha = (500 + 255)\text{mm} \times \tan15° = 202.3\text{mm}$

在直角三角形 BND 中

$ND = BN\tan\alpha = 255\text{mm} \times \tan15° = 68.33\text{mm}$

$BD = DF = \dfrac{BN}{\cos\alpha} = \dfrac{255\text{mm}}{\cos15°} = 264\text{mm}$

在直角三角形 DGM 中

因为 $DG = H - 2h_1 = (700 - 2 \times 133.97)\text{mm} = 432.06\text{mm}$

$GM = e = 400\text{mm}$

所以 $DM = \sqrt{DG^2 + GM^2} = \sqrt{432.06^2 + 400^2}\,\text{mm} = 588.79\text{mm}$

$$\angle MDG = \arctan\frac{MG}{DG} = \arctan\frac{400}{432.06} = 42.79°$$

$$\angle MDF = \angle MDG + \angle FDG = 42.79° + 75° = 117.79°$$

$$MF = \sqrt{MD^2 + DF^2 - 2MD \cdot DF\cos\angle MDF}$$

$$= \sqrt{588.79^2 + 264^2 - 2 \times 588.79 \times 264 \times \cos117.79°}\,\text{mm} = 749.2\text{mm}$$

$$\angle BDM = 180° - \angle MDF = 180° - 117.79° = 62.21°$$

$$BM = \sqrt{MD^2 + DB^2 - 2MD \cdot DB\cos\angle MDB}$$

$$= \sqrt{588.79^2 + 264^2 - 2 \times 588.79 \times 264 \times \cos62.21°}\,\text{mm} = 520.99\text{mm}$$

通过以上计算，得出各板尺寸

Ⅰ 节前后板尺寸为 $65.65\text{mm} \times 510\text{mm} \times 202.3\text{mm} \times 528\text{mm}$

Ⅱ 节前后板尺寸为平行四边形 $588.79\text{mm} \times 528\text{mm}$ 配中心角 $117.79°$（或 $62.21°$）

Ⅰ 节左板尺寸为 $65.65\text{mm} \times 510\text{mm}$

Ⅰ 节右板尺寸为 $202.2\text{mm} \times 510\text{mm}$

Ⅱ 节左右板尺寸为 $588.79\text{mm} \times 510\text{mm}$

展开图见图 3-50，适于切断和折弯两种结构形式。

3. 展开图的画法

Ⅰ 板的画法从略。

Ⅱ 板的画法如下。

1）画线段 DM，使其等于 588.79mm。

2）分别以 D、M 点为圆心，264mm、749.2mm 为半径画弧得交点 F。

3）分别以 M 点和 F 点为圆心，264mm、588.79mm 为半径画弧得交点 j。

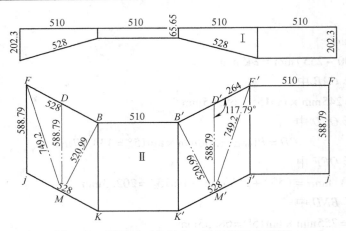

图 3-50　展开图（按里皮，适于折弯或切断）

4）延长 FD 得点 B、延长 jM 得点 K，使 $FB = jK = 528$mm。

5）用作矩形的方法得出左右侧板 $BB'K'K$ 和 $FF'j'j$。

6）后板的画法：

① 分别以 B' 点、K' 点为圆心，520.79mm、264mm 为半径画弧得交点 M'。

② 分别以 B' 点、M' 点为圆心，264mm、588.79mm 为半径画弧得交点 D'。

③ 延长 $B'D'$ 得 F'，延长 $K'M'$ 得 j'，使 $B'F' = K'j' = 528$mm，连接各点即得 Ⅱ 板展开实形。

因按里皮计算，故适于切断下料或折弯下料。

十二、正十字形方弯管料计算

如图 3-51 所示为引风机与收尘箱连接的正十字形方弯管，经实测，两待连接的端口中心横向距离为 915mm，纵向距离为 700mm，故设计特定纵向距离 700mm 为弯管的弯曲半径，有了弯曲半径就可以分成多节，以便于计算下料或放样下料，本例分为三节处理。设定弯曲半径 700mm 后，下端连不上，加长第三节处理。

图 3-51　引风机与收尘箱连接方弯管

1. 板厚处理

如图 3-52 所示为计算原理及板厚处理的节点图，从节点图看，有整搭、半搭、交叉搭和里皮连接四种，每节的连接可根据设计要求采用连接形式，节与节的对口，为焊接方便的需要，采用里皮连接为好，开 30° 外坡口。

2. 放样法

如图 3-52 所示，Ⅰ、Ⅲ 节全部反映实长，可直接画出展开图，唯 Ⅱ 节不反映实长，需用半弦长差法求得实长，从右视图可看出，CD、DH、GH 三线仅表示各板的中线长，而不表示边线长，要用半弦长差法求得实长，其半弦长差值即是图中的 K。作图步骤如图 3-53 所示。

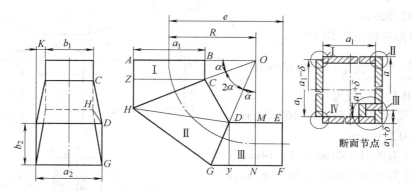

图 3-52 计算原理（按里皮）及板厚处理节点图

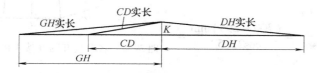

图 3-53 Ⅱ节求实长图（半弦长差法）

（1）实长图的画法

1）画出直角丁字线。

2）使垂线等于 K，使各水平线等于图 3-52 中的 CD、DH、GH。

3）连接各线段的终点和垂线顶，使得各线段的实长。

（2）展开图的画法（见图 3-54）

Ⅰ、Ⅲ节较简单，此处从略。

Ⅱ节的画法如下：

1）作线段 GH，使其等于 GH 中线长，以此线为中线作出梯形 1221。

2）分别以 2、2（1、1）点为圆心、DG 和 DH 实长为半径画弧交于 3 点。

3）分别以 2、3（1、3）点为圆心、CH 和 CD 边线实长为半径画弧交于 4 点。

4）以 CD 中线长作梯形 4563，使 45 线段等于 b_1、63 线段等于 a_2。

5）使两图形的 34 线段重合，便完成Ⅱ节展开图。

3. 计算法

如图 3-52 所示，Ⅰ、Ⅲ节各线段皆反映实长，较方便计算，唯Ⅱ节较麻烦，现计算如下。

（1）Ⅰ节

1）在直角三角形 OAH 中

$$AH = \left(R + \frac{a_1}{2}\right)\tan\alpha = (700 + 295)\,\text{mm} \times \tan 22.5° = 412.14\,\text{mm}。$$

2）在直角三角形 OBC 中

$$BC = \left(R - \frac{a_1}{2} \right) \tan\alpha = (700 - 295)\,\text{mm} \times$$

$\tan 22.5° = 167.76\,\text{mm}$。

3）在直角三角形 CZH 中

$$CH = \frac{a_1}{\cos\alpha} = \frac{590\text{mm}}{\cos 22.5°} = 638.61\,\text{mm}。$$

从而得出 I 节各板尺寸：

前后板尺寸为 295mm × 167.76mm ×

638.61mm ×412.14mm

左板尺寸为矩形 400mm ×412.14mm

右板尺寸为矩形 400mm × 167.76mm。

（2）II 节

1）在直角三角形 OBC 中

$$OC = \frac{OB}{\cos\alpha} = \frac{R - \frac{a_1}{2}}{\cos\alpha} = \frac{(700 - 295)\,\text{mm}}{\cos 22.5°} =$$

438.37mm。

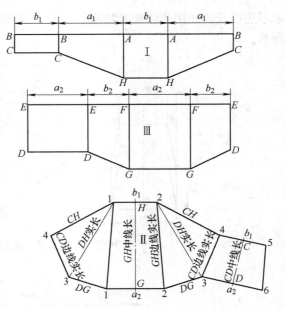

图 3-54　各节展开图（按里皮，适于折弯或切断）

2）在直角三角形 OMD 中

$$OD = \frac{OM}{\cos\alpha} = \frac{R - \frac{b_2}{2}}{\cos\alpha} = \frac{\left(700 - \frac{370}{2}\right)\text{mm}}{\cos 22.5°} = 557.43\,\text{mm}。$$

3）在直角三角形 CZH 中

$$CH = \frac{CZ}{\cos\alpha} = \frac{a_1}{\cos\alpha} = \frac{590\text{mm}}{\cos 22.5°} = 638.61\,\text{mm}。$$

4）在直角三角形 DyG 中

$$DG = \frac{Dy}{\cos\alpha} = \frac{b_2}{\cos\alpha} = \frac{370\text{mm}}{\cos 22.5°} = 400.49\,\text{mm}。$$

5）在 $\triangle OCD$ 中

$$CD\text{ 中线长} = \sqrt{OC^2 + OD^2 - 2OC \cdot OD \cdot \cos 2\alpha}$$
$$= \sqrt{438.37^2 + 557.43^2 - 2 \times 438.37 \times 557.43 \times \cos 45°}\,\text{mm}$$
$$= 396.63\,\text{mm}$$

$$CD\text{ 边线实长} = \sqrt{396.63^2 + 75^2}\,\text{mm} = 403.66\,\text{mm}$$

$$DH\text{ 实长} = \sqrt{(OH^2 + OD^2 - 2OH \cdot OD \cdot \cos 2\alpha) + K^2}$$
$$= \sqrt{(1076.98^2 + 557.43^2 - 2 \times 1076.98 \times 557.43 \times \cos 45°) + 75^2}\,\text{mm}$$
$$= 792\,\text{mm}。$$

6）在 $\triangle OGH$ 中

$$GH\text{ 中线长} = \sqrt{OH^2 + OG^2 - 2OH \cdot OG \cdot \cos 2\alpha}$$
$$= \sqrt{1076.98^2 + 957.92^2 - 2 \times 1076.98 \times 957.92 \times \cos 45°}\,\text{mm}$$

=786.45mm

GH 边线实长 $=\sqrt{786.45^2+75^2}\,\text{mm}=790.02\text{mm}$

由此得出 II 节各板尺寸：

前后板尺寸为 638.61mm×403.66mm×400.49mm×790.02mm×792mm。

左板尺寸为梯形 786.45mm×400mm×550mm。

右板尺寸为梯形 396.63mm×400mm×550mm。

（3）III 节

1）在直角三角形 ONG 中

$$GN=\left(R+\frac{b_2}{2}\right)\tan\alpha=(700+185)\text{mm}\times\tan22.5°=366.58\text{mm}。$$

2）在直角三角形 OMD 中

$$DM=\left(R-\frac{b_2}{2}\right)\tan\alpha=(700-185)\text{mm}\times\tan22.5°=213.32\text{mm}。$$

3）在直角三角形 DyG 中

$$DG=\frac{Dy}{\cos\alpha}=\frac{b_2}{\cos\alpha}=\frac{370\text{mm}}{\cos22.5°}=400.49\text{mm}$$

$$EM=FN=e-R=(915-700)\text{mm}=215\text{mm}$$

由此得出 III 节各板尺寸

前后板尺寸为 428.32mm×370mm×581.58mm×400.49mm

上板尺寸为矩形 428.32mm×570mm

下板尺寸为矩形 581.58mm×570mm

式中　a_1、b_1——I 节的里皮边长（mm）；

　　　a_2、b_2——III 节的里皮边长（mm）；

　　　α——弯管的端节角度（mm）；

　　　R——弯管的弯曲半径，两待连接管端口的纵向距离（mm）；

　　　e——两待连接管端口的横向距离（mm）。

4. 展开图的画法

展开图的画法完全同放样法中的叙述，如图 3-54 所示，前者用放样数据，后者用计算数据，操作方法完全相同，故此略。

十三、方弧面 90°弯管料计算

如图 3-55 所示为一方弧面 90°弯管。此类弯管因两端断面相同，所有侧板都反映实长，计算方法很简单，这里主要说一说板厚处理，随着压力和密封程度的不同，其节点形式就不同，如图 3-56 所示，I 为半搭，即一板里皮，另板里皮加一个板厚；II 为整搭，即一板里皮，另板外皮，III 为互搭，即两板皆为里皮加一个板厚；IV 为里皮顶里皮，即两板皆按里皮，本例按 II 叙述。

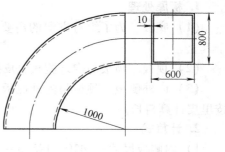

图 3-55　方弧面 90°弯管

下料计算：

1）内弧半径 $R_1 = 1000\mathrm{mm}$。

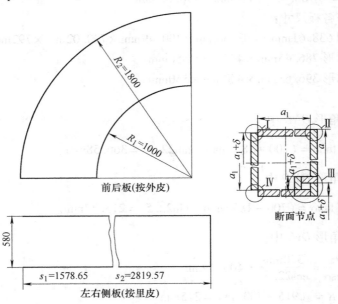

前后板(按外皮)

断面节点

左右侧板(按里皮)

图 3-56　展开图及节点

2）外弧半径 $R_2 = (1000 + 800)\mathrm{mm} = 1800\mathrm{mm}$。

3）内侧板展开长 $s_1 = \dfrac{\pi R_1}{2} = \dfrac{\pi \times 1005\mathrm{mm}}{2} = 1578.65\mathrm{mm}$。

4）内侧板尺寸为 $580\mathrm{mm} \times 1578.65\mathrm{mm}$。

5）外侧板展开长 $s_2 = \dfrac{\pi R_2}{2} = \dfrac{\pi \times 1795\mathrm{mm}}{2} = 2819.57\mathrm{mm}$。

6）外侧板尺寸为 $580\mathrm{mm} \times 2819.57\mathrm{mm}$。

十四、方螺旋 90°渐缩弯管料计算（见图 3-57）

如图 3-58 所示为方螺旋 90°渐缩弯管施工图和展开图，其形状较特殊，又加从大到小渐缩且螺旋上升，所以料计算难度较大。下面将计算过程叙述如下。

1. 板厚处理

（1）底板　为了组对方便的需要，底板按外皮下料，以便内外侧板立于其上。

图 3-57　立体图

（2）顶板　顶板与内外侧板里皮接触，故顶板按里皮下料。

（3）内外侧板　顶板与内外侧板里皮接触，故内外侧板的展开长按中径计算料长，高按里皮计算料长。

2. 计算式

1）内侧板尺寸：$(410 - 145.5 + \pi \times 145.5 \div 2)\mathrm{mm} = 493\mathrm{mm}$

下料尺寸：$-3\text{mm} \times 197\text{mm} \times 493\text{mm} \times 497\text{mm}$。

2）外侧板尺寸：$(410 - 220.5 + \pi \times 220.5 \div 2)\text{mm} = 536\text{mm}$

下料尺寸：$-3\text{mm} \times 197\text{mm} \times 536\text{mm} \times 497\text{mm}$。

3）底板尺寸：底板平行于水平面，所以俯视图上的外皮范围即为底板实形，可按给定尺寸划出。

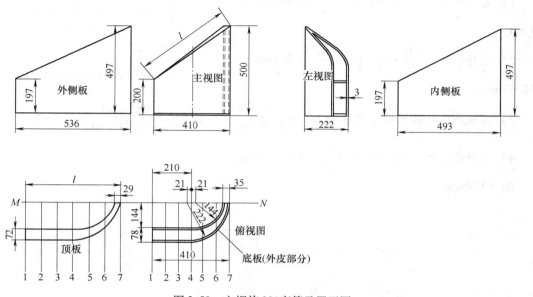

图 3-58　方螺旋 90°弯管及展开图

3. 顶板的画法

本例的顶板实形计算较复杂，用放实样方法较简单，下面叙述放实样过程。

1）将主视图的 l 线截取至俯视图 MN 的延长线上，并将 l 长度分成与俯视图相等的等分数 1、2、…7。

2）由俯视图 MN 线上至两里皮的各距离，分别截取至 l 的各等分垂线上，圆滑连接各点即得顶板实形。

4. 说明

底板与内外侧板的组对按常规进行，很简单，复杂的就是顶板与内外侧板的组对，因顶板在空间的状态为螺旋状，故不好组对，可用气焊炬边烤边扭曲边点焊，即可顺利成形。

十五、异径 90°方弯管料计算

如图 3-59 所示为异径 90°方弯管，由于计算过程较烦琐，一般都是通过放实样取得实际数据组焊，编者为了突破这一空缺，实现异径 90°方弯管的计算，总结出如下公式。

1. 板厚处理

1）为了计算方便的需要，四板皆按里皮接触，如需要前后板整搭（或半搭）左右板时，可在按里皮下完料后另加搭接量即可，可灵活运用。

2）计算左右弧板展开长时应按中径，因为它是曲面板。

3）计算前后板实形时，应按里皮，因为它与左右板是里皮接触。

4）左右板展开图中，展开长按中径，而各等分点的宽却按里皮，因为左右板与前后板是里皮接触。

2. 下料计算（见图3-60）

（1）内弧板

1）$h_1 = H - \dfrac{b_1}{2} - R_1 = \left(320 - \dfrac{200}{2} - 185\right)\text{mm} = 35\text{mm}$。

2）展开长 $s_1 = \dfrac{\pi R_1}{2} + h_1 = \left(\dfrac{\pi \times 182.5}{2} + 35\right)\text{mm} = 321.67\text{mm}$

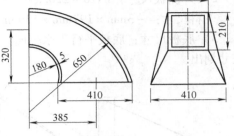

图3-59　异径90°方弯管

3）左视图内侧板形成顶角 $\alpha_1 = \arctan\dfrac{a_1 - b_1}{2(R_1 + h_1)} = \arctan\dfrac{400 - 200}{2 \times (185 + 35)} = 24.44°$。

4）展开图上各半横向宽 $B_n = \dfrac{b_1}{2} + R_1(1 - \cos\beta_n)\tan\alpha_1$

$B_1 = 100\text{mm}$

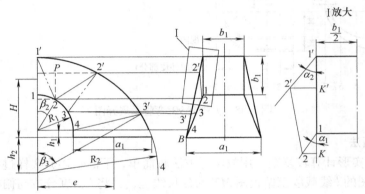

图3-60　板厚处理及计算原理图

$B_2 = 100\text{mm} + 185\text{mm} \times (1 - \cos30°) \times \tan24.44° = 111.26\text{mm}$

$B_3 = 100\text{mm} + 185\text{mm} \times (1 - \cos60°) \times \tan24.44 = 142.04\text{mm}$

$B_4 = 100\text{mm} + 185\text{mm} \times (1 - \cos90°) \times \tan24.44° = 184.08\text{mm}$。

5）展开图中各等分点间的展开长

$s_1 = \dfrac{\pi R_1 \beta_n}{180°} = \dfrac{\pi \times 182.5\text{mm} \times 30°}{180°} = 95.56\text{mm}$　（中径）。

展开图如图3-61所示。

（2）外弧板

1）$h_2 = R_2 - \left(H + \dfrac{b_1}{2}\right) = 645\text{mm} - (320 + 100)\text{mm} = 225\text{mm}$。

2）展开长 $s_2 = \dfrac{\pi R_2}{2} + h_2 = \left(\dfrac{\pi \times 645}{2} - 225\right)\text{mm} = 788.16\text{mm}$。

3）左视图外侧板形成顶角

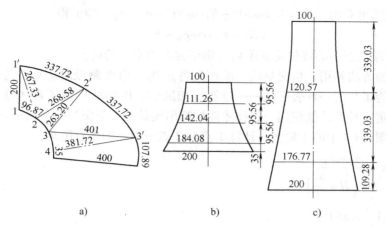

图 3-61　展开图

a）前后板　b）内弧板　c）外弧板

$$\alpha_2 = \arctan \frac{a_1 - b_1}{2 \times \left(H + \dfrac{b_1}{2}\right)} = \arctan \frac{400 - 200}{2 \times (320 + 100)} = 13.39°。$$

4）展开图上各半横向宽 $B_n = \dfrac{b_1}{2} + R_2(1 - \cos\beta_n)\tan\alpha_2$

$B_1 = 100\text{mm}$

$B_2 = 100\text{mm} + 645\text{mm} \times (1 - \cos30°) \times \tan13.39° = 120.57\text{mm}$

$B_3 = 100\text{mm} + 645\text{mm} \times (1 - \cos60°) \times \tan13.39° = 176.77\text{mm}。$

5）展开图中各等分点的展开长

$$s_2 = \frac{\pi R_2 \beta_{n'}}{180°} = \frac{\pi \times 647.5\text{mm} \times 30°}{180°} = 339.03\text{mm}。$$

6）展开图下端所对的圆心角

$$Q = \beta_{n'} - \arcsin \frac{h_2}{R_2} = 30° - \arcsin \frac{225}{647.5} = 9.67°。$$

7）展开图下端弧长

$$s_{2'} = \frac{\pi R_2 Q}{180°} = \frac{\pi \times 647.5\text{mm} \times 9.67°}{180°} = 109.28\text{mm}。$$

以上三项皆按中径，因为是曲板的展开。

（3）前后板

1）各实长素线长。

$$l_n = \sqrt{\left[(R_2 - R_1)\sin\beta_n\right]^2 + \left[(R_2 - R_1)\cos\beta_n - h_1 - h_2\right]^2 + \left\{\left[\frac{b_1}{2} + R_2(1 - \cos\beta_n)\tan\alpha_2\right] - \left[\frac{b_1}{2} + R_1(1 - \cos\beta_n)\tan\alpha_1\right]\right\}^2}$$

表达式推导如下：

① 从主视图可看出，$P2' = R_2\sin30° - R_1\sin30° = (R_2 - R_1)\sin30°$，

即证得 $\qquad\qquad\qquad\qquad\qquad (R_2 - R_1)\sin\beta_n$ $\qquad\qquad\qquad$ (3-1)

② 从主视图可看出，$P2 = R_2\cos30° - R_1\cos30° - h_1 - h_2$，即证得

$$(R_2 - R_1)\cos\beta_n - h_1 - h_2 \tag{3-2}$$

③ 素线两端点至中心线的垂直距离（即俗称的山形线的高）。

作前后板的方法是用三角交规法，所用的各素线（内外侧板对应点的连线，严格来讲不应称素线，为了与另一种表面线——过渡线相区别，所以就借用了素线这个名称）和各过渡线必须求定实长后才能使用，怎样才能计算出实长呢？下面举一个例子说明，其他各点完全同理，如图 3-60 中的 I 放大，计算 1′点和 2 点至中心的垂直距离：

$$\alpha_2 = \arctan \frac{a_1 - b_1}{2 \times \left(H + \dfrac{b_1}{2}\right)}$$

$$1'K' = R_2(1 - \cos30°)$$

$$2'K' = 1'K'\tan\alpha_2$$

即证得外侧板各等分点至中线的垂直距离为 $\dfrac{b_1}{2} + R_2(1 - \cos\beta_n)\tan\alpha_2$

$$\alpha_1 = \arctan \frac{a_1 - b_1}{2 \times (R_1 + h_1)} \tag{3-3}$$

$$1K = R_1(1 - \cos30°)$$

$$2K = 1K\tan\alpha_1$$

即证得内侧板各等分点至中线的垂直距离为

$$\frac{b_1}{2} + R_1(1 - \cos\beta_n)\tan\alpha_1 \tag{3-4}$$

将式（3-1）~式（3-4）合并，即得表达式。

下面计算各实长素线 l_n

$$l_{2'-2} = \sqrt{\left[(R_2 - R_1)\sin\beta_n\right]^2 + \left[(R_2 - R_1)\cos\beta_n - h_1 - h_2\right]^2 + \left\{\left[\frac{b_1}{2} + R_2(1 - \cos\beta_n)\tan\alpha_2\right] - \left[\frac{b_1}{2} + R_1(1 - \cos\beta_n)\tan\alpha_1\right]\right\}^2}$$

$$= \sqrt{\left[(645 - 185) \times \sin30°\right]^2 + \left[(645 - 185) \times \cos30° - 35 - 225\right]^2 + \left\{\left[100 + 645 \times (1 - \cos30°) \times \tan13.39°\right] - \left[100 + 185 \times (1 - \cos30°) \times \tan24.44°\right]\right\}^2}\ \text{mm}$$

$$= 268.58\text{mm}$$

同理得：$l_{3-3'} = 401\text{mm}$。

2）各实长过渡线长 l'_n。

$$l'_n = \sqrt{(R_2\sin\beta_n - R_1\sin\beta_{n+1})^2 + (R_2\cos\beta_n - R_1\cos\beta_{n+1} - h_1 - h_2)^2 + \left\{\left[\frac{b_1}{2} + R_2(1 - \cos\beta_n)\tan\alpha_2\right] - \left[\frac{b_1}{2} + R_1(1 - \cos\beta_{n+1})\tan\alpha_1\right]\right\}^2}$$

$$l'_{2-3} = \sqrt{(645 \times \sin30° - 185 \times \sin60°)^2 + (645 \times \cos30° - 185 \times \cos60° - 35 - 225)^2 + \left\{\left[100 + 645 \times (1 - \cos30°) \times \tan13.39°\right] - \left[100 + 185 \times (1 - \cos60°) \times \tan24.44°\right]\right\}^2}\ \text{mm}$$

$$= 263.20\text{mm}$$

同理得：$l'_{3-4} = 381.72\text{mm}$，$l'_{1'-2} = 267.33\text{mm}$。

3）外弧每等分弧长。

$$s_2 = \frac{\pi R_2\beta_n}{180°} = \frac{\pi \times 645\text{mm} \times 30°}{180°} = 337.72\text{mm}。$$

4）内弧每等分弧长。

$$s_1 = \frac{\pi R_1 \beta_n}{180°} = \frac{\pi \times 185\text{mm} \times 30°}{180°} = 96.87\text{mm}。$$

5）下端等分以外的弧所对的圆心角。

$$Q = \beta_n - \arcsin \frac{b_2}{R_2} = 30° - \arcsin \frac{225}{645} = 9.58°。$$

6）下端等分以外的外弧长。

$$s_2' = \frac{\pi \times R_2 Q}{180°} = \frac{\pi \times 645\text{mm} \times 9.58°}{180°} = 107.89\text{mm}。$$

以上四项皆按里皮，因为四板的组对按里皮接触。

7）说明：作展开图时，从小端开始，用交规法；为计算方便，内外弧按 90°分三等份，不要按实际弧分三等份。

式中　H——大端口至小端中线的垂直距离（mm）；

　R_1、R_2——内弧、外弧的里皮（或中径）半径（mm）；

　a_1、b_1——大端口、小端口的里皮长（mm）；

　　β_n——内弧各等分点与同一纵向直径的夹角（°）；

　　$\beta_{n'}$——外弧各等分点与同一纵向直径的夹角（°）。

十六、等径仰头 90°方弯管料计算

如图 3-62 所示为等径仰头 90°方弯管的施工图，其难点是如何画出主视图，其方法如图 3-63 所示。

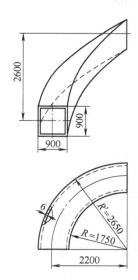

图 3-62　等径仰头 90°方弯管

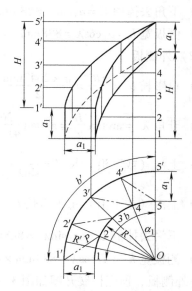

图 3-63　板厚处理及计算原理图（按里皮）

1）按里皮画出俯视图，并将内外弧分成了 4 等份，内弧等分点为 1、2、3、4、5，外弧等分点为 1′、2′、3′、4′、5′。

2）按两端口的里皮 a_1 和高 H 画出主视图的主轮廓。

3）内侧板从下沿开始，外侧板从上沿开始，将高 H 分成与俯视图同样等份，等分点分别为 1、2、3、4、5 和 1′、2′、3′、4′、5′。

4）由俯视图各等分点向上引垂线，与由主视图各等分点引水平线，得出各对应交点，过各交点圆滑连接，即得主视图。

1. 板厚处理

1）为了计算方便的需要，自身连接一律按里皮，如需顶、底板整搭内外侧板，可在顶底板上加出搭接量即可。

2）内外侧板的展开长应按中心径计算。

2. 料计算（见图 3-64）

（1）内侧板

1）投影长 $b = \dfrac{\pi R}{2} = \dfrac{\pi \times 1753\text{mm}}{2} = 2753.6\text{mm}$。

2）升角 $\lambda = \arctan\dfrac{H}{b} = \arctan\dfrac{2600}{2753.6} = 43.36°$。

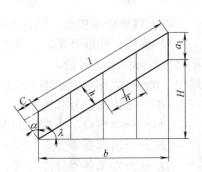

图 3-64　内外侧板板厚处理及计算原理图（按里皮）

3）上沿（或下沿）长 $l = \dfrac{H}{\sin\lambda} = \dfrac{2600\text{mm}}{\sin43.36°} \approx 3786.89\text{mm}$。

4）上沿（或下沿）每等份长 $l_1 = \dfrac{l}{n} = \dfrac{3786.89\text{mm}}{4} = 946.72\text{mm}$。

5）下角去掉值 $C = a_1\sin\lambda = 888\text{mm} \times \sin43.36° = 609.68\text{mm}$。

6）侧板宽 $h = a_1\cos\lambda = 888\text{mm} \times \cos43.36° = 645.62\text{mm}$。

（2）外侧板

1）投影长 $b' = \dfrac{\pi R'}{2} = \dfrac{\pi \times 2647\text{mm}}{2} = 4157.9\text{mm}$。

2）升角 $\lambda' = \arctan\dfrac{H}{b'} = \arctan\dfrac{2600}{4157.9} = 32.02°$。

3）上沿（或下沿）长 $l' = \dfrac{H}{\sin\lambda'} = \dfrac{2600\text{mm}}{\sin32.02°} \approx 4903.67\text{mm}$。

4）上沿（或下沿）每等份长 $l'_1 = \dfrac{l'}{n} = \dfrac{4903.67\text{mm}}{4} = 1225.92\text{mm}$。

5）下沿去掉值 $C' = a_1\sin\lambda' = 888\text{mm} \times \sin32.02° = 470.83\text{mm}$。

6）侧板宽 $h' = a_1\cos\lambda = 888\text{mm} \times \cos32.02° = 752.9\text{mm}$。

内外侧板、顶底板展开图如图 3-65 所示。

（3）顶、底板　顶板和底板相同，顶底板的素线如 2′—2，在主视图平行于大地，故反映实长，只是过渡线如 1′—2 不反映实长，其 1′点和 2 点的高差为 $\dfrac{H}{n}$，只要用余弦定理求出 1′—2 的投影长，再用山形线法便可求得实长。

1）过渡线 1′—2 的实长。

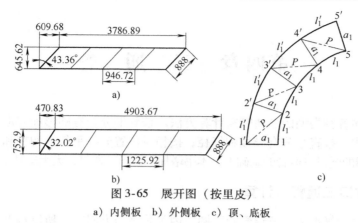

图 3-65 展开图（按里皮）

a）内侧板 b）外侧板 c）顶、底板

$$P = \sqrt{R'^2 + R^2 - 2R'R\cos\alpha_1 + \left(\frac{H}{n}\right)^2}$$

$$= \sqrt{2647^2 + 1753^2 - 2 \times 2647 \times 1753 \times \cos22.5 + \left(\frac{2600}{4}\right)^2} \ \text{mm}$$

$$= 1388.58\text{mm}。$$

2）1'—2 等于外侧板的 C'_1，1—2 等于内侧板的 l_1，2'—2 等于边宽 a_1，其展开方法是交规法：

① 画 1'—1 线等于 a_1，以 1'点为圆心、P 为半径画弧，与以 1 点为圆心、内侧板的 l_1 为半径所画弧得交点 2。

② 以 2 点为圆心、a_1 为半径画弧，与以 1'点为圆心、外侧板 l'_1 为半径画弧得交点 2'，同法画出其他的四边形得各点，圆滑连接各点，即得顶板（或底板）的展开图。

式中 R、R'——内、外侧板里皮半径（mm）；

$\quad\quad\ H$——两端口中心线间的垂直高（mm）；

$\quad\quad\ a_1$——正方端口里皮宽（mm）；

$\quad\quad\ \alpha_1$——俯视图中 $\dfrac{90°}{n}$，本例为 $\dfrac{90°}{4} = 22.5°$。

3. 说明

（1）几点解释 从展开图中可看出，内外侧板的升角不一样，内外侧板的上沿（或下沿）不等长，因而内外侧板的上沿（或下沿）的每等份不等长，下端切去的部分也不等但内外侧板的各素线却等长，乍看起来不大理解，其道理是：

1）因为内侧板的半径小，外侧板的半径大，而高相等，所以内侧板的升角就大，外侧板的升角就小。

2）因为上下端是正方形，所以内外侧板的素线必相等，若是矩形，则就不会相等。

3）因为升角不同，内外侧板下端切去部分就不等，因而宽也就不等，上沿（或下沿）的长就不等，当然每等份的长也就不等。

（2）下料与组对的注意事项

1）从展开图中可看出，四板皆按里皮，如采用半搭或整搭时，顶底板可在原按里皮下料的基础上，每边加出半个板厚或一个板厚即成。

2）顶底板可下成净料，内外侧板在上端可外加 5～10mm，从下端点焊至上端后，与顶底板微调至正断面，比下成净料要好得多。

第四章 三 通 管

本章主要叙述各种类型的三通管料计算方法。按管形分，有圆形和方形；按接触形式分有骑马式和插入式；按直径分有异径和等径；按相对位置分有平行、相交和垂直三种形式。

第1版书介绍的圆形三通管的基础上，本书增加了方形三通管，大大丰富了三通管的内容。

一、气罐进口三通管料计算

如图4-1所示为气罐进口三通管施工图，因为是圆与方斜交，所以难度较大，主要难在内上板的展开上，一是不能用椭圆长轴为半径作展开，二是不能用气柜螺旋导轨展开半径的相交弦定理作展开，只能用同心圆画椭圆的方法计算下料，经实践证明，这种计算方法是完全正确的。下面计算各数据。

1. 计算原理

如图4-2所示为综合计算原理图，主要计算筋板、加强弧板和内上板的中部位长度，其他如内下板、外上下板道理完全相同，故不重复，现计算图中三项之实长。

1）在直角三角形 AGB 中，$\angle B$ 已知为45°，通过推理知：$\angle BCA = 105°$，$\angle BAC = 30°$，$\angle CAG = 15°$。

2）在直角三角形 ADH 中，$\angle A = 60°$，$AD = 10\text{mm} \times \cos 60° = 5\text{mm}$，故 $AC = (800 - 5)\text{mm} = 795\text{mm}$。

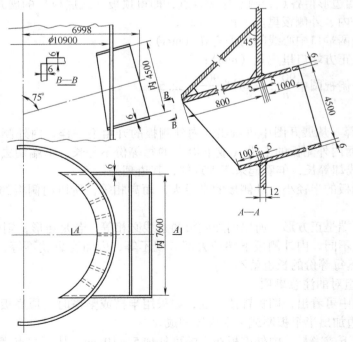

图 4-1　气罐进口三通管

3）在直角三角形 AGC 中，$AG = BC = 795\text{mm} \times \cos15° = 767.91\text{mm}$，$CG = 767.91\text{mm} \times \tan15° = 205.76\text{mm}$，$BC = (767.91 - 205.76)\text{mm} = 562.15\text{mm}$，$AB = \sqrt{767.91^2 \times 2}\text{mm} = 1085.99\text{mm}$。

通过以上计算得出筋板 ABC 的实形，如图 4-3 所示，只要知道三边，可用交规法轻松画出展开图。

2. 内上板计算原理图（同心圆法）（见图 4-4）

此推出内上板的计算原理，旨在指出所有椭圆板如内下板、加强弧板、外上下板的计算方法。下面进行内上板的计算。

（1）外椭圆

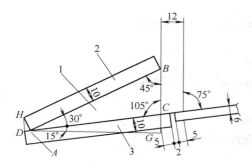

图 4-2　综合计算原理图
1—筋板　2—加强弧板　3—内上板

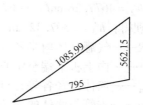

图 4-3　筋板展开图

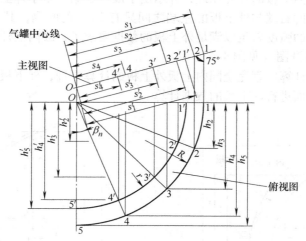

图 4-4　内上板计算原理图（同心圆法）
（内下板、外上下板、加强弧板同理）

1）各长度 $s_n = \dfrac{R\sin\beta_n}{\sin\alpha}$

如 $s_1 = \dfrac{5450\text{mm} \times \sin90°}{\sin75°} = 5642.26\text{mm}$

同理得：$s_2 = 5212.76\text{mm}$，$s_3 = 3989.68\text{mm}$，$s_4 = 2159.20\text{mm}$。

2）各宽度 $h_n = R\cos\beta_n$

如 $h_2 = R\cos 67.5° = 5450\text{mm} \times \cos 67.5° = 2085.62\text{mm}$

同理得：$h_3 = 3853.73\text{mm}$，$h_4 = 5035.14\text{mm}$，$h_5 = 5450\text{mm}$。

（2）内椭圆

1）内上板不含壁板下的5mm的投影长为 $800\text{mm} \times \cos 15° = 772.74\text{mm}$。

2）内上板下端至中心线的水平距离（即内椭圆半长轴）$r = (5450 - 772.74)\text{mm} = 4677.26\text{mm}$。

3）各长度 $s'_n = \dfrac{r\sin\beta_n}{\sin\alpha}$

如 $s'_1 = \dfrac{4677.26\text{mm} \times \sin 90°}{\sin 75°} = 4842.26\text{mm}$

同理得：$s'_2 = 4473.66\text{mm}$，$s'_3 = 3423.99\text{mm}$，$s'_4 = 1853.05\text{mm}$。

4）各宽度 $h'_n = r\cos\beta_n$

如 $h'_2 = 4677.26\text{mm} \times \cos 67.5° = 1789.91\text{mm}$

同理得：$h'_3 = 3307.32\text{mm}$，$h'_4 = 4321.22\text{mm}$，$h'_5 = 4677.26\text{mm}$。

式中　R——气罐筒体内半径（mm）；

　　　r——内上板下端至中心线水平距离（mm）；

　　　β_n——筒体内径各等分点与同一纵向直径的夹角（°）；

　　　α——支管与筒体的夹角（°）。

3. 内上外上板展开图（见图4-5）

上面已经指出了内上板的计算原理，并示出了展开数据，至于外上板的计算，不知读者发现了没有，内上板的右端与外上板的左端之间只有2mm的间隔，其实弧度完全相同，所以说，只计算内上板的弧度就足以满足外上板的数据要求了，故内上外上板可一并画出。

4. 内下外下板展开图（见图4-6）

内下板外下板的计算原理完全同内上板外上板的计算原理，外下板的处理方法完全同外上板的处理方法。下面进行内下板的数据计算。

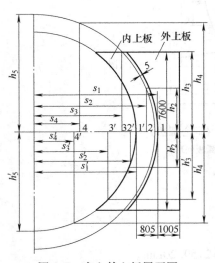

图4-5　内上外上板展开图

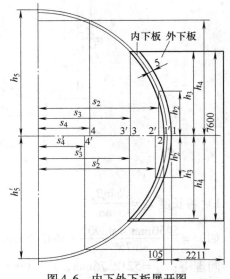

图4-6　内下外下板展开图

（1）外椭圆

1）各长度 $s_n = \dfrac{R\sin\beta_n}{\sin\alpha}$

如 $s_1 = \dfrac{5450\text{mm} \times \sin90°}{\sin75°} = 5642.26\text{mm}$

同理得：$s_2 = 5212.76\text{mm}$，$s_3 = 3989.68\text{mm}$，$s_4 = 2159.20\text{mm}$。

2）各宽度 $h_n = R\cos\beta_n$

如 $h_2 = 5450\text{mm} \times \cos67.5° = 2085.62\text{mm}$

同理得：$h_3 = 3853.73\text{mm}$，$h_4 = 5035.14\text{mm}$，$h_5 = 5450\text{mm}$。

（2）内椭圆

1）内下板不含壁板内5mm的投影长为 $100\text{mm} \times \cos15° = 96.59\text{mm}$。

2）内下板下端至中心线的水平距离（即内椭圆半长轴）$r = (5450 - 96.59)\text{mm} = 5353.41\text{mm}$。

3）各长度 $s'_n = \dfrac{r\sin\beta_n}{\sin\alpha}$

如 $s'_1 = \dfrac{5353.41\text{mm} \times \sin90°}{\sin75°} = 5542.26\text{mm}$

同理得：$s'_2 = 5120.38\text{mm}$，$s'_3 = 3918.97\text{mm}$，$s'_4 = 2120.93\text{mm}$。

4）各宽度 $h'_n = r\cos\beta_n$

如 $h'_2 = 5353.41\text{mm} \times \cos67.5° = 2048.66\text{mm}$

同理得：$h'_3 = 3785.43\text{mm}$，$h'_4 = 4945.91\text{mm}$，$h'_5 = 5353.41\text{mm}$。

5）外下板中间部位长度计算：如图4-7所示，筒体按外皮、支管按里皮画出，由 C 点作 AD 的垂线，得垂足 B，在直角三角形 ABC 中，$AB = \dfrac{4500\text{mm}}{\tan75°} = 1206\text{mm}$，且已知 $BD = 1000\text{mm}$，故 $AD = 2206\text{mm}$，加壁内含着的5mm，故 AD 的全长为2211mm。

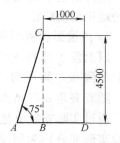

图4-7 外下板中间部位
长度计算原理图

5. 上加强弧板的展开图（见图4-8）

上加强弧板的计算原理完全同内上板的计算原理，只是与筒体的夹角 α 不同罢了，下面计算具体数据。

（1）外椭圆

1）各长度 $s_n = \dfrac{R\sin\beta_n}{\sin\alpha}$

如 $s_1 = \dfrac{5450\text{mm} \times \sin90°}{\sin45°} = 7707.46\text{mm}$

同理得：$s_2 = 7120.77\text{mm}$，$s_3 = 5450\text{mm}$，$s_4 = 2949.52\text{mm}$。

2）各宽度 $h_n = R\cos\beta_n$

如 $h_2 = 5450\text{mm} \times \cos67.5° = 2085.62\text{mm}$

同理得：$h_3 = 3853.73\text{mm}$，$h_4 = 5035.14\text{mm}$，$h_5 = 5450\text{mm}$。

（2）内椭圆

1）弧板投影长为767.91mm（见图4-2中的 AG 和 BG）

2）下端至中心线的水平距离（即内椭圆半长轴） $r = (5450 - 767.91) \text{mm} = 4682.09 \text{mm}$。

3）各长度 $s'_n = \dfrac{r\sin\beta_n}{\sin\alpha}$

如 $s'_1 = \dfrac{4682.09\text{mm} \times \sin90°}{\sin45°} = 6621.48\text{mm}$

同理得： $s'_2 = 6117.45\text{mm}$, $s'_3 = 4682.07\text{mm}$, $s'_4 = 2533.93\text{mm}$。

4）各宽度 $h'_n = r\cos\beta_n$

如 $h'_2 = 4682.09\text{mm} \times \cos67.5° = 1791.76\text{mm}$

同理得： $h'_3 = 3310.74\text{mm}$, $h'_4 = 4325.69\text{mm}$, $h'_5 = 4682.09\text{mm}$。

加强弧板中间的宽度1085.99mm（见图4-2）。

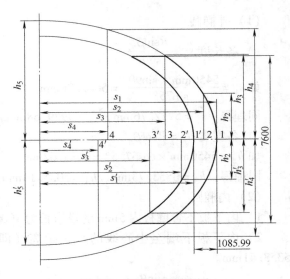

图4-8 加强弧板展开图

6. 前后板展开图（见图4-9）

此支管规格较大，上下的内外弧板按设计分别点焊于气罐壁上，即在气罐壁内各含5mm，空2mm，并将2mm空间塞焊完毕。

支管与气罐筒体呈正斜交状态，故前后板规格相同。

内外的上下弧板点焊完毕后，实际量取其外端长度，便可轻松地得出前后板上下端实长，完全不用费时计算。

7. 内呈弧状板展开实形的外形特征解释

以上作了几种内皆呈弧状板的实形展开，如内上下弧板、内上加强板，其外形特征是：上端（右端）宽，下端（左端）窄，随着夹角 α 的增大而更明显。初看起来，怀疑展开计算有问题，细找原因确认是合理的，通过实际安装也是合理的，以内上板的展开实形（观察时180°的范围一并审视，不要只看实形部分）为例说明之：假设这块椭圆板的夹角 α 较小，上下端的宽度基本相同（当然还是上宽下窄，只是不太明显罢了）；当夹角增至较大时，下端仍为原宽，但上端却骤增了很多，展开后便明显看出上端宽、下端窄。

图4-9 前后板展开图

二、切线相交三通管料计算

例1 如图4-10所示为猪嘴炉进风管施工图，图4-11为计算原理图，现计算如下。

1. 支管（展开图见图4-12）

1）偏心距 $e = R_1 - r_1$ $(400 - 73)\text{mm} = 327\text{mm}$。

2）支管各素线长 $l_n = H - \sqrt{R_1^2 - (e \pm r_2\sin\beta_n)^2}$

通过计算得： $l_1 = 194.75\text{mm}$, $l_2 = 212.94\text{mm}$, $l_3 = 269.63\text{mm}$, $l_4 = 362\text{mm}$, $l_5 = 440\text{mm}$。

3）支管外皮展开长 $s = 2\pi r_1 = \pi \times 146\text{mm} = 458.67\text{mm}$。

式中 H——支管端口至主管中心的距离（mm）；

R_1——主管外皮半径（mm）；

e——支、主管偏心距（mm）；

r_1、r_2——支管外、内皮半径（mm）；

β_n——支管端面各等分点与同一纵向直径的夹角（°）；

" $\pm$ "——内侧用" $-$ "，外侧用" $+$ "。

2. 孔实形（见图 4-13）

1）主管纵向直径与各孔点夹角 ω_n

$$\omega_n = \arcsin \frac{e \pm r_2 \sin\beta_n}{R}$$

通过计算得：$\omega_1 = 40.26°$，$\omega_2 = 44.14°$，$\omega_3 = 54.84°$，$\omega_4 = 69.82°$，$\omega_5 = 81.40°$

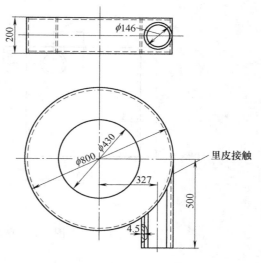

图 4-10 猪嘴炉进风管

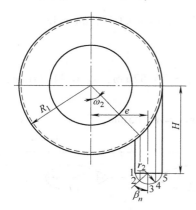

图 4-11 计算原理图

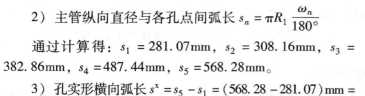

图 4-12 支管展开图

2）主管纵向直径与各孔点间弧长 $s_n = \pi R_1 \dfrac{\omega_n}{180°}$

通过计算得：$s_1 = 281.07$mm，$s_2 = 308.16$mm，$s_3 = 382.86$mm，$s_4 = 487.44$mm，$s_5 = 568.28$mm。

3）孔实形横向弧长 $s^x = s_5 - s_1 = (568.28 - 281.07)$mm $= 287.21$mm。

4）孔实形各纵向距离 $P_n = r_2 \cos\beta_n$

通过计算得：$P_1 = P_5 = 0$，$P_2 = P_4 = 48.44$mm，$P_3 = 68.5$mm。

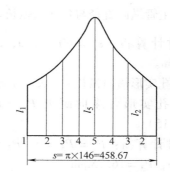

图 4-13 孔实形

例 2 如图 4-14 所示为一脉冲除尘器下排灰阀施工图，本例的焦点是孔实形的计算。

1）主管 $\dfrac{1}{4}$ 外皮长 $s = \dfrac{\pi R_1}{2} = \dfrac{\pi \times 135 \text{mm}}{2} = 212.06$mm。

2）主管纵向直径与各孔点夹角 ω_n

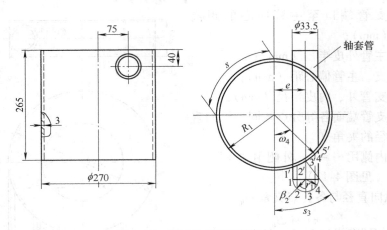

图 4-14　脉冲除尘器下排灰阀

$$\omega_n = \arcsin\frac{e \pm r_1\sin\beta_n}{R}$$

通过计算得：$\omega_1 = 25.56$，$\omega_2 = 27.89°$，$\omega_3 = 33.75°$，$\omega_4 = 40.04°$，$\omega_5 = 42.81°$。

3）主管纵向直径与各孔点弧长 $s_n = \pi R_1\dfrac{\omega_n}{180°}$

通过计算得：$s_1 = 60.22\text{mm}$，$s_2 = 65.71°\text{mm}$，$s_3 = 79.52\text{mm}$，$s_4 = 94.34\text{mm}$，$s_5 = 100.87\text{mm}$。

4）孔实形横向弧长 $s^x = s_5 - s_1 = (100.87 - 60.22)\text{mm} = 40.65\text{mm}$。

5）孔实形各纵向距离 $P_n = r_1\cos\beta_n$（见图 4-15）

通过计算得：$P_1 = P_5 = 0$，$P_2 = P_4 = 11.84\text{mm}$，$P_3 = 16.75\text{mm}$。

式中　e——主支管偏心距（mm）；

$\quad\quad r_1$——支管外皮半径（mm）；

$\quad\quad \beta_n$——支管端面各等分点与同一纵向直径的夹角（°）；

$\quad\quad R_1$——主管外半径（mm）；

"$\pm$"——内侧用"$-$"，外侧用"$+$"。

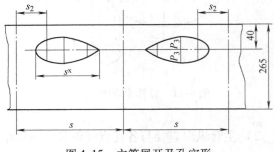

图 4-15　主管展开及孔实形

6）切孔方向：不管用气割还是用氩弧焊割孔，割嘴的方向必是沿支管方向，绝对不能朝主管中心方向。

7）确定四分之一周长的方法：由于成品管轧制的误差，$\phi270\text{mm}$ 的主管外周长不一定是 848.23mm，为了保证两孔顺利贯通，应实际盘取主管的外周长再四等分。

三、Y 形偏心圆三通管料计算

如图 4-16 所示为收尘室至排灰管三通管，从图中可看出，主管与支管偏心相交，支管是钝角斜圆锥台，根据上例的计算公式，完全可以计算出大小端的素线实长，但由于两支管相交，其难度大有两点，一是作主视图的结合线实形，二是求顶点至各结合点的实长素线，下面叙述之。

1. 板厚处理

1）一大圆和两小圆皆按中径处理。

2）锥台的高 h 为两端口中径点间的垂直距离。

2. 求结合点及实长的方法

如图4-17所示为板厚处理及计算原理图，此图有两点需特别说明，即结合线轮廓的画法和求结合线点的实长，下面叙述之。

（1）结合线轮廓实形的画法

1）在俯视图中连接 O、3 点，与结合线得交点 $3'$。

2）由 $3'$ 点引上垂线，与主视图 O、3 线得交点 $3''$。

3）同法可以交得 $1''$、$2''$、$4''$、$5''$点，圆滑连接各点，即得结合线轮廓，但不是实形。

（2）求 $O3''$的实长的方法

1）在俯视图中，以 O 为圆心，以 $O3$ 为半径画弧与 $O1$ 得交点 3^x。

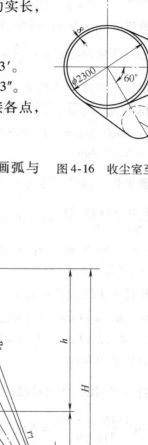

图4-16 收尘室至排灰管三通管

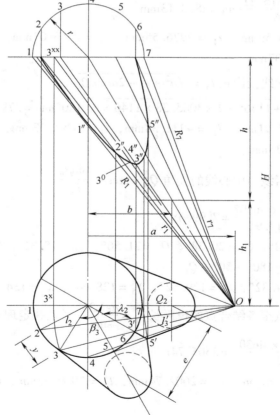

图4-17 板厚处理及计算原理图（按中径）

2）由 3^x 点引上垂线与主视图 17 线得交点 3^{xx}。

3）连接 O、3^{xx} 点，$O3^{xx}$ 线即为 $O3$ 线的实长素线。

4）由 $3''$ 点作平行线，与 $O3^{xx}$ 线得交点 3^0，$O3^0$ 即为 $O3''$ 的实长线，其计算是相似三角形对应边成比例，将在下面的计算中叙述之。

3. 料计算方法

1）整斜圆锥高 $H = \dfrac{Dh}{D-d} = \dfrac{2292 \times 3075}{2292 - 992}$ mm = 5421.46mm。

2）上部斜圆锥高 $h_1 = H - h = (5421.46 - 3075)$ mm = 2346.46mm。

3）大端中心与锥顶偏心距 $a = \dfrac{Hb}{h} = \dfrac{5421.46 \times 1750}{3075}$ mm = 3085.38mm。

4）整斜圆锥任一展开半径 $R_n = \sqrt{a^2 + r^2 - 2ar\cos\beta_n + H^2}$

如 $R_3 = \sqrt{3085.38^2 + 1146^2 - 2 \times 3085.38 \times 1146 \times \cos120° + 5421.46^2}$ mm = 6615.21mm

同理得：$R_2 = 6808.04$mm，$R_1 = 6877.27$mm，$R_4 = 6342.33$mm，$R_5 = 6057.17$mm，$R_6 = 5839.59$mm，$R_7 = 5757.9$mm。

5）上部斜圆锥任一展开半径 $r_n = \dfrac{h_1 R_n}{H}$

如 $r_3 = \dfrac{2346.46 \times 6615.21}{5421.46}$ mm = 2863.13mm

同理得：$r_2 = 2946.59$mm，$r_1 = 2976.55$mm，$r_4 = 2745.02$mm，$r_5 = 2621.6$mm，$r_6 = 2527.43$mm，$r_7 = 2492.07$mm。

6）整斜圆锥任一素线投影长 $l_n = \sqrt{a^2 + r^2 - 2ar\cos\beta_n}$

如 $l_3 = \sqrt{3085.38^2 + 1146^2 - 2 \times 3085.38 \times 1146 \times \cos120°}$ mm = 3790.61mm

同理得：$l_2 = 4117.91$mm，$l_1 = 4231.38$mm，$l_4 = 3291.33$mm，$l_5 = 2701.3$mm，$l_6 = 2169.94$mm，$l_7 = 1939.38$mm。

7）俯视图各投影素线与中心线的夹角 $Q_n = \arcsin\dfrac{r\sin\beta_n}{l_n}$

如 $Q_2 = \arcsin\dfrac{1146 \times \sin30°}{4117.91} = 7.9986°$

同理得：$Q_3 = 15.18°$，$Q_4 = 20.38°$，$Q_5 = 21.56°$，$Q_6 = 15.31°$，$Q_1 = Q_7 = 0°$。

8）a 所对的角 $\lambda_n = 180° - 30° - Q_n$

$\lambda_2 = 142°$，$\lambda_3 = 134.82°$，$\lambda_4 = 129.62°$，$\lambda_5 = 128.44°$，$\lambda_6 = 134.69°$。

9）俯视图圆锥顶点至各结合点的投影长 $l'_n = \dfrac{a\sin30°}{\sin\lambda_n}$（正弦定理）

如 $l'_2 = \dfrac{3085.38\text{mm} \times \sin30°}{\sin142°} = 2505.74$mm

同理得：$l'_3 = 2174.87$mm，$l'_4 = 2002.74$mm，$l'_5 = 1969.58$mm，$l'_6 = 2169.98$mm，$l'_1 = 3085.38$mm。

10）l'_n 的实长 $l''_n = \dfrac{R_n l'_n}{l_n}$（对应边成比例）

如 $l''_2 = \dfrac{6808.04 \times 2505.74}{4117.91} \text{mm} = 4142.68 \text{mm}$

同理得：$l''_3 = 3795.49 \text{mm}$，$l''_4 = 3859.24 \text{mm}$，$l''_5 = 4416.81 \text{mm}$，$l''_6 = 5839.7 \text{mm}$，$l''_1 = 5014.67 \text{mm}$。

11）大端每等分弦长 $y = D \sin \dfrac{180°}{m} = 2292 \text{mm} \times \sin \dfrac{180°}{12} = 593.21 \text{mm}$。

12）大端展开弧长 $s = \pi D = \pi \times 2292 \text{mm} = 7200.53 \text{mm}$。

展开图如图 4-18 所示。

式中　D、d——大小端中心直径（mm）；

　　　　h——锥台的垂直高（mm）；

　　　　r——大端中半径（mm）；

　　　　β_n——俯视图中圆周各等分点与同一横向直径的夹角（°）；

　　　　b——两端口偏心距（mm）；

　　　　m——圆周等分数。

四、带挡板三通管料计算

图 4-19 为一带挡板三通管，图 4-20 为计算原理图，因为挡板设在圆锥台内，故此构件的展开难度较大，下面分析之。

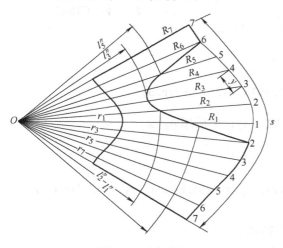

图 4-18　展开图

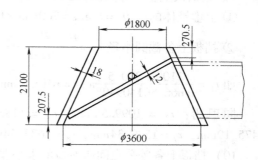

图 4-19　带挡板三通管

1. 板厚处理

1）圆锥台按中径展开。

2）本三通挡板四周设密封装置，所以应按上表面的最短尺寸下料。

2. 挡板料计算

1）圆锥台底角 $\alpha = \arctan \dfrac{H}{R - r} = \arctan \dfrac{2100}{1800 - 900} = 66.80140949°$。

2）挡板上端截圆半径 $r_1 = r + \dfrac{H_1}{\tan \alpha} = \left(900 + \dfrac{270.5}{\tan 66.80140949°}\right) \text{mm} = 1015.93 \text{mm}$。

3）挡板下端截圆半径 $r_8 = R - \dfrac{H_1}{\tan\alpha} =$

$\left(1800 - \dfrac{270.5}{\tan66.80140949°}\right)$mm $= 1684.07$mm。

4）挡板上段中线长 $L_1 = \dfrac{r_1}{\sin60°} = \dfrac{1015.93}{\sin60°}$ mm $=$

1173.09mm。

5）挡板上段每等分实长 $y_1 = \dfrac{L_1}{n_1} = \dfrac{1173.09}{3}$ mm $=$

391.03mm。

6）挡板下段中线长 $L_2 = \dfrac{r_8}{\sin60°} = \dfrac{1684.07}{\sin60°}$ mm $=$

1944.6mm。

7）挡板下段每等分实长 $y_2 = \dfrac{L_2}{n_2} = \dfrac{1944.6}{4}$ mm $=$

486.15mm。

8）挡板各等分点的对应的垂直高 h：

① 上段 $h_1 = y_1\cos60° = 391.03$mm $\times \cos60° =$

195.15mm；

② 下段 $h_2 = y_2\cos60° = 486.15$mm $\times \cos60° =$

243.08mm。

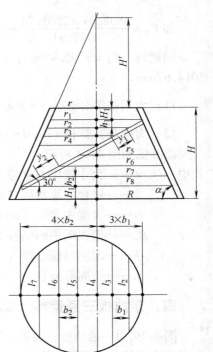

图 4-20 计算原理图

9）过挡板上各等分点的截圆半径 r_n：

① 上虚锥体的高 $H' = r\tan\alpha = 900$mm $\times \tan66.80140949° = 2100$mm；

② 挡板上各截圆半径 $r_n = \dfrac{H' + H_1 + nh}{\tan\alpha}$（上段用 h_1，下段用 h_2）。

如 $r_1 = \dfrac{2100 + 270.5}{\tan66.80140949°}$mm $= 1015.93$mm

同理得：$r_2 = 1099.56$mm，$r_3 = 1183.2$mm，$r_4 = 1266.84$mm，$r_5 = 1371$mm，$r_6 = 1475.19$mm，$r_7 = 1579.34$mm，$r_8 = 1683.54$mm。

10）挡板上各等分点间所对应的水平非实长距离 b：

① 上段 $b_1 = y_1\sin60° = 391.03$mm $\times \sin60° = 338.64$mm。

② 下段 $b_2 = y_2\sin60° = 486.15$mm $\times \sin60° = 421.02$mm。

11）展开图上各等分点所对应的半横向长 $L_n = \sqrt{r_n^2 - (nb)^2}$（$b$——以 l_4 的交点为原点，分别往左右递增用，左边用 b_2，右边用 b_1）

如 $l_2 = \sqrt{1099.56^2 - (338.64 \times 2)^2}$mm $= 866.21$mm

同理得：$l_1 = 0$，$l_3 = 1134.06$mm，$l_4 = 1266.4$mm，$l_5 = 1305.36$mm，$l_6 = 1211.88$mm，$l_7 = 949.05$mm，$l_8 = 0$。

式中 H——锥台垂直度（mm）；

     R、r——大、小端内半径（mm）；

H_1——锥台上下端口至挡板上下端的垂直距离（mm）；

n_1、n_2——上、下段等分数。

展开图见图 4-21。

3. 圆锥台料计算

正圆锥台料计算请参阅"正圆锥台料计算方法"。

4. 挡板展开图的画法

1）画一线段，使其长度为（1944.6 + 1173.09）mm = 3117.69mm。

2）将此线段分为七份，上段三等分，每等份为 338.64mm；下段四等分，每等份为 421.02mm。

3）过各等分点作线段的垂线，得各平行线。

4）以线段上的各点为基点，分别往上下量取各长度，如 l_2 = 866.21mm。

5）圆滑连接各端点，即得挡板展开图，如图 4-21 所示。

5. 挡板与转轴的组焊

由于此件的规格大、板较厚，给挡板、转轴和锥体的组焊带来一定的难度，根据编者的经验，下面叙述之。

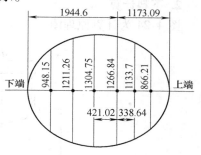

图 4-21　挡板展开图

1）将圆锥台组焊完毕并在卷板机上整形至设计要求。

2）按常规方法开出锥台上的孔。

3）将挡板组焊完毕并整形至平整，划展开线时注意保留 l_4 线，并打好冲眼，以便组焊转轴时使用，并在 l_4 线的两侧 100mm 处点焊吊耳，以备吊挡板时用。

4）在锥台内侧找定过转轴的锥台素线，并打好冲眼，安装挡板时使 l_4 线与此线重合。

5）在锥台外侧找定过转轴的锥台素线，并打好冲眼，从上端口往下量取 931.25mm，并打出转轴直径的圆周冲眼。

6）将挡板吊于平台上，并将圆锥台覆于其上。

7）系好绳索将挡板吊起，按照上下端的 270.5mm 找定挡板倾斜位置，并经修切使挡板圆周与锥台内壁之间隙大致均匀。

8）从锥台内外侧观察、测量转轴的准确位置后开孔。

9）穿入转轴并与挡板塞短角钢施以间断焊接。

五、异径直交三通管（骑马式）料计算（见图 4-22）

例 1　如图 4-23 所示为常压管道使用的异径直交三通管施工图，因压力不大，故采用骑马式，利用支、主管形成的天然坡口进行堆焊。

1. 板厚处理

1）支管作展开样板长度基准。

① 成品管按支管外皮加样板厚度。

② 钢板卷制按支管中径。

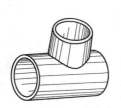

图 4-22　立体图

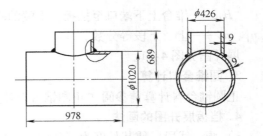

图 4-23　异径直交三通管

2）主管钢板卷制展开长以中径为计算基准。

3）主、支管纵缝采用单面60°外坡口。

4）计算支管素线长时，支管按里皮，主管按外皮。

5）主、支管环缝采用两者形成的自然坡口外侧堆焊。

2. 下料计算

图 4-24 为计算原理图。

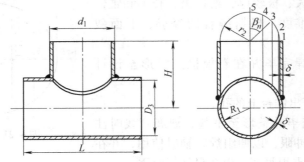

图 4-24　计算原理图

1）支管任一素线长 $l_n = H - \sqrt{R_1^2 - (r_2 \sin\beta_n)^2}$

如 $l_3 = 689\text{mm} - \sqrt{510^2 - (204 \times \sin45°)^2}\,\text{mm} = 200\text{mm}$。

同理得：$l_1 = 222\text{mm}$，$l_2 = 215\text{mm}$，$l_4 = 185\text{mm}$，$l_5 = 179\text{mm}$。

2）主管钢板下料展开长 $S = \pi D_3 = \pi \times 1011\text{mm} = 3176\text{mm}$。

3）支管展开样板长 $s = \pi(d_1 + t) = \pi \times (426 + 1)\text{mm} = 1341\text{mm}$。

式中　H——支管端面与主管中心线距离（mm）；

　　　R_1——主管外半径（mm）；

　　　r_2——支管内半径（mm）；

　　　β_n——支管各等分点与同一纵向直径的夹角（°）；

　　　D_3——主管中径（mm）；

　　　d_1——支管外直径（mm）；

　　　t——样板厚度（mm）。

3. 支管外覆展开样板的画法

1）画一个长方形，其尺寸为 1341mm × 222mm。

2）将长边分为 16 等份，等分点为 1、2、3…。

3）过各等分点分别作长边的垂线，得 17 条平行线。

4）在各平行线上对应截取各素线长，如 $l_5 = 179$mm。

5）圆滑连接各端点，即得支管外覆展开样板，如图 4-25 所示。

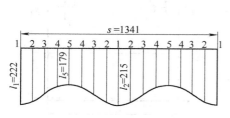

图 4-25 支管外覆展开样板

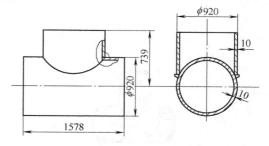

图 4-26 等径直交三通管

例 2 如图 4-26 所示为等径直交三通管的施工图，同例 1 一样也是骑马式连接。

1. 板厚处理

1）支、主管展开长以中心径为基准。

2）支、主管纵缝采用单面 60°外坡口。

3）支、主管的结合环缝采用两者形成的自然坡口施以堆焊。

2. 下料计算

1）支管任一素线长 $l_n = H - \sqrt{R_1^2 - (r_2 \sin\beta_n)^2}$

如 $l_4 = 739 - \sqrt{460^2 - (450 \times \sin 22.5°)^2}$mm $= 312$mm

同理得：$l_1 = 644$mm，$l_2 = 542$mm，$l_3 = 407$mm，$l_5 = 279$mm。

2）支、主管钢板下料展开长 $s = S = \pi \times 910$mm $= 2859$mm。

3）主管下料尺寸为 2859mm $\times 1578$mm。

3. 支管钢板下料展开样板的画法

1）画一个长方形，其尺寸为 2859mm $\times 644$mm。

2）将长边分为 16 等份，等分点为 1、2、3…。

3）过各等分点作长边的垂线，得 17 条平行线。

4）在各平行线上对应截取各素线长，如 $l_2 = 542$mm。

5）圆滑连接各端点，即得钢板下料展开样板，如图 4-27 所示。

4. 说明

1）主、支管上的外坡口应在平板状态下开出。

2）孔实形画法较简单，只需将成形后的支管骑于主管，从内侧画线即为孔实形。

3）切孔时上侧割炬应沿支管素线方向垂直切出；下侧应通过圆心切出。

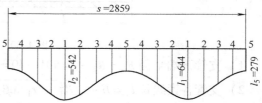

图 4-27 支管钢板下料展开样板

4）纵缝先外侧施焊完后，内侧清根盖面；支、主管环缝外侧堆焊。

六、异径直交三通管（插入式）料计算（见图 4-28）

如图 4-29 所示为一异径直交三通管的施工图，因其为高压管道，且内侧要衬里 40mm

厚，故设计支管插入主管内。

图 4-28　立体图

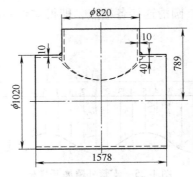

图 4-29　异径直交三通管

1. 板厚处理

1）主、支管的钢板下料展开长按中径。

2）主、支管纵缝采用单面 60°外坡口。

3）主、支管结合环缝采用两者形成的自然坡口两面焊。

4）计算支管各素线时，支管按外皮，主管按支管插入后形成的主管半径 R_3。

5）孔实形：主、支管皆按外皮计算。

2. 下料计算

图 4-30 为计算原理图。

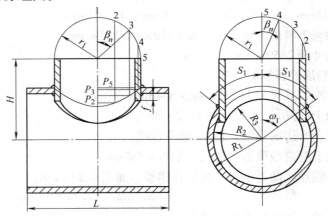

图 4-30　计算原理图

1）支管下端半径 $R_3 = R_2 - f = 501 - 40 = 461\mathrm{mm}$。

2）支管各素线长 $l_n = H - \sqrt{R_3^2 - (r_1 \sin\beta_n)^2}$ （左视图）

如 $l_3 = 789\mathrm{mm} - \sqrt{461^2 - (410 \times \sin45°)^2}\,\mathrm{mm} = 431\mathrm{mm}$

同理得：$l_1 = 578\mathrm{mm}$，$l_2 = 526\mathrm{mm}$，$l_4 = 356\mathrm{mm}$，$l_5 = 328\mathrm{mm}$。

3）主管孔各点与同一纵向直径夹角 ω_n

$$\omega_n = \arcsin\frac{r_1 \sin\beta_n}{R_1}$$

如 $\omega_3 = \arcsin\dfrac{410 \times \sin45°}{510} = 34.65°$

同理得：$\omega_1 = 53.5°$，$\omega_2 = 47.96°$，$\omega_4 = 17.92°$，$\omega_5 = 0$。

4）主管纵向直径至各分点弧长 $S_n = \pi R_1 \dfrac{\omega_n}{180°}$

如 $S_3 = \pi \times 510\text{mm} \times \dfrac{34.65°}{180°} = 308\text{mm}$

同理得：$S_1 = 476\text{mm}$，$S_2 = 427\text{mm}$，$S_4 = 160\text{mm}$，$S_5 = 0$。

5）孔实形横向距离 $P_n = r_1 \sin\beta_n$（见图 4-31）

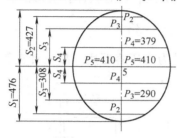

图 4-31 孔实形

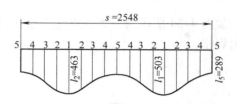

图 4-32 支管钢板下料展开图

如 $P_3 = 410\text{mm} \times \sin 45° = 290\text{mm}$

同理得：$P_1 = 0$，$P_2 = 157\text{mm}$，$P_4 = 379\text{mm}$，$P_5 = 410\text{mm}$。

6）支管钢板下料展开长 $s = \pi d_3 = \pi \times 811 = 2548\text{mm}$。展开图如图 4-32 所示。

7）主管钢板下料展开长 $S = \pi D_3 = \pi \times 1011 = 3176\text{mm}$。

8）主管展开图尺寸：3176mm × 1578mm。

式中　R_1、R_2——分别为主管外半径和内半径（mm）；

　　　　f——从内皮计插入量（mm）；

　　　　H——支管端面至主管中心距离（mm）；

　　　　r_1——支管外半径（mm）；

　　　　β_n——支管端面圆周各等分点与同一纵向直径的夹角（°）；

　　　　D_3——主管中直径（mm）；

　　　　d_3——支管中直径（mm）。

3. 孔实形样板的作法

1）作一竖直线，取一点 5。

2）以 5 为基点，向上向下分别截取 $S_4 = 160\text{mm}$、$S_3 = 308\text{mm}$、$S_2 = 427\text{mm}$ 和 $S_1 = 476\text{mm}$ 得各点。

3）过各点作竖直线的垂线，在各垂线上对应截取 P_n 值，如 $P_5 = 410\text{mm}$、$P_4 = 379\text{mm}$ …得各点。

4）圆滑连接各点即得孔实形展开样板。

4. 支管钢板下料展开样板的作法

1）画一个长方形，其尺寸为 2545mm × 503mm。

2）将长边分为 16 等份，等分点为 1、2、3…。

3）过各等分点作长边的垂线，得 17 条平行线。

4）在各平行线上对应截取各素线长，如 $l_2 = 463\text{mm}$，得各点。

5）圆滑连接各端点即得支管展开样板。

5. 说明

1）主、支管的外坡口都可以安排在平板状态时开出。

2）开孔时割炬应沿支管素线方向垂直切割。

3）纵缝先外侧施焊完后，再内侧清根盖面，支、主管环缝形成自然的 T 形坡口，内外施焊。

4）若为了省事，也可以将整好形的支管骑于主管上划线，可省去作孔实形的麻烦。

七、等径直交三通管（插入式）料计算（见图 4-33）

如图 4-34 所示为一等径直交三通管的施工图，因其为高压容器用、故设计支管插入主管内焊接。

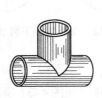

图 4-33　立体图

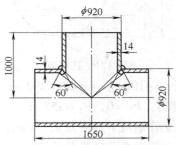

图 4-34　等径直交三通管

1. 板厚处理

1）主、支管钢板下料展开长以中径为基准。

2）主、支管纵缝采用单侧 60°外坡口。

3）主、支管结合环缝，外侧按两者形成的自然 T 形坡口堆焊，内侧主、支各开 30°坡口施焊。

4）计算支管各素线长时，支管按外半径 r_1，主管按内半径 R_2。

5）孔实形计算时，主、支管皆按外皮。

2. 下料计算

如图 4-35 所示为计算原理图。

1）支管各素线 $l_n = H - \sqrt{R_2^2 - (r_1\sin\beta_n)^2}$

如 $l_3 = 1000 - \sqrt{446^2 - (460 \times \sin45°)^2}\,\text{mm} = 695\,\text{mm}$

同理得：$l_1 = 1000\,\text{mm}$，$l_2 = 865\,\text{mm}$，$l_4 = 590\,\text{mm}$，$l_5 = 554\,\text{mm}$。

2）支管钢板下料展开长 $s = \pi d_3 = \pi \times 906\,\text{mm} = 2846\,\text{mm}$。

3）孔实形长 $s' = \pi R_1 = \pi \times 460\,\text{mm} = 1445\,\text{mm}$。

4）主管各点与同一纵向直径的夹角 $\omega_n = \arcsin\dfrac{r_1\sin\beta_n}{R_1}$

如 $\omega_3 = \arcsin\dfrac{460 \times \sin45°}{460} = 45°$

同理得：$\omega_1 = 90°$，$\omega_2 = 67.5°$，$\omega_4 = 22.5°$，$\omega_5 = 0$。

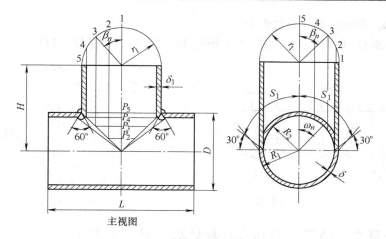

主视图

图 4-35　计算原理图

5）主管任意点横向弧长 $S_n = \pi R_1 \dfrac{\omega_n}{180°}$

如 $S_3 = \pi \times 460\text{mm} \times \dfrac{45°}{180°} = 361\text{mm}$

同理得：$S_1 = 723\text{mm}$，$S_2 = 542\text{mm}$，$S_4 = 181\text{mm}$，$S_5 = 0$。

6）孔实形半素线 $P_n = r_1 \sin\beta_n$（见图 4-35 的主视图）

如 $P_4 = 460\text{mm} \times \sin 67.5° = 425\text{mm}$

同理得：$P_1 = 0$，$P_2 = 172\text{mm}$，$P_3 = 325\text{mm}$，$P_5 = 460\text{mm}$。

式中　R_1、R_2——分别为主管外半径和内半径（mm）；

$\quad\quad r_1$——支管外半径（mm）；

$\quad\quad d_3$——支管中直径（mm）；

$\quad\quad \beta_n$——圆周各等分点与同一纵向直径的夹角（°）。

3. 支管钢板下料展开样板的画法

1）画一个长方形，其尺寸为 2846mm×1000mm；

2）将长边分为 16 等份，等分点为 1、2、3…；

3）过各等分点作长边的垂线，得 17 条平行线；

4）在各平行线上对应截取各素线长，如 $l_4 = 590\text{mm}$；

5）圆滑连接各端点，即得支管展开样板，如图 4-36 所示。

4. 孔实形样板的画法

1）作一竖直线，取一点为 5；

2）以 5 为基点，向上向下分别截取 $S_4 = 181\text{mm}$、$S_3 = 361\text{mm}$、$S_2 = 542\text{mm}$、$S_1 = 723\text{mm}$，得各点；

3）过各点作竖直线的垂线，在各垂线上对应截取 P_n 值，如 $P_5 = 460\text{mm}$，$P_4 = 425\text{mm}$ 等，得各点；

4）圆滑连接各点，即得孔实形展开样板，如图 4-37 所示。

5. 说明

1）主、支管的外坡口尽量安排在平板时开出、纵缝用刨边机，曲缝用割炬。

2）切孔时，割炬应始终通过圆心。

3）支管全部打 30°外坡口，主管上半周打 30°内坡口、下半周不打坡口，并逐渐过渡。

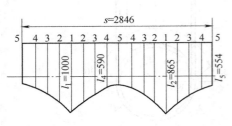

图 4-36　支管钢板下料展开样板

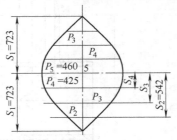

图 4-37　孔实形

八、偏心直交三通管（骑马式）料计算（见图 4-38）

例 1　如图 4-39 所示为常压或压力不大管道使用的偏一侧直交三通管，环缝不须打坡口，只从外侧堆焊即可。因为支管骑于主管，所以孔实形可用覆盖法划出。

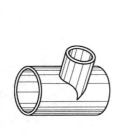

图 4-38　立体图

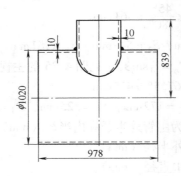

图 4-39　偏一侧直交三通管

1. 板厚处理

1）支管为成品管，其展开样板长应以支管外皮加样板厚为基准，主管以中径为计算基准。

2）主管纵缝采用单面 60°外坡口。

3）计算支管各素线长时，因为是骑马式，所以支管应按里皮，主管按外皮。

4）支、主管环缝采用两者形成的自然坡口外侧堆焊。

2. 下料计算

如图 4-40 所示为计算原理图。

1）支管任一素线 $l_n = H - \sqrt{R_1^2 - (e \pm r_2 \sin\beta_n)^2}$

如 $l_2 = 839 - \sqrt{510^2 - (252 + 203 \times \sin 60°)^2}\,\mathrm{mm} = 561\,\mathrm{mm}$

$l_6 = 839 - \sqrt{510^2 - (252 - 203 \times \sin 60°)^2}\,\mathrm{mm} = 335\,\mathrm{mm}$

同理得：$l_1 = 609\,\mathrm{mm}$，$l_3 = 471\,\mathrm{mm}$，$l_4 = 396\,\mathrm{mm}$，$l_5 = 352\,\mathrm{mm}$，$l_7 = 331\,\mathrm{mm}$。

2）支管外覆样板展开长 $s = \pi(d_1 + t) = \pi \times (426 + 1)\,\mathrm{mm} = 1341\,\mathrm{mm}$

3）主管钢板下料展开长 $S = \pi D_3 = \pi \times 1010\,\mathrm{mm} = 3173\,\mathrm{mm}$。

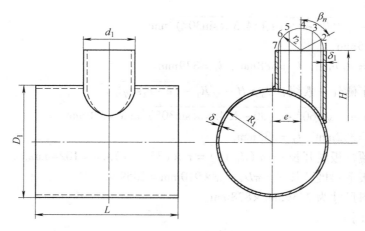

图 4-40 计算原理图

4）主管下料尺寸为 3173mm×978mm。

式中 H——支管端面至主管中心距离（mm）；

$\quad\quad R_1$——主管外半径（mm）；

$\quad\quad e$——偏心距（mm）；

$\quad\quad r_2$——支管内半径（mm）；

$\quad\quad \beta_n$——支管圆周各等分点与同一纵向直径夹角（°）；

"$+$、$-$"——不论偏于主管一侧或跨于主管中心线皆为支管中心外侧为"$+$"，内侧为"$-$"；

$\quad\quad d_1$——支管外直径（mm）；

$\quad\quad t$——样板厚度（mm）；

$\quad\quad D_3$——主管中直径（mm）。

3. 支管外覆展开样板的画法

1）画一个长方形，其尺寸为 1341mm×609mm。

2）将长边分为 12 等份，等分点为 1、2、3…。

3）过各等分点作长边垂线，得 13 条平行线。

4）在各平行线上对应截取各素线长，如 $l_2 = 561$mm，得各端点。

5）圆滑连接各端点，即得支管外覆展开样板，如图 4-41 所示。

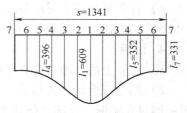

图 4-41 支管外覆展开样板

例 2 如图 4-42 所示为一骑于主管中心线的偏心且跨心直交三通管施工图。

1. 板厚处理

同例 1。

2. 下料计算

如图 4-40 所示为计算原理图。

1）支管右半侧任一素线 $l_n = H - \sqrt{R_1^2 - (e + r_2\sin\beta_n)^2}$

如 $l_3 = 790 - \sqrt{460^2 - (90 + 154.5 \times \sin30°)^2}\,\mathrm{mm}$

　　 $= 361.5\,\mathrm{mm}$

同理得：$l_1 = 400\,\mathrm{mm}$，$l_2 = 388\,\mathrm{mm}$，$l_4 = 339\,\mathrm{mm}$。

2）支管左半侧任一素线长 $l_n = H - \sqrt{R_1^2 - (e - r_2\sin\beta_n)^2}$

如 $l_5 = 790\,\mathrm{mm} - \sqrt{460^2 - (90 - 154.5 \times \sin30°)^2}\,\mathrm{mm} = 330\,\mathrm{mm}$

同理得：$l_6 = 332\,\mathrm{mm}$，$l_7 = 335\,\mathrm{mm}$。

3）支管外覆样板展开长 $s = \pi(d_1 + t) = \pi \times (325 + 1)\,\mathrm{mm} = 1024\,\mathrm{mm}$。

4）主管钢板下料展开长 $S = \pi D_3 = \pi \times 910\,\mathrm{mm} = 2859\,\mathrm{mm}$。

5）主管下料尺寸为 $2859\,\mathrm{mm} \times 878\,\mathrm{mm}$。

公式注释同例1。

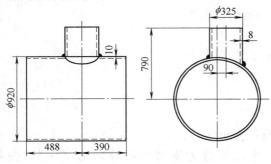

图 4-42　偏心且跨心直交三通管

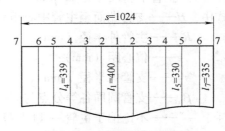

图 4-43　支管外覆展开样板

3. 支管外覆展开样板的画法

1）画一个长方形，其尺寸为 $1024\,\mathrm{mm} \times 400\,\mathrm{mm}$。

2）将长边分为12等份，等分点为1、2、3…。

3）过各等分点作长边的垂线，得13条平行线。

4）在各平行线上对应截取各素线长，如 $l_5 = 330\,\mathrm{mm}$，得各端点。

5）圆滑连接各端点，即得支管外覆展开样板，如图4-43所示。

4. 说明

1）主管上的外坡口要在平板时开出。

2）两个三通都为骑马式，将成形后的支管骑于主管的设计位置后，再用长石笔从内侧划线即得孔实形，此法比作孔实形样板要省事得多，且准确无误。

3）切孔时，割炬始终指向主管圆心即可。

4）主、支管点焊后，在左上方用样板检查垂直度，有误差时应磨开焊疤调整之。

5）主管纵缝开60°外坡口，先焊外侧，后内侧清根盖面。

6）主、支管环缝形成自然坡口，外侧堆焊即可。

九、偏心直交三通管（插入式）料计算（之一）（见图4-44）

如图4-45所示为高压容器使用的偏心直交插入式三通管，故支管插入主管内开30°外坡口施焊。支管为成品管，故用外覆样板划线。

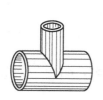

图 4-44 立体图

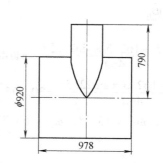
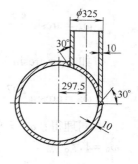

图 4-45 偏心直交插入式三通管

1. 板厚处理

1）主管展开长以中径为计算基准，支管为成品管，展开样板长以外皮加样板厚度为基准。

2）主管纵缝采用单面 60°外坡口。

3）计算成品管素线时，支管按外皮、主管按里皮。

4）计算孔实形时，支管按外皮、主管按里皮（因为是插入式）。

5）支、主管结合环缝处，支、主管皆开 30°外坡口，以保证有足够的焊肉。

2. 下料计算

如图 4-46 所示为计算原理图。

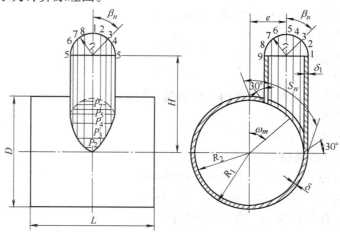

图 4-46 计算原理图

1）支管任一素线 $l_n = H - \sqrt{R_2^2 - (e + r_1\sin\beta_n)^2}$（见左视图）

如 $l_4 = 790 - \sqrt{450^2 - (297.5 + 162.5 \times \sin22.5°)^2}$ mm $= 520$mm

$l_6 = 790 - \sqrt{450^2 - (297.5 - 162.5 \times \sin22.5°)^2}$ mm $= 406$mm

同理得：$l_1 = 790$mm，$l_2 = 744$mm，$l_3 = 610$mm，$l_5 = 452$mm，$l_7 = 379$mm，$l_8 = 365$mm，$l_9 = 361$mm。

2）支管外覆样板展开长 $s = \pi (2r_1 + t) = \pi \times (325 + 1)$ mm $= 1024$mm。

3）主管孔各点与同一纵向直径的夹角

$$\omega_n = \arcsin\frac{e \pm r_1\sin\beta_n}{R_1}$$

如 $\omega_4 = \arcsin\dfrac{297.5 + 162.5 \times \sin22.5°}{460} = 51.44°$

$\omega_6 = \arcsin\dfrac{297.5 - 162.5 \times \sin22.5°}{460} = 30.77°$

同理得：$\omega_1 = 90°$，$\omega_2 = 76.7°$，$\omega_3 = 63.7°$，$\omega_5 = 40.3°$，$\omega_7 = 23.4°$，$\omega_8 = 18.7°$，$\omega_9 = 17°$。

4）主管纵向直径至各等分点弧长 $S_n = \pi R_1 \dfrac{\omega_n}{180°}$

如 $S_4 = \pi \times 460\text{mm} \times \dfrac{51.44°}{180°} = 413\text{mm}$

$S_6 = \pi \times 460\text{mm} \times \dfrac{30.77°}{180°} = 247\text{mm}$

同理得：$S_1 = 723\text{mm}$，$S_2 = 616\text{mm}$，$S_3 = 511\text{mm}$，$S_5 = 324\text{mm}$，$S_7 = 188\text{mm}$，$S_8 = 150\text{mm}$，$S_9 = 136\text{mm}$。

5）孔实形任一半素线长 $P_n = r_1\sin\beta_n$（见主视图）

如 $P_4 = P_6 = 162.5\text{mm} \times \sin67.5° = 150\text{mm}$

同理得：$P_1 = P_9 = 0$　$P_2 = P_8 = 62\text{mm}$　$P_3 = P_7 = 115\text{mm}$　$P_5 = 162.5\text{mm}$。

式中　H——支管端面与中管中心距离（mm）；

　　　R_2——主管内半径（mm）；

　　　e——两管偏心距（mm）；

　　　r_1——支管外半径（mm）；

　　　β_n——支管各等分点与同一纵向直径夹角（°）；

　　　t——样板厚度（mm）；

　　　R_1——主管外半径（mm）。

3. 支管外覆样板的画法

1）画一个长方形，其尺寸为 1024mm×790mm。

2）将长边分为 16 等份，等分点为 1、2、3…。

3）过各等分点作长边垂线，得 17 条平行线。

4）在各平行线上对应截取各素线长，如 $l_5 = 452\text{mm}$，得各端点。

5）圆滑连接各端点，即得支管外覆展开样板，如图 4-47 所示。

4. 孔实形样板的画法

1）画一条竖直线段 $O1$，使其等于 723mm。

2）以 O 为基点，在线段 $O1$ 上分别截取 S_n，如 $S_3 = 511\text{mm}$，$S_5 = 324\text{mm}$，$S_6 = 247\text{mm}$，得各点。

3）过各点作线段 $O1$ 的垂线，得 7 条平行线。

4）以线段 $O1$ 为基准，在各平行线上分别左右对应截取各 P_n，如 $P_4 = P_6 = 150\text{mm}$，得各点。

5）圆滑连接各端点，即得孔实形，如图 4-48 所示。

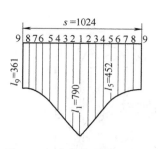

图 4-47　支管外覆展开样板

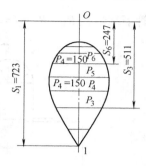

图 4-48　孔实形

5. 说明

1）主管上的外坡口应在平板时开出。

2）切孔时，上端割炬沿支管素线方向，下端指向主管中心，中间圆滑过渡。

3）主、支管点焊后，应在左上方用样板检查垂直度，样板用放实样法求得，如有误差，应磨开焊疤调整之。

4）焊主管纵缝时，先焊外侧，后内侧清根盖面。

5）支、主管环缝只焊外侧坡口即可。

十、偏心直交三通管（插入式）料计算（之二）（见图4-49）

如图 4-50 所示为有衬里的常压管道使用的偏心直交插入式三通管，内侧衬里 80mm，故设计支管插入主管内。

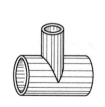

图 4-49　立体图

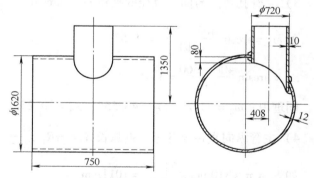

图 4-50　偏心直交插入式三通管

1. 板厚处理

1）支、主管展开长以中径为计算基准。

2）支、主管纵缝采用单面 60°外坡口。

3）计算支管素线长时，因是插入式，所以支管按外皮，主管按支管插入后形成的主管半径 R_3，支管无需开坡口。

4）计算孔实形时，支、主管皆按外皮。

5）支、主管结合环缝采用两面形成的自然坡口内外堆焊。

2. 下料计算

如图 4-51 所示为计算原理图。

1）支管下端半径 $R_3 = R_2 - f = (798 - 80)\,\mathrm{mm} = 718\,\mathrm{mm}$。

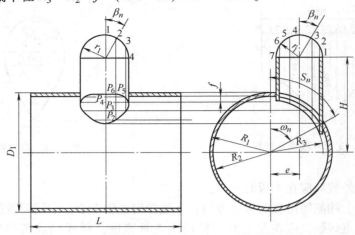

图 4-51　计算原理图

2）支管各素线 $l_n = H - \sqrt{R_3^2 - (e \pm r_1\sin\beta_n)^2}$

如 $l_5 = 1350\,\mathrm{mm} - \sqrt{718^2 - (408 - 360 \times \sin30°)^2}\,\mathrm{mm} = 669\,\mathrm{mm}$

$l_3 = 1350\,\mathrm{mm} - \sqrt{718^2 - (408 + 360 \times \sin30°)^2}\,\mathrm{mm} = 938\,\mathrm{mm}$

同理得：$l_7 = 634\,\mathrm{mm}$，$l_1 = 1077\,\mathrm{mm}$；$l_6 = 638\,\mathrm{mm}$，$l_2 = 1300\,\mathrm{mm}$；$l_4 = 759\,\mathrm{mm}$。

3）主管孔各点与同一直径的夹角 $\omega_n = \arcsin\dfrac{e \pm r_1\sin\beta_n}{R_1}$

如 $\omega_1 = \arcsin\dfrac{408 + 360}{810} = 71.5°$

$\omega_7 = \arcsin\dfrac{408 - 360}{810} = 3.4°$

同理得：$\omega_2 = 62.7°$，$\omega_3 = 46.55°$，$\omega_4 = 30.25°$，$\omega_5 = 16.35°$，$\omega_6 = 6.82°$。

4）主管纵向直径至各等分点弧长 $S_n = \pi R_1\dfrac{\omega_n}{180°}$

如 $S_1 = \pi \times 810\,\mathrm{mm} \times \dfrac{71.5°}{180°} = 1011\,\mathrm{mm}$

$S_7 = \pi \times 810\,\mathrm{mm} \times \dfrac{3.4°}{180°} = 48\,\mathrm{mm}$

同理得：$S_2 = 886\,\mathrm{mm}$，$S_3 = 658\,\mathrm{mm}$，$S_4 = 428\,\mathrm{mm}$，$S_5 = 231\,\mathrm{mm}$，$S_6 = 96\,\mathrm{mm}$。

5）孔实形任一半素线长 $P_n = r_1\sin\beta_n$（见主视图）

如 $P_6 = P_2 = 360\,\mathrm{mm} \times \sin30° = 180\,\mathrm{mm}$

同理得：$P_1 = P_7 = 0$；$P_3 = P_5 = 312\,\mathrm{mm}$；$P_4 = 360\,\mathrm{mm}$。

6）支管钢板下料展开长 $s = \pi d_3 = \pi \times 710\,\mathrm{mm} = 2231\,\mathrm{mm}$。

式中　R_1、R_2——主管外、内半径（mm）；

　　　　f——从内皮计插入量（mm）；

　　　　e——偏心距（mm）；

r_1——支管外半径（mm）；

β_n——支管圆周各等分点与同一纵向直径的夹角（°）；

d_3——支管中直径（mm）；

H——支管端面至主管中心的垂直距离（mm）。

3. 孔实形的画法

1）画一条竖直线段 $O1$，使其长度等于 1011mm。

2）以 O 为基点，在线段 $O1$ 上分别截取 S_n，如 $S_3 = 658$mm，得各端点。

3）过各端点作线段 $O1$ 的垂线，得五条平行线。

4）以线段 $O1$ 为基准，在各平行线上分别左右对应截取各 P_n，如 $P_4 = 360$mm，得各端点。

5）圆滑连接各端点，即得孔实形，如图4-52所示。

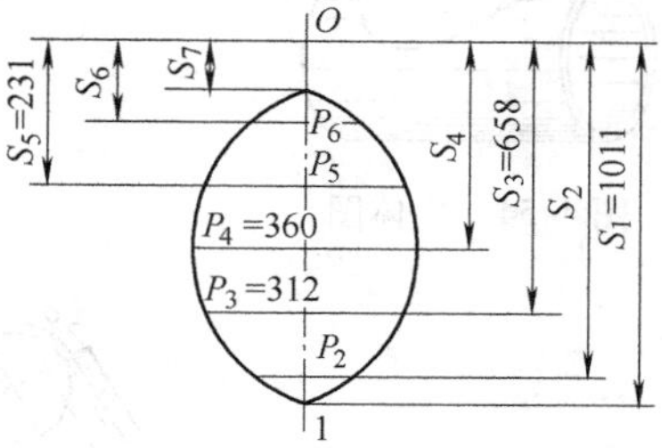

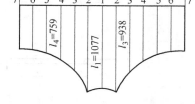

图4-52　孔实形

4. 支管钢板下料展开样板的画法

1）画一个长方形，其尺寸为2231mm×1077mm。

2）将长边分为12等份，等分点为1、2、3…。

3）过各等分点作长边的垂线，得13条平行线。

4）在各平行线上对应截取各素线长，如 $l_4 = 759$mm，得各端点。

图4-53　支管钢板下料展开样板

5）圆滑连接各端点，即得钢板下料展开样板，如图4-53所示。

5. 说明

1）主、支管的外坡口，皆可安排在平板状态下开出。

2）切孔时，割炬始终沿支管素线方向。

3）主、支管点焊后，应在左上方用样板检查垂直度，样板用放实样法求得，如有误差，应磨开焊疤调整之。

4）焊主、支管纵缝时，先焊外侧，后内侧清根盖面。

5）主、支管环缝的内外侧皆施以堆焊。

十一、任意直径斜交三通管（骑马式）料计算（见图4-54）

例1　如图4-55所示为一骑马式异径正心斜交三通管施工图，通常是常压或压力不大的管道所使用的三通管，图4-56为计算原理图。

1. 板厚处理

1）支、主管展开长以中径为计算基准。

2）支、主管纵缝采用单面60°外坡口。

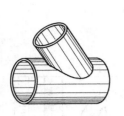

图 4-54　立体图

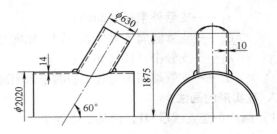

图 4-55　骑马式异径正心斜交三通管

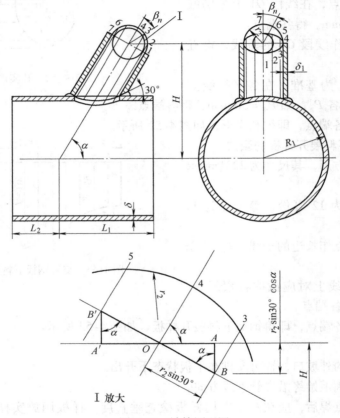

Ⅰ放大

图 4-56　计算原理图

3）计算支管素线时，支管按里皮，主管按外皮；钝角侧支管不开坡口，锐角侧支管开 30°外坡口，中间圆滑过渡。

2. 下料计算

1）支管任一素线 $l_n = \dfrac{H - \sqrt{R_1^2 - (r_2\sin\beta_n)^2} \pm r_2\sin\beta_n\cos\alpha}{\sin\alpha}$

表达式推导如下（见Ⅰ放大）：

因为　在直角三角形 BAO 中，$OB = r_2\sin\beta_n$，$\angle ABO = \alpha$，$AB = r_2\sin30°\cos\alpha$ 在直角三角形 $B'A'O$ 中，同理可证得 $A'B' = r_2\sin30°\cos\alpha$

所以　以 l_3、l_5 为例，得

$$l_3 = \frac{H - \sqrt{R_1^2 - (r_2\sin60°)^2}\,（左视图） - r_2\sin30°\cos\alpha\,（主视图）}{\sin\alpha}$$

$$= \frac{1875 - \sqrt{1010^2 - (305 \times \sin 60°)^2} - 305 \times \sin 30° \times \cos 60°}{\sin 60°} \text{mm} = 952\text{mm}$$

$$l_5 = \frac{H - \sqrt{R_1^2 - (r_2 \sin 60°)^2}（左视图）+ r_2 \sin 30° \cos \alpha（主视图）}{\sin \alpha}$$

$$= \frac{1875 - \sqrt{1010^2 - (305 \times \sin 60°)^2} + 305 \times \sin 30° \times \cos 60°}{\sin 60°} \text{mm} = 1128\text{mm}$$

同理得：$l_1 = 822\text{mm}$，$l_2 = 860\text{mm}$，$l_4 = 1053\text{mm}$，$l_6 = 1165\text{mm}$，$l_7 = 1175\text{mm}$。

2）支管钢板下料展开长 $s = \pi d_3 = \pi \times 620\text{mm} = 1948\text{mm}$。

式中　H——支管端面中心至主管中心距离（mm）；

　　　R_1——主管外半径（mm）；

　　　r_2——支管内半径（mm）；

　　　β_n——支管圆周各等分点与同一纵向直径的夹角（°）；

　　　α——支管倾斜角（°）；

　　　d_3——支管中直径（mm）。

3. 支管钢板下料展开样板的画法

1）画一个长方形，其尺寸为 $1948\text{mm} \times 1175\text{mm}$。

2）将长边分为 12 等份，等分点为 1、2、3…

3）过各等分点作长边的垂线，得 13 条平行线。

4）在各平行线上对应截取各素线长，如 $l_3 = 952\text{mm}$，得各端点。

5）圆滑连接各端点，即得支管钢板下料展开样板，如图 4-57 所示。

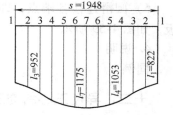

图 4-57　支管钢板下料展开样板

4. 说明

1）主、支管上的外坡口皆可安排在平板状态时开出，较卷成后再开省劲得多。

2）将整好圆的支管覆于主管设计位置，从外侧沿管体滑动划线，即得孔实形。

3）切孔时，割炬应始终沿支管素线方向。

4）支、主管点焊后，应在左上方用一个 120° 的外卡样板检查倾斜度，如有误差，应磨开焊疤调整之。

5）焊主、支管纵缝时，应先焊外侧，后内侧清根盖面。

6）主、支管环缝只在外侧施以堆焊即可。

例2　如图 4-58 所示为一等径正心斜交三通管，不插入，是常压或压力不大管道使用的三通管。

1. 板厚处理

同例1。

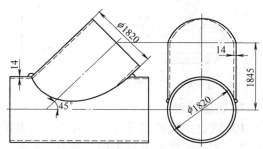

图 4-58　等径正心斜交三通管

2. 下料计算

1）支管任一素线 $l_n = \dfrac{H - \sqrt{R_1^2 - (r_2 \sin\beta_n)^2} \pm r_2 \sin\beta_n \cos\alpha}{\sin\alpha}$

表达式推导同例 1。

如 $l_2 = \dfrac{1845 - \sqrt{910^2 - (896 \times \sin30°)^2} - 896 \times \sin60° \times \cos45°}{\sin45°}$ mm $= 713$ mm

$l_6 = \dfrac{1845 - \sqrt{910^2 - (896 \times \sin30°)^2} + 896 \times \sin60° \times \cos45°}{\sin45°}$ mm $= 2266$ mm

同理得：$l_1 = 426$ mm，$l_7 = 2219$ mm；$l_3 = 1489$ mm，$l_5 = 2386$ mm；$l_4 = 2384$ mm。

2）支管下料展开长 $s = \pi d_3 = \pi \times 1806$ mm $= 5674$ mm，式中解释同例 1。

3. 支管钢板下料展开样板的画法

1）画一个长方形，其尺寸为 5674mm×2386mm。

2）将长边分为 12 等份，等分点为 1、2、3…。

3）过各等分点作长边的垂线，得 13 条平行线。

4）在各平行线上对应截取各素线长，如 $l_5 = 2386$ mm，得各端点。

5）圆滑连接各端点，即得支管钢板下料展开样板，如图 4-59 所示。

4. 说明

同例 1。

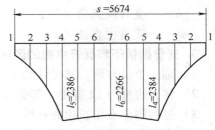

图 4-59　支管钢板下料展开样板

十二、异径正心斜交三通管（插入式）料计算（见图 4-60）

如图 4-61 所示为有衬里的常压管道使用的三通管，内侧衬里 50mm，故设计支管插入主管内，铺设衬里后内侧则平齐。

此例的难点为孔实形的计算，较直交有一定的难度。

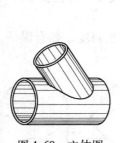

图 4-60　立体图

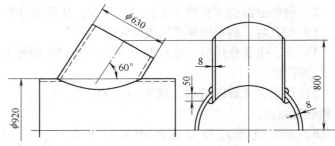

图 4-61　异径正心斜交三通管

1. 板厚处理

1）支、主管的展开长以中径为计算基准。

2）支、主管的纵缝采用单面 60°外坡口。

3）计算支管素线时，因为是插入主管内，故支管应按外皮，主管应按支管插入后所处的主管半径 R_3，支管下端无需开坡口。

4）计算孔实形时，支、主管皆按外皮。

5）支、主管结合环缝采用内外形成的自然坡口实施堆焊。

2. 下料计算

图4-62为计算原理图，图4-63为图4-62的Ⅱ、Ⅲ放大图。

1）支管下端半径 $R_3 = R_1 - f\sin\alpha = 460\text{mm} - 50\text{mm} \times \sin60° = 417\text{mm}$。

2）支管任一实长素线

$$l_n = \frac{H - \sqrt{R_3^2 - (r_1\sin\beta_n)^2}\ （左视图） \ \pm r_1\sin\beta_n\cos\alpha\ （主视图Ⅰ局视图）}{\sin\alpha}$$

表达式推导见图4-63和图4-62Ⅰ局视图

以 l_3、l_5 为例

$$l_3 = \frac{H - \sqrt{R_3^2 - (r_1\sin60°)^2}\ （左视图） \ - r_1\sin30°\cos\alpha\ （主视图Ⅰ局视图）}{\sin\alpha}$$

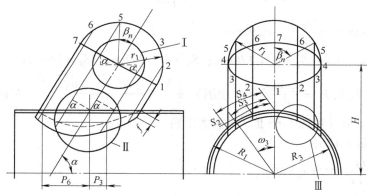

图4-62　计算原理图

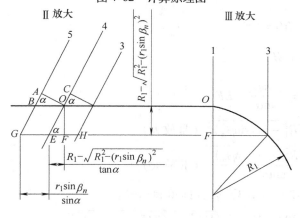

图4-63　放大图

同理可证得

$$l_5 = \frac{H - \sqrt{R_3^2 - (r_1\sin60°)^2} + r_1\sin30°\cos\alpha}{\sin\alpha}$$

$$l_3 = \frac{800 - \sqrt{417^2 - (315 \times \sin 60°)^2} - 315 \times \sin 30° \times \cos 60°}{\sin 60°} \text{mm} = 469\text{mm}$$

$$l_5 = \frac{800 - \sqrt{417^2 - (315 \times \sin 60°)^2} + 315 \times \sin 30° \times \cos 60°}{\sin 60°} \text{mm} = 651\text{mm}$$

同理得：$l_1 = 260\text{mm}$，$l_2 = 321\text{mm}$，$l_4 = 608\text{mm}$，$l_6 = 635\text{mm}$，$l_7 = 624\text{mm}$。

3）主管孔各等分点与同一纵向直径的夹角

$$\omega_n = \arcsin \frac{r_1 \sin\beta_n}{R_1} \quad (\text{左视图})$$

如 $\omega_3 = \arcsin \dfrac{315 \times \sin 60°}{460} \approx 36.37°$

同理得：$\omega_1 = \omega_7 = 0$，$\omega_2 = \omega_6 = 20°$，$\omega_5 = 36.37°$，$\omega_4 = 43.2°$。

4）主管纵向直径至各等分点弧长 $S_n = \pi R_1 \dfrac{\omega_n}{180°}$

如 $S_3 = \pi \times 460\text{mm} \times \dfrac{36.37°}{180°} = 292\text{mm}$

同理得：$S_1 = S_7 = 0$；$S_2 = S_6 = 174\text{mm}$；$S_3 = S_5 = 292\text{mm}$；$S_4 = 376\text{mm}$。

5）孔实形素线长 $P_n = \dfrac{r_1 \sin\beta_n}{\sin\alpha}$（主视图）$\pm \dfrac{R_1 - \sqrt{R_1^2 - (r_1 \sin\beta_n)^2}}{\tan\alpha}$（左视图）

表达式推导如下（见图 4-63 Ⅱ、Ⅲ 放大图）：

在直角三角形 OAB 中

因为 $BO = \dfrac{OA}{\sin\alpha}$，$AO = r_1 \sin\beta_n$

所以 $BO = \dfrac{r_1 \sin\beta_n}{\sin\alpha}$

但 $GF = GE + EF$，$BO = GE$

所以 $GF = \dfrac{r_1 \sin\beta_n}{\sin\alpha} + EF$ 　　　　　　　　　　　　　　　(4-1)

同理可证得 　 $FH = \dfrac{r_1 \sin\beta_n}{\sin\alpha} - EF$ 　　　　　　　　　　　(4-2)

因为 $OF = R_1 - \sqrt{R_1^2 - (r_1 \sin\beta_n)^2}$ （Ⅲ放大）

所以 $EF = \dfrac{R_1 - \sqrt{R_1^2 - (r_1 \sin\beta_n)^2}}{\tan\alpha}$ （Ⅱ放大） 　　　　(4-3)

将式（4-1）、（4-2）、（4-3）合并即得表达式。

如 $P_3 = \left(\dfrac{315 \times \sin 30°}{\sin 60°} - \dfrac{460 - \sqrt{460^2 - (315 \times \sin 60°)^2}}{\tan 60°} \right)\text{mm} = 130\text{mm}$

$$P_5 = \left(\dfrac{315 \times \sin 30°}{\sin 60°} + \dfrac{460 - \sqrt{460^2 - (315 \times \sin 60°)^2}}{\tan 60°} \right)\text{mm} = 234\text{mm}$$

同理得：$P_1 = 364\text{mm}$，$P_2 = 299\text{mm}$，$P_4 = 72\text{mm}$，$P_6 = 331\text{mm}$，$P_7 = 364\text{mm}$。

6）支管钢板下料展开长 $s = 2\pi r_3 = 2 \times \pi \times 311\text{mm} = 1954\text{mm}$。

式中　*H*——支管中心至主管中心距离（mm）；

R_1——主管外半径（mm）；

f——从内皮计插入量（mm）；

r_1——支管外半径（mm）；

β_n——圆周各等分点与同一纵向直径的夹角（°）；

α——支管倾斜角（°）；

r_3——支管中半径（mm）。

3. 支管钢板下料展开图的画法

1）画一个长方形，其尺寸为 1944mm ×（大于 651）mm。

2）将长边分为 12 等份，等分点为 1、2、3…。

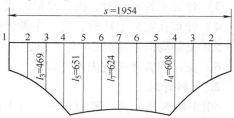

图 4-64　支管钢板下料展开图

3）过各等分点作长边的垂线，得 13 条平行线。

4）在各平行线上，对应截取各素线长，如 $l_4 = 608$mm，$l_3 = 469$mm。

5）圆滑连接各端点，即得展开图实形，如图 4-64 所示。

4. 孔实形画法

1）画一竖直线段 4—4，使其长度等于 752mm，并设定 *O* 为中点。

2）以 *O* 为基点，分别往上下截取各 S_n 值，如 $S_2 = 172$mm，在 4—4 上得若干交点 1、2、3…

3）以各交点为基点，往左右横向量取各 P_n 值，如 $P_2 = 299$mm，$P_6 = 331$mm，得若干端点。

4）圆滑连接各端点，即得孔实形，展开图如图 4-65 所示。

5. 说明

1）支管端头的外坡口可安排在平板时用割炬开出，主管可卷制成形并开孔后开出。

2）支、主管的纵缝坡口，可安排在平板时用刨边机刨出。

3）主管切孔时，割炬应始终沿支管素线方向进行。

4）支主管点焊后，应在外侧用 120° 的外卡样板检查倾斜度，若有误差，应磨开部分焊疤调整之。

5）焊支主管纵缝时，先焊外侧，后内侧清根盖面。

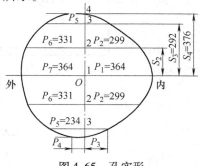

图 4-65　孔实形

十三、等径正心斜交三通管（插入式）料计算（见图 4-66）

如图 4-67 所示为无衬里的高压管道使用的等径正心斜交三通管施工图，为保证三通的密封和满足压力的需要，故结合的纵环缝都要开坡口，焊完后内侧平齐。

1. 板厚处理

1）支、主管的展开长以中径为计算基准。

2）支、主管的纵缝采用单面 60° 外坡口。

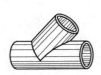

图 4-66　立体图

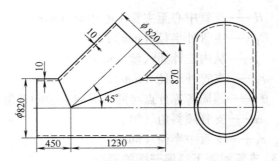

图 4-67　等径正心斜交三通管

3）计算支管素线时，因为是插入式，故支管应按外皮，主管应按里皮。

4）计算孔实形素线时，支、主管皆按外皮。

5）支管周向下端开30°外坡口，主管孔周向开30°外坡口。

6）支、主管环缝应内外施焊。

2. 下料计算

如图4-68所示为计算原理图，图4-69为放大图。

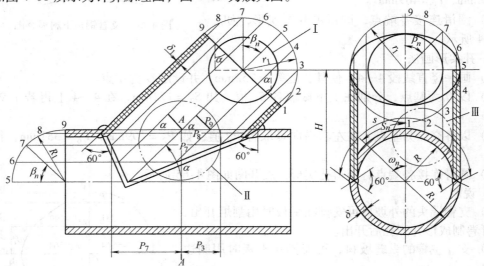

图 4-68　计算原理图

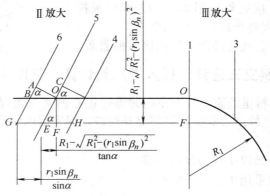

图 4-69　放大图

1）支管任一素线

$$l_n = \frac{H - \sqrt{R_2^2 - (r_1 \sin\beta_n)^2}}{\sin\alpha} （左视图） \pm r_1 \sin\beta_n \cos\alpha （主视图 I 局视图）$$

如 $l_4 = \frac{870 - \sqrt{400^2 - (410 \times \sin67.5°)^2} - 410 \times \sin22.5° \cos45°}{\sin45°} \text{mm} = 891\text{mm}$

$l_6 = \frac{870 - \sqrt{400^2 - (410 \times \sin67.5°)^2} + 410 \times \sin22.5° \cos45°}{\sin45°} \text{mm} = 1206\text{mm}$

同理得：$l_1 = 255\text{mm}$，$l_2 = 331\text{mm}$，$l_3 = 550\text{mm}$，$l_5 = 1245\text{mm}$，$l_7 = 1130\text{mm}$，$l_8 = 1089\text{mm}$，$l_9 = 1075\text{mm}$。

2）支管钢板下料展开长 $s_1 = \pi D_3 = \pi \times 810\text{mm} = 2545\text{mm}$。

3）主管孔各点所对应圆心角 $\omega_n = \arcsin \frac{r_1 \sin\beta_n}{R_1}$

如 $\omega_4 = \omega_6 = \arcsin \frac{410 \times \sin67.5°}{410} = 67.5°$

同理得：$\omega_1 = \omega_9 = 0$；$\omega_2 = \omega_8 = 22.5°$；$\omega_3 = \omega_7 = 45°$；$\omega_5 = 90°$。

4）主管孔各点所对应弧长 $S_n = \pi R_1 \frac{\omega_n}{180°}$

如 $S_2 = S_8 = \pi \times 410\text{mm} \times \frac{22.5°}{180°} = 161\text{mm}$

同理得：$S_1 = S_9 = 0$；$S_3 = S_7 = 322\text{mm}$；$S_5 = 644\text{mm}$；$S_4 = S_6 = 483\text{mm}$。

5）孔实形各素线（见图 4-71）

$$P_n = \frac{r_1 \sin\beta_n}{\sin\alpha} （主视图） \pm \frac{R_1 - \sqrt{R_1^2 - (r_1 \sin\beta_n)^2}}{\tan\alpha} （左视图和主视图）$$

表达式推导如下（见图 4-69 II 放大和 III 放大）

在直角三角形 OAB 中

因为 $BO = \frac{OA}{\sin\alpha}$，$AO = r_1 \sin\beta_n$

所以 $BO = \frac{r_1 \sin\beta_n}{\sin\alpha}$

但 $GF = GE + EF$，$BO = GE$

所以 $GF = \frac{r_1 \sin\beta_n}{\sin\alpha} + EF$ （4-4）

同理可证得 $FH = \frac{r_1 \sin\beta_n}{\sin\alpha} - EF$ （4-5）

因为 $OF = R_1 - \sqrt{R_1^2 - (r_1 \sin\beta_n)^2}$ （III 放大）

所以 $EF = \frac{R_1 - \sqrt{R_1^2 - (r_1 \sin\beta_n)^2}}{\tan\alpha}$ （II 放大） （4-6）

将式（4-4）、（4-5）、（4-6）合并即得表达式。

如 $P_2 = \frac{410 \times \sin67.5°}{\sin45°}\text{mm} - \frac{410 \times \sqrt{410^2 - (410 \times \sin22.5°)^2}}{\tan45°}\text{mm} = 505\text{mm}$

$$P_8 = \frac{410 \times \sin 67.5°}{\sin 45°} \text{mm} + \frac{410 \times \sqrt{410^2 - (410 \times \sin 22.5°)^2}}{\tan 45°} \text{mm} = 567 \text{mm}$$

同理得：$P_1 = P_9 = 580$mm；$P_3 = 290$mm，$P_7 = 530$mm，$P_4 = -31$mm（距 A—A 中线值，从主视图上可看出），$P_6 = 475$mm。

式中　　H——支管中心至主管中心垂直距离（mm）；

$\quad\quad R_2$——主管内半径（mm）；

$\quad\quad r_1$——支管外半径（mm）；

$\quad\quad \beta_n$——圆周各等分点与同一直径的夹角（°）；

$\quad\quad \alpha$——支管倾斜角（°），本例为 45°；

$\quad\quad D_3$——支管中直径（mm）；

$\quad\quad R_1$——主管外半径（mm）；

"+、-"——左侧 P 用"+"右侧 P 用"-"。

3. 支管钢板下料展开图的画法

1）画一个长方形，其尺寸为 1245mm×2545mm。

2）将长边分为 16 等份，等分点为 1、2、3…

3）过各等分点作长边的垂线，得 17 条平行线。

4）在各平行线上对应截取各素线长，如 $l_5 = 1245$mm，得各端点。

5）圆滑连接各端点，即得展开图实形，如图 4-70 所示。

4. 孔实形画法

1）画一竖直线 A—A，并设定 O 点为中点。

2）以 O 点为基点，分别往上下截取各 S_n 值，如 $S_2 = S_8 = 161$mm；在 A—A 上得到若干交点（图中未示出）。

3）以各交点为基点，往左右横向量取各 P_n 值，如 $P_2 = 505$mm，$P_8 = 567$mm，得若干端点。

4）圆滑连接 A—A 左右各端点，即得孔实形展开图，如图 4-71 所示。

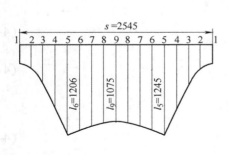

图 4-70　支管钢板下料展开图

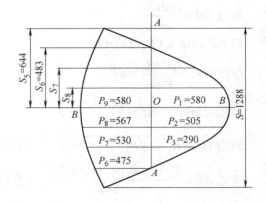

图 4-71　孔实形

5. 说明

1）支管端头的外坡口可安排在平板时用割炬开出，主管可卷制成形并开孔后开出。

2）支、主管的纵缝坡口可安排在平板状态时用刨边机刨出。

3）切孔时，割炬应始终沿支管素线方向。

4）支、主管点焊后，应在外侧用135°的外卡样板检查倾斜度，若有误差，应磨开部分焊疤调整。

5）焊支、主管纵缝时，先焊外侧，后内侧清根盖面。

十四、带补料等径直交三通管料计算（见图4-72）

如图4-73所示为一烟道带补料等径直交三通管施工图。常压管道为了尽量减少流阻，故设计成此形状。

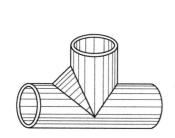

图4-72 立体图

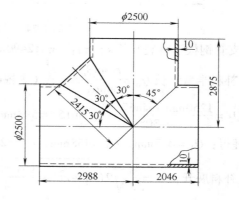

图4-73 带补料等径直交三通管

1. 板厚处理

1）主、支管和补料的展开长以中径为计算基准。

2）主、支管纵缝采用单面60°外（或内）坡口。

3）主管孔周边、支管下端周边和补料周边皆开30°外坡口。

4）计算支管和补料各素线时，支管按外皮，主管按里皮。

5）计算孔实形时，主、支管皆按外皮。

2. 下料计算

图4-74为计算原理图。

1）支管各素线。

① α_4 范围各素线 $l_n = H - \sqrt{R_2^2 - (r_1\sin\beta_n)^2}$（左视图）

如 $l_7 = 2875\text{mm} - \sqrt{1240^2 - (1250 \times \sin45°)^2}\,\text{mm} = 2005\text{mm}$

同理得：$l_5 = 2875\text{mm}$，$l_6 = 2423\text{mm}$，$l_8 = 1731\text{mm}$，$l_9 = 1635\text{mm}$。

② α_3 范围各素线 $l_n = H - \dfrac{r_1\sin\beta_n}{\tan\alpha_3}$（主视图）

如 $l_2 = 2875\text{mm} - \dfrac{1250 \times \sin67.5°}{\tan30°}\,\text{mm} = 875\text{mm}$

同理得：$l_1 = 710\text{mm}$，$l_3 = 1344\text{mm}$，$l_4 = 2046\text{mm}$，$l_5 = 2875\text{mm}$。

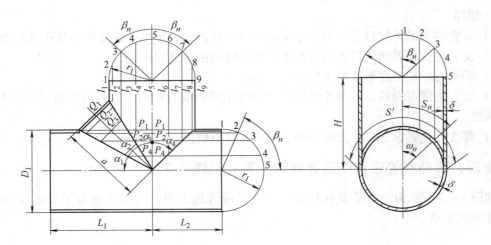

图 4-74　计算原理图

③ 支管钢板下料展开长 $s = \pi d_3 = \pi \times 2490\,\mathrm{mm} = 7823\,\mathrm{mm}$。

2）补料半素线长 $Q_n = \dfrac{r_1 \sin\beta_n}{\sin\alpha_3} \sin\dfrac{\alpha_2}{2}$（主视图）

如 $Q_2 = \dfrac{1250\,\mathrm{mm} \times \sin67.5°}{\sin30°} \times \sin15° = 598\,\mathrm{mm}$

同理得：$Q_1 = 647\,\mathrm{mm}$，$Q_3 = 458\,\mathrm{mm}$，$Q_4 = 248\,\mathrm{mm}$，$Q_5 = 0$。

3）补料展开长 $u = \dfrac{\pi}{2} \sqrt{2(a_1^2 + r_3^2) - \dfrac{(a_1 - r_3)^2}{4}}$

$$= \dfrac{\pi}{2} \sqrt{2 \times (2410^2 + 1245^2) - \dfrac{(2410 - 1245)^2}{4}}\,\mathrm{mm} = 5956\,\mathrm{mm}。$$

4）孔实形各素线。

① 孔实形展开长 $S' = \dfrac{\pi D_1}{2} = \dfrac{\pi \times 2500\,\mathrm{mm}}{2} = 3927\,\mathrm{mm}$。

② 支管各素线点所对应的圆心角 $\omega_n = \arcsin\dfrac{r_1 \sin\beta_n}{R_1}$

如 $\omega_2 = \arcsin\dfrac{1250 \times \sin22.5°}{1250} = 22.5°$

同理得：$\omega_3 = 45°$，$\omega_4 = 67.5°$，$\omega_5 = 90°$。

③ 各圆心角所对应弧长 $S_n = \pi R_1 \dfrac{\omega_n}{180°}$

如 $S_2 = \pi \times 1250\,\mathrm{mm} \times \dfrac{22.5°}{180°} = 491\,\mathrm{mm}$

同理得：$S_3 = 982\,\mathrm{mm}$，$S_4 = 1473\,\mathrm{mm}$，$S_5 = 1963\,\mathrm{mm}$。

④ 左侧任一素线长 $P_n = r_1 \sin\beta_n \tan(\alpha_2 + \alpha_3)$（主视图主管的断面图）。

如 $P_2 = 1250\,\mathrm{mm} \times \sin67.5° \times \tan60° = 2000\,\mathrm{mm}$

同理得：$P_1 = 2165\,\mathrm{mm}$，$P_3 = 1531\,\mathrm{mm}$，$P_4 = 829\,\mathrm{mm}$，$P_5 = 0$。

⑤ 右侧任一素线长 $P_n' = r_1 \sin\beta_n$（主视图支管之断面图）

如 $P_4' = 1250\text{mm} \times \sin22.5° = 478\text{mm}$

同理得：$P_3' = 884\text{mm}$，$P_2' = 1155\text{mm}$，$P_1' = 1250\text{mm}$。

式中 R_1、R_2——分别为主管外半径和内半径（mm）；

D_1——主管外直径（mm）；

d_3——支管中直径（mm）；

r_1——支管外半径（mm）；

β_n——圆周各等分点与同一直径的夹角（°）；

a_1——中径半长轴（mm）；

r_3——中径半短轴（mm）。

3. 支管钢板下料展开样板的画法

1）画一个长方形，其尺寸为 $7823\text{mm} \times 2875\text{mm}$。

2）将长边分为 16 等份，等分点为 1、2、3…

3）过各等分点作长边的垂线，得 17 条平行线。

4）在各平行线上对应截取各素线长，如 $l_5 = 2875\text{mm}$，得各端点。

5）圆滑连接各端点，即得支管钢板下料展开样板，如图 4-75 所示。

4. 补料展开样板的画法

1）作一横线段 5—5，使其长度为 5956mm。

2）将上述线段分为 8 等份，并标出序号。

3）过各等分点作 5—5 的垂线，得 7 条平行线。

4）以线段 5—5 为基准，上下对称的在各平行线上对应截取各素线长，如 $Q_2 = 598\text{mm}$。

5）圆滑连接各端点，即得补料展开样板，如图 4-76 所示。

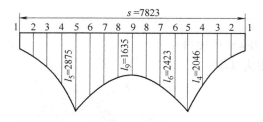

图 4-75 支管钢板下料展开样板

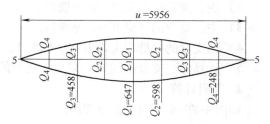

图 4-76 补料展开样板

5. 孔实形样板的画法

1）作一条竖直线段 5—5，使其长度等于 3927mm。

2）以中点 1 为基点，分别往上、往下量取各 S_n，如 $S_3 = 982\text{mm}$，并作好分点序号。

3）过各分点作线段 5—5 的垂线，得 7 条平行线。

4）以竖线段 5—5 为基准，在各平行线上分别左右对应截取 P_n 值和 P_n' 值，如 $P_1 = 2165\text{mm}$，$P_1' = 1250\text{mm}$，得各端点。

5）圆滑连接各端点，即得孔实形展开样板，如图 4-77 所示。

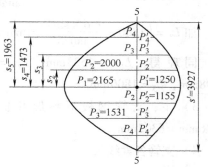

图 4-77 孔实形展开样板

6. 说明

1）主、支管和补料的外坡口，皆可安排在平板时开坡口，省劲得多。

2）切孔时割炬应朝主管中心方向。

3）主、支管点焊后，应用直角尺检查垂直度。

4）纵缝先外侧焊完后，再内侧清根盖面。

5）主、支管和补料环缝应先焊外侧、后内侧清根盖面。

十五、任意夹角等径三通管料计算（见图4-78）

如图4-79所示为一不等夹角等径三通管施工图，用于常压管道中。

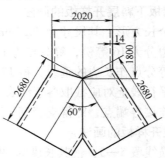

图4-78　立体图　　　　　　　图4-79　不等夹角等径三通管

1. 板厚处理

1）主、支管的展开长以中径为计算基准。

2）主、支管的纵缝开60°外坡口。

3）主、支管的环缝开60°外坡口。

4）两支管的纵缝应上端开60°外坡口，下端开45°外坡口。

5）计算主、支管素线时、以主、支管的里皮为基准。

2. 下料计算

如图4-80所示为计算原理图。

1）主管与支管 $\frac{1}{2}$ 夹角 $\omega = \frac{180° - \alpha}{2} = \frac{180° - 30°}{2} = 75°$。

2）主管各素线长 $L_n = H_1 - \dfrac{r_2 \sin\beta_n}{\tan\omega}$

如 $L_3 = \left(1800 - \dfrac{996 \times \sin 45°}{\tan 75°}\right)$ mm $= 1611$ mm

同理得：$L_1 = 1533$ mm，$L_2 = 1553$ mm，$L_4 = 1698$ mm，$L_5 = 1800$ mm。

3）主、支管钢板下料展开长 $s = \pi D_3 = \pi \times 2006$ mm $= 6302$ mm。

4）支管各素线长

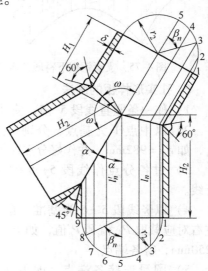

图4-80　计算原理图

① 与主管结合的各素线长 $l_n = H_2 - \dfrac{r_2\sin\beta_n}{\tan\omega}$

如 $l_3 = \left(2680 - \dfrac{996 \times \sin45°}{\tan75°}\right)\text{mm} = 2491\text{mm}$

同理得：$l_1 = 2413\text{mm}$，$l_2 = 2433\text{mm}$，$l_4 = 2578\text{mm}$，
$l_5 = 2680\text{mm}$。

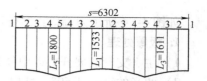

图 4-81 主管钢板下料展开图

② 支管与支管结合处各素线长 $l'_n = H_2 - \dfrac{r_2\sin\beta_n}{\tan\alpha}$

如 $l'_8 = \left(2680 - \dfrac{996 \times \sin67.5°}{\tan30°}\right)\text{mm} = 1086\text{mm}$

同理得：$l'_5 = 2680\text{mm}$，$l'_6 = 2020\text{mm}$，$l'_7 = 1460\text{mm}$，$l'_9 = 955\text{mm}$。

式中　α——支管与支管的半夹角（°）；

H_1、H_2——主管端面、支管端面至中心点距离（mm）；

　　r_2——主、支管内半径（mm）；

　　β_n——圆周各等分点与同一直径的夹角（°）；

　　D_3——主、支管中直径（mm）。

3. 主管钢板下料展开图的画法

1）画一个长方形，其尺寸为 $6302\text{mm} \times 1800\text{mm}$。

2）将长边分为 16 等份，并作出序号记号。

3）过各等分点作长边的垂线，得 17 条平行线。

4）在各平行线上对应截取各素线长 L_n，如 $L_5 = 1800\text{mm}$，得各端点。

5）圆滑连接各端点，即得主管钢板下料展开图，如图 4-81 所示。

4. 支管钢板下料展开图的画法

1）画一个长方形，其尺寸为 $6302\text{mm} \times 2680\text{mm}$。

2）将长边分为 16 等份，并作好序号标记。

3）过各等分点作长边的垂线，得 17 条平行线。

4）在各平行线对应截取各素线长，如 $L_4 = 2578\text{mm}$、$l'_6 = 2020\text{mm}$，得各端点。

5）圆滑连接各端点，即得支管钢板下料展开图，如图 4-82 所示。

5. 说明

1）主、支管的外坡口，应在平板状态时开出，这样作比卷制后开坡口要省劲得多。

2）主、支管纵缝应先外侧焊完后，再内侧清根盖面。

3）主、支管点焊后，应用 150° 的外卡样板检查角度，若有误差应磨开焊疤调整之。

4）主、支管环缝同纵缝，此略。

十六、端口正圆裤形三通管料计算（见图 4-83）

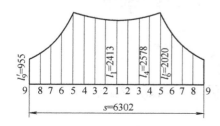

图 4-82　支管钢板下料展开图

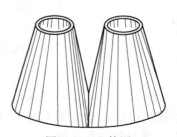

图 4-83　立体图

如图 4-84 所示为端口正圆裤形三通管施工图，用于常压管道。

1. 板厚处理

1）主、支管的展开料以中径为计算基准。

2）两半的纵缝开 60°外坡口，两半的水平缝采用两者形成的自然 V 形坡口，只焊外侧即可。

2. 下料计算

图 4-85 为计算原理图，图 4-86 为放大图。

1）支管内侧任一实长素线

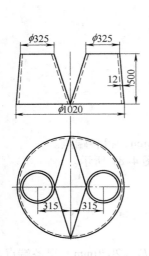

图 4-84　端口正圆裤形三通管

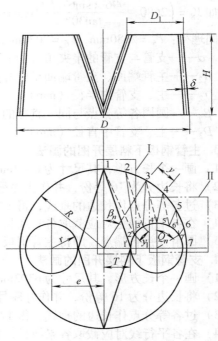

图 4-85　计算原理图

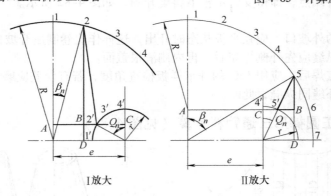

图 4-86　放大图

$$l_n = \sqrt{(e - R\sin\beta_n - r\sin Q_n)^2 + (R\cos\beta_n - r\cos Q_n)^2 + H^2}$$

表达式推导如下（见图 4-86 中 I 放大）：

以 $l_{2-2'}$ 的推导过程为例。

在直角 $\triangle 2B2'$ 中

因为 $B2' = e - AB - 2'C$，$AB = R\sin\beta_n$，$2'C = r\sin Q_n$

所以 $B2' = e - R\sin\beta_n - r\sin Q_n$

因为 $B2 = 2D - BD$，$2D = R\cos\beta_n$，$BD = r\cos Q_n$

所以 $B2 = R\cos\beta_n - r\cos Q_n$

但 2—2′ 为实长的投影长，所以还要加 H^2，即可证得表达式

如 $l_{2-2'} = \sqrt{(315 - 504\sin15° - 156.5 \times \sin60°)^2\,\text{mm} + (504\cos15° - 156.5\cos60°)^2 + 500^2}$ mm

$\qquad = 648\text{mm}$

同理得：$l_{1-1'} = 665\text{mm}$，$l_{3-3'} = 583\text{mm}$，$l_{4-4'} = 540\text{mm}$。

2）支管外侧任一实长素线

$l_n = \sqrt{(R\sin\beta_n - e - r\sin Q_n)^2 + (R\cos\beta_n - r\cos Q_n)^2 + H^2}$

表达式推导如下（见图4-86中Ⅱ放大）：

以 $l_{5-5'}$ 的推导过程

在直角 $\triangle 5B5'$ 中

因为 $B5' = AB - e - 5'C$，$AB = R\sin\beta_n$，$5'C = r\sin Q_n$

所以 $B5' = R\sin\beta_n - e - r\sin Q_n$

因为 $B5 = 5D - BD$，$5D = R\cos\beta_n$，$BD = r\cos Q_n$

所以 $B5 = R\cos\beta_n - r\cos Q_n$

但因为 5—5′ 为投影长，所以还要加 H^2，即可证得表达式。

如 $l_{5-5'} = \sqrt{(504 \times \sin60° - 315 - 156.5\sin30°)^2\,\text{mm} + (504 \times \cos60° - 156.5\cos30°)^2 + 500^2}$ mm

$\qquad = 515\text{mm}$

同理得：$l_{4-4'} = 540\text{mm}$，$l_{6-6'} = 504\text{mm}$，$l_{7-7'} = 501\text{mm}$。

3）支管内侧任一实长过渡线

$l_n = \sqrt{(e - R\sin\beta_n - r\sin Q_{n+1})^2 + (R\cos\beta_n - r\cos Q_{n+1})^2 + H^2}$（见图4-86中Ⅰ放大）

如 $l_{2-3'} = \sqrt{(315 - 504 \times \sin15° - 156.5 \times \sin30°)^2 + (504 \times \cos15° - 156.5 \times \cos30°)^2 + 500^2}$ mm

$\qquad = 620\text{mm}$

同理得：$l_{1-2'} = 681\text{mm}$，$l_{3-4'} = 576\text{mm}$，$l_{4-5'} = 559\text{mm}$。

4）支管外侧任一实长过渡线

$l_n = \sqrt{(R\sin\beta_n - e - r\sin Q_{n+1})^2 + (R\cos\beta_n - r\cos Q_{n+1})^2 + H^2}$（见图4-86中Ⅱ放大）

如 $l_{5-6'} = \sqrt{(504 \times \sin60° - 315 - 156.5 \times \sin60°)^2 + (504 \times \cos60° - 156.5 \times \cos60°)^2 + 500^2}$ mm

$\qquad = 530\text{mm}$

同理得：$l_{4-5'} = 559\text{mm}$，$l_{6-7'} = 517\text{mm}$。

5）内侧三角形高实长 $T = \sqrt{(e-r)^2 + H^2} = \sqrt{(315 - 156.5)^2 + 500^2}\,\text{mm} = 525\text{mm}$。

6）主管每等分弦长 $y = 2R\sin\dfrac{180°}{m} = 2 \times 504\text{mm} \times \sin\dfrac{180°}{24} = 132\text{mm}$。

7）支管每等分弦长 $y_1 = 2r\sin\dfrac{180°}{m} = 2 \times 156.5\text{mm} \times \sin\dfrac{180°}{12} = 81\text{mm}$。

8）主管大端 $\frac{1}{2}$ 弧长 $S = \pi R = \pi \times 504\text{mm} = 1583\text{mm}$（验证数据）。

9）支管小端全弧长 $s = 2\pi r = 2 \times \pi \times 156.5\text{mm} = 983\text{mm}$（验证数据）。

式中　e——主、支管中心距（mm）；

　　　R、r——主、支管中半径（mm）；

β_n、Q_n——主、支管圆周各等分点与同一直径的夹角（°）；

　　　H——主、支管端面间的垂直距离（mm）；

　　　m——圆周等分数。

3. 展开图的画法

1）画一垂直线段 7—7′，使其等于 501mm。

2）分别以 7′、7 点为圆心，以 517mm、132mm 为半径画弧，两弧交于 6 点。

3）分别以 6、7′ 点为圆心，以 504mm、81mm 为半径画弧，两弧交于 6′点。

同法作到尽头，便得出 $\frac{1}{2}$ 展开图，如图 4-87

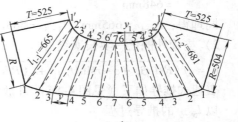

图 4-87　$\frac{1}{2}$ 展开图

所示，此作展开图方法叫三角形法。

4. 说明

1）计算 $l_{4-4'}$ 和 $l_{4-5'}$ 时，用内或外公式都可以，其值相同，其他素线不能混用。

2）对接纵缝的外坡口应在平板时开出。

3）由于板较厚，应作胎在压力机上压制，下胎为放射胎，上胎为刀形胎，只压在素线上即可成形，注意随时用样板检查弧度。

4）先将 $\frac{1}{2}$ 展开料组焊并焊牢，立于平台上，并列后量取两小口的对应外皮距离是否为 630mm，如有误差，应在大端的水平缝进行处理。

十七、内插外套椭圆板料计算（见图 4-88）

本例是三通内椭圆板，中间插入带孔筒体，作成网状过滤器，厚板可考虑坡口（即 K 值），薄板 K 值很小，可不计算。如图 4-89 所示为网状过滤器施工图，图 4-90 为计算原理图。

1. 板厚处理

计算长轴时，上下端要显示出板厚的因素，外椭圆上端要去掉一个 K 值，内椭圆下端要增加一个 K 值，这样内外圆便形成了自然坡口，正适于焊接。

2. 下料计算

（1）外椭圆

1）长度方向 $s_n = \dfrac{r_1 \sin\beta_n}{\sin\alpha}$

如 $s_1 = \dfrac{280\text{mm} \times \sin 90°}{\sin 45°} = 396\text{mm}$

同理得：$s_2 = 343\text{mm}$，$s_3 = 198\text{mm}$。

图 4-88　立体图

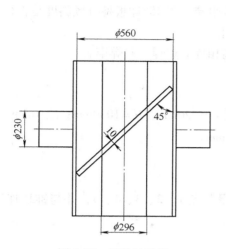

图 4-89 网状过滤器

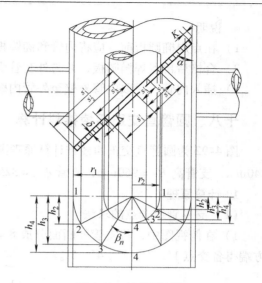

图 4-90 计算原理图

2）宽度方向 $h_n = r_1 \cos\beta_n$

如 $h_2 = 280\text{mm} \times \cos 60° = 140\text{mm}$

同理得：$h_3 = 242\text{mm}$，$h_4 = 280\text{mm}$。

3）$K = \dfrac{\delta}{\tan\alpha} = \dfrac{10\text{mm}}{\tan 45°} = 10\text{mm}$。

（2）内椭圆

1）长度方向 $s_n' = \dfrac{r_2 \sin\beta_n}{\sin\alpha}$

如 $s_1' = \dfrac{148\text{mm} \times \sin 90°}{\sin 45°} = 209\text{mm}$

同理得：$s_2' = 181\text{mm}$，$s_3' = 105\text{mm}$。

2）宽度方向 $h_n' = r_2 \cos\beta_n$

如 $h_2' = 148\text{mm} \times \cos 60° = 74\text{mm}$

同理得：$h_3' = 128\text{mm}$，$h_4' = 148\text{mm}$。

3）$K = \dfrac{\delta}{\tan\alpha} = \dfrac{10\text{mm}}{\tan 45°} = 10\text{mm}$。

3. 椭圆样板的画法

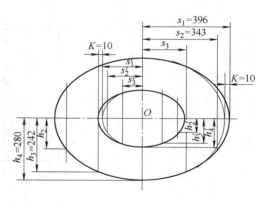

图 4-91 展开图

1）作一条十字线，交点为 O。

2）以 O 为基点，向左、右分别截取 S_n 和 s_n'，如 $s_1 = 396\text{mm}$，$s_2 = 343\text{mm}$，$s_1' = 209\text{mm}$，$s_2' = 181\text{mm}\cdots$，得若干交点。

3）过各交点作长轴的垂线，得若干平行线。

4）以长轴为基准，向上、下分别在各平行线上对应截取 h_n 和 h_n'，如 $h_3 = 242\text{mm}$，$h_3' = 128\text{mm}$，得各交点。

5）在外椭圆上端和内椭圆下端分别去掉和增加 10mm，得各交点。

6）圆滑连接各交点，即得椭圆孔板展开样板，如图 4-91 所示。

4. 说明

1）在点焊椭圆板前，应将内管和椭圆板在外试组装，用45°样板检查倾斜度是否合格。

2）合格后再点焊椭圆板，并与外套管焊接牢固。

3）插入内管，量取内管外壁至外管内壁的距离相等后点焊，并焊牢。

十八、圆管直交正四棱锥料计算

图4-92为圆管直交正四棱锥计算原理图，并设 $a = 720\text{mm}$，$H = 1040\text{mm}$；$\delta = 6\text{mm}$，$e = 240\text{mm}$，支管高 $H_3 = 960\text{mm}$，支管 $\phi_{外} = 325\text{mm} \times 8\text{mm}$。

1. 计算原理

（1）支主管结合点的求法

1）在俯视图中，将支管外断面分成8等份，得各点1、2、3、4、5，并与锥顶连线与方端得各交点 $1'$、$2'$、$3'$、$4'$、$5'$。

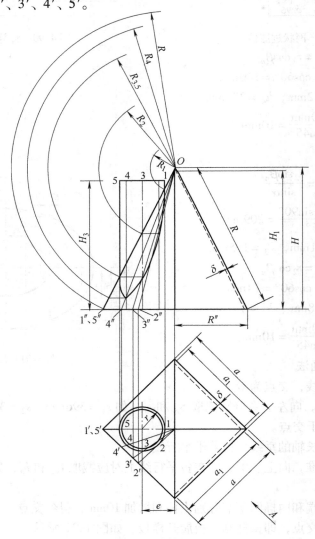

图4-92　计算原理图

2）由 1′、2′、3′、4′、5′往上引垂线与主管底面得各交点 1″、2″、3″、4″、5″，各点与锥顶 O 连线，即得出锥平面素线 $O1″$、$O2″$、$O3″$、$O4″$、$O5″$。

3）在俯视图中，将支管外断面各点 1、2、3、4、5、往上引垂线，得主视图支管各素线，与各锥平面素线得各交点（图中未示出），各点即为结合点。

（2）求展开半径的方法

将各结合点旋转至实长棱线上与棱线得交点，顶点 O 至各交点的长度，即为实长展开半径。

2. 板厚处理

（1）主管　不论厚板或薄板，一律按里皮，即展开半径和方口皆按里皮处理。

（2）孔实形　不管用计算法或用放样法，应按外皮处理。

（3）支管　本例为 $\phi 325\mathrm{mm} \times 8\mathrm{mm}$ 的成品管，故支管长度应按外皮的结合点。

3. 计算方法

（1）主管（见图 4-93 和图 4-94）

1）底角 $\alpha = \arctan \dfrac{2H}{a} = \arctan \dfrac{2 \times 1040}{720} = 71°$。

2）外皮高和里皮高的高差 H_2（见图 4-93 的 I 放大）

$$H_2 = \frac{\delta}{\sin(90° - \alpha)} = \frac{6\mathrm{mm}}{\sin(90° - 71°)} = 18.43\mathrm{mm}。$$

3）$H_1 = H - H_2 = (1040 - 18.43)\mathrm{mm} = 1022\mathrm{mm}$。

4）侧板里皮高 $h = \dfrac{a_1}{2 \times \cos\alpha} = \dfrac{708\mathrm{mm}}{2 \times \cos 71°} = 1087\mathrm{mm}$。

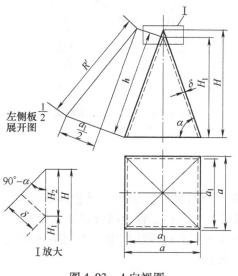

图 4-93　A 向视图

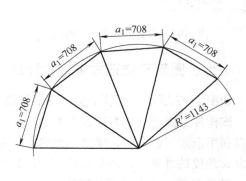

图 4-94　主管展开图（按里皮）

5）里皮展开半径 $R' = \sqrt{h^2 + \left(\dfrac{a_1}{2}\right)^2} = \sqrt{1087^2 + 354^2}\mathrm{mm} = 1143\mathrm{mm}$。

式中　H——整锥高（mm）；

a——外皮宽（mm）；

δ——板厚（mm）；

a_1——里皮宽（mm）。

（2）支管（见图4-95）

1）展开长度 $s = 2\pi r = \pi \times 325\text{mm} = 1021\text{mm}$。

2）通过放实样取得各素线长 l_n：$l_1 = 64\text{mm}$，$l_2 = 400\text{mm}$，$l_3 = 720\text{mm}$，$l_4 = 864\text{mm}$，$l_5 = 720\text{mm}$。

（3）孔实形（见图4-96，全按外皮）

1）棱线投影长 $R'' = \dfrac{720\text{mm}}{\sqrt{2}} = 509\text{mm}$。

2）棱线展开半径 $R = \sqrt{R''^2 + H^2} = \sqrt{509^2 + 1040^2}\,\text{mm} = 1158\text{mm}$。

3）各结合点展开半径 R_n：通过放实样得知，$R_1 = 176\text{mm}$，$R_2 = 552\text{mm}$，$R_3 = R_5 = 896\text{mm}$，$R_4 = 1056\text{mm}$。

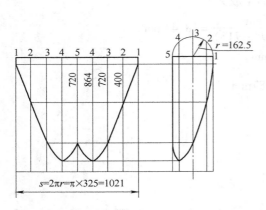

图4-95　支管展开图（按中径）

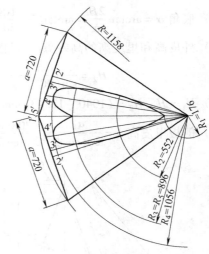

图4-96　孔实形（按外皮）

十九、圆管平交正方锥管料计算

如图4-97所示为圆管平交正方锥管施工图。

该构件是圆管与正方锥管水平相交，孔实形为上下对称的椭圆形，纵坐标是以 O 点为基点利用余弦函数求得，横坐标为端面过各等分点的半弦长；支管全周皆按里皮处理，下侧打出 α 角度的外坡口，各素线用正切函数求得，展开图用平行线法作出；本例用 $\phi 219\text{mm} \times 8\text{mm}$ 的成品管，所以展开长应按外径展开。各素线长按内径。

1. 孔实形

如图4-98所示为计算原理图，如图4-99所示为孔实形。

1）支管端面与主管侧面夹角 $\lambda = 90° - \alpha = 90° - 60° = 30°$。

2）各纵向长

$$j_n = \frac{h \pm r\sin\beta_n}{\cos\lambda}$$

如
$$j_{O-2'} = \frac{270 - 101.5 \times \sin45°}{\cos30°}\text{mm} = 228.89\text{mm}$$

$$j_{O-4'} = \frac{270 + 101.5 \times \sin45°}{\cos30°}\text{mm} = 394.64\text{mm}$$

同理得：$j_{O-1'} = 194.57\text{mm}$，$j_{O-5'} = 428.97\text{mm}$，$j_{O-3'} = 311.77\text{mm}$。

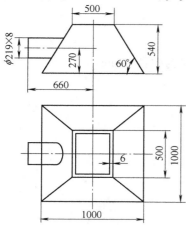

图 4-97 圆管平交正方锥管

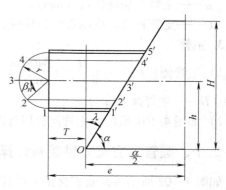

图 4-98 计算原理图

3）各横向长 $P_n = r\cos\alpha$

如 $P_2 = P_4 = 101.5\text{mm} \times \cos45° = 100.79\text{mm}$

同理得：$P_1 = P_5 = 0$，$P_3 = 101.5$。

式中　α——主管底角（°）；

h——支管中心线至主管底面距离（mm）；

β_n——支管端面各等分点与同一横向直径的夹角（°）；

r——支管内半径（mm）。

2. 支管

如图 4-100 所示为支管展开图。

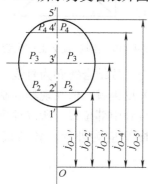

图 4-99 孔实形

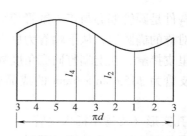

图 4-100 支管展开图

注：d 为直径，用成品管时为外径，用板卷制时为中径。

1）支管端面至大端边线垂直距离 $T = e - \dfrac{a}{2} = (660 - 500)\text{mm} = 160\text{mm}$。

2）各素线长 $l_n = T + (h \pm r\sin\beta_n)\tan\lambda$

如 $l_2 = 160\text{mm} + (270 - 101.5 \times \sin45°)\text{mm} \times \tan30° = 274.45(\text{mm})$

$l_4 = 160\text{mm} + (270 + 101.5 \times \sin45°)\text{mm} \times \tan30° = 357.32(\text{mm})$

同理得：$l_1 = 257.28\text{mm}$，$l_5 = 374.49\text{mm}$，$l_3 = 315.88\text{mm}$。

3）支管展开长 $s = \pi D = \pi \times 219\text{mm} = 688\text{mm}$。

式中　e——支管端面至主管中心距离（mm）；

　　　a——主管大端外边长（mm）；

　　　D——支管直径，成品管时为外径，用钢板卷制时为中径（mm）。

3. 主管

1）主管侧板高 $h_1 = \dfrac{H}{\sin60°} = \dfrac{540\text{mm}}{\sin60°} = 623.54\text{mm}$

式中　H——主管高（mm）。

2）如图 4-101 所示为主管侧板展开图（按里皮）。

二十、圆管直交正方锥管料计算

如图 4-102 所示为圆管直交正方锥管的施工图。

图 4-101　主管侧板展开图（按里皮）

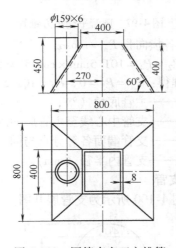

图 4-102　圆管直交正方锥管

该构件是圆管偏心与正方锥管相交，因为是与平面相交，故结合线必为直线，其孔实形为上下对称的椭圆形；从下端看为里皮接触，从上端看为外皮接触，但在现场的制作中，一般都按里皮接触，在上端打同底角度数的外坡口，圆滑过渡到中部位置，所以计算时按里皮处理。支管为 $\phi159\text{mm} \times 6\text{mm}$ 的成品管，故计算展开长时 D 应为外径。各素线长按内径计算。

1. 孔实形（支管不插入主管）

如图 4-103 所示为计算原理图，图 4-104 为孔实形。

1）支管底角 $\lambda = 90° - \alpha = 90° - 60° = 30°$。

2）各纵向长 $j_n = \dfrac{r \pm r\sin\beta_n}{\sin\lambda}$

如 $j_{7'-2'} = \dfrac{73.5 + 73.5 \times \sin60°}{\sin30°}\,\text{mm} = 274.31\,\text{mm}$

$j_{7'-6'} = \dfrac{73.5 - 73.5 \times \sin60°}{\sin30°}\,\text{mm} = 19.69\,\text{mm}$

同理得：$j_{7'-3'} = 220.5\,\text{mm}$，$j_{7'-5'} = 73.5\,\text{mm}$，$j_{7'-4'} = 147\,\text{mm}$，$j_{7'-1'} = 294\,\text{mm}$（孔实形全长）。

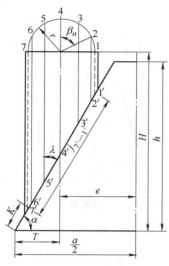

图 4-103　计算原理图

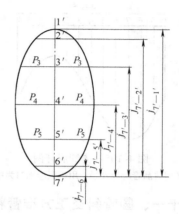

图 4-104　孔实形

3）各横向长 $P_n = r\cos\beta_n$

如 $P_3 = P_5 = 73.5\,\text{mm} \times \cos30° = 63.65\,\text{mm}$

同理得：$P_1 = P_7 = 0$，$P_2 = P_6 = 36.75\,\text{mm}$，$P_4 = 73.5\,\text{mm}$。

式中　α——主管底角（°）；

　　　r——支管内半径（mm）；

　　　β_n——支管端面各等分点与同一纵向直径的夹角（°）。

2. 支管

如图 4-105 所示为支管展开图。

1）支管中心至大端边的距离 $T = \dfrac{a}{2} - e = (400 - 270)\,\text{mm} = 130\,\text{mm}$。

2）支管下角点至大端边距离 $K = \dfrac{T - r}{\cos\alpha} = \dfrac{130 - 73.5}{\cos60°}\,\text{mm} = 113\,\text{mm}$（组对时用的控制点）。

3）支管各素线长 $l_n = H - (T \pm r\sin\beta_n)\tan\alpha$

如 $l_3 = 450\,\text{mm} - (130 + 73.5 \times \sin30°)\,\text{mm} \times \tan60° = 161.18\,\text{mm}$

$l_5 = 450\,\text{mm} - (130 - 73.5 \times \sin30°)\,\text{mm} \times \tan60° = 288.49\,\text{mm}$

同理得：$l_2 = 114.58\,\text{mm}$，$l_4 = 224.83\,\text{mm}$，$l_6 = 335.08\,\text{mm}$，$l_1 = 97.53\,\text{mm}$，$l_7 = 352.14\,\text{mm}$。

4）支管展开长 $s = \pi d = \pi \times 159\,\text{mm} = 499.51\,\text{mm}$。

式中　a——主管大端外边长（mm）；

e——主支管偏心距（mm）；

H——支管上端口至大端距离（mm）；

d——支管直径，成品管时为外径，钢板卷制时为中径（mm）。

3. 主管

1）主管侧板高 $h_1 = \dfrac{h}{\sin\alpha} = \dfrac{400\,\text{mm}}{\sin\alpha} = 461.88\,\text{mm}$。

式中　　h——主管高（mm）。

2）如图 4-106 所示为主管按里皮展开图。

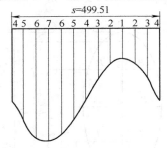

图 4-105　支管展开图

注：d 用成品管时为外径，用钢板卷制时为中径。

图 4-106　主管展开图（按里皮）

二十一、圆管斜交正方锥管料计算

如图 4-107 所示为圆管斜交正方锥管施工图。

该构件是圆管与主管斜交，大部分用于分流液体或粒状原料，所以支管插入主管结合为好，以取得里皮平齐，因此本例支管按外皮计算；孔实形为上下对称的椭圆形，纵坐标是以中点 4 为基点用正弦函数求得，横坐标为端面过各等分点的半弦长；支管为插入主管处理，故孔实形和支管皆按外皮处理；各素线长用正切函数求得，展开图用平行线法作出，本例用 $\phi530\,\text{mm} \times 10\,\text{mm}$ 的成品管。

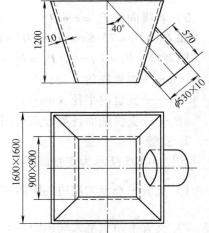

图 4-107　圆管斜交正方锥管

1. 孔实形

如图 4-108 所示为计算原理图，图 4-109 所示为孔实形。

1）主管底角 $\alpha = \arctan\dfrac{2H}{a-b} = \dfrac{2400}{1600-900} = 73.74°$。

2）支管中心线与主管侧板夹角 $\lambda = 90° + \beta - \alpha = 90° + 40° - 73.74° = 56.26°$。

3）孔实形各纵向长 $j_n = \dfrac{r\sin\beta_n}{\sin\lambda}$（以 4 点为基点）

如 $j_{4-3} = j_{4-5} = \dfrac{265\,\text{mm} \times \sin30°}{\sin56.26°} = 159.34\,\text{mm}$

同理得：$j_{4-2} = j_{4-6} = 275.98\,\text{mm}$，$j_{4-1} = j_{4-7} = 318.68\,\text{mm}$。

4）孔实形各横向长 $P_n = r\cos\beta_n$

$P_3 = P_5 = 265\text{mm} \times \cos30° = 229.50\text{mm}$

同理得：$P_2 = P_6 = 132.50\text{mm}$，$P_1 = P_7 = 0$，$P_4 = 265\text{mm}$。

式中 H——主管高（mm）；

a、b——主管大小端外皮长（mm）；

β——支主管夹角（°）；

r——支管外皮半径（mm）；

β_n——支管端面各等分点与同一纵向直径的夹角（°）。

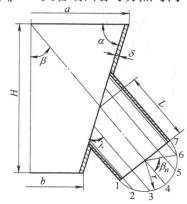

图 4-108 计算原理图

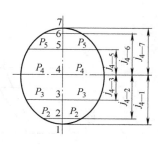

图 4-109 孔实形

2. 支管

如图 4-110 所示为支管展开图。

1）各素线长 $l_n = L \pm \dfrac{r\sin\beta_n}{\tan\lambda}$

如 $l_3 = \left(570 - \dfrac{265 \times \sin30°}{\tan56.26°}\right)\text{mm} = 481.50\text{mm}$

$l_5 = \left(570 + \dfrac{265 \times \sin30°}{\tan56.26°}\right)\text{mm} = 658.50\text{mm}$

同理得：$l_2 = 416.71\text{mm}$，$l_4 = 570\text{mm}$，$l_6 = 723.29\text{mm}$，

$l_1 = 393\text{mm}$，$l_7 = 747\text{mm}$。

2）支管展开长 $s = \pi d = \pi \times 530 = 1665$（mm）。

式中 L——支管端面至支管中心线与主管侧板交点的距离
（mm）；

d——支管直径，用成品管时为外径，用钢板卷制时为
中径（mm）。

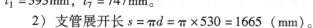

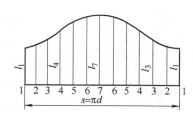

图 4-110 支管展开图

注：d 为支管直径，用成品管时为外径，
用钢板卷制时为中径。

3. 主管

1）侧板高 $h_1 = \dfrac{H}{\sin\alpha} = \dfrac{1200\text{mm}}{\sin73.74°} = 1250\text{mm}$。

2）如图 4-111 所示为主管展开图（按里皮）。

图 4-111 主管展开
图（按里皮）

二十二、方管横穿正圆锥台料计算

如图 4-112 所示为方管横穿正圆锥管的施工图，用 4mm 碳钢板制作，本例的特点是方管横穿过正圆锥台，需准确地找准对侧的孔位置，这就像矿井下的巷道打对穿一样，要在某一位置分毫不差地对接上，怎样达到目的呢？这就需要准确的确定孔实形的几何尺寸和位置，圆锥台用计算法作展开实形，孔实形用放样法求得，下面分别叙述之。

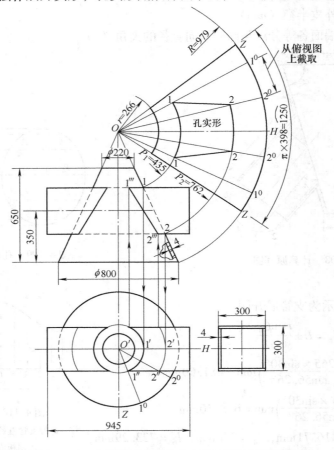

图 4-112　方管横穿正圆锥台与孔实形的展开原理

1. 板厚处理

本例用 4mm 的碳钢板，本不需板厚处理，但为了尽量减小板厚影响，还是进行板厚处理好，圆锥台按中径，方管按外皮。

2. 下料计算

（1）锥台（展开图见图 4-113）

1）整锥半顶角 $\beta = \arctan \dfrac{D-d}{2h} = \arctan \dfrac{796-216}{2 \times 650} = 24°$。

2）整锥展开半径 $R = \dfrac{D}{2\sin\beta} = \dfrac{796mm}{2 \times \sin 24°} = 979mm$。

3）上锥展开半径 $r = \dfrac{d}{2\sin\beta} = \dfrac{216mm}{2 \times \sin 24°} = 266mm$。

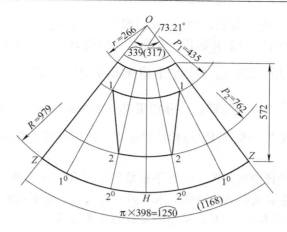

图 4-113 $\frac{1}{2}$展开图和孔实形

4）展开料半包角 $\alpha = 360° \times \sin\beta = 180° \times \sin24° = 73.21°$。

5）展开料大端半弧长 $s' = \dfrac{\pi D}{2} = \dfrac{\pi \times 796\text{mm}}{2} = 1250\text{mm}$。

6）展开料小端半弧长 $s_1 = \dfrac{\pi d}{2} = \dfrac{\pi \times 216\text{mm}}{2} = 339\text{mm}$。

7）展开料大端弦长 $A = 2R\sin\dfrac{\alpha}{2} = 2 \times 979\text{mm} \times \sin\dfrac{73.21°}{2} = 1168\text{mm}$。

8）展开料小端弦长 $A_1 = 2r\sin\dfrac{\alpha}{2} = 2 \times 266\text{mm} \times \sin\dfrac{73.21°}{2} = 317\text{mm}$。

9）大、小端弦心距 $B = (R - r)\cos\dfrac{\alpha}{2} = (979 - 266)\text{mm} \times \cos\dfrac{73.21°}{2} = 572\text{mm}$。

10）方管上板截圆半径 $r_1 = (650 - 500)\text{mm} \times \tan24° + 110\text{mm} = 177\text{mm}$。

11）方管上板截圆对应的展开半径 $P_1 = \dfrac{177\text{mm}}{\sin24°} = 435\text{mm}$。

12）方管下板截圆半径 $r_2 = (650 - 200)\text{mm} \times \tan24° + 110\text{mm} = 310\text{mm}$。

13）方管下板截圆对应的展开半径 $P_2 = \dfrac{310\text{mm}}{\sin24°} = 762\text{mm}$。

式中　D、d——圆锥台大、小端中直径（mm）；

　　　　h——大、小端垂直距离（mm）。

（2）孔实形

此例若为单方管平插，则完全可用覆盖法找定孔实形，但因为是横穿，所以两侧的孔必须开的很准确。怎样就能开的很准确呢？下面叙述之。

1）如图 4-112 所示为孔实形的展开原理，是用计算法和放样法共同实施画出展开实形的。

2）画出主视图和俯视图。

3）主视图上，锥台与方管轮廓线的交点为 1、2；往下投至俯视图与横向中心线的交点为 $1'$、$2'$。

4）以 O' 为圆心，分别以 $O'1'$、$O'2'$ 为半径画弧，与方管轮廓线交点为 $1''$、$2''$，往上投至主视图方管轮廓线上，交点为 $1'''$、$2'''$，线段 $1'''2'''$ 为结合线。

5）俯视图上，连 $O'1'$、$O'2'$ 并延长，与锥台大端圆周的交点分别为 1^0、2^0。

6）在 $\frac{1}{2}$ 锥台展开图的大弧上，分别截取俯视图的 $Z1^0$、$1^02^0\cdots$，并连 OZ、$O1^0\cdots$。

7）在 $\frac{1}{2}$ 展开图上，以 O 点为圆心，分别用 $P_1 = 435\text{mm}$ 和 $P_2 = 762\text{mm}$ 画弧，与上述放射线交于 1、2、2、1 四点，实为纵横座标法得交点，连四点即为孔实形。

3. 说明

1）为保证方管的设计空间位置，应在平板状态下开孔，一孔按正常孔径开孔，另一孔每边缩小 5mm 开孔，卷制成形后从前孔穿入，另一孔会有一定量的调节余量。

2）$O1'''$、$O2'''$ 的实长为 $O1$、$O2$，其原理是旋转法求实长。

第五章 方矩锥管

本章主要叙述各种类型的方矩锥管的料计算，按管形分，有方矩锥体和方矩锥管两种类型；按端口相对位置分，有平行、相交和垂直三种形式；按端口偏心状态分，有正心、单偏心和双偏心三种形式。

本书第 1 版主要叙述了方矩锥管的料计算，本书又增加了很多方矩锥体的料计算，同时，对难度较大的油盘下料，也作了详细的叙述。

一、正四棱锥料计算

如图 5-1 所示为一正四棱锥施工图，图 5-2 为计算原理图。

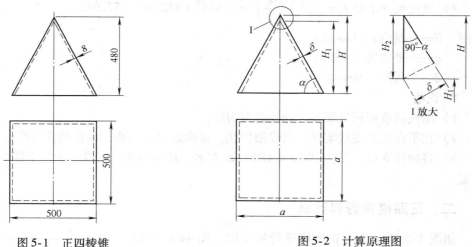

图 5-1　正四棱锥　　　　　　　　　　图 5-2　计算原理图

1. 计算原理

1）实长和展开半径的计算法如图 5-3 所示，用断面法将侧板呈现实形，便得出实长和展开半径。

2）按里皮计算，用放射线法求得展开实形。

2. 板厚处理

此类构件一般皆为薄板，但也不能排除较厚板的可能，不论板厚薄，下料一律按里皮，然后开出 30° 外坡口，所以里皮高 H_1 与展开半径 R 都是按里皮算出来的；从组焊的角度看，按里皮打外坡口，从外侧施焊，对焊接提供方便也是合理的。

3. 料计算方法（展开图见图 5-4）

1）里皮实高 H_1：

① 底角 $\alpha = \arctan \dfrac{2H}{a} = \arctan \dfrac{2 \times 480}{500} = 62.49°$。

② 外皮高和里皮高的高差 H_2（见图 5-2 的 I 放大）

$$H_2 = \frac{\delta}{\sin(90° - \alpha)} = \frac{8mm}{\sin27.51°} = 17.32mm。$$

③ $H_1 = H - H_2 = (480 - 17.32)mm \approx 463mm。$

2）侧板里皮实高 $h = \dfrac{a_1}{2 \times \cos\alpha} = \dfrac{484mm}{2 \times \cos62.49°} = 524mm。$

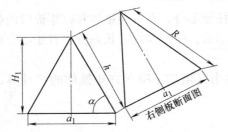

图 5-3　求实长图（按里皮）

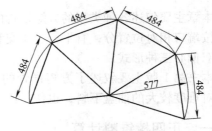

图 5-4　展开图（按里皮）

3）里皮展开半径 $R = \sqrt{h^2 + \left(\dfrac{a_1}{2}\right)^2} = \sqrt{524^2 + 242^2}\,mm = 577mm。$

式中　H——整锥高（mm）；

　　　a——外皮宽（mm）；

　　　δ——板厚（mm）。

4. 说明

1）用气割或剪板机断料，分片组对为好。

2）在平台按外皮放实样，点焊限位铁，逐步组对点小疤，以便调整角度。

3）将构件立放，下垫 200mm × 200mm 方木，从外侧施以立焊，既便于施焊，又能保证质量。

二、正四棱锥管料计算

如图 5-5 所示为一正四棱锥管施工图，用 4mm 碳钢板制作。

1. 板厚处理

为了简化计算过程，计算棱锥管外接圆形成的圆锥台的半顶角 β 和展开半径 R、r 时，皆按外皮计算，在大、小端弧上截取棱锥大、小端边长按里皮计算。

半顶角 β 和展开半径 R、r 按外皮计算虽有一定误差，但这不是关键数据，最关键的数据是棱锥大、小端边长，所以在大、小端弧上截取边长时按里皮计算，这样成形后的尺寸能在允差范围，板厚处理很巧妙！

2. 下料计算

按外接圆形成的正锥台部分数据计算如下。

1）大、小端外接圆直径（见图 5-5 中俯视图）：

∵ 正四边形每扇板的圆心角为 $\dfrac{360°}{4} = 90°$

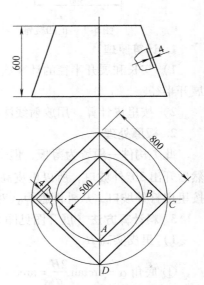

图 5-5　正四棱锥管

∴ 大端外接圆外皮直径 $D = \dfrac{800mm}{\sin 45°} = 1131mm$

小端外接圆外皮直径 $d = \dfrac{500mm}{\sin 45°} = 707mm$。

2）整锥外皮半顶角

$\beta = \arctan\dfrac{D-d}{2h} = \arctan\dfrac{1131-707}{2\times 600} = 19.5°$。

3）整锥外皮展开半径

$R = \dfrac{D}{2\sin\beta} = \dfrac{1131mm}{2\times\sin 19.5°} = 1694mm$。

4）上锥外皮展开半径

$r = \dfrac{d}{2\sin\beta} = \dfrac{707mm}{2\times\sin 19.5°} = 1059mm$。

5）方端里皮实长：大端 = （800 - 8）mm = 792mm，小端 = （500 - 8）mm = 492mm。

6）每一扇板的中线实长 =

$\sqrt{\left(\dfrac{792}{2\times\tan 45°} - \dfrac{492}{2\times\tan 45°}\right)^2 + 600^2}\,mm = 618mm$。

式中 h——锥台高（mm）。

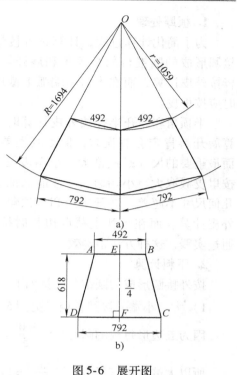

图 5-6 展开图

a）$\dfrac{1}{2}$折弯展开图 b）$\dfrac{1}{4}$切断展开图

3. 展开图的画法

（1）折弯计算 用放射线法作展开。

1）以 O 点为圆心，分别以 $R = 1694mm$ 和 $r = 1059mm$ 为半径画弧，在大弧上依次截取两段长为 792mm 的直线段。

2）把三个端点分别与 O 点连接，在小弧上得到的三个端点即小端端点，连接三个端点得到的两条线段的长必为 492mm，此时即得 $\dfrac{1}{2}$ 折弯展开图，如图 5-6a 所示。

（2）切断计算 用平行线法作展开。

1）画线段 $DC = 792mm$，并找定 DC 的中点 F。

2）过 F 点作线段 DC 的垂线段 $FE = 618mm$。

3）过 E 点作线段 DC 的平行线段 AB，使 $AB = 492mm$，连接 A、B、C、D 四点，即得 $\dfrac{1}{4}$ 切断展开图，如图 5-6b 所示。

4. 说明

正四棱锥管的展开料不能用正四棱锥管的外接圆锥台的面积分等分来作展开，应以展开半径划弧，在弧上截取方锥管的里皮边长来作展开。这是因为：圆锥台为曲面，正棱锥管侧板为平面，前者每等分的弦长肯定大于后者对应的边长，待前者卷成形后弦长才缩短到后者的边长，所以不能用圆锥台展开料的面积来作展开。

三、正五棱锥管料计算

如图 5-7 所示为一正五棱锥管的施工图，用 5mm 的碳钢板制作。

1. 板厚处理

为了简化计算过程，计算正五棱锥管外接圆形成的圆锥台的半顶角和展开半径时，皆按外皮计算，而在大、小端弧上截取边长时应按里皮。

半顶角和展开半径按外皮计算时，对计算展开料肯定会有误差，但因其误差甚小，而最重要的尺寸是棱锥大、小端边长，所以按里皮截取大、小端边长，才能保证棱锥的几何尺寸不超差。展开半径和半顶角一律按外皮计算，而在大弧上截取边长时按里皮，通过实践，这种方法很奏效。

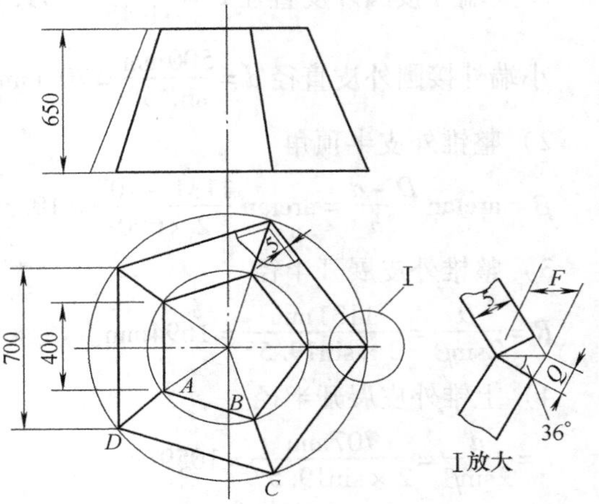

2. 下料计算

图 5-7　正五棱锥管

按外接圆形成的圆锥台计算如下。

1）大、小端外接圆直径（见图5-7中俯视图）。

因为五边形每扇的圆心角为 $\dfrac{360°}{5}=72°$，大、小端外皮边长分别为 700mm 和 400mm

所以大端外皮直径 $D=\dfrac{700\text{mm}}{\sin36°}=1191\text{mm}$

小端外皮直径 $d=\dfrac{400\text{mm}}{\sin36°}=681\text{mm}$。

2）整锥外皮半顶角 $\beta=\arctan\dfrac{D-d}{2h}=\arctan\dfrac{1191-681}{2\times650}=21.42°$。

3）整锥外皮展开半径 $R=\dfrac{D}{2\sin\beta}=\dfrac{1191\text{mm}}{2\times\sin21.42°}=1631\text{mm}$。

4）上锥外皮展开半径 $r=\dfrac{d}{2\sin\beta}=\dfrac{681\text{mm}}{2\times\sin21.42°}=932\text{mm}$。

5）内（或外）皮棱长为 $(1631-932)\text{mm}=699\text{mm}$。

6）方端每扇板内外皮差 $Q=5\text{mm}\times\tan36°=3.6\text{mm}$。

7）方端内、外半径差 $F=\dfrac{5\text{mm}}{\cos36°}=6\text{mm}$。

8）里皮半径：大端为 $\dfrac{1191-2\times6}{2}\text{mm}=590\text{mm}$，小端为 $\dfrac{681-2\times12}{2}\text{mm}=335\text{mm}$。

9）方端里皮长：大端为 $(700-2\times3.6)\text{mm}=693\text{mm}$，小端为 $(400-2\times3.6)\text{mm}=393\text{mm}$。

10）每扇板的里皮对角线投影长

$BD=\sqrt{590^2+335^2-2\times590\times335\times\cos72°}\,\text{mm}=582\text{mm}$。

BD 的实长 $=\sqrt{582^2+650^2}\,\text{mm}=872\text{mm}$。

式中　h——锥台高（mm）。

3. 展开图的画法

（1）折弯展开图　用放射线法作展开。

1）以 O 点为圆心，分别以 $R=1631\text{mm}$ 和 $r=932\text{mm}$ 为半径画弧。

2）在大弧上依次截取五段长为 693mm 的直线段。

3）分别把大弧上的六个端点与 O 点相连，在小弧上得到六个端点，即小端端点，连接小端端点得到的五条线段的长必为 393mm，此时即得折弯展开图，如图 5-8a 所示。

（2）切断展开图　用三角形法作展开。

1）画线段 $DC=693\text{mm}$，分别以 D、C 点为圆心，以 877mm 和 699mm 为半径画弧，两弧交于 B 点。

2）分别以 B、D 点为圆心，以 393mm 和 699mm 为半径画弧，两弧交于 A 点，四边形 $ABCD$ 即为 $\frac{1}{5}$ 切断展开实形，如图 5-8b 所示。

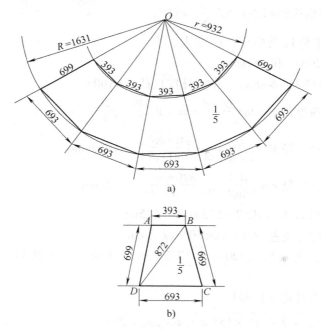

图 5-8　展开图

a）折弯展开图　b）$\frac{1}{5}$ 切断展开图

4. 说明

正五棱锥管的展开料不能用正五棱锥管的外接圆锥台的面积分等分来作展开，应以展开半径画弧，在弧上截取方锥管的里皮边长来作展开。原理是：圆锥台为曲面，正棱锥管侧板为平面，前者每等分的弦长大于后者对应的边长，待前者卷制成形后，弦长才缩短到后者的边长，故不能用外接圆锥台的面积来作展开。

四、正六棱锥管料计算

如图 5-9 所示为一正六棱锥管的施工图，用 4mm 的碳钢板制作。

1. 板厚处理

计算棱锥管外接圆形成的圆锥台的半顶角和展开半径时皆按外皮计算，在大、小端弧上截取边长时按里皮。

半顶角和展开半径按外皮计算肯定有误差，但因误差不大，并且这不是关键数据，最关键数据是棱锥大、小端边长，所以在大、小端弧上截取边长时应按里皮，这样成形后的几何尺寸能在允差范围内。

2. 下料计算

1）大、小端外接圆直径

因为正六边形每扇板的圆心角为 $\dfrac{360°}{6}=60°$，

正三角形的边长等于外接圆半径，已知大、小端外皮边长分别为320mm和160mm

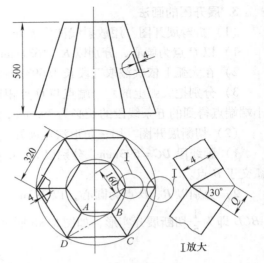

图5-9　正六棱锥管

所以大端外皮直径 $D=640$mm，小端外皮直径 $d=160$mm。

2）整锥外皮半顶角 $\beta=\arctan\dfrac{D-d}{2h}=\arctan\dfrac{640-320}{2\times500}=17.74°$。

3）整锥外皮展开半径 $R=\dfrac{D}{2\sin\beta}=\dfrac{640\text{mm}}{2\times\sin17.74°}=1050$mm。

4）上锥外皮展开半径 $r=\dfrac{d}{2\sin\beta}=\dfrac{320\text{mm}}{2\times\sin17.74°}=525$mm。

5）内（外）皮棱长为 $(1050-525)$mm $=525$mm。

6）方端每扇板内外皮差 $Q=4\times\tan30°=2.3$mm。

7）方端里皮长：大端为 $(320-2\times2.3)$mm $=315$mm，小端为 $(160-2\times2.3)$mm $=155$mm。

8）每扇板的里皮对角线投影长

$BD=\sqrt{315^2+155^2-2\times315\times155\times\cos60°}\,\text{mm}=273$mm。

9）BD 的实长为 $\sqrt{273^2+500^2}\,\text{mm}=570$mm。

式中　h——锥台高（mm）。

3. 展开图的画法

（1）折弯展开图　用放射线法作展开。

1）以 O 点为圆心，分别以 $R=1050$mm 和 $r=525$mm 为半径画弧。

2）在大弧上依次截取三段长为315mm的直线段。

3）分别把大弧上的四个端点与 O 点相连，在小弧上得到四个端点即小端端点，连接小端端点得到的三条线段长必为155mm，此时即得 $\dfrac{1}{2}$ 折弯展开图，如图5-10a所示。

（2）切断展开图　用三角形法作展开。

1）画线段 $DC=315$mm，分别以 D、C 点为圆心，以 570mm 和 525mm 为半径弧，两弧

交于 B 点。

2）分别以 B、D 点为圆心，以 155mm 和 525mm 为半径画弧，两弧交于 A 点，四边形 $ABCD$ 即为 $\frac{1}{6}$ 切断展开实形，如图 5-10b 所示。

4. 说明

正六棱锥管的展开料不能用正六棱锥管的外接圆锥台面积分等分来作展开，应以展开半径画弧，在弧上截取方锥管的里皮边长来作展开。

编者试着用展开料包角算出大、小边边长，但与设计边长不符，如算出大端边长为 334mm，而设计为 320mm，这是什么原因呢？这是因为：平板时弦长为 334mm，起拱后才达到 320mm，这对圆锥台来说是完全正确的，但正六棱锥管的侧板为平面，没有出现曲面，故弦长没有缩短，所以正六棱锥管的展开料不能用外接圆锥台的面积来作展开料。

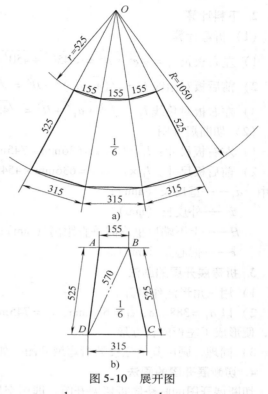

图 5-10　展开图

a）$\frac{1}{2}$ 折弯展开图　b）$\frac{1}{6}$ 切断展开图

五、两端口平行单偏心正方管料计算（见图 5-11）

如图 5-12 所示为一两端口平行单偏心正方管的施工图，图 5-13 为计算原理图。

图 5-11　立体图

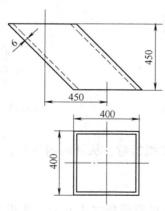

图 5-12　两端口平行单偏心正方管

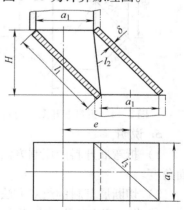

图 5-13　计算原理图

1. 板厚处理

（1）折弯计算　本例用折弯机折弯，故按里皮计算料长，原理为尖角镦压理论。

（2）切断计算　本例按整搭连接，即前、后板按里皮，左、右板按外皮。

2. 下料计算

（1）折弯计算

1）左右板长 $l_1 = \sqrt{e^2 + H^2} = \sqrt{450^2 + 450^2}\,\text{mm} = 636\,\text{mm}$。

2）前后板对角线 $l_2 = \sqrt{(e - a_1)^2 + H^2} = \sqrt{(450 - 388)^2 + 450^2}\,\text{mm} = 454\,\text{mm}$。

3）左右板对角线 $l_3 = \sqrt{e^2 + a_1{}^2 + H^2} = \sqrt{450^2 + 388^2 + 450^2}\,\text{mm} = 745\,\text{mm}$。

（2）切断展开图

1）左右板尺寸：$l_1 \times l_3 \times a = 636\,\text{mm} \times 745\,\text{mm} \times 400\,\text{mm}$。

2）前后板尺寸：$l_1 \times l_2 \times a_1 = 636\,\text{mm} \times 454\,\text{mm} \times 388\,\text{mm}$。

式中　a_1——里皮长（mm）；

　　　a——外皮长（mm）；

　　　H——上下端口里皮间垂直距离（mm）；

　　　e——偏心距（mm）。

3. 折弯展开图的画法

1）用三角形法作展开。

2）以 $a_1 = 388\,\text{mm}$，$l_1 = 636\,\text{mm}$，$l_3 = 745\,\text{mm}$ 画出一个三角形，继而再画出另一个三角形，便形成了左板的长方形。

3）同理，画出其他三板的折弯展开图，如图 5-14 所示。

4. 切断展开图的画法

切断展开图的画法同折弯展开图，即用交规法，如图 5-15 所示。

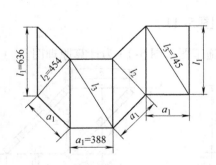

图 5-14　折弯展开图（折弯机折弯）

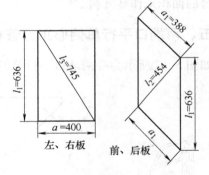

图 5-15　切断展开图（整搭）

5. 说明

1）折弯展开料的压制方法：沿棱线折弯，从外向内进行，并随时用 90° 样板检查正断面角度。

2）切断展开料的组对方法：

① 将一扇左板平放于平台上，再将前后板立于其上，按里皮接触点焊即可，注意点焊疤要小。

② 将右板盖于其他三板的空间上，按里皮点焊牢。

③ 用直角尺从外侧检查正断面角度，若有误差时，利用点焊小疤刚性小的原理，用压杠压长对角线，短对角线便会增长，待两对角线等长后，便符合设计要求了，便可施焊成器。

六、正心方矩锥管料计算（见图 5-16）

如图 5-17 所示为一大小口连接正心方矩锥管的施工图，图 5-18 为计算原理图。

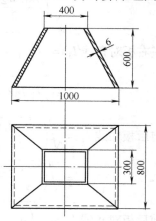

图 5-17　大小口连接正心方矩锥管

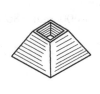

图 5-16　立体图

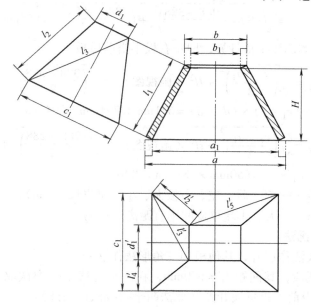

图 5-18　计算原理图

1. 板厚处理

（1）折弯展开料　本例用折弯机折弯，故应按里皮计算料，原理为尖角镦压理论。

（2）切断计算　本例设计前后板半搭左右板，即前后板按里皮，左右板按里皮每边加上半个板厚，点焊时焊疤点焊在这半个板厚上。

2. 下料计算

（1）折弯计算

1）左右板中线 $l_1 = \sqrt{\left(\dfrac{a_1 - b_1}{2}\right)^2 + H^2} = \sqrt{\left(\dfrac{988 - 388}{2}\right)^2 + 600^2}\,\text{mm} = 671\,\text{mm}$。

2）左右板棱线 $l_2 = \sqrt{\left(\dfrac{c_1 - d_1}{2}\right)^2 + \left(\dfrac{a_1 - b_1}{2}\right)^2 + H^2}$（俯视图）

$$= \sqrt{\left(\dfrac{788 - 288}{2}\right)^2 + \left(\dfrac{988 - 388}{2}\right)^2 + 600^2}\,\text{mm} = 716\text{mm}。$$

3）左右板对角线 $l_3 = \sqrt{\left(c_1 - \dfrac{c_1 - d_1}{2}\right)^2 + \left(\dfrac{a_1 - b_1}{2}\right)^2 + H^2}$（俯视图）

$$= \sqrt{\left(788 - \dfrac{788 - 288}{2}\right)^2 + \left(\dfrac{988 - 388}{2}\right)^2 + 600^2}\,\text{mm} = 860\text{mm}。$$

4）前后板中线 $l_4 = \sqrt{\left(\dfrac{c_1 - d_1}{2}\right)^2 + H^2}$（俯视图）

$$= \sqrt{\left(\dfrac{788 - 288}{2}\right)^2 + 600^2}\,\text{mm} = 650\text{mm}。$$

5）前后板对角线 $l_5 = \sqrt{\left(a_1 - \dfrac{a_1 - b_1}{2}\right)^2 + \left(\dfrac{c_1 - d_1}{2}\right)^2 + H^2}$（俯视图）

$$= \sqrt{\left(988 - \dfrac{988 - 388}{2}\right)^2 + \left(\dfrac{788 - 288}{2}\right)^2 + 600^2}\,\text{mm} = 947\text{mm}。$$

（2）切断计算　本例按半搭计算，即左右板半搭前后板。

1）左右板中线 $l_1 = \sqrt{\left(\dfrac{a_1 - b_1}{2}\right)^2 + H^2}$（俯视图）$= \sqrt{\left(\dfrac{988 - 388}{2}\right)^2 + 600^2}\,\text{mm} = 671\text{mm}。$

左右板尺寸为 $l_1 \times (c_1 + \delta) \times (d_1 + \delta) = 671\text{mm} \times 794\text{mm} \times 294\text{mm}。$

2）前后板中线 $l_4 = \sqrt{\left(\dfrac{c_1 - d_1}{2}\right)^2 + H^2}$（俯视图）$= \sqrt{\left(\dfrac{788 - 288}{2}\right)^2 + 600^2}\,\text{mm} = 650\text{mm}。$

前后板尺寸：$l_4 \times a_1 \times b_1 = 650\text{mm} \times 988\text{mm} \times 388\text{mm}。$

式中　a_1、b_1、c_1、d_1——前、后、左、右板大、小端里皮长（mm）；

$\qquad\qquad H$——大、小端里皮间垂直距离（mm）。

3. 折弯展开图的画法

1）前板用平行线法作展开，其他板用三角形法作展开。

2）作两条平行线段，其间距 $l_4 = 650\text{mm}$，在两平行线上分中截取 $a_1 = 988\text{mm}$ 和 $b_1 = 388\text{mm}$，连接端点即得前板折弯展开图（此法叫平行线法作展开）。

3）以前板的棱线为基线，用三角形法便可作出其他板的折弯展开图，如图 5-19 所示。

4. 切断展开图的画法

1）用平行线法作展开。

2）如前板折弯展开作法，画两条平行线，使其间距为 650mm，在两条平行线上分中截取 $a = 1000\text{mm}$ 和 $b = 400\text{mm}$，连接端点即得前后板切断展开图。

3）同法，可画出左右板切断展开图，如图 5-20 所示。

5. 说明

1）折弯展开料的压制方法：沿棱线折弯，必须从外向内进行，并随时用 90°样板检查端口的角度。

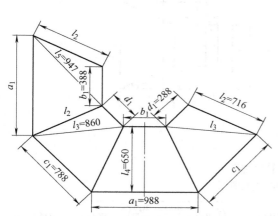

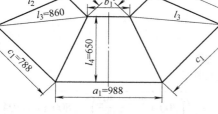

图 5-19 折弯展开图（折边机折弯）

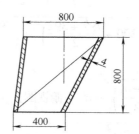

图 5-20 切断展开图（左右板半搭前后板）

2）切断展开料的组对方法：

① 将一扇前板平放于平台上，将左右板立放于前板棱线处，两者留出半个板厚（即 3mm）的间隙，这就叫半搭。半搭量均匀后用小疤点焊。

② 同法与后板点焊。

③ 用量取对角线的方法检查产品是否符合要求，若有误差，可用压杠法压长对角线侧，短对角线便会变长，待两对角线等长后便符合设计要求了，这就是为什么点焊小疤的原理。

七、两端口平行单偏心方矩锥管料计算（之一）（见图 5-21）

如图 5-22 所示为一两端口平行单偏心方矩锥管的施工图，图 5-23 为计算原理图。

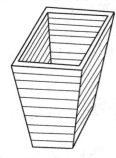

图 5-21 立体图

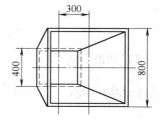

图 5-22 两端口平行单偏心方矩锥管

1. 板厚处理

（1）折弯计算 本例用折边机折弯，故按里皮计算料长，原理为尖角镦压理论。

（2）切断计算 本例按排整搭连接，即左右板整搭前后板，所以左右板按外皮计算，前后板按里皮计算。

2. 下料计算

（1）折弯计算

1）左板中线 $l_1 = \sqrt{\left(e + \dfrac{b_1 - a_1}{2}\right)^2 + H^2}$ （俯视图）$= \sqrt{\left(300 + \dfrac{392 - 792}{2}\right)^2 + 800^2}\,\mathrm{mm} = 806\mathrm{mm}$。

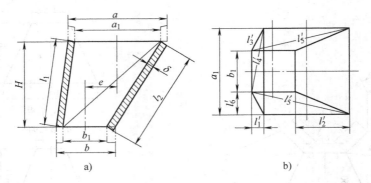

图 5-23　计算原理图

a）主视图　b）俯视图

2）右板中线 $l_2 = \sqrt{\left(e + \dfrac{a_1 - b_1}{2}\right)^2 + H^2}$ （俯视图）$= \sqrt{\left(300 + \dfrac{792 - 392}{2}\right)^2 + 800^2}\,\text{mm} = 943\,\text{mm}_\circ$

3）左板棱线 $l_3 = \sqrt{\left(\dfrac{a_1 - b_1}{2}\right)^2 + \left(e + \dfrac{b_1 - a_1}{2}\right)^2 + H^2}$ （俯视图）

$$= \sqrt{\left(\dfrac{792 - 392}{2}\right)^2 + \left(300 + \dfrac{392 - 792}{2}\right)^2 + 800^2}\,\text{mm} = 831\,\text{mm}_\circ$$

4）左板对角线 $l_4 = \sqrt{\left(e + \dfrac{b_1 - a_1}{2}\right)^2 + \left(a_1 - \dfrac{a_1 - b_1}{2}\right)^2 + H^2}$ （俯视图）

$$= \sqrt{\left(300 + \dfrac{392 - 792}{2}\right)^2 + \left(792 - \dfrac{792 - 392}{2}\right)^2 + 800^2}\,\text{mm} = 1000\,\text{mm}_\circ$$

5）前后板对角线 $l_5 = \sqrt{\left(e + \dfrac{a_1 + b_1}{2}\right)^2 + \left(\dfrac{a_1 - b_1}{2}\right)^2 + H^2}$ （俯视图）

$$= \sqrt{\left(300 + \dfrac{792 + 392}{2}\right)^2 + \left(\dfrac{792 - 392}{2}\right)^2 + 800^2}\,\text{mm} = 1215\,\text{mm}_\circ$$

（2）切断计算

1）左板中线 $l_1 = \sqrt{\left(e + \dfrac{b_1 - a_1}{2}\right)^2 + H^2}$ （俯视图）$= \sqrt{\left(300 + \dfrac{392 - 792}{2}\right)^2 + 800^2}\,\text{mm} = 806\,\text{mm}_\circ$

2）右板中线 $l_2 = \sqrt{\left(e + \dfrac{a_1 - b_1}{2}\right)^2 + H^2}$ （俯视图）$= \sqrt{\left(300 + \dfrac{792 - 392}{2}\right)^2 + 800^2}\,\text{mm} = 943\,\text{mm}_\circ$

3）前后板中线 $l_6 = \sqrt{\left(\dfrac{a_1 - b_1}{2}\right)^2 + H^2}$ （俯视图）$= \sqrt{\left(\dfrac{792 - 392}{2}\right)^2 + 800^2}\,\text{mm} = 825\,\text{mm}_\circ$

4）左板尺寸：$l_1 \times a \times b = 806\,\text{mm} \times 800\,\text{mm} \times 400\,\text{mm}_\circ$

5）右板尺寸：$l_2 \times a \times b = 943\,\text{mm} \times 800\,\text{mm} \times 400\,\text{mm}_\circ$

6）前后板尺寸：$l_6 \times e \times a_1 \times b_1 = 825\,\text{mm} \times 300\,\text{mm} \times 792\,\text{mm} \times 392\,\text{mm}_\circ$

式中　a、b——外皮长（mm）；

　　　a_1、b_1——里皮长（mm）；

　　　H——两端里皮间垂直距离（mm）；

e——横向偏心距（mm）；

3. 折弯展开图的画法

1）右板用平行线法作展开，其他三板用三角形法作展开。

2）画两条平行线，其间距 $l_2 = 943$mm，在两平行线上分中截取 $a_1 = 792$mm 和 $b_1 = 392$mm，连接端点即得右板折弯展开图。

3）以右板的两棱线为基线，用三角形法画出其他三板的折弯展开图，如图5-24 所示。

4. 切断展开图的画法

1）用平行线法作展开。

2）画两条平行线，保证两平行线的距离为 $l_6 = 825$mm，分别在两平行线上截取 $a_1 = 792$mm 和 $b_1 = 392$mm 的线段，并保证两平行线段中点的距离为 $e = 300$mm。

3）同右板折弯展开作法，可画出左右板的切断展开图，如图5-25 所示。

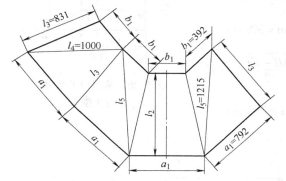

图 5-24 折弯展开图（折弯机折弯）

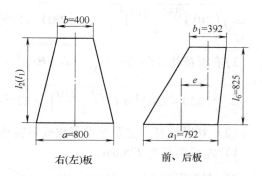

图 5-25 切断展开图（整搭）

5. 说明

1）折弯展开料的压制方法：

① 沿棱线折弯，必须从外向内进行，并随时用90°内卡样板检查两端口的角度。

② 点焊时在外侧用小疤点焊。

③ 点焊后用卷尺量取端口对角线长是否相等，若不等时，可用压杠压对角线长的棱线，短对角线便会增长，至两对角线相等为合格。

2）切断展开料的组对方法：

① 将右板平放于平台上，将前后板立于右板两侧的棱线上，使两者外沿平齐即可点焊。

② 将左板覆于前三板的空间之上，也使两者外沿平齐后点焊。

③ 量取两端口对角线是否相等，若不等，处理方法同上。

④ 焊接时两端口要刚性固定，以防变形。

八、两端口平行单偏心方矩锥管料计算（之二）

如图5-26 所示为料仓至绞刀用的短节管，因料仓与绞刀出现了50mm 的偏心距，因而短节管出现了偏心，是一种两端口平行单偏心方矩锥管。

1. 板厚处理

本例的板厚处理可有两种方法：一种是按里皮，其数据可适于折弯展开和切断展开；另一种是一组相对两板按里皮，另外相对两板按外皮，两法皆可。本例按前法处理。

垂直高按设计即可，因下端不连接管件，允差量很大。

2. 下料计算

（1）折弯计算　主要是求对角线和棱线实长。

1）前后板对角线 $CF = DE = \sqrt{\left(\dfrac{DC-HG}{2}\right)^2 + GE^2 + H^2}$

$$= \sqrt{\left(\dfrac{330-210}{2}\right)^2 + 230^2 + 275^2}\,\text{mm}$$

$$= 363\text{mm}。$$

2）右板对角线

$$AF = \sqrt{\left(EF + \dfrac{AB-EF}{2}\right)^2 + (AD-GE)^2 + H^2}$$

$$= \sqrt{\left(210 + \dfrac{330-210}{2}\right)^2 + (330-230)^2 + 275^2}\,\text{mm} = 398\text{mm}。$$

3）右板棱线 $AE = BF = \sqrt{(CB-HF)^2 + \left(\dfrac{AB-EF}{2}\right)^2 + H^2}$

$$= \sqrt{(330-230)^2 + \left(\dfrac{330-210}{2}\right)^2 + 275^2}\,\text{mm} = 299\text{mm}。$$

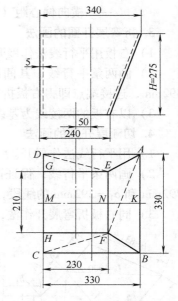

图 5-26　两端口平行单偏
心方矩锥管

（2）切断计算　主要是求每块板的实高。

1）左板实高为 275mm。

2）右板实高 $NK = \sqrt{(CB-HF)^2 + H^2} = \sqrt{(330-230)^2 + 275^2}\,\text{mm} = 293\text{mm}。$

3）前后板实高 $CH = DG = \sqrt{\left(\dfrac{AB-EF}{2}\right)^2 + H^2} = \sqrt{\left(\dfrac{330-210}{2}\right)^2 + 275^2}\,\text{mm} = 281\text{mm}。$

3. 展开图的画法

（1）折弯展开图　用三角形法作展开，先从左板开始。

1）作两条平行线段 GH 和 DC，使 $GH = 210\text{mm}$、$DC = 330\text{mm}$，两者的垂直距离为 275mm，上下端不偏心，连接 G 点和 D 点、H 点和 C 点即可得左板折弯展开图。

2）分别以 H、C 点为圆心，以 230mm 和 363mm 为半径画弧，两弧交于 F 点。

3）分别以 F、C 点为圆心，以 299mm 和 330mm 为半径画弧，两弧交于 B 点，连接各点即得前板折弯展开图。

4）同法可作出后板、右板折弯展开图，如图 5-27 所示。

（2）切断展开图　用平行线法作展开。

1）左、右板：作两对平行线，平行线之间的垂直距离分别为 275mm 和 293mm，上下端的不偏心，且分中边长为 210mm 和 330mm。

2）前、后板：作两条平行线，平行线之间的垂直距离为 281mm，上下端偏心距离 50mm，上下端分中边长分别为 230mm 和 330mm。

4. 说明

计算对角线和棱线实长应从俯视图上找出的投影长作为勾、股，再从主视图上找出垂直高，勾、股、高的平方和再开方即得实长。

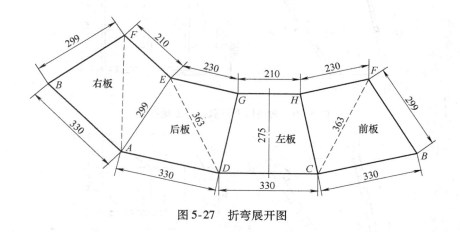

图 5-27　折弯展开图

九、两端口平行双偏心方矩锥管料计算（之一）（见图 5-29）

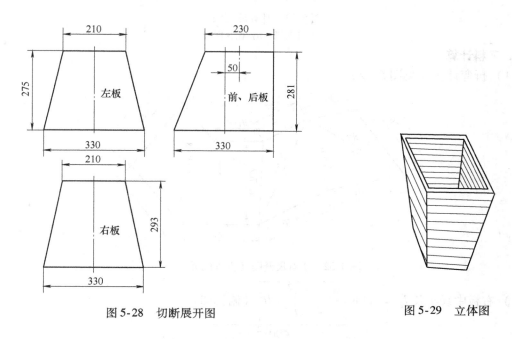

图 5-28　切断展开图

图 5-29　立体图

　　例1　如图 5-30 所示为一两端口平行双偏心方矩锥管的施工图，图 5-31 为计算原理图。

　　1. 板厚处理

　　（1）折弯计算　本例不承受压力而且板较薄，故全部按里皮连接，用折边机折弯，按里皮计算料长。

　　（2）切断计算　因为本例设计按里皮连接，所以按里皮计算料长。

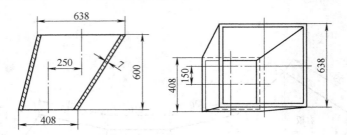

图 5-30　两端口平行双偏心方矩锥管

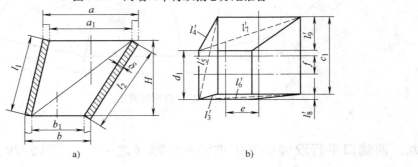

图 5-31　计算原理图
a) 主视图　b) 俯视图

2. 下料计算

（1）折弯计算（见图 5-32）

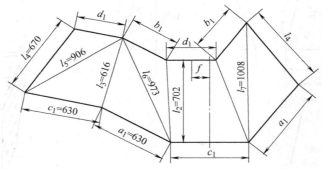

图 5-32　折弯展开图（折弯机折弯）

1）右板中线实长 $l_2 = \sqrt{\left(e + \dfrac{a_1 - b_1}{2}\right)^2 + H^2}$（俯视图）

$$= \sqrt{\left(250 + \frac{630 - 400}{2}\right)^2 + 600^2}\,\text{mm} = 702\,\text{mm}。$$

2）左板棱线 $l_3 = \sqrt{\left(f + \dfrac{d_1 - c_1}{2}\right)^2 + \left(e + \dfrac{b_1 - a_1}{2}\right)^2 + H^2}$（俯视图）

$$= \sqrt{\left(150 + \frac{400 - 630}{2}\right)^2 + \left(250 + \frac{400 - 630}{2}\right)^2 + 600^2}\,\text{mm} = 616\,\text{mm}。$$

3）左板棱线 $l_4 = \sqrt{\left(f + \dfrac{c_1 - d_1}{2}\right)^2 + \left(e + \dfrac{b_1 - a_1}{2}\right)^2 + H^2}$（俯视图）

$$= \sqrt{\left(150 + \frac{630-400}{2}\right)^2 + \left(250 + \frac{400-630}{2}\right)^2 + 600^2} \, \text{mm} = 670\text{mm}。$$

4）左板对角线 $l_5 = \sqrt{\left(f + \frac{c_1+d_1}{2}\right)^2 + \left(e + \frac{b_1-a_1}{2}\right)^2 + H^2}$ （俯视图）

$$= \sqrt{\left(150 + \frac{630+400}{2}\right)^2 + \left(250 + \frac{400-630}{2}\right)^2 + 600^2} \, \text{mm} = 906\text{mm}。$$

5）前板对角线 $l_6 = \sqrt{\left(f + \frac{d_1-c_1}{2}\right)^2 + \left(e + \frac{a_1+b_1}{2}\right)^2 + H^2}$ （俯视图）

$$= \sqrt{\left(150 + \frac{400-630}{2}\right)^2 + \left(250 + \frac{630+400}{2}\right)^2 + 600^2} \, \text{mm} = 973\text{mm}。$$

6）后板对角线 $l_7 = \sqrt{\left(f + \frac{c_1-d_1}{2}\right)^2 + \left(e + \frac{a_1+b_1}{2}\right)^2 + H^2}$ （俯视图）

$$= \sqrt{\left(150 + \frac{630-400}{2}\right)^2 + \left(250 + \frac{630+400}{2}\right)^2 + 600^2} \, \text{mm} = 1008\text{mm}。$$

（2）切断计算（见图 5-33）

1）左板中线实长 $l_1 = \sqrt{\left(e + \frac{b_1-a_1}{2}\right)^2 + H^2}$ （俯视图） $= \sqrt{\left(250 + \frac{400-630}{2}\right)^2 + 600^2} \, \text{mm} = 615\text{mm}。$

2）右板中线实长 $l_2 = \sqrt{\left(e + \frac{a_1-b_1}{2}\right)^2 + H^2}$ （俯视图） $= \sqrt{\left(250 + \frac{630-400}{2}\right)^2 + 600^2} \, \text{mm} = 702\text{mm}。$

3）前板中线实长 $l_8 = \sqrt{\left(f + \frac{d_1-c_1}{2}\right)^2 + H^2}$ （俯视图） $= \sqrt{\left(150 + \frac{400-630}{2}\right)^2 + 600^2} \, \text{mm} = 601\text{mm}。$

4）后板中线实长 $l_9 = \sqrt{\left(f + \frac{c_1-d_1}{2}\right)^2 + H^2}$ （俯视图） $= \sqrt{\left(150 + \frac{630-400}{2}\right)^2 + 600^2} \, \text{mm} = 656\text{mm}。$

5）左板尺寸：$l_1 \times f \times c_1 \times d_1 = 615\text{mm} \times 150\text{mm} \times 630\text{mm} \times 400\text{mm}。$

6）右板尺寸：$l_2 \times f \times c_1 \times d_1 = 702\text{mm} \times 150\text{mm} \times 630\text{mm} \times 400\text{mm}。$

7）前板尺寸：$l_8 \times e \times a_1 \times b_1 = 601\text{mm} \times 250\text{mm} \times 630\text{mm} \times 400\text{mm}。$

8）后板尺寸：$l_9 \times e \times a_1 \times b_1 = 656\text{mm} \times 250\text{mm} \times 630\text{mm} \times 400\text{mm}。$

式中　a_1、b_1、c_1、d_1——里皮长（mm）；

$\qquad\qquad$ H——两端口里皮点间垂直距离（mm）；

$\qquad\qquad$ e——横向偏心距（mm）；

$\qquad\qquad$ f——纵向偏心距（mm）。

例2　如图 5-34 所示为一裤形双偏心方矩锥管的施工图。

1. 板厚处理

本例板较厚，不便折弯，应切断连接，也应按里皮连接并计算料长。

2. 下料计算

计算原理同例1。

1）左板中线 $l_1 = \sqrt{\left(e + \frac{b_1-a_1}{2}\right)^2 + H^2}$ （俯视图） $= \sqrt{\left(360 + \frac{280-730}{2}\right)^2 + 820^2} \, \text{mm} = 831\text{mm}。$

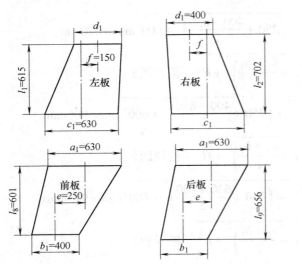 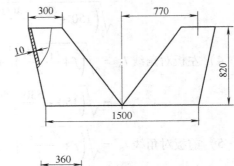 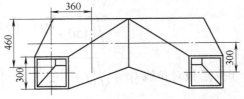

图 5-33 切断展开图（里皮连接） 　　　　图 5-34 裤形双偏心方矩锥管

2）右板中线 $l_2 = \sqrt{\left(e + \dfrac{a_1 - b_1}{2}\right)^2 + H^2}$（俯视图）$= \sqrt{\left(360 + \dfrac{730 - 280}{2}\right)^2 + 820^2}$ mm $= 1007$ mm。

3）前板中线 $l_8 = \sqrt{\left(f + \dfrac{d_1 - c_1}{2}\right)^2 + H^2}$（俯视图）$= \sqrt{\left(300 + \dfrac{280 - 440}{2}\right)^2 + 820^2}$ mm $= 849$ mm。

4）后板中线 $l_9 = \sqrt{\left(f + \dfrac{c_1 - d_1}{2}\right)^2 + H^2}$（俯视图）$= \sqrt{\left(300 + \dfrac{440 - 280}{2}\right)^2 + 820^2}$ mm $= 904$ mm。

5）左板尺寸：$l_1 \times f \times c_1 \times d_1 = 831$ mm $\times 300$ mm $\times 440$ mm $\times 280$ mm。

6）右板尺寸：$l_2 \times f \times c_1 \times d_1 = 1007$ mm $\times 300$ mm $\times 440$ mm $\times 280$ mm。

7）前板尺寸：$l_8 \times e \times a_1 \times b_1 = 849$ mm $\times 360$ mm $\times 730$ mm $\times 280$ mm。

8）后板尺寸：$l_9 \times e \times a_1 \times b_1 = 904$ mm $\times 360$ mm $\times 730$ mm $\times 280$ mm。

3. 切断展开图的画法

以左板为例叙述之。

1）画两条平行线，使其间距为 831mm，在两平行线上分别分中截取长为 280mm 和 440mm 的两条线段，并使两线段的中点距离（即偏心距）为 300mm。

2）连接对应的端点，即为左板切断展开图。

3）同理作出其他三板的切断展开图，如图 5-35 所示。

4. 说明

组对方法如下：

1）将前板平放于平台上。

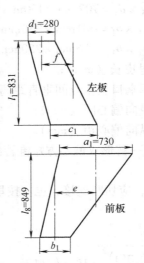 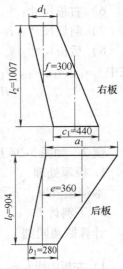

图 5-35 切断展开图（里皮连接）

2）将左右板立于前板的两棱线上，使里皮接触。

3）从内侧点焊小疤定位。

4）将后板覆于前三板的上面空间中，也使里皮接触，再从外侧点焊小疤定位。

5）用90°样板检查两端口的角度，若有误差时，应用压杠法施压对角线长的棱线，便可得到矫正。

6）同法组对另一"裤"脚。

7）将两裤形管并列于平台上，使后板接触平台，量取大小端的距离符合设计要求后点焊固定。

8）焊接时要进行刚性固定，以防变形。

十、两端口平行双偏心方矩锥管料计算（之二）

如图5-36所示为双管喂料机至空气输送泵短节管施工图，是一种两端口平行双偏心方矩锥管，其横向偏心440mm，纵向偏心70mm，用4mm碳钢板。由于规格较大，本例按切断计算。

1. 板厚处理

本例四板皆按里皮计算之，组对时里棱相对，外侧形成90°坡口，从外侧施焊之，照样能满足外皮尺寸。

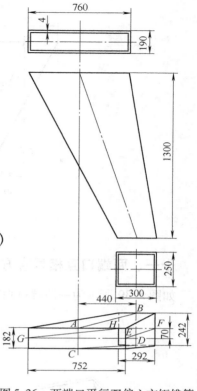

图5-36　两端口平行双偏心方矩锥管

2. 下料计算

前例是计算板的垂直高，然后作平行线，按偏心距分别截取两端边长；本例是计算每板的中线长，再按偏心距和两端口边长画出展开实形。

1）后板中线 $AB = \sqrt{\left(\dfrac{242}{2} + 70 - \dfrac{182}{2}\right)^2 + 440^2 + 1300^2}\ \text{mm} = 1376\text{mm}$。

2）前板中线 $CD = \sqrt{\left[\dfrac{182}{2} - \left(\dfrac{242}{2} - 70\right)\right]^2 + 440^2 + 1300^2}\ \text{mm} = 1373\text{mm}$。

3）右板中线 $EF = \sqrt{\left(440 - \dfrac{752}{2} + \dfrac{292}{2}\right)^2 + 70^2 + 1300^2}\ \text{mm} = 1319\text{mm}$。

4）左板中线 $GH = \sqrt{\left(440 + \dfrac{752}{2} - \dfrac{292}{2}\right)^2 + 70^2 + 1300^2}\ \text{mm} = 1464\text{mm}$。

3. 切断展开图的画法

此展开图的画法称为三角形法，如图5-37所示，画水平线段 $CB = 440\text{mm}$，作线段 CA 垂直线段 CB，并延长，以 B 点为圆心，以1376mm为半径画弧，交 CA 于 A 点，线段 AB 即为后板的中线实长；延长线段 CB，以 B 点为中点截取长为292mm的线段，以 A 点为中点作 CB 的平行线段，使其长为752mm，连接四端点，即得后板切断展开图。

同法可作出其他三板的切断展开图，如图5-37b、c、d所示。

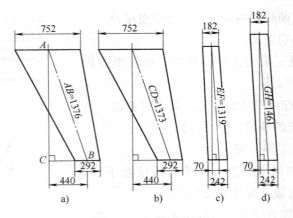

图 5-37　切断展开图

a）后板　b）前板　c）右板　d）左板

十一、两端口互相垂直方矩锥管料计算（见图 5-38）

如图 5-39 所示为一两端口垂直方矩锥管施工图，图 5-40 为计算原理图。

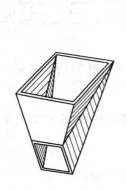

图 5-38　立体图

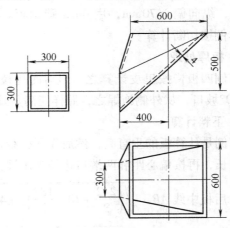

图 5-39　两端口垂直方矩锥管

1. 板厚处理

本例由于板较薄，且形体较特殊，折弯和切断皆按里皮计算之。

2. 下料计算

（1）折弯计算（见图 5-41）

1）左板中线 $l_1 = \sqrt{\left(e - \dfrac{a_1}{2}\right)^2 + \left(H - \dfrac{b_1}{2}\right)^2}$（俯视图）

$$= \sqrt{(400 - 296)^2 + (500 - 146)^2}\,\text{mm} = 369\text{mm}。$$

2）右板中线 $l_2 = \sqrt{\left(e + \dfrac{a_1}{2}\right)^2 + \left(H + \dfrac{b_1}{2}\right)^2}$（俯视图）

$$= \sqrt{(400 + 296)^2 + (500 + 146)^2}\,\text{mm} = 950\text{mm}。$$

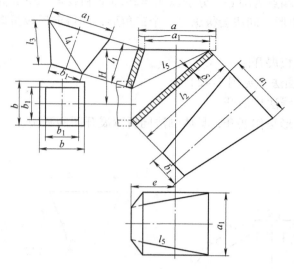

图 5-40　计算原理图

3）左板棱线 $l_3 = \sqrt{\left(\dfrac{a_1 - b_1}{2}\right)^2 + l_1^2}$（俯视图）

$$= \sqrt{\left(\dfrac{592 - 292}{2}\right)^2 + 369^2}\,\mathrm{mm} = 398\,\mathrm{mm}。$$

4）左板对角线 $l_4 = \sqrt{\left(e - \dfrac{a_1}{2}\right)^2 + \left(a_1 - \dfrac{a_1 - b_1}{2}\right)^2 + \left(H - \dfrac{b_1}{2}\right)^2}$（俯视图）

$$= \sqrt{\left(400 - \dfrac{592}{2}\right)^2 + \left(592 - \dfrac{592 - 292}{2}\right)^2 + (500 - 146)^2}\,\mathrm{mm} = 576\,\mathrm{mm}。$$

5）前后板对角线 $l_5 = \sqrt{\left(e + \dfrac{a_1}{2}\right)^2 + \left(\dfrac{a_1 - b_1}{2}\right)^2 + \left(H - \dfrac{b_1}{2}\right)^2}$（俯视图）

$$= \sqrt{(400 + 296)^2 + 150^2 + 354^2}\,\mathrm{mm} = 795\,\mathrm{mm}。$$

（2）切断计算

1）左板中线 l_1、右板中线 l_2、前后板对角线 l_5 完全同折弯计算，此略，即 $l_1 = 369\,\mathrm{mm}$，$l_2 = 950\,\mathrm{mm}$，$l_5 = 795\,\mathrm{mm}$。

2）左板尺寸：$l_1 \times a_1 \times b_1 = 369\,\mathrm{mm} \times 592\,\mathrm{mm} \times 292\,\mathrm{mm}$。

3）右板尺寸：$l_2 \times a_1 \times b_1 = 950\,\mathrm{mm} \times 592\,\mathrm{mm} \times 292\,\mathrm{mm}$。

4）前后板尺寸：$l_5 \times l_3 \times l_4 \times a_1 \times b_1 = 795\,\mathrm{mm} \times 398\,\mathrm{mm} \times 576\,\mathrm{mm} \times 592\,\mathrm{mm} \times 292\,\mathrm{mm}$。

式中　　a_1、b_1、c_1、d_1——里皮长（mm）；

　　　　　　e——大端中心至小端端面的横向距离（mm）；

　　　　　　H——大端里皮点至小端口中心的垂直距离（mm）；

3. 折弯展开图的画法（见图 5-41）

1）先从右板开始，作两条平行线段 $a_1 = 592\,\mathrm{mm}$ 和 $b_1 = 292\,\mathrm{mm}$，间距 $l_2 = 950\,\mathrm{mm}$，两平行线同心，连接四个端点即得右板折弯展开图，此法叫平行线法。

2）以右板的四个端点为圆心，分别以 $b_1 = 292$mm 和 $l_5 = 795$mm 为半径画弧得交点，便得到前后板的一个三角形，同法会得出另一个三角形，即得前后板折弯展开图，此法叫三角形法。

3）同法会得出左板展开图。

4. 切断展开图的画法（见图5-42）

1）左右板用平行线法作展开。

2）前后板用三角形法作展开，具体画法同折弯展开图的画法。

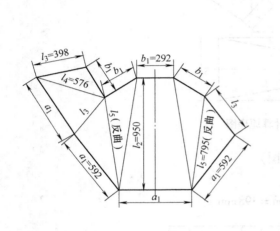

图 5-41　折弯展开图（折弯机折弯）

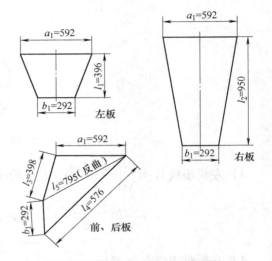

图 5-42　切断展开图（里皮连接）

5. 说明

（1）折弯展开料的压制方法

1）由于本例空间位置的特点，前后板的四个端点不在同一平面内，折弯前应沿对角线 l_5 作一定角度的反曲折弯，具体折多少应以多次试折为准，若最后合茬发现折弯角度或大或小时，可用钝刃锤配大锤调节之。

2）沿棱线折弯时，应从外向内进行，并随时用90°样板检查端口角度。

3）点焊合茬棱缝时用小疤即可。

4）点焊后用卷尺量取端口对角线长是否相等，若不等时，可用压杠压对角线长的棱线，短对角线便会增长，至两对角线等长为合格。

（2）切断展开料的组对方法

1）由于形体结构的特殊，前后板的四个端点不在同一平面内，在组对前应沿对角线 l_5 作一定角度的反曲折弯、具体折多少角度应以试折为准。

2）将右板平放于平台上，将前后板立于两侧的棱线上，里皮接触后点焊定位。

3）量取两端口的对角线是否相等，若不等，处理方法同上。

4）焊接前应刚性固定，以防变形。

十二、两端口互相垂直双偏心方矩锥管料计算（见图 5-43）

图 5-44 所示为一两端口垂直双偏心方矩锥管施工图，图 5-45 为计算原理图。

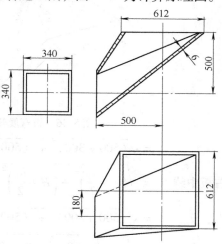

图 5-43　立体图

图 5-44　两端口垂直双偏心方矩锥管

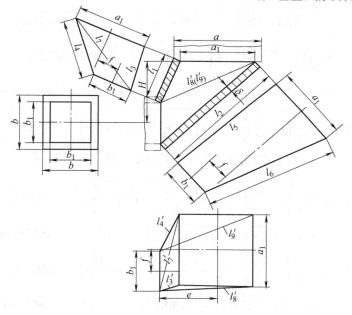

图 5-45　计算原理图

1. 板厚处理

本例由于形体的空间位置较特殊，折弯展开和切断展开全部按里皮计算。

2. 下料计算

（1）折弯计算

1）左板中线 $l_1 = \sqrt{\left(e - \dfrac{a_1}{2}\right)^2 + \left(H - \dfrac{b_1}{2}\right)^2}$ （俯视图、主视图）

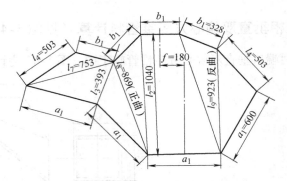

图5-46 折弯展开图（折弯机折弯）

$$= \sqrt{(500-300)^2 + (500-164)^2} \, \text{mm} = 391 \, \text{mm}。$$

2）右板中线 $l_2 = \sqrt{\left(e+\dfrac{a_1}{2}\right)^2 + \left(H+\dfrac{b_1}{2}\right)^2}$ （俯视图、主视图）

$$= \sqrt{(500+300)^2 + (500+164)^2} \, \text{mm} = 1040 \, \text{mm}。$$

3）左板棱线 $l_3 = \sqrt{\left(f+\dfrac{b_1-a_1}{2}\right)^2 + \left(e-\dfrac{a_1}{2}\right)^2 + \left(H-\dfrac{b_1}{2}\right)^2}$ （俯视图）

$$= \sqrt{(180-136)^2 + (500-300)^2 + (500-164)^2} \, \text{mm} = 393 \, \text{mm}。$$

4）左板棱线 $l_4 = \sqrt{\left(f+\dfrac{a_1-b_1}{2}\right)^2 + \left(e-\dfrac{a_1}{2}\right)^2 + \left(H-\dfrac{b_1}{2}\right)^2}$ （俯视图）

$$= \sqrt{(180+136)^2 + (500-300)^2 + (500-164)^2} \, \text{mm} = 503 \, \text{mm}。$$

5）左板对角线 $l_7 = \sqrt{\left(f+\dfrac{a_1+b_1}{2}\right)^2 + \left(e-\dfrac{a_1}{2}\right)^2 + \left(H-\dfrac{b_1}{2}\right)^2}$ （俯视图）

$$= \sqrt{(180+464)^2 + (500-300)^2 + (500-164)^2} \, \text{mm} = 753 \, \text{mm}。$$

6）前板对角线 $l_8 = \sqrt{\left(e+\dfrac{a_1}{2}\right)^2 + \left(f+\dfrac{b_1-a_1}{2}\right)^2 + \left(H-\dfrac{b_1}{2}\right)^2}$ （俯视图）

$$= \sqrt{(500+300)^2 + (180-136)^2 + (500-164)^2} \, \text{mm} = 869 \, \text{mm}。$$

7）后板对角线 $l_9 = \sqrt{\left(e+\dfrac{a_1}{2}\right)^2 + \left(f+\dfrac{a_1-b_1}{2}\right)^2 + \left(H-\dfrac{b_1}{2}\right)^2}$ （俯视图）

$$= \sqrt{(500+300)^2 + (180+136)^2 + (500-164)^2} \, \text{mm} = 923 \, \text{mm}。$$

（2）切断计算

1）l_1、l_2、l_8、l_9 与折弯计算相同，从略。

$l_1 = 391 \, \text{mm}$，$l_2 = 1040 \, \text{mm}$，$l_8 = 869 \, \text{mm}$，$l_9 = 923 \, \text{mm}$。

2）左板尺寸：$l_1 \times f \times a_1 \times b_1 = 391 \, \text{mm} \times 180 \, \text{mm} \times 600 \, \text{mm} \times 328 \, \text{mm}$。

3）右板尺寸：$l_2 \times f \times a_1 \times b_1 = 1040 \, \text{mm} \times 180 \, \text{mm} \times 600 \, \text{mm} \times 328 \, \text{mm}$。

4）前板尺寸：$l_8 \times l_3 \times l_5 \times a_1 \times b_1 = 869 \, \text{mm} \times 393 \, \text{mm} \times l_5 \times 600 \, \text{mm} \times 328 \, \text{mm}$。

5）后板尺寸：$l_9 \times l_4 \times l_6 \times a_1 \times b_1 = 923 \, \text{mm} \times 503 \, \text{mm} \times l_6 \times 600 \, \text{mm} \times 328 \, \text{mm}$。

6）右板棱线 l_5、l_6 用平行线法画出展开图后实际量取后再用。

式中　a_1、b_1——里皮长（mm）；

　　　　H——大口端面至小口中心的垂直距离（mm）；

　　　　e——横向偏心（mm）；

　　　　f——纵向偏心（mm）；

　　　"∓"——左板用"−"，右板用
　　　　"+"。

3. 折弯展开图的画法（见图 5-46）

1）用平行线法画出右板展开图。

2）用三角形法画出前后板和左板展开图，具体操作方法同前例。

4. 切断展开图的画法（见图 5-47）

1）左右板用平行线法作展开。

2）前后板用三角形法作展开，具体操作方法同前例。

5. 说明

此例与前例基本相同，空间位置较特殊，前后板需反曲折对角线，这一点要特别注意，其整料的压制方法和断料的组对方法完全同上例，此略。

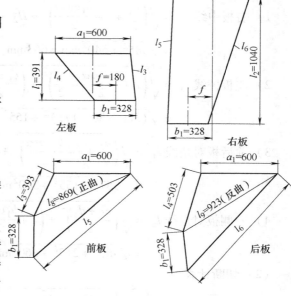

图 5-47　切断展开图（里皮连接）

十三、两端口相交方矩锥管料计算（见图 5-48）

如图 5-49 所示为一两端口相交方矩锥管，（皮带机下料斗）的施工图，图 5-50 为计算原理图。

图 5-48　立体图

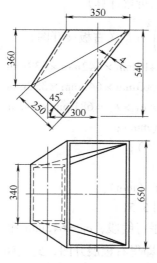

图 5-49　两端口相交方矩锥管

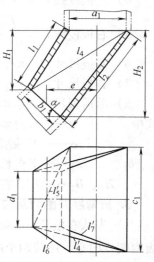

图 5-50　计算原理图

1. 板厚处理

本例的空间位置较特殊，折弯展开和切断展开全部按里皮计算。

2. 下料计算

（1）折弯计算

1）右板中线 $l_2 = \sqrt{\left(\dfrac{a_1}{2} + e - \dfrac{b_1\cos\alpha}{2}\right)^2 + H_2^2}$ （俯视图）

$$= \sqrt{385^2 + 540^2}\,\text{mm} = 663\,\text{mm}。$$

2）左板棱线 $l_3 = \sqrt{\left(e + \dfrac{b_1\cos\alpha}{2} - \dfrac{a_1}{2}\right)^2 + \left(\dfrac{c_1 - d_1}{2}\right)^2 + H_1^2}$ （俯视图）

$$= \sqrt{(300 + 86 - 171)^2 + 155^2 + 360^2}\,\text{mm} = 447\,\text{mm}。$$

3）前后板对角线 $l_4 = \sqrt{\left(\dfrac{a_1}{2} + e + \dfrac{b_1\cos\alpha}{2}\right)^2 + \left(\dfrac{c_1 - d_1}{2}\right)^2 + H_1^2}$ （俯视图）

$$= \sqrt{557^2 + 155^2 + 360^2}\,\text{mm} = 681\,\text{mm}。$$

4）左侧板对角线 $l_5 = \sqrt{\left(\dfrac{c_1 + d_1}{2}\right)^2 + \left(e + \dfrac{b_1\cos\alpha}{2} - \dfrac{a_1}{2}\right)^2 + H_1^2}$ （俯视图）

$$= \sqrt{487^2 + 215^2 + 360^2}\,\text{mm} = 643\,\text{mm}。$$

（2）切断计算

1）左板中线 $l_1 = \sqrt{\left(e + \dfrac{b_1\cos\alpha}{2} - \dfrac{a_1}{2}\right)^2 + H_1^2}$ （俯视图）

$$= \sqrt{215^2 + 360^2}\,\text{mm} = 419\,\text{mm}。$$

2）右板中线 $l_2 = 663\,\text{mm}$ （同折弯计算）。

3）前后板对角线 $l_4 = 681\,\text{mm}$ （同折弯计算）。

4）左板棱线 $l_3 = 447\,\text{mm}$ （同折弯计算）。

5）右板棱线 $l_6 = \sqrt{\left(\dfrac{c_1 - d_1}{2}\right)^2 + l_2^2}$ （右板展开图）$= \sqrt{\left(\dfrac{642 - 332}{2}\right)^2 + 663^2}\,\text{mm} = 732\,\text{mm}。$

6）左板尺寸：$l_1 \times c_1 \times d_1 = 419\,\text{mm} \times 642\,\text{mm} \times 332\,\text{mm}。$

7）右板尺寸：$l_2 \times c_1 \times d_1 = 663\,\text{mm} \times 642\,\text{mm} \times 332\,\text{mm}。$

8）前后板尺寸：$l_4 \times l_3 \times l_6 \times a_1 \times b_1 = 681\,\text{mm} \times 447\,\text{mm} \times 732\,\text{mm} \times 342\,\text{mm} \times 242\,\text{mm}。$

式中　　　　e——横向偏心距（mm）；

　　　　　　α——下端倾斜角（°）；

a_1、b_1、c_1、d_1——里皮长（mm）；

　　　　H_1、H_2——左、右侧板高（mm）。

3. 折弯展开图的画法（见图 5-51）

1）先从右板开始，画两条平行线段，$c_1 = 642\,\text{mm}$ 和 $d_1 = 332\,\text{mm}$，间距 $l_2 = 663\,\text{mm}$，此板两端口同心，连接四个端点，即得右板展开图，此法叫平行线法作展开。

2）以右板的四个端点为圆心，分别以 $l_4 = 681\,\text{mm}$、$b_1 = 242\,\text{mm}$ 和 $l_3 = 447\,\text{mm}$、$a_1 = 342\,\text{mm}$ 为半径画弧得交点。连接所得交点便画出了前后板的展开图，此法叫用三角形法作

展开。

3）同法画出左板展开图。

4. 切断展开图的画法（见图5-52）

1）左右板用平行线法作展开。

2）前后板用三角形法作展开。

3）具体画法完全同折弯展开图的画法。

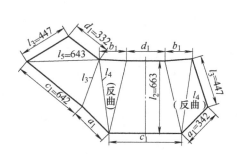

图 5-51　折弯展开图（折弯机折弯）

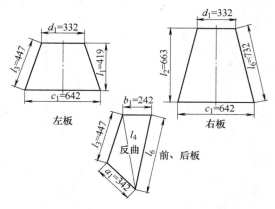

图 5-52　切断展开图（里皮连接）

5. 说明

（1）折弯展开料的折弯方法

1）在平板状态时，先将前后板的对角线 l_4 进行反曲折弯，至于折弯角度凭经验定。

2）沿棱线折弯，从外向内进行，并随时用90°内卡样板检查端口角度。

3）点焊时用小疤施焊，以便利于以后的矫正操作。

4）点焊成形后用卷尺量取端口对角线是否相等，若不等，可用压杠压对角线长的棱线，短对角线便会增长，至两对角线相等为合格。

（2）切断展开料的组对方法

1）同上述的折弯操作，也应将前后板对角线进行反曲折弯。

2）将右板平放于平台上，将前后板立于两侧板的棱线上，使两者的里皮接触即可点焊。

3）将左板覆于前三板的空间之上，也使两者里皮接触后点焊。

4）量取两端口对角线是否相等，若有误差，处理方法同折弯压制方法。

5）焊接时两端口要进行刚性定位，以防变形。

十四、两端口相交单偏心方矩锥管料计算

如图5-53所示为一吸尘罩施工图，是一种两端口相交单偏心方矩锥管，横向偏心400mm，用6mm碳钢板制作，由于规格较大，按切断计算。

1. 板厚处理

本例板厚6mm，应进行板厚处理，即按里皮下料，组对时里皮接触，坡口在外。

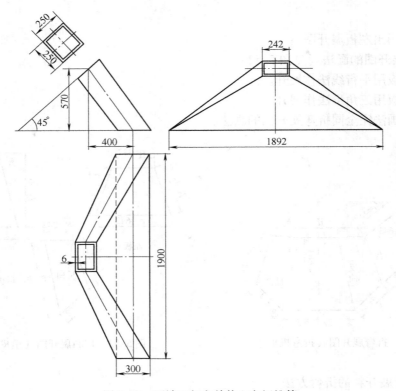

图 5-53 两端口相交单偏心方矩锥管

2. 下料计算

1）右板中线实长 $l_1 = \sqrt{\left(400 - \dfrac{242}{2} + \dfrac{292}{2}\right)^2 + \left(570 + \dfrac{242}{2} \times \sin45°\right)^2}\,\text{mm} = 781\,\text{mm}$。

2）左板中线实长 $l_2 = \sqrt{\left(400 + \dfrac{242}{2} - \dfrac{292}{2}\right)^2 + \left(570 - \dfrac{242}{2} \times \sin45°\right)^2}\,\text{mm} = 612\,\text{mm}$。

3）前后板中线实长 $l_3 = \sqrt{400^2 + \left(\dfrac{1892}{2} - \dfrac{242}{2}\right)^2 + \left(570 + \dfrac{242}{2} \times \sin45°\right)^2}\,\text{mm} = 1127\,\text{mm}$。

3. 展开图的画法

1）左右板：两平行线，使其距离为 781mm 与 612mm，并在平行线上分别分中截取 242mm 和 1892mm，如图 5-54a、b 所示。

2）前后板：用三角形法作展开，如图 5-54c 所示，画水平线段 $CB = 400$mm，以 B 点为圆心，以 1127mm 为半径画弧，过 C 点作 $CA \perp CB$，交弧线于 A 点，线段 AB 即为前后板的中线实长；延长线段 CB，以 B 点为中点截取长为 292mm 的线段，过 A 点作 CB 的平行线，并以 A 点为中点截取长为 242mm 的线段，连接两条线段的四个端点，即得前后板的展开图。

4. 说明

从左视图可看出，由于上端口的倾斜，使前后板的投影呈现三角形状，组对时必须沿对角线，外上端、内下端为对角线折弯。若上下端口平行，则不会出现这种折弯，请读者一试。

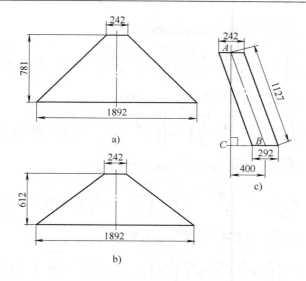

图 5-54　切断展开图

a）右板　b）左板　c）前后板

十五、两端口相交双偏心方矩锥管料计算（见图 5-55）

如图 5-56 所示为一两端口相交双偏心方矩锥管（皮带机下料斗）施工图，图 5-57 为计算原理图。

 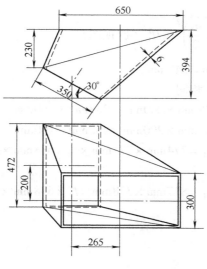 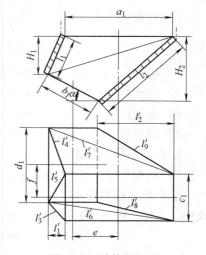

图 5-55　立体图　　图 5-56　两端口相交双偏心方矩锥管　　图 5-57　计算原理图

1. 板厚处理

本例设计整料用折弯机折弯，故折弯和切断全部按里皮计算料长。

2. 下料计算

（1）折弯展开图

1）右板中线 $l_2 = \sqrt{\left(e + \dfrac{a_1}{2} - \dfrac{b_1\cos\alpha}{2}\right)^2 + H_2^2}$（俯视图、主视图）

$$= \sqrt{(438^2 + 394^2)}\,\mathrm{mm} = 589\,\mathrm{mm}。$$

2）左板棱线 $l_3 = \sqrt{\left(e + \dfrac{b_1\cos\alpha}{2} - \dfrac{a_1}{2}\right)^2 + \left(f + \dfrac{c_1 - d_1}{2}\right)^2 + H_1^2}$ （俯视图）

$$= \sqrt{(92^2 + 114^2 + 230^2)}\,\mathrm{mm} = 273\,\mathrm{mm}。$$

3）左板棱线 $l_4 = \sqrt{\left(e + \dfrac{b_1\cos\alpha}{2} - \dfrac{a_1}{2}\right)^2 + \left(f + \dfrac{d_1 - c_1}{2}\right)^2 + H_1^2}$ （俯视图）

$$= \sqrt{(92^2 + 286^2 + 230^2)}\,\mathrm{mm} = 378\,\mathrm{mm}。$$

4）左板对角线 $l_5 = \sqrt{\left(e + \dfrac{b_1\cos\alpha}{2} - \dfrac{a_1}{2}\right)^2 + \left(\dfrac{d_1}{2} - f + \dfrac{c_1}{2}\right)^2 + H_1^2}$ （俯视图）

$$= \sqrt{92^2 + 174^2 + 230^2}\,\mathrm{mm} = 303\,\mathrm{mm}。$$

5）前板对角线 $l_6 = \sqrt{\left(e + \dfrac{b_1\cos\alpha}{2} + \dfrac{a_1}{2}\right)^2 + \left(f + \dfrac{c_1 - d_1}{2}\right)^2 + H_1^2}$ （俯视图）

$$= \sqrt{730^2 + 114^2 + 230^2}\,\mathrm{mm} = 774\,\mathrm{mm}。$$

6）后板对角线 $l_7 = \sqrt{\left(e + \dfrac{b_1\cos\alpha}{2} + \dfrac{a_1}{2}\right)^2 + \left(f + \dfrac{d_1 - c_1}{2}\right)^2 + H_1^2}$ （俯视图）

$$= \sqrt{730^2 + 286^2 + 230^2}\,\mathrm{mm} = 817\,\mathrm{mm}。$$

（2）切断计算

1）左板中线 $l_1 = \sqrt{\left(e + \dfrac{b_1\cos\alpha}{2} - \dfrac{a_1}{2}\right)^2 + H_1^2}$ （俯视图）

$$= \sqrt{92^2 + 230^2}\,\mathrm{mm} = 248\,\mathrm{mm}。$$

2）l_2、l_3、l_4、l_6、l_7 与折弯计算相同。

3）左板尺寸：$l_1 \times f \times c_1 \times d_1 = 248\,\mathrm{mm} \times 200\,\mathrm{mm} \times 288\,\mathrm{mm} \times 460\,\mathrm{mm}$。

4）右板尺寸：$l_2 \times f \times c_1 \times d_1 = 589\,\mathrm{mm} \times 200\,\mathrm{mm} \times 288\,\mathrm{mm} \times 460\,\mathrm{mm}$。

5）前板尺寸：$l_6 \times l_3 \times l_8 \times a_1 \times b_1 = 774\,\mathrm{mm} \times 273\,\mathrm{mm} \times l_8 \times 638\,\mathrm{mm} \times 338\,\mathrm{mm}$。
l_8 在作右板时得出。

6）后板尺寸：$l_7 \times l_4 \times l_9 \times a_1 \times b_1 = 817\,\mathrm{mm} \times 378\,\mathrm{mm} \times l_9 \times 638\,\mathrm{mm} \times 338\,\mathrm{mm}$。
l_9 在作右板时得出。

式中　　　　　e——横向偏心（mm）；

　　　　　　　f——纵向偏心（mm）；

a_1、b_1、c_1、d_1——里皮长（mm）；

　　　　　　　α——下端倾斜角（°）；

　　　H_1、H_2——左、右侧高（mm）。

3. 折弯展开图的画法（见图 5-58）

1）先画右板，画两条平行线段，使 $c_1 = 288\,\mathrm{mm}$，$d_1 = 460\,\mathrm{mm}$，其间距 $l_2 = 589\,\mathrm{mm}$，两线段偏心距 $f = 200\,\mathrm{mm}$，连接四个端点，即得右板折弯展开图，此法叫平行线法。

2）以右板的四个端点为圆心，分别以 $a_1 = 638\,\mathrm{mm}$、$b_1 = 338\,\mathrm{mm}$、$l_7 = 817\,\mathrm{mm}$、$l_4 =$

378mm 为半径画弧得交点，连接所得交点便画出了前后板的折弯展开图，此法叫三角形法。

3）同法画出左板折弯展开图。

4. 切断展开图的画法（见图5-59）

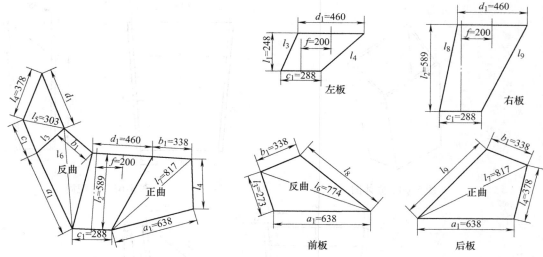

图 5-58　折弯展开图（折弯机折弯，棱线正曲）

图 5-59　切断计算（里皮连接）

1）左板画法：画两条平行线段，其长度为 $c_1 = 288mm$ 和 $d_1 = 460mm$，两者间距 $l_1 = 248mm$，两线段的偏心距 $f = 200mm$，连接四个端点即得左板切断展开图，此法叫平行线法。

2）同上方法可画出右板切断展开图。

3）前板画法：画一线段 $a_1 = 638mm$，以其两端点为圆心，分别以 $l_3 = 273mm$ 和 $l_6 = 774mm$ 为半径画弧相交，把交点与两端点分别相连，得出一个三角形，同法得出第二个三角形，便得到前板的切断展开图，此法叫三角形法。

4）同上方法可画出后板切断展开图。

5. 说明

（1）折弯展开料的折弯方法

1）由于是双偏心，前、后板的对角线必折弯，但折弯方向不同，前板反曲（棱向内凸），后板正曲（棱向外凸），棱线正曲。

2）沿棱线折弯时从外向内进行，并随时用90°内卡样板检查端口角度。

3）点焊时用小疤，便于以后的矫正操作。

4）点焊成形后，用卷尺量取端口对角线是否相等，若不等，可用压杠压对角线长的棱线，短对角线便会增长，待两对角线相等为合格。

（2）切断展开料的组对方法

1）同上述的折弯操作，将前板对角线反曲，后板对角线正曲。

2）将右板平放于平台上，将前后板立于右板的棱线上，按里皮接触点焊。

3）将左板覆于上三板的空间内，里皮吻合后小疤点焊。

4）量取两端口对角线是否相等，若有误差时可用压杠法矫正。

5）焊接前要刚性固定，以防变形。

十六、上端倾斜一侧垂直方矩锥管料计算（见图 5-60）

如图 5-61 所示为一落泥筒施工图，图 5-62 为计算原理图。

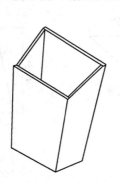

图 5-60　立体图

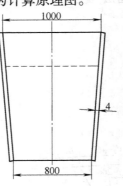

图 5-61　落泥筒

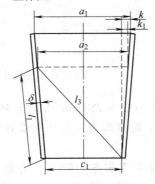

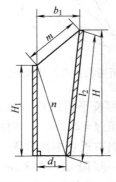

图 5-62　计算原理图

1. 板厚处理

折弯计算和切断计算全部按里皮。

2. 下料计算

（1）折弯计算

1）右板中线 $l_2 = \sqrt{H^2 + (b_1 - d_1)^2}$（主视图）

$$= \sqrt{1350^2 + (450 - 300)^2}\,\text{mm} = 1358\,\text{mm}。$$

2）左板上沿 a_2

因为右板大小端半径差 $k = \dfrac{a - c}{2} = \dfrac{1000 - 800}{2}\,\text{mm} = 100\,\text{mm}$

左板大小端半径差 $k_1 = \dfrac{kH_1}{H} = \dfrac{100 \times 990}{1350}\,\text{mm} = 73\,\text{mm}$

所以 $a_2 = c_1 + 2k_1 = (800 + 2 \times 73)\,\text{mm} = 947\,\text{mm}。$

3）前后板对角线 $n = \sqrt{H_1^2 + d_1^2 + k_1^2}$（主、右视图）

$$= \sqrt{990^2 + 300^2 + 73^2}\,\text{mm} = 1037\,\text{mm}。$$

4）前后板上沿 $m = \sqrt{(H - H_1)^2 + b_1^2 + (k - k_1)^2}$（主、右视图）

$$= \sqrt{(1350-990)^2 + 450^2 + (100-73)^2}\,\text{mm} = 577\text{mm}。$$

5）左板棱线 $l_1 = \sqrt{H_1^2 + \left(\dfrac{a_2-c}{2}\right)^2}$（主、右视图）

$$= \sqrt{990^2 + \left(\dfrac{947-800}{2}\right)^2}\,\text{mm} = 993\text{mm}。$$

6）左板对角线 $l_3 = \sqrt{(a_2-k)^2 + H_1^2}$（右视图）

$$= \sqrt{(947-100)^2 + 990^2}\,\text{mm} = 1303\text{mm}。$$

（2）切断计算

1）l_1、l_2、l_4 同折弯计算。

2）左板尺寸：$H_1 \times a_2 \times c_1 = 990\text{mm} \times 947\text{mm} \times 800\text{mm}$。

3）右板尺寸：$l_2 \times a_1 \times c_1 = 1358\text{mm} \times 1000\text{mm} \times 800\text{mm}$。

4）前后板尺寸：$n \times l_1 \times l_4 \times d_1 \times m = 1037\text{mm} \times 993\text{mm} \times l_4 \times 300\text{mm} \times 577\text{mm}$（$l_4$ 作右板时得出）。

式中　　　H_1、H——短边、长边垂直高（mm）；

　　a_1、b_1、c_1、d_1——端口里皮长（mm）。

3. 折弯展开图的画法（见图 5-63）

1）用平行线法画出右板折弯展开图：画两条平行线段，其长度为 $a_1 = 1000\text{mm}$ 和 $c_1 = 800\text{mm}$，间距 $l_2 = 1358\text{mm}$，两端正心，连接线段的四个端点，即得右板折弯展开图。

2）以右板的四个端点为圆心，分别以 $m = 577\text{mm}$、$n = 1037\text{mm}$、$d_1 = 300\text{mm}$、$l_1 = 993\text{mm}$ 为半径，连续交规画三角形，便得出前后板折弯展开图。

3）仍用三角形展开法，画出左板折弯展开图。

4. 切断展开图的画法（见图 5-64）

1）用平行线法画出左右板切断展开图。

2）用三角形法画出前后板切断展开图。

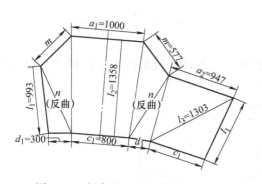

图 5-63　折弯展开图（折弯机折弯）

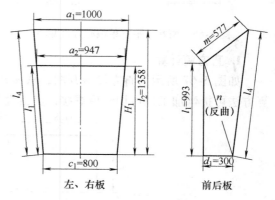

左、右板　　　前后板

图 5-64　切断计算（里皮连接）

5. 说明

（1）折弯展开料的折弯方法

1）因上端口呈倾斜状，前后板的对角线必须折弯，都为反曲折弯，即棱向内凸。

2）沿棱线的折弯为正曲折线，从外向内进行，并用90°内卡样板检查小端口角度。

3）点焊成形后，用卷尺量取上下端口对角线是否相等，若不等，可用压杠法压对角线长的棱线，待两对角线相等为合格。

（2）切断展开料的组对方法

1）在平板状态下，将前后板的对角线进行反曲压制。

2）将右板平放于平台上，将前后板立放于右板的棱线上，按里皮接触点焊。

3）将左板覆于上三板上，里皮吻合后小疤点焊。

4）量取两端口对角线是否相等，若有误差，可用压杠法压对角线长的棱线，短的对角线就会变长，待相等后为合格。

5）焊接前要进行刚性固定，以防变形。

十七、两端口平行单偏心方直漏斗料计算

如图 5-65 所示为一两端口平行单偏心方直漏斗施工图，图 5-66 为计算原理图。

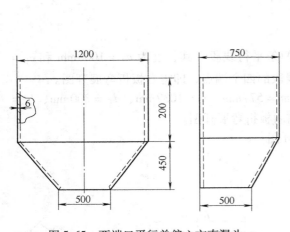

图5-65　两端口平行单偏心方直漏斗

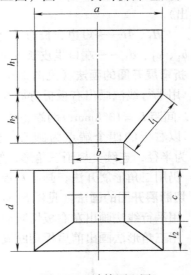

图5-66　计算原理图

1. 直方筒计算

如图 5-67 所示为直方筒展开图，从展开图中可以看出直方筒是按里皮计算的。这种计算方法可折弯加工也可切断后焊接，灵活性大些。

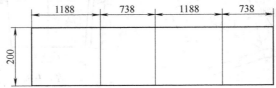

图5-67　直方筒展开图（按里皮）

2. 方漏斗计算（展开图见图5-68）

本例由于规格较大，折弯加工不太方便，故方漏斗按切断计算。

1）后板尺寸：$a \times b \times h_2 = 1188\text{mm} \times 488\text{mm} \times 450\text{mm}$。

2）前板尺寸：

因为前板中线 $l_2 = \sqrt{(d-c)^2 + h_2^2} = \sqrt{(738-488)^2 + 450^2}\,\mathrm{mm} = 515\mathrm{mm}$。

所以前板尺寸为 $a \times b \times l_2 = 1188\mathrm{mm} \times 488\mathrm{mm} \times 515\mathrm{mm}$。

3）左右板尺寸：

因为左右板中线 $l_1 = \sqrt{\left(\dfrac{a-b}{2}\right)^2 + h_2^2} = \sqrt{\left(\dfrac{1188-488}{2}\right)^2 + 450^2}\,\mathrm{mm} = 570\mathrm{mm}$。

所以左右板尺寸为 $d \times c \times l_1 = 738\mathrm{mm} \times 488\mathrm{mm} \times 570\mathrm{mm}$。

式中　a、b、c、d——皆为里皮长（mm）；

　　　　h_1、h_2——上、下体高（mm）；

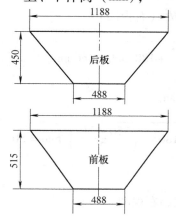

图 5-68　方漏斗切断展开图（按里皮）

十八、上端倾斜两侧垂直方矩锥管料计算（见图 5-69）

如图 5-70 所示为皮带机方矩下料管施工图，图 5-71 为计算原理图。

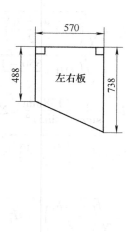

图 5-69　立体图

图 5-70　皮带机方矩下料管

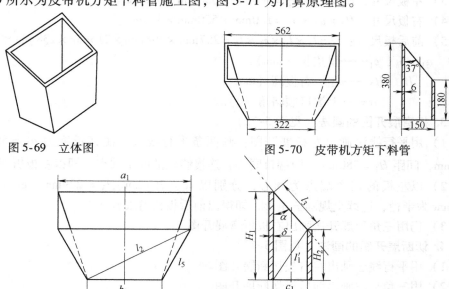

图 5-71　计算原理图

1. 板厚处理

折弯计算和切断计算全部按里皮。

2. 下料计算

（1）折弯计算

1）前后板对角线 $l_1 = \sqrt{c_1^2 + H_2^2 + \left(\dfrac{a_1 - b_1}{2}\right)^2}$（主、右视图）

$$= \sqrt{138^2 + 180^2 + \left(\frac{550 - 310}{2}\right)^2}\,\text{mm} = 257\text{mm}。$$

2）右板对角线 $l_2 = \sqrt{\left(b_1 + \dfrac{a_1 - b_1}{2}\right)^2 + H_2^2}$（右视图）

$$= \sqrt{\left(310 + \frac{550 - 310}{2}\right)^2 + 180^2}\,\text{mm} = 466\text{mm}。$$

3）上端口斜边 $l_3 = \dfrac{c_1}{\sin\alpha} = \dfrac{138\text{mm}}{\sin 37°} = 229\text{mm}。$

4）右板棱线 $l_5 = \sqrt{H_2^2 + \left(\dfrac{a_1 - b_1}{2}\right)^2} = \sqrt{180^2 + \left(\dfrac{550 - 310}{2}\right)^2}\,\text{mm} = 216\text{mm}。$

（2）切断计算

1）左板棱线 $l_4 = \sqrt{\left(\dfrac{a_1 - b_1}{2}\right)^2 + H_1^2}$（主、右视图）

$$= \sqrt{\left(\frac{550 - 310}{2}\right)^2 + 380^2}\,\text{mm} = 398\text{mm}。$$

2）l_1、l_3、l_5 与折弯计算相同。

3）左板尺寸：$H_1 \times a_1 \times b_1 = 380\text{mm} \times 550\text{mm} \times 310\text{mm}。$

4）右板尺寸：$H_2 \times a_1 \times b_1 = 180\text{mm} \times 550\text{mm} \times 310\text{mm}。$

5）前后板尺寸：$l_1 \times l_4 \times l_5 \times c_1 \times l_3 = 257\text{mm} \times 398\text{mm} \times 216\text{mm} \times 138\text{mm} \times 229\text{mm}。$

式中　a_1、b_1、c_1——里皮长（mm）；

　　　H_1、H_2——左、右板高（mm）；

　　　　α——上端口倾斜角（°）。

3. 折弯展开图的画法（见图 5-72）

1）用平行线法画出左板展开图：画两条平行线段，使其长度为 $a_1 = 550\text{mm}$ 和 $b_1 = 310\text{mm}$，间距 $H_1 = 380\text{mm}$，两端口同心，连接线段的四个端点，即得左板折弯展开图。

2）以左板的四个端点为圆心，分别以 $l_1 = 257\text{mm}$、$l_3 = 229\text{mm}$、$c_1 = 138\text{mm}$、$l_5 = 216\text{mm}$ 为半径，连续交规画三角形，即得出前后板折弯展开图。

3）仍用三角形展开法画出右板折弯展开图。

4. 切断展开图的画法（见图 5-73）

1）用平行线法画出左右板切断展开图。

2）用三角形法画出前后板切断展开图。

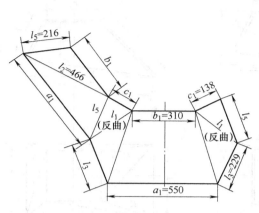

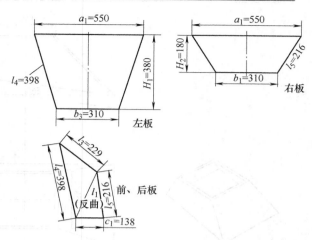

图 5-72 折弯展开图（折弯机折弯）

图 5-73 切断展开图（里皮连接）

5. 说明

（1）折弯展开料的折弯方法

1）前后板的对角线 l_1 要进行预折弯——反曲折弯，即棱线向内凸，否则不能组对成形。

2）沿棱线的折弯，皆为正曲折弯，从外向内进行，并用 90° 内卡样板检查两端口的角度。

3）点焊成形后，用卷尺量取两端口对角线是否相等，若有误差，用压杠法矫正之。

（2）切断展开料的组对方法

1）在平板时将前后板的对角线进行反曲折弯，至于折多大角度应视经验定。

2）将左板平放于平台上，将前后板立放于左板的棱线上，按里皮吻合点焊。

3）将右板覆于前三板的空间内，里皮接触后小疤点焊。

4）量取两端口对角线是否相等，若有误差，可用压杠法矫正之。

5）焊接前应将两端口进行刚性固定，以防变形。

十九、斜底方矩锥管料计算（见图 5-74）

在生产中常遇到倾斜方法兰与水平方法兰相连接，其下料计算方法如下。

如图 5-75 所示为一斜底方矩锥管，图 5-76 为计算原理图。

1. 板厚处理

不论折弯计算还是切断计算全部按里皮。

2. 下料计算

（1）折弯计算

1）左板中线 $l_1 = \sqrt{\left(a_1' - \dfrac{b_1}{2}\right)^2 + H^2}$ （俯视图）

$$= \sqrt{\left(365 - \dfrac{150}{2}\right)^2 + 300^2} \ \text{mm} = 417\text{mm}。$$

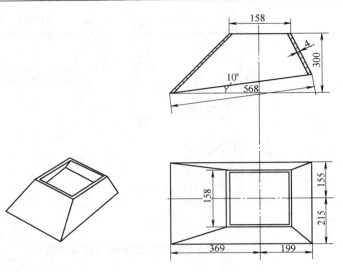

图 5-74　立体图　　　　　图 5-75　斜底方矩锥管

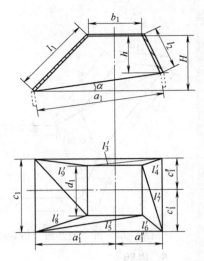

图 5-76　计算原理图

2) 右板高 $h = H - a_1\sin\alpha =$ （$300 - 560 \times \sin10°$）mm $= 203$mm。

3) 后板对角线 $l_3 = \sqrt{\left(a''_1 + \dfrac{b_1}{2}\right)^2 + \left(c''_1 - \dfrac{d_1}{2}\right)^2 + h^2}$ （俯视图）

$$= \sqrt{(195 + 75)^2 + (151 - 75)^2 + 203^2}\ \text{mm} = 346\text{mm}。$$

4) 右板棱线 $l_4 = \sqrt{\left(c''_1 - \dfrac{d_1}{2}\right)^2 + \left(a''_1 - \dfrac{b_1}{2}\right)^2 + h^2}$ （俯视图）

$$= \sqrt{(151 - 75)^2 + (195 - 75)^2 + 203^2}\ \text{mm} = 248\text{mm}。$$

5) 前板对角线 $l_5 = \sqrt{\left(a'_1 + \dfrac{b_1}{2}\right)^2 + \left(c'_1 - \dfrac{d_1}{2}\right)^2 + H^2}$ （俯视图）

$$= \sqrt{(365 + 75)^2 + (211 - 75)^2 + 300^2}\ \text{mm} = 550\text{mm}。$$

6) 前板棱线 $l_6 = \sqrt{\left(c'_1 - \dfrac{d_1}{2}\right)^2 + \left(a''_1 - \dfrac{b_1}{2}\right)^2 + h^2}$ （俯视图）

$$= \sqrt{(211 - 75)^2 + (195 - 75)^2 + 203^2}\ \text{mm} = 272\text{mm}。$$

7) 右板对角线 $l_7 = \sqrt{\left(c'_1 + \dfrac{d_1}{2}\right)^2 + \left(a''_1 - \dfrac{b_1}{2}\right)^2 + h^2}$ （俯视图）

$$= \sqrt{(211 + 75)^2 + (195 - 75)^2 + 203^2}\ \text{mm} = 371\text{mm}。$$

（2）切断计算

1) l_1、l_3、l_4、l_5、l_6 与折弯计算相同

$l_1 = 417$mm，$l_3 = 346$mm，$l_4 = 248$mm，$l_5 = 550$mm，$l_6 = 272$mm。

2) 右板中线 $l_2 = \sqrt{\left(a''_1 - \dfrac{b_1}{2}\right)^2 + h^2}$

$$= \sqrt{(195 - 75)^2 + 203^2}\ \text{mm} = 236\text{mm}。$$

3) 左板尺寸：$l_1 \times c_1 \times d_1 = 417\text{mm} \times 362\text{mm} \times 150\text{mm}$。

4）右板尺寸：$l_2 \times c_1 \times d_1 = 236\text{mm} \times 362\text{mm} \times 150\text{mm}$。

5）前板尺寸：$l_5 \times l_6 \times l_8 \times a_1 \times b_1 = 550\text{mm} \times 272\text{mm} \times l_8 \times 560\text{mm} \times 150\text{mm}$。

6）后板尺寸：$l_3 \times l_4 \times l_9 \times a_1 \times b_1 = 346\text{mm} \times 248\text{mm} \times l_9 \times 560\text{mm} \times 150\text{mm}$。

l_8、l_9 作左板时得出。

式中　H——斜截前的方矩管高（mm）；

　　　α——底部倾斜角（°）；

　　　a_1、b_1、c_1、d_1、c_1'、c_1''、a_1'、a_1''——各边里皮长（mm）。

3. 折弯展开图的画法（见图5-77）

1）本例下端是 $10°$ 的倾斜角度，按理来说，前后板的对角线也应有一定角度的折弯，但因角度不大，也可不折，组对时依薄板具有的弹性补偿之，若为较厚板，如6mm板，就要进行预折弯了。

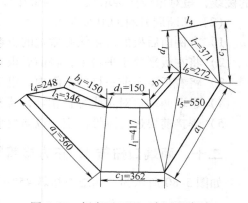

2）用平行线法画出左板展开图：画两条平行线段，其长度为 $d_1 = 150\text{mm}$ 和 $c_1 = 362\text{mm}$，间距 $l_1 = 417\text{mm}$，连接线段的四个端点，即得左板折弯展开图。

3）以左板的四个端点为圆心，分别以 $l_5 = 550\text{mm}$、$a_1 = 560\text{mm}$、$b_1 = 150\text{mm}$、$l_6 = 272\text{mm}$ 为半径，连续交规画两个三角形，即得出前后板折弯展开图。

图 5-77　折弯展开图（折边机折弯）

4）同上法，用三角形法画出右板折弯展开图。

4. 切断展开图的画法（见图5-78）

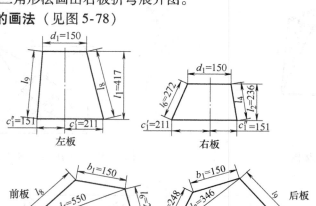

左板

右板

前板

后板

图 5-78　切断展开图（里皮连接）

1）用平行线法画出左右板切断展开图，与前几例不同的是大小端不同心，因而画法略有不同，如画左板切图展开图：画出两条平行线，使其间距 $l_1 = 417\text{mm}$，并作这两条平行线的垂线，与两平行各得一交点；以上交点为原点，分中截取小端边长 $d_1 = 150\text{mm}$，以下交点为原点，向左截取 $c_1' = 211\text{mm}$，向右截取 $c_1'' = 151\text{mm}$，连接四个端点便得出左板切断展开图。

同法画出右板切断展开图。

2）用三角形法画出前后板切断展开图，画法从略。

5. 说明

（1）折弯展开料的折弯方法

1）此例前后板对角线不需要预折弯。

2）沿棱线的折弯皆为正曲，从外向内折弯。

3）点焊成形后用卷尺量取两端口对角线是否相等，若有误差，可用压杠法压对角线长的棱线，短对角线便会增长，至两者相等为合格。

（2）切断展开料的组对方法

1）本例前后板的对角线有微量的折弯趋势，但很小，故可忽略。

2）将左板平放于平台上，将前后板立于左板的棱线上，里皮吻合后小疤点焊。

3）将右板覆于前三板的空间内，里皮接触后点焊。

4）量取两端口对角线是否相等，若有误差，可用压杠法矫正之。

5）焊接前要进行刚性固定，以防变形。

二十、两端口扭转45°正方锥管料计算（见图5-79）

如图5-80所示为一两端口扭转45°正方锥管施工图，图5-81为计算原理图。

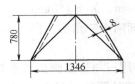

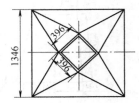

图 5-80　两端口扭转45°正方锥管

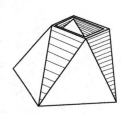

图 5-79　立体图

主视图

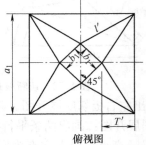

俯视图

图 5-81　计算原理图

1. 板厚处理

本例折弯计算机切断计算全部按里皮。

2. 下料计算

（1）折弯计算

1）实长棱线 $l = \sqrt{\left(\dfrac{a_1}{2} - b_1\sin45°\right)^2 + \left(\dfrac{a_1}{2}\right)^2 + H^2}$（俯视图）

$\quad = \sqrt{(665 - 380\times\sin45°)^2 + 665^2 + 780^2}\ \text{mm} = 1099\text{mm}。$

2）对口线实长 $T = \sqrt{\left(\dfrac{a_1}{2} - b_1\sin45°\right)^2 + H^2}$（俯视图）

$\quad = \sqrt{(665 - 380\times\sin45°)^2 + 780^2}\ \text{mm} = 875\text{mm}。$

（2）切断计算

1）大板尺寸：$l \times l \times a_1 = 1099\text{mm} \times 1099\text{mm} \times 1330\text{mm}。$

2）小板尺寸：$l \times l \times b_1 = 1099\text{mm} \times 1099\text{mm} \times 380\text{mm}。$

3. 折弯展开图的画法（见图5-82）

本例用三角形法作展开，其画法是：

1）作一线段 $a_1 = 1330\text{mm}$，分别以两端点为圆心，以 $l = 1099\text{mm}$ 为半径画弧得交点，连接交点与两端点得出一个大三角形。

2）分别以三角的三个顶点为圆心，以 $l = 1099\text{mm}$ 和 $b_1 = 380\text{mm}$、$l = 1099\text{mm}$ 和 $a_1 = 1330\text{mm}$、$l = 1099\text{mm}$ 和 $b_1 = 380\text{mm}$、$\dfrac{a_1}{2} = 665\text{mm}$ 和 $T = 875\text{mm}$ 为半径，依次连续画弧得交点，即得到折弯展开图。

4. 切断展开图的画法（见图5-83）

大板小板皆用三角形法画切断展开，方法从略。

大板

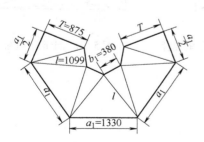

图5-82　折弯展开图（在压力机上压制）

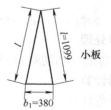

小板

图5-83　切断展开图（里皮连接）

5. 说明

（1）折弯展开料的压制方法

折弯机一般适于薄板，对于本例就无能为力了，要用500t以上的压力机作上下胎压制。

1）沿棱线折弯时应从外向内进行。

2）在压制过程中，随时用90°内卡样板检查两端口的角度，注意宁欠勿过，因为欠比过要好矫正得多。

3）点焊对口时要采用小疤，以方便矫正。

4）量取两端口对角线是否相等，若有误差，大端可用倒链从内部拉长对角线，短对角线便会增长，小端可用压杠法从外部压对角线长的平面，短对角线便会增长。

（2）切断展开料的组对方法

1）在平台放出实样，使外皮尺寸为1346mm×1346mm，并按线在外侧点焊限位铁。

2）将四大板立着斜放于限位铁内侧，并用小焊疤与限位铁相连。

3）将四小板插于应在的空间，若间隙有误差时，可通过掀起或压下大板来调节，待四大板和四小板的间隙均匀了，便可用小焊疤点焊成形。

4）量取大小端口的对角线是否相等，若不等，可参阅本例折弯展开料的压制方法，此略。

二十一、两端口扭转45°双偏心方矩锥管料计算（见图5-84）

如图5-85所示为收尘器至绞刀短节管施工图，它是一种两端口扭转45°双偏心方矩锥管。图5-86为计算原理图。

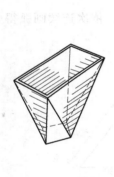

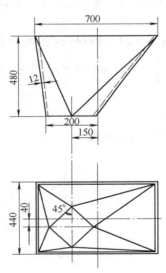

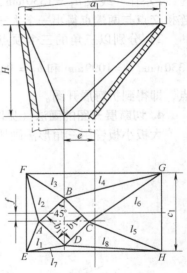

图5-84　立体图　　图5-85　两端口扭转45°双偏心方矩锥管　　图5-86　计算原理图

1. 板厚处理

本例折弯展开和切断展开全部按里皮处理。

2. 下料计算

（1）折弯计算

1）$b_1 = \dfrac{200 - 24}{2 \times \sin 45°}$ mm $= 124$ mm。

2）A 点两棱线实长 l_1、$l_2 = \sqrt{\left(\dfrac{c_1}{2} \mp f\right)^2 + \left(\dfrac{a_1}{2} - e - b_1 \sin 45°\right)^2 + H^2}$ （俯视图）

$$l_1 = \sqrt{\left(\frac{416}{2}-40\right)^2 + \left(\frac{676}{2}-150-124\times\sin45°\right)^2 + 480^2}\, \text{mm} = 518\text{mm}。$$

$$l_2 = \sqrt{\left(\frac{416}{2}+40\right)^2 + \left(\frac{676}{2}-150-124\times\sin45°\right)^2 + 480^2}\, \text{mm} = 550\text{mm}。$$

3）B 点两棱线实长 l_3、$l_4 = \sqrt{\left(\frac{c_1}{2}+f-b_1\sin45°\right)^2 + \left(\frac{a_1}{2}\mp e\right)^2 + H^2}$

$$l_3 = \sqrt{\left(\frac{416}{2}+40-124\times\sin45°\right)^2 + \left(\frac{676}{2}-150\right)^2 + 480^2}\, \text{mm} = 540\text{mm}。$$

$$l_4 = \sqrt{\left(\frac{416}{2}+40-124\times\sin45°\right)^2 + \left(\frac{676}{2}+150\right)^2 + 480^2}\, \text{mm} = 703\text{mm}。$$

4）C 点两棱线实长 l_5、$l_6 = \sqrt{\left(\frac{c_1}{2}\mp f\right)^2 + \left(e+\frac{a_1}{2}-b\sin45°\right)^2 + H^2}$

$$l_5 = \sqrt{\left(\frac{416}{2}-40\right)^2 + \left(150+\frac{676}{2}-124\times\sin45°\right)^2 + 480^2}\, \text{mm} = 647\text{mm}。$$

$$l_6 = \sqrt{\left(\frac{416}{2}+40\right)^2 + \left(150+\frac{676}{2}-124\times\sin45°\right)^2 + 480^2}\, \text{mm} = 672\text{mm}。$$

5）D 点两棱线实长 l_7、$l_8 = \sqrt{\left(\frac{c_1}{2}-f-b_1\sin45°\right)^2 + \left(\frac{a_1}{2}\mp e\right)^2 + H^2}$

$$l_7 = \sqrt{\left(\frac{416}{2}-40-124\times\sin45°\right)^2 + \left(\frac{676}{2}-150\right)^2 + 480^2}\, \text{mm} = 522\text{mm}。$$

$$l_8 = \sqrt{\left(\frac{416}{2}-40-124\times\sin45°\right)^2 + \left(\frac{676}{2}+150\right)^2 + 480^2}\, \text{mm} = 689\text{mm}。$$

（2）切断计算

各棱线实长计算同折弯计算。

1）三角形 AEF 尺寸：$c_1\times l_1\times l_2 = 416\text{mm}\times518\text{mm}\times550\text{mm}。$

2）三角形 DEH 尺寸：$a_1\times l_7\times l_8 = 676\text{mm}\times522\text{mm}\times689\text{mm}。$

3）三角形 CHG 尺寸：$c_1\times l_5\times l_6 = 416\text{mm}\times647\text{mm}\times672\text{mm}。$

4）三角形 BGF 尺寸：$a_1\times l_3\times l_4 = 676\text{mm}\times540\text{mm}\times703\text{mm}。$

5）三角形 ADE 尺寸：$b_1\times l_1\times l_7 = 124\text{mm}\times518\text{mm}\times522\text{mm}。$

6）三角形 CDH 尺寸：$b_1\times l_5\times l_8 = 124\text{mm}\times647\text{mm}\times689\text{mm}。$

7）三角形 BCG 尺寸：$b_1\times l_4\times l_6 = 124\text{mm}\times703\text{mm}\times672\text{mm}。$

8）三角形 BAF 尺寸：$b_1\times l_2\times l_3 = 124\text{mm}\times550\text{mm}\times540\text{mm}。$

式中　a_1、b_1、c_1——各边里皮长（mm）；

　　　　　e——横向偏心（mm）；

　　　　　f——纵向偏心（mm）；

　　　　　H——上下端口的垂直高（mm）；

　　　　　$\mp$——用在 l_n 上，单序号用" $-$ "，双序号用" $+$ "。

3. 折弯展开图的画法（见图 5-87）

由于本例的板较厚，为 12mm，一般都不用折弯的方法成形，而是用切断的方法组对成形。

用三角形法作折弯展开。

1）作一线段 HG，使其长度 $c_1 = 416$mm，分别以两端点 H、G 为圆心，以 $l_5 = 647$mm、$l_6 = 672$mm 为半径画弧得交点 C。

2）再以 C、H、G 点为圆心，以 $b_1 = 416$mm、$l_8 = 689$mm、$l_4 = 703$mm 为半径画弧得交点 B、D。

3）同法画出其他大小三角形。

4. 切断展开图的画法（见图5-88）

因为本例板较厚，所以常采用此法。

本例用三角形作展开，作法同折弯画法。

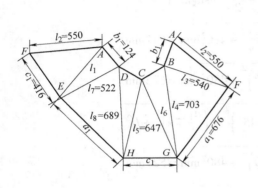

图5-87　折弯展开图（在压力机上压弯）

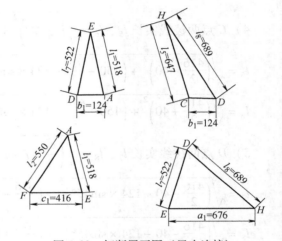

图5-88　切断展开图（里皮连接）

5. 说明

（1）折弯展开料的压制方法

1）作出上下胎，在500t以上压力机上压制。

2）由外向内沿棱线压制。

3）在压制过程中，随时用90°内卡样板检查两端口的角度；不是内部两板间的角度，遵循宁欠勿过的原则，由浅入深进行。

4）点焊对口时要用小疤，为矫正提供方便。

5）量取两端口的对角线是否相等，若有误差，大端可用倒链，从内部拉长的对角线，短对角线便会增长，小端可用压杠法从外部压对角线长的平面，短对角线便会增长，以两对角线等长为合格。

（2）切断展开料的组对方法

1）在平台上放出实形，使外皮尺寸为 700mm$\times440$mm，并按线在外侧定位焊限位铁。

2）将四大板立放于限位铁内，并用小疤与限位铁点焊连接。

3）将四小板插于应在的空间，若间隙有误差时，可通过压下或掀起大板调节，待各板间隙均匀后点焊固定。

4）量取大小端口的对角线是否相等，若不等，可参阅上述折弯展开料的矫正方法。

5）焊接前要进行刚性固定，以防变形。

二十二、正十字形方矩锥管料计算（见图5-89）

如图5-90所示为风机与收尘箱体连接管施工图，图5-91所示为计算原理图。

图5-89 立体图

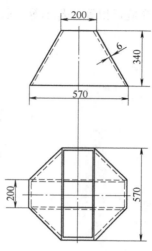

图5-90 正十字形方矩锥管

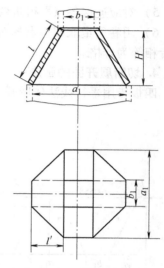

图5-91 计算原理图

1. 板厚处理

（1）折弯计算 本例板厚6mm，要用较大的压力才能保证棱线为清角，按里皮处理的原理为尖角镦压理论，高按两端口里皮间垂直距离计算料长。

（2）切断计算 前后板按里皮，左右板按外皮，按整搭连接。

2. 下料计算

（1）折弯计算

任一侧板中线长 $l = \sqrt{\left(\dfrac{a_1 - b_1}{2}\right)^2 + H^2}$（俯视图）

$$= \sqrt{\left(\frac{558 - 188}{2}\right)^2 + 340^2} \, \text{mm} = 395 \, \text{mm}。$$

（2）切断计算

左右板尺寸：$l \times a \times b = 395\,\text{mm} \times 570\,\text{mm} \times 200\,\text{mm}$。

前后板尺寸：$l \times a_1 \times b_1 = 395\,\text{mm} \times 558\,\text{mm} \times 188\,\text{mm}$。

式中　a_1、b_1——里皮长（mm）；

　　　a、b——外皮长（mm）；

　　　H——两端口垂直高（mm）。

3. 折弯展开图的画法（见图5-92）

用平行线法作展开。

1）作两条平行线，其间距为 $l = 395\,\text{mm}$。

2）作两平行的垂线，此线为一侧板的中线，与平行线得交点。

3）以上交点为原点，向右依次截取 $\frac{b_1}{2}$、a_1、b_1、a_1、$\frac{b_1}{2}$ 得各点。

4）以下交点为原点，向右依次截取 $\frac{a_1}{2}$、b_1、a_1、b_1、$\frac{a_1}{2}$ 得各点。

5）对应连接各点即得折弯展开图。

6）用卷尺量取四角点的对角线，看是否相等，若不等，长者缩一点，短者增一点，至两者相等为合格。

4. 切断展开图的画法

四板皆用平行线法作展开，此略。

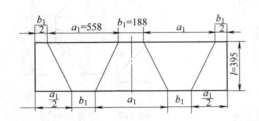

图 5-92　折弯展开图（折弯机折弯）

左、右板

前、后板

图 5-93　切断展开图（整搭）

5. 说明

（1）折弯展开料的压制方法

1）由于板较厚，要作上下胎具，在 500t 以上的压力机上进行压制。

2）在压制过程中，用 90°内卡样板检查两端口端面的角度为 90°，而不是两板内部的角度，稍欠或稍过都为不合格。

3）点焊对口纵缝时要用小疤，为下一步矫正提供方便。

4）量取两端口对角线是否相等，若有误差，可用倒正丝调节之，拉长的对角线，短对角线便会增长。

（2）切断展开料的组对方法

1）在平台上放实样，使外皮尺寸为 570mm × 200mm，并在线外点焊限位铁。

2）先将前后板与限位铁点焊，并量取上端口两板的外皮距离为 200mm。

3）再将左右板放入前后板两端头，以整搭的形式盖住前后板，间隙合适后小疤点焊。

4）量取两端口对角线是否相等，其处理方法同上，此略。

二十三、双偏心十字形方矩锥管料计算（见图 5-94）

如图 5-95 所示为除尘器与引风机连接管施工图，图 5-96 为计算原理图。

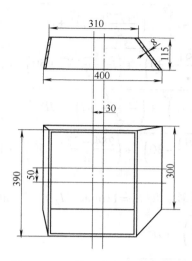

图 5-94 立体图　　　图 5-95 双偏心十字形方矩锥管

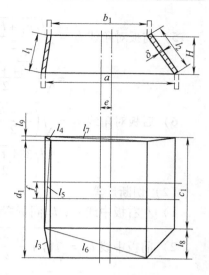

图 5-96　计算原理图

1. 板厚处理

（1）折弯计算　本例板厚 8mm，要在压力机上压制才能保证棱部的清角，按里皮计算料长，原理为尖角镦压理论，高按两端口里皮间垂直距离计算料长。

（2）切断计算　前后板按里皮，左右板按外皮，按整搭连接。

2. 下料计算

（1）折弯计算

1）左右板中线 l_1、$l_2 = \sqrt{\left(\dfrac{a_1 - b_1}{2} \mp e\right)^2 + H^2}$（主视图）

$$l_1 = \sqrt{\left(\frac{384 - 294}{2} - 30\right)^2 + 115^2} \, \text{mm} = 116 \text{mm}$$

$$l_2 = \sqrt{\left(\frac{384 - 294}{2} + 30\right)^2 + 115^2} \, \text{mm} = 137 \text{mm}$$

2）左板棱线 $l_3 = \sqrt{\left(\dfrac{a_1 - b_1}{2} - e\right)^2 + \left(f + \dfrac{d_1 - c_1}{2}\right)^2 + H^2}$

$$= \sqrt{\left(\frac{384 - 294}{2} - 30\right)^2 + \left(50 + \frac{374 - 284}{2}\right)^2 + 115^2} \, \text{mm} = 150 \text{mm}。$$

3）左板棱线 $l_4 = \sqrt{\left(\dfrac{a_1 - b_1}{2} - e\right)^2 + \left(f + \dfrac{c_1 - d_1}{2}\right)^2 + H^2}$

$$= \sqrt{\left(\frac{384 - 294}{2} - 30\right)^2 + \left(50 + \frac{284 - 374}{2}\right)^2 + 115^2} \, \text{mm} = 116 \text{mm}。$$

4）左板对角线 $l_5 = \sqrt{\left(\dfrac{a_1 + b_1}{2} - e\right)^2 + \left(\dfrac{d_1 + c_1}{2} - f\right)^2 + H^2}$

$$= \sqrt{\left(\frac{384 - 294}{2} - 30\right)^2 + \left(\frac{374 + 284}{2} - 50\right)^2 + 115^2} \, \text{mm} = 302 \text{mm}。$$

5）前板对角线 $l_6 = \sqrt{\left(\dfrac{a_1+b_1}{2}-e\right)^2+\left(\dfrac{d_1-c_1}{2}+f\right)^2+H^2}$

$$= \sqrt{\left(\dfrac{384+294}{2}-30\right)^2+\left(\dfrac{374-284}{2}+50\right)^2+115^2}\,\text{mm} = 343\text{mm}。$$

6）后板对角线 $l_7 = \sqrt{\left(\dfrac{a_1+b_1}{2}-e\right)^2+\left(\dfrac{c_1-d_1}{2}+f\right)^2+H^2}$

$$= \sqrt{\left(\dfrac{384+294}{2}-30\right)^2+\left(\dfrac{284-374}{2}+50\right)^2+115^2}\,\text{mm} = 330\text{mm}。$$

（2）切断计算

1）左右板中线 l_1、l_2 同折弯计算，即 $l_1 = 116\text{mm}$，$l_2 = 137\text{mm}$。

2）前板中线 $l_8 = \sqrt{\left(f+\dfrac{d_1-c_1}{2}\right)^2+H^2}$

$$= \sqrt{\left(50+\dfrac{374-284}{2}\right)^2+115^2}\,\text{mm} = 149\text{mm}。$$

3）后板中线 $l_9 = \sqrt{\left(f+\dfrac{c_1-d_1}{2}\right)^2+H^2}$

$$= \sqrt{\left(50+\dfrac{284-374}{2}\right)^2+115^2}\,\text{mm} = 115\text{mm}。$$

4）左板尺寸：$l_1 \times f \times c \times d = 116\text{mm} \times 50\text{mm} \times 300\text{mm} \times 390\text{mm}$。

5）右板尺寸：$l_2 \times f \times c \times d = 137\text{mm} \times 50\text{mm} \times 300\text{mm} \times 390\text{mm}$。

6）前板尺寸：$l_8 \times e \times a_1 \times b_1 = 149\text{mm} \times 30\text{mm} \times 384\text{mm} \times 294\text{mm}$。

7）后板尺寸：$l_9 \times e \times a_1 \times b_1 = 115\text{mm} \times 30\text{mm} \times 384\text{mm} \times 294\text{mm}$。

式中　a_1、b_1——里皮长（mm）；

　　　c、d——外皮长（mm）；

　　　　　e——横向偏心（mm）；

　　　　　f——纵向偏心（mm）；

　　　　　H——垂直高（mm）；

　　　"∓"——左板用"−"，右板用"+"。

3. 折弯展开图的画法（见图 5-97）

1）画两条平行线段，使其间距为 $l_2 = 137\text{mm}$，偏心距 $f = 50\text{mm}$，上边分中全长 $d_1 = 374\text{mm}$，下边分中全长 $c_1 = 284\text{mm}$，连四个端点便得出右板折弯展开图。

2）再画前板：以右板左边两端点为圆心，分别以 $l_6 = 343\text{mm}$、$a_1 = 384\text{mm}$、$b_1 = 294\text{mm}$、$l_3 = 150\text{mm}$ 为半径，依次连续画弧得交点，连接交点即得前板折

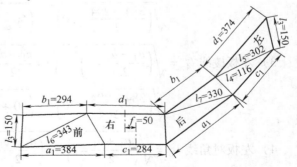

图 5-97　折弯展开图（用压力机压制）

弯展开图。

3）同法，用三角形法画出后板和左板折弯展开图。

4. 切断展开图的画法（见图 5-98）

1）用平行线法画左板切断展开图：画两条平行线段，使其间距 $l_1 = 116\text{mm}$，两端口偏心距 $f = 50\text{mm}$，分中后的长为 $d = 390\text{mm}$ 和 $c = 300\text{mm}$，连接四个端点即得左板切断展开图。

2）同法画出其他三板切断展开图。

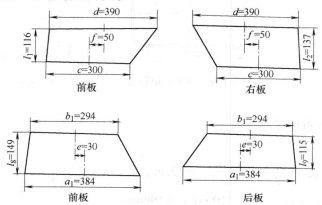

图 5-98　切断展开图（整搭）

5. 说明

（1）折弯展开料的压制方法

1）本例板厚 8mm，要用 500t 以上压力机在上下胎上压制。

2）全料要反曲压制，即展开料上所画的线在外面。

3）从外两端向内进行压制。

4）每压一条棱线，要用 90° 内卡样板检查板端口的角度是否为 90°，注意不是内部角度，稍欠或稍过皆为不合格。

5）点焊对口纵缝时，要用小焊疤，为下步矫正提供方便。

6）量取两端口的对角线是否相等，若不等，就是端口的直角度有误差，可用压杠法压长对角线棱，短对角线便会增长，至相等为合格。

（2）切断展开料的组对方法

1）本例为整搭组对，即左右板整搭前后板，故左右板为外皮尺寸，前后板为里皮尺寸。

2）在平台上放出实样，使外皮尺寸为 400mm×300mm，在线外点焊限位铁。

3）先将前后板放于应在的位置，并与限位铁点焊相连。

4）再将左右板盖住前后板，间隙均匀后用小疤在外侧点焊。

5）保持两端口对角线相等为合格，方法同上。

二十四、带圆角矩形盒料计算（见图 5-99）

如图 5-100 所示为球磨机下用的油盘施工图，图 5-101 为计算原理图。

1. 板厚处理

本例用 2mm 的碳钢板制作，故不考虑板厚因素。

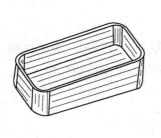

图 5-99　立体图

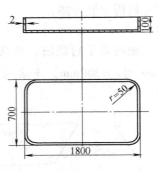

图 5-100　带圆角矩形盒

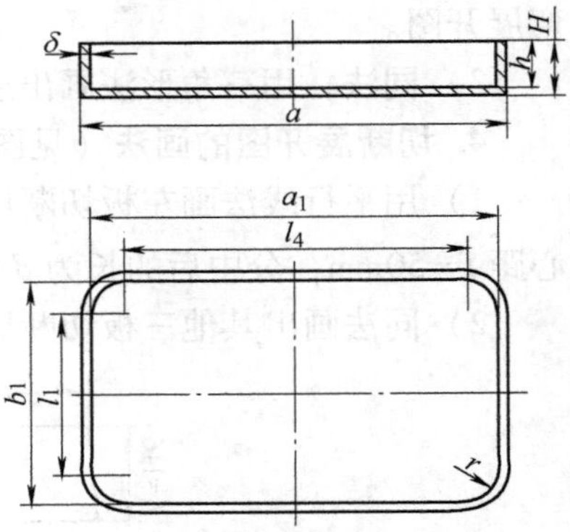

图 5-101　计算原理图

2. 下料计算

本例只按折弯下料计算

（1）短端

1）圆角内皮弧长 $s = \dfrac{\pi r}{2} = \dfrac{\pi \times 50 \text{mm}}{2} = 79 \text{mm}$。

2）直段长 $l_1 = b_1 - 2r = (696 - 100) \text{mm} = 596 \text{mm}$。

3）短边长 $l_2 = l_1 + s = (596 + 79) \text{mm} = 675 \text{mm}$。

4）外沿宽 $l_3 = b_1 + 2h = (696 + 2 \times 98) \text{mm} = 892 \text{mm}$。

（2）长端

1）直边长 $l_4 = a_1 - 2r = (1796 - 100) \text{mm} = 1696 \text{mm}$。

2）长边长 $l_5 = l_4 + s = (1695 + 79) \text{mm} = 1775 \text{mm}$。

3）外沿宽 $l_6 = a_1 + 2h = (1796 + 2 \times 98) \text{mm} = 1992 \text{mm}$。

式中　h——立边里皮高（mm）；

　　　a、b——外皮尺寸（mm）；

　　　a_1、b_1——里皮尺寸（mm）；

　　　H——立边外皮高（mm）。

3. 折弯展开图的画法（见图 5-102）

1）画出一个矩形，尺寸为 1796mm × 696mm。

2）在四个角，用 $r = 50 \text{mm}$ 画出四个圆角与四边相切。

3）在长、短边各平行加出四个矩形，使其宽度为 $h = 98 \text{mm}$，正分中长度分别为 $l_5 = 1775 \text{mm}$ 和 $l_2 = 675 \text{mm}$，即得折弯展开图。

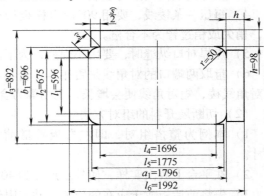

图 5-102　折弯展开图（折弯机折弯）

4. 说明

折弯方法：

1）在折弯机上将长短边的 $h = 98 \text{mm}$ 折至 90°。

2）用 $r' \approx 30 \text{mm}$ 的圆管立于四角部作砧用，用平锤将 $\dfrac{s}{2} = 39.5 \text{mm}$ 段弯曲合扰并点焊。

3）用氩弧焊将角部满焊。

二十五、油盘料计算

在车床下承接润滑油和润滑液的长方形敞口盘叫油盘，此盘角部由三部分组成，即锥台、球面和平面扇形，要使三者有机地结合在一起，关键就是采用正确的展开半径和纬圆半径。如图5-103所示为一油盘的施工图。

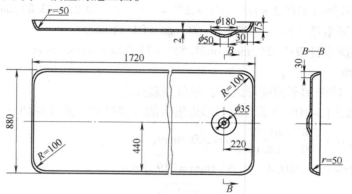

图5-103 油盘

1. 板厚处理

本例虽然规格较大，但板很薄，只有2mm，板厚处理可任意选用，按外、内、中皆可，图5-103中角部标注的都是内皮 $R = 100mm$，那就全部按里皮。

如图5-104所示为油盘角部分析图。

2. 角部各数据计算

1）在直角三角形 ACB 中

因为 $\angle BAC = \arctan\dfrac{28}{73} = 20.98°$

所以 $AB = \dfrac{BC}{\sin\angle BAC} = \dfrac{28mm}{\sin 20.98°}$
$= 78.2mm$。

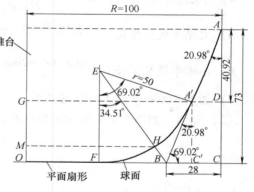

图5-104 角部分析图（按里皮）

2）在直角三角形 $A'C'B$ 中
$\angle A'BC' = 90° - 20.98° = 69.02°$。

3）在四边形 $EA'BF$ 中

因为 $\angle EFA' = 69.02°$（互补角）

所以 $\angle BEA' = 34.51°$（$\triangle EFB$ 与 $\triangle EA'B$ 全等）

所以 $\overset{\frown}{A'F} = \dfrac{\pi \times 50mm \times 69.02°}{180°} = 60.23mm$。

4）在直角三角形 $EA'B$ 中

因为 $A'B = 50mm \times \tan 34.51° = 34.38mm$

所以 $A'C' = 34.38mm \times \cos 20.98° = 32mm$

所以 $AA' = （78.2 - 34.38）\text{mm} = 43.82\text{mm}$。

5）在直角三角形 ADA' 中

因为 $A'D = 43.82\text{mm} \times \sin20.98° = 15.69\text{mm}$

所以 $AD = \dfrac{15.69\text{mm}}{\tan20.98°} = 40.92\text{mm}$。

6）$OF = （100 - 28 - 34.38）\text{mm} = 37.62\text{mm}$。

7）圆角的累计展开半径 $R = OF + A'F + AA' = （37.62 + 60.23 + 43.82）\text{mm} = 141.67\text{mm}$。

8）A' 点的纬圆半径 $A'G' = （100 - 15.69）\text{mm} = 84.31\text{mm}$。

9）H 点的纬圆半径 $HM = 50\text{mm} \times \sin34.51° + 37.62\text{mm} = 65.95\text{mm}$。

3. 角部展开料

角部由锥台、球面和平面扇形组成，故分别叙述之。

（1）锥台　如图 5-105 所示为角部形成锥台的具体尺寸，并计算如下。

1）整锥台高 $H = \dfrac{200 \times 40.92}{200 - 168.62}\text{mm} = 260.8\text{mm}$。

2）小端锥台高 $h = （260.8 - 40.92）\text{mm} = 219.9\text{mm}$。

3）整锥台展开半径 $R_1 = \sqrt{260.8^2 + \left(\dfrac{400}{2}\right)^2}\text{mm} = 279.31\text{mm}$。

4）小端锥台展开半径 $R_2 = \dfrac{219.9 \times 279.31}{260.8}\text{mm} = 235.51\text{mm}$。

5）大端半展开弧长 $s_1 = \dfrac{\pi \times 200\text{mm}}{8} = 78.54\text{mm}$。

6）小端半展开弧长 $s_2 = \dfrac{\pi \times 168.62\text{mm}}{8} = 66.22\text{mm}$

7）如图 5-106 所示为角部展开图。

（2）球面　如图 5-107 所示为角部形成球体的具体尺寸，并计算如下。

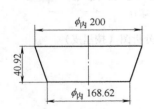

图 5-105　角部形成的锥台

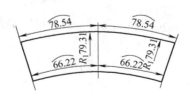

图 5-106　角部锥台展开图

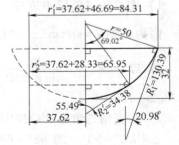

图 5-107　角部形成的球体（按里皮）

1）大端展开半径 $R'_1 = 50\text{mm} \times \tan69.02° = 130.39\text{mm}$。

2）大端纬圆半径 $r_1 = 130.39\text{mm} \times \sin20.98° = 46.69\text{mm}$。

3）大端加平面扇形部分的纬圆半径 $r'_1 = 46.69 + 37.62 = 84.31\text{mm}$。

4）中端展开半径 $R'_2 = 50\text{mm} \times \tan34.51° = 34.38\text{mm}$。

5）中端纬圆半径 $r_2 = 34.38\text{mm} \times \sin55.49° = 28.33\text{mm}$。

6）中端加平面扇形部分的纬圆半径 $r'_2 = （37.62 + 28.33）\text{mm} = 65.95\text{mm}$。

7）如图 5-108 所示为角部球体展开图，从中间剪开，以备作展开图用。下面计算用弦长、弦高定展开图轮廓点的有关数据：

① 大端半弧长 $s_1' = \dfrac{\pi \times 84.31\,\mathrm{mm}}{4} = 66.22\,\mathrm{mm}$。

② 中端半弧长 $s_2' = \dfrac{\pi \times 69.95\,\mathrm{mm}}{4} = 51.8\,\mathrm{mm}$。

③ 小端半弧长 $s_3' = \dfrac{\pi \times 37.62\,\mathrm{mm}}{4} = 29.55\,\mathrm{mm}$。

④ 大端弧长所对应的展开料包角 $\alpha_1 = 180° \times 66.22/(\pi \times 130.39) = 29.098°$。

⑤ 大端弧长的对应的弦长 $B_1 = 130.39\,\mathrm{mm} \times \sin 29.098° = 63.41\,\mathrm{mm}$。

⑥ 弦长所对应的弦高 $h_1 = 130.39\,\mathrm{mm} \times (1 - \cos 29.098°) = 16.46\,\mathrm{mm}$。

⑦ 中端弧长所对应的展开料包角 $\alpha_2 = 180° \times 51.8/(\pi \times 34.38) = 86.327°$。

⑧ 中端弧长所对应的弦长 $B_2 = 34.38\,\mathrm{mm} \times \sin 86.327° = 34.31\,\mathrm{mm}$。

⑨ 弦长所对应的弦高 $h = 34.38\,\mathrm{mm} \times (1 - \cos 86.327°) = 32.18\,\mathrm{mm}$。

⑩ 小端弧长所对应的展开料包角 $\alpha_3 = 180° \times 29.55/(\pi \times 37.62) = 45°$。

⑪ 小端弧长所对应的弦长 $B_3 = 37.62\,\mathrm{mm} \times \sin 45° = 26.6\,\mathrm{mm}$。

⑫ 弦长所对应的弦高 $h_3 = 37.62\,\mathrm{mm} \times (1 - \cos 45°) = 11\,\mathrm{mm}$。

（3）平面扇形　角部结构由锥台到球体到矩形的平底，必须有一个过渡段，这个过渡段就是平面扇形，其扇形半径为 37.62mm。

（4）角部展开图　此油盘的展开可分为角度有焊缝和无焊缝两种展开形式，具体采用哪一种要视产品数量和本厂的实际条件定，下面按两种形式叙述之。

1）角部有焊缝：如图 5-109 所示为角部有焊缝的精确展开图，用压力机压制或手工槽制出设计的弧度后焊接成形，不需要加余量，焊接成形后打磨至圆滑平整。作展开样板过程如下。

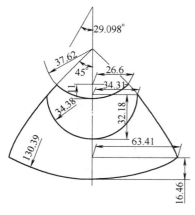

图 5-108　角部球体展开图

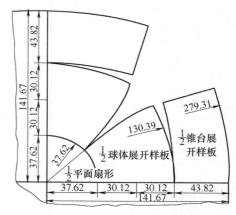

图 5-109　精确的有焊缝的角部展开图

① 作出直角轮廓线。

② 在两直角边上分别截取 37.62mm、30.12mm、30.12mm 和 43.82mm，全长为 141.67mm。

③ 用锥台的半展开样板对正直角边上的 43.82mm，画出锥台的展开图。

④ 用球体的半展开样板对正直角边上的 37.62mm、30.12mm 和 30.12mm，画出球面的展开图。

⑤ 将多余部分切掉，便作出角部展开样板。

2）角部无焊缝：如图 5-110 所示为角部无焊缝的展开图，从图中可看出，$P_累$ = 141.67mm 为累计展开半径，以此展开半径下出的角部料，成形后角部上沿会出现凹下的情况，即常说的缺肉；用 $P_切$ = 279.31mm 为半径下出的料，成形后角部上沿会出现凸起的现象，后者比前者要好处理得多，待压制成形后，整体划线切去多余的部分，便可得到一个无焊缝的整体油槽，此油槽可用浇铸的整体胎在压力机上压出。

此展开图是累计展开半径与切线展开半径结合使用的范例。

（5）矩形平板（不包括平面扇形）的展开尺寸（1720 − 4 + 200）mm ×（880 − 4 + 200）mm = 1916mm × 1076mm。

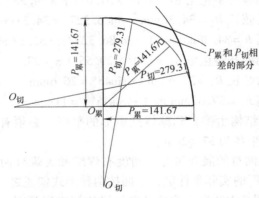

图 5-110　近似的无焊缝的角部展开图（只大不小）

（$P_切$ 为圆锥台展开半径）

第六章 方圆连接管

本章主要介绍方圆连接管料计算,通过列举典型实例,如两端口平行、垂直、相交;正心、单偏心、双偏心,以启发读者了解方圆连接管料计算方法。

计算基准:方按里皮,圆按中径,高按圆端中心径点至方端里皮点间垂直距离。

前章方矩锥管按折弯计算和切断计算两种不同计算方法叙述,本章不存在四种连接形式,不存在两种展开计算,只按折弯计算叙述,如果因板较厚或大规格,可分成几瓣下料。

方圆连接管由于形体多棱、空间位置多变,一般用薄板,也有用较厚板的,但很少,所以不论折弯或切断计算料长,都按里皮,组焊出的构件几何尺寸都能在允差范围,折弯计算按里皮的原理为尖角镦压理论。

画展开图时,用交规法截取圆端弦长 y,与过渡线得交点,但 y 值是弦长而不是弧长,总弧长很可能小于实际弧长,所以截取时应稍加大为合理,最后量取总弧长以验证之。过渡线经过了曲面,投影长不是真正的投影长,实长当然也不是真正实长,所以截取过渡线时,应稍大为合理。

一、正心方圆连接管料计算 (见图 6-1)

例1 图 6-2 所示为一正心锥形方圆连接管施工图,图 6-3 所示为其计算原理图。

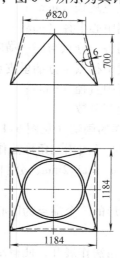

图 6-2 正心锥形方圆连接管

图 6-1 立体图

1. 板厚处理

计算料长时圆端按中径,方端按里皮,高按圆端中径点至方端里皮点间垂直距离计算料长。

2. 下料计算

1)任一实长过渡线 $l_n = \sqrt{\left(\dfrac{a_1}{2} - r\sin\beta_n\right)^2 + \left(\dfrac{a_1}{2} - r\cos\beta_n\right)^2 + H^2}$ (俯视图)

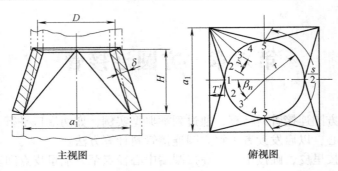

主视图　　　　俯视图

图 6-3　计算原理图

如 $l_3 = \sqrt{\left(\dfrac{1172}{2} - 407 \times \sin 45°\right)^2 + \left(\dfrac{1172}{2} - 407 \times \cos 45°\right)^2 + 700^2}\,\text{mm} = 817\text{mm}$

同理得：$l_1 = 930\text{mm}$，$l_2 = 848\text{mm}$，$l_4 = 848\text{mm}$，$l_5 = 930\text{mm}$。

2）任一平面三角形高的实长 $T = \sqrt{\left(\dfrac{a_1}{2} - r\right)^2 + H^2}$（俯视图）

$$= \sqrt{\left(\dfrac{1172}{2} - 407\right)^2 + 700^2}\,\text{mm} = 723\text{mm}。$$

3）圆端展开长 $s = \pi D = \pi \times 814\text{mm} = 2557\text{mm}$。

4）圆端每等分弦长 $y = D\sin\dfrac{180°}{m}$（俯视图）$= 814\text{mm} \times \sin\dfrac{180°}{16} = 159\text{mm}$。

式中　　a_1——方端里皮长（mm）；

　　　　r——圆端中心半径（mm）；

　　　　β_n——圆周各等分点与同一横向直径的夹角（°）；

　　　　H——圆端中径点至方端里皮点间垂直距离（mm）；

　　　　D——圆端中直径（mm）；

　　　　m——圆周等分数。

3. 折弯展开图的画法（见图 6-4）

1）本例折弯展开图用三角形法作。

2）画一线段 $a_1 = 1172\text{mm}$，分别以两端点为圆心，以 $l_1 = 930\text{mm}$ 为半径画弧，两弧交于 1 点。

3）以此三角形的三个端点为圆心，分别以 $y = 159\text{mm}$ 和 $l_2 = 848\text{mm}$ 为半径画弧，得交点 2（两个）。

4）连续用三角法作展开，便得出整个折弯展开图。

5）最后用卷尺盘取小端总弧长 s 是否等于 2557mm，若有误差需微调之。

4. 说明

（1）折弯展开料的压制方法

1）在压力机上，用放射胎压制。

2）压制时从外向内进行。

3）压制一小段后，小端用内卡样板 $r = 414\text{mm}$ 卡试圆端弧度，切记要注意放置样板的角度；大端用 90°内卡样板，只能卡试方端口的角度为 90°，稍小于 90°为合适，因为放弧要比上弧容易得多。

4）对接纵缝用小疤点焊。

5）量取圆端外皮直径是否等于 $\phi 820\text{mm}$，若有误差，可衬锤用力击打来调整。

6）量取方端对角线是否相等，若有误差，可用倒链拉长对角线，短对角线便会增长，至相等为合格。

7）若考虑到压制和组对有困难，可将上述展开料按 $\frac{1}{4}$ 切断，计算同折弯计算，此略。

$\frac{1}{4}$ 切断展开图如图 6-5 所示。

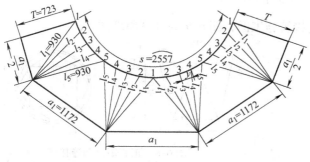

图 6-4 折弯展开图（压力机压制）

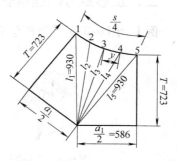

图 6-5 $\frac{1}{4}$ 切断展开图

（2） $\frac{1}{4}$ 切断展开料的组对方法

1）在平台放出实样，外皮尺寸为 1184mm×1184mm，并按线外点焊限位铁。

2）将 $\frac{1}{4}$ 板按线立放于实样上并与限位铁点焊，同法点焊其他三板。

3）拆离平台后，量取圆端和方端尺寸，有误差时可用同上法处理。

4）焊前要刚性固定，以防变形。

例 2 如图 6-6 所示为正心等径方圆连接管施工图。

1. 板厚处理

同例 1。

2. 下料计算

1）任一实长过渡线 $l_n = \sqrt{\left(\dfrac{a_1}{2} - r\sin\beta_n\right)^2 + \left(\dfrac{a_1}{2} - r\cos\beta_n\right)^2 + H^2}$ （俯视图）

如 $l_2 = \sqrt{(244 - 247 \times \sin 22.5°)^2 + (244 - 247 \times \cos 22.5°)^2 + 500^2}\,\text{mm} = 522\text{mm}$。
同理得：$l_1 = l_5 = 556\text{mm}$，$l_4 = 522\text{mm}$，$l_3 = 510\text{mm}$。

2）任一平面三角形高的实长 $T = H = 500\text{mm}$。

3）圆端展开长 $s = \pi D = \pi \times 494\text{mm} = 1552\text{mm}$。

4）圆端每等分弦长 $y = D\sin\dfrac{180°}{m}$ （俯视图）

$$= 494\text{mm} \times \sin\frac{180°}{16} = 96.38\text{mm}。$$

折弯展开图的画法同例 1。

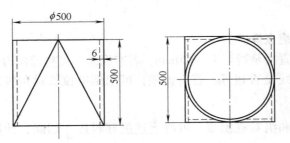

图 6-6　正心等径方圆连接管

二、正心矩方圆连接管料计算（见图6-7）

例1　图6-8所示为料仓至绞刀连接管施工图，图6-9为计算原理图。

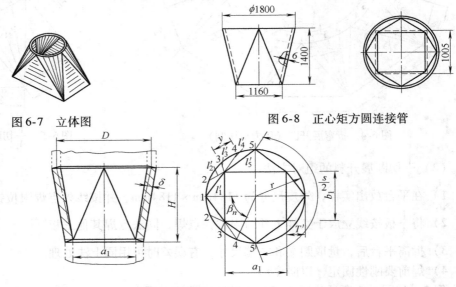

图 6-7　立体图

图 6-8　正心矩方圆连接管

图 6-9　计算原理图

1. 板厚处理

圆端按中径、方端按里皮计算料长，高按圆端中径点至方端里皮点间垂直距离计算料长。

2. 下料计算

1）任一实长过渡线 $l_n = \sqrt{\left(\dfrac{b_1}{2} - r\sin\beta_n\right)^2 + \left(\dfrac{a_1}{2} - r\cos\beta_n\right)^2 + H^2}$

如 $l_4 = \sqrt{(496.5 - 897 \times \sin67.5°)^2 + (574 - 897 \times \cos67.5°)^2 + 1400^2}\,\text{mm} = 1457\text{mm}$

同理得：$l_1 = 1520\text{mm}$，$l_2 = 1431\text{mm}$，$l_3 = 1408\text{mm}$，$l_5 = 1565\text{mm}$。

2）任一平面三角形高的实长 $T = \sqrt{\left(\dfrac{a_1}{2} - r\right)^2 + H^2}$ （俯视图）

$$= \sqrt{(574 - 897)^2 + 1400^2}\,\text{mm} = 1437\text{mm}。$$

3）圆端展开长 $s = \pi D = \pi \times 1794\text{mm} = 5636\text{mm}$。

4）圆端每等分弦长 $y = D\sin\dfrac{180°}{m}$ （俯视图） $= 1794\text{mm} \times \sin11.25° = 350\text{mm}$。

式中　a_1、b_1——里皮长（mm）；

　　　　　r——圆端中半径（mm）；

　　　　　β_n——圆周各等分点与同一横向直径的夹角（°）；

　　　　　H——圆端中径点至方端里皮点间垂直距离（mm）；

　　　　　D——圆端中直径（mm）；

　　　　　m——圆周等分数。

3. 折弯展开图的画法（见图6-10）

1）本例用三角形法作展开。

2）画一线段 $b_1 = 993$mm，分别以两端点为圆心，以 $l_1 = 1520$mm 为半径画一弧，两弧交于点1，分别把1点与两端点相连。

3）以上面三端点为圆心，以 $y = 350$mm、$l_2 = 1431$mm 为半径画弧，得交点2（两个）。

4）连续用三角形法作展开，便得出整个折弯展开图。

5）最后用卷尺盘取弧端总长 s 是否等于5636mm，若有误差微调之。

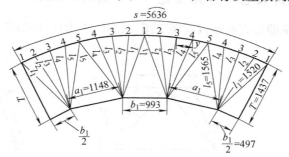

图6-10　折弯展开图（压力机压制）

4. 说明

折弯展开料的压制方法：

1）在压力机上用放射胎压制。

2）压制时从外向内进行。

3）压制一小段后，圆端用内卡样板 $r = 894$mm 卡试弧度（要注意样板的放置角度），方端用90°内卡样板卡试端口的角度是否为90°。

4）量取圆端外皮直径是否等于 $\phi1800$mm，若有误差，可衬大锤用力击打或倒链调节之。

5）量取方端对角线是否相等，若有误差，可用倒链或倒正丝调节之，至相等为合格。

6）若考虑到压制或组对有困难，可将上述展开料按 $\frac{1}{4}$ 切断。

例2　如图6-11所示为一矩形顶圆底下料斗施工图。

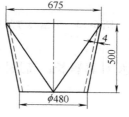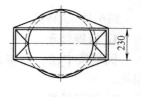

图6-11　正心矩方圆连接管

1）任一实长过渡线 $l_n = \sqrt{\left(\dfrac{b_1}{2} - r\sin\beta_n\right)^2 + \left(\dfrac{a_1}{2} - r\cos\beta_n\right)^2 + H^2}$

如 $l_3 = \sqrt{(111 - 238 \times \sin45°)^2 + (333.5 - 238 \times \cos45°)^2 + 500^2}\,\text{mm} = 530\text{mm}$

同理得：$l_1 = 521\text{mm}$，$l_2 = 513\text{mm}$，$l_4 = 566\text{mm}$，$l_5 = 614\text{mm}$。

2）任一平面三角形高的实长 $T = \sqrt{\left(r - \dfrac{b_1}{2}\right)^2 + H^2}$

$$= \sqrt{(238 - 111)^2 + 500^2}\,\text{mm} = 516\text{mm}。$$

3）圆端展开长 $s = \pi D = \pi \times 476\text{mm} = 1495\text{mm}$。

4）圆端每等分弦长 $y = D\sin\dfrac{180°}{m} = 476\text{mm} \times \sin11.25° = 93\text{mm}$。

折弯展开图从略。

三、单偏心方圆连接管料计算（之一）（见图6-12）

图6-13所示为一单偏心方圆连接管施工图，图6-14为计算原理图。

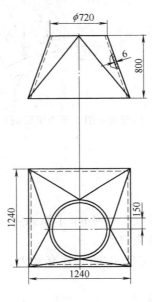

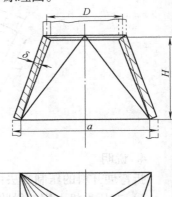

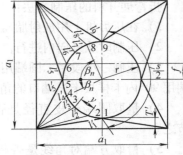

图6-12　立体图　　　　图6-13　单偏心方圆连接管　　　　图6-14　计算原理图

1. 板厚处理

圆端按中径、方端按里皮计算料长，高按圆端中径点至方端里皮点间垂直距离计算料长。

2. 下料计算

1）任一实长过渡线长 $l_n = \sqrt{\left(\dfrac{a_1}{2} \pm f - r\sin\beta_n\right)^2 + \left(\dfrac{a_1}{2} - r\cos\beta_n\right)^2 + H^2}$

如 $l_2 = \sqrt{(614 - 150 - 357 \times \sin67.5°)^2 + (614 - 357 \times \cos67.5°)^2 + 800^2}\,\text{mm} = 941\text{mm}$

$$l_8 = \sqrt{(614 + 150 - 357 \times \sin 67.5°)^2 + (614 - 357 \times \cos 67.5°)^2 + 800^2}\,\mathrm{mm} = 1028\mathrm{mm}$$

同理得：$l_1 = 1014\mathrm{mm}$，$l_3 = 1016\mathrm{mm}$，$l_4 = 1055\mathrm{mm}$，$l_{5短} = 960\mathrm{mm}$，$l_{5长} = 1136\mathrm{mm}$，$l_6 = 1056\mathrm{mm}$，$l_7 = 1016\mathrm{mm}$，$l_9 = 1087\mathrm{mm}$。

2）平面三角形高的实长 $T = \sqrt{\left(\dfrac{a_1}{2} - f - r\right)^2 + H^2}$（俯视图）

$$= \sqrt{(614 - 150 - 357)^2 + 800^2}\,\mathrm{mm} = 807\mathrm{mm}。$$

3）圆端展开长 $s = \pi D = \pi \times 714\mathrm{mm} = 2243\mathrm{mm}$。

4）圆端每等分弦长 $y = D\sin\dfrac{180°}{m} = 714\mathrm{mm} \times \sin\dfrac{180°}{16} = 139\mathrm{mm}$。

式中　a_1——里皮长（mm）；

f——纵向偏心（mm）；

r——圆端中心半径（mm）；

β_n——圆周各等分点与同一横向直径的夹角（mm）；

H——圆端中径点至方端里皮点间垂直距离（mm）；

D——圆端中直径（mm）；

m——圆周等分数；

$l_{5短}$、$l_{5长}$——分别指连接管偏短侧、偏长侧 l_5 的实长（mm）。

3. 折弯展开图的画法（见图 6-15）

1）本例折弯展开图采用三角形法画出。

2）画一线段 $a_1 = 1228\mathrm{mm}$，分别以两端点为圆心，以 $l_9 = 1087\mathrm{mm}$ 为半径画弧，两弧交于 9 点，连接 9 点与两端点。

3）分别以上面三端点为圆心，以 $y = 139\mathrm{mm}$、$l_8 = 1028\mathrm{mm}$ 为半径画弧，得交点 8（两个）。

4）向两端延伸，继续同法作图，便得出整个展开图。

5）最后用卷尺盘取总弧长 s 是否为 2243mm，若有误差，应微调之。

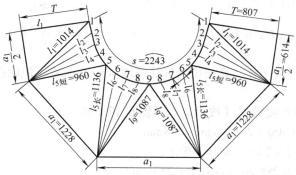

图 6-15　折弯展开图（压力机压制）

4. 说明

折弯展开料的压制方法：

1）在压力机上用放射胎压制。

2）压制时从外向内进行。

3）压制一小段后，圆端用内卡样板 $r = 354mm$ 卡试弧度，但要注意样板的放置角度；方端用 90°内卡样板卡试端口的角度是否为 90°；

4）量取圆端外皮直径是否等于 $\phi 720mm$，若有误差，可衬大锤用力击打或倒链调节之。

5）量取方端对角线是否相等，若不等，可用倒链或倒正丝调节之，至相等为合格。

6）若考虑到压制或组对有困难，可按 $\frac{1}{4}$ 切断。

四、单偏心方圆连接管料计算（之二）

图 6-16 所示为上圆仓至下圆仓下料管施工图，图 6-17 为放大的计算原理图。

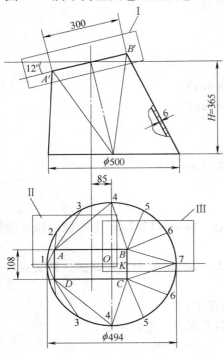

图 6-16 单偏心方圆连接管

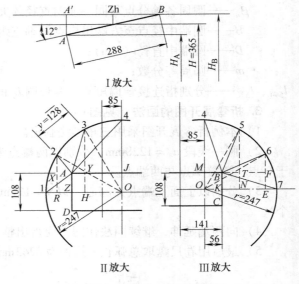

图 6-17 放大的计算原理图

1. 板厚处理

方端按里皮、圆端按中径、高按设计标注高度（虽有误差，但能在允差范围）。

2. 下料计算

1）上端矩方口的有关数据（按里皮，见图 6-17 Ⅰ 放大）：

① 上端口实长为 $(300 - 2 \times 6)mm = 288mm$

上端口实宽为 $(120 - 2 \times 6)mm = 108mm$。

② 上端口投影长为 $288mm \times \cos 12° = 282mm$

半投影长为 $282mm \div 2 = 141mm$。

③ 上端 A、B 点的实高

$H_A = (365 - 144 \times \sin 12°)mm = 335mm$

$H_B = (365 + 144 \times \sin 12°)mm = 395mm$

2）过渡线 $A1 \sim A4$ 的实长（见图 6-17 Ⅱ 放大）：用直角三角形法求实长。

① $A1$。

在直角三角形 $AZ1$ 中

因为 $OZ = (141 + 85) \text{mm} = 226\text{mm}$

$Z1 = (247 - 226) \text{mm} = 21\text{mm}$

所以 $A1 = \sqrt{Z1^2 + AZ^2 + H_A^2} = \sqrt{21^2 + 54^2 + 335^2}\,\text{mm} = 340\text{mm}$。

② $A2$。

在直角三角形 $2RO$ 中

因为 $R2 = O2 \times \sin30° = 247\text{mm} \times \sin30° = 124\text{mm}$

$X2 = R2 - XR = (124 - 54)\text{mm} = 70\text{mm}$

$AX = OR - OZ = 247\text{mm} \times \cos30° - (141 + 85)\ \text{mm} = 12\text{mm}$

所以 $A2 = \sqrt{AX^2 + X2^2 + H_A^2} = \sqrt{12^2 + 70^2 + 335^2}\,\text{mm} = 342\text{mm}$。

③ $A3$。

在直角三角形 $3HO$ 中

因为 $3H = O3 \times \sin60° = 247\text{mm} \times \sin60° = 214\text{mm}$

$3Y = 3H - YH = (214 - 54)\text{mm} = 160\text{mm}$

$OH = O3 \times \cos60° = 247\text{mm} \times \cos60° = 124\text{mm}$

$AY = OZ - OH = (141 + 85)\text{mm} - 124\text{mm} = 102\text{mm}$

所以 $A3 = \sqrt{AY^2 + 3Y^2 + H_A^2} = \sqrt{102^2 + 160^2 + 335^2}\,\text{mm} = 385\text{mm}$。

④ $A4$。

在直角三角形 $4JA$ 中

因为 $4J = O4 - OJ = (247 - 54)\text{mm} = 193\text{mm}$

$AJ = (141 + 85)\text{mm} = 226\text{mm}$

所以 $A4 = \sqrt{4J^2 + AJ^2 + H_A^2} = \sqrt{193^2 + 226^2 + 335^2}\,\text{mm} = 448\text{mm}$。

3）过渡线 $B4 \sim B7$ 的实长（见图 6-17 Ⅲ 放大）：用直角三角形法求实长。

① $B4$

在直角三角形 $4MB$ 中

因为 $MB = 56\text{mm}$，$M4 = O4 - OM = (247 - 54)\text{mm} = 193\text{mm}$

所以 $B4 = \sqrt{MB^2 + M4^2 + H_B^2} = \sqrt{56^2 + 193^2 + 395^2}\,\text{mm} = 443\text{mm}$。

② $B5$

在直角三角形 $ON5$ 中

因为 $N5 = O5 \times \sin60° = 247\text{mm} \times \sin60° = 214\text{mm}$

$T5 = N5 - NT = (214 - 54)\text{mm} = 160\text{mm}$

$ON = O5 \times \cos60° = 247\text{mm} \times \cos60° = 124\text{mm}$

$BT = ON - OK = (124 - 56)\text{mm} = 68\text{mm}$

所以 $B5 = \sqrt{T5^2 + BT^2 + H_B^2} = \sqrt{160^2 + 68^2 + 395^2}\,\text{mm} = 432\text{mm}$。

③ $B6$

在直角三角形 $OE6$ 中

因为 $E6 = O6 \times \sin 30° = 247\mathrm{mm} \times \sin 30° = 124\mathrm{mm}$

$F6 = E6 - EF = (124 - 54)\mathrm{mm} = 70\mathrm{mm}$

$OE = O6 \times \cos 30° = 247\mathrm{mm} \times \cos 30° = 214\mathrm{mm}$

$BF = OE - OK = (214 - 56)\mathrm{mm} = 158\mathrm{mm}$

所以 $B6 = \sqrt{F6^2 + BF^2 + H_B^2} = \sqrt{70^2 + 158^2 + 395^2}\,\mathrm{mm} = 431\mathrm{mm}$。

④ $B7$

在直角三角形 $BK7$ 中

因为 $K7 = O7 - OK = (247 - 56)\mathrm{mm} = 191\mathrm{mm}$

$BK = 54\mathrm{mm}$

所以 $B7 = \sqrt{K7^2 + BK^2 + H_B^2} = \sqrt{191^2 + 54^2 + 395^2}\,\mathrm{mm} = 442\mathrm{mm}$。

4）圆端每等分弦长 $\quad y = 2r\sin\dfrac{180°}{m} = 494\mathrm{mm} \times \sin\dfrac{180°}{12} = 128\mathrm{mm}$。

5）圆端展开长为 $2\pi r = 494\mathrm{mm} \times \pi = 1552\mathrm{mm}$（验证数据）。

6）对口实长（见图6-17Ⅲ放大）

$K7 = \sqrt{(O7 - OK)^2 + H_B^2} = \sqrt{(247 - 56)^2 + 395^2}\,\mathrm{mm} = 439\mathrm{mm}$。

3. 折弯展开图的画法（见图6-18）

用三角形法作展开。

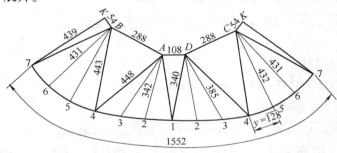

图6-18　折弯展开图

1）作线段 $AD = 108\mathrm{mm}$。

2）分别以 A、D 点为圆心，以 $340\mathrm{mm}$ 为半径画弧，两弧交于 1 点。

3）分别以点 1、A 为圆心，以 $128\mathrm{mm}$ 和 $342\mathrm{mm}$ 为半径画弧，两弧交于 2 点。同法向右侧延伸得 2 点。

4）分别以点 2、A 为圆心，以 $128\mathrm{mm}$ 和 $385\mathrm{mm}$ 为半径画弧，两弧交于 3 点。以此类推，便得到折弯展开图。

4. 说明

1）求过渡线实长的图解诀窍：过圆周上的各等分点作横轴的垂线，便得出两个直角三角形，一个含半径，一个含投影过渡线，通过解这两个直角三角形，便能求得实长。

2）求过渡线实长的计算诀窍：勾、股、对应高的平方和再开方，即得过渡线的实长。

五、单偏心方圆连接管料计算（之三）（见图6-19）

图6-20 所示为料仓至绞刀短节管施工图，图6-21 为计算原理图。

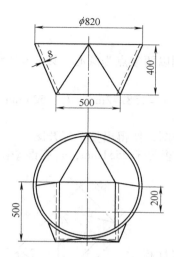

图 6-19　立体图　　　　　图 6-20　单偏心方圆连接管　　　　图 6-21　计算原理图

1. 板厚处理

圆端按中径、方端按里皮计算料长，高按圆端中径点至方端里皮点间垂直距离计算料长。

2. 下料计算

1）短侧任一实长过渡线 $l_n = \sqrt{\left(\dfrac{a_1}{2} + f - r\sin\beta_n\right)^2 + \left(\dfrac{a_1}{2} - r\cos\beta_n\right)^2 + H^2}$（俯视图）

如 $l_2 = \sqrt{(242 + 200 - 406 \times \sin 67.5°)^2 + (242 - 406 \times \cos 67.5°)^2 + 400^2}\,\text{mm} = 415\,\text{mm}$

同理得：$l_1 = 469\,\text{mm}$，$l_3 = 431\,\text{mm}$，$l_4 = 510\,\text{mm}$，$l_{5短} = 617\,\text{mm}$。

2）长侧任一实长过渡线 $l_n = \sqrt{\left(r\sin\beta_n + f - \dfrac{a_1}{2}\right)^2 + \left(\dfrac{a_1}{2} - r\cos\beta_n\right)^2 + H^2}$（俯视图）

如 $l_8 = \sqrt{(406 \times \sin 67.5° + 200 - 242)^2 + (242 - 406 \times \cos 67.5°)^2 + 400^2}\,\text{mm} = 528\,\text{mm}$

同理得：$l_{5长} = 434\,\text{mm}$，$l_6 = 436\,\text{mm}$，$l_7 = 471\,\text{mm}$，$l_9 = 593\,\text{mm}$。

3）对口实长 $T = \sqrt{\left(f + \dfrac{a_1}{2} - r\right)^2 + H^2}$（俯视图）

$$= \sqrt{\left(f + \dfrac{a_1}{2} - r\right)^2 + H^2} = \sqrt{(200 + 242 - 406)^2 + 400^2}\,\text{mm} = 402\,\text{mm}。$$

4）圆端每等分弦长 $y = D\sin\dfrac{180°}{m}$（俯视图）$= 812\,\text{mm} \times \sin\dfrac{180°}{16} = 158.42\,\text{mm}$。

5）圆端展开长　$s = \pi D = \pi \times 812\,\text{mm} = 2551\,\text{mm}$。

式中　a_1——里皮（mm）；

　　　f——纵向偏心（mm）；

　　　r——圆端中半径（mm）；

　　　β_n——圆周各等分点与同一横向直径的夹角（°）；

　　　H——方端里皮点至圆端中径点间距离（mm）；

$l_{5短}$、$l_{5长}$——分别指连接管偏短侧、偏长侧 l_5 的实长（mm）；

D——圆端中直径（mm）；

m——圆周等分数。

3. 展开图的画法（见图 6-22）

1）画一线段 $a_1 = 484\text{mm}$，分别以两端点为圆心，以 $y = 158.42\text{mm}$、$l_9 = 593\text{mm}$ 为半径画弧，两弧相交于点 9。

2）以上面三个端点为圆心，以 $y = 158.42\text{mm}$、$l_8 = 528\text{mm}$ 为半径画弧，得交点 8（两个）。

3）向两端延伸，继续用同法作图，便得出整个展开图。

4）最后用卷尺盘取总弧长 s 是否等于 2551mm，若有误差应微调之。

4. 说明

展开料的压制方法：

1）作放射胎在压力机上压制。

2）压制时从外向里进行。

3）压制一小端后，圆端用内卡样板 $r = 402\text{mm}$ 卡试弧度，但要注意样板的放置角度，方端用 90°内卡样板卡试端口的角度，以小于 90°为合适，因为放弧较上弧容易得多。

4）量取圆端外皮直径是否为 $\phi 820\text{mm}$，若有误差或有不圆滑的部位，

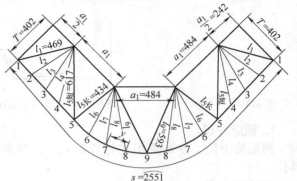

图 6-22　折弯展开图（压力机压制）

可用槽弧锤配大锤从内侧调节，本例由于圆端大于方端，也可以用压力机矫正。

5）量取方端对角线是否相等，若有误差，可用压杠法压长的对角线，短对角线便会增长，从而得以矫正。

6）由于本例板较厚，压制时可能难度较大，可考虑将上料切成 $\frac{1}{4}$。

六、单偏心方圆连接管料计算（之四）（见图 6-23）

图 6-24 所示为提升机至除尘器短节管，图 6-25 为计算原理图。

1. 板厚处理

圆端按中径、方端按里皮计算料长，高按圆端中径点至方端里皮点间垂直距离计算料长。

2. 下料计算

1）短侧任一实长过渡线 $l_n = \sqrt{\left(\dfrac{a_1}{2} - r\sin\beta_n\right)^2 + \left(\dfrac{a_1}{2} + e - r\cos\beta_n\right)^2 + H^2}$（俯视图）

如 $l_2 = \sqrt{(130 - 97 \times \sin30°)^2 + (130 + 215 - 97 \times \cos30°)^2 + 212^2}\,\text{mm} = 346\text{mm}$

同理得：$l_1 = 351\text{mm}$，$l_3 = 367\text{mm}$，$l_{4短} = 406\text{mm}$。

2）长侧任一实长过渡线 $l_n = \sqrt{\left(\dfrac{a_1}{2} - r\sin\beta_n\right)^2 + \left(e + r\cos\beta_n - \dfrac{a_1}{2}\right)^2 + H^2}$

如 $l_6 = \sqrt{(130 - 97 \times \sin30°)^2 + (215 + 97 \times \cos30° - 130)^2 + 212^2}\,\text{mm} = 283\text{mm}$

同理得：$l_{4长} = 231\text{mm}$，$l_5 = 255\text{mm}$，$l_7 = 308\text{mm}$。

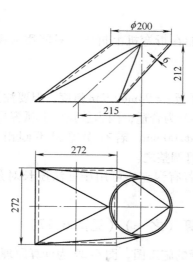

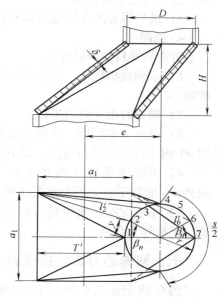

图 6-23　立体图　　　　图 6-24　单偏心方圆连接管　　　　图 6-25　计算原理图

3）平面三角形实高 $T = \sqrt{\left(e + \dfrac{a_1}{2} - r\right)^2 + H^2}$

$$= \sqrt{(215 + 130 - 97)^2 + 212^2}\,\text{mm} = 326\text{mm}。$$

4）圆端展开长 $s = \pi D = \pi \times 194\text{mm} = 610\text{mm}$。

5）圆端每等分弦长 $y = D\sin\dfrac{180°}{m} = 194\text{mm} \times \sin 15° = 50.2\text{mm}$。

式中　a_1——里皮长（mm）；

　　　r——圆端中半径（mm）；

　　　e——两端口横向偏心（mm）；

　　　β_n——圆周各等分点与同一横向直径的夹角（°）；

　　　H——方端里皮点至圆端中径点间距离（mm）；

　　　D——圆端中直径（mm）；

　　　m——圆周等分数；

$l_{4短}$、$l_{4长}$——分别指连接管偏短侧、偏长侧 l_4 的实长（mm）。

3. 折弯展开图的画法（见图 6-26）

1）本例用三角形法作折弯展开。

2）画一线段 $a_1 = 260\text{mm}$，分别以两端点为圆心，以 $l_7 = 308\text{mm}$ 为半径画弧，两弧交于点 7。

3）分别以上面三个端点为圆心，以 $y = 50.2\text{mm}$、$l_6 = 283\text{mm}$ 为半径画弧，得交点 6（两个）。

4）向两端延伸，继续用同法作

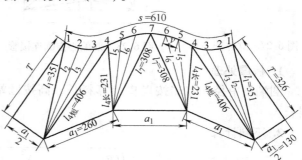

图 6-26　折弯展开图（手工槽制）

图，便得出整个展开图。

5）最后用卷尺盘取总弧长 s 是否等于610mm，若有误差则加减调节之。

4. 说明

折弯展开料的槽制方法：

1）本例规格较小、板又厚，不能在折弯机上折弯，只能用大锤配槽弧锤在放射胎上槽制。

2）槽制时由外向内进行。

3）槽制一小段后，圆端用内卡样板 $r=94$mm 卡试弧度，但要注意样板放置角度，方端用90°内卡样板试端口角度，以小于90°为合适，因为放弧较上弧容易操作。

4）量取圆端外皮直径是否为 $\phi200$mm，若有误差或不圆滑的部位，可将其套在 $\phi159$mm 的管子上，用大锤在外侧击打调整之。

5）量取方端对角线是否相等，若有误差，可用压杠法压长对角线，短对角线就会增长，至相等为合格。

七、双偏心方圆连接管料计算（之一）（见图6-27）

图6-28所示为双偏心方圆连接管的施工图，图6-29为计算原理图。

图6-27 立体图

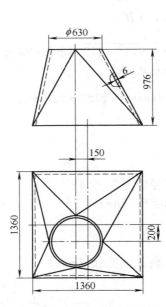

图6-28 双偏心方圆连接管

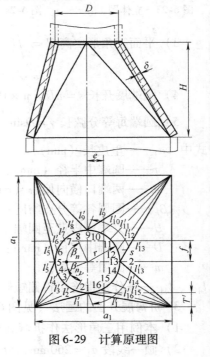

图6-29 计算原理图

1. 板厚处理

圆端按中径、方端按里皮计算料长，高按圆端中径点至方端里皮点间垂直距离计算料长。

2. 下料计算

1）任一实长过渡线 $l_n = \sqrt{\left(\dfrac{a_1}{2} \pm f - r\sin\beta_n\right)^2 + \left(\dfrac{a_1}{2} \pm e - r\cos\beta_n\right)^2 + H^2}$ （俯视图）

如 $l_4 = \sqrt{(674 - 200 - 312 \times \sin22.5°)^2 + (674 - 150 - 312 \times \cos22.5°)^2 + 976^2}\,\text{mm} = 1065\,\text{mm}$

$l_6 = \sqrt{(674 + 200 - 312 \times \sin22.5°)^2 + (674 - 150 - 312 \times \cos22.5°)^2 + 976^2}\,\text{mm} = 1256\,\text{mm}$

$l_{12} = \sqrt{(674 + 200 - 312 \times \sin22.5°)^2 + (674 + 150 - 312 \times \cos22.5°)^2 + 976^2}\,\text{mm} = 1345\,\text{mm}$

$l_{14} = \sqrt{(674 - 200 - 312 \times \sin22.5°)^2 + (674 + 150 - 312 \times \cos22.5°)^2 + 976^2}\,\text{mm} = 1169\,\text{mm}$

同理得：$l_{1短} = 1120\,\text{mm}$，$l_2 = 1073\,\text{mm}$，$l_3 = 1053\,\text{mm}$，$l_{5短} = 1106\,\text{mm}$。

$l_{5长} = 1327\,\text{mm}$，$l_7 = 1213\,\text{mm}$，$l_8 = 1208\,\text{mm}$，$l_{9短} = 1242\,\text{mm}$。

$l_{9长} = 1395\,\text{mm}$，$l_{10} = 1339\,\text{mm}$，$l_{11} = 1320\,\text{mm}$，$l_{13长} = 1531\,\text{mm}$。

$l_{13短} = 1407\,\text{mm}$，$l_{15} = 1175\,\text{mm}$，$l_{16} = 1218\,\text{mm}$，$l_{1长} = 1288\,\text{mm}$。

2）三角形高的实长 $T = \sqrt{\left(\dfrac{a_1}{2} - f - r\right)^2 + H^2}$（俯视图）

$$= \sqrt{(674 - 200 - 312)^2 + 976^2}\,\text{mm} = 989\,\text{mm}。$$

3）圆端展开长 $s = \pi D = \pi \times 624\,\text{mm} = 1960\,\text{mm}$。

4）圆端每等分弦长 $y = D\sin\dfrac{180°}{m}$（俯视图）$= 624\,\text{mm} \times \sin11.25° = 121.74\,\text{mm}$。

式中　a_1——里皮长（mm）；

　　　f——纵向偏心（mm）；

　　　e——横向偏心（mm）；

　　　r——圆端中半径（mm）；

　　　β_n——圆端各等分点与同一横向直径的夹角（°）；

　　　H——圆端中径点至方端里皮点间距离（mm）；

　　　D——圆端中直径（mm）；

　　　m——圆周等分数；

“$\pm$”——长侧用“$+$”，短侧用“$-$”；

$l_短$、$l_长$——分别指连接管偏短侧、偏长侧 l 的实长（mm）。

3. 折弯展开图的画法（见图 6-30）

1）本例用三角形法作折弯展开。

2）画一线段 $a_1 = 1348\,\text{mm}$，分别以两端点为圆心，以 $l_{9短} = 1242\,\text{mm}$、$l_{9长} = 1395\,\text{mm}$ 为半径画弧，两弧交于点 9。

3）分别以上面三个端点为圆心，以 $y = 121.74\,\text{mm}$、$l_8 = 1208\,\text{mm}$、$l_{10} = 1339\,\text{mm}$ 为半径画弧相交得交点 8、10。

4）同法向两端延伸，继续作图，便得出整个展开图。

5）最后用卷尺盘取总弧长 s 是否等于 1960mm，若有误差则加减调节之。

4. 说明

折弯展开料的压制方法：

1）作放射胎在压力机上压制。

2）压制时从外向内进行。

3）压制一小段后，圆端用内卡样板 $r = 309\,\text{mm}$ 卡试弧度，但要注意样板的放置角度，方端用 90°内卡样板卡试端口角度，以微小于 90°为合适。

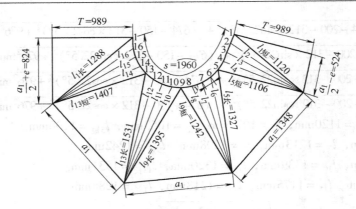

图 6-30　折弯展开图（压力机压制）

4）量取圆端外皮直径是否为 $\phi630\text{mm}$，若有误差，原因就是局部弧欠或弧过，可用大锤从内或外锤打之，弧过则放弧，弧欠则上弧，便得以矫正。

5）量取方端对角线是否相等，若不等，原因就是四个角有的大于 90°，有的小于 90°，若皆为 90°，两对角线肯定相等，可用倒链拉长对角线，短对角线便会增长。

八、双偏心方圆连接管料计算（之二）（见图6-31）

图 6-32 所示为双偏心方圆连接管施工图，图 6-33 为计算原理图。

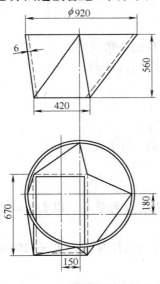

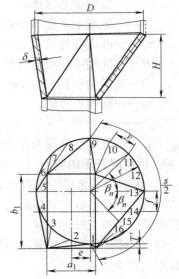

图 6-31　立体图　　　　图 6-32　双偏心方圆连接管　　　　图 6-33　计算原理图

1. 板厚处理

圆端按中径、方端按里皮计算料长，高按圆端中径点至方端里皮点间垂直距离进行料计算。

2. 下料计算（见图6-34）

1）上右任一实长过渡线 $l_n = \sqrt{\left(r\sin\beta_n + f - \dfrac{b_1}{2}\right)^2 + \left(r\cos\beta_n + e - \dfrac{a_1}{2}\right)^2 + H^2}$（俯视图）

如 $l_{11} = \sqrt{(457 \times \sin45° + 180 - 329)^2 + (457 \times \cos45° + 150 - 204)^2 + 560^2}$ mm $= 645$ mm

同理得：$l_{9右上} = 641$ mm，$l_{10} = 635$ mm，$l_{12} = 671$ mm，$l_{13下} = 706$ mm。

2）下右任一实长过渡线 $l_n = \sqrt{\left(f + \dfrac{b_1}{2} - r\sin\beta_n\right)^2 + \left(r\cos\beta_n + e - \dfrac{a_1}{2}\right)^2 + H^2}$（俯视图）

如 $l_{15} = \sqrt{(180 + 329 - 457 \times \sin45°)^2 + (457 \times \cos45° + 150 - 204)^2 + 560^2}$ mm $= 649$ mm

同理得：$l_{13右上} = 857$ mm，$l_{14} = 741$ mm，$l_{16} = 579$ mm，$l_{1右下} = 565$ mm。

3）下左任一实长过渡线 $l_n = \sqrt{\left(f + \dfrac{b_1}{2} - r\sin\beta_n\right)^2 + \left(e + \dfrac{a_1}{2} - r\cos\beta_n\right)^2 + H^2}$（俯视图）

如 $l_3 = \sqrt{(180 + 329 - 457 \times \sin45°)^2 + (150 + 204 - 457 \times \cos45°)^2 + 560^2}$ mm $= 591$ mm

同理得：$l_{1左下} = 665$ mm，$l_2 = 594$ mm，$l_4 = 653$ mm，$l_{5左上} = 764$ mm。

4）上左任一实长过渡线 $l_n = \sqrt{\left(r\sin\beta_n + f - \dfrac{b_1}{2}\right)^2 + \left(e + \dfrac{a_1}{2} - r\cos\beta_n\right)^2 + H^2}$（俯视图）

如 $l_7 = \sqrt{(457 \times \sin45° + 180 - 329)^2 + (150 + 204 - 457 \times \cos45°)^2 + 560^2}$ mm $= 587$ mm

同理得：$l_{5左下} = 589$ mm，$l_6 = 565$ mm，$l_8 = 648$ mm，$l_{9左上} = 731$ mm。

5）对口实长 $T = \sqrt{\left(\dfrac{b_1}{2} + f - r\right)^2 + H^2}$（俯视图）

$$= \sqrt{(329 + 180 - 457)^2 + 560^2}\text{mm} = 562\text{mm}。$$

6）圆端展开长 $s = \pi D = \pi \times 914$ mm $= 2871$ mm。

7）圆端每等分弦长 $y = D\sin\dfrac{180°}{m}$（俯视图）

$$= 914\text{mm} \times \sin11.25° = 178.32\text{mm}。$$

式中　　r——圆端中半径（mm）；

　　　　f——纵向偏心（mm）；

　　　　e——横向偏心（mm）；

a_1、b_1——方端里皮长（mm）；

　　　　D——圆端中直径（mm）；

　　　　m——圆周等分数；

　　　　H——圆端中径点至方端里皮点间垂直距离（mm）；

　　　　β_n——圆周各等分点与同一横向直径的夹角（°）。

3. 折弯展开图的画法（见图6-34）

1）本例用三角形法作折弯展开。

2）画一线段 $a_1 = 408$ mm，分别以两端点为圆心，以 $l_{9右上} = 641$ mm、$l_{9左上} = 731$ mm 为半径画弧，两弧交于9点。

3）分别以上面三个端点为圆心，以 $y = 178.32$ mm、$l_8 = 648$ mm、$l_{10} = 635$ mm 为半径画弧，得交点8、10。

4）同法向两端延伸继续作图，便得到整个折弯展开图。

5）最后用卷尺盘取圆端弧长 s 是否等于2871mm，若有误差，可加减调节之。

4. 说明

折弯展开料的压制方法：

1）作放射胎在压力机上压制。

2）压制时从外向内进行。

3）压制一小段后，圆端用内卡样板 $r =$ 454mm 卡试弧度，切记样板的放置角度，方端用90°内卡样板卡试端口角度，以微小于90°为合适，这是因为放弧较上弧容易得多。

4）量取圆端外皮直径 ϕ 是否等于920mm，若有误差，可用大锤和衬锤击打近端口素线，弧过则放弧，弧欠则上弧，便得以矫正。

5）量取方端对角线是否相等，若不等，则是因为四个直角有误差，可用倒链矫正之，若皆为90°，两对角线必相等。

6）焊前要进行刚性固定，以防变形。

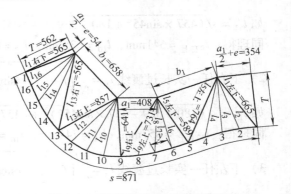

图 6-34　折弯展开图（压力机压制）

九、两端口互相垂直方圆连接管料计算（见图 6-35）

图 6-36 所示为一两端口互相垂直方圆连接管施工图，图 6-37 为计算原理图。

图 6-35　立体图

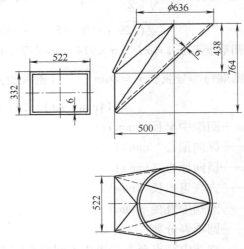

图 6-36　两端口互相垂直方圆连接管

1. 板厚处理

圆端按中径、方端按里皮计算料长，高按圆端中径点至方端里皮点间垂直距离计算料长。

2. 下料计算

1）短侧任一实长过渡线 $l_n = \sqrt{(e - r\cos\beta_n)^2 + \left(\dfrac{b_1}{2} - r\sin\beta_n\right)^2 + H_1^2}$ （俯视图）

如 $l_2 = \sqrt{(500 - 315 \times \cos30°)^2 + (255 - 315 \times \sin30°)^2 + 438^2}\,\mathrm{mm} = 503\mathrm{mm}$

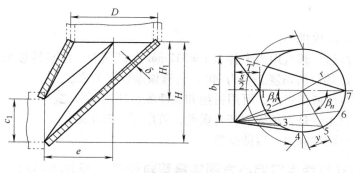

图 6-37　计算原理图

同理得：$l_1 = 540\text{mm}$，$l_3 = 557\text{mm}$，$l_{4短} = 667\text{mm}$。

2）长侧任一实长过渡线 $l_n = \sqrt{(e + r\cos\beta_n)^2 + \left(\dfrac{b_1}{2} - r\sin\beta_n\right)^2 + H^2}$（俯视图）

如 $l_6 = \sqrt{(500 + 315 \times \cos30°)^2 + (255 - 315 \times \sin30°)^2 + 758^2}\,\text{mm} = 1087\text{mm}$

同理得：$l_{4长} = 910\text{mm}$，$l_5 = 1004\text{mm}$，$l_7 = 1142\text{mm}$。

3）短侧对口实长 $T = \sqrt{(e - r)^2 + H_1^2}$（俯视图）$= \sqrt{(500 - 315)^2 + 438^2}\,\text{mm} = 476\text{mm}$。

4）圆端展开长 $s = \pi D = \pi \times 630\text{mm} = 1979\text{mm}$。

5）圆端每等分弦长 $y = D\sin\dfrac{180°}{m}$（俯视图）$= 630\text{mm} \times \sin15° = 163\text{mm}$。

式中　e——横向偏心（mm）；

　　　r——圆端中半径（mm）；

　　　β_n——圆周各等分点与同一横向直径的夹角（°）；

　　　b_1——里皮长（mm）；

　　　H_1——短侧高（mm）；

　　　D——中心直径（mm）；

　　　m——圆周等分数；

$l_{4长}$、$l_{4短}$——分别指连接管偏长侧、偏短侧 l_4 的实长（mm）。

3. 折弯展开图的画法（见图 6-38）

1）本例用三角形法作折弯展开。

2）画一线段 $b_1 = 510\text{mm}$，分别以两端点为圆心，以 $l_7 = 1142\text{mm}$ 为半径画弧，两弧交于点 7。

3）分别以上面三个端点为圆心，以 $y = 163\text{mm}$、$l_6 = 1087\text{mm}$ 为半径画弧，得交点 6（两个）。

4）同法向两端延伸继续作图，便得到整个折弯展开图。

5）最后用卷尺盘取圆端弧长 s 是否等于 1979mm，若有误差可加减调节之。

4. 说明

折弯展开料的槽制方法：

1）本例由于规格较小，不便用压力机压制，故采用槽弧锤配大锤在下胎为放射胎上

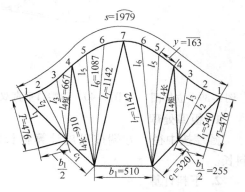

图 6-38　折弯展开图（手工槽制）

槽制。

2）槽制时从外向内进行。

3）槽制一小段后，圆端用内卡样板 $r = 312\text{mm}$ 卡试弧度，注意样板的放置位置，方端用 90°内卡样板卡试端口的角度是否为 90°，若有误差应调节之。

4）圆端若有直段或弧过处，可用衬锤和大锤配合使用调节之。

5）量取方端对角线是否相等，若有误差，可用倒链矫正之。

6）焊前要进行刚性固定，以防变形。

十、两端口互相垂直双偏心方圆连接管料计算（见图 6-39）

图 6-40 所示为两端口互相垂直双偏心方圆连接管施工图，图 6-41 为计算原理图。

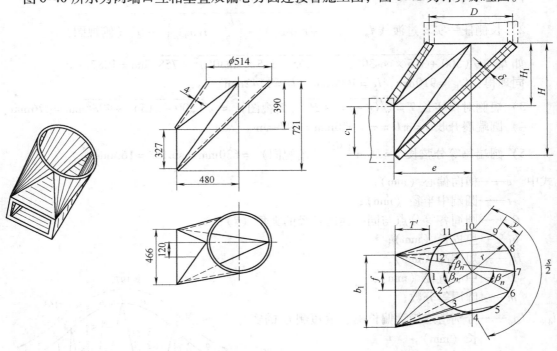

图 6-39　立体图　　图 6-40　两端口垂直双偏心方圆连接管　　图 6-41　计算原理图

1. 板厚处理

圆端按中径、方端按里皮计算料长，高按圆端中径点至方端里皮点间垂直距离计算料长。

2. 下料计算

1）短侧任一实长过渡线 $l_n = \sqrt{(e - r\cos\beta_n)^2 + \left(\dfrac{b_1}{2} \pm f - r\sin\beta_n\right)^2 + H_1^2}$

如 $l_3 = \sqrt{(480 - 255 \times \cos 60°)^2 + (229 + 120 - 255 \times \sin 60°)^2 + 390^2}\,\text{mm} = 541\text{mm}$

$l_{11} = \sqrt{(480 - 255 \times \cos 60°)^2 + (229 - 120 - 255 \times \sin 60°)^2 + 390^2}\,\text{mm} = 537\text{mm}$

同理得：$l_{1下} = 570\text{mm}$，$l_2 = 518\text{mm}$，$l_{4左} = 723\text{mm}$，$l_{1上} = 463\text{mm}$，$l_{10左} = 635\text{mm}$，$l_{12} = 469\text{mm}$。

2）长侧任一实长过渡线 $l_n = \sqrt{(e + r\cos\beta_n)^2 + \left(\dfrac{b_1}{2} \pm f - r\sin\beta_n\right)^2 + H^2}$

如 $l_6 = \sqrt{(480 + 255 \times \cos30°)^2 + (229 + 120 - 255 \times \sin30°)^2 + 717^2}\,\text{mm} = 1027\,\text{mm}$

$l_8 = \sqrt{(480 + 255 \times \cos30°)^2 + (229 - 120 - 255 \times \sin30°)^2 + 717^2}\,\text{mm} = 1003\,\text{mm}$

同理得：$l_{4右} = 868\,\text{mm}$，$l_5 = 948\,\text{mm}$，$l_{7下} = 1084\,\text{mm}$，$l_{7上} = 1033\,\text{mm}$，$l_9 = 946\,\text{mm}$，$l_{10右} = 875\,\text{mm}$。

3）对口端实长 $T = \sqrt{(e - r)^2 + H_1^2} = \sqrt{(480 - 255)^2 + 390^2}\,\text{mm} = 450\,\text{mm}$。

4）圆端展开长 $s = \pi D = \pi \times 510\,\text{mm} = 1602\,\text{mm}$。

5）圆端每等分弦长 $y = D\sin\dfrac{180°}{m} = 510\,\text{mm} \times \sin15° = 132\,\text{mm}$。

式中　e——横向偏心（mm）；

　　　f——纵向偏心（mm）；

　　　r——圆端中半径（mm）；

　　　β_n——圆周各等分点与同一横向直径的夹角（°）；

　　　b_1——里皮长（mm）；

　　　H_1——短侧中径点至里皮点间垂直距离（mm）；

　　　H——长侧中径点至里皮点间垂直距离（mm）；

"＋、－"——偏大侧用"＋"，偏小侧用"－"；

　　　D——圆端中直径（mm）；

　　　m——圆周等分数。

3. 折弯展开图的画法（见图6-42）

1）本例用三角形法作折弯展开。

2）画一线段 $b_1 = 458\,\text{mm}$，分别以两端点为圆心，以 $l_{7下} = 1084\,\text{mm}$、$l_{7上} = 1033\,\text{mm}$ 为半径画弧，两弧交于7。

3）分别以上面三个端点为圆心，以 $y = 132\,\text{mm}$、$l_6 = 1027\,\text{mm}$、$l_8 = 1003\,\text{mm}$ 为半径画弧，得交点6、8。

4）同法向两端延伸，便得到整个折弯展开图。

5）最后用卷尺盘取圆端弧长 s 是否等于1602mm，若有误差，可用加减法微调之。

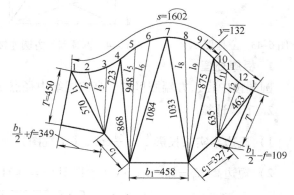

图6-42　折弯展开图（手工槽制）

4. 说明

折弯展开料的槽制方法：

1）本例的特点是规格较小、薄板、形状复杂，可用大锤配槽弧锤在下胎为放射胎上槽制。

2）槽制时从外向内进行。

3）槽制一小段后，圆弧端用内卡样板 $r = 253\,\text{mm}$ 卡试弧度，应注意样板的卡试角度，方端用 90°内卡样板卡试端口的角度是否为 90°，若有误差应调节之。

4）圆端若有直段或弧过处，因为板薄，所以完全可以用衬锤用力击打来矫正。

5）量取方端对角线是否相等，若有误差，因规格小，可用压杠法矫正之。

6）焊前应刚性固定，以防变形。

十一、圆顶斜底方圆连接管料计算（见图 6-43）

图 6-44 所示为圆顶斜底方圆连接管的施工图，图 6-45 为计算原理图。

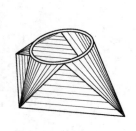

图 6-43　立体图

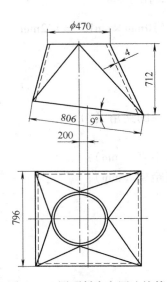

图 6-44　圆顶斜底方圆连接管

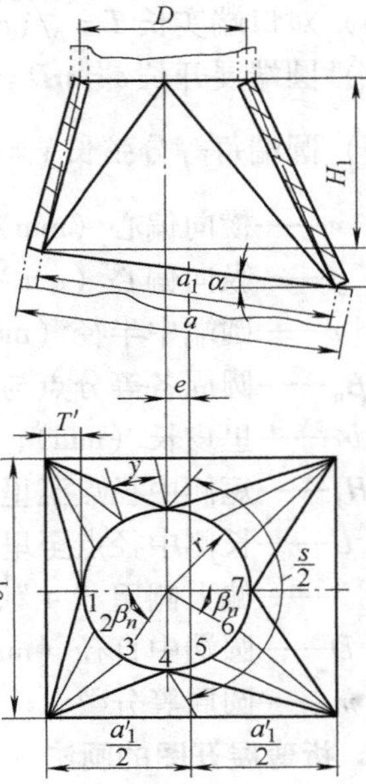

图 6-45　计算原理图

1. 板厚处理

圆端按中径、方端按里皮、高按圆端中径点至方端里皮点间的垂直距离计算料长。

2. 下料计算

1）底边半实长投影 $\dfrac{a'}{2} = \dfrac{a_1}{2}\cos\alpha$（主视图）$= 399\text{mm} \times \cos9° = 394\text{mm}$。

2）短边高 $H_1 = H - a_1\sin\alpha$（主视图）$=（712 - 798 \times \sin9°）\text{mm} = 587\text{mm}$。

3）短侧任一实长过渡线 $l_n = \sqrt{\left(\dfrac{b_1}{2} - r\sin\beta_n\right)^2 + \left(\dfrac{a'_1}{2} - e - r\cos\beta_n\right)^2 + H_1^2}$（俯视图）

如 $l_3 = \sqrt{(394 - 233 \times \sin60°)^2 + (394 - 200 - 233 \times \cos60°)^2 + 587^2}\text{mm} = 622\text{mm}$

同理得：$l_1 = 708\text{mm}$，$l_2 = 649\text{mm}$，$l_{4短} = 639\text{mm}$。

4）长侧任一实长过渡线 $l_n = \sqrt{\left(\dfrac{b_1}{2} - r\sin\beta_n\right)^2 + \left(\dfrac{a'_1}{2} + e - r\cos\beta_n\right)^2 + H^2}$（俯视图）

如 $l_6 = \sqrt{(394 - 233 \times \sin30°)^2 + (394 + 200 - 233 \times \cos30°)^2 + 712^2}\text{mm} = 859\text{mm}$

同理得：$l_{4长} = 941\text{mm}$，$l_5 = 879\text{mm}$，$l_7 = 890\text{mm}$。

5）对口实长 $T = \sqrt{\left(\dfrac{a'}{2} - e - r\right)^2 + H_1^2} = \sqrt{(394 - 200 - 233)^2 + 587^2}\,\text{mm} = 588\,\text{mm}$。

6）圆端展开长 $s = \pi D = \pi \times 466\,\text{mm} = 1464\,\text{mm}$。

7）圆端每等分弦长 $y = D\sin\dfrac{180°}{m}$（俯视图）$= 466\,\text{mm} \times \sin15° = 120.6\,\text{mm}$。

式中　r——圆端中半径（mm）；

H、H_1——圆端中径点至方端长短侧里皮点间垂直距离（mm）；

　　β_n——圆周各等分点与同一横向直径的夹角（°）；

　　α——底斜角（°）；

　　D——圆端中直径（mm）；

　　m——圆端等分数；

$l_{4短}$、$l_{4长}$——分别指连接管偏短侧、偏长侧 l_4 的实长（mm）。

3. 折弯展开图的画法（见图6-46）

1）本例用三角形法作折弯展开。

2）画一线段 $b_1 = 788\,\text{mm}$，分别以两端点为圆心，以 $l_7 = 890\,\text{mm}$ 为半径画弧，两弧交于点7。

3）分别以上面三个端点为圆心，以 $y = 120.6\,\text{mm}$、$l_6 = 859\,\text{mm}$ 为半径画弧，得交点6（两个）。

4）同法向两端延伸，便得到整个折弯展开图。

5）最后用卷尺盘取圆端弧长 s 是否等于1464mm，若有误差，可用加减法微调之。

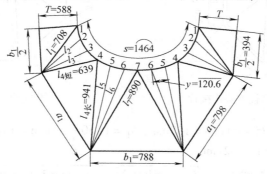

图6-46　折弯展开图（手工槽制）

4. 说明

折弯展开料的槽制方法：

1）本例由于板较薄，可用槽弧锤配大锤在下胎为放射胎上槽制。

2）槽制时从外向内进行。

3）槽制一小段后，圆端用内卡样板 $r = 231\,\text{mm}$ 卡试弧度，应注意样板的卡试角度，方端用90°内卡样板卡试端口的角度是否为90°，若有误差应调节之。

4）圆端若有直段、弧过处或有椭圆情况，因为板薄，所以可以用衬锤用力击打来矫正。

5）量取方端对角线是否相等，若有误差，则可用压杠法矫正之。

十二、一侧垂直多棱方圆连接管料计算（见图6-47）

图6-48 所示为楼房檐下承接漏水用漏斗施工图，可用钢板焊接，也可用薄板咬接，相关内容参见第十二章。图6-49 为计算原理图。

1. 板厚处理

本例为一侧垂直多棱方圆连接管，对于此多棱构件，按里皮折弯计算，板厚近似处理如下：两端直角减两个板厚，两端斜角减一个板厚，一端直角一端斜角减一个半板厚。

2. 下料计算

1）上段展开长：

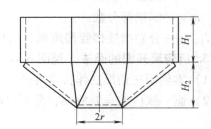

图6-47　立体图

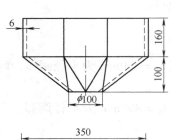

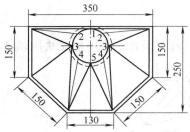

图6-48　一侧垂直多棱方圆连接管

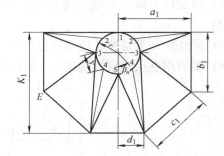

图6-49　计算原理图

$H_1 = 160\text{mm}, a_1 = (175-6)\text{mm} = 169\text{mm}, b_1 = (150-9)\text{mm} = 141\text{mm}, c_1 = (150-6)\text{mm} = 144\text{mm}, d_1 = (65-3)\text{mm} = 62\text{mm}$。

2）短侧任一实长过渡线 $l_n = \sqrt{(a_1 - r\sin\beta_n)^2 + (r - r\cos\beta_n)^2 + H_2^2}$（俯视图）

如 $l_2 = \sqrt{(169 - 47\times\sin45°)^2 + (47 - 47\times\cos45°)^2 + 100^2}\text{mm} = 169\text{mm}$

$l_3 = \sqrt{(169 - 47\times\sin90°)^2 + (47 - 4\times\cos90°)^2 + 100^2}\text{mm} = 164\text{mm}$

$l_1 = \sqrt{a_1^2 + H_2^2} = \sqrt{169^2 + 100^2}\text{mm} = 196\text{mm}$。

3）长侧任一实长过渡线 $l_n = \sqrt{(d_1 - r\sin\beta_n)^2 + (K_1 - r - r\cos\beta_n)^2 + H_2^2}$（俯视图）

如 $l_4 = \sqrt{(62 - 47\times\sin45°)^2 + (241 - 47 - 47\times\cos45°)^2 + 100^2}\text{mm} = 192\text{mm}$

$l_5 = \sqrt{62^2 + (241 - 47 - 47)^2 + 100^2}\text{mm} = 188\text{mm}$。

4）中间过渡棱线 $l_{E3} = \sqrt{(a_1 - r)^2 + (b_1 - r)^2 + H_2^2}$（俯视图）$= \sqrt{(169 - 47)^2 + (141 - 47)^2 + 100^2}\text{mm} = 184\text{mm}$。

5）短侧对口实长 $T = H_2 = 100\text{mm}$。

6）圆端展开长 $s = \pi D = \pi \times 94\text{mm} = 295\text{mm}$。

7）圆端每等分弦长 $y = D\sin\dfrac{180°}{m} = 94\text{mm} \times \sin22.5° = 36\text{mm}$。

式中　　r——圆端中半径（mm）；

　　　　D——圆端中直径（mm）；

H_1、H_2——上下段上下端口垂直距离（mm）；

　　　　β_n——圆周各等分点与同一纵向直径的夹角（°）；

　　　　K_1——漏斗里皮宽（mm）；

　　　　m——圆周等分数。

3. 折弯展开图的画法（见图6-50、图6-51）

1）上段 $\dfrac{1}{2}$ 折弯展开如图6-50所示，画法略。

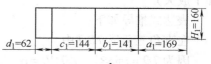

图6-50　上段 $\dfrac{1}{2}$ 折弯展开图

2）下段用三角形法作折弯展开：

① 画一线段 $2d_1 = 124\text{mm}$，分别以两端点为圆心，以 $l_5 = 188\text{mm}$ 为半径画弧，两弧交于5点。

② 分别以上面三个端点为圆心，以 $y = 36\text{mm}$、$l_4 = 192\text{mm}$ 为半径画弧，得交点4（两个）。

③ 同法向两端延伸，便得到下折弯展开图，如图6-51所示。

④ 最后用卷尺盘取圆端周长 s 是否等于295mm，若有误差，可用加减法微调之。

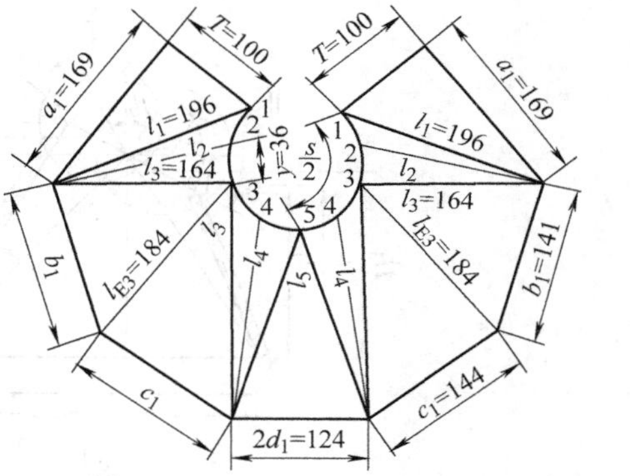

4. 说明

折弯展开料的槽制方法：

1）本例由于是小规格，板又较薄，可用槽弧锤配大锤在下胎为放射胎上槽制。

2）槽制时从外向内进行。

3）槽制一小段后，圆弧端用内卡样板 $r = 44\text{mm}$ 卡试弧度，方端用90°内卡样板卡试端口角度是否为90°，若有误差应微调之。

4）用小疤点焊纵缝。

5）圆端若有不圆滑的情况，由于规格小，可套在 $\phi75\text{mm}$ 的管体或圆钢外，用锤在外击打之，便可得以矫正。

6）量取方端对角线是否相等，若不等，可用压杠调节之。

7）调整上下段方端口，间隙均匀后点焊。

图6-51　下段折弯展开图（手工槽制）

十三、圆斜顶矩形底双偏心连接管料计算（见图6-52）

在实际工作中经常遇到此类方圆连接管，有的是同心正方，有的是单偏心正方，有的是单偏心矩方，形式各异，但计算原理相同，今推出具有代表性的实例，以示计算方法。

槽制时，可视具体情况整体折弯或切成两瓣、四瓣皆可。

图6-53所示为一圆斜顶矩形底双偏心连接管施工图，图6-54

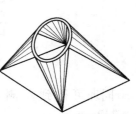

图6-52　立体图

为计算原理图。

1. 板厚处理

圆端按中径、方端按里皮、高按圆端中径点至方端里皮点间垂直距离计算料长。

2. 下料计算

本例上端口为正圆形，但倾料 30°，故应计算每个等分点的横向倾斜值、纵向倾斜值和高度，所以本例的计算工作量较大，但不能嫌麻烦，下面分别计算之。

1）过渡线横向投影 $c_n = \dfrac{a_1}{2} \pm e - r\sin\beta_n\cos\alpha$（俯视图和 I 放大）

表达式推导如下：

在直角三角形 $7BO$ 中

因为 $7O = r\sin\beta_n$ $\angle 7OB = \alpha$

所以 $OB = r\sin\beta_n\cos\alpha$

如 $c_{11} = (894 - 200 - 407 \times \sin30° \times \cos30°)$mm $= 518$mm

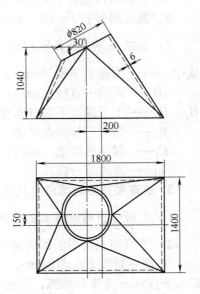

图 6-53 圆斜顶矩形底双偏心连接管

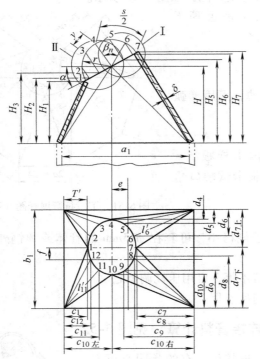

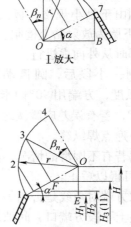

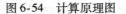

图 6-54 计算原理图

同理可得到左侧 c_n：$c_{4左} = c_{10左} = 694$mm，$c_3 = c_{11} = 518$mm，$c_2 = c_{12} = 389$mm，$c_1 = 342$mm。

如 $c_9 = (894 + 200 - 407 \times \sin 30° \times \cos 30°) \, mm = 918 mm$

同理可得到右侧 c_n：$c_{4右} = c_{10右} = 1094 mm$，$c_5 = c_9 = 918 mm$，$c_6 = c_8 = 789 mm$，$c_7 = 742 mm$。

2）过渡线纵向投影 $d_n = \dfrac{b_1}{2} \pm f - \gamma \cos \beta_n$（俯视图和 II 放大）

表达式推导如下：

因为 $\angle 4O3 = \beta_n$　　　$O3 = r$

所以 $3F = r \cos \beta_n$

如 $d_{11} = (694 + 150 - 407 \times \cos 30°) \, mm = 492 mm$

同理可得到下侧 d_n：$d_{1下} = d_{7下} = 844 mm$，$d_8 = d_{12} = 641 mm$，$d_9 = d_{11} = 492 mm$，$d_{10} = 437 mm$

如 $d_3 = (694 - 150 - 407 \times \cos 30°) \, mm = 192 mm$

同理可得到上侧 d_n：$d_{1上} = d_{7上} = 544 mm$，$d_2 = d_6 = 341 mm$，$d_3 = d_5 = 192 mm$，$d_4 = 137 mm$。

3）任一过渡线高 $H_n = H \pm r \sin \beta_n \sin \alpha$（主视图和 II 放大）

表达式推导如下：

在直角三角形 $OE1$ 中

因为 $\angle O1E = \alpha$（内错角）　　　$O1 = r \sin \beta_n$

所以 $OE = r \sin \beta_n \sin \alpha$

如 $H_3 = (1040 - 407 \times \sin 30° \times \sin 30°) \, mm = 938 mm$

$H_5 = (1040 + 407 \times \sin 30° \times \sin 30°) \, mm = 1142 mm$

同理可得到各过渡线的垂直高：$H_1 = 837 mm$；$H_2 = H_{12} = 864 mm$；$H_3 = H_{11} = 938 mm$；$H_4 = H_{10} = 1040 mm$；$H_5 = H_9 = 1142 mm$；$H_6 = H_8 = 1216 mm$；$H_7 = 1244 mm$。

4）任一过渡线实长 $l_n = \sqrt{c_n^2 + d_n^2 + H_n^2}$（俯视图）

如 $l_{11} = \sqrt{c_{11}^2 + d_{11}^2 + H_{11}^2}$（俯视图）

$\quad = \sqrt{518^2 + 492^2 + 938^2} \, mm$

$\quad = 1179 mm$

同理可得其他各过渡线实长 l_n（以左上角开始正旋）：$l_{1左上} = 1055 mm$，$l_2 = 1007 mm$，$l_3 = 1089 mm$，$l_{4左上} = 1258 mm$，$l_{4右上} = 1516 mm$，$l_5 = 1478 mm$，$l_6 = 1481 mm$，$l_{7右上} = 1547 mm$，$l_{7右下} = 1676 mm$，$l_8 = 1577 mm$，$l_9 = 1546 mm$，$l_{10右下} = 1571 mm$，$l_{10左下} = 1324 mm$，$l_{11} = 1179 mm$，$l_{12} = 1144 mm$，$l_{1左下} = 1237 mm$。

5）圆端展开长 $s = \pi D = \pi \times 814 mm = 2257 mm$。

6）对口处实高 $H_1 = H - r \sin 90° \times \sin 30° = (1040 - 407 \times \sin 90° \times \sin 30°) \, mm = 837 mm$。

7）对口实长 $T = \sqrt{\left(\dfrac{a_1}{2} - e - r \sin \beta_n \cos \alpha \right)^2 + H_1^2}$（俯视图）

$\quad = \sqrt{(894 - 200 - 407 \times \sin 90° \times \cos 30°)^2 + 837} \, mm = 904 mm$。

8）圆端每等分弦长 $y = D \sin \dfrac{180°}{m}$（主视图）$= 814 mm \times \sin 15° = 211 mm$。

式中　a_1、b_1——里皮长（mm）；

　　　e、f——横纵向偏心距（mm）；

r——圆端中半径（mm）；

β_n——圆端各等分点与同一纵向直径的夹角（°）；

α——圆端倾斜角；

"$\pm$"——偏大侧用"$+$"，偏小侧用"$-$"；

D——圆端中直径（mm）；

m——圆周等分数。

3. 折弯展开图的画法（见图6-55）

1）本例折弯展开图用三角形法作。

2）画一线段 $D_1 = 1388$mm，分别以两端点为圆心，以 $l_{7右上} = 1547$mm 和 $l_{7右下} = 1676$mm 为半径画弧，两弧相交得交点7。

3）分别以上面三个端点为圆心，以 $y = 211$mm、$l_8 = 1577$mm、$l_6 = 1481$mm 为半径画弧，得交点6、8。

4）同法向两端延伸，便得到整个折弯展开图。

5）最后用卷尺盘取圆端周长 s 是否等于2257mm，若有误差，可用加减法微调之。

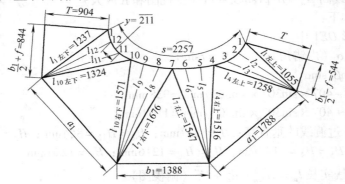

图6-55　折弯展开图（压力机压制）

4. 说明

折弯展开料的压制方法：

1）本例规格较大，可考虑切成 $\frac{1}{2}$ 压制。

2）作放射胎在压力机上压制。

3）压制时从外向内进行。

4）压制一小段后，圆端用内卡样板 $y = 404$mm 卡试弧度，以稍过为合适，因为继续压制后可能会放弧，方端用90°内卡样板卡试端口角度，以稍小于90°为合适。

5）量取圆端外皮直径 ϕ 是否820mm，若有椭圆状或直段或弧过处，可用衬锤用力击打来调节。

6）量取方端对角线是否相等，若不等，则可用倒链拉长的对角线，短对角线便会增长，至相等为合格。

十四、裤形方圆连接管料计算（见图6-56）

图6-57所示为一裤形方圆连接管施工图，图6-58为计算原理图。

1. 板厚处理

圆端按中径、方端按里皮、高按圆端中径点至方端里皮点间垂直距离计算料长。

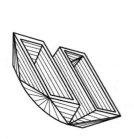

图 6-56　立体图

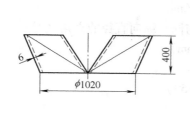

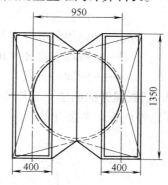

图 6-57　裤形方圆连接管

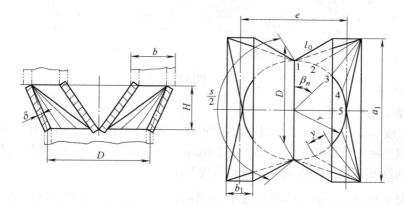

图 6-58　计算原理图

2. 下料计算

1）外侧板任一实长过渡线 $l_n = \sqrt{\left(\dfrac{a_1}{2} - r\cos\beta_n\right)^2 + \left(\dfrac{e + b_1}{2} - r\sin\beta_n\right)^2 + H^2}$ （俯视图）

如 $l_4 = \sqrt{\left(\dfrac{1338}{2} - 507 \times \cos67.5°\right)^2 + \left(\dfrac{950 + 388}{2} - 507 \times \sin67.5°\right)^2 + 400^2}$ mm $= 653$ mm

同理得：$l_1 = 796$ mm，$l_2 = 653$ mm，$l_3 = 594$ mm，$l_5 = 796$ mm。

2）内侧板实宽 $h = \sqrt{\left(\dfrac{e - b_1}{2}\right)^2 + H^2}$ （俯视图） $= \sqrt{\left(\dfrac{950 - 388}{2}\right)^2 + 400^2}$ mm $= 489$ mm。

3）内侧板斜边长 $l_0 = \sqrt{\left(\dfrac{e - b_1}{2}\right)^2 + \left(\dfrac{a_1 - D}{2}\right)^2 + H^2}$ （俯视图）

$= \sqrt{\left(\dfrac{950 - 388}{2}\right)^2 + \left(\dfrac{1338 - 1014}{2}\right)^2 + 400^2}$ mm $= 515$ mm。

4）圆端展开长 $s = \pi D = \pi \times 1014$ mm $= 3186$ mm。

5）圆端每等分弦长 $y = D\sin\dfrac{180°}{m} = 1014$ mm $\times \sin11.25° = 198$ mm。

式中　a_1、b_1——里皮长（mm）；

　　　　r——圆端中半径（mm）；

　　　　e——两支管中心距（mm）；

　　　　β_n——圆周各等分点与同一纵向直径的夹角（°）；

　　　　D——圆端中直径（mm）；

　　　　m——圆周等分数。

3. 切断展开的画法（见图6-59）

1）外侧板切断展开的画法：

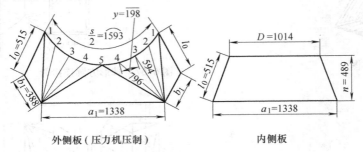

外侧板（压力机压制）　　　　内侧板

图6-59　切断展开图

① 用三角形法作展开。

② 画一线段 $a_1 = 1338$mm，分别以两端点为圆心，以 $l_5 = 796$mm 为半径画弧，两弧交于点5。

③ 分别以上面三个端点为圆心，以 $y = 198$mm、$l_4 = 653$mm 为半径画弧得交点4（两个）。

④ 同法向两端延伸，便得到外侧板切断展开图。

⑤ 用卷尺盘取圆端半弧长 $\dfrac{s}{2}$ 是否等于1593mm，若有误差，可用加减法微调之。

2）内侧板切断展开的画法略。

4. 说明

1）本例可用压力机在放射胎上压制。

2）压制时从外向内进行。

3）压制一小段后，圆端用内卡样板 $r = 504$mm 卡试弧度，以稍过为合适，因为弧过较弧欠更容易矫正，方端用90°内卡样板卡试端口的角度，以稍小于90°为合适。

4）量取圆端外皮直径 ϕ 是否等于1020mm，若有椭圆、直段或弧过段，可用衬锤用力击打来调节。

5）量取方端对角线是否相等，若不等，可用倒链拉长的对角线，短对角线便会增长，至相等为合格。

十五、方顶椭圆底连接管料计算（见图6-60）

图6-61所示为一方顶椭圆底连接管施工图，图6-62为计算原理图。

1. 板厚处理

椭圆端按中径、方端按里皮、高按椭圆端中径点至方端里皮点间垂直距离计算料长。

图6-60　立体图

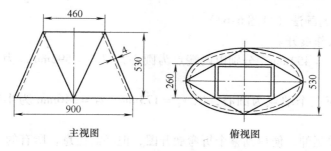

图 6-61　方顶椭圆底连接管

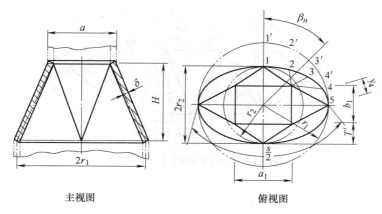

图 6-62　计算原理图

2. 下料计算

1）任一实长过渡线 $l_n = \sqrt{\left(r_1\sin\beta_n - \dfrac{a_1}{2}\right)^2 + \left(r_2\cos\beta_n - \dfrac{b_1}{2}\right)^2 + H^2}$（俯视图，同心圆法）

如 $l_4 = \sqrt{(448 \times \sin67.5° - 226)^2 + (263 \times \cos67.5° - 126)^2 + 530^2}\,\text{mm} = 563\text{mm}$

同理得：$l_1 = 592\text{mm}$，$l_2 = 546\text{mm}$，$l_3 = 541\text{mm}$，$l_5 = 588\text{mm}$。

2）椭圆周长 $s = \pi\sqrt{2(r_1^2 + r_2^2) - \dfrac{(r_1 - r_2)^2}{4}} = \pi \times \sqrt{2 \times (448^2 + 263^2) - \dfrac{(448 - 263)^2}{4}}\,\text{mm}$

$= 2290\text{mm}$。

3）椭圆周任一弦长 $y_n = \sqrt{[r_1(\sin\beta_{n+1} - \sin\beta_n)]^2 + [r_2(\cos\beta_n - \cos\beta_{n+1})]^2}$（俯视图）

如 $y_4 = \sqrt{[448 \times (\sin90° - \sin67.5°)]^2 + [263 \times (\cos67.5° - \cos90°)]^2}\,\text{mm} = 106\text{mm}$。

同理得：$y_1 = 173\text{mm}$，$y_2 = 156\text{mm}$，$y_3 = 129\text{mm}$。

4）对接口实长 $T = \sqrt{\left(r_2 - \dfrac{b_1}{2}\right)^2 + H^2} = \sqrt{(263 - 126)^2 + 530^2}\,\text{mm} = 547\text{mm}$。

式中　a_1、b_1——里皮长（mm）；

　　　　r_1——长半轴径（mm）；

　　　　r_2——短半轴径（mm）；

　　　　β_n——椭圆周各分点与纵向轴的夹角（°）。

3. 折弯展开图的画法（见图6-63）

1）用三角形法作展开。

2）画一线段 $a_1 = 452\text{mm}$，分别以两端点为圆心，以 $l_1 = 592\text{mm}$，为半径画弧，两弧交于点1。

3）分别以上面三个端点为圆心，以 $y_1 = 173\text{mm}$、$l_2 = 546\text{mm}$ 为半径画弧，得交点2（两个）。

4）同法向两端延伸，便得到整个折弯展开图，但必需注意，所有的 y 值都不一样。

5）用卷尺盘取圆端展开长 s 是否等于2290mm，若有误差，可用加减法微调之。

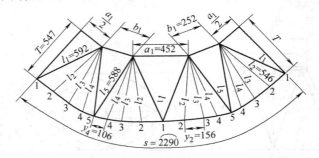

图6-63　折弯展开图（手工槽制）

4. 说明

1）由于本例板较薄，可用手工在放射胎上槽制，若考虑展开偏长，可切成 $\dfrac{1}{2}$ 后槽制。

2）槽制时从外向内进行。

3）槽制一小段后，椭圆端不方便卡样板检查弧度，只能凭经验决定弧度，方端用90°样板卡试端口的角度，以稍小于90°为合适。

4）量取椭圆端的椭圆度，用眼观察以圆滑过渡为合格，若有弧欠或弧过时，可用衬锤用力击打来矫正。

5）量取方端的对角线是否相等，若不等，可用压杠法矫正之。

十六、长圆顶矩形底连接管料计算（见图6-64）

图6-65所示为一长圆顶矩形底连接管施工图，图6-66为计算原理图。

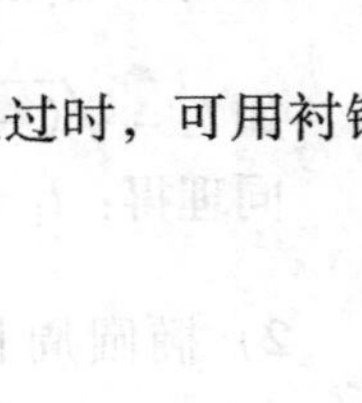

1. 板厚处理

长圆端按中径、方端按里皮、高按长圆端中径点至方端里皮点间垂直距离计算料长。

2. 下料计算

1）任一实长过渡线 $l_n = \sqrt{\left(\dfrac{b_1}{2} - r\sin\beta_n\right)^2 + \left(\dfrac{a_1}{2} - \dfrac{K}{2} - r\cos\beta_n\right)^2 + H^2}$

如 $l_3 = \sqrt{(195 - 112.5 \times \sin 60°)^2 + (235 - 95 - 112.5 \times \cos 60°)^2 + 250^2}\,\text{mm} = 281\text{mm}$

同理得：$l_1 = 318\text{mm}$，$l_2 = 289\text{mm}$，$l_4 = 298\text{mm}$。

图6-64　立体图

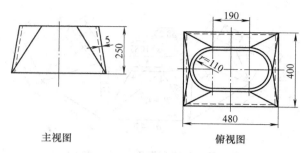

主视图　　　　　　　　　　俯视图

图 6-65　长圆顶矩形底连接管

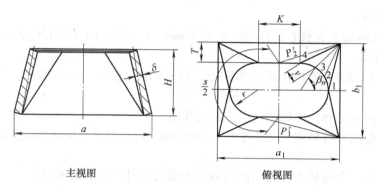

主视图　　　　　　　　　　俯视图

图 6-66　计算原理图

2）对口实长 $T = \sqrt{\left(\dfrac{b_1}{2} - r\right)^2 + H^2}$（俯视图）$= \sqrt{(195 - 112.5)^2 + 250^2}\,\text{mm} = 263\,\text{mm}$。

3）梯形对角线实长 $P_1 = \sqrt{\left(\dfrac{a_1}{2} + \dfrac{K}{2}\right)^2 + \left(\dfrac{b_1}{2} - r\right)^2 + H^2}$（俯视图）

$= \sqrt{(235 + 95)^2 + (195 - 112.5)^2 + 250^2}\,\text{mm} = 422\,\text{mm}$。

4）半梯形对角线实长 $P_2 = \sqrt{\left(\dfrac{a_1}{2}\right)^2 + \left(\dfrac{b_1}{2} - r\right)^2 + H^2}$（俯视图）

$= \sqrt{235^2 + (195 - 112.5)^2 + 250^2}\,\text{mm} = 353\,\text{mm}$

5）圆端展开长 $s = 2\pi r + 2K = (\pi \times 225 + 380)\,\text{mm} = 1087\,\text{mm}$。

6）圆周每等分弦长 $y = 2r\sin\dfrac{180°}{m}$（俯视图）$= 225\,\text{mm} \times \sin 15° = 58.23\,\text{mm}$。

式中　a_1、b_1——里皮长（mm）；

　　　　r——圆端中半径（mm）；

　　　　β_n——圆周各等分点与同一横向直径的夹角（°）；

　　　　K——长圆直段长（mm）；

　　　　H——圆端中径点至方端里皮点间距离（mm）。

3. 折弯展开图的画法（见图 6-67）

1）本例用三角形法作展开。

2）画一线段 $a_1 = 470\,\text{mm}$，分别以两端点为圆心，以 $P_1 = 422\,\text{mm}$、$l_4 = 298\,\text{mm}$ 为半径画

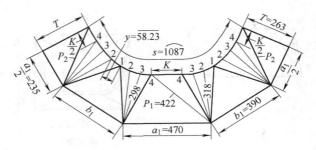

图 6-67　折弯展开图（手工槽制）

弧，两弧交于点 4。

3）以 P_1 的两端点为圆心，分别以 $K = 190\text{mm}$、$l_4 = 298\text{mm}$ 为半径画弧，两弧交于点 4，便得到直段的梯形。

4）分别以上面梯形的四个端点为圆心，以 $y = 58.23\text{mm}$、$l_3 = 281\text{mm}$ 为半径画弧，得交点 3（两个）。

5）同法向两端延伸，便得到整个折弯展开图。

6）用卷尺盘取长圆端周长 s 是否等于 1087mm，若有误差，可用加减法微调之。

4. 说明

1）本例因为板薄规格小，可用槽弧锤在下胎为放射胎上手工槽制。

2）槽制时从外向内进行。

3）槽制一小段后，圆端可用 $r = 110\text{mm}$ 的内卡样板卡试弧度，以稍小为合适，方端用 90°样板卡试端口角度，以稍小于 90°为合适。

4）量取长圆端的几何尺寸，观察圆端的圆滑度，若有直段或弧过段，可以用衬锤用力击打来矫正。

5）量取方端的对角线是否相等，若不等，可用压杠法矫正之。

十七、圆顶菱形底连接管料计算（见图 6-68）

图 6-69 所示为一圆顶菱形底连接管施工图，图 6-70 为计算原理图。

1. 板厚处理

圆端按中径、菱形端按里皮、高按圆端中心径点至菱形端里皮点间垂直距离计算料长；菱形两棱角处间折角小于 90°，故按减一个板厚处理。

图 6-68　立体图

2. 下料计算（图 6-71）

1）长角范围实长过渡线 $l_n = \sqrt{(r\sin\beta_n)^2 + (a_1 - r\cos\beta_n)^2 + H^2}$（俯视图）

如 $l_{3长} = \sqrt{(108 \times \sin45°)^2 + (231 - 108 \times \cos45°)^2 + 276^2}\text{mm} = 325\text{mm}$

同理得：$l_1 = 302\text{mm}$，$l_2 = 319\text{mm}$。

2）短角范围实长过渡线 $l_n = \sqrt{(b_1 - r\sin\beta_n)^2 + (r\cos\beta_n)^2 + H^2}$（俯视图）

如 $l_4 = \sqrt{(162 - 108 \times \sin67.5°)^2 + (108 \times \cos67.5°)^2 + 276^2}\text{mm} = 286\text{mm}$

同理得：$l_{3短} = 299\text{mm}$，$l_5 = 281\text{mm}$。

3）长角实长过渡线 $T = \sqrt{(a_1 - r)^2 + H^2}$（俯视图）$= \sqrt{(231 - 108)^2 + 276^2}\text{mm} = 302\text{mm}$。

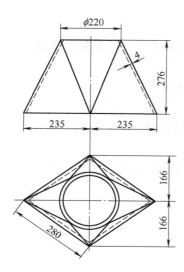

图 6-69　圆顶菱形底连接管

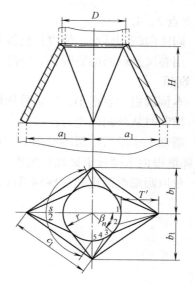

图 6-70　计算原理图

4）圆端展开弧长 $s = \pi D = \pi \times 216\,\mathrm{mm} = 679\,\mathrm{mm}$。

5）圆端每等分弦长 $y = D\sin\dfrac{180°}{m}$（俯视图）$= 216\,\mathrm{mm} \times \sin 11.25° = 42.14\,\mathrm{mm}$。

式中　r——圆端中半径（mm）；

a_1、b_1——分别为里皮半长（mm）；

　　β_n——圆周各等分点与同一横向直径的夹角（°）；

　　H——圆端中径点至方端里皮点间距离。

　　D——圆端中直径（mm）；

　　m——圆周等分数。

3. 折弯展开图的画法（见图 6-71）

1）本例用三角形法作展开。

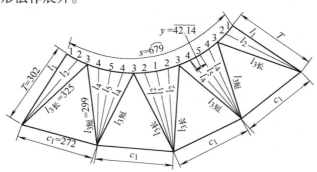

图 6-71　折弯展开图（手工槽制）

2）画一线段 $c_1 = 272\,\mathrm{mm}$，分别以两端点为圆心，以 $l_{3短} = 299\,\mathrm{mm}$、$l_{3长} = 325\,\mathrm{mm}$ 为半径画弧，两弧相交于点 3。

3）分别以上面三个端点为圆心，以 $y = 42.14\,\mathrm{mm}$、$l_2 = 319\,\mathrm{mm}$、$l_4 = 286\,\mathrm{mm}$ 为半径画

弧,得交点 2、4。

4)同法向两端延伸,便得到整展开料。

5)用卷尺盘取圆端展开长 s 是否等于 679mm,若有误差,可用加减法微调之。

4. 说明

1)本例因板薄规格小,所以可用槽弧锤在下胎为放射胎上手工槽制。

2)槽制时从外向内进行。

3)槽制一小段后,圆端可用 $r = 106mm$ 的内卡样板卡试弧度,以稍小为合适,方菱形端可放样取得内卡样板卡试端口角度。

4)量取圆端椭圆度和观察圆滑度,若有误差,可用衬锤用力击打来矫正。

第七章 型 钢

本章主要介绍在生产中经常遇到的各种型钢构件的计算方法，按折弯计算和切断计算分别叙述。

型钢折弯展开和切断展开皆应按里皮计算料长。切断按里皮计算好理解，为什么折弯展开也按里皮呢？这是因为：不论薄板或厚板型钢，在折弯操作时，皆用气焊炬烤红后进行折弯，这样一来，便保证了折角为清角，这与板料在压力机上压制达到清角的原理是一样的，即尖角镦压理论，完全能保证设计的几何尺寸在允差范围。

若不用焊炬烤红而折弯，折后的立板圆弧很大，即不是清角，此时几何尺寸保证不了且很不美观。

展开缺口是保证折弯后为清角的有利形状，根部是三角形的顶点，折弯时在顶点平立板的支撑下，根部发生了内层挤压，外层拉伸的物理变化，但根部有平立板的支撑，内层金属被挤压时，只能往外移而不能往内移，所以根部的几何尺寸不会变小。

折弯时立板得不到支撑，其清角程度较差，其补偿方法是用钝刃锤往外击打（烤红后击打效果更明显），便会得到美观的清角的立折边。

一、内搣槽（角）钢矩形框料计算（见图 7-1）

图 7-2 所示为平搣槽钢框的施工图，图 7-3 为计算原理图。

1. 板厚处理

折弯展开和切断展开皆按里皮计算料长。

2. 下料计算

折弯计算与切断计算相同。

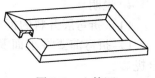

图 7-1　立体图

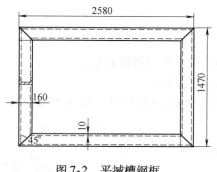

图 7-2　平搣槽钢框

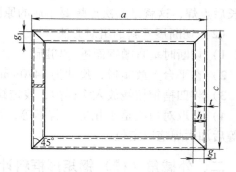

图 7-3　计算原理图

1）切角尺寸 $g_1 = h - t = (160 - 10)\,mm = 150\,mm$。

2）料长

$a_1 = a - 2t = (2580 - 20)\,mm = 2560\,mm$。

$c_1 = c - 2t = (1470 - 20)\,mm = 1450\,mm$。

　　3）料全长 $l = 2(a+c) - 8t = 2 \times (2580 + 1470)\,\mathrm{mm} - 80\,\mathrm{mm} = 8020\,\mathrm{mm}$。

式中　　h——槽钢宽（mm）；

　　　　t——平均腿厚（mm）；

　　a、c——外皮长（mm）；

a_1、c_1——里皮长（mm）。

　　3. 展开料的划线方法（适用于折弯和切断）（折弯展开图见图7-4）

　　1）划线时建议每段加上2mm，作为加热后收缩、切断和焊接后收缩的补偿。

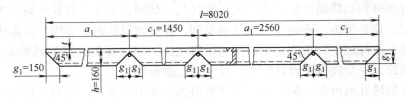

图7-4　折弯展开图（加热折弯）

　　2）用带座直角尺在槽端头划出一个正断面。

　　3）以正断面线为基线，往内量取 $a_1 = 2560\,\mathrm{mm}$、$c_1 = 1450\,\mathrm{mm}$，各两段。

　　4）用带座直角尺划出尺寸线的正断面线。

　　5）以正断面线为基线，从小面往里量取10mm得里皮点，另一小面往两边各量取150mm得两点，连接三点，即得缺口的切角尺寸线。

　　4. 说明

　　（1）折弯展开料的折弯方法

　　1）折弯前要将小面及其大小面的根部加热至樱红色，然后徐徐扳动槽钢，至缺口合拢。

　　2）将对口端用小疤点焊，只中部点一小疤。

　　3）量取对角线是否相等，若不等，可用小型倒链拉长的对角线，短对角线便会增长，等长后点焊，这就是初次点焊要小疤的原因。

　　（2）切断展开料的组对方法

　　1）切断时垂直槽钢面进行切断。

　　2）在平台上放实形，尺寸为1470mm×2580mm，并在外点焊限位铁。

　　3）将四槽钢按线放入实样内，找定缺口间隙后便可点焊。

　　4）量取对角线是否相等，若不等，可用小型倒链拉长的对角线，短对角线便会增长，相等后加大焊疤以定位。

二、外搣角（槽）钢矩形框料计算（见图7-5）

　　图7-6所示为一外搣角钢矩形框施工图，图7-7为计算原理图。

　　1. 板厚处理

　　不论折弯展开还是切断展开皆按里皮计算料长。

　　2. 下料计算

　　（1）折弯计算

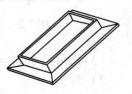

图7-5　立体图

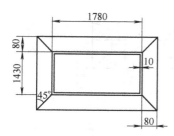

图 7-6　外揿角钢矩形框

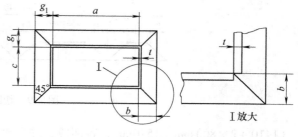

图 7-7　计算原理图

1）补料尺寸 $b_1 = b - t = (80 - 10)\,\mathrm{mm} = 70\,\mathrm{mm}$。

2）料长

$a_1 = a - 2t = (1780 - 20)\,\mathrm{mm} = 1760\,\mathrm{mm}$。

$c_1 = c - 2t = (1430 - 20)\,\mathrm{mm} = 1410\,\mathrm{mm}$。

3）料全长 $l_1 = 2(a + c) - 8t = 2 \times (1780 + 1430)\,\mathrm{mm} - 80\,\mathrm{mm} = 6340\,\mathrm{mm}$。

（2）切断计算

1）切角尺寸 $g_1 = b = 80\,\mathrm{mm}$。

2）料长

$a_1 = a - 2t = (1780 - 20)\,\mathrm{mm} = 1760\,\mathrm{mm}$。

$c_1 = c - 2t = (1430 - 20)\,\mathrm{mm} = 1410\,\mathrm{mm}$。

3）料全长 $l_2 = 6340\,\mathrm{mm}$（同折弯计算）。

式中　　a、c——外皮长（mm）；

　　　　a_1、c_1——里皮长（mm）；

　　　　　　b——角钢宽（mm）；

　　　　　　t——平均腿厚（mm）。

3. 折弯展开料的划线方法（折弯展开图见图 7-8）

1）划线时建议每一段加上 1mm，作为加热和焊接后收缩的补偿。

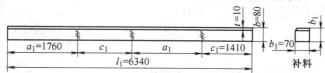

图 7-8　折弯计算（加热折弯）

2）用带座直角尺划出一正断面线。

3）以正断面线为基线，量取 $a_1 = 1760\,\mathrm{mm}$、$c_1 = 1410\,\mathrm{mm}$，各两段，保证全长为 $l_1 = 6340\,\mathrm{mm}$，并在尺寸线处划出正断面线。

4）将一个面按线切断。

4. 切断展开料的划线方法（切断展开图见图 7-9）

1）划线时建议每一段加上 1mm，作为加热和焊接后收缩的补偿。

2）用带座直角尺划出一正断面线。

3）以正断面线为基线，量取 $a_1 + 2g_1 = (1760 + 2 \times 80)\,\mathrm{mm} = 1920\,\mathrm{mm}$、$c_1 + 2g_1 =$

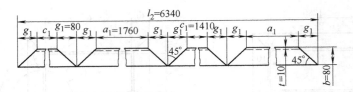

图 7-9　切断展开图

$(1410 + 2 \times 80)\,\mathrm{mm} = 1570\,\mathrm{mm}$，各两段，并划出正断面线。

4）以正断面线为基线，两端往内回缩80mm，即为切角线。

5. 说明

（1）折弯展开料的搋制方法

1）折弯前按尺寸线加热至樱红色，然后徐徐扳动角钢，并用90°样板检查角度。

2）搋成后，四角便出现了四个正方形，将补料放于其中并点焊。

3）量取四角的对角线是否相等，若不等，可用小型倒链拉长的对角线，短对角线便会增长，至相等为合格。

（2）切断展开料的组对方法

1）垂直角钢面进行切割。

2）在平台放实样，尺寸为1940mm×1590mm，并在外、内点焊限位铁。

3）将四角钢放入实样内，找定间隙后小疤点焊，此时立面端头形成90°外坡口，正适于点焊。

4）量取对角线是否相等，若不等，可用小型倒链拉长的对角线，短对角便会增长，相等后大疤点焊固定。

三、内外搋混合型角（槽）钢矩形框料计算（见图7-10）

图7-11所示为平台上套放设备门形角钢框的施工图，图7-12为计算原理图。

1. 板厚处理

折弯展开和切断展开皆按里皮计算料长。

2. 下料计算

（1）外框折弯计算

1）切角尺寸 $g_1 = b - t = (63 - 6)\,\mathrm{mm} = 57\,\mathrm{mm}$。

2）料长：

$a_1 = a - 2t = (2200 - 12)\,\mathrm{mm} = 2188\,\mathrm{mm}$

$c_1 = c - 2t = (800 - 12)\,\mathrm{mm} = 788\,\mathrm{mm}$

$d_1 = d - 2t = (600 - 12)\,\mathrm{mm} = 588\,\mathrm{mm}$。

3）料全长 $l_1 = a + 2(c + d) - 10t = 2200\,\mathrm{mm} + 2 \times (800 + 600)\,\mathrm{mm} - 60\,\mathrm{mm} = 4940\,\mathrm{mm}$。

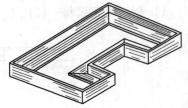

图 7-10　立体图

（2）内框切断计算（图7-14）

1）切角尺寸 $g_2 = b = 63\,\mathrm{mm}$。

2）料长：

$m_2 = m = 1000\,\mathrm{mm}$

$e_2 = e - 1t = 400 - 6 = 394\,\mathrm{mm}$。

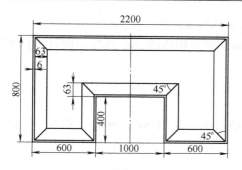

图 7-11 内外搣混合型角钢矩形框

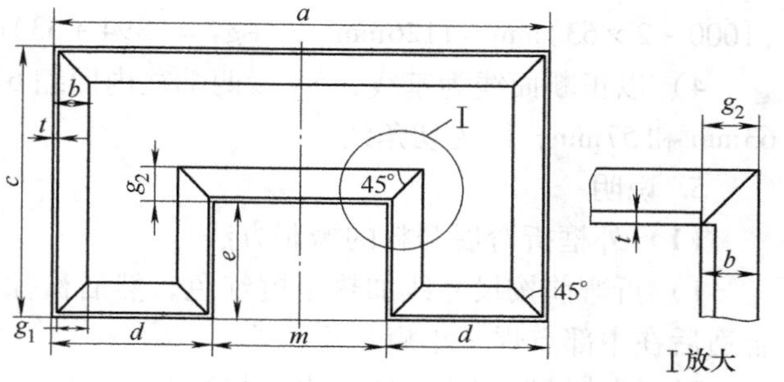

图 7-12 计算原理图

3）料全长 $l_2 = m + 2e - 2t = (1000 + 800 - 12)\,mm = 1788\,mm$。

式中 a、c、d——外皮长（mm）；

a_1、c_1、d_1——里皮长（mm）；

b——角钢宽（mm）；

t——平均腿厚（mm）。

3. 外框折弯展开料的划线方法（折弯展开图见图 7-13）

1）划线时建议每段加 1mm，作为加热后、切断后和焊接后收缩的补偿。

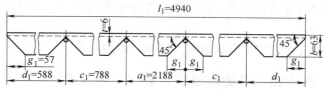

图 7-13 外框折弯展开图

2）用带座直角尺在角钢端头划出一个正断面线。

3）以正断面线为基线，往内交替量取 $d_1 = 588\,mm$ 两段、$c_1 = 788\,mm$ 两段、$a_1 = 2188\,mm$ 一段。

4）用带座直角尺划出尺寸线的正断面线。

5）以正断面线为基线，从棱外皮往里量取 6mm 得里皮点，另一面往两边各量取 57mm 得两点，连接三点，即得缺口的切角尺寸。

4. 内框切断展开料的划线方法（切断展开图见图 7-14）

1）划线时建议每一段加 1mm，作为加热、切割、焊接后收缩的补偿。

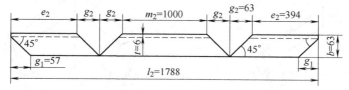

图 7-14 内框切断展开图

2）用带座直角尺在角钢端头划出一个正断面线。

3）以正断面线为基线，依次往内量取 $e_2 + g_2 = (394 + 63)\,mm = 457\,mm$、$m + 2g_2 =$

（1000＋2×63）mm＝1126mm、$e_2＋g_2＝$（394＋63）mm＝457mm，共三段。

4）以正断面线为基线，m_2 段两端往内回缩 63mm，即为切角线，e_2 段反方向往内回缩 63mm 和 57mm，即为切角线。

5. 说明

（1）外框折弯展开料的撖制方法

1）折弯前按尺寸线加热至樱红色，然后徐徐扳动角钢，并用 90°样板检查角度，角度合适后在中部点焊一小疤。

2）同法撖制完毕，待与内框相组对。

（2）内框切断展开料的组对方法

1）垂直角钢面进行切割。

2）在平台上放实样，尺寸为 463mm×1126mm，并在内外点焊限位铁。

3）将三角钢放入实样内，找定间隙后小疤点焊，此时立面形成 90°外坡口，正适合点焊。

（3）内外框的组对方法

1）在平台上放实样，尺寸为 800mm×2200mm，并内外点焊限位铁。

2）将外框放入实样定位后，再放入内框，吻合间隙合适后便可小疤点焊。

3）量取两者的对角线是否相等，若不等，可用小型倒链拉长对角线，短对角线便会增长，至相等后大疤点焊。

4）因几何形状较复杂，焊前应进行刚性定位，以防变形。

四、角（槽）钢内撖正多边形框料计算（见图 7-15）

图 7-16 所示为一正五角形内撖角钢框的施工图，图 7-17 为计算原理图。

1. 板厚处理

折弯展开和切断展开皆按里皮计算料长。

2. 下料计算

折弯计算与切断计算相同。

1）内角 $\beta＝\dfrac{180°（n-2）}{n}＝\dfrac{180°×3}{5}＝108°$。

2）缺口角度 $\alpha＝180°-\beta＝180°-108°＝72°$。

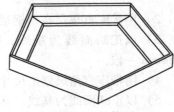

图 7-15　立体图

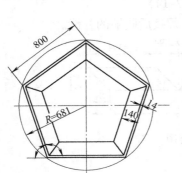

图 7-16　正五角形内撖角钢框

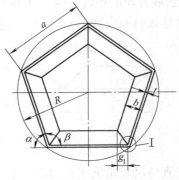

图 7-17　计算原理图

3）切角尺寸 $g_1 = \dfrac{b-t}{\tan\dfrac{\beta}{2}}$ （见 I 放大）$= \dfrac{140-14}{\tan 54°}$ mm $= 92$ mm。

4）料长 $a_1 = a - \dfrac{2t}{\tan\dfrac{\beta}{2}} = \left(800 - \dfrac{2\times14}{\tan 54°}\right)$ mm $= 780$ mm （见 I 放大）

5）料全长 $l = n\left(a - \dfrac{2t}{\tan\dfrac{\beta}{2}}\right) = 5\times\left(800 - \dfrac{2\times14}{\tan 54°}\right)$ mm $= 3898$ mm。

6）组对用外接圆半径 $R = \dfrac{a}{2\cos\dfrac{\beta}{2}} = \dfrac{800}{2\times\cos 54°}$ mm $= 681$ mm。

式中　a——外皮长（mm）；

　　　a_1——里皮长（mm）；

　　　b——角钢宽（mm）；

　　　t——平均腿厚（mm）；

　　　n——正多边形边数；

　　　l——料全长（折弯和切断同适用）（mm）。

3. 折弯展开料（或切断展开料）**的划线方法**（折弯展开图见图 7-18）

1）划线时建议每段加上 1mm，作为加热、切割和焊接收缩的补偿，机械切割则不加。

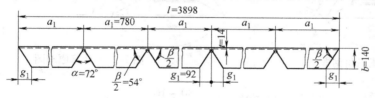

图 7-18　折弯展开图（加热折弯）

2）用带座直角尺在角钢端头划出一条正断面线。

3）以正断面线为基线，往内量取五段 $a_1 = 780$ mm，并划出正断面线。

4）以正断面线为基线，从棱角往里量取 14mm 得里皮点，另一面往左右各量取 92mm 得两点，连接三点，即得缺口的切角尺寸线。

4. 说明

（1）折弯展开料的折弯方法

1）折弯前沿断面线及根部加热至樱红色，然后徐徐扳动角钢，至缺口合拢。

2）将对口用小疤点焊，只中部一小疤。

3）量取隔一角对角线是否相等，若不等，可用小型倒链拉长的对角线，短对角线便会增长，待等长后用大疤点焊，这就是为什么点焊小疤的原因。

（2）切断展开料的组对方法

1）切断时应垂直角钢面进行切割。

2）在平台上放实样，以 $R = 681$ mm 为半径划圆。

3）在圆周上，以 800mm 为半径截取五段，由于划圆和截取的误差，头尾不一定正相交，这不要紧，可另定圆规试之，以基本重合为好。

4）连五角点得五边线，在边线外点焊限位铁。

5）按线放入五角钢，全部调整缺陷后一并小疤点焊。

6）量取隔一角对角线是否相等，若不等，可用小型倒链调整之，方法同前。

五、角（槽）钢外撖正多边形框料计算（见图7-19）

图7-20所示为一结构基础正三角形钢框的施工图，图7-21为计算原理图。

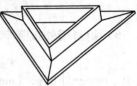

图7-19 立体图

1. 板厚处理

本例按折弯展开和切断展开分别叙述，但皆按里皮计算料长。

2. 下料计算

（1）折弯计算

1）内角 $\beta = \dfrac{180°(n-2)}{n} = \dfrac{180°}{3} = 60°$。

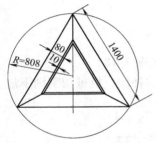

图7-20 正三角钢框

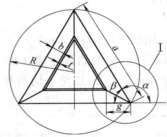

图7-21 计算原理图

2）切角尺寸 $g_1 = \dfrac{b-t}{\tan\dfrac{\beta}{2}}$（见 Ⅰ 放大）$= \dfrac{80-10}{\tan 30°}$mm $= 121$mm。

3）边长 $a_1 = a - 2g_2 = (1400 - 2 \times 139)$mm $= 1122$mm。

4）料全长 $l_1 = na_1 = 3 \times 1122$mm $= 3366$mm。

（2）切断计算

1）内角 $\beta = 60°$（同折弯计算）。

2）缺口角度 $\alpha = 180° - \beta = 180° - 60° = 120°$。

3）切角尺寸 $g_2 = \dfrac{b}{\tan\dfrac{\beta}{2}}$（见 Ⅰ 放大）$= \dfrac{80\text{mm}}{\tan 30°} = 139$mm。

4）边长 $a_2 = a_1 = 1122$mm。

5）料全长 $l_2 = na = 3 \times 1400$mm $= 4200$mm。

6）组对用外接圆半径 $R = \dfrac{a}{2\cos\dfrac{\beta}{2}}$（见原理图）$= \dfrac{1400\text{mm}}{2 \times \cos 30°} = 808$mm。

式中 a——外皮尺寸（mm）；

a_1——里皮尺寸（mm）；

b——角钢宽（mm）；

t——平均腿厚（mm）；

n——三角形边数。

3. 折弯展开料的划线方法（折弯展开图见图7-22）

1）划线时建议每一段加上1mm，作为加热、切割和焊接收缩后的补偿。

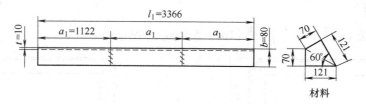

图7-22 折弯展开图（加热折弯）

2）用带座直角尺在端头划出一条正断面线。

3）以正断面线为基线，往内量取三个 $a_1 = 1122$mm，并划出正断面线，保证全长为3366mm。

4）将一个面按线切断。

4. 切断展开料的划线方法（切断展开图见图7-23）

1）划线时建议每一段加上1mm，作为加热、切割和焊接收缩后的补偿。

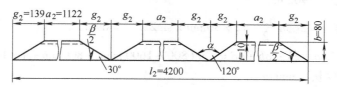

图7-23 切断展开图

2）用带座直角尺在角钢端头划出一条正断面线。

3）以正断面线为基线，往内量取三段 $a_2 + 2g_2 = (1122 + 2 \times 139)$mm $= 1400$mm，并划出正断面线。

4）以正断面线为基线，两端往内回缩 $g_2 = 139$mm，即为切角线。

5. 说明

（1）折弯展开料的揻制方法

1）折弯前按尺寸线加热至樱红色，然后徐徐扳动角钢，并用60°内卡样板检查角度。

2）揻制后，三个角便出现了三个缺角的空间，将补料放于其中并点焊。

（2）切断展开料的组对方法

1）切断时应垂直角钢面进行切割。

2）在平台上放实样，划一个 $R = 808$mm 的圆，并将其分为三等分，得三点。

3）连接三点即为角钢的外边线，并在外点焊限位铁。

4）将三段角钢放入限位铁内，找定间隙后小疤点焊，此时立面端头形成90°外坡口，正适合点焊。

六、角钢内搋成带圆角矩形框料计算（见图7-24）

图7-25所示为一带圆角内搋矩形框的施工图，图7-26为计算原理图。

1. 板厚处理

本例只按折弯展开计算，按里皮计算之。

图7-24　立体图

2. 下料计算

1）圆角弧长 $s = \dfrac{\pi}{2}\left(b - \dfrac{t}{2}\right) = \dfrac{\pi}{2}(100 - 5)\,\text{mm} = 149\,\text{mm}$。

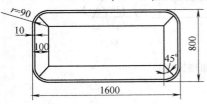

图7-25　带圆角内搋矩形框

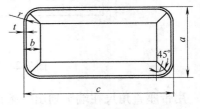

图7-26　计算原理图

2）边长：

$a_1 = a - 2b + s = (800 - 200 + 149)\,\text{mm} = 749\,\text{mm}$

$c_1 = c - 2b + s = (1600 - 200 + 149)\,\text{mm} = 1549\,\text{mm}$。

3）内皮弧半径 $r = 90\,\text{mm}$。

4）内皮弧弦长 $e = 2r\sin\dfrac{45°}{2} = 2 \times 90\,\text{mm} \times \sin 22.5° = 69\,\text{mm}$。

5）料全长 $l = 2(a + c) - 8b + 4S = 2 \times (800 + 1600)\,\text{mm} - 800\,\text{mm} + 4 \times 149\,\text{mm} = 4596\,\text{mm}$。

式中　a、c——外皮长（mm）；

a_1、c_1——里皮长（mm）；

b——角钢宽（mm）；

t——平均腿厚（mm）。

3. 折弯展开图的划线方法（见图7-27）

1）划线时，建议每段加上2mm，作为加热、切割和焊接收缩的补偿。

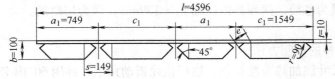

图7-27　折弯展开图（加热折弯）

2）用带座直角尺在角钢端头划出一条正断面线。

3）以正断面线为基线，往内交替量取 $c_1 = 1549\,\text{mm}$、$a_1 = 749\,\text{mm}$，共四段，保证全长 $l = 4596\,\text{mm}$，并划出正断面线。

4）从每段的两端头正断面线，往内回缩 $\dfrac{s}{2} = 74.5\,\text{mm}$ 得交点，再作出正断面线，与棱根部和边沿各得出一交点，以此两交点为圆心，以 $e = 69\,\text{mm}$、$r = 90\,\text{mm}$ 为半径划弧得交点并连接，便得出一段的折弯展开图。

5）将图中实线以外的部分切掉，即得到净料折弯展开图。

4. 说明

这里说一下折弯展开料的揻制方法。

1）折弯前沿第一断面线及根部149mm宽范围内加热至樱红色，然后徐徐扳动角钢，至缺口合拢。

2）端头缺口的处理：用焊炬将端头立板74.5mm范围内加热至樱红色，用锤将其砸至与曲面相贴，并及时点焊。

3）最后将对口的纵缝点焊，此时两立板是内皮接触，正便于点焊。

七、筒内型钢长度及缺口计算（见图7-28）

对于筒内支托或连接型钢的长度及缺口，习惯用放样法取得数据，实际用计算法最简单，下面详细叙述（按里皮直切计算）。

图7-29所示为一筒内纵向横向支撑管件的角钢施工图，图7-30为计算原理图。

1. 板厚处理

型钢在筒内与筒壁连接，里皮接触后，外皮部位形成坡口，正便于焊接，故本例一律按里皮连接计算料长为最合适。

图7-28 立体图

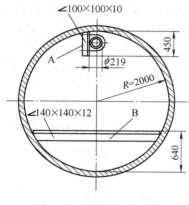

图7-29 筒内支撑型钢

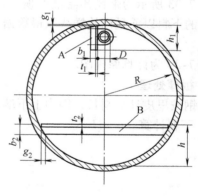

图7-30 计算原理图

2. 下料计算

（1）A角钢的计算

1）长度 $l_1 = 450$mm。

2）切角尺寸 $g_1 = \sqrt{R^2 - \left(\dfrac{D}{2} + t_1\right)^2} - \sqrt{R^2 - \left(\dfrac{D}{2} + b_1\right)^2}$

$\qquad\qquad = \left(\sqrt{2000^2 - 119.5^2} - \sqrt{2000^2 - 209.5^2}\right)$mm $= 7$mm。

（2）B角钢的计算

1）长度 $l_2 = 2\sqrt{R^2 - (R - h + t_2)^2} = 2 \times \sqrt{2000^2 - (2000 - 640 + 12)^2}$mm $= 2910$mm。

2）切角尺寸 $g_2 = \sqrt{R^2 - (R - h + t_2)^2} - \sqrt{R^2 - (R - h + b_2)^2}$

$= \left(\sqrt{2000^2 - (2000 - 640 + 12)^2} - \sqrt{2000^2 - (2000 - 640 + 140)^2} \right) \text{mm} = 132\text{mm}$。

式中　R——筒内径（mm）；

　　　D——附着圆管外径（mm）；

　t_1、t_2——分别为 A 角钢和 B 角钢的平均腿厚（mm）；

　b_1、b_2——分别为 A 角钢和 B 角钢的面宽（mm）。

3. A 角钢展开料的划线方法（见图 7-31a）

1）从角钢的一端头用带座直角尺划出一正断面线。

2）以此正断面线为基线，往另一端量取 450mm，并划出正断面线。

3）以后正断面线为基线，棱部往里取 10mm 得里皮点，边沿往内取 7mm 得一点，连接两点，即得切角尺寸线。

4. B 角钢展开料的划线方法（见图 7-31b）

完全同 A 角钢，略。

5. 说明

切角钢时应垂直切割。

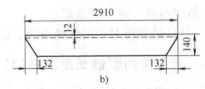

图 7-31　切断展开图（直切）
a）A 角钢　b）B 角钢

八、锥形顶盖加强角钢料计算（见图 7-32）

图 7-33 所示为带搅拌器锥形顶盖污水罐施工图，为增加其刚性，顶盖需用角钢加强，此角钢的下料以前是用放样法取得数据，现在完全可用计算法计算之。

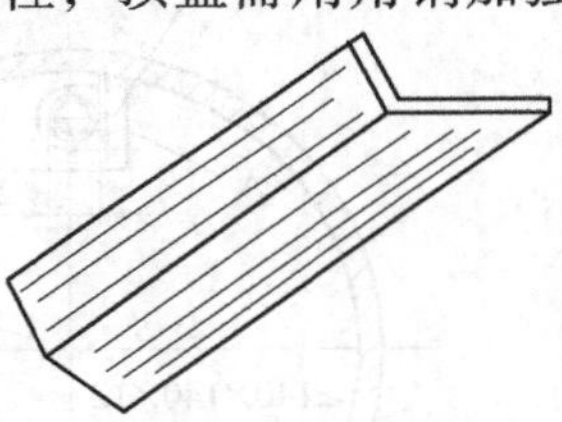

图 7-34 为计算原理图。

1. 板厚处理

角钢按里皮计算料长，因为上下端皆里皮接触。

2. 下料计算

图 7-32　立体图

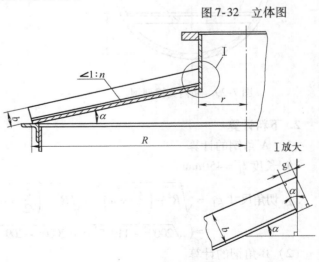

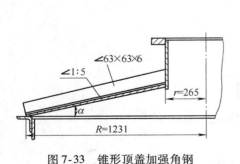

图 7-33　锥形顶盖加强角钢

图 7-34　计算原理图

1）底角 $\alpha = \arctan\dfrac{1}{n} = \arctan\dfrac{1}{5} = 11.3°$。

2）角钢底面长 $l = \dfrac{R-r}{\cos\alpha} = \dfrac{1231-265}{\cos11.3°}\text{mm} = 985\text{mm}$。

3）切角尺寸 $g = b\tan\alpha$（见图 7-34 I 放大） $= 63\text{mm} \times \tan11.3° = 12.6\text{mm}$。

式中 　$\dfrac{1}{n}$——设计给定，也可标注为 $1:n$，表示斜度；

　　　　R——顶盖大端内半径（mm）；

　　　　r——顶盖上口管外皮半径（mm）；

　　　　b——角钢宽（mm）；

　　　　b_1——焊缝宽（mm），本例按 10mm 即可。

3. 展开料的划线方法

以图 7-35 为例叙述之：

1）用带座直角尺在角钢一端头划出一正断面线，以此正断面线为基线，往内量取 985mm，并划出正断面线，再以此正断面线为基线，从棱部边沿往内量取 12.6mm，得一点，连接两点，即得缺口切割线。

2）上部管口与顶盖焊接后，才能覆盖加强角钢，所以会出现焊缝，只将角钢下平面割去焊缝宽即可，如图 7-35a 所示。

4. 说明

1）切缺口时垂直切即可。

2）其他型钢如不等边角钢、工字钢、槽钢等，可按同法计算。

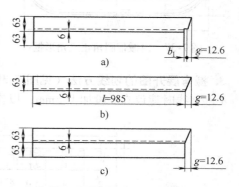

图 7-35　切断展开图（垂直切）
a）有焊道展开图　b）角钢长度及缺口
c）无焊道展开图

九、内搋带圆角正三角形框料计算（见图 7-36）

图 7-37 所示为内搋带圆角正三角形框施工图，图 7-38 为计算原理图。

1. 板厚处理

此例的对口在直段的中间，三个角为弧部分，其展开料的计算以重心距离 Z_0 为计算基准，相当于板的中性层，即搋制时不变化的那一层。

2. 下料计算

1）直段长 $a_1 = a - \dfrac{2r}{\tan\dfrac{\alpha}{2}} = \left(1700 - \dfrac{500}{\tan30}\right)\text{mm} = 834\text{mm}$。

图 7-36　立体图

2）弧段长 $s = \pi(r+b-Z_0) \times \dfrac{180°-\alpha}{180°} = \pi \times (250+80-22.7)\text{mm} \times \dfrac{2}{3} = 644\text{mm}$。

3）料全长 $l = 3(a_1+s) = 3 \times (834+644)\text{mm} = 4434\text{mm}$。

式中 　α——正三角形内角（°）；

　　　　Z_0——重心距离（mm）；

b——角钢宽（mm）；

t——角钢平均腿厚（mm）；

r——平面弯曲半径（mm）。

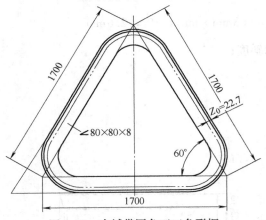

图 7-37　内㧟带圆角正三角形框

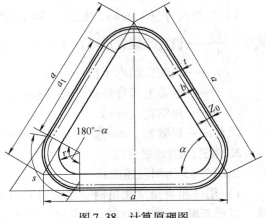

图 7-38　计算原理图

3. 㧟弯展开图的划线方法（见图 7-39）

1）划线时建议在 s 段加上 2mm，以作为角部加热后收缩的补偿。

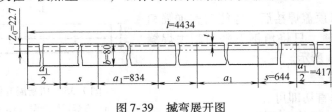

图 7-39　㧟弯展开图

2）在角钢的一端头用带座直角尺划出一正断面线。

3）以正断面线为基线，往内量取 $\dfrac{a_1}{2}=417\text{mm}$、$s=644\text{mm}$、$a_1=834\text{mm}$，并分别划出正断面线。

4）在㧟弯区的两端头打上样冲眼，以免加热后看不见折弯线。

4. 说明

1）此类构件的㧟制一般有三种方法：一是作胎，用焦炭炉加热，然后用大锤㧟弯；二是在㧟型钢机上㧟制，但也要在焦炭炉中加热；三是在卷板机上，通过固定在轴辊上的胎具卷制成形，最好也要在热状态下卷制。

2）加热㧟制时，随着㧟制程度的加深，平面部位开始起皱（内部挤缩），如果是手工加热㧟制，此时应用大锤轻轻将折皱打平，在起（皱）、平的矛盾过程中使平面部位变厚，以达到㧟弯的目的，这是此件成形的最关键的一点。

3）在㧟弧过程中，应用 60°样板卡试立板的弯曲情况，若无误差，即为合格。

十、内㧟任意角三角形角钢框料计算（见图 7-40）

图 7-41 为一内㧟钝角三角形框的施工图，图 7-42 为计算原理图。

1. 板厚处理

此例展开即可以作折弯，也可以作切断，皆按里皮计算料长。

2. 下料计算

1）b 边长度 $b = \sqrt{a^2 + c^2 - 2ac\cos\beta_2}$（余弦定理）

$$= \sqrt{1000^2 + 500^2 - 2 \times 1000 \times 500 \times \cos100°}\,\text{mm} = 1193\,\text{mm}。$$

图 7-40 立体图

2）求 β 角

① β_1 角

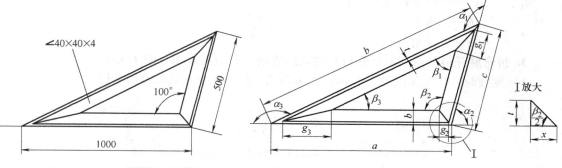

图 7-41 内撼钝角三角形框　　　　图 7-42 计算原理图

因为 $\dfrac{\alpha}{\sin\beta_1} = \dfrac{b}{\sin\beta_2}$（正弦定理）

所以 $\beta_1 = \arcsin\dfrac{a\sin\beta_2}{b} = \arcsin\dfrac{1000 \times \sin100°}{1193} = 55.6°$；

② $\beta_3 = 180° - \beta_2 - \beta_1 = 180° - 100° - 55.6° = 24.4°$。

3）边实长（见图 7-42 中 I 放大）

① $a_1 = a - \dfrac{t}{\tan\dfrac{\beta_3}{2}} - \dfrac{t}{\tan\dfrac{\beta_2}{2}} = (1000 - \dfrac{4}{\tan12.2°} - \dfrac{4}{\tan50°})\,\text{mm} = 979\,\text{mm}$；

② $b_1 = b - \dfrac{t}{\tan\dfrac{\beta_3}{2}} - \dfrac{t}{\tan\dfrac{\beta_1}{2}} = (1193 - \dfrac{4}{\tan12.2°} - \dfrac{4}{\tan27.8°})\,\text{mm} = 1167\,\text{mm}$；

③ $c_1 = c - \dfrac{t}{\tan\dfrac{\beta_2}{2}} - \dfrac{t}{\tan\dfrac{\beta_1}{2}} = (500 - \dfrac{4}{\tan50°} - \dfrac{4}{\tan27.8°})\,\text{mm} = 489\,\text{mm}$。

4）切角尺寸　$g = \dfrac{(b - t)}{\tan\dfrac{\beta_n}{2}}$（见图 7-42 中 I 放大）

$g_1 = \dfrac{40 - 4}{\tan27.8°}\,\text{mm} = 68\,\text{mm}$

$g_2 = \dfrac{40 - 4}{\tan50°}\,\text{mm} = 30\,\text{mm}$

$$g_3 = \frac{40-4}{\tan 12.2°} \text{mm} = 167\text{mm}。$$

5）料全长 $l = a_1 + b_1 + c_1 = (979 + 1167 + 489)\text{mm} = 2635\text{mm}。$

6）外角 α

$\alpha_1 = 180° - 55.6° = 124.4°$

$\alpha_2 = 180° - 100° = 80°$

$\alpha_3 = 180° - 24.4° = 155.6°。$

式中　a、b、c——外皮长（mm）；

$\qquad a_1$、b_1、c_1——里皮长（mm）；

$\qquad\qquad \beta$——内角（°）；

$\qquad\qquad \alpha$——外角（°）。

3. 折弯展开料（或切断展开料）**的划线方法**（折弯展开图见图7-43）

1）划线时，建议每段加上1mm，作为切割、加热和焊接后收缩的补偿。

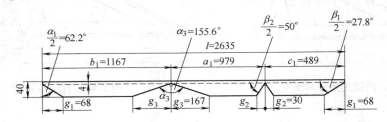

图7-43　折弯展开图（加热折弯）

2）在角钢的端头，用带座直角尺划出正断面线。

3）以正断面线为基线，往里量取 $c_1 = 489\text{mm}$、$a_1 = 979\text{mm}$、$b_1 = 1167\text{mm}$，并划出正断面线。

4）从棱部往里取4mm得里皮点，以正断面线为基线，往内量取各自的 g 值，如 $g_1 = 68\text{mm}$、$g_3 = 167\text{mm}$、$g_2 = 30\text{mm}$，与棱根部里皮点连线，即得缺口切割线。

5）用角钢的里皮宽和 g 值，可以验证外角值是否正确，若正确，说明计算的 g 值是正确的。如验证 $\frac{\alpha_1}{2}$，$\arctan \frac{68}{36} = 62.2°$，说明 g_1 值正确。

4. 说明

（1）折弯料的搣制方法

折弯前按尺寸线加热至樱红色，然后徐徐扳动角钢，并用三种角度样板检查角度，角度合适后在中部点焊一小疤。

（2）切断料的组对方法

1）垂直角钢面进行切割。

2）在平台上放实样，尺寸为 1000mm × 500mm × 1193mm，可用交规法划出，并在线外点焊限位铁。

3）将三角钢放入实样内，修正间隙后小疤点焊，此时三个角部的立面形成90°的外坡口，正适合点焊。

十一、平撖槽钢圈料计算（见图 7-44）

各种型钢卷制或压制的圆圈，其最后对口的切角，通常是将始末端头重合，用直角尺上下一并画出切割线，此法是可以的；另一种方法是计算法，是经验计算法，下面介绍之。

图 7-45 为一平撖槽钢圈施工图，图 7-46 为计算原理图。

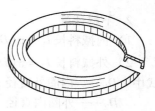

图 7-44　立体图

1. 板厚处理

平撖的槽钢圈应按大面的中径为计算基准。

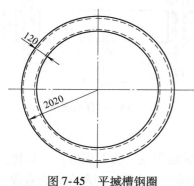

图 7-45　平撖槽钢圈

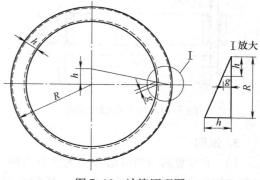

图 7-46　计算原理图

2. 下料计算（见图 7-47）

1）切角尺寸 g（见图 7-46 中的 I 放大）：

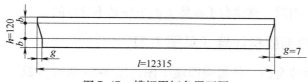

图 7-47　槽钢圈切角展开图

因为 $\dfrac{h}{R} = \dfrac{g}{h}$（相似三角形）

所以 $\dfrac{h^2}{R} = g$

$g = \dfrac{120^2}{2020}\text{mm} = 7\text{mm}$。

2）全长 $l = \pi(2R - h) = \pi \times (4040 - 120)\,\text{mm} = 12315\,\text{mm}$。

式中　R——圈外半径（mm）；

　　　h——槽钢大面宽（mm）。

十二、内外立撖槽钢圈料计算（见图 7-48）

图 7-49 所示为一内外立撖槽钢圈的施工图，图 7-50 为计算原理图。

1. 板厚处理

本例的计算基准为重心距离 Z_0，相当于板的中性层 X_0，即弯曲时不发生变化的那一层。

2. 下料计算

1）内摡料长 $l_1 = \pi(D_1 - 2Z_0) = \pi(6000 - 2 \times 20.1)\,\mathrm{mm} = 18723\,\mathrm{mm}$。

2）外摡料长 $l_2 = \pi(D_2 + 2Z_0) = \pi(6042 + 2 \times 20.1)\,\mathrm{mm} = 19108\,\mathrm{mm}$。

式中　D_1——内圈外直径（mm）;

　　　D_2——外圈内直径（mm）;

　　　Z_0——重心距离（mm）;

　　　h——槽钢大面宽（mm）。

图 7-48　立体图

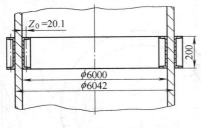

图 7-49　内外立摡槽钢圈

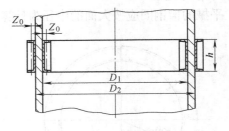

图 7-50　计算原理图

3. 说明

1）此类型钢圈的成形方法大致有两种：一是作上下胎在压力机上压制；二是将上下胎具套在辊轴上，在卷板机上卷制。两种成形方法都存在同一个缺陷，即两端存在直段。

2）此类附着筒内外的加强型钢，通常的工作程序是将加工好的型钢条、逐段点焊于筒体上，最后将直段割下。

3）预先组对成形钢圈，整体套于筒体上的工序是不可行的。

十三、内外摡角钢圈料计算（见图 7-51）

图 7-52 所示为回转窑内、外加强圈施工图，图 7-53 为计算原理图。

1. 板厚处理

等边角钢的计算基准为重心距离 Z_0，相当于板的中性层 X_0，即弯曲时不发生变化的那一层。

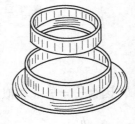

图 7-51　立体图

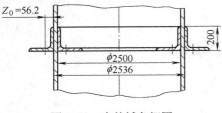

图 7-52　内外摡角钢圈

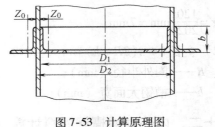

图 7-53　计算原理图

2. 下料计算

1）内摡展开长 $l_1 = \pi(D_1 - 2Z_0) = \pi(2500 - 2 \times 56.2)\,\mathrm{mm} = 7501\,\mathrm{mm}$。

2）外摡展开长 $l_2 = \pi(D_2 + 2Z_0) = \pi(2536 + 2 \times 56.2)\,\mathrm{mm} = 8320\,\mathrm{mm}$。

式中　D_1——内摡角钢圈外直径（mm）;

D_2——外搣角钢圈内直径（mm）；

Z_0——重心距离（mm）；

  b——角钢宽（mm）。

3. 说明

1）此类附着筒体内外的加强角钢圈通常的工作程序是将加工好的角钢条，逐段点焊于筒体上，最后将直段割下成为圈。

2）预先组对成角钢圈，整体套于筒体上的作法是不可行的。

十四、内外搣不等边角钢圈料计算（见图 7-54）

图 7-55 所示为回转窑窑头连接密封圈不等边角钢圈施工图，图 7-56 为计算原理图。

1. 板厚处理

不等边角钢的计算基准为重心距离 Z_0，相当于板的中性层 X_0，即弯曲时不发生变化的那一层。

2. 下料计算

1）内搣展开长 $l_1 = \pi(D_1 - 2Z_0) = \pi(4000 - 2 \times 67)$ mm $= 12145$ mm。

2）外搣展开长 $l_2 = \pi(D_2 + 2Z_0) = \pi(4040 + 2 \times 67)$ mm $= 13113$ mm。

图 7-54 立体图

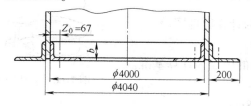

图 7-55 内外搣不等边角钢圈

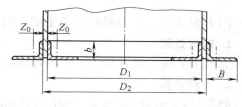

图 7-56 计算原理图

式中 Z_0——长边重心距离（mm）；

    D_1——内角钢圈外直径（mm）；

    D_2——外角钢圈内直径（mm）；

    B——长边宽（mm）。

3. 说明

1）此类附着于筒体内外的密封不等边角钢圈通常的工作程序是将加工好的角钢条，逐段点焊于筒体内外，最后将直段割掉而成圈。

2）预先组对成角钢圈的工序是不可行的。

十五、平搣工字钢圈料计算（见图 7-57）

图 7-58 所示为塔体外皮保温层承托圈施工图，图 7-59 为计算原理图。

1. 板厚处理

平搣的工字钢圈应按工字钢高的中径为计算基准。

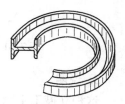

图 7-57 立体图

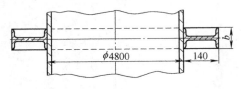

图7-58　平搣工字钢圈

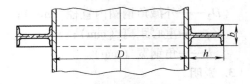

图7-59　计算原理图

2. 下料计算

展开料长 $l = \pi(D + h) = \pi(4800 + 140)\text{mm} = 15520\text{mm}$。

式中　D——圈内直径（mm）；

　　　h——工字钢高（mm）；

　　　b——工字钢底座宽（mm）。

3. 说明

1）这种工字钢（或 H 型钢）由于立筋薄而高，故不能在卷板机上卷制。

2）这种工字钢圈的成形方法是作胎在压力机上压制，由于立筋薄而高，受力时容易变形，故压制时应由轻到重、循序渐进，不能急于求成。

压制原理为悬空法，故上下胎半径应较设计半径减去一个值，如本例就应减去500mm左右为合适。

十六、立搣工字钢（或 H 型钢）圈料计算（见图7-60）

图7-61 所示为锥体托圈的施工图，图7-62 为计算原理图。

1. 板厚处理

立搣工字钢（或 H 型钢）的料计算应按立筋的中径为计算基准。

图7-60　立体图

2. 下料计算

展开长 $l = \pi(D + b) = \pi(1500 + 94)\text{mm} = 5008\text{mm}$。

式中　D——圈内直径（mm）；

　　　h——工字钢高（mm）；

　　　b——底座宽（mm）。

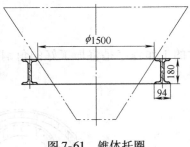

图7-61　锥体托圈

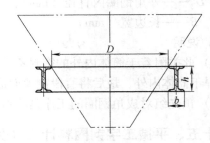

图7-62　计算原理图

3. 说明

这种立搣工字钢（或 H 型钢）圈的成形方法一般有两种：一是作上下胎在压力机上压制；二是在卷板机上卷制。这两种方法都能得到高质量的工字钢圈。

第八章　封　头

　　本章主要介绍各种封头、类封头及底板料的计算方法，其中有整料计算和分片计算，如常用的标准椭圆封头、球封头、拱形封头和罐底板的对接、搭接排版等。

　　整料计算方法大致有三个：一是周长法，二是等面积法，三是经验法，经不同压制方法压制后，都会有不同程度拉伸变薄，所以无需加余量，或少加余量。

一、整料压制平顶清角封头坯料直径计算（图 8-1）

　　图 8-2 为平顶清角封头施工图，图 8-3 为计算原理图。

1. 板厚处理

　　以前的成形方法是作圆角胎、加热、锤击成形，现改为旋压法成形，因为后法拉伸变薄倾向较大，故应按里皮计算料长。

图 8-1　立体图

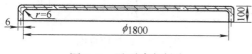

图 8-2　平顶清角封头

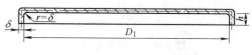

图 8-3　计算原理图

2. 下料计算（见图 8-4）

（1）周长法

坯料直径 $D_周 = D_1 + 2h = (1800 + 2 \times 94)\,\mathrm{mm} = 1988\,\mathrm{mm}$。

（2）等面积法

坯料直径 $D = \sqrt{D_1^2 + 4D_1 h}$

表达式推导如下：

因为坯料面积 $\pi\left(\dfrac{D}{2}\right)^2$

顶圆面积 $\pi\left(\dfrac{D_1}{2}\right)^2$

直边面积 $\pi D_1 h$

所以 $\pi\left(\dfrac{D}{2}\right)^2 = \pi\left(\dfrac{D_1}{2}\right)^2 + \pi D_1 h$

$$\frac{D^2}{4} = \frac{D_1^2}{4} + \pi D_1 h$$

$D_等 = \sqrt{D_1^2 + 4D_1 h} = \sqrt{1800^2 + 4 \times 1800 \times 94}\,\mathrm{mm} = 1979\,\mathrm{mm}$。

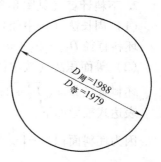

图 8-4　坯料直径

式中　D_1——封头内直径（mm）；

　　　　h——内皮直边长（mm）；

　　　　δ——板厚（mm）；

r——角部内皮弯曲半径（mm）。

3. 说明

由于旋压板料会变薄，按上述坯料直径下料只大不小，但因为成形后又要进行平口处理，所以每边加10mm的切割余量就足够了。

周长法的余量大于等面积法的余量。

二、整料压制平顶圆角封头坯料直径计算（见图8-5）

图8-6所示为一平顶圆角封头的施工图，图8-7为计算原理图。

1. 板厚处理

随着科学的发达，成形方法由以前的作圆弧胎、加热、锤击成形（故按中径算料长，本例按中径），变为旋压成形，旋压成形的拉伸变薄量较大，故按里皮计算料长是不会短的。

图8-5　立体图

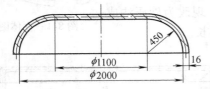

图8-6　平顶圆角封头

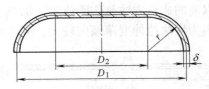

图8-7　计算原理图

2. 下料计算（见图8-8）

（1）周长法（按中径）

坯料直径 $D_周 = D_2 + \pi r = (1100 + \pi \times 458)\,\text{mm} = 2539\,\text{mm}$。

（2）等面积法（按中径）

坯料直径 $D = \sqrt{D_2^2 + 2\pi D_2 r + 8r^2}$

表达式推导如下：

因为坯料面积为 $\pi\left(\dfrac{D}{2}\right)^2$

顶圆面积为 $\pi\left(\dfrac{D_2}{2}\right)^2$

旋转曲面面积为 $\dfrac{\pi^2 D_2 r}{2} + 2\pi r^2$

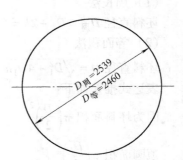

图8-8　坯料直径

所以 $\pi\left(\dfrac{D}{2}\right)^2 = \pi\left(\dfrac{D_2}{2}\right)^2 + \dfrac{\pi^2 D_2 r}{2} + 2\pi r^2$

$\dfrac{D^2}{4} = \dfrac{D_2^2}{4} + \dfrac{\pi D_2 r}{2} + 2r^2$

所以 $D_等 = \sqrt{D_2^2 + 2\pi D_2 r + 8r^2} = \sqrt{1100^2 + 2\pi \times 1100 \times 458 + 8 \times 458^2}\,\text{mm} = 2460\,\text{mm}$。

式中　D_1——封头内直径（mm）；

$\quad\quad D_2$——顶圆直径（mm）；

$\quad\quad r$——圆角中半径（mm）；

δ——板厚（mm）。

3. 说明

1）由于旋压时的拉伸变薄，按上述坯料直径下料只大不小，但因为成形后还要进行平口切割，所以在坯料直径上每边加上5mm作为修切量也是可以的。

2）周长法余量大于等面积法余量。

三、整料压制平顶圆角直边封头坯料直径计算（见图8-9）

图8-10所示为锅炉前管板施工图，图8-11为计算原理图。

1. 板厚处理

以前的成形方法是作圆角弧胎、加热、锤击成形，现改为旋压成形。旋压成形的变薄量较大，故按中径计算料长是不会短的。

2. 下料计算（见图8-12）

（1）周长法

坯料直径 $D_周 = D_2 + \pi r + 2h_1 = (1430 + \pi \times 53 + 2 \times 40)\,mm = 1677\,mm$。

图8-9　立体图

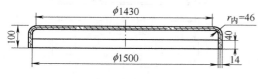

图8-10　锅炉前管板

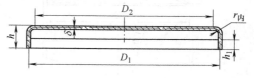

图8-11　计算原理图

（2）等面积法

坯料直径 $D = \sqrt{D_2^2 + 4D_1h_1 + 2\pi D_2 r + 8r^2}$

坯料面积为 $\pi\left(\dfrac{D}{2}\right)^2$

顶圆面积为 $\pi\left(\dfrac{D_2}{2}\right)^2$

旋转曲面面积为 $\dfrac{\pi^2 D_2 r}{2} + 2\pi r^2$

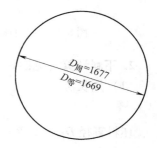

图8-12　坯料直径

直边面积为 $\pi D_1 h_1$

故 $\pi\left(\dfrac{D}{2}\right)^2 = \pi\left(\dfrac{D_2}{2}\right)^2 + \dfrac{\pi^2 D_2 r}{2} + 2\pi r^2 + \pi D_1 h$

$\dfrac{D^2}{4} = \dfrac{D_2^2}{4} + \dfrac{\pi D_2 r}{2} + 2r^2 + D_1 h_1$

$D_等 = \sqrt{D_2^2 + 4D_1h_1 + 2\pi D_2 r + 8r^2} = \sqrt{1430^2 + 4 \times 1514 \times 40 + 2\pi \times 1430 \times 53 + 8 \times 53^2}\,mm$

$= 1669\,mm$。

式中　D_1——封头中直径（mm）；

D_2——顶圆直径（mm）；

h_1——直边高（mm）；

r——圆角中半径（mm）；

δ——板厚（mm）。

3. 说明

按上述坯料直径下料只大不小，但考虑到旋压后的缺口参差不齐，还要进行平口切割，为保险起见，在直径上每边加上 10mm 作为切割余量，也不算浪费。

四、整料压制球缺封头坯料直径计算（见图 8-13）

图 8-14 所示为再生塔内球缺封头的施工图，套入圆筒体内，图 8-15 为计算原理图，从图中可以看出，是外皮与筒体内皮接触，这样的好处是上下皆有坡口，更便于焊接。

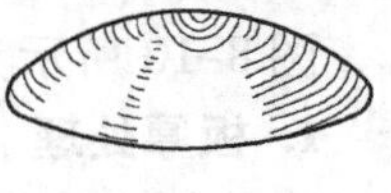

图 8-13　立体图

1. 板厚处理

若按以前的作圆弧胎、加热、锤击成形应按中径算料长，本文按中径；若按旋压法成形，可按里皮。

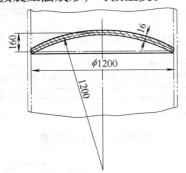

图 8-14　筒内球缺封头

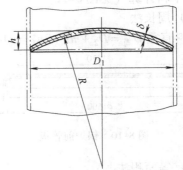

图 8-15　计算原理图

2. 下料计算（见图 8-16）

（1）周长法

$$坯料直径\ D_周 = 2\pi R\ \frac{\arcsin \dfrac{D_1}{2R}}{180°} = 2\pi \times 1200\text{mm} \times \frac{30°}{180°} = 1257\text{mm}$$

（2）等面积法

球缺封头的坯料直径计算公式有两种：一是知道球缺的中心半径和高计算；二是知道筒体内径和高计算。因而出现了两种计算方法。下面分别叙述之。

1）坯料直径 $D_等 = \sqrt{8Rh} = \sqrt{8 \times 1200 \times 160}\text{mm} = 1239\text{mm}$。

表达式推导如下：

因为坯料面积为 $\pi\left(\dfrac{D}{2}\right)^2$

球缺面积为 $2\pi Rh$

所以 $\pi\left(\dfrac{D}{2}\right)^2 = 2\pi Rh$

$$\frac{D^2}{4} = 2Rh$$

所以 $D = \sqrt{8Rh}$。

图 8-16　坯料直径

2）坯料直径 $D_{等} = \sqrt{D_1^2 + 4h^2} = \sqrt{1200^2 + 4 \times 160^2}\,\text{mm} = 1242.5\,\text{mm}$

表达式推导如下：

因为坯料直径 $D = \sqrt{8Rh}$

球缺半径 $R = \dfrac{D_1^2 + 4h^2}{8h}$（相交弦定理）

所以 $D = \sqrt{8\dfrac{D_1^2 + 4h^2}{8h}h}$

所以 $D = \sqrt{D_1^2 + 4h^2}$

式中　D_1——封头中直径（筒体内径）（mm）；

　　　h——两中心径点间的垂直距离，俗称球缺的高（mm）；

　　　R——球缺的中半径（mm）；

　　　δ——板厚（mm）。

3. 说明

所有球缺封头（最大直径到6m）的成形全都可以在旋压机上上下胎对压成形，原理为悬空法，很方便、很高效。

由于在强大的对压压力下，板料都会不同程度的拉伸变薄，所以按上述坯料直径都不会小，而且也有平口余量，故不需另加余量。

五、整料压制球缺直边封头坯料直径计算（见图 8-17）

图 8-18 所示为蒸馏塔直边球缺封头施工图，图 8-19 为计算原理图。

1. 板厚处理

大端和曲面都按中径计算料长。

2. 下料计算（见图 8-20）

（1）周长法

图 8-17　立体图

坯料直径 $D_{周} = 2\pi R \dfrac{\arcsin\dfrac{D_1}{2R}}{180°} + 2h_1 = \left(2\pi \times 1000 \times \dfrac{30°}{180°} + 2 \times 40\right)\text{mm} = 1127\,\text{mm}$。

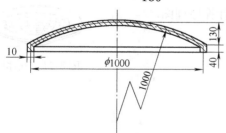

图 8-18　蒸馏塔带直边球缺封头

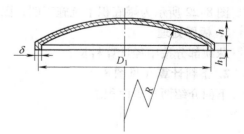

图 8-19　计算原理图

（2）等面积法（共两种）

1）坯料直径 $D_{等} = 2\sqrt{2Rh + D_1h_1} = 2 \times \sqrt{2 \times 1000 \times 130 + 1000 \times 40}\,\text{mm} = 1095\,\text{mm}$。

表达式推导如下：

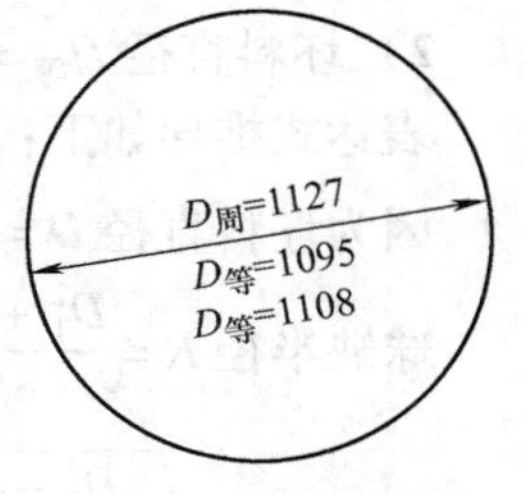

因为坯料面积为 $\pi\left(\dfrac{D}{2}\right)^2$

球缺面积为 $2\pi Rh$

直边面积为 $\pi D_1 h_1$

所以 $\pi\left(\dfrac{D}{2}\right)^2 = 2\pi Rh + \pi D_1 h_1$

$\dfrac{D^2}{4} = 2Rh + D_1 h_1$

$D = 2\sqrt{2Rh + D_1 h_1}$。

图 8-20　坯料直径

2）坯料直径 $D_{\text{等}} = \sqrt{D_1^2 + 4(h^2 + D_1 h_1)} = \sqrt{1000^2 + 4 \times (130^2 + 1000 \times 40)}\,\text{mm} = 1108\text{mm}$。

表达式推导如下：

因为 $D = 2\sqrt{2Rh + D_1 h_1}$

球缺半径 $R = \dfrac{D_1^2 + 4h^2}{8h}$（相交弦定理）

所以 $D = 2\sqrt{2\dfrac{D_1^2 + 4h^2}{8h}h + D_1 h_1} = \sqrt{D_1^2 + 4(h^2 + D_1 h_1)}$

式中　D_1——封头大端中直径（mm）；

　　　R——球缺的中心曲率（mm）；

　　　h——曲面中心点间的垂直距离（mm）；

　　　h_1——直边高（mm）；

　　　δ——板厚（mm）。

3. 说明

同其他封头一样，此球缺封头的成形方法也是在旋压机上对压成形，原理是悬空法，曲面成形后再在内外旋压轮中旋出直边，不论哪种操作，都会使板料变薄，面积增加，所以按上述坯料直径下出的料都不会小。若不放心，每边加上 10mm 作为平口的修切余量也可以。

六、整料压制球缺平边构件坯料直径计算（见图 8-21）

图 8-22 所示为罐底积水坑施工图，图 8-23 为计算原理图。

1. 板厚处理

球缺部分按中径计算料长。

图 8-21　立体图

2. 下料计算（见图 8-24）

下面介绍两种等面积法。

图 8-22　平边球缺封头

图 8-23　计算原理图

1）坯料直径 $D_{\text{等}} = \sqrt{D_1^2 + 4h^2} = \sqrt{750^2 + 4 \times 100^2}\,\text{mm} = 776\text{mm}$

表达式推导如下：

因为坯料面积为 $\pi\left(\dfrac{D}{2}\right)^2$

平边球缺构件面积为 $\pi\left(\dfrac{D_1^2}{4} + h^2\right)$

所以 $\pi\left(\dfrac{D}{2}\right)^2 = \pi\left(\dfrac{D_1^2}{4} + h^2\right)$

$D^2 = D_1^2 + 4h^2$

$D = \sqrt{D_1^2 + 4h^2}$。

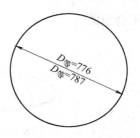

图 8-24　坯料直径

2）坯料直径 $D_{\text{等}} = \sqrt{8Rh + D_1^2 - D_2^2} = \sqrt{8 \times 450 \times 100 + 750^2 - 550^2} = 787\text{mm}$

表达式推导如下：

因为坯料面积 $\pi\left(\dfrac{D}{2}\right)^2$

球缺面积 $2\pi Rh$

平边面积 $\dfrac{\pi}{4}(D_1^2 - D_2^2)$

所以 $\pi\left(\dfrac{D}{2}\right)^2 = 2\pi Rh + \dfrac{\pi}{4}(D_1^2 - D_2^2)$

$D^2 = 8Rh + D_1^2 - D_2^2$

$D = \sqrt{8Rh + D_1^2 - D_2^2}$。

式中　D_1——最外沿直径（mm）；

　　　D_2——球缺部分直径（mm）；

　　　h——球缺高（按中径）（mm）；

　　　R——球缺中半径（mm）；

　　　δ——板厚（mm）。

3. 说明

1）成形方法一般有两种：一是手工大锤锤击法，即在土地面上，用弧状锤配大锤，一锤一锤地冲击，然后翻身扳出直边；二是作上下胎带压边圈在压力机上对压。前法适于 1～2 件生产，后法适于批量生产。

2）此件由于曲率不大，变薄拉伸的情况不大，并且积水坑用尺寸要求不严，按图示尺寸下料保证能符合设计要求。

七、向心型瓜瓣球缺封头料计算（见图 8-25）

图 8-26 所示为异丁烷塔内球缺封头施工图，设计要求按向心瓜瓣下料。球罐顶图和拱顶盖顶圆也属于此类型。

1. 板厚处理

本例的成形方法有两种：一种是在旋压机厂的压鼓上对压成形；第二种是作上下胎在压力机上对压成形。在压制的过程中板料都有不同程度的拉伸变薄，故全部按里皮计算料长是不会短的。

图 8-25　立体图

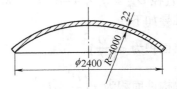

图 8-26　异丁烷塔内球缺封头

2. 下料计算

为了广义说明向心型下料方法，下面按两瓣和三瓣下料，说明其料计算方法。

（1）两瓣球缺封头

相等两半球缺封头，实质上也是直线型，也是向心型。如图 8-27 所示为两瓣球缺封头的施工图，图 8-28 为 $\frac{1}{2}$ 展开图，现计算各数据如下。

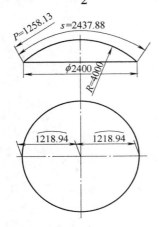

图 8-27　两瓣球缺封头（按里皮）

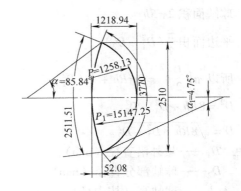

图 8-28　$\frac{1}{2}$ 展开图

1）封头半球心角 $Q = \arcsin \dfrac{D}{2R} = \arcsin \dfrac{2400}{2 \times 4000} = 17.46°$。

2）整封头的内皮弧长 $s = \pi R \dfrac{2Q}{180°} = \pi \times 4000\text{mm} \times \dfrac{2 \times 17.46°}{180°} = 2437.88\text{mm}$。

3）展开半径 $P = R\tan Q = 4000\text{mm} \times \tan 17.46° = 1258.13\text{mm}$。

4）展开图右侧弧长 $s_1 = \dfrac{\pi D}{2} = \dfrac{\pi \times 2400\text{mm}}{2} = 3770\text{mm}$。

5）右侧弧所对半圆心角 $\alpha = \dfrac{s 180°}{2\pi P} = \dfrac{3770 \times 180°}{2\pi \times 1258.13} = 85.84°$。

6）半展开料横向宽 $s_2 = \dfrac{s}{2} = \dfrac{2437.88\text{mm}}{2} = 1218.94\text{mm}$。

7）半展开料弦长 $B = 2P\sin\alpha = 2 \times 1258.13\text{mm} \times \sin 85.84° = 2510\text{mm}$。

8）半展开料弦高 $h = \dfrac{s}{2} - P(1 - \cos\alpha) = \dfrac{2437.88}{2}\text{mm} - 1258.13 \times (1 - \cos 85.84°)\text{mm}$

= 52.08mm。

9）展开图左侧展开半径 $P_1 = \dfrac{B^2 + 4h^2}{8h} = \dfrac{2510^2 + 4 \times 52.08^2}{8 \times 52.08}$mm = 15147.25mm （相交弦定理）。

10）左侧弧所对半圆心角 $\alpha_1 = \arcsin \dfrac{B}{2P_1} = \arcsin \dfrac{2510}{2 \times 15147.25} = 4.75°$。

11）左侧弧长 $s_3 = 2\pi P_1 \dfrac{\alpha_1}{180°} = 2\pi \times 15147.25\text{mm} \times \dfrac{4.75°}{180°} = 2511.51\text{mm}$。

式中　D——封头内直径（mm）；

　　　R——球内皮半径（mm）。

12）说明：以上计算为净料，为了简化计算过程，可下成板宽为 1218.94mm、展开半径为 1258.13mm 的单曲月牙板毛料。

（2）三瓣球缺封头

如图 8-29 所示为三瓣球缺封头施工图，各数据的计算方法同两瓣的计算方法。

1）中央板料计算

如图 8-30 所示为中央板计算原理图（按内径），计算数据如下：

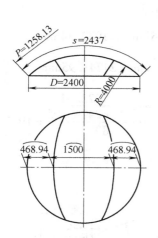

图 8-29　三瓣球缺封头（里皮）

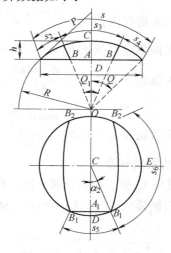

图 8-30　中央板计算原理图

① 封头半球心角 $Q = \arcsin \dfrac{D}{2R} = \arcsin \dfrac{2400}{2 \times 4000} = 17.46°$。

② 球封头的起拱高 $h = R(1 - \cos Q) = 4000\text{mm} \times (1 - \cos 17.46°) = 184.29\text{mm}$。

③ 球封头中央板所对球心角 $Q_1 = \dfrac{s_3 180°}{\pi R} = \dfrac{1500 \times 180°}{\pi \times 4000} = 21.49°$。

④ 球封头弦心距 $OA = OC - AC = R - h_1 = (4000 - 184.29)\text{mm} = 3815.71\text{mm}$。

⑤ 小端弦长 $AB = OA \tan \dfrac{Q_1}{2} = 3815.71\text{mm} \times \tan \dfrac{21.49°}{2} = 724\text{mm}$。

⑥ 俯视图 $\alpha_2 = \arcsin \dfrac{A_1 B_1}{B_1 C} = \arcsin \dfrac{724}{1200} = 37.11°$。

⑦ 展开料小端弧长 $s_5 = \pi D \dfrac{\alpha}{180°} = \pi \times 2400\text{mm} \times \dfrac{37.11°}{180°} = 1554.46\text{mm}$。

⑧ 边板外弧长 $s_6 = \dfrac{\pi D - 2s_5}{2} = \dfrac{\pi \times 2400 - 2 \times 1554.46}{2}\text{mm} = 2215.45\text{mm}$。

如图 8-31 所示为中央板展开图，现计算各数据如下：

① 封头半球心角 $Q = \arcsin \dfrac{D}{2R} = \arcsin \dfrac{2400}{2 \times 4000} = 17.46°$。

② 中央板纵向弧长 $s = \pi R \dfrac{2Q}{180°} = \pi \times 4000\text{mm} \times \dfrac{2 \times 17.46°}{180°} = 2437.88\text{mm}$。

③ 整中央板横向所对球心角 $Q_1 = 21.49°$（前已述及）。

④ 展开料小端部弧长 $s_5 = 1554.46\text{mm}$（前已述及）。

⑤ 展开料小端部所对半圆心角 $\alpha_3 = \dfrac{S_3 180°}{2\pi P} = \dfrac{1554.46 \times 180°}{2\pi \times 1258.13} = 35.4°$。

⑥ 球缺大端展开半径 $P = 1258.13\text{mm}$（前已述及）。

⑦ 展开料小端部弦长 $B_1 = 2P\sin\alpha_1 = 2 \times 1258.13\text{mm} \times \sin 35.4° = 1457.62\text{mm}$。

⑧ 小弧端起拱高 $h_1 = P(1 - \cos\alpha_1) = 1258.13\text{mm} \times (1 - \cos 35.4°) = 232.6\text{mm}$。

⑨ 大弧端起拱高 $h_2 = \dfrac{s_1 - B_1}{2} = \dfrac{1500 - 1457.62}{2}\text{mm} = 21.19\text{mm}$。

⑩ 纵向角点间弦长 $B_2 = s - 2h_1 = (2437.54 - 2 \times 232.6)\text{mm} = 1972.34\text{mm}$。

⑪ 大弧展开半径 $P_2 = \dfrac{B_2^2 + 4h_2^2}{8h_2} = \dfrac{1972.34^2 + 4 \times 21.19^2}{8 \times 21.19}\text{mm} = 24743.95\text{mm}$。

⑫ 大端弧长 $s_7 = 2\pi P_2 \dfrac{\arcsin \dfrac{B}{2P_2}}{180°} = 2\pi \times 24743.95\text{mm} \dfrac{\arcsin \dfrac{1972.34}{2 \times 24743.95}}{180°} = 1972.86\text{mm}$。

2）边板料计算

如图 8-32 所示为边板展开图，现计算各数据如下：

① 右侧弧长 $s_6 = 2215.45\text{mm}$（前已述及）。

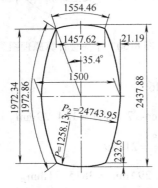

图 8-31 中央板展开图

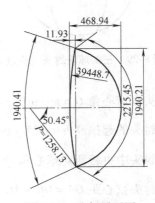

图 8-32 边板展开图

② 右侧弧所对半圆心角 $\alpha_4 = \dfrac{s_6 180°}{2\pi P} = \dfrac{2215.45 \times 180°}{2\pi \times 1258.13} = 50.45°$。

③ 纵向角点间弦长 $B_3 = 2P\sin\alpha_4 = 2 \times 1258.13\,\mathrm{mm} \times \sin50.45° = 1940.21\,\mathrm{mm}$。

④ 整边板横向宽 $s_4 = \dfrac{s - s_3}{2} = \dfrac{2437.88 - 1500}{2}\,\mathrm{mm} = 468.94\,\mathrm{mm}$。

⑤ 左侧弧弦高 $h_3 = s_4 - P(1 - \cos\alpha_4) = 684.94 - 1258.13\,\mathrm{mm} \times (1 - \cos50.45°)$
$= 11.93\,\mathrm{mm}$。

⑥ 左侧弧展开半径 $P_3 = \dfrac{B_3^2 + 4h_3^2}{8h_3} = \dfrac{1940.21^2 + 4 \times 11.93^2}{8 \times 11.93}\,\mathrm{mm} = 39448.7\,\mathrm{mm}$。

⑦ 左侧弧长 $s_7 = 2\pi P_3 \dfrac{\arcsin\dfrac{B_3}{2P_3}}{180°} = 2\pi \times 39448.7\,\mathrm{mm} \times \dfrac{\arcsin\dfrac{1940.21}{2 \times 39448.7}}{180°} = 1940.41\,\mathrm{mm}$。

⑧ 说明：以上计算为净料，为了简化计算过程，可下成板宽为 684.94mm、展开半径为 1258.13mm 的单曲月牙料毛料。

八、直线型瓜瓣球缺封头料计算（见图 8-33）

上例叙述了向心型瓜瓣球缺封头的计算方法，本例选出直线型瓜瓣球缺封头，因为直线型比向心型计算过程较简单，所以若设计不强调拼接类型时，一律按直线型拼接。下面以图 8-34 为例叙述直线型瓜瓣球缺封头的计算过程。

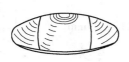

图 8-33　立体图

图 8-34　洗涤塔内球缺封头

1. 板厚处理

同上例一样，本例的成形方法有两种：第一种是在旋压机厂的压鼓机上对压；第二种是作上下胎在压力机上对压。在压制时，板料都会有不同程度的拉伸，使料面积增大，故按里皮计算是不会小的。

2. 下料计算

（1）施工图中有关数据的计算（见图 8-35）

1）封头半包角 $Q = \arcsin\dfrac{D}{2R} = \arcsin\dfrac{3800}{2 \times 3800} = 30°$。

2）球缺弧展开长 $s = 2\pi R\dfrac{Q}{180°} = \pi \times 3800\,\mathrm{mm} \times \dfrac{30°}{180°} = 3979.35\,\mathrm{mm}$

3）假设中央板用板宽为 1800mm 的板，那么月牙边板宽 $\dfrac{3979.35 - 1800}{2} = 1089.68\,\mathrm{mm}$。

4）球缺起拱高 $h = R(1 - \cos Q) = 3800\,\mathrm{mm} \times (1 - \cos30°) = 509\,\mathrm{mm}$。

5）球缺大端展开半径 $P = R\tan Q = 3800\text{mm} \times \tan30° = 2193.93\text{mm}$。

（2）中央板展开计算（见图8-36）

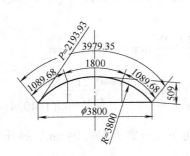

图8-35　整封头各数据图（按里皮）

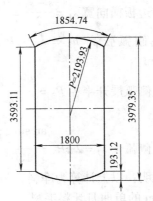

图8-36　中央板展开图

1）端头半包角 $\alpha = \arcsin\dfrac{s_1}{2P} = \arcsin\dfrac{180°}{2 \times 2193.93} = 24.22°$。

2）端头弧长 $s_3 = \pi P\dfrac{2\alpha}{180°} = \pi \times 2193.93\text{mm} \times \dfrac{2 \times 24.22°}{180°} = 1854.74\text{mm}$。

3）端头弦高 $h_1 = P(1 - \cos\alpha) = 2193.93\text{mm} \times (1 - \cos24.22°) = 193.12\text{mm}$。

4）纵向角点间弦长 $B = S - 2h_1 = (3979.35 - 2 \times 193.12)\text{mm} = 3593.11\text{mm}$。

（3）边板展开计算（见图8-37）

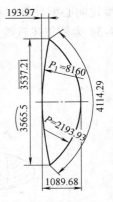

图8-37　边板展开图

1）右侧弧长 $s_4 = \dfrac{\pi D - 2s_3}{2} = \dfrac{\pi \times 3800 - 2 \times 1854.74}{2}\text{mm} = 4114.29\text{mm}$。

2）右侧弧半包角 $\alpha_1 = \dfrac{180°s_4}{2\pi P} = \dfrac{180° \times 4114.29}{2\pi \times 2193.93} = 53.72°$。

3）纵向两角点间弦长 $B_1 = 2P\sin\alpha_1 = 2 \times 2193.93\text{mm} \times \sin53.72° = 3537.21\text{mm}$。

4）左侧弧弦高 $h_2 = s_2 - P(1 - \cos\alpha_1) = 1089.68\text{mm} - 2193.93\text{mm} \times (1 - \cos53.72°) = 193.97\text{mm}$。

5）左侧弧展开半径 $P_1 = \dfrac{B_1^2 + 4h_2^2}{8h_2} = \dfrac{3537.21^2 + 4 \times 193.97^2}{8 \times 193.97}\text{mm} = 8160\text{mm}$。

6）左侧弧半包角 $\alpha_2 = \arcsin\dfrac{B_1}{2P_1} = \arcsin\dfrac{3537.21}{2 \times 8160} = 12.52°$。

7）左侧弧长 $s_5 = 2\pi P_1\dfrac{\alpha_2}{180°} = 2\pi \times 8160\text{mm} \times \dfrac{12.52°}{180°} = 3565.5\text{mm}$。

九、整料压制半球形封头坯料直径计算（见图8-38）

图8-39所示为软化水罐半球形封头施工图，图8-40为计算原理图。

1. 板厚处理

按中径计算坯料直径。

2. 下料计算（见图8-41）

（1）周长法

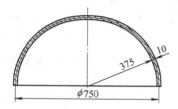

图8-39 软化水罐半球形封头

图8-38 立体图

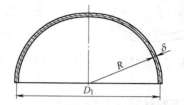

图8-40 计算原理图

坯料直径 $D_周 = \pi R = \pi \times 380 \text{mm} = 1194 \text{mm}$。

（2）等面积法

坯料直径 $D_等 = \sqrt{8R^2} = \sqrt{8 \times 380^2} \text{mm} = 1075 \text{mm}$

或 $D_等 = \sqrt{4D_1 R} = \sqrt{4 \times 760 \times 380} \text{mm} = 1075 \text{mm}$。

表达式推导如下：

因为坯料面积为 $\pi \left(\dfrac{D}{2}\right)^2$，半球面积为 $2\pi R^2$

所以 $\pi \left(\dfrac{D}{2}\right)^2 = 2\pi R^2$，$\dfrac{D^2}{4} = 2R^2$，$D = \sqrt{8R^2} = \sqrt{4 \times D_1 R}$

图8-41 坯料直径

式中 R——球中半径（mm）；

D_1——球中直径（mm）；

δ——板厚（mm）。

3. 说明

1）半球形封头不能用旋压法成形，其成形方法有三种：$\phi500 \text{mm}$ 以下可作上下胎在压力机上热压；$\phi500 \sim 1500 \text{mm}$ 要考虑用漏环热压；$\phi1500$ 以上就要用瓜瓣形式冷压成形。

2）本例要用漏环热法，即上胎为球内径实形，下胎为漏环，在热状态下压制成形，成形的过程也是拉伸变厚的过程，成形后端口的折皱很多，平口时要将这些折皱部分割掉，要消耗一些尺度，有伸长又有折皱消耗，两者可抵消。为了保险起见，在坯料直径上每边加出20mm就足够了，加多了也是浪费！

十、整料压制直边半球形封头坯料直径计算（见图8-42）

图8-43所示为反应塔体直边半球形封头施工图，图8-44为计算原理图。

1. 板厚处理

大端、曲面皆按中径计算料长。

图 8-42 立体图

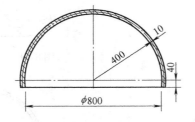

图 8-43 反应塔体直边半球形封头

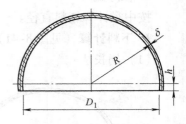

图 8-44 计算原理图

2. 下料计算（见图 8-45）

（1）周长法

坯料直径 $D_周 = \pi R + 2h = (\pi \times 405 + 2 \times 40)\,\text{mm} = 1352\,\text{mm}$。

（2）等面积法

计算方法有两种：

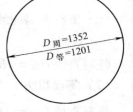

图 8-45 坯料直径

1）坯料直径 $D_等 = \sqrt{2D_1^2 + 4D_1 h} = \sqrt{2 \times 810^2 + 4 \times 810 \times 40}\,\text{mm}$
$= 1201\,\text{mm}$。

2）坯料直径 $D_等 = 2\sqrt{2R^2 + 2Rh} = 2 \times \sqrt{2 \times 405^2 + 2 \times 405 \times 40}\,\text{mm} = 1201\,\text{mm}$。

表达式推导如下：

因为坯料面积为 $\pi\left(\dfrac{D}{2}\right)^2$，半球面积为 $2\pi R^2$，直段面积为 $\pi D_1 h$，

所以 $\pi\left(\dfrac{D}{2}\right)^2 = 2\pi R^2 + \pi D_1 h$，$D^2 = 8R^2 + 4D_1 h$，

故 $D = \sqrt{8R^2 + 4D_1 h} = \sqrt{2 \times 2 \times 2 \times R \times R + 4D_1 h} = \sqrt{2D_1^2 + 4D_1 h}$

$D = \sqrt{8R^2 + 4D_1 h} = \sqrt{2 \times 4R^2 + 4 \times 2Rh} = 2\sqrt{2R^2 + 2Rh}$。

式中　　D_1——球中直径（mm）；

　　　　R——球中半径（mm）；

　　　　h——直边高（mm）；

　　　　δ——板厚（mm）。

3. 说明

1）坯料直径有两种计算结果，周长法余量过大，还是以等面积法为准。

2）此例应用漏环法在压力机上热压，成形的过程使板料产生了拉伸变薄，成形后端口起皱严重，降低了产品质量，要将这些折皱割掉，就要消耗一部分尺度，有伸长又有折皱消耗，两者基本抵消。为了保险起见，在坯料直径上每边加上 20mm 就足够了。

十一、整料压制半球平边构件坯料直径计算（见图 8-46）

图 8-47 所示为罐底积水坑施工图，图 8-48 为计算原理图。

图 8-46　立体图

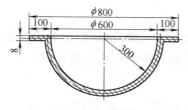

图 8-47　平边半球封头

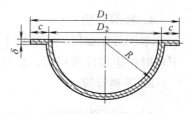

图 8-48　计算原理图

1. 板厚处理

半球部分按中径计算料长。

2. 下料计算（见图 8-49）

等面积法有两个公式。

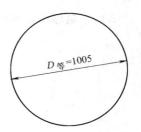

图 8-49　坯料直径

1）坯料直径 $D_{等} = \sqrt{D_1^2 + D_2^2} = \sqrt{800^2 + 608^2}\,\text{mm} = 1005\,\text{mm}$

表达式推导如下：

因为坯料面积为 $\pi\left(\dfrac{D}{2}\right)^2$，平边面积为 $\dfrac{\pi}{4}(D_1^2 - D_2^2)$，半球面积

为 $\dfrac{\pi D_2^2}{2}$，

所以 $\pi\left(\dfrac{D}{2}\right)^2 = \dfrac{\pi}{4}(D_1^2 - D_2^2) + \dfrac{\pi D_2^2}{2}$，$\dfrac{D^2}{4} = \dfrac{D_1^2 - D_2^2}{4} + \dfrac{D_2^2}{2}$，$D^2 = D_1^2 - D_2^2 + 2D_2^2$，

故 $D = \sqrt{D_1^2 + D_2^2}$。

2）坯料直径 $D_{等} = \sqrt{(D_2 + 2c)^2 + D_2^2} = \sqrt{800^2 + 608^2}\,\text{mm} = 1005\,\text{mm}$

表达式推导如下：

因为 $D_1 = D_2 + 2c$

所以 $D = \sqrt{(D_2 + 2c)^2 + D_2^2}$。

式中　D_1——最外沿直径（mm）；

$\quad\ D_2$——半球中直径（mm）；

$\quad\ \ R$——球中半径（mm）；

$\quad\ \ c$——边宽（按中径）（mm）；

$\quad\ \ \delta$——板厚（mm）。

3. 说明

1）成形方法：作上下实形胎，在压力机上热压成形，为防止起皱，下胎上应设压边圈。

2）在热状态下压制容易拉伸变薄，成形后平板外沿还要切成正圆，两者的量基本抵消，故按计算的坯料直径下料是不会短的。

十二、瓜瓣球形封头料计算（见图 8-50）

图 8-51 所示为一球形封头的施工图和展开图，图 8-52 为计算原理图。

1. 板厚处理

本例可在旋压厂压鼓机上用上胎 $R \approx 2000\text{mm}$ 的圆形胎逐点压制，拉伸变薄量较大，故下料时按里皮计算料长，最后成形后完全能够达到设计要求。

2. 下料计算

1）半顶圆所对球心角 $\omega = \arcsin \dfrac{r_7}{R} = \arcsin \dfrac{1616}{3000} = 32.59°$。

2）一扇球形板所对球心角 $Q = 90° - \omega = 90° - 32.59° = 57.41°$。

3）一扇球形板弧长 $s = \pi R \dfrac{Q}{180°} = \pi \times 3000\text{mm} \times \dfrac{57.41°}{180°} = 3005.83\text{mm}$。

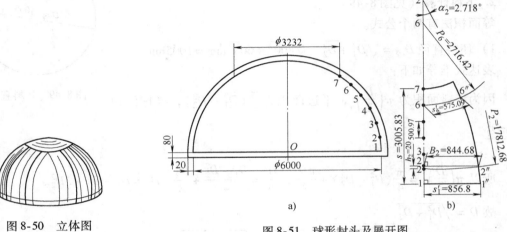

图 8-50　立体图

图 8-51　球形封头及展开图

a）球形封头　b）半展开图（不包括直边）

4）任一等分点的弧长 $s_1 = \dfrac{s}{n} = \dfrac{3005.83}{6}\text{mm} = 500.97\text{mm}$。

5）一等分弧长所对球心角 $Q_1 = \dfrac{Q}{n} = \dfrac{57.41°}{6} = 9.57°$。

6）任一等分点展开半径 $P_n = R\tan\left[\omega + (7-n)Q_1\right]$

如 $P_4 = 3000\text{mm} \times \tan(32.59° + 3 \times 9.57°) = 5479.62\text{mm}$

同理得：P_1 为无穷大，$P_2 = 17812.68\text{mm}$，$P_3 = 8648.82\text{mm}$，$P_5 = 3802.74\text{mm}$，$P_6 = 2716.41\text{mm}$，$P_7 = 1917.84\text{mm}$。

7）任一等分点的纬圆半径 $r_n = R\sin\left[\omega + (7-n)Q_1\right]$

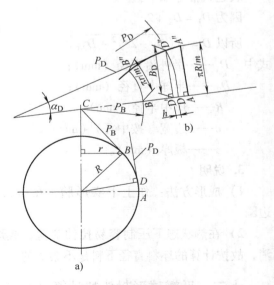

图 8-52　计算原理图

a）立体图　b）用切线半径作的展开图

如 $r_4 = 3000\text{mm} \times \sin(32.59° + 3 \times 9.57°) = 2631.44\text{mm}$

同理得：$r_1 = 3000\text{mm}$，$r_2 = 2958.34\text{mm}$，$r_3 = 2834.33\text{mm}$，$r_5 = 2355.3\text{mm}$，$r_6 = 2013.61\text{mm}$，$r_7 = 1615.87\text{mm}$。

8）一扇球形板上任一等分位置横向半弧长 $s'_n = \dfrac{\pi r_n}{m}$

如 $s'_4 = \dfrac{\pi \times 2631.44\text{mm}}{11} = 751.54\text{mm}$

同理得：$s'_1 = 856.8\text{mm}$，$s'_2 = 844.9\text{mm}$，$s'_3 = 809.49\text{mm}$，$s'_4 = 672.07\text{mm}$，$s'_6 = 575.09\text{mm}$，$s'_7 = 461.49\text{mm}$。

9）近大端等分点2各数据计算

① 展开图上2点所对的顶角 $\alpha_2 = 180°s'_2/(\pi P_2) = 180° \times 844.9/(\pi \times 17812.68) = 2.718°$。

② 展开图上2点所对应弦长 $B_2 = P_2 \sin\alpha_2 = 17812.68\text{mm} \times \sin 2.718° = 844.68\text{mm}$。

③ 展开图上2点的弦高 $h_2 = P_2(1 - \cos\alpha_2) = 17812.68\text{mm} \times (1 - \cos 2.718°) = 20\text{mm}$。

式中　R——球内半径（mm）；

　　　m——瓜瓣数，本例为 11 等分；

　　　n——瓜瓣纵向等分数，本例为 6 等分。

3. 说明

1）考虑焊缝收缩，作立体画线胎时，一扇两边共加一道焊缝收缩量，如本例按一道焊缝加 3mm，周长加 33mm，放实样内径应为 6010mm。

2）合茬板占用时间相当于组对封头瓜瓣时间，通过实践，速度最快的方法是覆盖法。该方法是将合茬板覆盖于合茬空间，调整好四方位置后，从内侧垂直画线，此线不是切割线，应从两侧向里移 x 值，$x = \pi(D_1 - D_2)/2m$，其中 D_1、D_2 分别为内、外皮直径，m 为瓜瓣数，本例 $x = 6\text{mm}$。按此线切割可大大提高工效。

3）压制方法：可在旋压机厂的压鼓机上，用上胎 $R \approx 2000\text{mm}$，点压成形，并随时用 $R = 3000\text{mm}$ 的内卡样板检查弧度，成形原理为悬空法。

十三、小球体料计算

小型球体的下料方法大致有两种：一种是半球法，即下成圆板压成两个半球；另一种是三瓣法，即将球体下成三个瓜瓣，三瓜瓣又有整瓜瓣和半瓜瓣之分，两端配以顶圆，下面举例说明。

1. 板厚处理

1）球半径按中径计算料长。

2）因有板厚的因素，在内侧无法施图，只能在外侧开 60° 外坡口。

2. 下料计算

（1）半球法

如图 8-53 所示为一球形结构球体，由于直径较小，下成两瓣为好。图 8-54 为半球展开图。

半球展开料直径 $D = \sqrt{8}R = \sqrt{8} \times 145\text{mm} = 410\text{mm}$（净料）。

（2）三瓣法

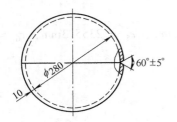

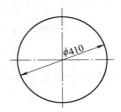

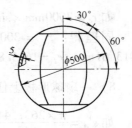

图 8-53　小型两瓣球体　　　　　　图 8-54　半球展开图（净料）　　　　图 8-55　小型三瓣球体

如图 8-55 所示为小型装饰用不锈钢球体，由于直径稍大，下成两半胎具受限制，故下成三瓣，三瓣又分整三和半三两种，下面分别叙述。

1）$\frac{1}{3}$ 整瓜瓣（见图 8-56 和图 8-57）

① 瓜瓣

a. 展开料长 $L = \pi R \dfrac{120°}{180°} = \pi \times 247.5\text{mm} \times \dfrac{120°}{180°} = 518.36\text{mm}$；

b. 顶端的展开半径 $P_1 = R\tan 30° = 247.5\text{mm} \times \tan 30° = 142.89\text{mm}$；

c. 顶圆处纬圆半径 $r = R\sin 30° = 247.5\text{mm} \times \sin 30° = 123.75\text{mm}$；

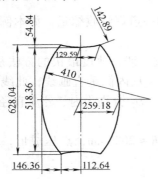

图 8-56　$\frac{1}{3}$ 整瓜瓣展开图（净料）　　　　　　图 8-57　顶圆展开料（净料）

d. 上部 $\frac{1}{2}$ 弧长 $s_1 = \pi r/n = \pi \times 123.75\text{mm} \div 3 = 129.59\text{mm}$；

e. 赤道带 $\frac{1}{2}$ 弧长 $s_2 = \pi R/n = \pi \times 247.5\text{mm} \div 3 = 259.18\text{mm}$；

f. 展开料上端所对半圆心角 $\alpha_1 = \dfrac{s_1 180°}{\pi P_1} = \dfrac{129.59 \times 180°}{\pi \times 142.89} = 51.96°$；

g. 上端弦高 $h = P_1(1 - \cos\alpha_1) = 142.89\text{mm} \times (1 - \cos 51.96°) = 54.84\text{mm}$；

h. 上端半弦长 $B' = P_1\sin\alpha = 142.89\text{mm} \times \sin 51.96° = 112.64\text{mm}$；

i. 两侧弧的展开半径 $P_2 = \dfrac{B^2 + 4h^2}{8h} = \dfrac{628.04 + 4 \times 146.36\text{mm}}{8 \times 146.36} = 410\text{mm}$（相交弦定理）。

式中　　R——球体中半径（mm）；

　　　　n——球瓣等分数；

　　　　B——瓜瓣纵向弦长（mm）；

h——瓜瓣纵向弦高（mm）。

② 顶圆净料展开直径 $D = \pi R \dfrac{60°}{180°} = \pi \times$

$247.5\text{mm} \times \dfrac{60°}{180°} = 259.18\text{mm}$。

2）$\dfrac{1}{3}$ 半瓜瓣（见图 8-58）

① 瓜瓣。为了说明 $\dfrac{1}{3}$ 整瓜瓣与 $\dfrac{1}{3}$ 半瓜瓣下料的不

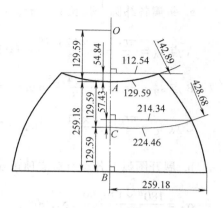

图 8-58　$\dfrac{1}{3}$ 半瓜瓣展开图（净料）

同，仍利用图 8-56 说明之。从两展开图可看出，虽然下料方法不同，但具体数据完全相同。实践证明：整瓜瓣下出的净料，经压制后完全可以不用修切三块整板即可组成一个球，四周属于自由端，会有变薄伸长的趋势，但它伸长得对称，组对成形后直径可能变大，但能在允差范围；$\dfrac{1}{3}$ 半整瓜瓣就有所不同，压制成形在组对胎上组对时，两角部接触平台，中部有空隙，这是因为角部是两个自由边，中部是一个自由边，压制时变薄伸长的量就不同，角部伸长得多，中部相对伸长得就少，故中部出现间隙。处理方法是：照样组对，组对成形后，翻过来，使大端朝上，以中部为基准划出平口线，用气割割掉多出的部分，这时的半球会出现偏高的状态，因中部也伸长了一个量，但能在允差范围。

计算各数据如下：

a. 半顶圆弧长 $l_1 = \pi R \dfrac{Q_1}{180°} = \pi \times 247.5\text{mm} \times \dfrac{30°}{180°} = 129.59\text{mm}$；

b. 一扇球瓣弧长 $l_2 = \pi R \dfrac{Q_2}{180°} = \pi \times 247.5\text{mm} \times \dfrac{60°}{180°} = 259.18\text{mm}$；

c. 一扇球瓣的半弧长 $l_3 = \dfrac{l_2}{2} = \dfrac{259.18\text{mm}}{2} = 129.59\text{mm}$；

d. 施工图上各点所对球心角 Q_n

A 点所对球心角 $Q_1 = 30°$（已知）

B 点所对球心角 $Q_2 = 89.99999°$（编者有意识设这个角小于90°但不到90°，以观察大端弧长、弦长和弦高的变化规律，结果是弧长、弦长相等，弦高等于零）

C 点所对球心角 $Q_3 = 60°$（已知）；

e. 各点的展开半径 $P_n = R\tan Q_n$

A 点 $P_1 = 247.5\text{mm} \times \tan30° = 142.89\text{mm}$

B 点 $P_2 = 247.5\text{mm} \times \tan89.99999° = 1418070543\text{mm}$

C 点 $P_3 = 247.5\text{mm} \times \tan60° = 428.68\text{mm}$；

f. 各纬圆半径 $r_n = R\sin Q_n$

$r_A = R\sin Q_1 = 247.5\text{mm} \times \sin30° = 123.75\text{mm}$

$r_B = R\sin Q_2 = 247.5\text{mm} \times \sin89.99999° = 247.5\text{mm}$

$r_C = R\sin Q_3 = 247.5\text{mm} \times \sin60° = 214.34\text{mm}$；

g. 每瓣各纬圆 $\frac{1}{2}$ 弧长 $s_n = \pi r_n / n$

A 点 $s_A = \frac{\pi r_A}{3} = \frac{\pi \times 123.75}{3}\text{mm} = 129.59\text{mm}$

B 点 $s_B = \pi r_B = \frac{\pi \times 247.5}{3}\text{mm} = 259.18\text{mm}$

C 点 $s_C = \frac{\pi r_C}{3} = \frac{\pi \times 214.34}{3}\text{mm} = 224.46\text{mm}$；

h. 展开图弧上各点所对应顶角 $\alpha_n = \frac{180° s_n}{\pi P_n}$

$\alpha_A = \frac{180° \times 129.59}{\pi \times 142.89} = 51.96°$

$\alpha_B = \frac{180° \times 259.18}{\pi \times 1418070543} = 0.000010471°$

$\alpha_C = \frac{180° \times 224.46}{\pi \times 428.68} = 30°$；

i. 展开图上各点所对应弦长 $B_n = P_n \sin\alpha_n$

$B_A = 142.89\text{mm} \times \sin 51.96° = 112.54\text{mm}$

$B_B = 1418070543\text{mm} \times \sin 0.000010471° = 259.18\text{mm}$

$B_C = 428.68\text{mm} \times \sin 30° = 214.34\text{mm}$；

j. 展开图上各弧的弦高 $h_n = P_n(1 - \cos\alpha_n)$

$h_A = 142.89\text{mm} \times (1 - \cos 51.96°) = 54.84\text{mm}$

$h_B = 1418070543\text{mm} \times (1 - \cos 0.000010471°) = 0$

$h_C = 428.68\text{mm} \times (1 - \cos 30°) = 57.43\text{mm}$

② 顶圆净料展开直径 $D = \pi R \frac{60°}{180°} = \pi \times 247.5\text{mm} \times \frac{60°}{180°} = 259.18\text{mm}$。

3. 说明

1）半球体压制胎具的方法：作上下实形胎，带压边圈，在压力机上压制。

2）$\frac{1}{3}$ 整瓜瓣与 $\frac{1}{3}$ 半瓜瓣压制胎具的方法：作出上下胎，上胎为小于设计半径的圆头胎，用点压法成形，原理为悬空法。

十四、整料压制标准椭圆封头坯料直径计算（见图 8-59）

如图 8-60 所示为再生塔封头施工图，图 8-61 为计算原理图。

1. 板厚处理

若手工成形，端口按中径、高按端口至上中径点间垂直距离计算料长；若旋压成形，按里皮。

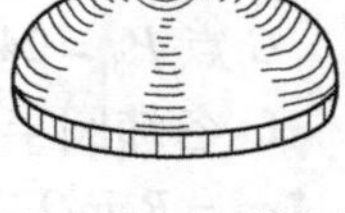

2. 下料计算（见图 8-62）

图 8-59　立体图

计算公式有三种，即周长法、等面积法和经验法，下面分别叙述之。

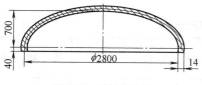

图 8-60 椭圆封头

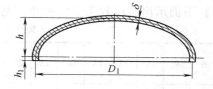

图 8-61 计算原理图

（1）周长法

$$坯料直径\ D_周 = \frac{\pi}{2}\sqrt{2\left[\left(\frac{D_1}{2}\right)^2 + h^2\right] - \frac{\left(\frac{D_1}{2} - h\right)^2}{4}} + 2h_1 = \frac{\pi}{2} \times$$

图 8-62 坯料直径

$$\sqrt{2 \times (1407^2 + 707^2) - \frac{(1407 - 707)^2}{4}}\,\text{mm} + 80\,\text{mm} = 3535\,\text{mm}。$$

（2）等面积法

$$坯料直径\ D_等 = \sqrt{1.38(D_1 + \delta)^2 + 4(D_1 + \delta)(h_1 + f)^{\ominus}} =$$

$$\sqrt{1.38 \times (2814 + 14)^2 + 4(2814 + 14)(40 + 40)}\,\text{mm} = 3456\,\text{mm}。$$

（3）经验法

1）漏环压制 $D_漏 = 1.2D_1 + 2h_1 + \delta = (1.2 \times 2814 + 80 + 14)\,\text{mm} = 3471\,\text{mm}。$

2）旋压 $D_旋 = 1.2D_2 + \delta = (1.2 \times 2800 + 14)\,\text{mm} = 3374\,\text{mm}。$

式中　D_1——大端中径；

　　　D_2——大端内径（mm）；

　　　h——端口至上中径点间垂直距离（mm）；

　　　h_1——直边高（mm）；

　　　δ——板厚（mm）；

　　　f——修切余量，本例 $f = 40$ mm。

3. 说明

对 $\phi 2800 \times 14$ 漏环压制标准椭圆封头实测如下。

1）坯料直径 $D = 3457$ mm。

2）压制方法：漏环加压边圈热压。

3）内皮直径方向平均直径 2805mm。

4）端口外周长 8893mm。

5）端口外周长与设计外周长差 8893mm $- \pi \times 2828$mm $= 9$mm。

6）端口至内皮高 800mm。

7）端口修切高度（800 $-$ 740）mm $= 60$mm。

8）结论通过多次对各种规格封头实测确认：不论冷或热压，不论漏环法还是旋压法，端口被挤缩变厚（本例从被挤缩痕迹看约 230mm），其他部位皆被拉伸变薄，不管用上述哪种方法算料，成型后的高度都较设计大，皆有修切余量。

$\ominus$　摘自劳动人事出版社 1986 年铆工工艺学第 250 页。

9）下面示出旋压封头下料尺寸，见表8-1。

表8-1　旋压封头下料尺寸　　　　　　　　　（单位：mm）

板厚 （内径）	6	8	10	12	14	16	18	20	22	24	26	28	30	32	34	36	38	40	42	46
700	880	880	900	910	910	920	—	—	—	—	—	—	—	—	—	—	—	—	—	—
800	990	990	1020	1020	1020	1020	1040	1050	—	—	—	—	—	—	—	—	—	—	—	—
900	1120	1120	1130	1130	1130	1130	1140	1140	—	—	—	—	—	—	—	—	—	—	—	—
1000	1240	1210	1260	1260	1260	1270	1270	1290	—	—	—	—	—	—	—	—	—	—	—	—
1100	1340	1340	1360	1360	1360	1370	1370	1400	—	—	—	—	—	—	—	—	—	—	—	—
1200	1460	1460	1480	1480	1500	1500	1500	1530	—	—	—	—	—	—	—	—	—	—	—	—
1300	1570	1570	1590	1600	1600	1620	1620	1640	—	—	—	—	—	—	—	—	—	—	—	—
1400	1700	1700	1720	1720	1720	1730	1730	1750	—	—	—	—	—	—	—	—	—	—	—	—
1500	1850	1850	1860	1870	1857	1862	1866	1891	1896	1900	1905	1910	—	—	—	—	—	—	—	—
1600	1970	1970	1980	1980	1972	1977	1981	2006	2011	2015	2020	2025	2029	—	—	—	—	—	—	—
1700	2060	2060	2100	2100	2087	2092	2096	2121	2126	2130	2135	2140	2144	—	—	—	—	—	—	—
1800	2200	2200	2250	2250	2222	2207	2211	2236	2241	2245	2250	2255	2259	2264	—	—	—	—	—	—
1900	2340	2340	2360	2350	2350	2310	2350	2351	2356	2360	2365	2370	2374	2379	—	—	—	—	—	—
2000	2450	2450	2460	2480	2462	2437	2441	2466	2471	2475	2480	2485	2489	2494	2494	2500	—	—	—	—
2100	2560	2560	2580	2590	2547	2552	2556	2581	2586	2590	2595	2600	2604	2609	2610	2610	—	—	—	—
2200	2680	2680	2700	2700	2682	2667	2671	2696	2701	2705	2710	2714	2719	2724	2730	2730	—	—	—	—
2300	2780	2770	2820	2810	2777	2782	2786	2811	2816	2820	2825	2830	2834	2839	2840	2840	—	—	—	—
2400	2900	2900	2930	2920	2900	2897	2901	2929	2931	2935	2940	2944	2949	2954	2950	2950	—	—	—	—
2500	—	3010	3040	3060	3060	3040	3016	3041	3046	3050	3054	3060	3060	3069	3070	3070	3070	3070	3070	3070
2600	—	3140	3160	3160	3140	3127	3131	3156	3161	3165	3170	3174	3179	3184	3190	3190	3190	3120	3120	3120
2700	—	3240	3260	3260	3237	3242	3246	3271	3276	3280	3285	3290	3294	3299	3300	3300	3300	3300	3300	33000
2800	—	3380	3380	3380	3360	3357	3361	3386	3391	3395	3400	3404	3409	3410	3410	3420	3420	3420	3420	3420
2900	—	3490	3500	3500	3487	3472	3476	3500	3506	3510	3515	3520	3524	3520	3530	3530	3530	3540	3540	3540
3000	—	3600	3630	3620	3600	3587	3591	3616	3621	3625	3630	3634	3640	3660	3660	3660	3660	3660	3600	3660
3100	—	3730	3730	3720	3700	3702	3706	3731	3736	3740	3745	3750	3750	3760	3760	3760	3770	3770	3770	3770
3200	—	3820	3840	3848	3840	3837	3836	3861	3866	3855	3860	3864	3870	3880	3880	3880	3880	3890	3890	3890
3300	—	—	3960	3948	3940	3937	3936	3961	3966	3970	3975	3980	3990	3990	4000	4000	4000	4000	4000	4000
3400	—	—	4070	4060	4052	4047	4051	4076	4081	4085	4090	4094	4150	4150	4160	4170	4170	4170	4170	4170
3500	—	—	4180	4170	4157	4162	4166	4191	4196	4200	4205	4210	4230	4240	4240	4240	4240	4250	4250	4250
3600	—	—	4280	4260	4272	4277	4281	4306	4311	4315	4320	4340	4340	4340	4340	4340	4340	4340	4340	4340
3700	—	—	4410	4400	4400	4392	4396	4421	4426	4430	4435	4440	4450	4460	4460	4460	4460	4460	4460	4410
3800	—	—	4530	4530	4530	4507	4511	4536	4541	4545	4550	4570	4570	4580	4580	4580	4580	4580	4580	4580
3900	—	—	4642	4643	4617	4622	4626	4651	4656	4660	4665	4670	4680	4680	4680	4680	4680	4680	4680	4700
4000	—	—	4725	4730	4735	4737	4741	4766	4771	4775	4780	4790	4790	4800	4820	4820	4820	4820	4820	4820

（续）

板厚 （内径）	6	8	10	12	14	16	18	20	22	24	26	28	30	32	34	36	38	40	42	46
4200	—	—	—	4958	4962	4967	4971	4996	5001	5005	5010	5030	5030	5040	5045	5040	5040	5060	5060	5060
4400	—	—	—	5188	5192	5197	5201	5236	5241	5245	5250	5250	5270	5270	5270	5270	5270	5270	5270	5270
4500	—	—	—	5303	5307	5312	5316	5341	5346	5350	5355	5370	5370	5380	5380	5380	5380	5380	5380	5380
4600	—	—	—	5418	5422	5427	5431	5456	5461	5465	5470	5480	5480	5480	5480	5480	5480	5482	5480	5480
4800	—	—	—	5648	5652	5657	5661	5686	5691	5695	5700	5720	5720	5730	5730	5730	5730	5730	5730	5730
5000	—	—	—	5882	5887	5891	5916	5921	5925	5930	5930	5931	5930	5932	5932	5932	5932	5930	5930	
5200	—	—	—	6112	6117	6121	6146	6151	6155	6160	6160	6160	6160	6160	6161	6160	6160	—	—	
5400	—	—	—	—	6360	6360	6370	6390	6460	6470	6470	6480	6480	6480	6480	6480	6480	6480		
5600	—	—	—	—	—	—	6560	6590	6590	6590	6600	6600	6600	6640	—	—				
5800	—	—	—	—	—	—	6790	6820	6820	6820	6820	6840	6840	6840	—					
6000	—	—	—	—	—	—	7020	7020	7030	7030	7050	7050	7050	7050						
6200	—	—	—	—	—	—	7210	7210	7230	7230	7250	7250								
6400	—	—	—	—	—	—	7400	7410	7430	7430	7450	7450								
6500	—	—	—	—	—	—	7510	7510	7530	7530	7550	7550								

注：摘自山东齐鲁石化机械厂旋压分厂。地址：山东淄博市临淄区辛化路1号。

十五、瓜瓣标准椭圆封头料计算（见图8-63）

图8-64所示为标准椭圆封头施工图和展开图，图8-65为计算原理图。下面计算有关数据。

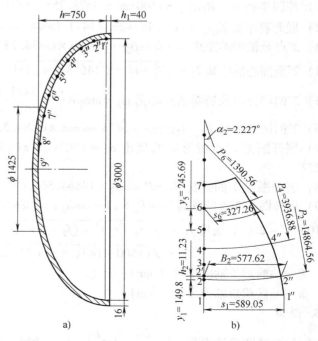

a)   b)

图 8-63　立体图　　　　　　　图 8-64　标准椭圆封头及展开图（8 等分）

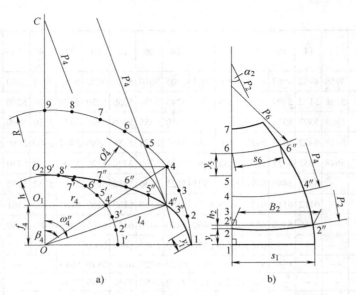

图 8-65　标准椭圆封头展开半径和纬圆半径计算原理图

a）计算原理图　b）用切线半径作展开图

1. 板厚处理

本例是用 $\frac{1}{8}$ 凸凹模在压力机上热压成形，拉伸变薄量较大，故全部按里皮计算料长。

2. 下料计算

下面以 2 等分点为例计算相关数据。

1）纬圆半径 $r_2 = R\sin\beta_2 = 1500\text{mm} \times \sin78.75° = 1471.18\text{mm}$。

2）展开料半弧长 $s_2 = 2\pi r_2/16 = 2\pi \times 1471.18\text{mm}/16 = 577.73\text{mm}$。

3）2″点至横轴的距离 $f_2 = h\cos\beta_2 = 750\text{mm} \times \cos78.75° = 146.32\text{mm}$。

4）2″至圆心的距离 $l_2 = \sqrt{f_2^2 + r_2^2} = \sqrt{146.32^2 + 1471.18^2}\text{mm} = 1478.44\text{mm}$。

5）2″的展开半径所对的圆心角 $\omega_2 = \arcsin\dfrac{r_2}{l_2} = \dfrac{1471.18}{1478.44} = 84.32°$。

6）2″的展开半径 $P_2 = l_2\tan\omega_2 = 1478.44\text{mm} \times \tan84.32° = 14864.56\text{mm}$。

7）展开图上 2″点所对应的顶角 $\alpha_2 = 180°s_2/(\pi P_2) = 180° \times 577.73/(\pi \times 14864.56) = 2.227°$。

8）展开图上 2″的弦长 $B_2 = P_2\sin\alpha_2 = 14864.56\text{mm} \times \sin2.227° = 577.62\text{mm}$。

9）展开图上 2″点的弦高 $h_2 = P_2 \times (1 - \cos\alpha_2) = 14864.56\text{mm} \times (1 - \cos2.227°) = 11.23\text{mm}$。

10）1″～2″点的弦长 $y_1 = \sqrt{(r_1 - r_2)^2 + (f_2 - f_1)^2}$
$$= \sqrt{(1500 - 1471.8)^2 + (146.23 - 0)^2}\text{mm} = 149.13\text{mm}。$$

式中　R——椭圆长轴内半径（mm）；

　　　h——椭圆短轴内半径（mm）。

3. 说明

1）标准椭圆设计规范：$h = \dfrac{D_1}{4}$，$d \leqslant \dfrac{D_1}{2}$，$h_1$ 一般为 25～40mm 或 40～80mm。

2）考虑焊后收缩，作立体划线胎时，一扇的两边共加一道焊缝收缩量，如本例按一道焊缝加2mm，周长加16mm，实样内径应为3005mm。

3）合茬板占用时间相当于组对封头瓜瓣时间，通过实践，速度最快的方法是覆盖法。该方法是将合茬板覆盖于合茬空间，调整好四方位置后，从内侧垂直画线，此线不是切割线，应从两侧向里移 x 值，$x = \pi(D_1 - D_2)/2m$，其中 D_1、D_2 分别为椭圆长轴内外皮直径，m 为瓜瓣数，本例 $x = 6mm$。按此线切割可大大提高工效。

4）压制方法：可在旋压厂的压鼓机上对压成形，根据规格选择对应的胎具。

十六、换热器封头管箱隔板料计算

在换热器的左管箱和右管箱内，常有隔板相间，以形成多管程换热器。图 8-66 为左管箱，图 8-67 为右管箱，隔板的排列形式不同，但计算方法相同，下面叙述其计算方法。

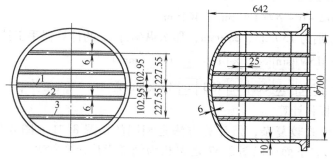

图 8-66 左管箱

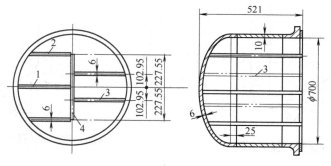

图 8-67 右管箱

1. 板厚处理

1）因在封头曲面内安装，隔板之间的距离按中心距离计算，宽度实际计算后再缩小 1～2mm 为合适。

2）右管箱的两组隔板之间的连接，采用半搭结构形式连接，以形成外坡口，对焊接有利。

2. 下料计算

（1）左管箱隔板料计算

左管箱共五块隔板，归纳起来为三种结构形式，展开图如图 8-68～图 8-70 所示。为了简化叙述过程，下面仅以图 8-66 之 3#板为例说明其计算方法。

1）隔板宽为 $2 \times \sqrt{350^2 - 227.55^2}\,\mathrm{mm} = 532\mathrm{mm}$。

2）封头内曲面拱高为 $532\mathrm{mm} \div 4 = 133\mathrm{mm}$。

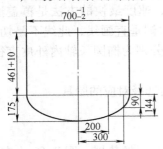

图 8-68　左管箱 1# 板展开图

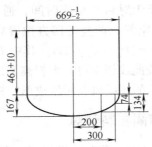

图 8-69　左管箱 2# 板展开图

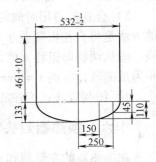

图 8-70　左管箱 3# 板展开图

3）直边高 $(642 - 6 - 700 \div 4)\mathrm{mm} = 461\mathrm{mm}$。

4）设横坐标分别为 $150\mathrm{mm}$、$250\mathrm{mm}$，那么纵坐标 y_n 的计算器手工计算程序是：

150 ÷ 226 = INV sin cos × 133 = 110 （mm）

250 ÷ 226 = INV sin cos × 133 = 45 （mm）。

（2）右管箱隔板料计算

右管箱的隔板形式较复杂，但计算方法是相同的，图 8-71 ~ 图 8-74 分别为 1#、2#、3#、4# 板的展开实形，下面仅以图 8-67 之 3# 板为例说明其计算方法。

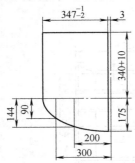

图 8-71　右管箱 1# 板展开图

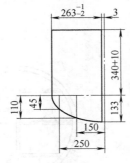

图 8-72　右管箱 2# 板展开图

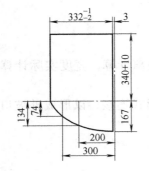

图 8-73　右管箱 3# 板展开图

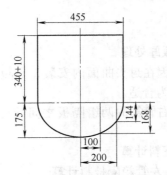

图 8-74　右管箱 4# 板展开图

1）隔板宽（ $\sqrt{350^2 - 102.95^2} - 3$ ）mm = 332mm。

2）封头内曲面拱高335mm ÷ 2 = 167mm。

3）直边高（521 - 6 - 700 ÷ 4）mm = 340mm。

4）设横坐标分别为200mm、300mm，那么纵坐标 y_n 的计算器手工计算程序是：

200 $\boxed{\div}$ 335 $\boxed{=}$ $\boxed{\text{INV}}$ $\boxed{\sin}$ $\boxed{\cos}$ $\boxed{\times}$ 167 $\boxed{=}$ 134 （mm）

300 $\boxed{\div}$ 335 $\boxed{=}$ $\boxed{\text{INV}}$ $\boxed{\sin}$ $\boxed{\cos}$ $\boxed{\times}$ 167 $\boxed{=}$ 74 （mm）。

十七、整料压制碟形封头坯料直径计算（见图8-75）

碟形封头是由球面、过渡段和直段组成，其球面半径 $R \leqslant$ 筒体内径，过渡段半径 $r \geqslant \frac{1}{10}$ 筒体内径。半径为变量，计算公式较复杂，这里只叙述 JB/T 4746—2002 碟形封头标准，本标准只适于操作压力 $\geqslant 6.9 \times 10^4 \mathrm{Pa}$（$0.7\mathrm{kgf/cm^2}$）的碳素钢和不锈钢化工、石油设备的碟形封头。

图8-75 立体图

基本参数 JB/T 4746—2002

$R = D_1$	r	H	α	β
	$0.15D_1$	$0.226D_1$	$24°25'$	$65°35'$

图8-76 为洗涤塔碟形封头施工图、图8-77 为计算原理图。

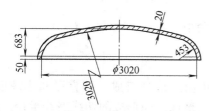

图8-76 碟形封头

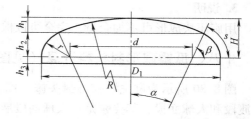

图8-77 计算原理图（里皮）

1. 板厚处理

此例用旋压法成形，拉伸变薄量较大，故按里皮计算料长。

2. 下料计算（展开图见图8-78）

等面积法坯料直径 $D = \sqrt{8Rh_1 + 4ds + 8h_2r + 4D_1h_3}$

表达式推导如下：

因为坯料面积为 $\pi\left(\dfrac{D}{2}\right)^2$

球面部分面积为 $2\pi Rh_1$

过渡段面积为 $\pi(ds + 2h_2r)$

直段面积为 $\pi D_1 h_3$

所以 $\pi\left(\dfrac{D}{2}\right)^2 = 2\pi Rh_1 + \pi(ds + 2h_2r) + \pi D_1 h_3$

简化后得：

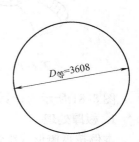

图8-78 坯料直径（旋压）

$$D = \sqrt{8Rh_1 + 4ds + 8h_2r + 4D_1h_3}$$

式中　　　R——球面内半径（mm），此标准中 $R = D_1$；

　　　　　D_1——封头大端内直径（mm）；

　h_1、h_2、h_3——分别为球部分、过渡段、直段高度（mm）；

　　　　　d——$D_1 - 2r$（mm）；

　　　　　s——过渡段内径展开长（mm）；

　　　　　r——过渡段内半径（mm）；

　　　　　H——不带直边封头高度（mm）。

各有关数据计算如下：

1）$r = 3020\text{mm} \times 0.15 = 453\text{mm}$。

2）$H = 3020\text{mm} \times 0.226 = 683\text{mm}$。

3）$h_1 = 3020\text{mm} \times (1 - \cos24°25') = 270\text{mm}$。

4）$h_2 = 453\text{mm} \times \sin65°35' = 413\text{mm}$。

5）$h_3 = 50\text{mm}$。

6）$d = (3020 - 2 \times 453)\text{mm} = 2114\text{mm}$。

7）$s = \pi \times 453\text{mm} \times \dfrac{65°35'}{180°} = 519\text{mm}$。

8）$D = \sqrt{8 \times 3020 \times 270 + 4 \times 2114 \times 519 + 8 \times 413 \times 453 + 4 \times 3020 \times 50}\,\text{mm} = 3608\text{mm}$。

3. 说明

用旋压法成形可不加余量，完全可以保证直径不会小。

十八、瓜瓣碟形封头料计算（见图 8-79）

图 8-80 所示为淋洗塔碟形封头施工图，碟形封头由三部分组成，即直段和小球面段、过渡段和大球面段，其要领是：大球面段展开半径按大球面区间形成的切线展开半径，纬圆半径按大球面区间形成的纬圆半径；小球面段展开半径按小球面段形成的切线展开半径，纬圆半径应是大球面段和小球面段纬圆半径之和。

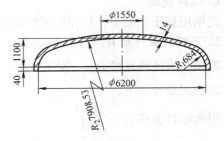

图 8-80　碟形封头

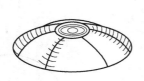

图 8-79　立体图

图 8-81 所示为计算原理图和展开图。

1. 板厚处理

本例按瓜瓣形式组焊，不论按瓜瓣还是旋压成形，板料都被拉伸变薄，故本例小球面半径 R_1、大球面半径 R_2 和端口直径皆按里皮计算之。

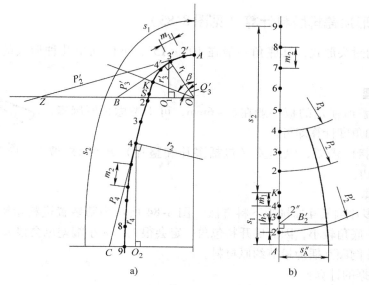

图 8-81 碟形封头计算原理图和展开图

a）计算原理图 b）展开图（不包括直边）

2. 下料计算（见图 8-82）

详见第一章"二、展开半径和纬圆半径"中"碟形封头"的有关计算，此略。

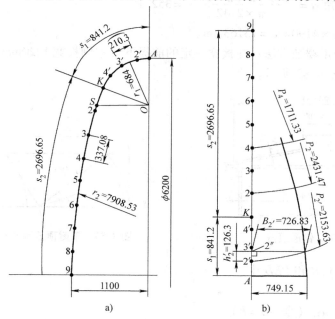

图 8-82 碟形封头及展开图（13 等分）

a）碟形封头（里皮） b）半展开图（不包括直边）

3. 说明

成形方法：可在旋压厂的压鼓机上对压成形，根据规格选择对应的胎具。

十九、锥形顶盖排版料计算（见图 8-83）

锥形顶盖的封头形式，其底角一般在 10°~15°，下面列举几种形式的排版下料方法，以供参考。

1. 板厚处理

1）锥形顶盖所使用的板一般在 5~6mm，可不考虑板厚因素，按设计的直径和角度计算即可。

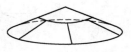

2）为了焊接的需要，纵缝要（包括多片和整片）开 60° 外坡口，留 1mm 钝边。

图 8-83　立体图

2. 下料计算

（1）一带多片倒颠互插排版下料方法　图 8-84 所示为腈装置进料罐锥形顶盖施工图，从图中可看出，底角较小，因而展开料包角一定会很大，大小端差也会很大，所以这种顶盖的排版，以多片倒颠互插为最节约原材料。

1）有关数据的计算：

① 大端展开半径 $R = \dfrac{4190mm}{2 \times \cos 12°} = 2142mm$。

② 小端展开半径 $r = \dfrac{508mm}{2 \times \cos 12°} = 258mm$。

③ 整展开料包角 $\alpha = \dfrac{4190mm \times \pi \times 180°}{\pi \times 2142} = 352.1°$。

④ 总弧长 $s = \pi \times 4190mm = 13163mm$。

2）粗确定等分瓜瓣数方法：在板宽一定的前提下（本例板宽 1220mm），确定等分数的方法是试算法，如图 8-85 所示。

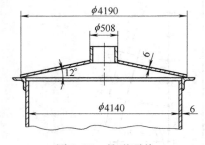

图 8-84　锥形顶盖

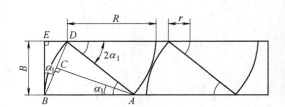

图 8-85　瓜瓣顶盖倒颠互插计算原理图

在直角三角形 ACB 和 BED 中：

$BD = 2R\sin\alpha_1$

板宽 $BE = BD\cos\alpha_1$ （令 $BE = B$）

① 下面试计算三个数据以确定一扇展开料包角。

按 $\alpha_1 = 16.5°$ 计算：$BD = 2 \times 2142mm \times \sin 16.5° = 1217mm$，$B = 1217mm \times \cos 16.5° = 1167$（mm）。

同理得：按 $\alpha_1 = 17°$ 计算，$B = 1198mm$；按 $\alpha_1 = 17.5°$ 计算，$B = 1229mm$。

从以上的计算结果看，16.5°、17°、17.5° 离板边的距离分别为 −53mm、−23mm、

+9mm，考虑到还要加刨边余量的因素，所以按 16.5°为合理。

② 粗确定瓜瓣等分数的计算：$352.1° \div 2 \times 16.5° = 10.67$（等份）。

由此看出，根据板宽 1220mm，应分 11 等份。

3）排版图各数据的计算（排版图见图 8-86）：

① 每等分包角 $2\alpha_1 = 352.1° \div 11 = 32.009°$。

② 每等分大端弧长 $s_1 = 13163mm \div 11 = 1197mm$。

③ 每等分小端弧长 $s_1' = 508mm \times \pi/11 = 145mm$。

④ 缺口大端弧长 $s_3 = (2\pi \times 2142 - \pi \times 4190)mm = 295mm$。

4）在板上划线方法。具体方法如图 8-87 所示，叙述从略。

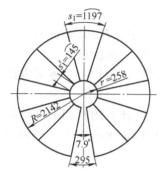

图 8-86 排版图

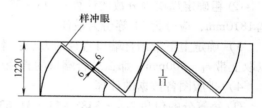

图 8-87 在板上划线方法

（2）两带板排版下料方法 如图 8-88 和图 8-89 所示为糠醛贮罐锥形顶盖施工图和排版图，从图中可看出，大端直径较大，小端直径较小，缺口大端弧长较大等于 692mm，若下成多片一带板形式，小端每等分弧长过小，造成应力集中，这是设计所不允许的，所以分成两带为宜，即下带分若干片，仍采用倒颠互插法划线，上带为整料或两半，用手工槽制成形。

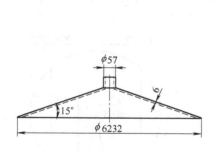

图 8-88 锥形顶盖

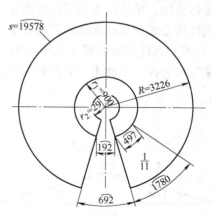

图 8-89 排版图

1）有关数据的计算。

① 大端展开半径 $R = \dfrac{6232mm}{2 \times \cos 15°} = 3226mm$。

② 小端展开半径 $r_2 = \dfrac{57\text{mm}}{2 \times \cos 15°} = 29\text{mm}$。

③ 整展开料包角 $\alpha = \dfrac{6232 \times \pi \times 180°}{\pi \times 3226} = 348°$。

④ 总弧长 $s = \pi \times 6232\text{mm} = 19578\text{mm}$。

2）粗确定瓜瓣等分数方法：本例用板 $-6 \times 1810\text{mm} \times 7000\text{mm}$，其确定方法同上例，即试算法，原理从略。

① 下面进行三个数据的试算。

按 $\alpha_1 = 15.5°$ 计算，其计算器手工计算程序是：$B = 15.5° \boxed{\sin} \boxed{\times} 2 \boxed{\times} 3226 = \boxed{\times} 15.5°$ $\boxed{\cos} \boxed{=} 1662$ （mm）。

同理得：按 $\alpha_1 = 16°$ 计算，$B = 1710\text{mm}$；按 $\alpha_1 = 16.5°$ 计算，$B = 1757\text{mm}$。

从以上结果看，并考虑到加刨边余量的因素，按 $\alpha_1 = 16.5°$ 为合理。

② 粗确定瓜瓣等分数的计算：$348 \div 33° = 10.545$（等份），由以上计算可看出，根据板宽 1810mm，应分为 11 等份为最佳。

3）确定上下带结合端口直径的方法：本例根据板宽达最佳节约料和上下带的匹配，所以取上带 $r_1 = 900\text{mm}$，那么结合端口的直径应为：$d = 2 \times 900\text{mm} \times \cos 15° = 1739\text{mm}$。

4）排版图各数据的计算

① 每等分的包角 $2\alpha_1 = 348° \div 11 = 31.636°$。

② 每等分大端弧长 $s_1 = \pi \times 6232\text{mm} \div 11 = 1780\text{mm}$。

③ 下带上端口每等分弧长 $s_2 = \pi \times 1739\text{mm} \div 11 = 497\text{mm}$。

④ 下带大端缺口弧长 $s_3 = (2\pi \times 3226 - \pi \times 6232)\text{mm} = 692\text{mm}$。

⑤ 上带大端缺口弧长 $s_4 = (2\pi \times 900 - \pi \times 1739)\text{mm} = 192\text{mm}$。

（3）一带板条状排版下料方法　如图 8-90 所示为甲醛贮罐顶盖施工图，这种排版方法并不显得合理，单从雨水积雪的排泄来看就不合理，这种排版仅仅是一种排版形式而已。下面分别按跨心式和对称式排版叙述如下。

1）跨心式排版料计算（见图 8-91）：这种排版方法适用于弹性较好的薄板，只能用吊起法使对口合拢。下面进行有关数据的计算。

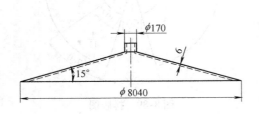

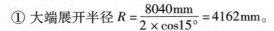

图 8-90　甲醛贮罐顶盖

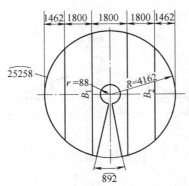

图 8-91　排版图（跨心式）

① 大端展开半径 $R = \dfrac{8040\text{mm}}{2 \times \cos 15°} = 4162\text{mm}$。

② 小端展开半径 $r = \dfrac{170\text{mm}}{2 \times \cos 15°} = 88\text{mm}$。

③ 整展开料包角 $\alpha = \dfrac{8040 \times \pi \times 180°}{\pi \times 4162} = 347.72°$。

④ 总弧长 $s = 8040\text{mm} \times \pi = 25258\text{mm}$。

⑤ 大端缺口弧长 $s_1 = (2\pi \times 4162 - \pi \times 8040)\text{mm} = 892\text{mm}$。

⑥ 小端缺口弧长 $s_2 = (2\pi \times 88 - \pi \times 170)\text{mm} = 19\text{mm}$。

⑦ 弦长 $B_1 = 2 \times \sqrt{4162^2 - 900^2}\text{mm} = 4064\text{mm}$。

⑧ 弦长 $B_2 = 2 \times \sqrt{4162^2 - 2700^2}\text{mm} = 3167\text{mm}$。

2）对称式排版料计算（见图 8-92）：这种排版方法也不合理，但可分两瓣卷制，此法适于弹性较差的厚板。上跨心式已将大部分数据计算，下面仅计算本形式所用的数据。

① 中半弦长 $B_1 = (4162 - 88)\text{mm} = 4074\text{mm}$。

② 弦长 $B_2 = 2 \times \sqrt{4162^2 + 1500^2}\text{mm} = 7765\text{mm}$。

③ 弦长 $B_3 = 2 \times \sqrt{4162^2 + 3000^2}\text{mm} = 5770\text{mm}$。

（4）一带两半圆颠倒排版下料方法 如图 8-93 所示，为燃料油罐顶盖施工图，从图中可看出，由于底角较小，致使展开料包角过大（包角 $\alpha = 354.44°$），半扇的包角接近 180°，假设展开半径小于板宽 10～20mm 的话，其排版宜下成两个半圆（当然小于 180°）为最佳排版形式；假设展开半径大于板宽，就要考虑采用前例之倒颠互插排版形式。本例属于前者，下面计算有关数据如下。

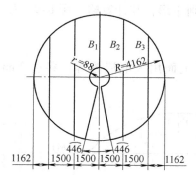

图 8-92 排版图（对称式）

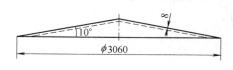

图 8-93 燃料油罐顶盖

1）大端展开半径 $R = \dfrac{3060\text{mm}}{2 \times \cos 10°} = 1554\text{mm}$。

2）整展开料包角 $\alpha = \dfrac{\pi \times 3060 \times 180°}{\pi \times 1554} = 354.44°$。

3）总弧长 $s = \pi \times 3060\text{mm} = 9613\text{mm}$。

4）缺口大端弧长 $s_1 = (2\pi \times 1554 - \pi \times 3060)\text{mm} = 151\text{mm}$。

本例使用 $-8\text{mm} \times 1570\text{mm} \times 6000\text{mm}$ Q235 - A 板，排成两个半圆正合适，排版图如 8-94 所示。

在板上划线方法如图 8-95 所示，这种排版方法可半扇在卷板机上卷制后组对成形，是一种巧合而又省工节料的理想排版方法。

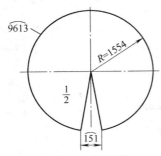

图 8-94　排版图

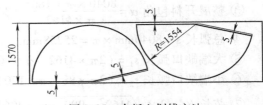

图 8-95　在板上划线方法

3. 说明

成形方法有以下几种。

1）若上卷板机卷制，可预组焊成两大片，分片在卷板机上卷制；焊成整体是无法卷制的。此法适于弹性较小的较厚板。

2）不上卷板机卷制时，可预组焊成一整体，以锥顶为吊点吊起，使对口合拢。此法适于弹性好的较薄板和底角较小者（底角越小缺口越小）。

3）对于底角较小、缺口就小、板又较薄的锥顶盖，可用倒链将对口拉近后点焊成形。

4）对于大规格、较厚板，多瓜瓣锥顶盖，可在组对支架上组对成形，根据规格的不同，组对支架的高度要加出焊接收缩量，如 $10000m^3$ 的贮罐，实际高度要比计算高度高出 $70 \sim 100mm$。

二十、对接罐底板排版料计算（见图 8-96）

本例只计算不规则边缘板和月牙板；中间板为规则矩形，其计算略。图 8-97 为一罐底排版图，图 8-98 为计算原理图。

1. 板厚处理

本例的板厚处理为 60° 外坡口，2mm 钝边，只从上面用大电流施焊，穿透 2mm 钝边即可。

图 8-96　立体图

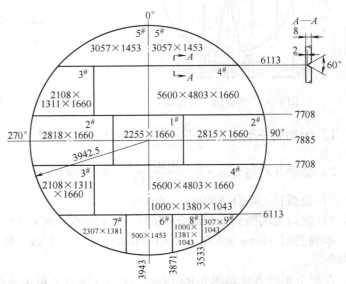

图 8-97　对接底板排版图（厚8mm）

2. 下料计算

（1）中心范围任一边缘板

如 $3^\#$ 板的计算。

1）大弦长 $A_2 - A_2 = 2\sqrt{R^2 - c_1^2} = 2 \times \sqrt{3942.5^2 - 830^2}\,\text{mm} = 7708\,\text{mm}$。

2）小弦长 $A_3 - A_3 = 2\sqrt{R^2 - (c_1 + c_2)^2} = 2 \times \sqrt{3942.5^2 - 2490^2}\,\text{mm} = 6113\,\text{mm}$。

3）两半弦长差 $e_2 = \dfrac{(A_2 - A_2) - (A_3 - A_3)}{2} = \dfrac{7708 - 6113}{2}\,\text{mm} = 797.5\,\text{mm}$。

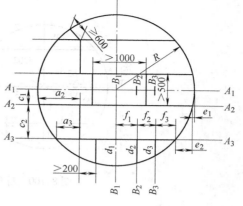

图 8-98 计算原理图

4）长边长 $a_2 = (A_2 - A_2) - l = (7708 - 5600)\,\text{mm} = 2108\,\text{mm}$。

5）短边长 $a_3 = a_2 - e_2 = (2108 - 797.5)\,\text{mm} = 1311\,\text{mm}$。

6）$3^\#$ 板尺寸为 $a_2 \times a_3 \times c_2 = 2108\,\text{mm} \times 1311\,\text{mm} \times 1660\,\text{mm}$。

（2）月牙板范围任一边缘板

如 $8^\#$ 板的计算。

1）$A_3 - A_3 = 2\sqrt{R^2 - (nc_n)^2} = 2 \times \sqrt{3942.5^2 - 2490^2}\,\text{mm} = 6113\,\text{mm}$。

2）$B_2 - B_2 = \sqrt{R^2 - f_1^2} = \sqrt{3942.5^2 - 750^2}\,\text{mm} = 3871\,\text{mm}$。

3）$B_3 - B_3 = \sqrt{R^2 - (f_1 + f_2)^2} = \sqrt{3942.5^2 - 1750^2}\,\text{mm} = 3533\,\text{mm}$。

4）$d_2 = B_2 - B_2 - (c_1 + c_2) = (3871 - 2490)\,\text{mm} = 1381\,\text{mm}$。

5）$d_3 = B_3 - B_3 - (c_1 + c_2) = (3533 - 2490)\,\text{mm} = 1043\,\text{mm}$。

6）$8^\#$ 板尺寸为 $f_2 \times d_2 \times d_3 = 1000\,\text{mm} \times 1381\,\text{mm} \times 1043\,\text{mm}$。

式中 R——按 $\dfrac{1.5 \sim 2}{1000}$ 加收缩量后底板半径（mm）；

c——条形板宽（mm）；

f——月牙板宽（mm）；

l——弦长上矩形板的长度（mm）。

3. 说明

1）直线部分要留出 3mm 刨边量。

2）要注意坡口方向，如两对称的 $5^\#$ 板，单面坡口方向必相反。

二十一、搭接罐底板排版料计算（见图 8-99）

本例主要计算两个方面，一是条形板的计算，二是板端开缺口样板的计算。图 8-100 所示为一糠醛贮罐搭接底板。

1. 板厚处理

1）本例底板为 6mm A3 钢板，底板铺好后，只能在上面施焊，为了能保证焊透不渗漏，采用了搭接缝。

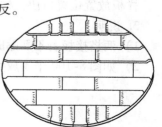

图 8-99 立体图

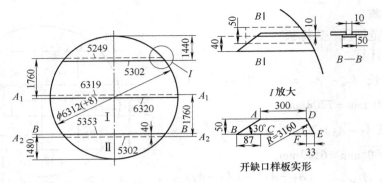

图 8-100　糠醛贮罐搭接底板（厚 6mm）

2）边沿 300mm 范围内，保证其平整不出现焊道，上立筒体板采用了下垫垫板，两板间隔 10mm，然后塞焊使其平整。

2. 下料计算

（1）条形板的计算　从图示的形式看，条形板较对接圆板料多了一个搭接量，实际上与对接圆板料计算完全相同，下面仅举 Ⅰ 板和 Ⅱ 板的计算说明。

1）Ⅰ 板的计算：

① 大弦长 $A_1 - A_1 = 2 \times \sqrt{3160^2 - 40^2}\,\text{mm} = 6319\,\text{mm}$。

② 小弦长 $A_2 - A_2 = 2 \times \sqrt{3160^2 - 1720^2}\,\text{mm} = 5302\,\text{mm}$。

③ 板宽 $B = 1760\,\text{mm}$。

2）Ⅱ 板的计算：

① 弦长 $B - B = 2 \times \sqrt{3160^2 - 1680^2}\,\text{mm} = 5353\,\text{mm}$。

② 弦高 $h = (3160 + 40 - 1720)\,\text{mm} = 1480\,\text{mm}$。

（2）板端缺口样板的计算

如图 8-100 中 Ⅰ 放大所示为板端开缺口下加垫板的布置图，下面计算各数据。

1）在直角三角形 ACB 中

$$BC = \frac{50\,\text{mm}}{\tan 30°} = 87\,\text{mm}。$$

2）在直角三角形 DFE 中

$(5302 - 5236)\,\text{mm} \div 2 = 33\,\text{mm}$（在 1770mm 处弦长等于 5236mm）。

D、E 两点确定后，用 $R = 3160\,\text{mm}$ 的样板划弧即得端头样板。

样板放置位置口诀：样板长边与底板上板边缘重合。

3. 说明

1）两搭接板若不严贴时，可用短角钢配撬棍压下后点焊。

2）如图 8-100 中 Ⅰ 放大，边缘板由搭接到平面的过渡段可用气焊烤红后砸贴。

第九章 圆 异 口 管

本章主要介绍典型两端口为曲线的不规则曲面连接管料计算，包括垂直、相交、偏心、椭圆、长圆等，其计算原理是勾股定理，展开方法是交规法，不管素线（对于旋转体称素线，对于不规则曲面就不应称素线，但本章为叙述方便，仍称其素线）还是过渡线，因其经过了曲面，投影长不是真正的投影长，因而算出来的实长也不是真正的实长（但误差甚小），为确保构件质量，作展开样板时，应适当微加大一点以补之；对于圆周等分弦长 y，计算时的曲率和展开时的曲率不一致，二者也有一定误差，使用时也应适当微加大一点，并用总弧长 S 验证之。

一、两正圆端口互相垂直连接管料计算（见图9-1）

图9-2 为一两正圆端口互相垂直连接管施工图，图9-3 为计算原理图。

1. 板厚处理

两圆按中径、高按两端口中点间垂直距离计算料长。

作连接管用时，短侧上下应开外坡口，长侧应开外坡口，对口纵缝开 30° 外坡口。

2. 下料计算

图9-1 立体图

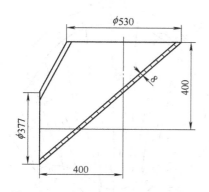

图9-2 两正圆端口互相垂直连接管

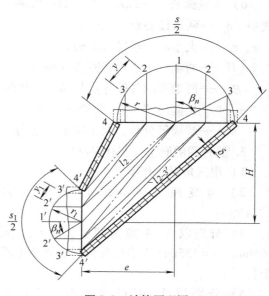

图9-3 计算原理图

1）各实长素线 $l_n = \sqrt{(e \pm r\sin\beta_n)^2 + (H \pm r_1\sin\beta_n)^2 + [(r - r_1)\cos\beta_n]^2}$（半弦长差法求实长）

如长侧 $l_2 = \sqrt{(400 + 261 \times \sin30°)^2 + (400 + 184.5 \times \sin30°)^2 + [(261 - 184.5) \times \cos30°]^2}$ mm

$\qquad = 727$ mm

同理得：$l_1 = 571$ mm，$l_3 = 841$ mm，$l_4 = 882$ mm；

如短侧 $l_2 = \sqrt{(400 - 261 \times \sin30°)^2 + (400 - 184.5 \times \sin30°)^2 + [(261 - 184.5) \times \cos30°]^2}$ mm

$\qquad = 415$ mm

同理得：$l_1 = 571$ mm，$l_3 = 299$ mm，$l_4 = 256$ mm。

2）过渡线 $l_n = \sqrt{(e \pm r\sin\beta_n)^2 + (H \pm r_1\sin\beta_{n+1})^2 + (r\cos\beta_n - r_1\cos\beta_{n+1})^2}$ （半弦长差法求实长）

如长侧 $l_{2-3'} = \sqrt{(400 + 261 \times \sin30°)^2 + (400 + 184.5 \times \sin60°)^2 + (261 \times \cos30° - 184.5 \times \cos60°)^2}$ mm

$\qquad = 783$ mm

同理得：$l_{1-2'} = 642$ mm，$l_{3-4'} = 866$ mm。

如短侧 $l_{2-3'} = \sqrt{(400 - 261 \times \sin30°)^2 + (400 - 184.5 \times \sin60°)^2 + (261 \times \cos30° - 184.5 \times \cos60°)^2}$ mm

$\qquad = 385$ mm

同理得：$l_{1-2'} = 515$ mm，$l_{3-4'} = 306$ mm。

3）大端每等分弦长 $y = 2r\sin\dfrac{180°}{m} = 2 \times 261$ mm $\times \sin15° = 135$ mm。

4）大端弧长 $s = 2\pi r = 2\pi \times 261$ mm $= 1640$ mm。

5）小端每等分弦长 $y_1 = 2r_1\sin\dfrac{180°}{m} = 2 \times 184.5$ mm $\times \sin15° = 95.5$ mm。

6）小端弧长 $s_1 = 2\pi r_1 = 2\pi \times 184.5$ mm $= 1159$ mm。

式中　e——两口偏心距（mm）；

　　r、r_1——大小端中半径（mm）；

　　　H——两端口中心垂直距离（mm）；

　　　β_n——两端圆周各等分点与同一直径的夹角（°）；

　"$\pm$"——长侧用"$+$"、短侧用"$-$"；

　　　m——圆周等分数，大小端 m 必相等。

3. 展开图的画法（见图9-4）

1）用三角形法作展开。

2）画线段 $l_4 = 882$ mm，两端点为 4、4'。

3）分别以 4、4' 点为圆心，以 $l_{3-4'} = 866$ mm、$y = 135$ mm 为半径画弧得交点 3（两个）。

4）分别以 3、4' 点为圆心，以 $l_3 = 841$ mm、$y_1 = 95.5$ mm 为半径画弧得交点 3'（两个）。

5）同法画完整个展开图。

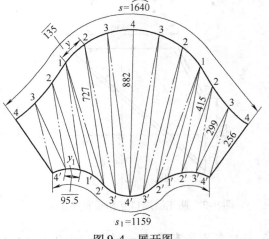

图9-4　展开图

6）用卷尺盘取大小端弧长是否与计算数据相吻合，若有误差应微调之。

4. 说明

本例规格偏小，不方便用压力机压制，可用槽弧锤配大锤在放射胎上槽制，先两端后中间。

二、两正圆端口同心相交连接管料计算（见图9-5）

图9-6所示为烘干机与烟道短节管施工图，图9-7为计算原理图。

1. 板厚处理

两圆按中径计算料长，对口纵缝开30°外坡口。

2. 下料计算

1）任一实长素线 $l_n = \sqrt{(H + r\sin\beta_n\sin\alpha)^2 + (r\sin\beta_n\cos\alpha - r_1\sin\beta_n)^2 + [(r - r_1)\cos\beta_n]^2}$（半弦长差法求实长）

图9-5　立体图

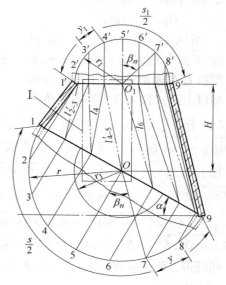

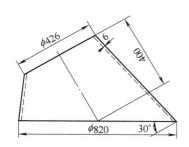

图9-6　两正圆端口同心相交连接管

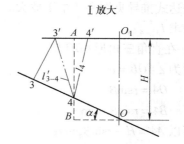

图9-7　计算原理图

如 $l_6 = \sqrt{(400 + 407 \times \sin22.5° \times \sin30°)^2 + (407 \times \sin22.5° \times \cos30° - 210 \times \sin22.5°)^2 + [(407 - 210) \times \cos22.5°]^2}$ mm = 514mm

$$l_4 = \sqrt{(400 - 407 \times \sin 22.5° \times \sin 30°)^2 + (407 \times \sin 22.5° \times \cos 30° - 210 \times \sin 22.5°)^2 + [(407 - 210) \times \cos 22.5°]^2} \, \text{mm} = 374\text{mm}$$

同理得：$l_1 = 243\text{mm}$，$l_2 = 261\text{mm}$，$l_3 = 308\text{mm}$，$l_5 = 400\text{mm}$，$l_7 = 570\text{mm}$，$l_8 = 607\text{mm}$，$l_9 = 620\text{mm}$。

表达式推导见图9-7中 I 放大。

如求 l_4：

① 在直角三角形 $4BO$ 中

因为 $\angle 4OB = \alpha$

　　$O4 = r\sin\beta_n$

　　$B4 = r\sin\beta_n\sin\alpha$

所以 $A4 = H - r\sin\beta_n\sin\alpha$

② 因为 $OB = r\sin\beta_n\cos\alpha$

　　　　$O_1 4' = r_1\sin\beta_n$

　　所以 $A4' = r\sin\beta_n\cos\alpha - r_1\sin\beta_n$

③ 因为 l_4 的大端半弦长为 $r\cos\beta_n$，小端半弦长为 $r\cos\beta_n$

所以 l_4 的倾斜差为 $(r - r_1)\cos\beta_n$

将以上三式合并使用即得表达式。

2）任一实长过渡线 $l_n = \sqrt{(H \pm r\sin\beta_n\sin\alpha)^2 + (r\sin\beta_n\cos\alpha - r_1\sin\beta_{n-1})^2 + (r\cos\beta_n - r_1\cos\beta_{n-1})^2}$（半弦长差法求实长）

如 $l_{5'-6} = \sqrt{(400 + 407 \times \sin 22.5° \times \sin 30°)^2 + (407 \times \sin 22.5° \times \cos 30° - 210 \times \sin 0°)^2 + (407 \times \cos 22.5° - 210 \times \cos 0°)^2} \, \text{mm} = 524\text{mm}$

$l_{3'-4} = \sqrt{(400 - 407 \times \sin 22.5° \times \sin 30°)^2 + (407 \times \sin 22.5° \times \cos 30° - 210 \times \sin 45°)^2 + (407 \times \cos 22.5° - 210 \times \cos 45°)^2} = 395\text{mm}$

同理得：$l_{1'-2} = 288\text{mm}$；$l_{2'-3} = 334\text{mm}$，$l_{4'-5} = 460\text{mm}$，$l_{6'-7} = 577\text{mm}$，$l_{7'-8} = 614\text{mm}$，$l_{8'-9} = 629\text{mm}$。

表达式推导见图9-7中 I 放大。

如求 $l_{3'-4}$：

① 在直角三角形 $4BO$ 中

因为 $\angle 4OB = \alpha$

　　$O4 = r\sin\beta_n$

　　$B4 = r\sin\beta_n\sin\alpha$

所以 $A4 = H - r\sin\beta_n\sin\alpha$

② 因为 $BO = r\sin\beta_n\cos\alpha$

　　　$O_1 3' = r_1\sin\beta_{n-1}$

所以 $A3' = r\sin\beta_n\cos\alpha - r_1\sin\beta_{n-1}$

③ 因为 $l_{3'-4}$ 大端半弦长为 $r\sin\beta_n$，小端半弦长为 $r_1\cos\beta_{n-1}$

所以 $l_{3'-4}$ 的倾斜差为 $r\cos\beta_n - r_1\cos\beta_{n-1}$

将以上三式合并使用即得表达式。

3）大端弧长 $s = 2\pi r = 2\pi \times 407\text{mm} = 2557\text{mm}$。

4）大端每等分弦长 $y = 2r\sin\dfrac{180°}{m} = 2 \times 407\text{mm} \times \sin 11.25° = 158.8\text{mm}$。

5）小端弦长 $s_1 = 2\pi r_1 = 2\pi \times 210\text{mm} = 1319\text{mm}$。

6）小端每等分弦长 $y_1 = 2r_1\sin\dfrac{180°}{m} = 2 \times 210\text{mm} \times \sin 11.25° = 81.94\text{mm}$。

式中　H——端面至中心距离（mm）；

r、r_1——大小端中半径（mm）；

α——大端倾斜角（°）；

β_n——大小端圆周各等分点与同一纵向直径的夹角（°）；

"$\pm$"——长侧用"+"、短侧用"-"；

m——圆周等分数，大小端必相等。

3. 展开图的画法（见图 9-8）

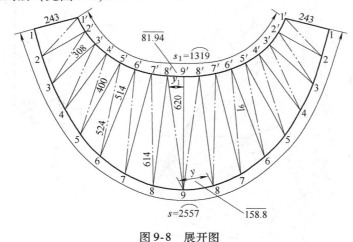

图 9-8　展开图

1）用三角形法画展开图。

2）画线段 $l_9 = 620\text{mm}$，其端点为 9、9′点。

3）分别以 9 和 9′点为圆心，以 $l_{8'-9} = 629\text{mm}$、$y_1 = 81.94\text{mm}$ 为半径画弧相交得交点 8′（两个）。

4）分别以 8′和 9 点为圆心，以 $l_8 = 607\text{mm}$、$y = 158.8\text{mm}$ 为半径画弧相交得交点 8（两个）。

5）同法画出整个展开图。

6）最后用卷尺验证 $s = 2557\text{mm}$ 和 $s_1 = 1319\text{mm}$，若有误差应微调之，并注意对口线 l_1 是否相等。

4. 说明

1）本例展开料较大，可用压力机作上下胎压制，如不方便操作，可割成两瓣，先两端后中间。

2）也可考虑整料在卷板机上卷压，先两端后中间。

三、两正圆端口偏心相交连接管料计算（之一）（见图 9-9）

图 9-10 为两正圆端口偏心相交连接管施工图，图 9-11 为计算原理图。

图 9-9　立体图

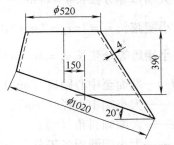

图 9-10　两正圆端口偏心相交连接管

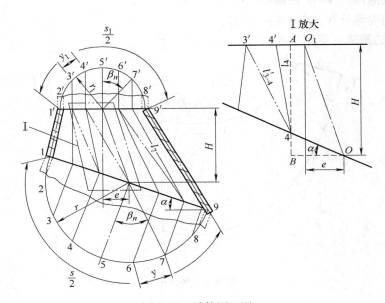

图 9-11　计算原理图

1. 板厚处理

两正圆按中径计算料长，对口纵缝可不开坡口，焊接时留 1mm 间隙即可。

2. 下料计算

1）任一实长素线 $l_n = \sqrt{(H \pm r\sin\beta_n \sin\alpha)^2 + [r_1\sin\beta_n - (r\sin\beta_n\cos\alpha \pm e)]^2 + [(r - r_1)\cos\beta_n]^2}$（半弦长差法求实长）

如 $l_4 = \sqrt{(390 - 508 \times \sin22.5° \times \sin20°)^2 + [258 \times \sin22.5° - (508 \times \sin22.5° \times \cos20° - 150)]^2 + [(508 - 258) \times \cos22.5°]^2}$ mm $= 403$mm

$l_6 = \sqrt{(390 + 508 \times \sin22.5° \times \sin20°)^2 + [258 \times \sin22.5° - (508 \times \sin22.5° \times \cos20° + 150)]^2 + [(508 - 258) \times \cos22.5°]^2}$ mm $= 563$mm

同理得：$l_1 = 227$mm，$l_2 = 254$mm，$l_3 = 320$mm，$l_5 = 487$mm，$l_7 = 623$mm，$l_8 = 661$mm，

$l_9 = 674\text{mm}$。

表达式推导见图 9-11 中 I 放大。

如求 l_4：

① 在直角三角形 $4BO$ 中

因为 $\angle 4OB = \alpha$

$\quad O4 = r\sin\beta_n$

$\quad 4B = r\sin\beta_n \sin\alpha$

所以 $A4 = H - r\sin\beta_n \sin\alpha$

② 因为 $OB = r\sin\beta_n \cos\alpha$

$\quad O_1 4' = r_1 \sin\beta_n$

所以 $A4' = r_1\sin\beta_n - (r\sin\beta_n\cos\alpha - e)$

③ 因为 l_4 的大端半弦长为 $r\cos\beta_n$，小端半弦长为 $r_1\cos\beta_n$

所以 l_4 的倾斜差为 $(r - r_1)\cos\beta_n$

将以上三式合并使用即得表达式。

2）任一实长过渡线 $l_n = \sqrt{(H \pm r\sin\beta_n\sin\alpha)^2 + [r_1\sin\beta_{n-1} - (r\sin\beta_n\cos\alpha \pm e)]^2 + (r\cos\beta_n - r_1\cos\beta_{n-1})^2}$（半弦长差法求实长）

如 $l_{3'-4} = \sqrt{(390 - 508 \times \sin22.5° \times \sin20°)^2 + [258 \times \sin45° - (508 \times \sin22.5° \times \cos20° - 150)]^2 + (508 \times \cos22.5° - 258 \times \cos45°)^2}\text{mm} = 458\text{mm}$

$l_{6'-7} = \sqrt{(390 + 508 \times \sin45° \times \sin20°)^2 + [258 \times \sin22.5° - (508 \times \sin45° \times \cos20° + 150)]^2 + (508 \times \cos45° - 258 \times \cos22.5°)^2}\text{mm} = 655\text{mm}$

同理得：$l_{1'-2} = 302\text{mm}$，$l_{2'-3} = 376\text{mm}$，$l_{4'-5} = 477\text{mm}$，$l_{5'-6} = 603\text{mm}$，$l_{7'-8} = 686\text{mm}$，$l_{8'-9} = 692\text{mm}$。

表达式推导见图 9-11 中 I 放大。

① 在直角三角形 $4BO$ 中

因为 $\angle 4OB = \alpha$

$\quad O4 = r\sin\beta_n$

$\quad 4B = r\sin\beta_n \sin\alpha$

所以 $A4 = H - r\sin\beta_n \sin\alpha$

② 因为 $BO = r\sin\beta_n \cos\alpha$

$\quad O_1 3' = r_1 \sin\beta_{n-1}$

所以 $A3' = r_1\sin\beta_{n-1} - (r\sin\beta_n\cos\alpha - e)$

③ 因为 $l_{3'-4}$ 的大端半弦长为 $r\cos\beta_n$，小端半弦长为 $r_1\cos\beta_{n-1}$

所以 $l_{3'-4}$ 的倾斜差为 $r\cos\beta_n - r_1\cos\beta_{n-1}$。

3）大端弧长 $s = 2\pi r = 2\pi \times 508\text{mm} = 3192\text{mm}$。

4）大端每等分弦长 $y = 2r\sin\dfrac{180°}{m} = 1016\text{mm} \times \sin11.25° = 198\text{mm}$。

5）小端弧长 $s_1 = 2\pi r_1 = 2\pi \times 258\text{mm} = 1621\text{mm}$。

6）小端每等分弦长 $y_1 = 2r_1\sin\dfrac{180°}{m} = 516\text{mm} \times \sin 11.25° = 100.6\text{mm}$。

式中　H——端面至中心距离（mm）；

　　　r、r_1——大小端中半径（mm）；

　　　　α——大端倾斜角（°）；

　　　β_n——大小端圆周各等分点与同一纵向直径的夹角（°）；

　　"$\pm$"——长侧用"$+$"、短侧用"$-$"；

　　　m——圆周等分数，大小端 m 必相等。

3. 展开图的画法（见图 9-12）

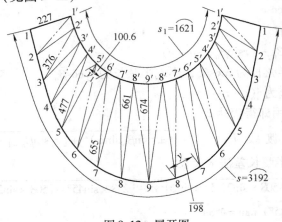

图 9-12　展开图

1）用三角形法作展开图。

2）画线段 $l_9 = 674\text{mm}$，其端点为 9、9′。

3）分别以点 9 和 9′为圆心，以 $l_{8'-9} = 692\text{mm}$、$y_1 = 100.6\text{mm}$ 为半径画弧相交得交点 8′（两个）。

4）分别以 8′和 9 两点为圆心，以 $l_8 = 661\text{mm}$、$y = 198\text{mm}$ 为半径画弧相交得交点 8（两个）。

5）同法操作画出整个展开图。

6）最后用卷尺验证大小端弧长是否与计算值相等，若有误差应微调之。

4. 说明

本例压制方法有两种：

1）可用压力机在上下胎上压制，先两端后中间。

2）也可在卷板机上卷、压，同样先两端后中间。

四、两正圆端口偏心相交连接管料计算（之二）

图 9-13 所示为煤气发生炉炉底偏心相交的两正圆端口连接管施工图，图 9-14 为计算原理图。

1. 板厚处理

按中径计算料长。

2. 下料计算

1）任一实长素线 l_n

$$l_n = \sqrt{(H \pm r\sin\beta_n \sin\alpha)^2 + (e \pm r\sin\beta_n \cos\alpha \pm r\sin\beta_n)^2 + [(r-r_1)\cos\beta_n]^2}$$

表达式推导见图 9-14 中 I 放大和 II 放大。

如求 l_4（主要是求直角三角形 $4A4'$ 各数据）：

① 在直角三角形 $4'BO_1$ 中

因为 $\angle 4'O_1B = \alpha$

$$O_1 4' = r_1\sin\beta_n$$

$$4'B = r_1\sin\beta_n\sin\alpha$$

$$O_1 B = r_1\sin\beta_n\cos\alpha$$

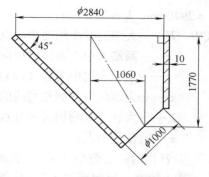

图 9-13　煤气发生炉炉底连接管

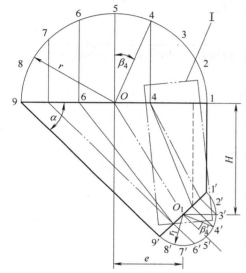

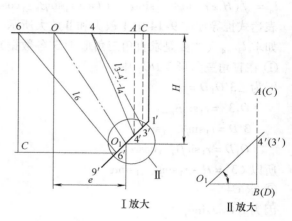

I 放大　　　　II 放大

图 9-14　计算原理图

所以 $A4' = H - r_1\sin\beta_n\sin\alpha$

② 求 $A4$

因为 $O4 = r\sin\beta_n$

所以 $A4 = e + O_1B - O4 = e + r_1\sin\beta_n\cos\alpha - r\sin\beta_n$

③ 求 $44'$ 线两端头的高差，因为 $44'$ 为投影长

因为大端 4 点的半弦长为 $r\cos\beta_n$，小端 $4'$ 点的半弦长为 $r_1\cos\beta_n$

所以高差为 $(r-r_1)\cos\beta_n$

将上三式合并即得表达式。

如 $l_4 = \sqrt{(1760 - 505 \times \sin22.5° \times \sin45°)^2 + (1060 + 505 \times \sin22.5° \times \cos45° - 1425 \times \sin22.5°)^2 + [(1425 - 505) \times \cos22.5°]^2}$ mm $= 1945$mm

$l_6 = \sqrt{(1760 + 505 \times \sin22.5° \times \sin45°)^2 + (1060 - 505 \times \sin22.5° \times \cos45° + 1425 \times \sin22.5°)^2 + [(1425 - 505) \times \cos22.5°]^2}$ mm $= 2545$mm

同理得：$l_1 = 1403$mm，$l_2 = 1475$mm，$l_3 = 1671$mm，$l_5 = 2251$mm，$l_7 = 2788$mm，

$l_8 = 2940\text{mm}$，$l_9 = 3002\text{mm}$。

式中 H——大端面至小端面中心点的垂直距离（mm）；

$\quad\quad e$——两端面中心点间的横向偏心距（mm）；

$\quad r_1$、r——小、大端中半径（mm）；

$\quad\quad \alpha$——大端面与外侧轮廓线的夹角（°）；

$\quad\quad \beta_n$——大、小端圆周各等分点与同一纵向直径夹角（°）。

"$\pm$" 的使用情况：

① H 用时：短侧用 "$-$"，长侧用 "$+$"。

② e 用时：短侧用 "$+$"，长侧用 "$-$"。

③ 大端 $r\sin\beta_n$ 用时：短侧用 "$-$"，长侧用 "$+$"。

2）任一过渡线实长 l_n

$$l_n = \sqrt{(H \pm r_1\sin\beta_{n-1}\sin\alpha)^2 + (e \pm r_1\sin\beta_{n-1}\cos\alpha \pm r\sin\beta_n)^2 + r\cos\beta_n - r_1\cos\beta_{n-1}}$$

表达式推导如图 9-14 中 Ⅰ 放大和 Ⅱ 放大所示。

如求 $l_{3'-4}$（主要是求直角三角形 $4C3'$ 各数据）：

① 在直角三角形 $3'DO_1$ 中

因为 $\angle 3'O_1 D = \alpha$

$\quad\quad O_1 3' = r_1\sin\beta_{n-1}$

$\quad\quad 3'D = r_1\sin\beta_{n-1}\sin\alpha$

$\quad\quad O_1 D = r_1\sin\beta_{n-1}\cos\alpha$

所以 $C3' = H - r_1\sin\beta_{n-1}\sin\alpha$

② 求 $C4$

因为 $O4 = r\sin\beta_n$

所以 $C4 = e + O_1 D - O4 = e + r_1\sin\beta_{n-1}\cos\alpha - r\sin\beta_n$

③ 求 $3'-4$ 线两端头的高差，因为该线为投影长

因为大端 4 点的半弦长为 $r\cos\beta_n$，小端 $3'$ 点的半弦长为 $r_1\cos\beta_{n-1}$

所以高差为 $r\cos\beta_n - r_1\cos\beta_{n-1}$

将三式合并即得表达式

式中 n——大小端圆周等分点的序号，如 β_4 为 4 点的包角，即 22.5°，β_{n-1} 为 3 点的包角，即 45°；

"$\pm$"——同前介绍。

如 $l_{3'-4} = \sqrt{(1760 - 505 \times \sin45° \times \sin45°)^2 + (1060 + 505 \times \sin45° \times \cos45° - 1425 \times \sin22.5°)^2 + (1425 \times \cos22.5° - 505 \times \cos45°)^2}\,\text{mm} = 1946\text{mm}$；

同理得：$l_{1'-2} = 1508\text{mm}$，$l_{2'-3} = 1690\text{mm}$，$l_{4'-5} = 2233\text{mm}$，$l_{5'-6} = 2518\text{mm}$，$l_{6'-7} = 2760\text{mm}$，$l_{7'-8} = 2933\text{mm}$，$l_{8'-9} = 3008\text{mm}$。

3）大端弧长 $s = 2\pi r = \pi \times 2850\text{mm} = 8954\text{mm}$。

4）小端弧长 $s_1 = 2\pi r_1 = \pi \times 1010\text{mm} = 3173\text{mm}$。

5）大端每等分弦长 $y = 2r\sin\dfrac{180°}{m} = 2850\text{mm} \times \sin\dfrac{180°}{16} = 556\text{mm}$。

6）小端弦长 $y_1 = 2r_1\sin\dfrac{180°}{m} = 1010\text{mm} \times \sin\dfrac{180°}{16} = 197\text{mm}$。

式中 m——大小端圆周等分数，两者必相等；

y、y_1——大小端每等分点间的弦长，实则为弧长，故会偏小，但差值甚微，其补救方法就是展开料成形后，量取并保证大、小端总弧长为8954mm和3173mm即可。

展开图如图9-15所示。

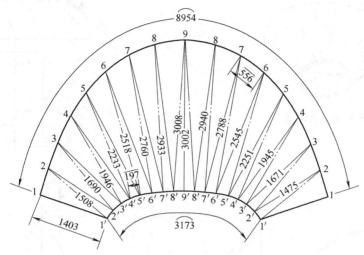

图9-15 展开图

五、偏心正圆椭圆连接管料计算（见图9-16）

图9-17所示为汽车运输油罐短节管施工图，图9-18为计算原理图。

1. 板厚处理

正圆椭圆皆按中径计算料长，对口纵缝开30°外坡口。

2. 下料计算

1）任一实长素线 $l_n = \sqrt{(e \pm r_1\sin\beta_n \mp r_2\sin\beta_n)^2 + H^2 + \left[(r - r_2)\cos\beta_n\right]^2}$（半弦长差法求实长，半弦长为横向）

如 $l_4 = \sqrt{(437 + 647 \times \sin22.5° - 210 \times \sin22.5°)^2 + 800^2 + \left[(997 - 210) \times \cos22.5°\right]^2}\,\text{mm} = 1238\text{mm}$

$l_6 = \sqrt{(437 - 647 \times \sin22.5° + 210 \times \sin22.5°)^2 + 800^2 + \left[(997 - 210) \times \cos22.5°\right]^2}\,\text{mm}$
$= 1114\text{mm}$

同理得：$l_1 = 1120\text{mm}$，$l_2 = 1199\text{mm}$，$l_3 = 1227\text{mm}$，$l_5 = 1204\text{mm}$，$l_7 = 989\text{mm}$，$l_8 = 925\text{mm}$，$l_9 = 800\text{mm}$。

2）任一实长过渡线 $l_n = \sqrt{(e \pm r_1\sin\beta_n \mp r_2\sin\beta_{n-1})^2 + H^2 + (r\cos\beta_n - r_2\cos\beta_{n-1})^2}$（半弦长差法求实长，半弦长为横向）

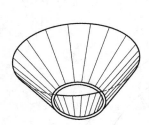

图 9-16 立体图

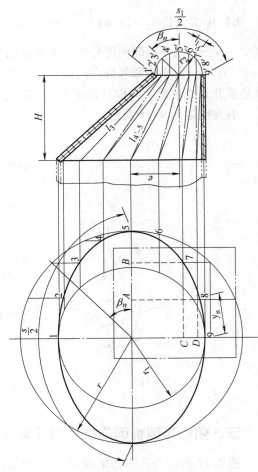

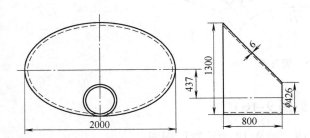

图 9-17 汽车运输油罐短节管

图 9-18 计算原理图

如 $l_{2'-3} = \sqrt{(437 + 647 \times \sin45° - 210 \times \sin67.5°)^2 + 800^2 + (997 \times \cos45° - 210 \times \cos67.5°)^2}$ mm

$\qquad = 1233$ mm

$l_{6'-7} = \sqrt{(437 - 647 \times \sin45° + 210 \times \sin22.5°)^2 + 800^2 + (997 \times \cos45° - 210 \times \cos22.5°)^2}$ mm

$\qquad = 955$ mm

同理得：$l_{1'-2} = 1211$ mm，$l_{3'-4} = 1235$ mm，$l_{4'-5} = 1188$ mm，$l_{5'-6} = 1087$ mm，

$l_{7'-8} = 889$ mm，$l_{8'-9} = 900$ mm。

3) 椭圆周任一弦长 $y_n = \sqrt{[r(\cos\beta_n - \cos\beta_{n+1})]^2 + [r_1(\sin\beta_{n+1} - \sin\beta_n)]^2}$，

如 $y_{7-8} = \sqrt{[997 \times (\cos45° - \cos67.5°)]^2 + [647 \times (\sin67.5° - \sin45°)]^2} = 353$ (mm)

同理得：$y_{1-2} = y_{8-9} = 385$ mm，$y_{2-3} = y_{7-8} = 353$ mm，$y_{3-4} = y_{6-7} = 301$ mm，

$y_{4-5} = y_{5-6} = 259$ mm。

表达式推导见图 9-18 中 I 局视图。

如求 y_{7-8}

1) 因为 $A8 = r_1\sin\beta_{n+1}$

$B7 = r_1 \sin\beta_n$

所以 y_{7-8} 的勾为 $r_1(\sin\beta_{n+1} - \sin\beta_n)$

2）因为 $C7 = r\cos\beta_n$

$D8 = r\cos\beta_{n+1}$

所以 y_{7-8} 的股为 $r(\cos\beta_n - \cos\beta_{n+1})$

将以上两式用勾股定理便可求得弦长 y_{7-8}。

3）椭圆周长 $s = \pi \sqrt{2(r^2 + r_1^2) - \dfrac{(r - r_1)^2}{4}} = \pi \sqrt{2 \times (997^2 + 647^2) - \dfrac{(997 - 647)^2}{4}}\ \text{mm} = 5252\text{mm}$。

4）正圆周每等分弦长 $y_1 = 2r_2 \sin\dfrac{180°}{m} = 2 \times 210\text{mm} \times \sin 11.25° = 81.9\text{mm}$。

5）正圆周展开弧长 $s_1 = 2\pi r_2 = 2 \times \pi \times 210\text{mm} = 1319\text{mm}$。

式中 e——偏心距（mm）；

     r、r_1、r_2——分别为半长轴、半短轴和正圆中半径（mm）；

         β_n——圆周各点与同一横向直径的夹角（mm）；

"$\pm$"、"$\mp$"——不论素线还是过渡线，中心线以左用"+"、"－"，以右用"－"、"+"；

         m——圆周等分数。

3. 展开图的画法（见图9-19）

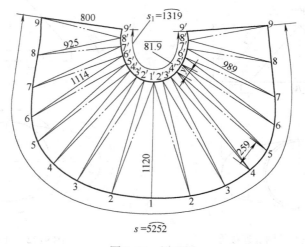

图9-19 展开图

1）用三角形法画展开图。

2）画线段 $l_1 = 1120\text{mm}$，其端点为 1、1′。

3）分别以点 1 和 1′为圆心，以 $y_{1-2} = 385\text{mm}$、$l_{1'-2} = 1211\text{mm}$ 为半径画弧得交点 2（两个）。

4）分别以 2、1′点为圆心，以 $l_2 = 1199\text{mm}$、$y_1 = 819\text{mm}$ 为半径画弧得交点 2′（两个）。

5）同法操作画出整个展开图。

6）用卷尺验证大小端弧长是否与计算值相同，若有误差应微调之。

4. 说明

压制方法有两种：

1）可用压力机在上下胎上压制，若不便操作，可割成两瓣，压制时先两端后中间。

2）本例由于小端偏小，若在卷板机上卷、压，也只能在上轴辊约等 $\phi300mm$ 的卷床上进行，卷、压时可在吊车配合下进行，同样先两端后中间。

六、顶正圆长圆底连接管料计算（见图 9-20）

图 9-21 为顶正圆长圆底连接管的施工图，图 9-22 为计算原理图。

1. 板厚处理

正圆长圆皆按中径计算料长，对口纵缝可不开坡口，焊接时留 1mm 间

图 9-20　立体图

隙即可。

2. 下料计算

1）任一实长素线 $l_n = \sqrt{[(r-r_1)\sin\beta_n]^2 + [e-(r-r_1)\cos\beta_n]^2 + H^2}$（俯视图，用直角三角形法求实长）

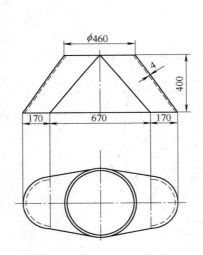

图 9-21　顶正圆长圆底连接管

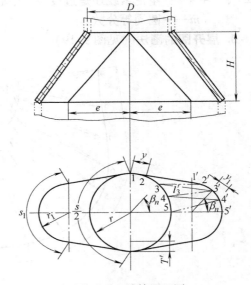

图 9-22　计算原理图

如 $l_3 = \sqrt{[(228-168)\times\sin45°]^2 + [335-(228-168)\times\cos45°]^2 + 400^2}\,mm = 497mm$

同理得：$l_1 = 525mm$，$l_2 = 510mm$，$l_4 = 489mm$，$l_5 = 485mm$。

2）任一实长过渡线 $l_n = \sqrt{(r\sin\beta_n - r_1\sin\beta_{n-1})^2 + (e - r\cos\beta_n + r_1\cos\beta_{n-1})^2 + H^2}$（俯视图，用直角三角形法求实长）

如 $l_{3'-4} = \sqrt{(228\times\sin22.5° - 168\times\sin45°)^2 + (335 - 228\times\cos22.5° + 168\times\cos45°)^2 + 400^2}\,mm$
　　　 $= 469mm$

同理得：$l_{1'-2} = 473mm$，$l_{2'-3} = 496mm$，$l_{4'-5} = 483mm$。

3）小端弧长 $s = \pi D = \pi\times456mm = 1433mm$。

4）小端每等分弦长 $y = D\sin\dfrac{180°}{m} = 456\text{mm} \times \sin 11.25° = 89\text{mm}$。

5）大端半弧长 $s_1 = \pi r_1 = \pi \times 168\text{mm} = 528\text{mm}$。

6）大端每等分弦长 $y_1 = 2r_1\sin\dfrac{180°}{m} = 336\text{mm} \times \sin 11.25° = 65.6\text{mm}$。

7）对口 $T = \sqrt{(r - r_1)^2 + H^2} = \sqrt{(228 - 168)^2 + 400^2}\,\text{mm} = 405\text{mm}$。

式中　r、r_1——小大圆端中半径（mm）；

$\quad\quad e$——大小口横向偏心距（mm）；

$\quad\quad \beta_n$——圆周各等分点与同一横向直径的夹角（°）；

$\quad\quad H$——两端中点间距离（mm）；

$\quad\quad D$——小端中直径（mm）；

$\quad\quad m$——圆周等分数，小大端必相同。

3. 展开图的画法（见图9-23）

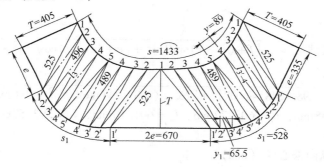

图 9-23　展开图

1）用三角形法画展开图。

2）画一横线段 $1'$—$1' = 670\text{mm}$，其端点为 $1'$、$1'$。

3）分别以 $1'$ 和 $1'$ 点为圆心，以 $l_1 = 525\text{mm}$ 为半径画弧相交得交点。

4）分别以 $1'$ 和 1 点为圆心，以 $l_{1'-2} = 473\text{mm}$、$y = 89\text{mm}$ 为半径画弧相交得交点 2（两个）。

5）同法操作画出整个展开图。

6）用卷尺验证大小端弧长是否与计算值相等，若有误差应微调之。

4. 说明

本例的成形方法可用上轴辊直径小于 300mm 的小型卷板机卷、压，连续卷制是不可能的，就像卷斜圆锥台那样，卷和压应相结合进行，随时用样板检查两端的弧度。卷、压时先两端后中间。

七、顶正圆长圆底偏心过渡管料计算

图 9-24 所示为顶正圆长圆底偏心过渡管施工图。图 9-25 为计算原理图。

1. 板厚处理

该构件为正圆和长圆端口，展开图应按中径画出，所以求实长的原理图应按中径画出。

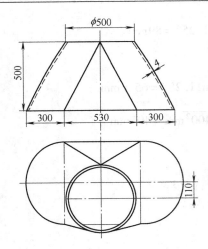

图9-24　顶正圆长圆底过渡管

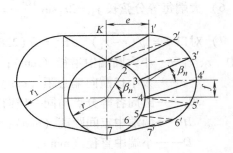

图9-25　计算原理图（中径）

2. 下料计算

1）任一实长素线 $l_n = \sqrt{[f+(r_1-r)\sin\beta_n]^2 + [e+(r_1-r)\cos\beta_n]^2 + H^2}$（用直角三角形法求实长）

如 $l_2 = \sqrt{[110+(298-248)\sin60°]^2 + [265+(298-248)\cos60°]^2 + 500^2}\,\text{mm} = 598\text{mm}$

同理得：$l_1 = 588\text{mm}$，$l_3 = 602.72\text{mm}$，$l_4 = 601.10\text{mm}$，$l_5 = 593.53\text{mm}$，$l_6 = 581.85\text{mm}$，$l_7 = 570\text{mm}$。

式中　　　　f——纵向偏心距（mm）；

　　　　　　e——横向偏心距（mm）；

　　　r、r_1——正圆和长圆端中半径（mm）；

　　　　　β_n——圆周各等分点与同一横向直径的夹角（°）；

$(r_1-r)\sin\beta_n$——只限求 l_4 时用2，求 l_4 以下各素线时用 $(r-r_1)\sin\beta_n$；

　　　　　H——上下端口垂直距离（mm）。

2）任一实长过渡线 l_n（用直角三角形法求实长）

① 适于 l_4 以上各过渡线

$l_n = \sqrt{(f+r_1\sin\beta_{n+1}-r\sin\beta_n)^2 + (e+r_1\cos\beta_{n+1}-r\cos\beta_n)^2 + H^2}$；

② 适于 l_4 以下各过渡线

$l_n = \sqrt{(f+r\sin\beta_n-r_1\sin\beta_{n+1})^2 + (e+r_1\cos\beta_{n+1}-r\cos\beta_n)^2 + H^2}$

如 $l_{3'2} = \sqrt{(110+298\times\sin30°-248\times\sin60°)^2 + (265+298\times\cos30°-248\times\cos60°)^2 + 500^2}\,\text{mm}$
$= 641\text{mm}$

$l_{6'-5} = \sqrt{(110+248\times\sin30°-298\times\sin60°)^2 + (265+298\times\cos60°-248\times\cos30°)^2 + 500^2}\,\text{mm}$
$= 538.77\text{mm}$

同理得：$l_{2'-1} = 650.91\text{mm}$，$l_{4'-3} = 609.48\text{mm}$，$l_{5'-4} = 572\text{mm}$，$l_{7'-6} = 523.43\text{mm}$。

式中　$\sin\beta_{n+1}$ 或 $\cos\beta_{n+1}$——n 代表圆周等分点序号，$n+1$ 即比 n 大一个序号。

3）正圆端每等分弦长 $y = 2r\sin\dfrac{180°}{m} = 2\times248\text{mm}\times\sin\dfrac{180°}{12} = 128.37\text{mm}$。

4）长圆端每等分弦长 $y_1 = 2r_1 \sin\dfrac{180°}{m} = 2 \times 298\text{mm} \times \sin\dfrac{180°}{12} = 154.26\text{mm}$。

5）正圆端弧长 $s = \pi D = \pi \times 496\text{mm} = 1558\text{mm}$。

6）长圆端弧长 $s_1 = \pi D_1 + 4e = (\pi \times 596 + 1060)\text{mm} = 2932\text{mm}$。

7）对口 $1-k = \sqrt{(r_1 + f - r)^2 + H^2} = \sqrt{(298 + 110 - 248)^2 + 500^2}\text{mm} = 525\text{mm}$。

式中　D、D_1——正圆端和长圆端中直径（mm）。

3. 放样法的操作程序

本例几何尺寸不大，可在平台上按 1:1 放实样处理。

1）以图 9-24 的尺寸，按中径画图。

2）画出成直角的丁字线，OO_1 为垂线，长度等于垂直高 H。

3）以 O 为基点，分别向两侧截取，如 $7'$—6、$6'$—6…，使其长度等于图 6-22 中的 $7'$—6、$6'$—6…

4）各点与 O_1 相连得各斜线，诸线即为实长素线和实长过渡线，此即用直角三角形法求实长，如图 9-26 所示。

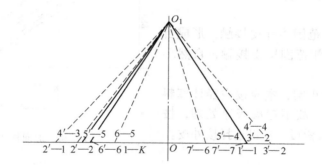

图 9-26　放样法求实长图（直角三角形法）

5）展开图（用三角形法作展开图）如图 9-27 所示。

通过对比，两法数据基本相同，应优先采用计算数据。

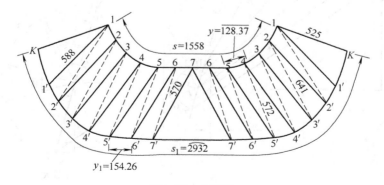

图 9-27　展开图

4. 展开图的画法（三角形法）

1）画水平线 7′—7′，使其长度等于 2e。

2）分别以两个 7′ 为圆心，以 7′—7′ 为半径画弧交于 7 点。

3）以 7 点为圆心、y 为半径画弧，与以 7′ 为圆心，$l_{7'-6}$ 为半径画弧得交点 6（两个）。

4）以 7′ 为圆心、y_1 为半径画弧，与以 6 为圆心、l_6 为半径画弧得交点 6′（两个）。

5）依此类推得诸交点，用立曲金属直尺圆滑连接各点，即得展开图。

5. 说明

本例由于规格小，又较薄，因此可考虑分为两瓣、用槽弧锤配大锤在放射胎上槽制。

八、两正圆端口不规则相交过渡管料计算

图 9-28 所示为通向积灰斗不规则相交短节管，积灰斗为方矩锥体，下端口与平板连接，故为直线型结合线，按常规讲，平面与锥体相交，应为不规则的椭圆，但本例不是椭圆，而是人为正圆。作展开图时，应算出两端口每等分弦长，用三角形法作出。

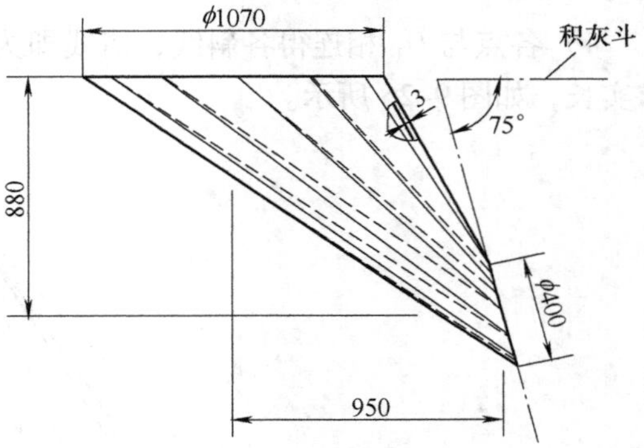

1. 板厚处理

1）下端口内侧范围为外皮接触，形成自然的 V 形坡口，外侧范围里皮接触，自然形成外坡口。

2）上下端口为正圆，本应按中径计算料长，但板厚为 3mm，故不考虑板厚处理，按中、外、内计算料长皆可，本例选择按外皮。

图 9-28　通向积灰斗过渡管

2. 计算料长

如图 9-29 所示为计算原理图。

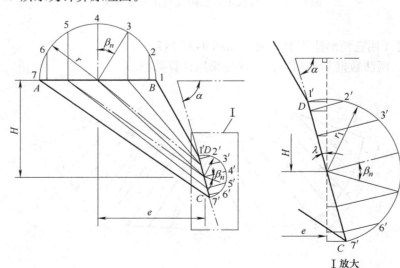

图 9-29　计算原理图

1）下端口倾斜角 $\lambda = 90° - \alpha = 90° - 75° = 15°$。

2）任一实长素线 $l_n = \sqrt{(e \pm r_1\sin\beta_n\sin\lambda \pm r\sin\beta_n)^2 + (H \pm r_1\sin\beta_n\cos\lambda)^2 + [(r - r_1)\cos\beta_n]^2}$
（半弦长差法求实长）

如 $l_3 = \sqrt{(950 - 200 \times \sin30° \times \sin15° - 535 \times \sin30°)^2 + (880 - 200 \times \sin30° \times \cos15°)^2 + [(535 - 200) \times \cos30°]^2}\,\mathrm{mm} = 1063\mathrm{mm}$

$l_5 = \sqrt{(950 + 200 \times \sin30° \times \sin15° + 535 \times \sin30°)^2 + (880 + 200 \times \sin30° \times \cos15°)^2 + [(535 - 200) \times \cos30°]^2}\,\mathrm{mm} = 1608\mathrm{mm}$

同理得：$l_1 = 777\mathrm{mm}$，$l_7 = 1874\mathrm{mm}$，$l_2 = 855\mathrm{mm}$，$l_6 = 1803\mathrm{mm}$，$l_4 = 1338\mathrm{mm}$。

3）任一实长过渡线 $l_n = \sqrt{(e \pm r_1\sin\beta_{n-1}\sin\lambda \pm r\sin\beta_n)^2 + (H \pm r_1\sin\beta_{n-1}\cos\lambda)^2 + (r\cos\beta_n - r_1\cos\beta_{n-1})^2}$（半弦长差法求实长）

如 $l_{5'-6} = \sqrt{(950 + 200 \times \sin30° \times \sin15° + 535 \times \sin60°)^2 + (880 + 200 \times \sin30° \times \cos15°)^2 + (535 \times \cos60° - 200 \times \cos30°)^2}\,\mathrm{mm} = 1742\mathrm{mm}$

同理得：$l_{1'-2} = 856\mathrm{mm}$，$l_{2'-3} = 1023\mathrm{mm}$，$l_{3'-4} = 1264\mathrm{mm}$，$l_{4'-5} = 1525\mathrm{mm}$，$l_{6'-7} = 1857\mathrm{mm}$。

式中　e——上下端偏心距（mm）；

　　　r_1——下端外皮半径（mm）；

　　　β_n——圆周各等分点与同一直径的夹角（°），n 为圆周等分序号；

　　　r——上端外皮半径（mm）；

　　　H——两端口中心点间垂直距离（mm）；

“$\pm$”——长侧用“$+$”、短侧用“$-$”。

4）大端每等分弦长 $y = 2r\sin\dfrac{180°}{m} = 2 \times 535\mathrm{mm} \times \sin\dfrac{180°}{12} = 276.94\mathrm{mm}$

式中　m——圆周等分数，与小端 m 必相等。

5）小端每等分弦长 $y_1 = 2r\sin\dfrac{180°}{m} = 2 \times 200\mathrm{mm} \times \sin\dfrac{180°}{12} = 103.53\mathrm{mm}$。

6）大端弧长 $s = 2\pi r = 2 \times \pi \times 535\mathrm{mm} = 3362\mathrm{mm}$。

7）小端弧长 $s_1 = 2\pi r_1 = 2 \times \pi \times 200\mathrm{mm} = 1257\mathrm{mm}$。

3. 放样法的操作程序

按缩小比例放样也行，为了更准确，还是按 1:1 放样最好。

1）按图 9-28 的尺寸，按外径画图。

2）将大小端按外皮画出半断面图，并分 6 等份，过各分点作端线的垂线得各点，连接各点得出非实长素线和非实长过渡线。

3）实长素线和实长过渡线的求法：以上连出的素线和过渡线皆为非实长线，应用半弦长差法求得（计算法即是按此理论算出），即旧时称的山形线法，如图 9-30 所示。

① 作一水平线及其垂直线。

② 在垂直线上截取各点得 1（7）、2（6）、3（5）、4，使其等于大断面图上过各等分点的垂线。

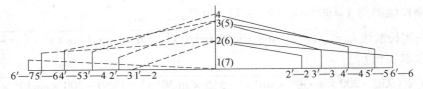

图 9-30　放样法求实长图（半弦长差法）

③ 在水平线上，右侧截取非实长素线得各点 2′—2、…、6′—6；左侧截取非实长过渡线得各点 1′—2、…、6′—7。

④ 过水平线上各点作垂线，并在各线上截取各长度，使其等于小断面图上过各等分点的垂线。

⑤ 连接水平线和垂直线上的各点即得实长素线和实长过渡线。

4）展开图的作法如图 9-31 所示，此展开图应用三角形法作出。

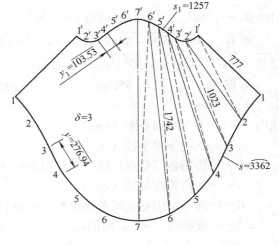

① 画 7′—7 线，使其等于图 9-29 中的 7′—7 线，因为在此图中 7′—7 和 1′—1 两线反映实长。

② 以 7 点为圆心、$l_{6'—7}$ 为半径画弧与以 7′ 为圆心、y_1 为半径画弧得交点 6′（两个）。

③ 以 6′ 点为圆心、l_6 为半径画弧与以 7 点为圆心、y 为半径画弧得交点 6（两个）。

④ 依此类推得出所有交点，用曲线板圆滑连接各点，即得展开图。

⑤ 用卷尺盘取大小端的弧长，看与计算值是否吻合，有误差时微调之。

图 9-31　展开图

4. 说明

本例由于板薄、小端口直径偏小，不便在压力机上压制，故应采用手工方法，用槽弧锤配大锤在放射胎上进行，如操作不方便，分成两瓣会更方便些。

九、圆筒形熔化炉料计算

图 9-32 所示为熔化钢铁的一种小型熔化炉，筒体是 6mm 的碳钢板，内衬碳化硅高温材料，展开本体的目的是介绍炉嘴的下料，炉嘴的空间位置较特殊，故应用放实样的方法处理。筒体和筒底的下料从略。

1. 板厚处理

本例用 6mm 的碳钢板制作，应进行板厚处理，炉体按中径，炉嘴按里皮。

2. 下料方法

本例只叙述炉嘴的下料，用放实样法处理。

1）画出炉嘴的主视图和俯视图如图 9-32 所示。

2）在俯视图的上端口轮廓线上分成两等份，等分点为 1、2、3。

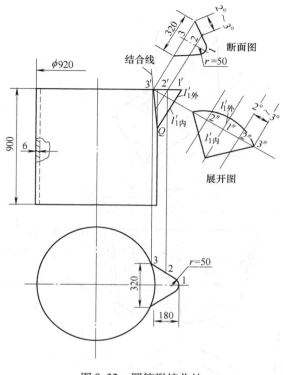

图 9-32　圆筒形熔化炉

3）由 1、2、3 各点上投至主视图的上口轮廓线上，得各点 $1'$、$2'$、$3'$，$3'Q$ 线为结合线。

4）由 $3'$ 点作炉嘴下轮廓线的垂线并延长，得 $3''-3''$，以备在此线长截取展开长。

5）由 $1'$、$2'$、$3'$ 各点作炉嘴下轮廓线的平行线，得炉嘴的断面图，以找出炉嘴展开长的每一份。

6）在 $3''-3''$ 线上，截取断面图轮廓线上的各线段，可得 $1''$、$2''$、$3''$ 各点。

7）过上述各点作 $3''-3''$ 线的垂线，得若干平行线。

8）在上述平行线上分别截取炉嘴各素线如 $l'_{1内}$、$l'_{1外}$，得端头各点，圆滑连接各点、即得炉嘴展开图。

十、锥形猪嘴熔化炉料计算

图 9-33 所示为熔化钢铁的一种小型熔化炉，外侧是碳钢板，内侧衬碳化硅之类的耐高熔点材料，此件主要由三部分组成，即炉体、炉嘴和球缺底。

1. 板厚处理

此构件用 6mm 的碳钢板，应进行板厚处理，即炉体按中径，炉嘴按里皮，炉底按里皮。

2. 下料计算

（1）炉嘴

此嘴的下料是用放实样的方法取得展开数据的。

1）画出炉嘴的主视图和俯视图（见图 9-33）。

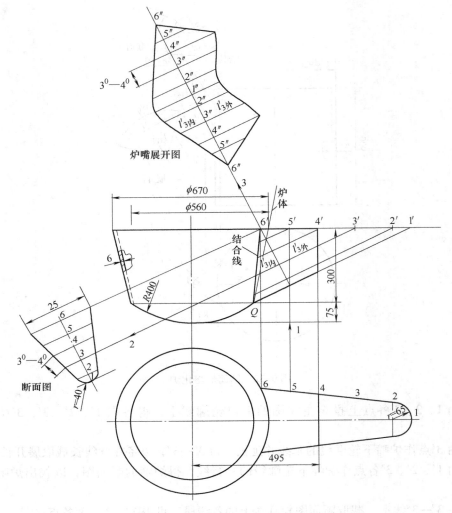

图 9-33　锥形猪嘴熔化炉与猪嘴展开图

2）在俯视图的上端口轮廓线上分出几个等份，1～2 为一等份，2～4 为两等份，4～6 为两等份。

3）由 1、2、3、4、5、6 各点上投至主视图的上口轮廓线上，得各点 1′、2′、3′、4′、5′、6′，6′Q 为结合线。

4）由 6′点作炉嘴下轮廓线的垂线并延长，得 6″—6″，以备作展开图用。

5）由 1′、2′、3′、4′、5′、6′各点作炉嘴下轮廓线的平行线，得炉嘴的断面图，以找出炉嘴的展开长。

6）在 6″—6″ 线上，截取断面图轮廓线上的各线段如 3^0—4^0，得 1″、2″、3″、4″、5″、6″ 各点。

7）过上述各点作 6″—6″的垂线，得若干平行线。

8）在上述平行线上分别截取炉嘴各素线如 $l'_{3外}$、$l'_{3内}$，得端头各点（图中未标序号），圆滑连接各点，即得炉嘴展开图。

（2）炉体（展开图见图9-34）

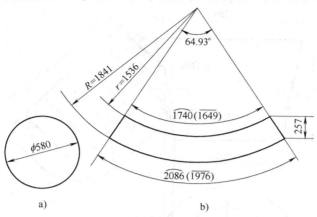

图9-34　炉体展开图

a）球缺封头　b）炉体

1）整锥半顶角 $\alpha = \arctan \dfrac{D-d}{2h} = \arctan \dfrac{664-554}{2 \times 300} = 10.39°$

2）整锥展开半径 $R = \dfrac{D}{2\sin\alpha} = \dfrac{664mm}{2 \times \sin 10.39°} = 1841mm$。

3）上锥展开半径 $r = \dfrac{d}{2\sin\alpha} = \dfrac{554mm}{2 \times \sin 10.39°} = 1536mm$。

4）展开料包角 $\omega = 360° \times \sin\alpha = 360° \times \sin 10.39° = 64.93°$。

5）展开料大端弧长 $s = \pi D = \pi \times 664mm = 2086mm$。

6）展开料小端弧长 $s_1 = \pi d = \pi \times 554mm = 1740mm$。

7）展开料大端弦长 $A = 2R\sin\dfrac{\omega}{2} = 2 \times 1841mm \times \sin\dfrac{64.93°}{2} = 1976mm$。

8）展开料小端弦长 $A_1 = 2r\sin\dfrac{\omega}{2} = 2 \times 1536mm \times \sin\dfrac{64.93°}{2} = 1649mm$。

9）大小端弦心距 $B = (R-r)\cos\dfrac{\omega}{2} = (1841-1536)mm \times \cos\dfrac{64.93°}{2} = 257mm$。

10）炉体的孔实形用炉嘴覆盖法取得。

式中　D、d——大小端中直径（mm）；

　　　　h——锥台两端口间的垂直距离（mm）。

（3）球缺封底

坯料直径 $d' = \sqrt{d_1^2 + 4h^2} = \sqrt{560^2 + 4 \times 75^2}mm = 580mm$。

式中　d_1——小端外直径（mm）。

十一、熔化炉炉勺料计算

图9-35为熔化钢铁的炉勺，内里衬碳化硅之类的耐高温材料，此件由三部分组成，即方柄、炉勺和底板。

1. 板厚处理

此件用4mm的碳钢板，本不应该进行板厚处理，但为了尽量减小板厚影响，进行板厚处理会有益无害，因此圆锥台按内径、方柄按里皮计算料长。

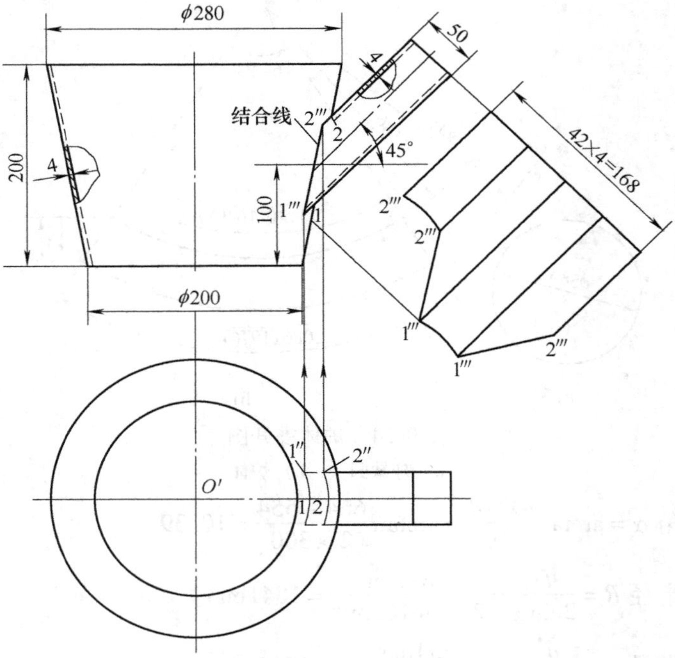

图 9-35　熔化炉炉勺与方柄展开图

2. 下料计算

（1）方柄

方柄的展开采用放样和计算相结合的方法。

1）画出主观图和俯视图（见图 9-35）。

2）主视图上，锥台与方管轮廓线的交点为 1、2，往下投至俯视图与横向中心线的交点为 1′、2′。

3）以 O′为圆心，分别以 O′1′、O′2′为半径画弧，与方管轮廓线交于点 1″、2″，再往上投至主视图方管轮廓线，交点为 1‴、2‴，1‴2‴为结合线。

4）方管展开图的画法（用平行线法作展开）。

① 作方管轮廓线的平行线，在其上截取 42mm，共四段；

② 以方管端面为基点至结合线为线段，移至展开图的平行线上，得端点 1‴、2‴…，即得展开图。

（2）勺体（展开图见图 9-36）

1）锥台半顶角 $\alpha = \arctan \dfrac{D-d}{2h} = \arctan \dfrac{276-196}{2 \times 200} = 11.3°$。

2）整锥展开半径 $R = \dfrac{D}{2\sin\alpha} = \dfrac{276\text{mm}}{2 \times \sin 11.3°} = 704\text{mm}$。

3）上锥展开半径 $r = \dfrac{d}{2\sin\alpha} = \dfrac{196\text{mm}}{2 \times \sin 11.3°} = 500\text{mm}$。

4）展开料包角 $\omega = 360° \times \sin\alpha = 360° \times \sin 11.3° = 70.54°$。

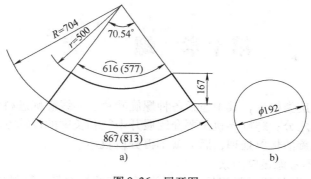

图 9-36 展开图

a) 炉勺 b) 底板

5）展开料大端弧长 $s = \pi D = \pi \times 276\text{mm} = 867\text{mm}$。

6）展开料小端弧长 $s_1 = \pi d = \pi \times 196\text{mm} = 616\text{mm}$。

7）展开料大端弦长 $A = 2R\sin\dfrac{\omega}{2} = 2 \times 704\text{mm} \times \sin\dfrac{70.54°}{2} = 813\text{mm}$。

8）展开料小端弦长 $A_1 = 2r\sin\dfrac{\omega}{2} = 2 \times 500\text{mm} \times \sin\dfrac{70.54°}{2} = 577\text{mm}$。

9）大小端弦心距 $B = (R - r)\cos\dfrac{\omega}{2} = (704 - 500)\text{mm} \times \cos\dfrac{70.54°}{2} = 167\text{mm}$。

式中　D、d——大小端中直径（mm）；

　　　　h——大小端间垂直距离（mm）。

（3）底板（见图 9-36b）

底板直径 $\phi192\text{mm}$。

3. 说明

方柄与炉勺连接的最简捷方法是覆盖法，即将炉勺卧置于平台，下面垫稳、垫牢，将方柄覆于设计的位置，找定纵横向角度后，在下面先点焊一点，找定 45° 的角度后再在上面点焊一点，此时，纵方向已定位，然后再调横方向，横方向调正后，对称点焊一点，这样就能保证方柄与炉勺的正确结合位置了。

第十章 螺　旋

本章主要介绍螺旋类构件，其中包括各种螺旋叶片、切线螺旋进料管和螺旋导轨。圆锥叶片有等宽和不等宽之分；螺旋导轨主要介绍展开半径和长度的计算方法。

这里叙述一下螺旋的板厚处理，后面就不再分篇叙述了。

1) 螺旋叶片可不考虑板厚因素。

2) 有曲率的板，如切线进料管的内外螺旋面，就要按中径计算料长。

3) 叶片的对接：4mm 及以下的板，可不开坡口，焊接时留 1mm 的间隙即可；5mm 的板可开 30°单面坡口；6mm 及以上的板开双面 30°坡口。

4) 叶片与壳体的单面间隙，根据规格和输送介质的不同，可在 2～5mm 之间。

一、圆柱螺旋输送机叶片料计算（见图 10-1）

此文列举三例，一是外螺旋叶片，二是内螺旋叶片，三是外螺旋叶片加侧板溜槽，计算方法相同，所以归一篇介绍。

1. 计算式

图 10-2 为计算原理图。

1) 内螺旋线投影长 $b_1 = \pi D$。

2) 外螺旋线投影长 $b_2 = \pi(D + 2B)$。

3) 螺旋线实长 $l = \sqrt{s^2 + b^2}$。

4) 叶片内沿展开半径 $R_1 = \dfrac{Bl}{l_2 - l_1}$。

5) 叶片外沿展开半径 $R_2 = R_1 + B$。

6) 展开料缺口夹角 $\alpha = 360° - \dfrac{180°l_2}{\pi R_2}$（或 $\alpha = 360° - \dfrac{180°l_1}{\pi R_1}$）。

7) 展开料缺口外螺旋线弦长 $A = 2R_2 \sin\dfrac{\alpha}{2}$。

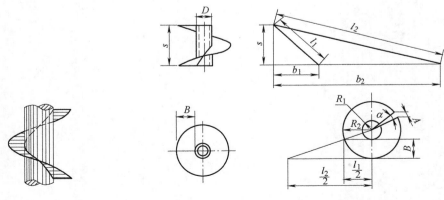

图 10-1　立体图　　　　　　　　　　　　　　图 10-2　计算原理图

式中 D——芯轴外径；

  B——叶片宽；

  s——导程高；

l_1、l_2——分别为内外螺旋线实长。

2. 举例

例1 图 10-3 为一常见圆柱螺旋绞刀一导程叶片施工图，$D=108\text{mm}$，$s=320\text{mm}$，$B=146\text{mm}$，各数据计算如下：

1）$b_1 = \pi D = \pi \times 108\text{mm} = 339\text{mm}$。

2）$b_2 = \pi(D+2B) = \pi \times 400\text{mm} = 1257\text{mm}$。

3）$l = \sqrt{s^2 + b^2}$

 $l_1 = \sqrt{s^2 + b_1^2} = \sqrt{320^2 + 339^2}\text{mm} = 466\text{mm}$

 $l_2 = \sqrt{s^2 + b_2^2} = \sqrt{320^2 + 1257^2}\text{mm} = 1297\text{mm}$。

4）$R_1 = \dfrac{Bl_1}{l_2 - l_1} = \dfrac{146 \times 466}{1297 - 466}\text{mm} = 82\text{mm}$。

5）$R_2 = R_1 + B = (82 + 146)\text{mm} = 228\text{mm}$。

6）$\alpha = 360° - \dfrac{180°l_2}{\pi R_2} = 360° - \dfrac{180° \times 1297}{\pi \times 228} = 34°$。

7）$A = 2R_2 \sin\dfrac{\alpha}{2} = 2 \times 228\text{mm} \times \sin 17° = 133\text{mm}$。

例2 图 10-4 为一入磨管式输送机一导程叶片施工图，图 10-5 为叶片展开图。

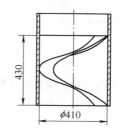

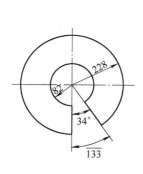

图 10-3 圆柱螺旋叶片展开图

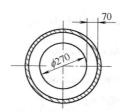

图 10-4 管式圆柱螺旋输送机叶片

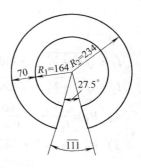

图 10-5 管式圆柱螺旋
输送机叶片展开图

1）$b_1 = \pi(D-2B) = \pi \times 270\text{mm} = 848\text{mm}$。

2）$b_2 = \pi D = \pi \times 410\text{mm} = 1288\text{mm}$。

3）$l = \sqrt{s^2 + b^2}$

$$l_1 = \sqrt{s^2 + b_1^2} = \sqrt{430^2 + 848^2}\,\text{mm} = 951\,\text{mm}$$

$$l_2 = \sqrt{s^2 + b_2^2} = \sqrt{430^2 + 1288^2}\,\text{mm} = 1358\,\text{mm}。$$

4）$R_1 = \dfrac{B l_1}{l_2 - l_1} = \dfrac{70 \times 951}{1358 - 951}\,\text{mm} = 164\,\text{mm}。$

5）$R_2 = R_1 + B = (164 + 70)\,\text{mm} = 234\,\text{mm}。$

6）$\alpha = 360° - \dfrac{180° l_2}{\pi R_2} = 360° - \dfrac{180° \times 1358}{\pi \times 234} = 27.5°$

7）$A = 2R_2 \sin \dfrac{\alpha}{2} = 2 \times 234\,\text{mm} \times \sin \dfrac{27.5°}{2} = 111\,\text{mm}。$

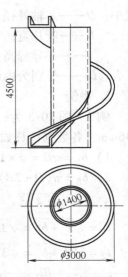

图 10-6　螺旋溜槽

例 3　图 10-6 为一块煤防碎溜槽一导程施工图，侧板宽 350mm，图 10-7 为展开图。

1）$b_1 = \pi D = \pi \times 1400\,\text{mm} = 4398\,\text{mm}。$

2）$b_2 = \pi(D + 2B) = \pi \times 3000\,\text{mm} = 9425\,\text{mm}。$

3）$l = \sqrt{s^2 + b^2}$

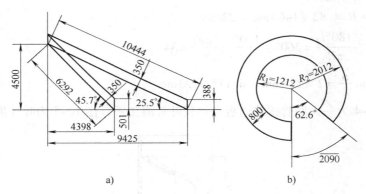

a)　　　　　　　　　　　　　b)

图 10-7　螺旋溜槽展开图

a）侧板　b）叶片

$$l_1 = \sqrt{s^2 + b_1^2} = \sqrt{4500^2 + 4398^2}\,\text{mm} = 6292\,\text{mm}$$

$$l_2 = \sqrt{s^2 + b_2^2} = \sqrt{4500^2 + 9425^2}\,\text{mm} = 10444\,\text{mm}。$$

4）$R_1 = \dfrac{B l_1}{l_2 - l_1} = \dfrac{800 \times 6292}{10444 - 6292}\,\text{mm} = 1212\,\text{mm}。$

5）$R_2 = R_1 + B = (1212 + 800)\,\text{mm} = 2012\,\text{mm}。$

6）$\alpha = 360° - \dfrac{180° l_1}{\pi R_1} = 360° - \dfrac{180° \times 6292}{\pi \times 1212} = 62.6°。$

7）$A = 2R_2 \sin \dfrac{\alpha}{2} = 2 \times 2012\,\text{mm} \times \sin 31.3° = 2090\,\text{mm}。$

8）升角 $\lambda = \arctan \dfrac{s}{b}$

① 内 $\lambda_1 = \arctan \dfrac{s}{b_1} = \arctan \dfrac{4500}{4398} = 45.7°。$

② 外 $\lambda_2 = \arctan \dfrac{s}{b_2} = \arctan \dfrac{4500}{9425} = 25.5°$。

9）侧板上下切角尺寸 h

① 内 $h_1 = \dfrac{350}{\sin(90° - \lambda_1)} = \dfrac{350\text{mm}}{\sin 44.3°} = 501\text{mm}$。

② 外 $h_2 = \dfrac{350}{\sin(90° - \lambda_2)} = \dfrac{350\text{mm}}{\sin 64.5°} = 388\text{mm}$。

3. 说明

若干叶片相连时，缺口部分可不割去，一是便于外沿加工，二是超过一个导程能错开焊缝，使结构更合理。

叶片和芯轴组成螺旋轴的方法大致有以下四种：

（1）用模具在压力机上热压　模具由上下胎、螺旋面、内外套筒、芯轴、模座和筋板组成，将下成净料的叶片在加热炉中加热至 750～800℃，然后放入下模芯轴中，上下模在压力机上对压即成一个导程的螺旋叶片。

在芯轴上画出螺旋线，将成形的叶片套入芯轴按线点焊，即组焊成螺旋轴。

（2）用模具用手工锤击热压　模具只需下胎即可，同上述，将加热至樱红色的叶片放于下胎上，经压、靠、平等操作工序，使之圆滑靠胎，冷至 300℃ 以下时经撬动、旋转取出。

（3）用吊车冷拉成形

1）用卡具分别固定叶片两端，下端固定于平台，上端用吊车施以拉力，叶片便初步成形。

2）将初步成形的叶片相焊接，即头接尾，尾接头，三至五片或更多。

3）将组合叶片套入芯轴，始端焊牢于芯轴和法兰上，彼端以卡具固定后用吊车施以拉力，边拉边点焊，直至终点，输送机轴成形。

（4）多个平板带缺口叶片焊接为一体，用拉力成形

1）将多个平板带缺口叶片头尾相连焊接为一体。

2）将焊完后的多片叶片在加热炉中加热至 750～800℃，取出后套入芯轴，在吊车的拉力下，叶片内沿随之与芯轴上预先画好的螺旋线重合，此时点焊于芯轴成形。

二、等宽圆锥螺旋输送机叶片料计算（见图 10-8）

图 10-9 为计算原理图，$D_1 = 1000\text{mm}$，$d_1 = 700\text{mm}$，$s = 500\text{mm}$，$B = 100\text{mm}$，图 10-10 为螺旋线实长图，图 10-11 为展开半径图。

1. 下料计算

1）将大端按圆柱螺旋叶片计算

① 内螺旋线投影长 $b_1 = \pi D_1 = \pi \times 1000\text{mm} = 3142\text{mm}$。

② 外螺旋线投影长 $b_2 = \pi(D_1 + 2B) = \pi \times 1200\text{mm} = 3770\text{mm}$。

③ 螺旋线长 $l = \sqrt{s^2 + b^2}$（见图 10-10）。

内螺旋线实长 $l_1 = \sqrt{s^2 + b_1^2} = \sqrt{500^2 + 3142^2}\text{mm} = 3181\text{mm}$。

外螺旋线实长 $l_2 = \sqrt{s^2 + b_2^2} = \sqrt{500^2 + 3770^2}\text{mm} = 3803\text{mm}$。

图 10-8　立体图

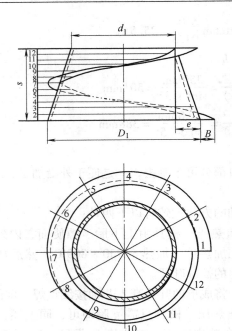

图 10-9　计算原理图

④ 内螺旋线展开半径 $R_1 = \dfrac{Bl_1}{l_2 - l_1} = \dfrac{100 \times 3181}{3801 - 3181}\text{mm} = 511\text{mm}$。

⑤ 展开料内螺旋线缺口夹角 $\alpha = 360° - \dfrac{180° l_1}{\pi R_1} = 360° - \dfrac{180° \times 3181}{\pi \times 511} = 3.33°$。

⑥ 展开料缺口部分弦长 $A_1 = 2R_1 \sin\dfrac{\alpha}{2} = 2 \times 511\text{mm} \times \sin\dfrac{3.33}{2} = 30\text{mm}$。

⑦ 展开料内螺旋线每等分弦长 $A = 2R_1 \sin\dfrac{360° - \alpha}{2m} = 2 \times 511\text{mm} \times \sin 14.8612° = 262\text{mm}$。

2）大小端半径差 $e = \dfrac{D_1 - d_1}{2} = \dfrac{1000 - 700}{2}\text{mm} = 150\text{mm}$。

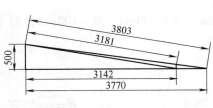

图 10-10　螺旋线实长图

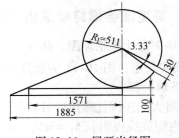

图 10-11　展开半径图

3）一等分半径差 $e_1 = \dfrac{e}{m} = \dfrac{150\text{mm}}{12} = 12.5\text{mm}$。

式中　D_1——大端外直径（mm）；

d_1——小端外直径（mm）；

B——叶片宽（mm）；

s——导程高（mm）；

m——内螺旋线等分数和一导程等分数，两者必相等。

2. 一导程叶片展开图的画法

1）按展开半径 $R_1 = 511$mm 画圆。

2）在圆周上量取每等分弦长 $A = 262$mm 和缺口部分弦长 $A_1 = 30$mm，与圆心相连并延长。

3）在每个等分点上往内量取 $(m-1)e_1$ 得各点，如 4 点之 $e_4 = 3 \times 12.5$mm $= 37.5$mm，圆滑连接各点，即得展开内螺旋线。

4）从内螺旋线各点以 $B = 100$mm 长往外量取得各点，并圆滑连接，即得展开外螺旋线，中间部分为叶片展开图，如图 10-12 所示。

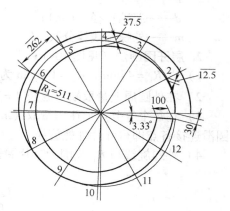

图 10-12　叶片展开图

3. 说明

此例的成形方法完全同圆柱螺旋输送机叶片和芯轴的成形方法，此略。

三、不等宽圆锥螺旋输送机叶片料计算（见图 10-13）

图 10-14 为计算原理图，$D_1 = 237$mm，$D_3 = 97$mm，$d = 57$mm，$s = 180$mm。

1. 下料计算

1）任相邻导程直径差 $K = \dfrac{D_1 - D_3}{n} = \dfrac{237 - 97}{2}$mm $= 70$mm。

2）任一导程直径 $D_n = D_1 - (n-1)K$

如 $D_2 = D_1 - K = (237 - 70)$mm $= 167$mm。

3）将大端按圆柱螺旋输送机叶片计算

① 内螺旋线实长 $l_1 = \sqrt{s^2 + (\pi d)^2} = \sqrt{180^2 + (\pi \times 57)^2}$mm $= 254$mm。

② 外螺旋线实长 $l_2 = \sqrt{s^2 + (\pi D_1)^2} = \sqrt{180^2 + (\pi \times 237)^2}$mm $= 766$mm。

③ 大端叶片宽 $B_1 = \dfrac{D_1 - d}{2} = \dfrac{237 - 57}{2}$mm $= 90$mm。

④ 内螺旋线展开半径 $R_1 = \dfrac{B_1 l_1}{l_2 - l_1} = \dfrac{90 \times 254}{766 - 254}$mm $= 45$mm。

⑤ 外螺旋线展开半径 $R_2 = R_1 + B_1 = (45 + 90)$mm $= 135$mm。

⑥ 外螺旋线缺口夹角 $\alpha = 360° - \dfrac{180° l_2}{\pi R_2} = 360° - \dfrac{180° \times 766}{\pi \times 135} = 34°$。

⑦ 外螺旋线缺口弦长 $A = 2R_2 \sin \dfrac{\alpha}{2} = 2 \times 135$mm $\times \sin 17° = 79$mm。

⑧ 外螺旋线展开部每等分弦长 $A_1 = 2R_2 \sin \dfrac{360° - \alpha}{2m} = 2 \times 135$mm $\times \sin \dfrac{326°}{24} = 63$mm。

4）小端叶片宽 $B_2 = \dfrac{D_2 - d}{2} = \dfrac{167 - 57}{2}$mm $= 55$mm。

5）相邻大小端叶片宽差 $e = B_1 - B_2 = (90 - 55) \text{mm} = 35\text{mm}$。

6）每等分叶片渐缩量 $e_1 = \dfrac{e}{m} = \dfrac{35\text{mm}}{12} = 2.92\text{mm}$。

式中　D_1——大端叶片外直径（mm）；

D_3——小端叶片外直径（mm）；

n——导程数；

d——芯轴直径（mm）；

m——外螺旋线等分数。

2. 展开图画法（见图 10-15）

1）以 $R_1 = 45\text{mm}$，$R_2 = 135\text{mm}$ 为半径画同心圆。

2）在外圆周上量取缺口弦长 $A = 79\text{mm}$ 和展开弦长 $A_1 = 63\text{mm}$，并与圆心相连。

3）在每个等分点上往内量取 $(m-1)e_1$ 得各点，如 10 点 $e_{10} = 9 \times 2.92 = 26.28$（mm），圆滑连接各点即得叶片外螺旋线。

4）外螺旋线与 R_1 范围为叶片展开图。

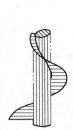

图 10-13　立体图

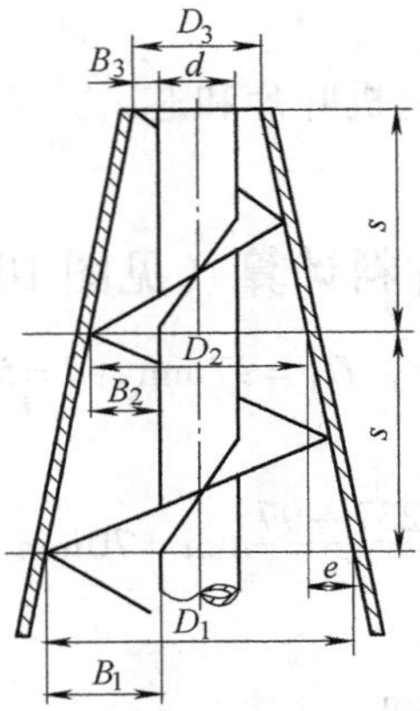

图 10-14　计算原理图

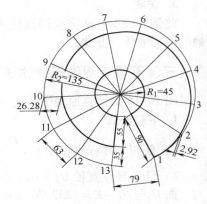

图 10-15　叶片展开图

3. 说明

本例的成形方法完全同圆柱螺旋输送机叶片的成形方法，此略。

四、旋流片料计算（见图 10-16）

图 10-17 所示为再吸收塔旋流片施工图，其技术特性是：

1）叶片走向为外向；

2）外端倾角 $\alpha = 25°$；

3）径向角 $\beta = 34.25°$；

4）叶片外直径 $D = 700\text{mm}$；

5）叶片内直径 $d = 394\text{mm}$；

6）罩外高 $h_1 = 42\text{mm}$；

7）罩内高 $h_2 = 16\text{mm}$；

8）叶片数 $n = 24$。

图 10-18 为计算原理图。

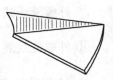

图 10-16　立体图

1. 下料计算

1）实长 AB

在三角形 OAB 中

$\because \dfrac{OA}{\sin\beta} = \dfrac{OB}{\sin A}$

$\therefore \angle A = \arcsin \dfrac{OB \times \sin\beta}{OA} =$

$\arcsin \dfrac{350 \times \sin 34.25°}{197} = 89.2°$

$\because \dfrac{AB}{\sin O} = \dfrac{OA}{\sin\beta}$

$\therefore AB = \dfrac{OA \times \sin O}{\sin\beta} = \dfrac{197\text{mm} \times \sin 56.55°}{\sin 34.25°}$

$\qquad = 292\text{mm}$。

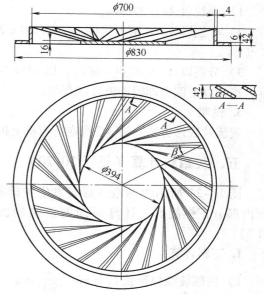

图 10-17　旋流片除沫器

2）实长 $BC = \sqrt{\left(\dfrac{\pi D}{n}\right)^2 + h_1^2} =$

$\sqrt{\left(\dfrac{\pi \times 700}{24}\right)^2 + 42^2}\text{mm} = 100.8\text{mm}$。

3）实长 $AD = \sqrt{\left(\dfrac{\pi d}{n}\right)^2 + h_2^2} = \sqrt{\left(\dfrac{\pi \times 394}{24}\right)^2 + 16^2}\text{mm} = 54\text{mm}$。

4）实长 AC。

① 投影长 $A'C'$

在三角形 AOC 中

$\angle AOC = 56.55° - 15° = 41.55°$

$A'C' = \sqrt{OC^2 + AO^2 - 2OC \times AO \times \cos\angle AOC} = \sqrt{350^2 + 197^2 - 2 \times 350 \times 197 \times \cos 41.55°}\text{mm}$

$\qquad = 241\text{mm}$。

② 实长 $AC = \sqrt{A'C'^2 + h_1^2} = \sqrt{241^2 + 42^2}\text{mm} = 245\text{mm}$。

5）实长 CD

$\because AB = C'D' = 292\text{mm}$

$\therefore CD = \sqrt{C'D'^2 + (h_1 - h_2)^2} = \sqrt{292^2 + (42-16)^2}\text{mm} = 293\text{mm}$。

2. 旋流片展开图的画法（见图 10-19）

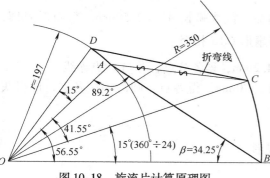

图 10-18　旋流片计算原理图

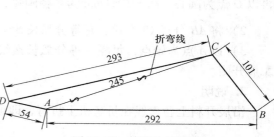

图 10-19　旋流片展开图

1）画线段 $AB = 292$mm。

2）分别以 A、B 两点为圆心，以 $AC = 245$mm、$BC = 101$mm 为半径画弧，两弧相交于 C 点。

3）分别以 A、C 两点为圆心，以 $AD = 54$mm、$CD = 293$mm 为半径画弧，两弧相交于 D 点，连接以上四点即得旋流片展开图。

3. 说明

旋流片成形方法：沿 AC 线在折弯机上折弯即可成形。

五、灰犁料计算（见图10-20）

图10-21所示为两段式煤气发生炉排灰部位的叶片，故名曰：灰犁，实际上是正锥台内部分正螺旋面。计算原理同正螺旋面计算原理（见"圆柱螺旋输送机叶片料计算"）。

1. 下料计算

1）内螺旋线投影长 $b_1 = \pi R_1 \dfrac{\alpha}{180°} = \pi \times 1020\text{mm} \times \dfrac{60°}{180°} = 1068$mm。

2）外螺旋线投影长 $b_2 = \pi R_2 \dfrac{\alpha}{180°} = \pi \times 2040\text{mm} \times \dfrac{60°}{180°} = 2136$mm。

3）内螺旋线实长 $l_1 = \sqrt{s^2 + b_1^2} = \sqrt{1200^2 + 1068^2}\text{mm} = 1606$mm。

4）外螺旋线实长 $l_2 = \sqrt{s^2 + b_2^2} = \sqrt{1200^2 + 2136^2}\text{mm} = 2450$mm。

5）内螺旋线展开半径 $P_1 = \dfrac{Bl_1}{l_2 - l_1} = \dfrac{1020 \times 1606}{2450 - 1606}\text{mm} = 1941$mm。

6）外螺旋线展开半径 $P_2 = P_1 + B = (1941 + 1020)\text{mm} = 2961$mm。

7）展开料包角 $\beta = \dfrac{l_2 \times 180°}{\pi \times P_2} = \dfrac{2450 \times 180°}{\pi \times 2961} = 47.4°$。

图10-20　立体图

8）展开图上各保留素线实长：螺旋面投影图不反映实形，但其上的各素线却反映实长，故可在整螺旋面宽1020mm的基础上每隔一等分递减70mm，即得各素线实长。

式中　α——灰犁包角（°）；

R_1、R_2——灰犁小大端投影半径（mm）；

s——设计导程高（mm）。

2. 展开图的画法（见图10-22）

1）以 O 点为圆心、$P_2 = 2961$mm 为半径画弧，截取弧长 $AB = 2450$mm，得扇形 OAB，再以 O 点为圆心、$P_1 = 1941$mm 为半径画弧，与扇形 OAB 相交。

2）将 $\overset{\frown}{AB}$ 分成12等份，每等分弧长 $S = 204.2$mm，得各分点，并与 O 点连线。

3）以 A 点为始点，每隔一等分弧长素线减去70mm，得各点，圆滑连接各点，即得灰犁展开图。

3. 说明

沿展开料上各素线在折弯机上折弯，即可成形。

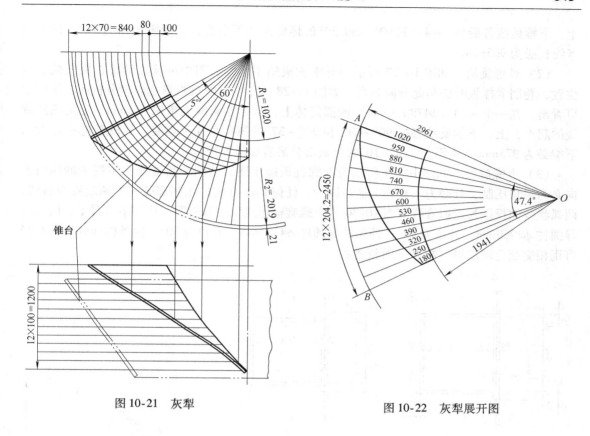

图 10-21　灰犁

图 10-22　灰犁展开图

六、切线螺旋进料管料计算（见图 10-23）

闪蒸塔中段有一切线进料管，如图 10-24 所示，从图中可看出，上端为平板箱形结构，各板反映实形；下端为螺旋箱形结构，从下料到组装难度较大。下面叙述计算方法，顺便也叙述一些组焊方面的知识。

1. 螺旋面的基本概念

形成螺旋面的母线可以是直线，也可以是曲线。根据母线与导圆柱轴线相对位置的不同，螺旋面可分为正螺旋面、阿基米德螺旋面、渐开线螺旋面和延长渐开线螺旋面四种。前一种的母线垂直于导圆柱轴线，后三种总称为斜螺旋面，即母线不垂直于导圆柱轴线。

图 10-23　立体图

从本例上下螺旋板分析，形成螺旋板之母线反映实长，说明母线垂直于导圆柱轴线，故本例应属于右旋正螺旋面。

正螺旋面的展开螺旋线为直线，斜螺旋面的展开螺旋线为曲线（用计算法或放样法都可证得这一结论）。

2. 各板分析

（1）内螺旋板　如图 10-25 所示为内螺旋板施工图，从图中可看出轴辊在板上的放置方向，卷制卡样板时必与此方向垂直。如图 10-26 所示为形成原理分析图，从图中可看出，在一个 $-10 \times \phi 3000$（mm）的圆筒体上，从上端素线上量取 590mm，定出两螺旋线的起点，上、下螺旋线各沿 90°−43° 和 90°−50.59° 的螺旋角往下盘旋，其投影包角为 42°，最下端素线长必为 903mm。

（2）外螺旋板　如图 10-27 所示为外螺旋板施工图，从图中可看出轴辊在板上的放置位置，卷制卡样板时必与此方向垂直。如图 10-28 所示为外螺旋板形成原理分析图，从图中可看出，在一个 −10×φ4780（mm）的圆筒体上，从上端素线上量取 660mm，定出两螺旋线的起点，上、下螺旋线各按 90°−30° 和 90°−37° 的螺旋角往下盘旋，其投影包角为 42°，下端必为 973mm（为便于计算，10° 的引板部分最后加出为好）。

（3）上螺旋板　如图 10-29 所示为上螺旋板施工图，从图中可看出，主视图的压弯方向必为对角压制，且必为一直线，这是因为，任何其他方向的压制都破坏了两端线为直线，两弧状线的投影为近似直线。图 10-30 为上螺旋板形成原理分析图，从图中可看出，内弧的导圆柱 φ2960mm，升角为 43°；外弧的导圆柱 φ4780mm，升角为 30°，内外弧线的展开半径可用相交弦定理求得（将在下面叙述）。

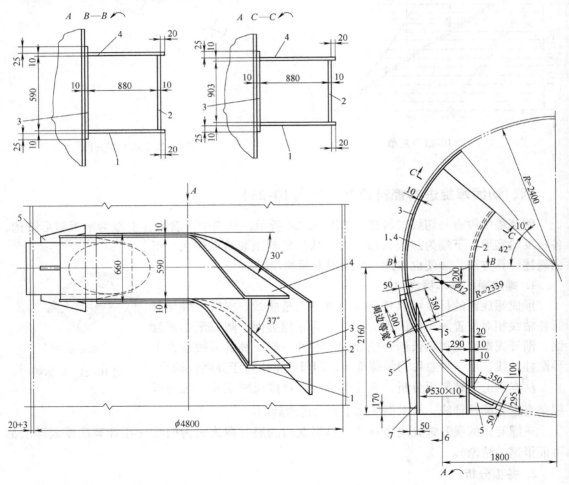

图 10-24　闪蒸塔切线进料管

1—下螺旋板　2—内螺旋板　3—外螺旋板　4—上螺旋板　5—筋板　6—补强圈　7—接管

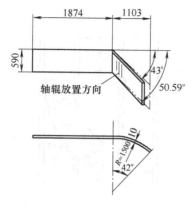

图 10-25 内螺旋板

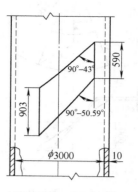

图 10-26 内螺旋板形成原理图（包括直段）

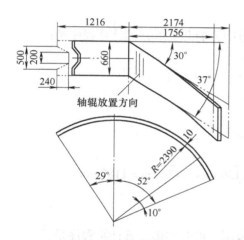

图 10-27 外螺旋板

注：双点画线所示图形为展开图。

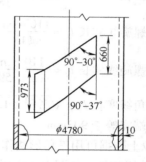

图 10-28 外螺旋板形成原理分析图

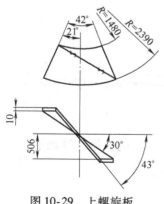

图 10-29 上螺旋板

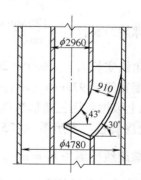

图 10-30 上螺旋板形成原理分析图

（4）下螺旋板 如图 10-31 所示为下螺旋板施工图，图 10-32 为形成原理分析图，压弯方向和展开半径计算方法，完全同上螺旋板，此略。

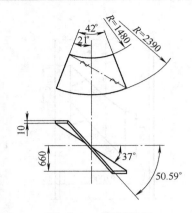

图 10-31　下螺旋板

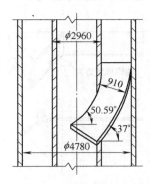

图 10-32　下螺旋板形成原理分析图

3. 各板料计算

（1）内螺旋板　如图 10-25 所示，双点画线范围为展开实形，其计算程序是：

1）投影长 $b = \pi \times 1505\text{mm} \times \dfrac{42°}{180°} = 1103\text{mm}$。

2）上螺旋线实长 $l_1 = \dfrac{1103\text{mm}}{\cos 43°} = 1508\text{mm}$。

3）下螺旋线实长 $l_2 = \dfrac{1103\text{mm}}{\cos 50.59°} = 1737\text{mm}$。

4）对角线实长 $l_3 = \sqrt{590^2 + 1508^2 - 2 \times 590 \times 1508 \times \cos 47°}\,\text{mm} = 1187\text{mm}$。

5）下端宽等于 903mm。

根据以上数据可用三角形法作出展开图。

（2）外螺旋板　如图 10-27 所示，双点画线范围为展开实形，其计算程序是：

1）投影长 $b = \pi \times 2395\text{mm} \times \dfrac{42°}{180°} = 1756\text{mm}$（为便于作展开图，不包括 10°引板）。

2）上螺旋线实长 $l_1 = \dfrac{1756\text{mm}}{\cos 30°} = 2027\text{mm}$。

3）下螺旋线实长 $l_2 = \dfrac{1756\text{mm}}{\cos 37°} = 2199\text{mm}$。

4）对角线实长 $l_3 = \sqrt{660^2 + 2027^2 - 2 \times 660 \times 2027 \times \cos 60°}\,\text{mm} = 1791\text{mm}$。

5）下端宽等于 973mm（不包括 10°引板）。

根据以上数据可用三角形法作展开图。

（3）上螺旋板　参照图 10-25、图 10-27 和图 10-29 所示的数据计算如下。

1）内螺旋线投影长 $b_1 = \pi \times 1480\text{mm} \times \dfrac{42°}{180°} = 1085\text{mm}$。

2）内螺旋线实长 $l_1 = \dfrac{1085\text{mm}}{\cos 43°} = 1483\text{mm}$。

3）外螺旋线投影长 $b_2 = \pi \times 2390\text{mm} \times \dfrac{42°}{180°} = 1752\text{mm}$。

4）外螺旋线实长 $l_2 = \dfrac{1752\text{mm}}{\cos 30°} = 2023\text{mm}$。

5）板宽 $B = （2390 - 1480）\text{mm} = 910\text{mm}$。

6）外弧展开半径 P_2：如图 10-33 所示为展开半径计算原理图。

① 外弧投影弦高 $h_2 = 2390\text{mm} \times$ $\left(1 - \cos\dfrac{42°}{2}\right) = 159\text{mm}$。

② 外弧投影弦长 $b_2 = 2 \times 2390\text{mm} \times \sin\dfrac{42°}{2} = 1713\text{mm}$。

③ 外弧投影弦长的实长 $B_2 = \dfrac{1713}{\cos 30°}\text{mm}$ $= 1978\text{mm}$。

④ 外弧展开半径 $P_2 = \dfrac{1978^2 + 4 \times 159^2}{8 \times 159}\text{mm}$ $= 3155\text{mm}$。

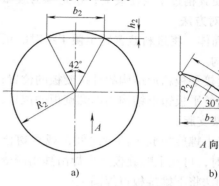

图 10-33　求展开半径原理图

a）内或外螺旋线俯视图　b）A 向视图

7）内弧展开半径 $P_1 = （3155 - 910）\text{mm} = 2245\text{mm}$。

（4）下螺旋板　参照图 10-25、图10-27 和图 10-31 所示的数据计算如下。

1）内螺旋线的投影长 $b_1 = \pi \times 1480\text{mm} \times \dfrac{42°}{180°} = 1085\text{mm}$。

2）内螺旋线实长 $l_1 = \dfrac{1085\text{mm}}{\cos 50.59°} = 1709\text{mm}$。

3）外螺旋线的投影长 $b_2 = \pi \times 2390\text{mm} \times \dfrac{42°}{180°} = 1752\text{mm}$。

4）外螺旋线实长 $l_2 = \dfrac{1752\text{mm}}{\cos 37°} = 2194\text{mm}$。

5）板宽 $B = （2390 - 1480）\text{mm} = 910\text{mm}$。

6）外弧展开半径 P_2：根据图 10-33 所示的计算原理计算如下：

① 外弧投影弦高 $h_2 = 2390\text{mm} \times \left(1 - \cos\dfrac{42°}{2}\right) = 159\text{mm}$。

② 外弧投影弦长 $b_2 = 2 \times 2390\text{mm} \times \sin\dfrac{42°}{2} = 1713\text{mm}$。

③ 外弧投影弦长的实长 $B_2 = \dfrac{1713\text{mm}}{\cos 37°} = 2145\text{mm}$。

④ 外弧展开半径 $P_2 = \dfrac{2145^2 + 4 \times 159^2}{8 \times 159}\text{mm} = 3697\text{mm}$。

7）内弧展开半径 $P_1 = （3697 - 910）\text{mm} = 2787\text{mm}$。

4. 各板的预制方法

（1）内螺旋板　根据图 10-25 所示的轴辊放置方向在卷板机上找正后，用内卡 $R1500\text{mm}$ 样板垂直轴辊卡试卷制。

（2）外螺旋板　根据图 10-27 所示的轴辊放置方向在卷板机上找正后，用内卡 $R2390\text{mm}$ 样板垂直轴辊卡试卷制。

（3）上、下螺旋板　为了结合的需要，其预制原则有两点：

1）必须保证两端边线为直线，两弧状线的投影为近似直线；

2）如图10-29和图10-31所示的折弯线，必须对角布置，且只有一条，在压力机上压制时，宁使其稍过不要使其欠，这是因为放弧远比上弧省劲得多。

5. 组对方法

卧置筒体，将进料装置转至便于组对的正下方，先将平板箱形结构组对完，然后组对螺旋箱形结构。

1）紧接平板箱形结构的外螺旋板的位置，在筒体上组对螺旋箱形结构的外螺旋板。

2）紧接平板箱形结构的内螺旋板的位置，点焊螺旋箱形结构的内螺旋板的上端，下端用临时支架支起。

3）将上螺旋板放于两者之间，观察吻合情况，若折角过时，可就地平放用大锤放弧；若折角欠时，可在上螺旋板上点焊吊耳用倒链拉。先与外螺旋板点焊，后与内螺旋板点焊。

4）同法将下螺旋板点焊固定。

以上组对顺序，主要考虑到当上下螺旋板折弯欠时，便于点焊吊耳用倒链拉近之。

5）上、下螺旋板与外螺旋板两端有间隙时，可用吊车和绳索将筒体托吊起，间隙便会缩小；中部有间隙时，可在筒体下部用千斤顶顶起缩小间隙。

6）内螺旋板与上下螺旋板组对时，若内螺旋板偏低，可用千斤顶顶起；若偏高，可用压马配斜铁压低。

6. 结论

通过多次组焊螺旋切线进料管，得出如下结论：

图10-34　上（下）螺旋板错误的压弯方向

1）上、下螺旋板必须进行折弯，正确的折弯方向为对角线方向，如图10-29和图10-31所示；错误的折弯方向见图10-34。

2）上、下螺旋板的外弧展开半径，正确的计算方法是用相交弦定理，如图10-33所示；错误的计算方法是用正螺旋面的计算方法。

3）内、外螺旋板的卷弧素线方向，必与内端边平行，其卡样板半径即为用相交弦定理算出的展开半径，如图10-33所示。

七、气柜螺旋导轨料计算（见图10-35）

气柜的螺旋导轨必须先按展开半径卷制或压制成形，气柜筒体较薄，刚性极差；导轨刚性特强，曲率过大或过小，都会影响组对。筒体服从了导轨，直接影响着气柜的外观，且影响了导轨的正常使用。这里主要介绍两个问题，一是展开半径计算，二是长度计算。

1. 板厚处理

计算展开半径和导轨长度皆应按筒外垫板外直径为基准。

2. 计算式

1）展开半径 R（见图10-36）：

① 螺旋导轨投影长 $b = \dfrac{\pi D}{n}$。

② 包角 $\alpha = \dfrac{180°b}{\pi r}$。

图 10-35 立体图

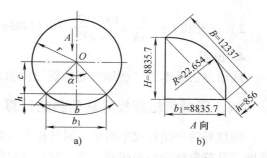

图 10-36 求展开半径图

a）导轨俯视图 b）A 向视图

③ 导轨弦长投影 $b_1 = 2r\sin\dfrac{\alpha}{2}$。

④ 弦心距 $c = r\cos\dfrac{\alpha}{2}$。

⑤ 弦高 $h = r - c$。

⑥ 弦长之实长 $B = \sqrt{H^2 + b_1^2}$。

⑦ 展开半径 $R = \dfrac{B^2}{8h} + \dfrac{h}{2}$。

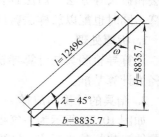

图 10-37 螺旋导轨长度计算图

表达式推导如图 10-36b 所示（相交弦定理）。

2）长度 $l = \dfrac{b}{\cos\lambda}$（见图 10-37）。

式中 D——筒外垫板外直径（mm）；

$\quad\ \ n$——圆周上导轨根数；

$\quad\ \ b$——圆周上 n 分之一根导轨投影长（mm）；

$\quad\ \ \lambda$——设定给定展开后角度，一般为 $45°$。

3. 举例

如图 10-36 所示为气柜钟罩壁一导轨俯视图，全周八条导轨，筒外垫板外直径 $D = 22500\text{mm}$，展开后升角 $\lambda = 45°$，展开高度 $H = 8835.7\text{mm}$。

1）展开半径 R：

① $b = \dfrac{\pi D}{n} = \dfrac{\pi \times 22500\text{mm}}{8} = 8835.7\text{mm}$。

② $a = \dfrac{180°b}{\pi r} = \dfrac{180° \times 8835.7}{\pi \times 11250} = 45°$。

③ $b_1 = 2r\sin\dfrac{\alpha}{2} = 2 \times 11250\text{mm} \times \sin 22.5° = 8610\text{mm}$。

④ $c = r\cos\dfrac{\alpha}{2} = 11250\text{mm} \times \cos 22.5° = 10394\text{mm}$。

⑤ $h = r - c = (11250 - 10934)\text{mm} = 856\text{mm}$。

⑥ $B = \sqrt{H^2 + b_1^2} = \sqrt{8835.7^2 + 8610^2}\text{mm} = 12337\text{mm}$。

⑦ $R = \dfrac{B^2}{8h} + \dfrac{h}{2} = \left(\dfrac{12337^2}{8 \times 856} + \dfrac{856}{2}\right)\text{mm} = 22.654\text{mm}$。

2）展开长 $l = \dfrac{b}{\cos\lambda} = \dfrac{8835.7\text{mm}}{\sin45°} = 12496\text{mm}$。

4. 说明

成形方法见本章"压制气柜螺旋导轨胎具的计算"。

八、压制气柜螺旋导轨胎具的计算

螺旋导轨的制作成形质量，对气柜能否顺利升降关系极大。螺旋导轨既沿塔体的圆柱面弯曲，又按着螺旋角而扭曲上升。成形导轨前必须制备一个精确的导轨胎具，作为校验导轨曲率的标准。制备胎具需经放样或计算出胎具各模板高度和间距。常用的计算法又分弦长等分法和弧长等分法，后法具有独到的好处，即计算 S 形曲线较准确，故本文只就弧长等分法计算，同时也配以放样法验证。

1. 板厚处理

计算导轨胎具与计算导轨料长同样都与曲率半径和导轨长度有关，故也应按筒外垫板外直径为计算基准。

2. 胎具的计算和放样

如图 10-38 所示为一气柜钟罩壁一导轨的俯视图，如图 10-39 所示为其展开图，全周八条导轨，垫板外半径 $R = 11250\text{mm}$，升角 $\lambda = 45°$，展开高度 $H = 8835.7\text{mm}$。

图 10-38　导轨俯视图

图 10-39　导轨立面展开图

如图 10-40 所示为计算原理图。

1）空间导轨的投影弧长 $\overparen{A'B'} = H = \dfrac{22500\text{mm} \times \pi}{8} = 8835.7\text{mm}$。

2）$\overparen{A'B'}$ 所对的圆心角 $\gamma = \dfrac{360°}{8} = 45°$。

3）每等分弧所对的圆心角 $\gamma' = \dfrac{45°}{8} = 5.625°$。

4）$\overline{A'B'} = 2R\sin\dfrac{\gamma}{2} = 22500\text{mm} \times \sin22.5° = 8610\text{mm}$。

5）空间导轨投影两端点连线 $\overline{AB}$ 的倾斜角 $\alpha = \arctan\dfrac{H}{AC} = \arctan\dfrac{8835.7}{8610} = 45.74°$。

6）各模板高度 h_n：考虑到最高模板和最低模板便于操作，本文定最低模板高度为 $K = 300\text{mm}$。

① 最高模板 $h_4 = R\left(1 - \cos\dfrac{\gamma}{2}\right) + K = 11250\text{mm} \times (1 - \cos22.5°) + 300\text{mm} = 1156\text{mm}$。

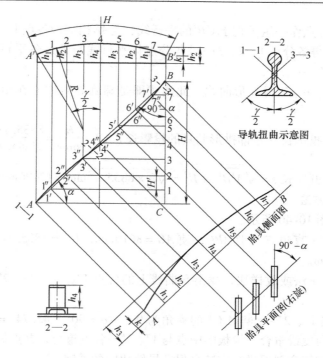

图 10-40　螺旋导轨胎具计算原理图

② 其余各模板高度计算

$$h_n = h_4 - R[1 - \cos(n\gamma')]$$

$$h_3 = h_5 = 1156mm - 11250mm \times (1 - \cos 5.625°) = 1102mm$$

同理得：$h_2 = h_6 = 940mm$，$h_1 = h_7 = 672mm$。

7）S 曲线的画法：S 形曲线为导轨中心线在胎具底平面上的实际投影线，也就是胎具的各直立模板中心位置点的集合，可用计算法或放样法求得，下面分别叙述之。

① 计算法。

a. 每等分高度 $H' = \dfrac{H}{n} = \dfrac{8835.7mm}{8} = 1104.5mm$。

b. 以 A 点为直角坐标系的原点，S 曲线上各点的坐标值计算如下：

横坐标的计算公式 $x = \dfrac{AC}{2} \pm R\sin(n\gamma')$

纵坐标的计算公式 $y = nH'$

各点的坐标如下：$4''$（4305，4418），$3''$（3202，3313），$5''$（5408，5522），$2''$（2110，2209），$6''$（6500，6627），$1''$（1039，1104.5），$7''$（7571，7731），A（0，0），B（8610，8835.7）。

② 放样法。

a. 在钟罩壁垫板外圆周上取 $\overset{\frown}{A'B'} = H$，因升角 $\lambda = 45°$，八等分 $\overset{\frown}{A'B'}$ 得各分点为 1、2、3……

b. 作直角三角形 ABC，使 $\overline{BC}$ 等于 H，$\overline{AC} = \overline{A'B'}$，令 $\angle BAC = \alpha$；

c. 过 $\overset{\frown}{A'B'}$ 各等分点作一组垂直于 $\overline{A'B'}$ 的平行线，与 $\overline{AB}$ 相交得各点 1′、2′、3′、…、7′；

d. 八等分 $\overline{BC}$，得各分点 1、2、3…过各分点作平行线与上述各平行线相交，得各对应线的交点 1″、2″、3″、…、7″；

e. 连接 1″、2″、…、7″ 得 S 形曲线，此曲线即是螺旋导轨中心在胎具底平面上的投影曲线。

8）螺旋导轨的投影长（也即拱形胎具的投影长）$\overline{AB} = \dfrac{H}{\sin\alpha} = \dfrac{8835.7\text{mm}}{\sin 45.74°} = 12337$（mm）。

9）螺旋导轨展开实长 $s = \sqrt{\overline{A'B'}^2 + H^2} = \sqrt{2 \times 8835.7^2}\,\text{mm} = 12496\text{mm}$。

3. 胎具的制作方法

胎具的制作如图 10-40 所示。

1）在平台上作一直角三角形 ABC，使 $AC = 8610\text{mm}$，$BC = 8835.7\text{mm}$，并验证 $\overline{AB}$ 的长度是否等于 12337mm。

2）用上述的计算法或放样法，找出 S 曲线上的各点 1″、2″、…、7″，除 4″ 点外，其他各点皆不在 $\overline{AB}$ 线上。

3）过上述各点 1″、2″…作与 $\overline{AB}$ 线的夹角为 $90° - \alpha = 90° - 45.74° = 44.26°$，安装模板时，模板的大面与角度线重合，模板的中点与 1″、2″…各点重合，并点焊牢固。

模板按 S 曲线和等高斜置进行安装是保证导轨扭曲的关键。

4. 模板中心线为 S 曲线的基本原理

以前不管用计算法或放样法制备胎具时，皆将中心线定为直线，然后再与其成 45° 画出模板的斜置线。在实践中发现，成形后的导轨总是扭曲不够，追其原因，除了因导轨的断面形状和导轨成形时造成的误差外，还与模板的中心线为直线有关。通过有关方法验证，更说明了这一点，其验证方法如下。

（1）计算角度验证

1）按直线计算 $\overline{AB}$ 的倾斜角 $\alpha = \arctan \dfrac{H}{AC} = \arctan \dfrac{8835.7}{8610} = 45.74°$。

2）按坐标点计算 4″ 点的倾斜角 $\alpha = \arctan \dfrac{4418}{4305} = 45.74°$。

按直线计算，其上任意点的倾斜角 α 都应该是 45.74°，但通过各点坐标值的计算，各点的角度皆不相等，请看下面部分点的计算。

3）2″ 点的倾斜角 $\alpha_2 = \arctan \dfrac{2209}{2110} = 46.31°$。

4）6″ 点的倾斜角 $\alpha_6 = \arctan \dfrac{6627}{6500} = 45.55°$。

其他各点从略，从而证明模板中心线是一条曲线而不是直线。

（2）放样法验证

放样法验证与上述的计算角度法验证相似，基本原理是利用坐标，前者求角度，后者求点。在大平台上放实样验证表明确是一条曲线而不是直线。

5. 导轨成形的基本原理和方法

导轨的成形方法，可在大炉中加热后放于胎具上锤击成形，也可在压力机上压制成形，如卷板机的升起高度大于所煨导轨高度，也可在卷板机上卷制成形。三种方法可根据具体情况选用。现以在卧式压力机上压制，然后放于检验胎具上进行检验并微调为例，叙述在压力机上成形的基本原理和方法。

如图 10-41 所示为在吊车配合下，在 120t 的卧式压力机上压制的示意图，压制的关键是上下胎的放置位置，上下胎与导轨所夹锐角必是 $90° - \alpha = 90° - 45.74° = 44.26°$，而绝不是 $45°$（卷板机卷制同理）。

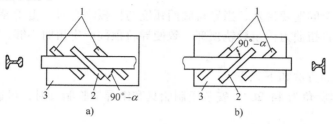

图 10-41 压制胎具方向

a）右旋 b）左旋

1—下胎 2—上胎 3—底板 （$90° - \alpha$）—螺旋角

（1）成形原理 卷正圆筒时，轴辊外轮廓线必与板端平行，卷出的筒体才不会错口；否则，若板端与轴辊不平行，即有一个夹角，卷出的筒体必错口，这个锐角就是螺旋体的螺旋角，卷板机卷制螺旋体和用胎具压制螺旋体，道理是一样的，故胎具必倾斜一个角度。

此螺旋导轨就相当于厚度等于 h 的一块板被压制成螺旋体。

（2）卡样板曲率的计算 不论是压力机压制或卷板机卷制还是下火煨制，都要用样板检查成形后的曲率，所以样板的曲率计算也很重要，下面计算之。

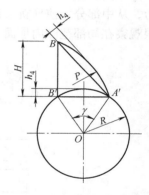

图 10-42 展开半径计算原理图

计算原理见图 10-42。

1）弦高 $h_4 = R\left(1 - \cos\dfrac{\gamma}{2}\right) = 11250\text{mm} \times (1 - \cos 22.5°) = 856\text{mm}$。

2）展开半径 $P = \dfrac{A'B^2 + 4h_4^2}{8h_4} = \dfrac{12337^2 + 4 \times 856^2}{8 \times 856}\text{mm} = 22654\text{mm}$（相交弦定理）。

（3）操作方法 在吊车的配合下，本着宁欠勿过的原则，逐杠压出，并随时卡样板检查导轨底面的弧底。但有一点要提配注意，随着立弯和扭曲的逐渐形成，被压部分上翘，导致整导轨与胎具的螺旋角变小，压出的扭曲也会随之变小。预防措施是：随着压制的继续进行，观察未被压部分是否与大地平行，若出现偏差，可通过吊钩的升降或左右移动，或用 F 形圆钢拨之，使之与大地平行，便可压出设计的立弯和扭曲。

6. 提高成形质量的方法

除了压制时应注意的事项外，还有下列几方面的因素及处理方法。

1）检验胎具的模板必须按 S 曲线上的点和角度线点焊固定，螺旋角为 $90° - \alpha$，而不是

45°，只有这样才能产生出设计的立弯和扭曲。

2）模板是矩形，而不是一侧高另侧低。

3）扭曲不够的处理方法如下所述：

对于螺旋体卡样板，可用计算法或放样法求得，但因其断面是椭圆，任一处的曲率都不等，所以求出的展开半径也是近似的，压出的立弯和扭曲当然也是近似的，直径越小，误差越大。

另外，还有一个问题要说及，当导轨底面弧度与样板吻合时，由于导轨有个窄腹板的立面，这个立面很难将扭曲力传至导轨顶部，致使导轨顶部产生扭曲不够，会影响塔节的正常升降。

增加顶部扭曲的方法如下。

① 如本例，螺旋角为44.26°，安装压制胎具和组焊检验胎具时，可适当缩小此螺旋角，或宁小勿大。

② 导轨腹板加热法。如图10-43所示为使导轨顶部增加扭曲的胎具和方法，将龙门架1落于槽钢模板4的大面并用螺栓2固定之。用斜铁6将导轨底面与槽钢模板压紧，在导轨腹板中部纵向加热至600~700℃，目的是使之塑性增加，同时用斜铁6塞于导轨顶部并施以击力，从中部分，使导轨顶部一端朝左扭曲，另端朝右扭曲（根据旋向决定扭曲方向），用肉眼观察在局部范围内顶面与底面平行，即为达到设计的扭曲程度。

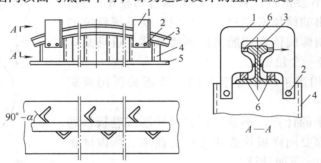

图10-43　使导轨顶部增加扭曲的胎具和方法

1—龙门架　2—螺栓　3—导轨　4—斜置槽钢　5—平台　6—斜铁

用此法增加扭曲有独到的好处，能保证立弯不变，除此之外，加热任何处都会引起另一种变形。

7. 成形螺旋导轨的规律

通过实践，总结出成形螺旋导轨的规律：

1）上下胎与导轨锐角方向的夹角为螺旋角，等于90° - α，而不是设计图上给定的升角45°。

2）一种旋向的导轨，不分上下头，可任意调头使用。

3）成形时只有胎具的倾斜方向决定旋向，导轨从哪头插入无关。

4）气柜有多层塔节时，相邻塔节的旋向必相反，胎具的倾斜方向必相反。

5）从立面图上看，导轨可见线的上升方向是向右的为右旋，导轨可见线的上升方向是向左的为左旋。

九、正方螺旋管料计算（见图 10-44）

1. 板厚处理

1）内外侧板的投影长按中径计算料长。

2）角部为半搭结构，如图 10-45 中 I 放大，即上下螺旋板半搭左右螺旋板。

2. 计算式

图 10-45 所示为计算原理图。

（1）内侧板（见图 10-46）

1）投影长 $b_1 = \pi r_1 \dfrac{Q}{180°}$。

2）实长 $l_1 = \sqrt{b_1^2 + (h+c)^2}$。

3）螺旋角 $\omega_1 = \arctan \dfrac{b_1}{h+c}$。

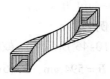

图 10-44 立体图

4）侧板宽 $c_1 = c\sin\omega_1$。

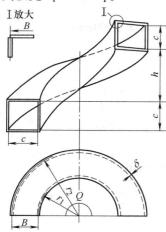

图 10-45 计算原理图

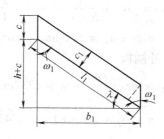

图 10-46 内侧板

（2）外侧板（见图 10-47）

1）投影长 $b_2 = \pi r_2 \dfrac{Q}{180°}$。

2）实长 $l_2 = \sqrt{b_2^2 + (h+c)^2}$。

3）螺旋角 $\omega_2 = \arctan \dfrac{b_2}{h+c}$。

4）侧板宽 $c_2 = c\sin\omega_2$。

（3）上下螺旋板（见图 10-48）

1）内展开半径 $R_1 = \dfrac{Bl_1}{l_2 - l_1}$。

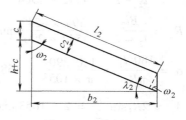

图 10-47 外侧板

2）外展开半径 $R_2 = \dfrac{Bl_2}{l_2 - l_1}$。

3）展开料夹角 $\alpha = \dfrac{180°l_1}{\pi R_1}\left(\text{或 } \alpha = \dfrac{180°l_2}{\pi R_2}\right)$。

4）展开小端弦长 $A_1 = 2R_1 \sin\dfrac{\alpha}{2}$。

5）展开料大端弦长 $A_2 = 2R_2 \sin\dfrac{\alpha}{2}$。

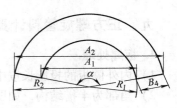

图 10-48　上下螺旋板

式中　Q——包角（°）。

3. 举例

如图 10-45 所示为一鼓风机螺旋管施工图，$r_1 = 743\text{mm}$，$r_2 = 1337\text{mm}$，$c = 588\text{mm}$，$h = 1140\text{mm}$，$B = 594\text{mm}$，$\delta = 6\text{mm}$，$Q = 180°$。

（1）内侧板

1）$b_1 = \pi r_1 \dfrac{Q}{180°} = \pi \times 743\text{mm} = 2334\text{mm}$。

2）$l_1 = \sqrt{b_1^2 + (h + c)^2} = \sqrt{2334^2 + (1140 + 588)^2}\text{mm} = 2904\text{mm}$。

3）$\omega_1 = \arctan\dfrac{b_1}{h + c} = \arctan\dfrac{2334}{1728} = 53.48°$。

4）$c_1 = c\sin\omega_1 = 588\text{mm} \times \sin53.48° = 473\text{mm}$。

（2）外侧板

1）$b_2 = \pi r_2 \dfrac{Q}{180°} = \pi \times 1337\text{mm} = 4200\text{mm}$。

2）$l_2 = \sqrt{b_2^2 + (h + c)^2} = \sqrt{4200^2 + 1728^2}\text{mm} = 4542\text{mm}$。

3）$\omega_2 = \arctan\dfrac{b_2}{h + c} = \arctan\dfrac{4200}{1728} = 67.64°$。

4）$c_2 = c\sin\omega_2 = 588\text{mm} \times \sin67.64° = 544\text{mm}$。

（3）上下螺旋板

1）$R_1 = \dfrac{Bl_1}{l_2 - l_1} = \dfrac{594 \times 2904}{4542 - 2904}\text{mm} = 1053\text{mm}$。

2）$R_2 = \dfrac{Bl_2}{l_2 - l_1} = \dfrac{594 \times 4542}{4542 - 2904}\text{mm} = 1647\text{mm}$。

3）$\alpha = \dfrac{180°l_1}{\pi R_1} = \dfrac{180°2904}{\pi \times 1053} = 158°$。

4）$A_1 = 2R_1 \sin\dfrac{\alpha}{2} = 2 \times 1053\text{mm} \times \sin\dfrac{158°}{2} = 2067\text{mm}$。

5）$A_2 = 2R_2 \sin\dfrac{\alpha}{2} = 2 \times 1647\text{mm} \times \sin\dfrac{158°}{2} = 3233\text{mm}$。

4. 展开图的画法

（1）内外侧板

1）用交规法画出下边的直角三角形。

2）用平行线法画出上边的平行四边形。

（2）上下螺旋板

1）以 O 为圆心，以 $R_1 = 1053\text{mm}$、$R_2 = 1647\text{mm}$ 为半径画两个同心圆。

2）以 $A_2 = 3233$ 为定长，在大圆上截取此弦长，得 A、B 两点，连 OA、OB 即得上下螺旋板展开图。

5. 说明

（1）内外侧板的成形方法

1）素线：平行上下端边的线皆为素线。

2）在卷板机上沿素线卷制成形。

3）用槽弧锤配大锤在平行下胎上沿素线用手工槽制成形。

（2）上下螺旋板的成形方法

1）作上下胎在压力机上热压成形。

2）作下胎用手工热压成形。

十、方矩螺旋管料计算（之一）（见图 10-49）

本例为内外侧板端边不等宽、上下板端边等宽方矩螺旋管。

1. 板厚处理

1）内外侧板的投影长按中径计算料长。

2）角部为半搭结构，如图 10-50 中的 Ⅰ 放大，即上下螺旋板半搭内外侧板。

图 10-50 所示为计算原理图。

图 10-49 立体图

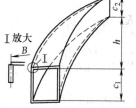

图 10-50 计算原理图

2. 计算式

（1）内侧板（见图 10-51）

1）投影长 $b_1 = \pi r_1 \dfrac{Q}{180°}$。

式中 Q——包角（°）。

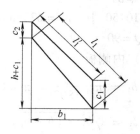

图 10-51 内侧板

2）下沿实长 $l_1 = \sqrt{b_1^2 + (h + c_1)^2}$。

3）上沿实长 $l_1' = \sqrt{b_1^2 + (h + c_2)^2}$。

（2）外侧板（见图 10-52）

1）投影长 $b_2 = \pi r_2 \dfrac{Q}{180°}$。

2）下沿实长 $l_2 = \sqrt{b_2^2 + (h + c_1)^2}$。

3）上沿实长 $l_2' = \sqrt{b_2^2 + (h + c_2)^2}$。

（3）上螺旋板（见图10-53）

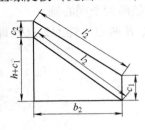

图10-52　外侧板

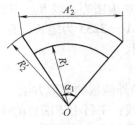

图10-53　上螺旋板

1）内展开半径 $R_1' = \dfrac{Bl_1'}{l_2' - l_1'}$。

2）外展开半径 $R_2' = \dfrac{Bl_2'}{l_2' - l_1'}$。

3）展开料夹角 $\alpha_1 = \dfrac{180°l_1'}{\pi R_1'}\left(\text{或 } \alpha_1 = \dfrac{180°l_2'}{\pi R_2'}\right)$。

4）大端弦长 $A_2' = 2R_2'\sin\dfrac{\alpha_1}{2}$。

（4）下螺旋板（见图10-54）

1）内展开半径 $R_1 = \dfrac{Bl_1}{l_2 - l_1}$。

2）外展开半径 $R_2 = \dfrac{Bl_2}{l_2 - l_1}$。

3）展开料夹角 $\alpha_2 = \dfrac{180°l_1}{\pi R_1}\left(\text{或 } \alpha_2 = \dfrac{180°l_2}{\pi R_2}\right)$。

4）大端弦长 $A_2 = 2R_2\sin\dfrac{\alpha_2}{2}$。

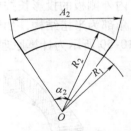

图10-54　下螺旋板

3. 举例

图10-50 中，$r_1 = 672\text{mm}$，$r_2 = 1076\text{mm}$，$c_1 = 500\text{mm}$，$c_2 = 300\text{mm}$，$h = 770\text{mm}$，$\delta = 4\text{mm}$，$Q = 90°$。

（1）内侧板

1）$b_1 = \pi r_1\dfrac{Q}{180°} = \pi \times 672\text{mm} \times \dfrac{1}{2} = 1056\text{mm}$。

2）$l_1 = \sqrt{b_1^2 + (h + c_1)^2} = \sqrt{1056^2 + (770 + 500)^2}\text{mm} = 1652\text{mm}$。

3）$l_1' = \sqrt{b_1^2 + (h + c_2)^2} = \sqrt{1056^2 + (770 + 300)^2}\text{mm} = 1503\text{mm}$。

（2）外侧板

1）$b_2 = \pi r_2\dfrac{Q}{180°} = \pi \times 1076\text{mm} \times \dfrac{1}{2} = 1690\text{mm}$。

2）$l_2 = \sqrt{b_2^2 + (h + c_1)^2} = \sqrt{1690^2 + (770 + 500)^2}\text{mm} = 2114\text{mm}$。

3) $l_2' = \sqrt{b_2^2 + (h + c_2)^2} = \sqrt{1690^2 + (770 + 300)^2}\,\text{mm} = 2000\,\text{mm}$。

（3）上螺旋板

1) $R_1' = \dfrac{Bl_1'}{l_2' - l_1'} = \dfrac{404 \times 1503}{2000 - 1503}\,\text{mm} = 1222\,\text{mm}$。

2) $R_2' = \dfrac{Bl_2'}{l_2' - l_1'} = \dfrac{404 \times 2000}{2000 - 1503}\,\text{mm} = 1626\,\text{mm}$。

3) $\alpha_1 = \dfrac{180°l_1}{\pi R_1'} = \dfrac{180° \times 1503}{\pi \times 1222} = 70.47°$。

4) $A_2' = 2R_2 \sin\dfrac{\alpha_1}{2} = 2 \times 1626\,\text{mm} \times \sin\dfrac{70.47°}{2} = 1876\,\text{mm}$。

（4）下螺旋板

1) $R_1 = \dfrac{Bl_1}{l_2 - l_1} = \dfrac{404 \times 1652}{2114 - 1652}\,\text{mm} = 1445\,\text{mm}$。

2) $R_2 = \dfrac{Bl_2}{l_2 - l_1} = \dfrac{404 \times 2114}{2114 - 1652}\,\text{mm} = 1849\,\text{mm}$。

3) $\alpha_2 = \dfrac{180°l_1}{\pi R_1} = \dfrac{180° \times 1652}{\pi \times 1445} = 65.5°$。

4) $A_2 = 2R_2 \sin\dfrac{\alpha_2}{2} = 2 \times 1849\,\text{mm} \times \sin\dfrac{65.5°}{2} = 2001\,\text{mm}$。

4. 展开图的画法

（1）内外侧板

1）用交规法画出下边的直角三角形。

2）用平行线法画出上边的四边形。

（2）上下螺旋板

1）上螺旋板。

① 以 O 点为圆心，以 $R_1' = 1222\,\text{mm}$，$R_2' = 1626\,\text{mm}$ 为半径画同心圆。

② 以 $A_2' = 1876\,\text{mm}$ 为定长，在外圆弧上截取此弦长得 A、B 两点。

③ 连接 OA、OB，即得上螺旋板展开图。

2）下螺旋板：完全同上螺旋板，此略。

5. 说明

（1）内外侧板的成形方法

1）素线的概念：平行上下端边的任一位置的线皆为素线。

2）在卷板机上沿素线卷制成形。

3）在平行下胎上沿素线用手工槽制成形。

（2）上下螺旋板的成形方法

1）作上下胎在压力机上热压成形。

2）作下胎用手工热压成形。

十一、方矩螺旋管料计算（之二）（见图10-55）

本例为内外侧板端边等宽、上下板端边不等宽方矩螺旋管。

1. 板厚处理

1）内外侧板的投影长按中心径计算长度。

2）角部为半搭结构，见图 10-56 中的 I 放大，即上下螺旋板半搭左右侧板。

2. 计算式

图 10-56 为计算原理图。

图 10-55　立体图

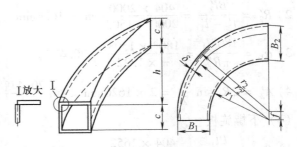

图 10-56　计算原理图

（1）内侧板（见图 10-57）

1）投影长 $b_1 = \pi r_1 \dfrac{Q}{180°}$。

式中　Q——包角。

2）实长 $l_1 = \sqrt{b_1^2 + (h+c)^2}$。

3）螺旋角 $\omega_1 = \arctan \dfrac{b_1}{h+c}$。

4）侧板宽 $c_1 = c\sin\omega_1$。

（2）外侧板（见图 10-58）

1）投影长 $b_2 = \pi r_2 \dfrac{Q}{180°} + f$。

式中　f——偏心差。

2）实长 $l_2 = \sqrt{b_2^2 + (h+c)^2}$。

3）螺旋角 $\omega_2 = \arctan \dfrac{b_2}{h+c}$。

4）侧板宽 $c_2 = c\sin\omega_2$。

（3）上下螺旋板（见图 10-59）

按 B_1 端计算：

1）假外侧板投影长 $b_2' = \pi r_2' \dfrac{Q}{180°}$。

2）假外侧板实长 $l_2' = \sqrt{b_2'^2 + (h+c)^2}$。

3）内展开半径 $R_1 = \dfrac{B_1 l_1}{l_2' - l_1}$。

4）外展开半径 $R_2 = R_1 + R_1$。

5）展开料夹角 $\alpha = \dfrac{180° l_1}{\pi R_1}$。

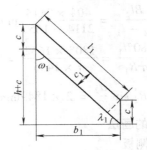

图 10-57　内侧板

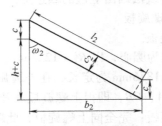

图 10-58　外侧板

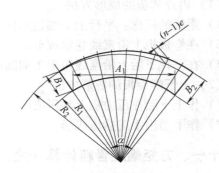

图 10-59　上下螺旋板

6）展开料小端弦长 $A_1 = 2R_1 \sin \dfrac{\alpha}{2}$。

7）大小端每等分渐缩差 $e = \dfrac{B_2 - B_1}{n}$

式中　n——展开料等分数，可任取整数值。

3. 举例

图 10-56 中，$r_1 = 803\text{mm}$，$r_2 = 1197\text{mm}$，$c = 388\text{mm}$，$h = 820\text{mm}$，$B_1 = 394\text{mm}$，$B_2 = 504\text{mm}$，$\delta = 6\text{mm}$，$f = 110\text{mm}$，$Q = 90°$。

（1）内侧板

1）$b_1 = \pi r_1 \dfrac{Q}{180°} = \pi \times 803\text{mm} \times \dfrac{1}{2} = 1261\text{mm}$。

2）$l_1 = \sqrt{b_1^2 + (h + c)^2} = \sqrt{1261^2 + (820 + 388)^2}\,\text{mm} = 1746\text{mm}$。

3）$\omega_1 = \arctan \dfrac{b_1}{h + c} = \arctan \dfrac{1261}{1208} = 46.23°$。

4）$c_1 = c\sin\omega_1 = 388\text{mm} \times \sin 46.23° = 280\text{mm}$。

（2）外侧板

1）$b_2 = \pi r_2 \dfrac{Q}{180°} + f = \pi \times 1197\text{mm} \times \dfrac{1}{2} + 110 = 1990\text{mm}$。

2）$l_2 = \sqrt{b_2^2 + (h + c)^2} = \sqrt{1990^2 + (820 + 388)^2}\,\text{mm} = 2328\text{mm}$。

3）$\omega_2 = \arctan \dfrac{b_2}{h + c} = \arctan \dfrac{1990}{1208} = 58.74°$。

4）$c_2 = c\sin\omega_2 = 388\text{mm} \times \sin 58.74° = 332\text{mm}$。

（3）上下螺旋板

1）$b_2' = \pi r_2' \dfrac{Q}{180°} = \pi \times 1197\text{mm} \times \dfrac{1}{2} = 1880\text{mm}$。

2）$l_2' = \sqrt{b_2'^2 + (h + c)^2} = \sqrt{1880^2 + (820 + 388)^2}\,\text{mm} = 2235\text{mm}$。

3）$R_1 = \dfrac{B_1 l_1}{l_2' - l_1} = \dfrac{394 \times 1746}{2235 - 1746}\,\text{mm} = 1407\text{mm}$。

4）$R_2 = R_1 + B_1 = (1407 + 394)\text{mm} = 1801\text{mm}$。

5）$\alpha = \dfrac{l_1 180°}{\pi R_1} = \dfrac{1746 \times 180°}{\pi \times 1407} = 71.1°$。

6）$A_1 = 2R_1 \sin \dfrac{\alpha}{2} = 2 \times 1407\text{mm} \times \sin \dfrac{71.1°}{2} = 1636\text{mm}$。

7）$e = \dfrac{B_2 - B_1}{n} = \dfrac{(504 - 394)\text{mm}}{10} = 11\text{mm}$。

4. 展开图的画法

（1）内外侧板

用交规法画出下边的直角三角形；用平行线法画出上边的平行四边形。

（2）上下螺旋板

1）以 O 为圆心，分别以 $R_1 = 1407\text{mm}$、$R_2 = 1801\text{mm}$ 为半径画同心圆。

2）以 $A_1 = 1636\text{mm}$ 为定长，在内弧上截取此定长，得 A、B 两点，连接 OA、OB。

3）将内弧分成 10 等份并延长。

4）从 OA 延长线交于外弧的点往右，每遇一个等分加 11mm，得各点，圆滑连接各点即得外轮廓线。

5. 说明

1）内外侧板的成形方法。

① 素线：平行上下端线的任一位置的线皆为素线。

② 在卷板机上沿素线卷制成形。

③ 在平行胎上沿素线用手工槽制成形。

2）上下螺旋板的成形方法同内外侧板的成形方法，此略。

第十一章 钢 梯

钢梯分为直钢梯、斜钢梯和螺旋钢梯等几种，不论哪种钢梯，一个最基本的准则是安装后踏步板必须与大地平行。要做到这一点，其方法有两种：放样法和计算法。放样法即按1:1比例放实样，如果操作没有失误的话，定能使踏步板与大地平行，若不平行，不仅上下行动受限，外观上也不好看。

一、直斜钢梯料计算（见图 11-1）

如图 11-2 所示为常见直斜钢梯的施工图，用平钢板为侧板，图 11-3 为计算原理图。

图 11-1 立体图

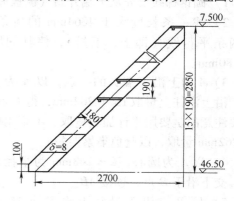

图 11-2 直斜钢梯

1. 板厚处理

本例用平钢板下料，不受板厚限制。

2. 下料计算

1）升角 $\lambda = \arctan \dfrac{H}{b} = \arctan \dfrac{2850}{2700}$ $=46.5°$。

2）切角尺寸

① $V = \dfrac{u}{\sin\lambda} = \dfrac{100\text{mm}}{\sin46.5°} = 138\text{mm}$；

② $c = \dfrac{h}{\sin\lambda} = \dfrac{180\text{mm}}{\sin46.5°} = 248\text{mm}$；

③ $m = \sqrt{H^2 + b^2} = \sqrt{2850^2 + 2700^2}\text{mm}$ $= 3926\text{mm}$；

④ $g = \dfrac{h}{2\sin\lambda} = \dfrac{180\text{mm}}{2 \times \sin46.5°} = 124\text{mm}$；

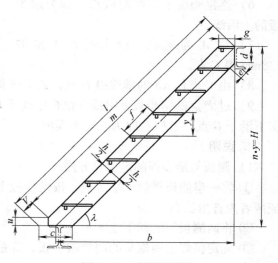

图 11-3 计算原理图

⑤ $d = \dfrac{h}{2\cos\lambda} = \dfrac{180\text{mm}}{2 \times \cos 46.5°} = 131\text{mm}$。

3）踏步位置

① $f = \dfrac{y}{\sin\lambda} = \dfrac{190\text{mm}}{\sin 46.5°} = 262\text{mm}$；

② $e = \dfrac{y - d}{\sin\lambda} = \dfrac{(190 - 131)\text{mm}}{\sin 46.5°} = 81\text{mm}$；

4）料全长 $l = m + V = (3926 + 138)\text{mm} = 4064\text{mm}$。

式中　H——垂直高度（mm）；

　　　b——侧板中线投影长（mm）；

　　　u——梯脚切角高（mm），设计给定。

3. 直接在侧板上画线的方法

1）画钢梯线要先从下端开始（侧板展开图见图11-4）。

2）找一条长度大于 4064mm 的板条，画两条平行线（即上、下沿），使其间距为 180mm。

3）A 为上沿下端头的一点，以 A 为基点，沿上沿往上量取 15 个 262mm，得 F 点，需要注意的是要用累计加法量取，不要用单个 262mm 量取，以避免集累误差。

4）以 A 为圆心，$C = 248\text{mm}$ 为半径画弧，交下沿于 B 点，连接 AB。

5）从 B 点沿下沿往上也量取 15 个 262mm，方法同上。

6）连接侧板上下沿对应点，即为踏步板的上沿线。

7）以 A 为基点，沿上沿往上量取 138mm 得 C 点。

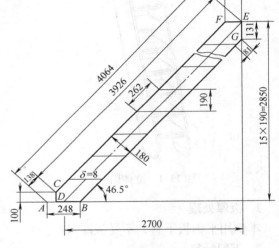

图 11-4　侧板展开图

8）由 C 点作 AB 的垂线得 D 点，$\angle COB$ 即为下端头实形。

9）过 F 点的踏步板上沿线交钢梯中线于 E 点，以 E 点为圆心，以 131mm 为半径画弧，交下沿于 G 点，$\angle FEG$ 即为上端头实形。

4. 说明

1）侧板与踏步板的定位焊方法：

① 将一扇侧板平放于平台上，按踏步上沿线位置定位焊各踏步板，并卡直角尺以验证两者为直角状态。

② 将两侧板下沿朝下立于平台上。

③ 先定位焊上两端头的两块踏步板，焊疤要尽量小，以便于矫正两侧板对应点的对角线长度。

④ 量取上下端对应点对角线是否相等，若相等，说明踏步板与侧板垂直，若不等，说

明两者的夹角不是 90°，应微调。

　⑤ 对角线相等后，再点焊其他踏步板。

　⑥ 矫正各种缺陷后全梯焊牢。

2）侧板可用角钢、槽钢、工字钢等，计算方法相同。

3）因焊后收缩，料全长可按 1～2/1000 加收缩量。

二、桥式钢梯料计算（见图 11-5）

1. 板厚处理

1）本例不管用折弯展开下料，还是用切断展开下料，皆按里皮计算料长。

2）踏步线位置按外皮计算。

2. 下料计算

图 11-6 所示为常见桥式钢梯的施工图，图 11-7 为计算原理图，图 11-8 为折弯、切断展开计算原理图。

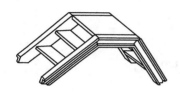

图 11-5　立体图

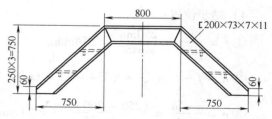

图 11-6　桥式钢梯

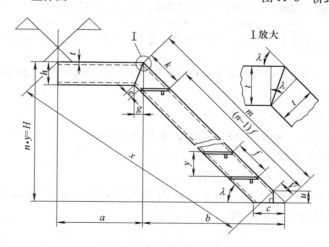

图 11-7　计算原理图

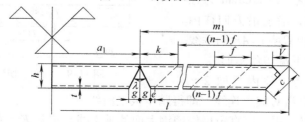

图 11-8　折弯、切断展开计算原理图

1）升角 $\lambda = \arctan\dfrac{H}{b} = \arctan\dfrac{750}{750} = 45°$。

2）各段长：

① $a_1 = a - 2t\tan\dfrac{\lambda}{2} = (800 - 2 \times 11 \times \tan22.5°)\text{mm} = 791\text{mm}$。

② 实长 $m_1 = \sqrt{H^2 + b^2} - t\tan\dfrac{\lambda}{2} = (\sqrt{750^2 \times 2} - 11 \times \tan22.5°)\text{mm} = 1056\text{mm}$。

3）切角尺寸：

① $g = (h - t)\tan\dfrac{\lambda}{2} = (200 - 11)\text{mm} \times \tan22.5° = 78\text{mm}$。

② $c = \dfrac{h}{\sin\lambda} = \dfrac{200\text{mm}}{\sin45°} = 283\text{mm}$。

③ $V = \dfrac{u}{\sin\lambda} = \dfrac{60\text{mm}}{\sin45°} = 85\text{mm}$。

4）踏步位置：

① $f = \dfrac{\gamma}{\sin\lambda} = \dfrac{250\text{mm}}{\sin45°} = 354\text{mm}$。

② $k = f - t\tan\dfrac{\lambda}{2} = (354 - 11 \times \tan22.5°)\text{mm} = 349\text{mm}$。

③ $e = \dfrac{\gamma - h}{\sin\lambda} = \dfrac{(250 - 200)\text{mm}}{\sin45°} = 71\text{mm}$。

5）料全长 $l = a_1 + 2m_1 = (791 + 2 \times 1056)\text{mm} = 2903\text{mm}$。

6）成形后 $x = \sqrt{\left(\dfrac{a}{2}\right)^2 + (m - V)^2 - 2 \times \dfrac{a}{2}(m - V)\cos(180° - \lambda)}$（余弦定理）

$\qquad\qquad = \sqrt{400^2 + 976^2 - 2 \times 400 \times 976 \times \cos135°}\,\text{mm} = 1290\text{mm}$。

式中　H——梯高（mm）；

　　　b——梯身投影（mm）；

　　　u——梯脚切角高（mm），设计给定，本例为60mm。

3. 直接在槽钢面上画线的方法（见图11-9）

1）找出一根长度大于2903mm的槽钢。

2）从端头找一点 A，以 A 点为基点，往内量取 $2 \times 354\text{mm} = 708\text{mm}$，继续往内量一个349mm，即得切角的里及点位置，即点 E。

3）以 A 点为基点，以283mm 为径画弧，交下沿于 B 点，沿上沿方向往内量取85mm得 C 点，由 C 点作 AB 的垂线得 D 点，$\angle CDB$ 即为下端切角实形。

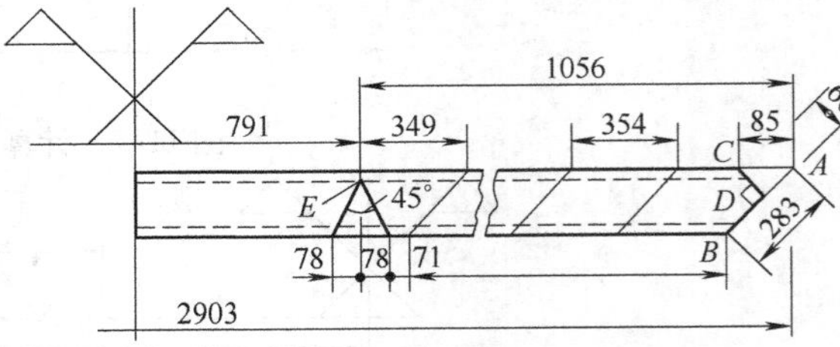

图11-9　折弯、切断展开图

4）以 B 点为基点，往内量取 $2 \times 354\text{mm} = 708\text{mm}$，上下沿对应点连线，即得踏步板上沿线。

5）以 E 点为基点，用带座直角尺作槽钢大面的垂直线，再从 E 点的对面外沿量取两个反向78mm，并与 E 点连线，即得缺口的切角线。

4. 说明

1）侧板与踏步板的加工方法（按折弯展开叙述）：

① 用氧乙炔焰加热缺口处的侧板小面，使其达到樱红色，然后弯曲，缺口合拢后点焊。

② 量取对角线 x 值是否等于1290mm，若不等于，应切开缺口重新调整至等于。

③ 先将一侧板大面朝上平放于平台上，按线用小疤点焊所有踏步板，并用直角尺卡试直角度。

④ 将两条弓形侧板立放于平台上，用小焊疤只点焊上下端踏步板（指一侧板）。

⑤ 量取侧板上下端对应点的对角线是否相等，若相等，说明踏步板与侧板垂直，若不等，可用小型倒链调节之。

⑥ 点焊其他踏步板，最后全梯焊牢。

2）考虑到焊后收缩，应在有踏步段加一个 $1 \sim 2/1000$ 的收缩量。

3）侧板可用角钢、工字钢、钢板等，计算方法相同。

三、来回弯钢梯料计算（见图11-10）

图11-11所示为一来回弯钢梯施工图，图11-12为计算原理图。

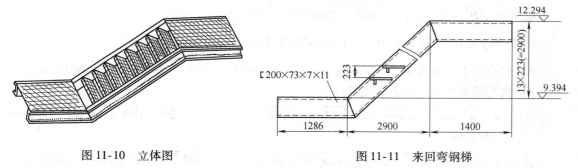

| 图 11-10 立体图 | 图 11-11 来回弯钢梯 |

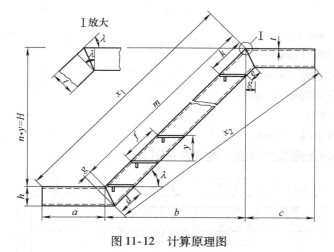

图 11-12 计算原理图

1. 板厚处理

1）槽钢侧板展开料按里皮计算料长。

2）踏步线位置按槽钢外皮计算。

2. 下料计算

1）升角 $\lambda = \arctan \dfrac{H}{b} = \arctan \dfrac{2900}{2900} = 45°$。

2）切角尺寸 $g = (h - t)\tan \dfrac{\lambda}{2} = (200 - 11)\text{mm} \times \tan 22.5° = 78\text{mm}$。

3）$m_1 = m - t\tan \dfrac{\lambda}{2}\ \sqrt{H^2 + b^2} - t\tan \dfrac{\lambda}{2} = (\sqrt{2900^2 \times 2} - 11 \times \tan 22.5°)\text{mm} = 4097\text{mm}$。

4）$c_1 = c - t\tan \dfrac{\lambda}{2} = (1400 - 11 \times \tan \dfrac{45°}{2})\text{mm} = 1395\text{mm}$。

5）$a_1 = a = 1286\text{mm}$。

6）踏步位置：

① $d_1 = \dfrac{h}{\tan\lambda} + h\tan \dfrac{\lambda}{2} = \tan \dfrac{200}{\tan 45°} + 200 \times \tan \dfrac{45°}{2}\text{mm} = 283\text{mm}$（推导见展开图）。

② $e = \dfrac{y - h}{\sin\lambda} = \dfrac{(223 - 200)\text{mm}}{\sin 45°} = 33\text{mm}$（按外皮）。

③ $f = \sqrt{H^2 + b^2}/n = \sqrt{2900^2 \times 2}\text{mm}/13 = 316\text{mm}$。

④ $k_1 = f - t\tan \dfrac{\lambda}{2} = (316 - 11 \times \tan 22.5°)\text{mm} = 311\text{mm}$。

7）料全长 $l = a_1 + m_1 + c_1 + 2g = (1286 + 4097 + 1395 + 2 \times 78)\text{mm} = 6934\text{mm}$。

8）成形后对角线 x（余弦定理）：

① $x_1 = \sqrt{a^2 + m^2 - 2am\cos(180° - \lambda)} = \sqrt{1286^2 + 4101^2 - 2 \times 1286 \times 4101 \times \cos(180° - 45°)}\text{mm}$
$= 5092\text{mm}$。

② $x_2 = \sqrt{(c - g)^2 + m^2 - 2(c - g)m\cos(180° - \lambda)} = \sqrt{1322^2 + 4101^2 - 2 \times 1322 \times 4101 \times \cos 135°}\text{mm}$
$= 5122\text{mm}$。

式中　H——梯高（mm）；

　　　b——梯身投影（mm）；

　　　h——槽钢大面宽（mm）；

　　　t——槽钢小面腿厚（mm）；

　　　n——踏步档数；

　　　y——相邻踏步高（mm）。

3. 直接在槽钢面上画线的方法（展开图见图 11-13）

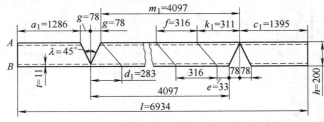

图 11-13　折弯、切断展开图

1）钢梯画线要先从下端开始。

2）从上沿找一点 A，过 A 点用带座直角尺画出大面正断面线 AB，B 为下沿外皮点。

3）以 A 点为基点，用计算器连加法往上计算各数据得各点。

4）以 B 点为基点，同上法计算各数据得各点。

5）上下沿各对应点连线，即得缺口切割线和踏步线。

4. 说明

1）侧板与踏步板的连接方法：

① 按切断展开叙述。

② 在平台上放实样，只放出侧板的弓形实样，踏步线位置可不画出。

③ 量取对角线是否为 $x_1 = 5092$mm、$x_2 = 5122$mm，若不是，说明放实样有误差，应进行调整。

④ 在侧板上下沿点焊限位铁，将侧板放入其中，找定间隙后点焊固定。

⑤ 将一扇的踏步板点焊，用直角尺检验直角度。

⑥ 将两扇呈弓形状的侧板立放于平台上，下端点焊于平台上，上端用支架支起。

⑦ 先点焊上、下端的两个踏步板，然后量取两中间段的侧板对角线是否相等，若不等，说明侧板与踏步板的垂直度有误差，应进行调整。

⑧ 点焊其他踏步板，并点焊上下 a 段和 c 段的平台板，这样就完全定位了，最后焊牢。

2）侧板可用角钢、钢板、工字钢等，计算方法相同。

3）x_1、x_2 有两个作用：一是成形后作检验用；二是作栏杆时可得出侧板上沿线，省去放大样。

4）考虑到焊后收缩，料中段长可按 12/1000 加收缩量。

四、圆柱螺旋盘梯料计算 （见图 11-14）

图 11-15 所示为常见圆柱螺旋盘梯的施工图（俯视图），图 11-16 为计算原理图（俯视图）。

1. 板厚处理

1）化工行业的螺旋盘梯侧板一般长 6~8m，故应按中径计算投影长，本例厚为 6mm。

2）为补偿板厚因素、焊后收缩因素和安装误差因素，习惯在侧板的上端头加一个值，一般在 100~200mm 间，在净料线上打上样冲眼，安装

图 11-14 立体图

至上平台时，据情切割。

2. 下料计算

（1）内侧板

1）$b_1 = \pi\left(R + z + \dfrac{t}{2}\right)\dfrac{\alpha}{180°} = \pi \times (11323 + 153)\,\text{mm} \times \dfrac{67.6°}{180°} = 13540\,\text{mm}$。

2）料全长 $l_1 = \sqrt{H^2 + b_1^2} = \sqrt{14026^2 + 13540^2}\,\text{mm} = 19495\,\text{mm}$。

3）升角 $\lambda_1 = \arctan\dfrac{H}{b_1} = \arctan\dfrac{14026}{13540} = 46°$。

4）切角尺寸：

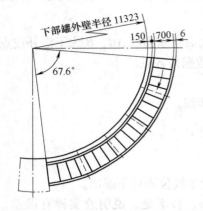

图 11-15　5000m³ 圆柱螺旋盘梯（俯视图）

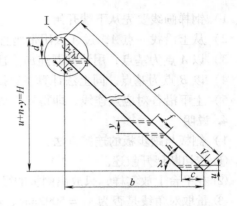

图 11-16　计算原理图

$$c_1 = \frac{h}{\sin\lambda_1} = \frac{150\text{mm}}{\sin46°} = 209\text{mm};$$

$$d_1 = \frac{h}{\cos\lambda_1} = \frac{150\text{mm}}{\cos46°} = 216\text{mm}_\circ$$

5) 踏步位置：

$$V_1 = \frac{u}{\sin\lambda_1} = \frac{26\text{mm}}{\sin46°} = 36\text{mm};$$

$$f_1 = \frac{\gamma}{\sin\lambda_1} = \frac{250\text{mm}}{\sin46°} = 348\text{mm};$$

$$e_1 = \frac{\gamma - d}{\sin\lambda_1} = \frac{(250 - 216)\text{mm}}{\sin46°} = 47\text{mm}_\circ$$

（2）外侧板

1) $b_2 = \pi(R + z + B + 1.5t)\dfrac{\alpha}{180°} = \pi \times (11323 + 150 + 700 + 9)\text{mm} \times \dfrac{67.6°}{180°} = 14373\text{mm}_\circ$

2) $l_2 = \sqrt{H^2 + b_2^2} = \sqrt{14026^2 + 14373^2}\text{mm} = 20083\text{mm}_\circ$

3) $\lambda_2 = \arctan\dfrac{H}{b_2} = \arctan\dfrac{14026}{14373} = 44.3°_\circ$

4) 切角尺寸：

$$c_2 = \frac{h}{\sin\lambda_2} = \frac{150\text{mm}}{\sin44.3°} = 215\text{mm};$$

$$d_2 = \frac{h}{\cos\lambda_2} = \frac{150\text{mm}}{\cos44.3°} = 209\text{mm}_\circ$$

5) 踏步位置：

$$V_2 = \frac{u}{\sin\lambda_2} = \frac{26\text{mm}}{\sin44.3°} = 37\text{mm};$$

$$f_2 = \frac{\gamma}{\sin\lambda_2} = \frac{250\text{mm}}{\sin44.3°} = 358\text{mm};$$

$$e_2 = \frac{\gamma - d_2}{\sin\lambda_2} = \frac{(250 - 209)\text{mm}}{\sin44.3°} = 59\text{mm}_\circ$$

式中　R——罐下部外皮半径（mm）；

z——罐下部外皮至内侧板内沿距离（mm）；

B——踏步宽（mm）；

t——侧板厚（mm）；

α——盘梯包角（°），设计给定。

3. 在侧板上直接划展开线的方法（展开图见图 11-17）

因内外侧板所处位置的不同，故俯视图尺也不同，因而内外侧板的展开数据也不同，应分别叙述。

下面以外侧板为例叙述之。

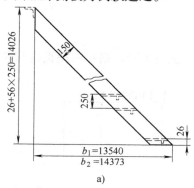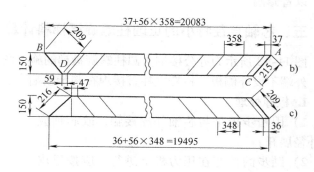

图 11-17　侧板展开图

a）侧板立体图　b）外侧板　c）内侧板

1）侧板划线要先从下端开始。

2）从右端上沿找一点 A，以 A 点为基点，往左量取 37mm，之后为 55 个 358mm，得 B 点。

3）以 A 为基点，以 215mm 为半径画弧，与下边沿线交于点 C，以 C 点为基点，往左量取 37mm，之后为 55 个 358mm 和 1 个 59mm 得 D 点，$ABCD$ 范围为外侧板展开料。

4）上下沿对应点的连线即为切割线或踏步线。

内侧板的划线方法同外侧板。

4. 说明

1）两侧板与踏步板的组对方法：

① 将内侧板平放于平台上，点焊所有的踏步板，点焊时应用直角尺检验垂直度。

② 将外侧板立放于内侧板的外侧，平行而立，从下端开始，逐个往上点焊所有踏步板至上端，由于外侧的踏步间距大于内侧，点焊完后便形成了曲状。

③ 点焊完毕后，由于盘梯较长，为了便于运输和吊装，应错开 500mm 并斜 45°切断，作好相对记号，以便对接。

④ 最后全梯焊牢。

2）盘梯的安装方法：盘梯的安装应在筒外还没有拆除脚手架的情况下进行。

① 因为盘梯的下端搁置在盘梯基础上，所以计算盘梯支架的基准应以侧板下端头为准。

② 从俯视图中可看出，该梯有四个支架五个档，只要确定了罐外皮的支架的纵横座标，即可确定了支架的位置。

③ 以下端盘梯基础上平面与罐外皮的交点为基点，沿罐外皮量取横座标 x_n，过各点往上画出罐外皮素线（以各带纵焊缝为参照线更省事），在此素线上往上量取各纵座标 y_n，此点即为支架的上平面中点，按此点点焊即可。

④ 将焊接完毕的盘梯（整梯或分段）吊于支架上，找定位置后即可点焊，安装顺序应由下而上，上端预加的余量待最后定位后切掉。

3）用手工计算器连加法号踏步线，不要用单尺法，以免出现积累误差。

4）为补偿焊后收缩或其他原因误差，侧板总长可多加 150mm，并在净料线上打上样冲眼，以备修割。

五、芯轴直径特小的正圆柱螺旋钢梯料计算

图 11-18 所示为办公楼端头圆柱螺旋盘梯的施工图，全高 10m，踏步内端直接与芯轴焊接，外端不设外侧板，栏杆立柱直接焊在踏步板端头。

1. 板厚处理

1）因踏步板是与芯轴外皮接触，故芯轴应按外径展开。

2）踏步的折弯在压力机上进行，应按里皮计算料长。

2. 设计原则

1）导程的确定。此盘梯是设在楼端头供上下人使用，每层楼都有一个门，应根据上下门上沿间的垂直高为基数，再考虑踏步间的垂直高，便可算出精确的导程和踏步间的垂直距离，如本例上下门上沿间的垂直距离为 2580mm，设入门的平台包角为 67.5°，那么踏步的包角即为 292.5°，通过试算，16 个踏步，踏步间距为 161.25mm，各项数据都是比较合理的。

2）相邻踏步板的垂直高的确定。本例踏步板内侧的升角 λ 为 67.44°，坡度显得较大，其垂直间距应小一些，约在 150mm 为较理想，迫于定导程又有上下平台，通过试算，在 161.25mm 也是勉强可以的。若升角 λ 在 45°时，可考虑 200mm，若升角 λ 在 30°左右时，可考虑 250mm。

3）踏步俯视图是按升角为零度时画出的，即上踏步板的前沿与下踏步板的后沿重合，随着

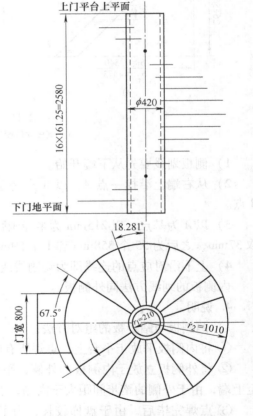

图 11-18　楼端头正圆柱螺旋盘梯

升角的加大，上踏步板前沿与下踏步板后沿的覆盖量也随之加大，这倒不是坏事，对安全更有利。

4）导程、踏步数、踏步间距的实质。如图 11-19 所示，导程 2580mm，实际不够一个导程，是包角 292.5°的垂直高；踏步数不是一个导程的踏步数，是包角为 292.5°的踏步数；踏步间距不是一个导程的间距，是包角 292.5°、垂直高 2580mm 的踏步间距。

3. 踏步板尺寸计算

从图 11-18 可看出，俯视图踏步板为升角 $\lambda = 0°$ 时的具体尺寸，前面已叙述过，随着升角的加大，会出现覆盖量，对安全更有利。

如图 11-20 所示为踏步尺寸计算图。

1）每一个踏步的包角 $\alpha = 292.5° \div 16 = 18.281°$。

2）踏步长 $l = r_2 - r_1 = (1010 - 210)\,\text{mm} = 800\,\text{mm}$。

3）踏步小端弦长 $A_1 = 2r_1 \sin \dfrac{\alpha}{2} = 2 \times 210\,\text{mm} \times$

$\sin \dfrac{18.281°}{2} = 66.72\,\text{mm}$。

4）踏步大端弦长 $A_2 = 2r_2 \sin \dfrac{\alpha}{2} = 2 \times 1010\,\text{mm} \times$

$\sin \dfrac{18.281°}{2} = 320.89\,\text{mm}$。

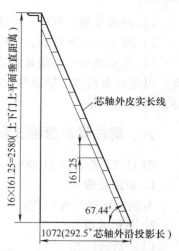

图 11-19 芯轴外沿螺旋线展开图

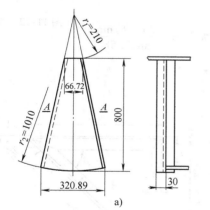
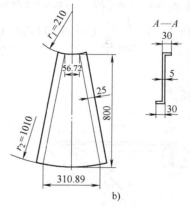

图 11-20 踏步尺寸
a）施工图 b）展开图

4. 在芯轴上画踏步中心点的方法

如图 11-21 所示为找芯轴上踏步板中心点的方法。

1）在芯轴上打出一条真正的圆管素线。

2）以此素线为基准，用分数和法，如 14 点的分数和尺寸为 $13 \times 67\,\text{mm} = 871\,\text{mm}$，在两端分别得 1、2、…、1 各点。

3）在各线上量取对应踏步点的高，如 3 点的高为 $2 \times 161.25\,\text{mm} = 322.5\,\text{mm}$。

5. 说明

定位焊踏步板的方法：

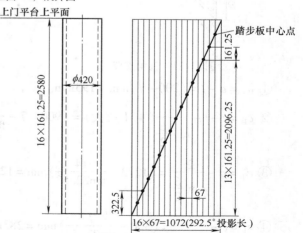

图 11-21 芯轴上踏步板中心点的画线方法
（在平面状态下各点在一直线上）

1）在踏步板上打出一中线，以备与芯轴上的对应点相重合。

2）两中线点重合后，小焊疤点焊一点，用直角尺卡正直角度后再大疤点焊。

3）检验踏步中心线是否通过圆心的方法：在踏步板上方 500～600mm 的中线上任定一点，以此点为基点，量取与大端两角点间的距离，若相等说明通过中心，若不等微调后至相等，再大疤点焊。

六、圆柱螺旋盘梯三角支架料计算（见图11-22）

图11-23 所示为 $11000m^3$ 油罐盘梯支架施工图，图11-24 为计算原理图。

1. 板厚处理

本例折弯展开和切断展开皆按里皮计算料长。

2. 下料计算

（1）折弯计算

1）切角尺寸 g_n。

① 直角 $g_1 = b - t = (70 - 7)mm = 63mm$。

② 锐角 $g_1' = \dfrac{b-t}{\tan\dfrac{\beta}{2}}$（见图 11-24 Ⅰ 放大）$= \dfrac{(70-7)mm}{\tan 22.5°}$

图11-22　立体图

$= 152mm$。

2）边长。

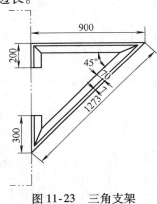

图11-23　三角支架

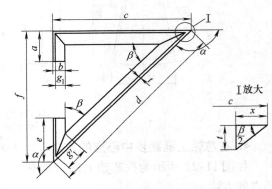

图11-24　计算原理图

① $a_1 = a - t = (200 - 7)mm = 193mm$。

② $c_1 = c - t - \dfrac{t}{\tan\dfrac{\beta}{2}}$（见Ⅰ放大）$= (900 - 7 - \dfrac{7}{\tan 22.5°})mm = 876mm$。

③ $d_1 = d - \dfrac{2t}{\tan\dfrac{\beta}{2}} = (1273 - \dfrac{14}{\tan 22.5°})mm = 1239mm$。

④ $e_1 = e - \dfrac{t}{\tan\dfrac{\beta}{2}} = (300 - \dfrac{7}{\tan 22.5°})mm = 283mm$。

3）料全长 $l_1 = a_1 + c_1 + d_1 + e_1 = (193 + 876 + 1239 + 283)mm = 2591mm$。

（2）切断计算

完全同折弯计算，略。

式中 a、c、d、e——外皮长（mm）；

a_1、c_1、d_1、e_1——里皮长（mm）；

b——角钢宽（mm）；

t——平均腿厚（mm）；

β——设计时给定，一般为45°。

3. 折弯展开料与切断展开料的划法（见图11-25）

1）划线时建议每段加上1mm，作为加热、切割和焊接收缩的补偿，机械切割可不加。

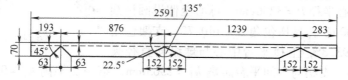

图11-25 折弯展开图（加热折弯）

2）用带座直角尺在角钢端头划出一正断面线。

3）以正断面线为基线，往内量取 $e_1 = 283$mm，$d_1 = 1239$mm、$c_1 = 876$mm、$a_1 = 193$mm，保证全长 $l_1 = 2591$mm，并划出正断面线。

4）在断面线上，从棱角往里量取7mm得里皮点，过断面线与边沿线的交点往左、右各量取152mm得两点，连接三点，即得锐角缺口的切角尺寸线。

5）同理，往外量取63mm，即得直角缺口的切角尺寸线。

4. 说明

（1）折弯展开料的撖制方法

1）折弯前沿断面线及其根部加热至樱红色，然后徐徐扳动角钢，至缺口合拢。

2）将对口用小疤点焊，只中部一小疤。

3）全部撖完后，检查直角和锐角的角度是否合格，若不合格，要切开小疤调整之。

（2）切断展开料的绝对方法

1）切断时应垂直角钢面切割。

2）在平台上放实样，并在线外点焊限位铁。

3）按线放入角钢，全部调正缺陷后一并点焊牢固。

4）检查直角和锐角的角度是否合格，尤其是直角的合格与否会影响到盘梯的安装质量，若不合格，应切开小疤调整之。

七、球罐一次圆柱螺旋盘梯料计算（见图11-26）

球罐盘梯形式基本有两种，即按螺旋形式分为假想圆柱螺旋盘梯和球螺旋盘梯，由于后者从计算到踏步制作（一个踏步一个规格）较复杂，一般用前者；按盘旋次数分，有一次和二次之分，即一次到顶还是二次到顶（二次到顶在温带再设一平台），本例按一次圆柱螺旋盘梯介绍。

1. 板厚处理

1）本例的侧板厚为8mm，故应按中径计算投影长。

2）为补偿各种因素的影响，在成形后的侧板上端加出 200～300mm 余量，并打好净料样冲眼，据实际情况切割之。

3）压制的踏步板应按里皮下料。

2. 下料计算

如图 11-27 所示为计算原理图。

以 M—FB—701A 球罐（$\phi14240$mm）盘梯为例计算，如图 11-27 中，球外皮半径 $R = 7120$mm，球心至假设圆柱圆心纵向距离 $a = 4630$mm，球心至盘梯中心 $Q = 7896$mm，盘梯中心半径 $P = 3266$mm，球心至假设圆柱圆心横向距离 $k = 500$mm，盘梯包角 $\alpha = 140.7°$，支架包角 α_1、$\alpha_2 = 46.9°$、$93.8°$，上接平台中心与球纵向直径夹

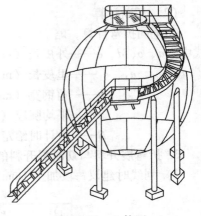

图 11-26 立体图

角 $\alpha_3 = 50.7°$，第一支架与中间平台距离 $h_1 = 2363$mm，第一支架高 $h_1' = 900$mm，第二支架与中间平台距离 $h_2 = 4727$mm，第二支架高 $h_2' = 700$mm，盘梯高 $H = 7215$mm，侧板切角 $u = 100$mm，侧板宽 $G = 200$mm，支架外托量 $T = 100$mm，踏步宽 $B = 750$mm，踏步板厚 $t = 8$mm，侧板厚 $t = 8$mm。

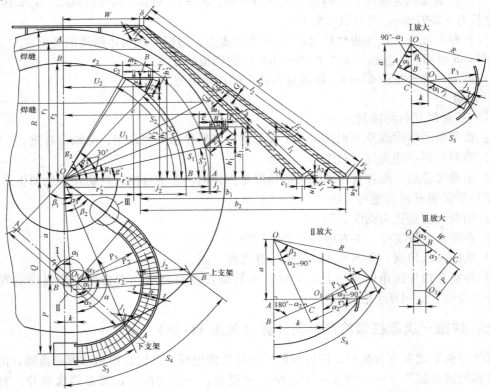

图 11-27 计算原理图

1）侧板投影长 b（展开图见图 11-28）：

① 内 $b_1 = \pi\left(P - \dfrac{B+t}{2}\right)\dfrac{\alpha}{180°} = \pi \times (3266 - 379)\ \text{mm} \times \dfrac{140.7°}{180°} = 7090\ \text{mm}$。

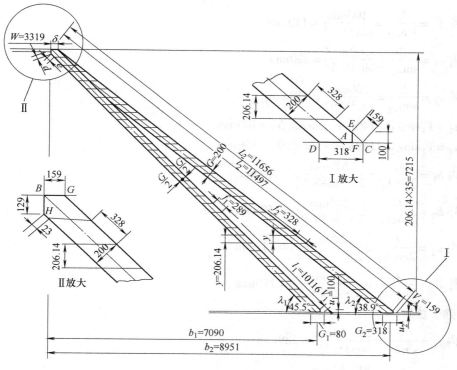

图 11-28 侧板展开图

② 外 $b_2 = \pi\left(P + \dfrac{B+t}{2}\right)\dfrac{\alpha}{180°} = \pi \times$ （3266 + 379） mm $\times \dfrac{140.7°}{180°} = 8951$mm。

2）侧板中心长 $l = \sqrt{H^2 + b^2}$：

① 内 $l_1 = \sqrt{H^2 + b_1^2} = \sqrt{7215^2 + 7090^2}$mm $= 10116$mm。

② 外 $l_2 = \sqrt{H^2 + b_2^2} = \sqrt{7215^2 + 8951^2}$mm $= 11497$mm。

3）升角 $\lambda = \arctan\dfrac{H}{b}$

① 内 $\lambda_1 = \arctan\dfrac{H}{b_1} = \arctan\dfrac{7215}{7090} = 45.5°$。

② 外 $\lambda_2 = \arctan\dfrac{H}{b_2} = \arctan\dfrac{7215}{8951} = 38.9°$。

式中　P——梯中心半径（mm）；

　　　B——踏步宽（mm）；

　　　t——侧板厚（mm）；

　　　α——包角（°）；

　　　H——梯高（mm）。

4）切角尺寸

① 内 $V_1 = \dfrac{u}{\sin\lambda_1} = \dfrac{100\text{mm}}{\sin 45.5°} = 140$mm

外 $V_2 = \dfrac{u}{\sin\lambda_2} = \dfrac{100\text{mm}}{\sin 38.9°} = 159\text{mm}$。

② 内 $c_1 = \dfrac{G}{\sin\lambda_1} = \dfrac{200\text{mm}}{\sin 45.5°} = 280\text{mm}$

外 $c_2 = \dfrac{G}{\sin\lambda_2} = \dfrac{200\text{mm}}{\sin 38.9°} = 318\text{mm}$。

③ $u_1 = V_1 \sin\lambda_1 = 140\text{mm} \times \sin 45.5° = 100\text{mm}$

$u_2 = V_2 \sin\lambda_2 = 159\text{mm} \times \sin 38.9° = 100\text{mm}$。

④ 内 $\delta_1 = \dfrac{G}{2\sin\lambda_1} = \dfrac{200\text{mm}}{2 \times \sin 45.5°} = 140\text{mm}$

外 $\delta_2 = \dfrac{G}{2\sin\lambda_2} = \dfrac{200\text{mm}}{2 \times \sin 38.9°} = 159\text{mm}$。

⑤ 内 $d_1 = \dfrac{G}{2\cos\lambda_1} = \dfrac{200\text{mm}}{2 \times \cos 45.5°} = 143\text{mm}$

外 $d_2 = \dfrac{G}{2\cos\lambda_2} = \dfrac{200\text{mm}}{2 \times \cos 38.9°} = 129\text{mm}$。

5）踏步位置

① 内 $f_1 = \dfrac{y}{\sin\lambda_1} = \dfrac{206.14\text{mm}}{\sin 45.5°} = 289\text{mm}$

外 $f_2 = \dfrac{y}{\sin\lambda_2} = \dfrac{206.14\text{mm}}{\sin 38.9°} = 328\text{mm}$。

② 内 $e_1 = \dfrac{y - d_1}{\sin\lambda_1} = \dfrac{(206.14 - 143)\ \text{mm}}{\sin 45.5°} = 88.5\text{mm}$

外 $e_2 = \dfrac{y - d_2}{\sin\lambda_2} = \dfrac{(206.14 - 129)\ \text{mm}}{\sin 38.9°} = 123\text{mm}$。

③ 侧板料全长 $L = l + V$

内 $L_1 = l_1 + V_1 = (10052 + 140)\text{mm} = 10192\text{mm}$

外 $L_2 = l_2 + V_2 = (11497 + 159)\text{mm} = 11656\text{mm}$。

6）支架截圆半径 r_n

① $r_1 = \sqrt{R^2 - [(a - k\cot\alpha_1)\sin\alpha_1]^2}$

$\quad = \sqrt{7120^2 - [(4630 - 500 \times \cot 46.9°) \times \sin 46.9°]^2}$

$\quad = 6439(\text{mm})$。

式中　R——球外半径（mm）；

$\quad\alpha_1$——下部支架包角（°）；

$\quad a$——球心至盘梯圆心距离（mm）；

$\quad k$——两心之横向偏心（mm）。

表达式推导见图11-27中Ⅰ放大。

在直角三角形 O_1CB 中

$BC = k\cot\alpha_1$

在直角三角形 OAB 中

因为 $OB = a - k\cot\alpha_1$

所以 $OA = (a - k\cot\alpha_1)\sin\alpha_1$

② $r_2 = \sqrt{R^2 - \{[a + k\cot(180° - \alpha_2)]\sin(180° - \alpha_2)\}^2}$

$= \sqrt{7120^2 - \{[4630 - 500 \times \cot(180° - 93.8°)] \times \sin(180° - 93.8°)\}^2}\,\text{mm}$

$= 5437\,\text{mm}_\circ$

式中 α_2——上部支架包角（°）。

表达式推导见图 11-27 中 Ⅱ 放大。

在直角三角形 O_1AB 中

$AB = k\cot(180° - \alpha_2)$

在直角三角形 OCB 中

因为 $OB = a + AB = a + k\cot(180° - \alpha_2)$

所以 $OC = [a + k\cot(180° - \alpha_2)]\sin(180° - \alpha_2)$

7）支架平梁长度 m_n

① 内侧板内沿至球皮投影长 j_1

$j_1 = r_1 - \left[(a - k\cot\alpha_1)\cos\alpha_1 + \dfrac{k}{\sin\alpha_1} + P_1 - t\right]$

$= 6439 - \left[(4630 - 500 \times \cot46.9°) \times \cos46.9° + \dfrac{500}{\sin46.9°} + 2908\right]\text{mm}$

$= 2\,\text{mm}_\circ$

式中 P_1——踏步内端半径（mm），为已知。

表达式推导见图 11-27 中 Ⅰ 放大。

在直角三角形 O_1CB 中

因为 $BC = k\cot\alpha_1$，$O_1B = \dfrac{k}{\sin\alpha_1}$

所以 $OB = a - k\cot\alpha_1$

在直角三角形 OAB 中

因为 $AB = (a - k\cot\alpha_1)\cos\alpha_1$

所以 $j_1 = r_1 - (AB + O_1B + P_1 - t) = r_1 - \left[(a - k\cot\alpha_1)\cos\alpha_1 + \dfrac{k}{\sin\alpha_1} + P_1 - t\right]_\circ$

② 内侧板内沿至球心投影长 $r_1^0 = r_1 + j_1 = (6439 + 2)\,\text{mm} = 6411\,\text{mm}_\circ$

③ 内侧板内沿至球皮距离 $c_1 = r_1^0 - \sqrt{r_1^2 - h_1^2} = (6411 - \sqrt{6439^2 - 2363^2})\,\text{mm} = 421\,\text{mm}_\circ$

式中 h_1——下部支架上平面高（mm）。

④ 内侧板内沿至球皮投影长 $j_2 = r_2 - \left\{\dfrac{k}{\sin(180° - \alpha_2)} - [a + k\cot(180° - \alpha_2)] \times \right.$

$\cos(180° - \alpha_2)\Big\} - P_1 + t = 5437\,\text{mm} - \left[\dfrac{500}{\sin86.2°} - (4630 + 500 \times \cot86.2°) \times \cos86.2°\right]\text{mm}$

$- 2908\,\text{mm} = 2337\,\text{mm}_\circ$

表达式推导见图 11-27 中 Ⅱ 放大。

在直角三角形 O_1AB 中

$$O_1B = \frac{k}{\sin(180° - \alpha_2)}$$

$$AB = k\cot(180° - \alpha_2)$$

在直角三角形 OCB 中

$$BC = [a + k\cot(180° - \alpha_2)]\cos(180° - \alpha_2)$$

所以 $j_2 = r_2 - O_1C - P_1 + t = r_2 - \left\{ \frac{k}{\sin(180° - \alpha_2)} - [a + k\cot(180° - \alpha_2)]\cos(180° - \right.$

$$\left. \alpha_2) \right\} - P_1 + t。$$

⑤ 内侧板内沿至球心投影长 $r_2^0 = r_2 - j_2 = (5437 - 2337)$ mm $= 3100$mm。

⑥ 内侧板内沿至球皮距离 $c_2 = r_2^0 - \sqrt{r_2^2 - h_2^2} = (3100 - \sqrt{5437^2 - 4727^2})$ mm $= 414$mm。

式中　　h_2——上部支架上平面高（mm）。

⑦ $m_n = c_n + B + 2t + T$

$m_1 = c_1 + B + 2t + T = (421 + 750 + 16 + 100)$mm $= 1287$mm

$m_2 = c_2 + B + 2t + T = (414 + 750 + 16 + 100)$mm $= 1280$mm。

式中　　T——支架外支托量（mm）。

8）支架斜撑长度 z_n

① 上平面所在截圆半弦长 $e_n = \sqrt{r_n^2 - h_n^2}$

$e_1 = \sqrt{r_1^2 - h_1^2} = \sqrt{6439^2 - 2363^2}$mm $= 5990$mm

$e_2 = \sqrt{r_2^2 - h_2^2} = \sqrt{5437^2 - 4727^2}$mm $= 2686$mm。

② 下角点所在截圆半弦长 $U_n = \sqrt{r_n^2 - h_n^{02}}$

$U_1 = \sqrt{r_1^2 - h_1^{02}} = \sqrt{6439^2 - 1463^2}$mm $= 6271$mm

$U_2 = \sqrt{r_2^2 - h_2^{02}} = \sqrt{5437^2 - 4027^2}$mm $= 3653$mm。

③ $z_n = \sqrt{(e_n + m_n - U_n)^2 + (h_n' - x)^2}$

$z_1 = \sqrt{(e_1 + m_1 - U_1)^2 + (h_1' - x)^2} = \sqrt{(5990 + 1287 - 6271)^2 + (900 - 75)^2}$mm

$= 1301$mm

$z_2 = \sqrt{(e_2 + m_2 - U_2)^2 + (h_2' - x)^2} = \sqrt{(2686 + 1280 - 3653)^2 + (700 - 75)^2}$mm

$= 699$mm。

式中　　h_n'——支架高（mm）；

x——支架角钢宽（mm）。

9）上接圆平台半径 $W = \frac{k}{\sin\alpha_3} + P\cot\alpha_3 = \left(\frac{500}{\sin 50.7°} + 3266 \times \cot 50.7° \right)$mm $= 3319$mm。

式中　　α_3——上接平台中心与球纵向直径的夹角（°）。

表达式推导见图 11-27 中Ⅲ放大。

因为在直角三角形 OAB 中

$$OB = \frac{k}{\sin\alpha_3}$$

在直角三角形 O_1CB 中

$BC = P\cot\alpha_3$

所以证得表达式。

10）支架位置的确定

① 支架在赤道线弧长 S_n（从平台中点开始）

a. 下部支架 S_3。

因为 $\beta_1 = \arcsin\dfrac{r_1}{R} = \arcsin\dfrac{6439}{7120}$，所以 $\beta_1 = 64.7°$

因为 $S_3 = \pi R\dfrac{\beta_1 - (90° - \alpha_1)}{180°} = \pi \times 7120\text{mm} \times \dfrac{64.7° - (90° - 46.9°)}{180°} = 2684\text{mm}$。

式中　β_1——下部截圆所对半球心角（°）。

表达式推导见图 11-27 中 Ⅰ 放大。

b. 上部支架 S_4。

因为 $\beta_2 = \arcsin\dfrac{r_2}{R} = \arcsin\dfrac{5437}{7120}$，所以 $\beta_2 = 49.8°$

所以 $S_4 = \pi R\dfrac{\beta_2 + (\alpha_2 - 90°)}{180°} = \pi \times 7120\text{mm} \times \dfrac{49.8° + (93.8° - 90°)}{180°} = 6661\text{mm}$。

式中　β_2——上部截圆所对半球心角（°）。

表达式推导见图 11-27 中 Ⅱ 放大。

② 支架在截圆上纵向弧长 S_n

a. S_1。

因为 $g_1 = \arcsin\dfrac{h_1}{r_1} = \arcsin\dfrac{2363}{6439}$　所以 $g_1 = 21.5°$

所以 $S_1 = \pi r_1\dfrac{g_1}{180°} = \pi \times 6439\text{mm} \times \dfrac{21.5°}{180°} = 2416\text{mm}$。

b. S_1^0。

因为 $g_1^0 = \arcsin\dfrac{h_1^0}{r_1} = \arcsin\dfrac{1463}{6439}$，所以 $g_1^0 = 13.1°$

所以 $S_1^0 = \pi r_1\dfrac{g_1^0}{180°} = \pi \times 6439\text{mm} \times \dfrac{13.1°}{180°} = 1472\text{mm}$。

c. S_2。

因为 $g_2 = \arcsin\dfrac{h_2}{r_2} = \arcsin\dfrac{4727}{5437}$，所以 $g_2 = 60.4°$

所以 $S_2 = \pi r_2\dfrac{g_2}{180°} = \pi \times 5437\text{mm} \times \dfrac{60.4°}{180°} = 5732\text{mm}$。

d. S_2^0。

因为 $g_2^0 = \arcsin\dfrac{h_2^0}{r_2} = \arcsin\dfrac{4027}{5437}$，所以 $g_2^0 = 47.8°$

所以 $S_2^0 = \pi r_2\dfrac{g_2^0}{180°} = \pi \times 5437\text{mm} \times \dfrac{47.8°}{180°} = 4535\text{mm}$。

11）踏步数据（展开图见图11-29）

两端弧长 $S_n = \pi P_n \dfrac{\alpha}{180° n}$

① $S_5 = \pi P_1 \dfrac{140.7°}{180° \times 35} = \pi \times 2891\text{mm} \times \dfrac{140.7°}{180° \times 35} = 203\text{mm}。$

② $S_6 = \pi P_2 \dfrac{140.7°}{180° \times 35} = \pi \times 3641\text{mm} \times \dfrac{140.7°}{180° \times 35} = 255\text{mm}。$

式中　P_n——内外侧板靠踏步侧半径（mm）；

　　　　n——踏步数。

3. 在侧板上直接划线的方法

因内外侧板俯视图半径 R 的不同，因而展开数据也不同，故应分别叙述。

以外侧板为例叙述之。

1）侧板划线要先从下端开始。

2）画一线段 AB，A 为下端点，B 为上端点，使其等于 $l_2 = 11497\text{mm}$，此线即为外侧板的中线。

3）以 AB 为基线，以 100mm 为定长，于 AB 线的两侧划出 AB 的平行线。

4）以 A 点为基点，以 $318/2 = 159\text{mm}$ 为定长划弧，于外沿交于 C 点，于内沿交于 D 点。

5）以 C 点为基点，以 159mm 为定长，在外沿上划弧交外沿于 E 点。

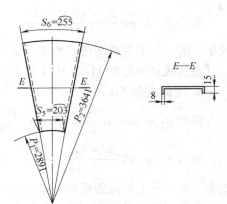

图 11-29　踏步展开图

6）过 E 点作 CD 的垂线与 CD 交于 F 点，$ECFAD$ 即为下端头切角实形。

7）以 B 点为基点，以 159mm 为半径画弧，交外沿于 G 点，以 129mm 为半径画弧，交内沿于 H 点，GBH 即为上端头切角实形。

在切角实形轮廓线上打上样冲眼，然后再加上 200mm，现场安装时另作处理。

8）以 C 点为基点，以 328mm 为定长，用计算器连加法在上沿画出 35 个点，终点为 G 点。

9）以 D 为基点，以 328mm 为定长，同法在下沿上划出 35 个点，最后还剩 123mm 到 H 点。

10）连接内外沿各点，即为踏步板的上沿线。

同法可划出内侧板的各尺寸线。

4. 说明

1）两侧板与踏步板的组对方法：

① 将内侧板平放于平台上，点焊所有踏步板，点焊时应用直角尺检验直角度。

② 将外侧板立放于内侧板的外侧，从下端开始，逐个往上点焊所有踏步板至上端。

③ 点焊完毕后，由于梯身较长，为了便于运输和安装，应错开 500mm 并斜 $45°$ 斜切，作好相对记号，以便对接。

④ 最后全梯焊牢。

2）盘梯的安装方法：盘梯的安装应在球外还没有拆除脚手架时进行。

如下支架（上支架同理）：

① 从赤道带球皮的中点起，横向量取 $S_3 = 2684$mm，并作好记号，与上极带中心点连一直线。

② 在上直线上分别量取 $S_1 = 2416$mm，$S_1^0 = 1472$mm，此两点即为下支架的位置。

③ 钢梯的安装，虽然找出了支架的位置，为了安装时省工省力，支架安装前只进行点焊或只点焊一端，横梁上的限位铁也不要焊上，将弯曲的钢梯吊起落于支架后，根据具体情况再确定支架的位置，并点焊牢固，再调两侧板的位置后点焊两限位铁固定，不要拘泥于原设计的位置上，只要能上下人就达到目的了。

3）量踏步线时，要用计算器连加法计算各点数据，不要用单尺法，以免出现积累误差。

4）为保险起见，侧板上端可多加 200mm，在净料线上打上样冲眼，据现场实际情况修切。

八、倾斜圆筒螺旋钢梯料计算

某厂承接了一排气筒的制作，高 100m，为了保证其稳定性，用了三根 ϕ1220mm 的圆筒体与其组焊为一体，为了检修的方便，在一圆筒体上需安装钢梯，但此筒是倾斜状的，因而给下料组焊增加了难度。其难度主要表现在：

1）各踏步板下的支撑板尺寸不同。

2）各踏步板与筒体的夹角不同。

3）为方便施工并保证安全，必须卧式组焊，组焊后立起来，必须保证踏步板与大地平行，栏杆与大地垂直，圆筒与大地倾斜。

1. 板厚处理

1）踏步板与圆筒体外皮接触，故圆筒体应按外皮展开。

2）压制的踏步板应按里皮。

2. 下料计算

如图 11-30 所示为立体图，如图 11-31 所示为排气筒三腿之一的盘梯施工图，全高 100m；如图 11-32 所示为计算原理图，每个踏步的平面投影角度为 18°。

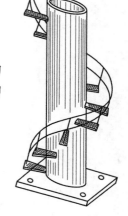

图 11-30　立体图

1）筒体的倾斜角 $\alpha = \arctan \dfrac{1}{0.093624} = 84.6514°$（施工图给定）。

2）上下端形成斜角各素线 $l_n = \dfrac{r_2 \pm (r_2 \sin\beta_n)}{\tan\alpha}$

如 $l_4 = \dfrac{610 + 610 \times \sin36°}{\tan84.6514°}$mm $= 91$mm

$l_8 = \dfrac{610 - 610 \times \sin36°}{\tan84.6514°}$mm $= 24$mm

同理得：$l_1 = 114.22$mm，$l_{2、20} = 111.42$mm，$l_{3、19} = 103$mm，$l_{4、18} = 90.68$mm，$l_{5、17} = 74$mm，$l_{6、16} = 57$mm，$l_{7、15} = 39$mm，$l_{8、14} = 23$mm，$l_{9、13} = 10$mm，$l_{10、12} = 2.8$mm，$l_{11} = 0$。

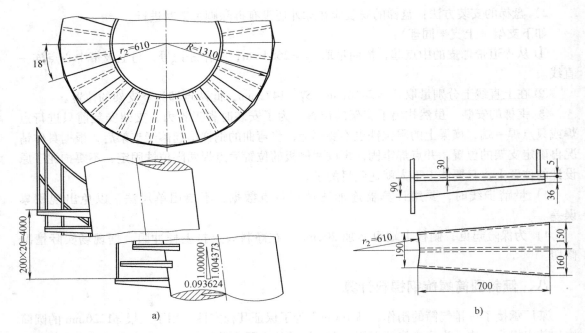

图 11-31　排气筒螺旋梯

a) 钢梯施工图　　b) 不倾斜侧踏步板

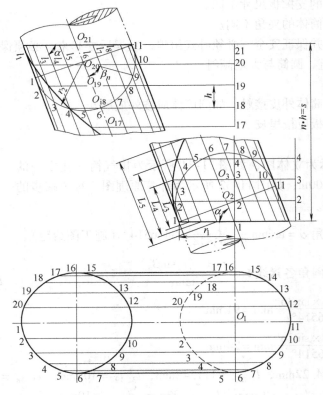

图 11-32　计算原理图

3）从下端起任一螺旋点的长 $L_n = \dfrac{h_n}{\sin\alpha}$（一个导程内，$h = 200\text{mm}$）

如 $L_{10} = \dfrac{1800\text{mm}}{\sin 84.6514°} = 1808\text{mm}$

同理得：$L_1 = 0$，$L_2 = 200.87\text{mm}$，$L_3 = 401.75\text{mm}$，$L_4 = 602.62\text{mm}$，$L_5 = 803.5\text{mm}$，$L_{16} = 3013.12\text{mm}$，$L_{17} = 3214\text{mm}$，$L_{18} = 3415\text{mm}$，$L_{19} = 3616\text{mm}$，$L_{20} = 3817\text{mm}$。

4）任一踏步与对应素线的夹角 φ_n。

① 特殊夹角：倾斜内侧 $\varphi_1 = \alpha = 84.6514°$，倾斜外侧 $\varphi_{11} = 180° - \alpha = 180° - 84.6514° = 95.3486°$，不倾斜侧 $\varphi_{6、16} = 90°$。

② 其他夹角：其他夹角用渐缩差法确定，其计算公式为渐缩量 $e = \dfrac{90° - \alpha}{n}$（$n$——90°范围踏步挡数，本例为 5）

$$e = \frac{90° - 84.6514°}{5} = 1.0697°$$

如 $\varphi_{2、20} = 84.6514° + 1.0697° = 85.72°$

同理得：$\varphi_{3、19} = 86.79°$，$\varphi_{4、18} = 87.86°$，$\varphi_{5、17} = 88.93°$，$\varphi_{6、16} = 90°$，$\varphi_{7、15} = 91.07°$，$\varphi_{8、14} = 92.14°$，$\varphi_{9、13} = 93.21°$，$\varphi_{10、12} = 94.28°$，$\varphi_{11} = 95.35°$。

5）踏步计算。图 11-33 为踏步计算原理图。

① 内侧弧弦高 $k = r_2 - \sqrt{r_2^2 - \left(\dfrac{A}{2}\right)^2} = 610 - \sqrt{610^2 - 95^2} = 7.4$（mm）。

② 加强筋内端头切去长度 g_n（见图 11-34）。

从图中可看出，不倾斜侧端头（6、16 两踏步）为 90°，$g_{6、16} = 0$。

a. 倾斜外侧 g_{11}（即 11 踏步）。

在直角三角形 ADE 中，$\angle 1 = 90° - \alpha = 90° - 84.6514° = 5.3486°$

在直角三角形 FDB 中，$\angle 2 = \arctan\dfrac{DF}{DB} = \arctan\dfrac{B}{f - f_1} = \arctan\dfrac{700}{54} = 85.59°$

$\angle 3 = 180° - \angle 1 - \angle 2 = 180° - 5.3486° - 85.59° = 89.06°$

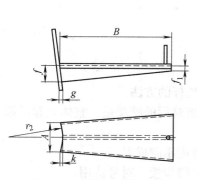

图 11-33　踏步计算原理图

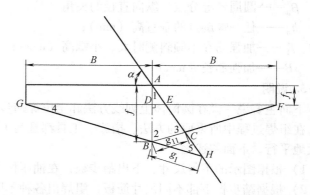

图 11-34　倾斜内外侧踏步加强筋内端切去长度计算原理图

在三角形 ABC 中

因为 $\dfrac{g_1}{\sin\ (90°-\alpha)}=\dfrac{f}{\sin\angle 3}$ （正弦定理）

所以 $g_{11}=\dfrac{f\sin\ (90°-\alpha)}{\sin\angle 3}=\dfrac{90\text{mm}\times\sin 5.3486°}{\sin 89.06°}=8.4\text{mm}$。

b. 倾斜内侧 g_1（即1踏步）。

在直角三角形 GDB 中，$\angle 4=\arctan\dfrac{BD}{DG}=\arctan\dfrac{f-f_1}{B}=\arctan\dfrac{90-36}{700}=4.41°$

在三角形 GEH 中，$\angle 5=\alpha-\angle 4=84.6514°-4.41°=80.24°$

在三角形 ABH 中

因为 $\dfrac{g_1}{\sin\ (90°-\alpha)}=\dfrac{f}{\sin\angle 5}$ （正弦定理）

所以 $g_1=\dfrac{f\sin\ (90°-\alpha)}{\sin\angle 5}=\dfrac{90\text{mm}\times\sin 5.3486°}{\sin 80.24°}=8.5\text{mm}$。

c. 其他位置 g_n。

求其他位置的 g，是利用两相邻踏步的 g 的差求得的，其差的计算公式是 $z=\dfrac{g}{n}$（n 为90°范围踏步挡数）。

外侧 $z_1=\dfrac{g_{11}}{n}=\dfrac{8.4\text{mm}}{5}=1.68\text{mm}$

如 $g_{10,12}=(8.4-1.68)\text{mm}=6.72\text{mm}$

同理得：$g_{9,13}=5.04\text{mm}$，$g_{8,14}=3.36\text{mm}$，$g_{7,15}=1.68\text{mm}$，$g_{6,16}=0$。

内侧 $z_2=\dfrac{g_1}{n}=\dfrac{8.5\text{mm}}{5}=1.7\text{mm}$

如 $g_{2,20}=(8.5-1.7)\text{mm}=6.8\text{mm}$

同理得：$g_{3,19}=5.1\text{mm}$，$g_{4,18}=3.4\text{mm}$，$g_{5,17}=1.7\text{mm}$，$g_{6,16}=0$。

式中　α——倾斜角（°）；

r_2——支腿圆筒外半径（mm）；

β_n——圆周各等分点与纵向直径的夹角（°）；

h_n——任一螺旋点的垂直高（mm）；

f、f_1——加强筋在不倾斜侧时大、小端高（mm）；

B——加强筋长（mm）。

3. 说明

下面主要说一说在圆筒体上划线方法和定位焊踏步板、栏杆的方法。

在组焊过程中所采取的方法、措施、工具都是为了保证组对后的踏步板，整体立起后都与大地平行，下面叙述之。

1）根据图示的下料尺寸，下出踏步板，在油压机上按里皮压制成形。

2）根据踏步板下部不同尺寸筋板，组焊出各种不同规格踏步板，对号待用。

3）将两个导程8m长的筒体横放在两辊轴支架上，以备转动。

4）在筒体上划出20条素线，并明确彰显出倾斜外侧11线、倾斜内侧1线和不倾斜侧的 6、16 两线，使素线间距为 1220mm ÷ 20 = 191.64mm。

5）在筒体下端按照下端切成斜角的各数据切出斜角。

6）从下端起，量出各踏步点的位置，如 $L_{10} = 1808$mm。

7）利用水准仪测定筒体水平度在允差范围。

8）在定位焊踏步板前，应架设两台经纬仪，纵向经纬仪 A 和横向经纬仪 B，A 测踏步板的中心线是否通过筒体中心线，即称同心度，B 测踏步板与筒体的夹角 φ_n。

9）对号点焊踏步板，使筒体上的螺旋点对正踏步板上的中心，在踏步板的内侧点焊一小疤，利用 A 测同心，利用 B 测角度，如 $\varphi_6 = 90°$，$\varphi_{11} = 95.3486°$，$\varphi_{12} = 94.28°$，$\varphi_{18} = 87.86°$，测定后用大疤点焊定位。

在测角的过程中，可能牵扯到筋板端头 g 的多或少，多了可用气割一扫即成，少了就较麻烦了，所以在下筋板料时，有意识长一点，宁多不要欠，对施工进度和质量都有好处。

10）各几何尺寸符合设计后可在内端头施焊，焊前应对踏步板采用刚性固定，以防变形，主要是角度的变形，全冷后拆除刚性固定。

11）全冷后用水准仪复查筒体水平度，用经纬仪复查踏步板与筒体的倾斜度，若有误差，可用火烤或机械法（如千斤顶）矫正。

12）点焊立柱和栏杆，对立柱的要求是垂直踏步板，上已校核了踏步板与筒体的倾斜度，所以只要用直角尺检测立柱与踏步板的垂直度就可以了。

13）最后点焊并焊接栏杆和围裙扁钢，便完成一个或两个导程的盘梯施工。

14）整排气筒组装顺序是：先吊起中心排气筒，用拖拉绳并用地脚螺栓固定，然后再分别吊装三支腿同法固定，最后排气筒与三支腿通过拉撑、螺栓连接成整体。

第十二章 白铁件下料与制作

卷边咬缝是指薄板（1mm 以下普通钢板，1mm 以下的铝板，0.7mm 以下不锈钢板）因不便使用焊接或铆接的方法而成为构件或器皿，而是通过自身扳折互相咬合在一起，并且有一定的刚度和密封性能；由于板薄，为了增加其刚性，常常在构件或器皿的某部位压出凸起状（俗称起线）和在端口部位卷入铁丝等，这些即是卷边咬缝的基本内容。

卷边咬缝也就是俗称的白铁加工，那么为什么叫白铁呢？这是因为：铁板分白铁板和黑铁板。白铁板，顾名思义，即表面为白颜色，如镀锌板、铝板和不锈钢板等；黑铁板即是常说的普通低碳钢板，因其容易生锈，其颜色相对接近黑色，所以叫黑铁板。

白铁加工，有很多人甚乐于此行业，都想学一手谋生技能，日常常用的壶、盆、桶、锅、烟囱、弯头、三通和排风扇等的制作和修补，都是利用薄板通过卷边咬缝而实施的；在厂矿企业的绝热工程中，应用也很广，尤其是化工企业，70% 的设备都要通过绝热（即通常所说的保温和保冷）来保证设备或管道的设计温度，如球罐、贮罐和反应器等的绝热，管道的三通、弯头和阀门等的绝热。随着科学技术的发展，薄板不锈钢卷边咬缝也进入了厂矿企业和千家万户，同时制作手段也发生了翻天覆地的变化，特别是扳边工具、咬缝工具和压凸起工具都有了很大的改进，如陕西省安装机械厂生产的 YWL-12 型弯头联合角咬口机、YZD-12 型单平口咬口机、YZC-10 型插接式咬口机、YZA-10 型按扣式咬口机和 YWA-10 型弯头按扣式咬口机等，还有其配套辅机，如 YB-2X2000A 型薄板卷圆机、YJ-1.2X2300 型压筋机、JY-40 型角钢卷圆机、WS-12 型手动折方机和 YG-100A 型金属保温护壳压箍机等，大大提高了卷边咬缝加工的生产效率。

卷边咬缝加工，小批量生产主要靠手工，大批量生产主要是手工和机械两种手段混合加工，前者的技术含量较高，后者只会操作就可以了。下面就编者的实践经验，将手工卷边咬缝的计算、加工工具和加工方法等叙述于后。

一、卷边

1. 卷边的基本原理

卷边的方法大致有三种，一是实心卷边，二是空心卷边，三是实折边。因为板很薄，刚性小，强度低，通过卷边可增加结构的断面面积，因而增加结构的刚度和强度，达到结构轻而强度大的目的。

2. 卷边的长度计算

如图 12-1 所示为卷丝长度计算原理图。

卷丝长 $\qquad l = d\left(\dfrac{\pi}{2} + 1\right)$

式中　d——卷丝直径。

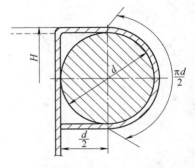

图 12-1　卷丝长度计算原理图
（H—构件高）

3. 卷边铁皮对口处板厚处理

如图 12-2 所示为卷丝对口处的板厚处理，从纵缝的咬合断面看，四层中有三层是处于不计展开长度的，即图中的 2 个 B_1 和 1 个 B_2。卷丝过程中，如果四层同时参与卷曲，一是不便卷曲，二是即使卷曲成形也高于正常部位，其处理的办法有两种，一是将 B_1 段剪去一个三角，二是将 B_1 段剪去一个矩形。按板厚处理的效果看还是二法好，但在实际工作中习惯用一法，一剪完成。

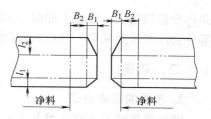

图 12-2　卷丝铁皮对口处板厚处理
B_1—第一次扳折量　B_2—第二次扳折量
l_1—与封底咬合宽度　l_2—卷丝宽度

4. 卷边操作过程和方法

如图 12-3 所示为锥台洗衣盆卷丝操作过程和方法，为了提高效率而又不伤及板材，用拍板扳边最好，可用平面，也可以用棱部；使用斩口锤的钝刃部也可以，但易伤板。

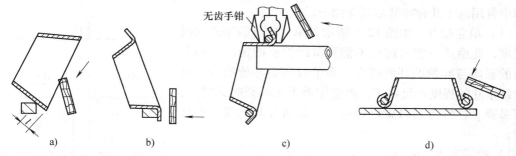

图 12-3　卷边操作过程和方法

扳折顺序和方法叙述如下：

1）用圆规在盆体内侧划出扳折线，若操作熟练了也可不划。

2）在平台边缘或卧置的钢轨上，利用其棱部接触面积小的特点，用拍板往外翻边，注意两点，一是按扳边线进行，否则会忽多忽少，二是不要一次扳成，要多次扳成，如图 12-3a 所示。

3）放于平台边缘，用拍板操作，一是调整扳边量，二是将扳边部分打平，为下步卷丝作准备，如图 12-3b 所示。

4）将盆体立置于圆钢或厚壁的钢管端头，将卷丝放入卷丝部位，用无齿手钳夹牢，在手钳两边用拍板往下翻边，达到不使卷丝脱离为止，转一圈约有 4～5 处即可将铁丝固定，如图 12-3c 所示，下一步即是卷牢，仍用手钳夹紧，夹一段拍打一段，直至全周，夹紧的目的是防止反弹，提高卷丝效率，遇纵缝重叠层数较多时，可适当用铁锤击打压下之。

5）将盆体平放于平台，用拍板或铁锤将卷边外沿砸贴，另外也有调整盆口水平度的作用，如图 12-3d 所示。

5. 卷曲长度欠或过的处理方法

在卷丝过程中，由于下料或操作手法的不同，很可能出现卷边长度欠或过的缺陷，其处理方法如图 12-4 所示。如欠，如图 12-4a 所示，将盆体往下倾斜，用拍板往下往外打，铁丝及卷边部分会同时往小端移，卷

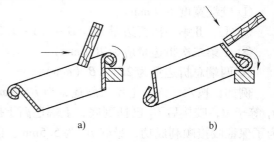

图 12-4　卷曲长度欠或过的处理方法
a）处理欠的方法　b）处理过的方法

曲部分自然变长；如过，如图 12-4b 所示，也将盆体往下倾斜，用拍板往下打，铁丝及卷边部分会同时往大端移，卷曲部分自然变短。

二、咬缝

1. 咬缝的基本原理

通过薄板的扳折咬合而增加其接触面，从而增加其摩擦力，再配以咬缝处的形状改变，既抗拉又止退，进而达到连接的目的。

2. 咬缝的基本型式和展开图

咬缝的型式很多，有较普通、常用的，也有较深奥、难度较大的，但一般常用的也不过十几种，只要掌握了这十几种，一般构件或器皿的制作或修补都能完成。下面就编者在实际工作中常用的十几种咬缝型式介绍于后。

（1）单立咬缝 如图 12-5 所示为单立咬缝的型式和扳折尺度，此型式一般常用在不能再继续扳折的情况，如手提壶的壶体与脖领的环缝咬合、多节弯头的环缝咬合，只咬合到单立的程度就足够了，再继续扳下去既费时又费工，没有必要了，咬合后再施以锡焊，一是增加其刚度，二是密封。

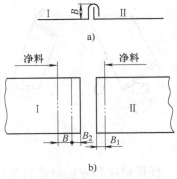

图 12-5 单立咬缝
a）成形后形状 b）扳折尺度

1）咬缝宽 B（mm）。

2）被覆盖侧 II 一次折边量 $B_1 = B - 1$（mm）。

3）覆盖侧 I 二次折边量 $B_2 = B - 2$（mm）。

4）覆盖侧 I 一次折边量为 $B + B_2 = 2B - 2$（mm）。

5）两端总折边量为 $3B_1$（mm）。

例如：按四、五、六型式叙述，当 $B = 6$mm 时，B_1 应等于 5mm，B_2 应为 4mm，B_1 和 B_2 绝对不能相等，若相等就会将覆盖板顶弯，造成废品。总折边量为 $3B_1 = 15$mm，在实际的操作中，并不像图中那样划线，而是在净料的两端各加 7.5mm 即成。

扳折咬合方法请见多节弯头的咬接。

（2）单平咬缝

1）双抗弧单平咬缝：如图 12-6 所示，此型式一般用在纵缝或对接平板的咬合上，用处甚广，此型式的咬合难度是两咬合端必须要直，不直就会咬合失改，不直时可用一般常规方法调直，调直时很可能会将折边砸实，可用一字形螺丝刀⊖拨离之。

① 咬缝宽度 B（mm）。

② I、II 第一次折边量 $B_1 = B - (1 \sim 1.5)$（mm）。

③ I 第二次折边量应为 B（mm）。

④ 两端总折边量为 $2B_1 + B$（mm）。

例如：按六、六、七型式叙述，当 $B = 7$mm 时，B_1 应等于 6mm，最好等于 5.5mm，若 B_1 等于 B，咬接后 B_1 已插到底，上端还高于抗弧，即抗弧抗不到 B_1 板的上端，咬接失败，为了保证咬接顺利成功，最好 B_1 为 5.5mm。图 12-6c 是指下料时净料以外的一端咬接量的

⊖ 按相关国家标准规定，螺丝刀规范用法为螺钉旋具，行业俗称螺丝刀。

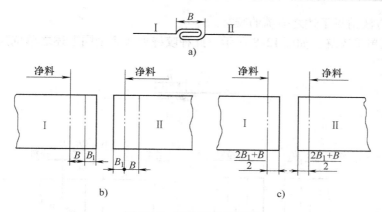

图 12-6　双抗弧单平咬缝
a）成形后形状　b）扳折尺度　c）净料以外的咬接量（咬接量分居两端）

计算方法，计算值为 $\dfrac{(2 \times 5.5 + 7)\ \text{mm}}{2} = 9\text{mm}$，此量加在一端或分加两端皆可，扳折时仍按图 12-6b 的扳折尺度进行。两端总折边量大约为 18mm。

扳折咬合方法请见下述之纵缝的咬接。

2）单抗弧单平咬缝：如图 12-7 所示。

① 咬缝宽 B（mm）。

② 被覆盖侧 Ⅱ 一次折边量 $B_1 = B - 1$（mm）。

③ 覆盖侧 Ⅰ 二次折边量应为 B（mm）。

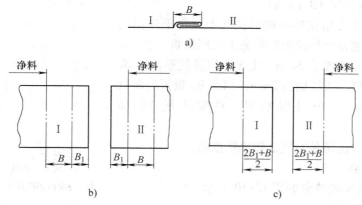

图 12-7　单抗弧单平咬缝
a）成形后形状　b）扳折尺度　c）净料以外的咬接量（咬接量分居两端）

④ 覆盖侧 Ⅰ 一次折边量为 $B_1 = B - 1$（mm）。

⑤ 两端总折边量为 $2B_1 + B$（mm）。

例如：壶嘴的咬缝，按三、三、四型式叙述，当 $B = 4\text{mm}$ 时，B_1 应等于 3mm，图 12-7c 为净料以外的一端咬接量计算方法，计算值 $\dfrac{2B_1 + B}{2} = \dfrac{6 + 4\text{mm}}{2} = 5\text{mm}$，对于壶嘴的锥体来说，此值应分别加在两边，对圆筒体或矩形板来说，此两值加在一端也可以。由于是单抗弧，很有松动的可能，解决方法有两种，一是打样冲眼增加摩擦力，二是加锡焊更可密封。

扳折咬合方法请见下述之壶嘴的咬接。

3）无抗弧单平咬缝：如图12-8所示，此种咬缝型式完全同上述之单抗弧单平咬缝，此略。

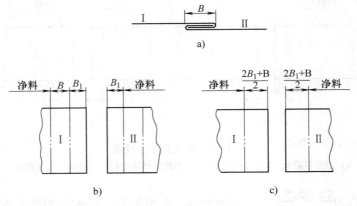

图12-8　无抗弧单平咬缝

a）成形后形状　b）扳折尺度　c）净料以外的咬接量（咬接量分居两端）

（3）单双平咬缝（见图12-9）

1）咬缝宽 B（mm）。

2）一次折边量 $B_1 + B_2 = 2B$（mm）。

3）二次折边量 $B_1 = B$（mm）。

4）总咬边量估算 $3B$（mm）。

此咬缝型式主要用在铸铝锅的换底上，由于铸铝锅底不能扳折，只能在待换薄板铝锅底上来回扳折，当 $B =$ 5mm 时，B_1、B_2、B 都为5mm，由于原锅底较厚，扳 B_1 时会消耗一个厚度，设原锅底2mm，那么 B_1 扳折后就只有 3mm 了，3mm 完全可以咬牢。总咬边量 $3B$ 即为15mm。

扳折的咬合方法请见下述之铸铝锅换底。

（4）单角咬缝

1）圆筒环缝单角咬缝如图12-10所示。

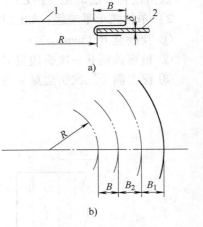

图12-9　单双平咬缝

a）成形后形状　b）扳折尺度

1—待换薄铝板锅底　2—原铸铝锅底

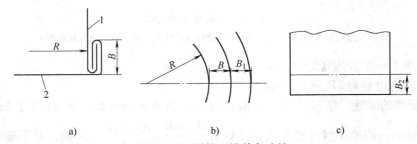

图12-10　圆筒环缝单角咬缝

a）成形后形状　b）封底扳折尺度　c）桶体扳折尺度

1—桶体　2—封底

① 咬缝宽度 B（mm）。

② 桶体被覆盖板 $B_2 = B - 1$（mm）。

③ 封底覆盖板第一次折边 $B + B_1 = 2B - 2$（mm）。

④ 封底覆盖板第二次折边 $B_1 = B - 2$（mm）。

例如：常见铝锅底的换底，按五、六、七型式叙述，当 $B = 7$mm 时，封底的 B 应等于 7mm，B_1 就应该等于 5mm，桶体的 B_2 应该等于 6mm，B_1 和 B_2 的关系尤为重要，B_1 必小于 B_2 1.52mm，否则扳折到最后时，由于 B_1 过长，会将桶体底部顶向内侧，造成废品。

扳折的咬合方法请见下述之带护圈水桶的封底方法。

2）矩形容器纵缝单角咬缝如图 12-11 所示。

① 咬缝宽 B（mm）。

② 被覆盖侧 Ⅱ 一次扳折量 $B_2 = B - 1$（mm）。

③ 覆盖侧 Ⅰ 一次折边量 $B_1 = B - 2$（mm）。

④ 覆盖侧 Ⅰ 二次折边量应为 B（mm）。

例如：常用灰簸箕的角部咬缝常用这种咬缝结构，按五、六、七型式叙述：当 $B = 7$mm 时，B_1 应该等于 5mm，B_2 就应该等于

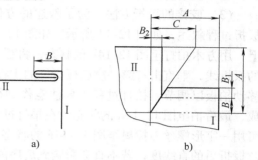

图 12-11　矩形容器纵缝单角咬缝
a）成形后形状　b）一角部展开图
A—包括卷边宽度的侧板高和堵板高

6mm，B_1 必小于 B_2 11.5mm，否则当扳折到最后时，由于 B_1 的过长会将主侧板顶出凸起，咬接失败。

扳折的咬合顺序和方法请见下述之灰簸箕的扳折方法。

3. 纵缝的咬合方法

纵缝的咬合方法很多，有单平单抗弧咬缝，还有单平双抗弧咬缝等，但一般最常用的就是后者。

（1）咬接宽度的巧安排　白铁薄板的加工特点，就是利用自身的相互咬合而连接在一起，因而出现了咬接量的问题，过宽是浪费，过窄咬合不上，第一次折边和第二次折边还要求配套，若不配套咬接也会失败。下面以七、七、八型式的常用双抗弧单平咬缝分析，如图 12-12 所示。

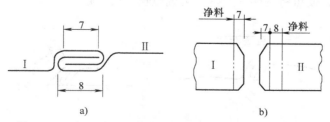

图 12-12　七、七、八型式双抗弧单平咬缝咬口宽度安排
a）成形后形状　b）咬口宽度安排

如图 12-12a 所示，若要求成形后的咬缝宽在 8mm 左右时，两端的第一次折边量要控制在 7mm，最好是 6.5mm，过大后咬合时抗不到抗弧上，咬合后会脱扣，造成废品。

（2）咬接纵缝上下缺口的安排　如图 12-13 所示为五、五、六型式上下缺口安排，从咬接成形后的断面图看，共四层重叠在一起而达到连接的目的，上端的卷丝，下端的封底连接，四层一起扳折，其翻边效果很差，为了尽量减少翻边时的难度，而又不致翻边后漏底，所以将其内部的两层剪成三角形为合适，若将剪成三角形的部位剪成矩形，更可大大减少翻边难度，但习惯用前法。

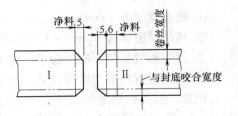

图 12-13　五、五、六型式纵缝
上下缺口安排

（3）咬接的扳折方法　为了叙述的方便，本例按五、五、六型式的单平双抗弧的纵缝扳折过程叙述，如图 12-14 所示。如图 12-14a 所示，将第一次扳折的 5mm 置于方铁的长边上，用方木拍打至图 12-14b 的状态，将板翻身 180°至图 12-14c 的状态，认真对好 6mm 处的扳折线，垂直击打第一次已扳折好的主板，用力后立板的直角度可能会发生变化，要随时移动拍板以调节，拍打过程中要注意作到循序渐进，不要一次拍至所需状态，要经多次拍成，最后拍至图 12-14d 的状态，在拍打过程中还可能出现将第一次的直边砸实，这不要紧，可用一字形螺丝刀拨离至图 12-14e 的状态，使咬合口处的间隙在 1.5～2mm 之间，还应注意扳折后的直线度，若不直会影响到后序的两端咬合。若不直时，应用拍板调直。

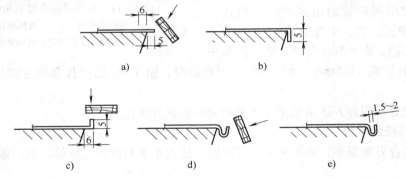

图 12-14　五、五、六型式纵缝扳边过程

（4）纵缝的咬合方法　其咬合方法如图 12-15 所示。如图 12-15a 所示为弧状体的咬合，如图 12-15b 所示为平板对接咬合，两者在咬合过程中，注意不要触及抗弧，以防打平抗弧，通过反、正面击打，便可将两端头严密、美观地咬合在一起。

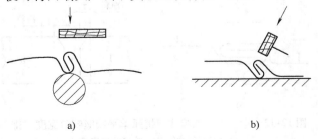

图 12-15　纵缝的咬合方法
a）弧状体咬合　b）平板对接咬合

这里着重说一说在扳折和咬合过程中常出现的缺陷和矫正方法。

1）在扳折来回弯过程中，很可能将咬合边砸实，可用一字形螺丝刀拨离。

2）在扳折过程中，很可能使咬合边产生弯曲，因而影响两端的咬合，应用常规的调直方法矫正之，在矫正的过程中也可能将咬合边砸实，同样用一字形螺丝刀拨离之。

3）在咬合的过程中，由于误操作，很可能将一面或两面的抗弧砸平使咬缝松动或前功尽弃，其处理方法如图 12-16 所示，将已被砸平的抗弧棱角对在方铁的棱上，并用力按住此端，目的是限制其回弹，从而增加矫正力，然后用方木或锤击打咬缝处，这样悬空击打，在左手的配合下，被砸平的棱部会上弧，从而得以矫正。

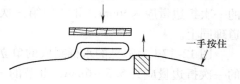

图 12-16　加大抗弧的方法

4. 环缝的咬合方法

环缝的咬合方法，常用的大致有两种，一种是单平咬缝，另一种是单立咬缝。

（1）咬缝宽度的巧安排　同纵缝的咬合一样，两者的咬合宽度一定要配套，若不配套就会咬接失败。

单平咬缝和单立咬缝的咬合宽度配比完全是一样的，只是前者砸平，后者立着罢了，下面就圆筒体的环缝咬合叙述之，如图 12-17 所示。

如图 12-17a 所示，若要求成形后的咬缝宽在 7mm 左右时，Ⅱ 节的一次折边量应为 6mm，Ⅰ 节的第一次折边量应为 11.5 ~ 12mm，第二次折边量应为 4.5 ~ 5mm，4.5 ~ 5mm 和 6mm 的配比关系一定要掌握好，否则会咬接失败。

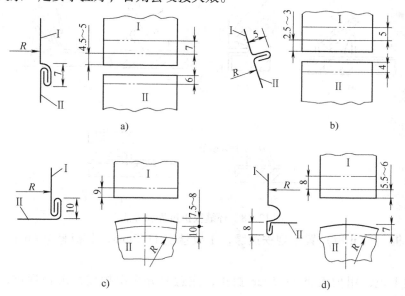

图 12-17　环缝咬缝宽度巧安排

a）圆筒环缝——单平咬缝　b）弯管环缝——单立咬缝

c）圆筒封底环缝——单平角咬缝　d）圆筒封底环缝——抗弧单平角咬缝

图 12-17b 为常见弯管的单立咬缝，若要求成形后的咬缝宽在 5mm 左右时，Ⅰ 节的第一

次折边量应为 7.5 ~ 8mm，第二次折边量应为 2.5 ~ 3mm，Ⅱ 节的一次折边量应为 4mm，2.5 ~ 3mm 与 4mm 的配合关系一定要处理好，若 2.5 ~ 3mm 段处理为 4mm，扳折后会顶在 Ⅱ 节的外壁上，甚者会顶出凸起，这就是咬缝宽度安排失败。

　　图 12-17c 为常见圆筒体的单平角咬缝，若要求成形后的咬缝宽在 10mm 左右时，Ⅰ 节的一次折边量应为 9mm，Ⅱ 节的第一次折边量应为 7.5 ~ 8mm，第二次折边量应为 10mm，道理同上。

　　图 12-17d 为常见的水桶封底的单立咬缝，若要求成形后的咬缝宽在 8mm 左右时，Ⅰ 节的一次折边量应为 5.5 ~ 6mm，Ⅱ 节的一次折边量为 7mm，5.5 ~ 6mm 与 7mm 的关系一定要处理好，道理同上。

　　（2）咬缝的扳折方法和咬合方法　以上共举出常见的四种环缝的咬合尺寸的匹配关系，它的咬合过程和方法又是怎样的呢？下面仅以图 12-17a 为例叙述之，其他类似，此略。如图 12-18 所示。

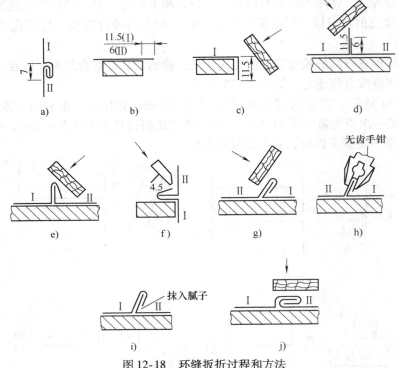

图 12-18　环缝扳折过程和方法

　　1）将 Ⅰ 板（或 Ⅱ 板）置于规铁边缘，Ⅰ 板悬空 11.5mm，Ⅱ 板悬空 6mm，如图 12-18b 所示。

　　2）叙述 Ⅰ 板，用拍板将 11.5mm 扳折，注意要分多次拍成，由轻到重，如图 12-18c 所示。

　　3）如图 12-18d、e 所示，将两扳好边的两圆筒置于圆钢上，用拍板将 4.5mm 的那部分长度拍倒，同样注意要分多次拍成。

　　4）如图 12-18f 所示，将两节圆筒体立起，在规铁的边缘，用钝刃锤将咬缝砸实。

　　5）如图 12-18g 所示，将立缝用拍板拍至约 45°，同样要分多次拍成。

6）如图 12-18h 所示，将咬缝用无齿手钳夹实，用无齿手钳是为了防止伤板，夹实是为了下工步的继续扳折，且对密封更有利。

7）夹实后抹入腻子，其目的是增加密封程度，如图 12-18i 所示。

8）用拍板将呈 45°的立缝本着循序渐进的原则拍平砸实，如图 12-18j 所示，若遇纵缝的对接处，因多层板重叠，可用铁锤砸平。

三、加工工具

白铁工的加工工具很多，随工作经历的延长和工作范围的扩大，在长期的工作实践中，白铁工创新制作了诸多加工工具，满足了现场工作的需要。下面是编者在长期工作实践中经常使用的和自制的白铁工具。

（一）白铁工具淬火的基本原理和方法

白铁工所用的錾子、圆规、锤子、剪刀和划针等，尖部都要经淬火处理，即要求工具的工作部位既有韧性，又有足够的硬度。一般的 Q235A 钢，由于含碳量很低，有足够的韧性，但硬度低，一经工作便处在钝刃状态，使工作不能继续进行；合金工具钢有足够的硬度，但韧性低，一经工作便会崩刃，不但不能工作，还会伤人。解决以上弊病的办法，就是对工具的工作部位进行热处理，低硬度的，经淬火提高硬度，低韧性的，通过回火提高韧性。下面以扁錾的热处理为例叙述热处理原理和方法。

1. 基本知识

在探讨扁錾的淬火原理和方法之前，应知道一些有关扁錾淬火方面的知识，这样操作时才能做到灵活运用，淬出既有硬度，又有韧性的理想扁錾。

（1）哪些材质的钢需要淬火　不是所有的钢材都能淬上火，如 45 以下的钢，由于含碳量低，加热冷却后不产生马氏体，所以也就淬不上火。哪些材质的钢才能淬上火呢？常用到的有 45 钢、弹簧钢、碳素工具钢 T7～T12、合金工具钢和高速钢。高速钢也叫锋（风）钢，这是因为这种钢淬火时即使在空气中（风中）冷却也能变硬。

（2）淬火与回火　常说的扁錾淬火，应该包括两个概念，即淬火与回火。

1）淬火：是将钢加热到临界点以上 $Ac_1 +$（30～50）℃（注：Ac_1 为过共析钢，即 45 钢以上上临界加热温度；45 钢为共析钢，上临界加热温度为 723℃），经过保温，使钢的组织全部转变为奥氏体，然后快速冷却（一般淬水或油），得到马氏体组织的一种热处理方法。

2）回火：是淬火工序的随后工序，将端部全部转变为马氏体组织的扁錾，快速垂直插入冷却液中约 5～7mm，待水中部分发黑后取出，利用上部余热往刃部回火，需要哪种火时（指硬度和韧性），快速淬入冷却液中，得到不同含碳量的回火马氏体组织。

（3）什么叫马氏体　马氏体是奥氏体在极大的过冷度下形成的，碳在 $\alpha-Fe$ 中的过饱和固溶体。碳的过饱和使得 $\alpha-Fe$ 的晶格发生畸变，使体心立方晶格转变为体心正方晶格，因而导致马氏体的硬度很高，为 62～65HRC，并随含碳量的增加而增高。马氏体的韧性很低，脆性大。

（4）什么叫回火马氏体　上面已经说过，当将加过热的扁錾端部垂直放入水中 5～7mm 时，水中发黑的部分为马氏体和部分残余奥氏体。取出后，上部的热量往刃口回火，随着回火温度的提高，当回火温度至 200℃左右时，马氏体开始分解，就是碳以碳化物的形式从马氏体中析出，从而使马氏体中含碳量降低，成为回火马氏体，此时马氏体中的含碳量降至

0.4%左右，温度继续回升至300℃以下时，残余奥氏体分解为回火马氏体，同时回火马氏体的分解继续进行，此时，其组织仍为回火马氏体，其含碳量已降低到0.1%左右。温度继续回升至300℃以上时，马氏体继续析出碳化物，至此，回火马氏体中的含碳量已降至0.04%以下，扁錾的硬度就很低了。

（5）加热温度和回火温度　扁錾一般是用碳素工具钢T7～T9制成的，也有用45钢制造的，其淬火温度，由于材料不同也各不一样。T7～T9的淬火温度为780～800℃，45钢的淬火温度为820～840℃。回火温度在230℃左右时（呈黄色），硬度较高；回火温度在260℃左右时（呈紫色），硬度较低；回火温度在290℃左右时（呈蓝色），硬度最低。一般用T7的回火颜色为黄色，用T9的回火颜色为紫色。

回火温度与颜色对照见表12-1。

表12-1　回火温度与氧化色的关系

温度/℃	颜色	温度/℃	颜色
220	淡黄色	285	蓝紫色
230	黄色	295～310	深蓝色
240	深黄色	315～325	淡蓝色
255	棕色	330	灰色
265	棕红色		

2. 淬火的基本原理和方法

通过以上基本知识的探讨，基本原理已显而易见了，现以碳素工具钢T7（碳质量分数0.65%～0.74%）为例叙述扁錾淬火的基本原理和方法。

将锻打好的扁錾粗磨后，将刃部长约20～30mm加热至780～800℃（樱红色），珠光体和渗碳体开始转变为奥氏体，保持一段时间后，全部转变为奥氏体。将其迅速垂直地放入水中约5～7mm，并沿水面作微微水平摆动，其目的是消除明显的淬火界限，以防使用时从淬火界限齐口崩裂。由于迅速插入水中，冷却速度快（即过冷度大），奥氏体转变为马氏体和部分残余奥氏体。当水中的部分呈黑色时，快速由水中取出，迅速将刃口部分的黑色氧化皮用锉刀锉掉露出金属光泽，以便准确地观察回火颜色。

一般刚出水面时为白色（约200℃），刃口的温度逐渐上升后，颜色也随之改变，由白色变黄色（约230℃），由黄色变紫色（约260℃），再由紫色变蓝色（约290℃）。如本例使用T7钢，当呈现黄色时，将扁錾全部放入水中冷却，此时淬住的火为"黄火"。同理，如T9钢，当呈现紫色时，淬住的火为"紫火"。

从实践着眼，对于一个用钝了的或崩裂了的扁錾的材质不清楚时，一般将其淬成紫蓝火，然后在一般的钢板上试其硬度和韧性，若钢板出现凹坑而扁錾刃口安然无恙，说明硬度和韧性还可以，若刃口出现凹痕，说明火太小，若刃口崩裂，说明火太大，应二次加热、回火重新操作，选用合适的回火颜色，以取得合适的硬度和韧性。

淬火操作时必须灵活掌握，因为刃口出水后，颜色的变化时间很短，只需几秒钟，如果第二次淬入水中太晚或过早，对刃口的硬度和韧性影响很大，因此只有经过不断实践、反复琢磨，才能熟练掌握淬火技能。

（二）工具

1. 錾子

錾子在白铁加工中为必备工具，主要用于錾断直径较小的圆钢或铁丝、錾切薄铁板以及用刃口很窄或刃口为曲线状的扁錾錾切圆孔，如标准手提壶的壶体上开孔，就用此种扁錾。

錾子是由 45 钢或 T7、T8 钢经淬火处理，使其既有硬度、又有韧性，即錾切时既有较强的硬度、又不致脆裂。

（1）錾子的构造　如图 12-19 所示，錾子由楔角、刃面、斜角面、錾体和錾顶组成，錾刃宽一般在 3～20mm，錾刃窄了可以錾切曲线，錾刃宽了可以切断型材、錾子的全长一般在 150～200mm，錾顶要经退火处理，以防锤击时崩裂伤人。

（2）白铁工常用的几种錾子

1）宽刃錾：如图 12-19 所示为宽刃錾的形状，即斜角面扁平且切削刃较宽，这种錾子常用作切断铁丝或薄板类。

2）窄刃錾：如图 12-20 所示为窄刃錾，它的刃宽一般在 3～8mm，主要用在小直径的切圆上，如壶体上的壶嘴孔开孔。

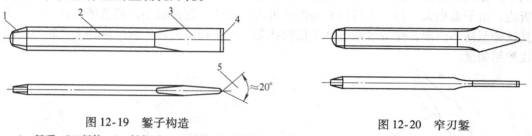

图 12-19　錾子构造
1—錾顶　2—錾体　3—斜角面　4—刃面　5—楔角

图 12-20　窄刃錾

3）圆刃錾：如图 12-21 所示为圆刃錾，切削刃为圆弧状，主要用于切割小直径圆孔。

4）凸刃錾：如图 12-22 所示为凸刃錾，切削刃为外凸圆弧状，利用外凸圆弧接触点小的特性，主要用于切割小直径圆孔。

图 12-21　圆刃錾

图 12-22　凸刃錾

（3）錾切直线和圆弧线的方法　在白铁工作中，有时会遇到用錾子錾切板料的情况，有时是直线，有时是弧线，如果掌握不好錾切方法，也会影响錾切质量和效率。錾切直线的方法是：按线錾出一个刃的长度后，抬起錾体，后放于已錾切全长上，以此錾痕为滑道顺势往前拖滑半个錾切长度，打下一锤，按同法操作，便能高效高质量地錾切完全长，其原理是，在已錾切的痕迹上拖滑一个长度，这叫导向滑动，一是能准确地置于錾切线上，二是不会出现头尾的不衔接，即不会出现锯齿状切口。錾切弧线的方法是：錾切弧线与錾切直线基本相同，但也有不同，相同的是也应覆盖半个长度的已錾切长度，不同的是不能拖滑，因而錾切质量和效率比錾切直线要差一些。

2. 锤子

锤子在白铁工作中也是重要的工具之一，锤子有木锤、铁锤、铜锤和塑胶锤之分，木锤是用枣木、柿子树木等质地较致密的木质制成，既有木质的韧性，又有铁质的刚性，在白铁操作中既能成形又不伤板；铜锤是由纯铜制成；塑胶锤是由硬质橡胶制成，其性能同木锤。

在白铁工作中，木锤、铜锤和塑胶锤用得很少，主要用在整形上，故在此省略。白铁工只要有下述的几种铁锤就足够了。

（1）斩口锤 图12-23所示为斩口锤的立体图，俗称道士帽锤，市场有售，也可用45钢经锻打、刨削、铣削、淬火而成，规格按质量分为（不连柄）0.0625kg、0.125kg、0.25kg、0.5kgkg。此锤是白铁工的主要工具之一，主要用于圆筒件端口的外翻边，斩即砍断的意思，这里是翻边、折边，利用钝刃的锤击达到翻边的目的，这是因为：端口的外翻边量一般在4～10mm，扳折量越大，边缘需变薄越大，为了达到此目的，就必须用斩口锤的钝刃去完成，其工作原理如图12-24所示，在图12-24a中，要想顺利完成外折边，其边缘必须变薄才能由小直径变为大直径，怎样才能使边缘顺利变薄呢？当钝刃沿径向砍下时，接触面小，因而压强就大，在径向小范围达到了翻边变薄的目的，多个小范围翻边变薄的轨迹，便达到了外翻边的目的（翻边要分多次进行，不能一次翻成）；反过来分析，若用斩口锤的方端折边，由于面积大，打下去后是大面积的折边，变薄的程度很小，其结果是折边凸凹不平，且延伸至筒体内部，使折线痕迹处于模糊状态，致使翻边失败。折边量越大，斩口锤钝刃的优势越明显。

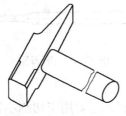

图12-23 斩口锤

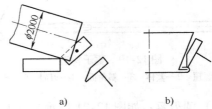

图12-24 斩口锤实用实例

a）筒体外翻边（内锤边同） b）封底砸实

圆筒体的内折边，边缘由大直径变为小直径，边缘部位应增厚，才能达到内翻边的目的，其工作原理完全同外翻边，此略。

斩口锤的另一个重要用途，看它的几何形状便知道，如图12-24b所示，可利用钝刃进行死角或狭窄部位的折边、砸实，如盆底的二次折边和多节弯头的内侧二次折边等，这种锤尤显其使用优势。

（2）圆顶锤 如图12-25所示为圆顶锤的立体图，市场有售，分连柄和不连柄两种，规格按质量分为（不连柄）0.11kg、0.22kg、0.34kg、0.45kg、0.68kg、0.91kg、1.13kg、1.36kg。对于白铁工来讲，圆顶的用途在于它的形状优势，因为是圆球状，接触点很小，所以常用于铆铆钉头，利用它的接触面积小的特点，反而压强大，易于变形，所以对铆铆钉是完全符合道理的；同理由于接触面积小，也可用于锤曲面，多点锤击的轨迹便形成了曲面（注意锤击力要轻，开始锤击点要远，后锤击点要密，最后才是密密麻麻）。方端的用途只是常规的动力源而已，此略。

（3）啄木鸟嘴锤 如图12-26所示为编者自己设计的加长锤的立体图，可用45钢或一般碳钢制成，主要用于锅、盆、壶等狭窄内腔锤击、铆接、矫正等，回形把手的"耳朵"要朝外，以免影响使用，如图12-27所示为用此锤铆接锅底时的状态。

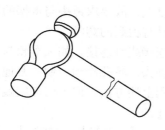

图 12-25　圆顶锤

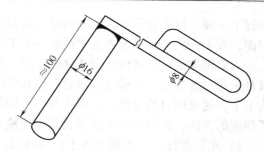

图 12-26　啄木鸟嘴锤

（4）方顶锤　白铁工还应准备一柄方顶锤，如图 12-28 所示为方顶锤的立体图，可用 45 钢经锻打、刨削、淬火而成，主要用在 1mm 厚板的纵环缝的最后砸实上，也可用于 1 ~ 2mm 厚板的成形矫正中。

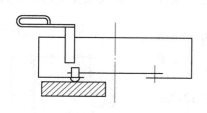

图 12-27　用啄木鸟嘴锤铆接锅底

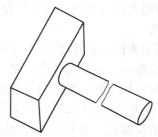

图 12-28　方顶锤

（5）偏刃锤　如图 12-29 所示，其形状像斧头，为了工件工作位置的需要，将其制成单刃状，可用 45 钢经锻打、淬火而成，主要用在较低位置的二次折边砸实上，如锅底、壶底、盆底的二次折边，用起来很方便，注意工作时不要一次到位，要分几次砸到底，砸下时内侧应推一衬铁，以免将锅体挤向内侧而使咬缝脱扣。

（6）无齿半圆锉　图 12-30 所示为磨掉平面部位锉齿的半圆锉，可用成品的废半圆锉磨削而成，主要用在阴暗角落或死角部位，如两节 90°弯头和多节圆管弯头的内侧二次折边，用起来很得心应手，这是其他锤可望而不可即的，由于平面侧的齿被磨光，不会伤板，而半圆侧仍可进行锉削，一具两用。

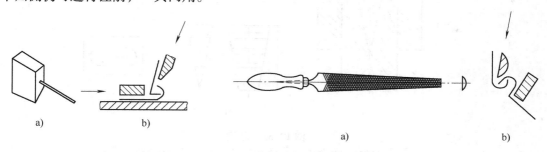

图 12-29　偏刃锤
a）偏刃锤　b）砸实低位置环缝

图 12-30　无齿半圆锉
a）半圆锉立体图　b）砸实死角位置环缝

（7）锤头与木柄的紧固方法　中国山东省章丘市的锻工在全国是很有名气的，一提到锻工，人们总联想到章丘，他们常用 2m 多长的木柄和 3 ~ 4kg 的特大锤头劈开铸铁或钢铁，每打下一锤，打在錾子上，瞬间的锤击力要达到百公斤以上，故要求锤头与木柄的连接必须牢固，万无一失，章丘人在这方面取得了丰富的经验，具有独到的窍门。

人们都知道，钢铁件与钢铁件的连接，是采用过盈连接或键连接，如火车轮与轴的连接就是采用过盈连接，是通过加热轮孔使孔径增大，套入轴头，轮孔冷却后便紧紧地固定在轴头上了，这就叫过盈连接。而钢铁与木质的连接则不能用上述方法，但人们在实践中也找到了相应的方法，使锤头与木柄达到紧固连接，其方法叙述如下。

1）用腊木杆（一种荆棘灌木）作锤柄，因此木材质细腻，有韧性、能颤动，且不易开裂，不易折断，吸水性能好。

2）将木柄的端头砍至稍大于锤头孔实形。

3）将木柄端头覆于锤头孔试插，哪里碍事砍哪里，直至插入一小段。与研磨锡铅基轴瓦的方法基本相同。

4）稍用力打入木柄，便在结合处出现一压印，退出砍除压印，反反复复操作，直至全部插满锤孔。

5）退出木柄，将烘干脱水（理论上说应烘干脱水，但在实践中嫌麻烦，并不这样作）的木柄端头披上湿麻丝（干麻丝打入时容易拉断）重新打入如图 12-31 所示。

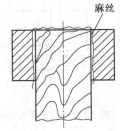

图 12-31　塞入麻丝增加摩擦力

6）从木柄外端打入脑楔，如图 12-32 所示，图 12-32a 为脑楔的结构形式，图 12-32b 为脑楔的几何形状，是棘爪原理的应用，图 12-32c 为脑楔的方位，为了尽量增大对锤孔的胀力，以立交形式为最合理。这里主要说一说图 12-32b，它利用棘爪结构原理，总体呈锥状趋势，可以使脑楔顺利打入，为防止使用中由于振动会造成脱落，所以设成棘爪形式，其防脱原理是：棘爪平面与木柄接触的部位，是实实在在地与木质纤维接触，而凹陷空间的纤维由于受不到压力而向凹陷空间逼走，致使凹陷处纤维高于平面处纤维，受振动欲退时，正好顶在棘爪上，只要脑楔稳而不动，胀力就不会减小，胀力不小，锤头就不会脱落，因而起到了止退的作用。

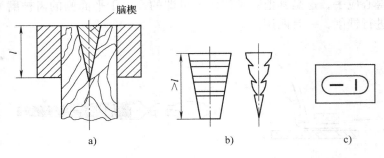

图 12-32　脑楔
a）脑楔的结构型式　b）脑楔的几何形状　c）脑楔方位

7）击打后端的木柄时，左手应紧握木柄端头，以防打裂。

8）使用前和使用一段时间后，尤其是干燥天气和火种前，应将锤头放入水中浸泡一下，以使孔周围和棘爪空间处的木质纤维膨胀，增加紧固力。

9）虽然采取了以上防脱措施，在工作中还应注意以下几点：

① 打锤时若听到锤击声由原来的实音变为虚音时，可能是松动的前兆。

② 工作一段时间后，观察锤头与木柄的相对位置有无差异，若有，说明有脱落的趋向。

③ 锤击的前方不要站人，以防万一。

3. 拍板

图 12-33 所示为常用拍板，图 12-33a
为无柄拍板，图 12-33b 为有柄拍板，长度
为 300～400mm，截面为 30mm×30mm 或
30mm×35mm 方形，可用枣木或柿子木经
刨削而成，因为上两种木木质致密，有较
高的硬度，还有较好的韧性，不易裂。棱
部 1×45°倒角，随板厚和构件规格的不同，
可制出系列拍板，以灵活使用。

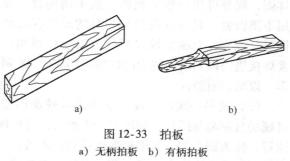

图 12-33　拍板
a）无柄拍板　b）有柄拍板

使用拍板的原理主要有三：一是可减少板料的变薄，铁锤和拍板都能使板料变薄，但前
者严重、后者差；二是防止伤板，减小锤痕；三是因为接触面积大，可提高效率。

拍板主要用于大规格制作的折边和纵缝咬合。

4. 钢丝钳

白铁工还应备有钢丝钳，如图 12-34 所示。这里主要介绍两种。一种是带塑料管钢丝钳
（见图 12-34a），主要用途是夹稳薄板和金属
丝，如白铁件的卷丝，卷之前必须两者定位，
定位用钢丝钳是最理想的工具；其次是切断
金属丝，如卷边的铁丝。另一种是无齿钢丝
钳（见图 12-34b），可用前者经磨削而成，
主要有两种用途：一是锅、桶、壶、盆的桶
体与底的二次折边后的压贴，若不压紧，给
三次翻边增加难度且不容易密封，用什么办
法解决这一弊端呢？可用无齿钢丝钳逐段压
实，为了不伤板面，所以将齿磨掉，为了能
尽量多地含住二次折边，所以将钳口磨扁；

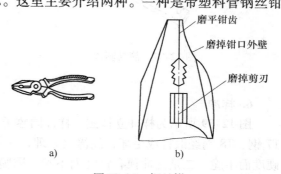

磨平钳齿
磨掉钳口外壁
磨掉剪刃

图 12-34　钢丝钳
a）带塑料管钢丝钳　b）无齿钢丝钳

二是锅、桶、壶、盆等的圆底折边，有的人在 45°的规铁上操作，但也有人用无齿钢丝钳操
作，其效率也并不比前者慢，也算是一种理想的折边工具，同样也不伤及板材。

5. 划线规

划线规也是白铁工常用的工具之一，主要用来划正圆、椭圆、
长圆、弧线和直线等，有市面可以买到的，有自制的，也有简易
的，下面分述之。划线规包括圆规和直线规。

（1）两脚圆规　图 12-35 所示为两脚圆规的立体图，在市面上
可以购到，也可自制，其材质：规身可用一般碳钢或 45 钢经锻打
成坯，再经刨工、钳工加工而成；规尖要用 T7、T8 钢或锰钢，用
焊接的方法（如氩弧焊和气焊等）与规身相连，然后在磨床上磨尖

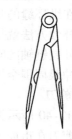

图 12-35　两脚圆规

方可使用，为了美观，可经镀铬处理。此规适于划中小直径的圆、弧线和等分弧线或直线等。

（2）长杆圆规　图 12-36 所示为长杆圆规的立体图，规身可用一般的碳钢管或不锈钢管，规头可用不锈钢管，只要其内径与规身的外径有滑动间隙即可，规头，上端要设置顶丝，以变径划圆；下端要焊接规尖以划线，规尖的材质可用 T7、T8 钢或锰钢，以增加耐磨性。

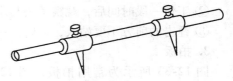

图 12-36　长杆圆规

（3）简易一次性圆规　如果因特殊原因忘记了带正式圆规，或需要划较大半径圆时，可现场自制简易圆规，如图 12-37 所示，可在现场随便找一条纤维板或木板条，一端钉入一圆钉，作为圆心端，另端量取半径后钉入另钉。须注意两点，一是应垂直钉钉，二是钉入后应实际量取钉尖距离，看与要求半径是否相符。

（4）简易直线规　划直线或平行直线，一般用直尺可一次划出，但有些情况就不能用直尺直接划出，因此在实践中创造出了直线规，如图 12-38 所示。

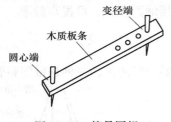

图 12-37　简易圆规

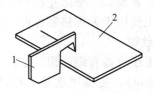

图 12-38　简易直线规
1—白铁直线规　2—白铁板

6. 样冲

图 12-39 所示为样冲立体图。样冲同錾子一样，可用同种材质经锻打而成，即用 45 钢、T7 钢、T8 钢经锻打成毛坯，经淬火处理，一是使尖部有硬度而不脆，二是使冲顶有韧性而不裂，因脆裂能伤人。可用废旧钻头磨削而成，也可用废旧活塞杆磨削而成，因它们的钢号都较高，尖部的硬度定能保证冲眼要求，冲顶可经退火处理降低脆性，以防冲击时伤人。

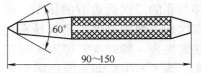

图 12-39　样冲

样冲的用途：一是划线后为了防止线被抹掉，常在其上打出小而均匀的冲眼作记号；二是钻孔，为防止钻头迷走，而给予定心，保证钻点无误；三是增加咬接缝的连接强度，这是因为，在纵环缝的咬接上，尤其是在长纵缝的咬接上，由于操作不慎，可能会出现漏咬部位，其补救方法就是打样冲眼，使咬接的几层板用冲出的凸凹痕牢固地连接在一起；四是减小白铁件铰链轴的间隙，如排风扇百叶窗的轴与铰链间隙过大时，可在轴上打几个样冲眼，利用样冲眼周围金属的凸起，可增加轴的直径，便缩小了轴与铰链的间隙。

7. 剪刀

图 12-40 所示为白铁工必备的两种剪刀，图 12-40a 所示为直刃剪，图 12-40b 所示为弯刃剪，剪刀在市面五金店可买到，也可锻打自制，其材质为 45 钢、螺纹钢或工具钢，锻打成形后需经淬火处理，以增加剪刃的硬度。

下面说一说有关剪切方面的实践经验。

（1）握剪方法　右手握剪把，为了尽量加长力臂，应尽量往后握，但尾端不能掩在手掌中，万一剪空时，剪尾会夹伤掌皮，造成工伤。

（2）剪直线的操作方法　图 12-41 所示为剪切直线时的正误方向，图 12-41a 之所以为正确方向，是因为剪切的过程中，右手握剪体，右脚踏在 A 处，左手握住 B 处，随着剪切的深入，左手往上掀起，这样动作有两个好处，一是给剪切处的撕裂助一臂之力，二是给下剪体一个容身之地，B 板较小，可轻易地往上掀，故为正确方向；图 12-41b 中，右手握剪体，右脚踏 A 处都不错，错就错在 B 处不能掀起，因为面积和重量都较大，一是不能助剪，二是下剪体无容身之地，继续剪切很难深入进行，故为错误方向。

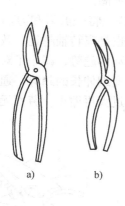

图 12-40　手工剪刀

a）直刃剪　b）弯刃剪

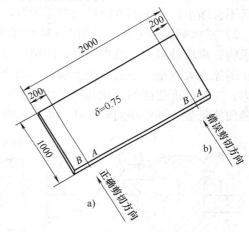

图 12-41　直线正误剪切方向

a）正确剪切方向　b）错误剪切方向

（3）剪圆的操作方法　图 12-42 所示为剪切圆板时的正误方法。图 12-42a 所示之所以是正确方法，一是弯刃剪的弯曲方向正好与圆弧线相吻合，这样剪出来的弧线圆滑，二是平衡板料的左手正处于左侧，架势合理，顺势而行；图 12-42b 所示之所以为错误方法，一是弯刃剪的弯曲方向与圆弧线正好相反，这样剪出来的弧线不圆滑，呈锯齿状，二是平衡板料的左手反而要置于右侧、很别扭，另外，上剪刀覆于剪切线之上，影响视线，因而也就降低了剪切效率和质量，因此为错误的。

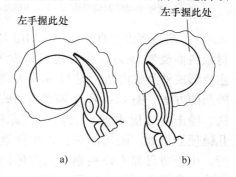

图 12-42　圆板正误剪切方向

a）正确方法　b）错误方法

（4）剪封闭圆孔的方法　在剪圆孔的操作中，有时会遇到剪封闭圆孔，即只能将孔剪出，而又不能破坏周边板材，如桶体上开孔、锅底上开孔等，可将孔部分的板材用錾子錾切开一段，以能容下弯刃剪为合适长度，然后再沿线剪出，便能达到不破坏周边板材的目的。

（5）剪刃间隙的调整方法　剪刀使用一段时间后，剪刃间隙会变大，降低剪切效率，再大会导致翻边，甚至剪不开板，此时应缩小间隙，间隙缩小要适当，过小时增加了剪刃的摩擦力，因而增加了手动力，降低了剪切效率，此时应扩大间隙，下面叙述缩小和扩大间隙的方法。

1）缩小间隙的方法。图12-43所示为缩小间隙的正误方法。不论直剪或弯剪，经常期的大动力的工作，主要由两种原因使间隙扩大了：一是上铆头与凸形垫圈的摩擦，使摩擦力减小；二是凸形垫圈的凸状几何尺寸经长期重压后变小。图12-43a所示为能缩小间隙的垫圈状态，是通过圆顶击打铆钉头的边缘，使其部分金属往下移动，对凸形垫圈施一压力，两剪刃间隙便会减小，操作时不要用力过大，只在周边两三锤就能见效，随铆随试，以免过紧再扩大间隙，劳而无功；图12-43b所示为不能缩小间隙的垫圈状态，这是因为凸形垫圈经长期的缩小间隙，凸形垫圈已变成平垫圈，操作者无论怎样击打上铆钉头的任何部位，间隙永远不会缩小，解决的方法就是破坏铆钉，重换铆钉和凸形垫圈。

2）扩大间隙的方法。如图12-44所示为扩大间隙的方法，将一剪刃和剪柄，垫一固定支承物，离转轴越近、效果越好，用锤击打另一剪刃，击点也是离转轴越近、效果越好。能矫正的原理大致是三点：一是上铆钉头的边缘金属有往上移动的趋势，减小了对凸形垫圈的压力；二是凸形垫圈的凸状几何尺寸变小；三是转轴有受拉变细伸长的趋势，通过操作，两三锤便能见效，同缩小间隙一样，也要随击随试，以免间隙过大再缩小，劳而无功。

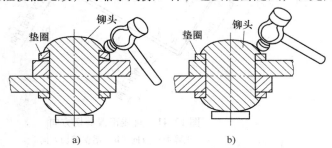

图12-43　缩小剪刀间隙的正误方法
a）能缩小间隙的垫圈状态　b）不能缩小间隙的垫圈状态

图12-44　扩大剪刀间隙的方法

3）调整剪刃不直的方法。如图12-45所示为调整剪刃内外凸的方法，由于长期剪切钢材板料而受重压力，容易使剪刃变弯，主要形成外凸或内凸。图12-45a为调整外凸的方法，图12-45b为调整内凸的方法，锤击时也应本着宁欠勿过的原则，几锤便能见效，随击随试，以免往返徒劳。由于剪刃部不设夹钢，同本体同样钢号，所以不必担心会砸裂或砸断。

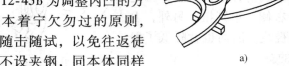

图12-45　调整剪刀不直的方法
a）调整外凸　b）调整内凸

8. 压剪

图12-46所示为编者自制的压剪，也是白铁工常用的工具之一，主要由上刀架和下刀架组成，其材质可用一般碳钢板经刨削而成，其内侧还有容纳上下刀片的凹槽，下刀片和上刀片可用工具钢经锻打、刨削、淬火而成，以增加剪刃的刚度但又不致脆裂。上下刀片用螺钉固定在刀架上，并微调至与刀架内表面平齐为止，微调的方法是在刀架的内侧垫薄垫片，故在铣刀架凹槽时，其厚度应稍大于刀

片厚度。

　　使用时，将套管插入把手 4 中，以加长力臂，按线剪切就可以了。此剪比手工剪刀大大提高了效率。

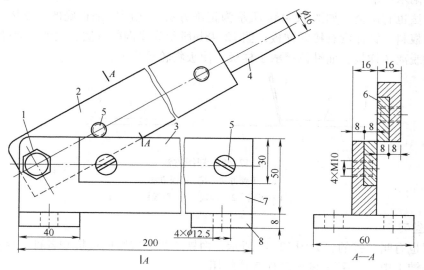

图 12-46　自制压剪

1—绞链螺栓　2—上刀架　3—下刀片　4—把手　5——字槽沉头螺钉　6—上刀片　7—下刀架　8—基础板

9. 划线针

　　图 12-47 所示为常用的几种划线针，钢划线针一般用 45 钢即可，然后经淬火处理提高尖部硬度；也可以用低碳钢尖部钎焊中碳钢或高碳钢，然后磨尖方可使用。长度在 150mm 左右为宜，直径 $\phi5\sim8mm$，尖部角度在 $15°\sim30°$为宜。图 12-47a 所示为问号划针，即在上端煨出一圆环，圆环的作用是，当划针用力划线时，会出现下移的趋势，当移到圆环位置时，便被手虎口部位挡住，消除下滑；图 12-47b 为直划针，基本同问号划针，从结构上看，不及问号划针更合理些；图 12-47c 为弯划针，即将直划针弯成 90° 即成，使用时比直划针更便于握持，如用焊条磨成的划针，由于直径较小，使用时容易弯曲，如折上弯，一是增加了划针的断面积，二是更便于握持，利于划线的顺利进行；图 12-47d、e 所示分别为钢锯条划针和钢钉划针，这两种划针适于划线量少而暂时又找不到更理想

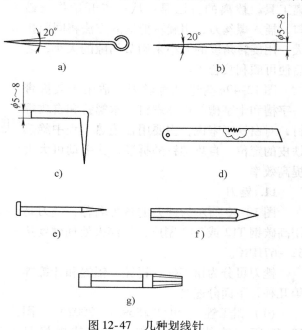

图 12-47　几种划线针

a) 问号划针　b) 直划针　c) 弯划针　d) 钢锯条划针
e) 钢钉划针　f) 铅笔划针　g) 记号笔划针

的划针时，可临时替代一下；图12-47f、g所示分别为铅笔划针和记号笔划针，此两种划针适于表面呈白色的如镀锌板、不锈钢板和铝板等，既能看出明显的线条，又不致伤及板材表面，也不怕雨水冲淋。

划线方法也有讲究，如图12-48a所示为正确方法，之所以是正确的，是因为只有针尖接触样板和板料、针体没有接触样板；图12-48b所示为错误的方法，之所以是错误的方法，是因为针尖脱离了样板，而针体接触了样板，使板料轮廓变大。

图12-48　划线方法

a）正确方法　b）错误方法

1—板料　2—样板　3—划线针

10. 螺丝刀

螺丝刀也有叫改锥的，如图12-49所示，白铁工常用来紧固或拆卸各种一字形和十字形螺钉。在白铁工中，一字形螺丝刀有特殊的用途，既不是紧固，也不是拆卸螺钉，主要用在纵、环缝的折边上，有时一次折边，有时二次折边，有时折边后的调直，都可能将一次折边或二次折边砸实，一字形螺丝刀便是唯一的拨离工具，拨离的方法是：从一点开始作突破口，插入螺丝刀、用旋转把柄的方法将间隙扩大，用旋转角度的大小来调节间隙的大小，之后便可顺利咬合了。

图12-49c为电动螺丝刀，适用于装拆带一字槽和十字槽的机器螺钉、木螺钉和自攻螺钉，对白铁工来说，主要用在绝热工程中绝热铁皮的定位、自攻螺钉的拆装，比手动可大大提高效率。

11. 锉刀

图12-50所示为锉刀的各种名称，锉刀是用高碳钢T12或T13制成，经淬火处理硬度达62~67HRC。

锉刀可分为钳工锉、锡锉、铝锉和什锦锉等几种，下面分述之。

（1）钳工锉（QB/T 2569.1—2002）　图12-51所示为钳工锉的锉形图，其规格见表12-2。

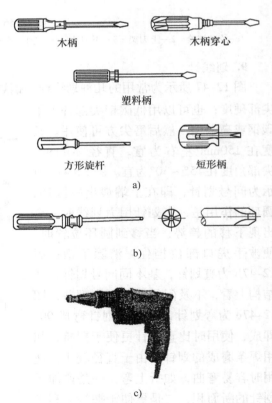

图12-49　螺丝刀

a）一字形螺丝刀　b）十字形螺丝刀　c）电动螺丝刀

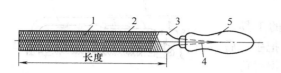

图 12-50 锉刀的各部名称

1—锉刀面 2—锉刀边 3—锉刀根 4—锉刀舌 5—木柄

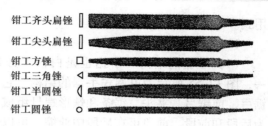

图 12-51 钳工锉的锉形图

表 12-2 钳工锉的规格

锉纹号	习惯称呼	规格（长度，不连柄）/mm								
		100	125	150	200	250	300	350	400	450
		每 10mm 轴向长度内的主锉纹条数								
1	粗	14	12	11	10	9	8	7	6	5.5
2	中	20	18	16	14	12	11	10	9	8
3	细	28	25	22	20	18	16	14	12	11
4	双细	40	36	32	28	25	22	20	—	—
5	油光	56	50	45	40	36	32	—	—	—

注：1. 各种钳工锉的锉纹均为 1~5 号。

2. 钳工锉的规格，三角锉为 100~350mm，半圆锉和圆锉为 100~400mm，其余钳工锉均为 100~450mm。

3. 辅锉纹的条数为主锉纹条数的 75%~95%。

（2）锡锉 图 12-52 所示为锡锉的锉形图，主要用于锉削或修整锡制品或其软性金属品的表面，其特点是锉齿的间隙较大，齿较高，齿呈单排排列，易于锡末的排出。

（3）铝锉 图 12-53 所示为铝锉的锉形图，主要用于锉削或修整铝、铜等软性金属或塑料制品的表面，其特点是锉齿呈刀形弧状排列，极利于铝末的排出。

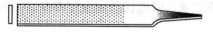

图 12-52 锡锉的锉形图

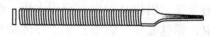

图 12-53 铝锉的锉形图

（4）什锦锉 图 12-54 所示为什锦锉的锉形图，什锦锉也称小组锉，主要用于锉削小而精致部件的毛刺和扩孔，因其断面形状多而致用途广，所以白铁工应配备一套。

（5）锉削操作方法 握锉后，身体稍向前倾，锉削用力时，前腿弓、后腿蹬，方起切削作用，并配以适当压力，往回拉时不切削，应将锉微微提起，以减少对锉齿的磨损。

锉刀还有一个旁枝用途，当白铁件钻孔、冲孔偏小时，可将锉刀柄拆下，用锉刀舌的锥形方棱铰孔，可方便地达到所需要的孔径，虽说是个小用途，但在实际的白铁加工中却经常

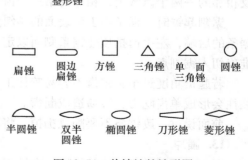

图 12-54 什锦锉的锉形图

用到。

12. 手锯

（1）手锯的结构　手锯也是白铁工必备的工具之一，图12-55所示为可调式手锯的结构。它由把手、后锯弓、前锯弓、夹头、锯条和蝶形螺母组成，锯弓可分为后段和前段，前段可在后段中伸缩，可以安装不同长度的锯条。

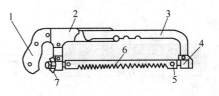

图 12-55　手锯

1—把手　2—后锯弓　3—前锯弓　4—夹头
5—定位销　6—锯条　7—蝶形螺母

锯弓的两端各设一定位销，锯条挂在两销上，拧紧蝶形螺母即可将锯条拉紧。

（2）锯条　锯条的齿是向前倾斜的，不是垂直的，当锯条向前推进时，锯齿就进行切削工作。

锯齿向前倾斜才是正确的安装方向，安装的松紧度要适中，过紧、没有弹性、容易折断，过松、锯条不直、同样容易折断。

锯条有 200mm、250mm 和 300mm 三种，白铁工常用尺寸为长 300mm、宽 10mm、厚 0.6mm。齿距大小可分粗、中、细三种，锯条是用碳素工具钢淬火处理而成，锯条的规格及用途见表 12-3。

表 12-3　手锯条的规格及用途

类别	齿距/mm	25mm 长度内齿数	用　　途
粗	1.9	14～16	锯软钢、铝、纯铜、塑料、人造胶质材料等
中	1.2、1.4	18～22	锯中等硬度钢、黄铜、厚壁管材、型钢、铸铁等
细	0.8、1	24～32	锯小而薄的型钢、板材、薄壁等、角钢等

（3）锯割操作方法　握锯后，身体稍向前倾斜，推锯时，锯齿起切削作用，并配以适当的压力，往回拉时，不切削，应将锯微微提起，以减少对锯齿的磨损。锯割时应尽量利用锯条的全长，以提高效率，行程太短，会使局部磨损严重，降低锯条的使用寿命，甚至因局部磨损，锯缝变窄，锯条易被卡住或造成折断。

在实际工作中，常会遇到锯条的断齿，断齿的原因很多，如锯条的粗细、齿距选用不当，起锯角度过大等，都会出现断齿现象，其补救方法是，将锯条取下，在砂轮上将断齿以及相邻的一两个齿磨去，相邻的第三个齿稍磨去些以过渡，这样可继续使用。

锯割起锯时，锯条与工件表面的倾斜角约为 10°，最少要有三个齿同时接触工件，利用锯条的后端，左手拇指顶住锯条侧面以定位，来回推拉，距离要短，压力要轻，才能使锯条准确切入锯割点。

若起锯角度过小，锯齿不容易咬住工件，锯条易滑动，使起锯失败；若起锯角度过大，往往会形成单齿吃刀，容易造成断齿。

前面说过，废锯条不要随意扔掉，将其折断可以代替划线针划线，做到废物利用。

13. 漏冲

图 12-56 所示为漏冲的结构。白铁工的连接孔可用电钻钻出，也可用漏冲冲出，当连接孔较多时，可考虑用电钻钻孔，当连接孔较少时，可考虑用漏冲冲出，为适应多种孔径的需要，应多备几个孔径的漏冲。

漏冲可用45钢或T7、T8钢制造，先钻孔，磨出15°倒角后再淬火，冲孔时板下应垫以木板或硬质塑胶，不能在软地上或硬钢板上冲孔。

14. 压贴冲

图12-57所示为压贴冲的结构。图12-57a所示为适于短铆钉或短螺栓，可用碳素工具钢制造，先钻孔后淬火；图12-57b所示为适于长螺栓，头部用

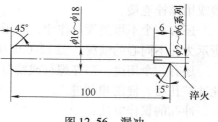

图 12-56　漏冲

不锈钢螺母最好，因不锈钢的硬度高于碳钢硬度，中部用不锈钢管是为了美观，碳钢也可，尾部用低碳钢圆钢堵死即可。

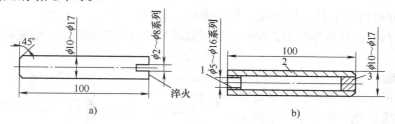

图 12-57　压贴冲

a）适于短铆钉压贴　b）适于长螺栓压贴

1—不锈钢螺母　2—不锈钢管　3—低碳圆钢

工件钻孔或冲孔后，孔周或多或少带有翻边现象，重者还带有毛刺，为了保证两板连接后（或铆钉连接或螺栓连接）的严密性，在连接前将压贴冲的工作端套入待连接的铆钉杆中，用锤击打另端，两板便紧紧地压在一起，之后便可铆铆钉或紧螺栓了。为适应多种孔径的铆钉，应备有多种孔径的压贴冲。

15. 圆锥冲

除了漏冲可以出孔外，圆锥冲也可以出孔，其几何尺寸如图12-58所示，其材质可用45钢或碳素钢，尖端需淬火后方可使用，以防尖部瘫软；也可用活塞杆、胀管器胀杆磨削而成，此种就不必淬火，其主要用途是薄板冲孔，因是锥体，故可以冲出各种直径的孔，$\phi2 \sim 10mm$皆可，如图12-59所示，其冲孔原理是：利用尖端受到的锤击力，将薄板冲凸继而冲裂，然后扩大到需要的孔径，图12-59中是下垫螺母，也可下垫木板、硬质塑胶、带孔钢板等。此冲常用于孔数少、小件、野外作业或无电无钻的情况。

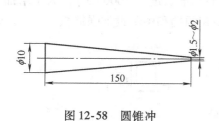

图 12-58　圆锥冲

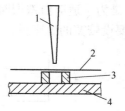

图 12-59　圆锥冲冲孔

1—圆锥冲　2—待冲板　3—螺母　4—平台

其缺点是出孔后会有不同程度的翻边，其消除方法大致有两种：要求密封性较高时，可用锉刀或砂轮将翻边磨掉；要求密封性较差时，可用下述的压贴冲将翻边强制压倒，然后铆

接或用螺栓连接。

还有一个不可忽视的作用，利用圆锥冲可以拨孔使之同心，如图 12-60 所示，图12-60a 所示为孔不同心的情况，图 12-60b 所示为拨正后的情况，在实践中应用很广。

还有一个用途，当穿螺钉或铆钉穿不进去时，可用此冲扩孔后，便能顺利进入。

冲孔的操作方法：

1）下垫螺母或孔板在冲压工艺中称为漏环，漏环的直径要比冲孔直径大 12mm，相等绝对不行，太大了增大翻边也不行。

2）在需冲孔位置上打一样冲眼，打冲眼时，板料

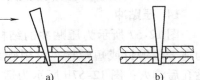

图 12-60　拨孔使之同心的方法
a）孔不同心的情况　b）拨正后的情况

会有向下凹下凸痕，放漏环时多方移动，通过漏环与凸痕的接触感觉，便能基本找准漏环的位置。

16. 矩形砧

图 12-61 所示为矩形砧，上下端皆为圆盘，下端为底盘，起支承、平衡和配重的作用，所以板较厚；上端为顶盘，其上可钻不同直径的通孔，可用来冲孔、铆接等；左端为 30° 矩方条规，30°端头可用于板料的直线折边，由于宽度较大，不能用于壶、锅、盆、桶的圆底的折边；长条直边，可以在其上进行壶、锅、盆和桶的纵缝折边和咬合，也可以进行方形件的折棱和咬合。可用

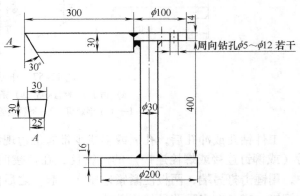

图 12-61　矩形砧

碳素工具钢经锻打、刨削而成，后经淬火后方可使用。这里主要说一说 A 向断面的形状，经多年实践，确定图 12-61 中的形状是最合理的形状，假设上下一样宽，都是 30mm，在扳折直角边时，因为有回弹，肯定扳不到实际的 90°，只大不小，若按图 12-61 中的设计，下窄上宽，扳边时可随意扳出宽度，也可大也可小，所以这样设计最合理。

17. 角钢砧

图 12-62 所示为常用的角钢砧，主要用于较长白铁件的折边和咬合，其取短长度设计为 1100mm，就是为了适应白铁烟囱的制作（白铁烟囱的标准长度为 1000mm），为了增加其稳定性，两端要设较宽的底座板，为了增加其刚性，要在两端和中部设加强筋板。

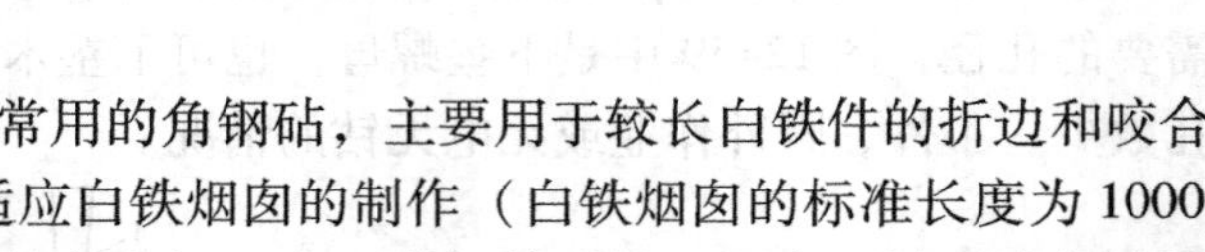

图 12-62　角钢砧
1—筋板　2—角钢　3—垫板

18. 方圆铁砧

图 12-63 所示为方圆铁砧的几何图形，左端为圆锥台，右端是矩方，故称方圆铁砧，两

端可用45钢或碳素工具钢经锻打而成,再经淬火后方可使用,它的用途如下。

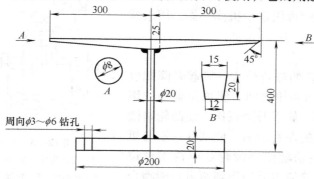

图 12-63　自制方圆铁砧

（1）圆锥端　圆锥端的主要作用是圆锥体的矫正和扣咬纵缝,主要用于各种水壶的壶嘴,最大的是标准水提壶的壶嘴,所以设计出 φ8mm 和长度 300mm,大端 25mm。

（2）矩方端　45°的端头,由于只有 15mm 宽,可以在其上进行壶、锅、盆、桶的圆底的扳边和咬合;长条直边,可以在其上进行壶、锅、盆、桶的纵缝折边和咬缝,也适于方形件纵缝的折棱和咬合。

（3）底圆　底圆就是一个大圆铁,Q235A 材质即可,不需进行任何热处理,它只是起个支承、配重的作用,保证上部工作时的稳定性,故采用 20mm 和 φ200mm 的规格。为一具多用,可在其上的周向钻多个 φ（3~6）mm 的通孔,一可冲孔,二可铆接。

19. 白铁工多用规铁

白铁工常备有一种用钢道轨制作的规铁,因具备多种用途,所以叫多用规铁,如图 12-64 所示。左端的轨顶,45°角部分,可用来折边,轨面可用来咬缝,其长度 250mm,可为一般水桶底部翻边、咬合用;全轨顶部分,长度为 950mm,宽度为 38mm,最适于家用烟囱的纵缝咬合（烟囱的常见规格为 φ100mm×1000mm）;全轨底部分,主要用于 1m 左右的圆筒件的折边、咬缝,45°角可以纵缝折边,全长 950mm 可以纵缝咬合,稍微一窜动便能够用,如家用烟囱的制作;右端的轨底,45°角部分,可用于小方形白铁件的折边,轨底 250mm,可用于长度小于 250mm 的方形白铁件的纵缝咬合;轨腹板的凹陷处,可用于槽制小圆筒、小圆锥和小天圆地方的预弯头及筒体等,故称为多用规铁。

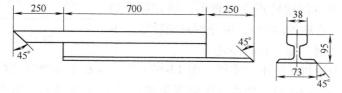

图 12-64　自制白铁工多用规铁

20. 薄板滚鼓器

为了增加薄板构件（如水桶、水壶、板类等）的刚性或便于构件与附近的连接,常在构件上滚出鼓带。下面介绍一种简单实用的滚鼓器。

（1）结构　如图 12-65 所示,该机械的机体 5 上装有主动轴 3 和从动轴 4。主动轴的一端装有主动齿轮 1,另一端装有凸轮 6。从动轴上,一端装有从动齿轮 2,另一端装有凹轮

7。通过齿轮1和2的啮合传动，带动凹凸两轮，滚出工件的鼓带。升降螺母固定于机体外侧，用来调整凸凹轮的距离。

（2）用法

1）调整好凸凹轮的啮合位置，旋起升降螺栓9，将工件放入凸、凹两轮之间，使预先画好的滚鼓线对准凸轮的顶部。旋下升降螺栓，使凸轮略微压住工件。调整两轴的左右距离，使工件一端与机体接触。适当转动主动轴使两齿轮处于待啮合位置，然后旋下升降螺栓使主动轴压到两齿轮能啮合传动的位置。

2）一手握工件，并稍往机体方向用力压住，另一只手转动摇把，即可滚出圆滑美观的鼓带。

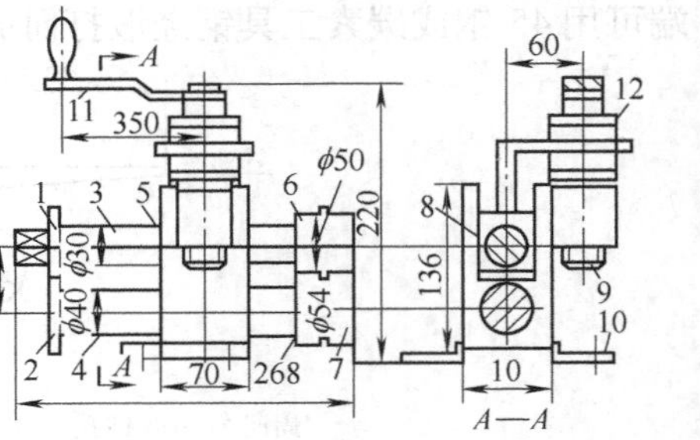

（3）特点

1）一般的滚压机械压力装置在端部，中间区域为成形部位。而本机正好相反，压力装置在中间，端部为成形部位。这种结构的好处是：工件装卸方便；内外鼓均可压制，不受工件长度的限制。

2）主、从动轴可左右窜动，机体就是限位器，不必另加限位装置。

3）可用模数较大的齿轮（模数大，啮合的距离长，本机 $m = 2$，$z = 26$），在车床上一分为二，既保证了齿轮的正确啮合，又便于取材。

4）上下方榫规格一致，摇把可通用。

5）本机滚压最大厚度为 1.2mm 的白铁板；经长期使用，未发现异常，很受操作工人的欢迎。

图 12-65　自制薄板滚鼓器

1—主动齿轮　2—从动齿轮　3—主动轴
4—从动轴　5—机体　6—凸轮　7—凹轮
8—活动轴承　9—M30 升降螺栓　10—固定角钢
11—摇把　12—定位销

21. 矫正衬铁

图 12-66 所示为矫正衬铁的几何图形，它的主要用途是矫正白铁件，既然是矫正，就必须要有厚重的自身，以防矫正施力时移位和颤动，降低矫正效果。两侧的直边，可矫正方形件的直边，一手握衬铁，一手握手锤击打，便可将直边矫平或矫正出清角；同理，左端的直角可方便地矫正立式直角，如方形件的立缝；同理，左端和右端的两个 r，可分别衬托后矫正不同弧度的圆形件，如锅、桶、壶的环缝。

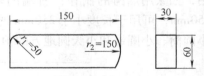

图 12-66　矫正衬铁

图 12-67 所示为用衬铁矫正的实例，图 12-67a 所示为矫正外卷丝盆体的方法，内衬带弧的端头，在外侧用拍板击打，便将卷丝调成正圆；图 12-67b 所示为矫正矩形盒内卷丝的方法，可用衬铁的直边衬于内侧，外侧用拍板拍打之，卷丝即被调直；图 12-67c 所示为矫正扳折边不直的方法，将衬铁衬于凹侧，用拍板击打凸侧，凸起便被调直，但有一个缺陷，在调直整体的时候，扳折的边容易被砸实，无法咬合，此时可用一字形螺丝刀拨离之，然后再调直、再拨离，直至两方都达到要求止；图 12-67d 为矫正封底环缝的方法，可用衬铁的弧端衬于环缝内侧，外侧可用拍板或铁锤击打之，环缝便被调直，咬缝也被砸实，一举两得。

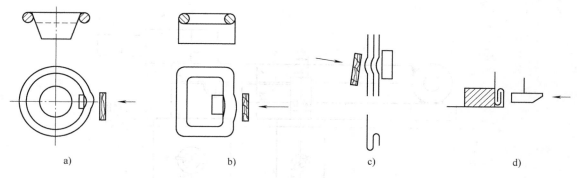

图 12-67　用衬铁矫正实例

a）矫正锥盆的外卷丝　b）矫正矩形盆的内卷丝　c）矫正扳折边的不直　d）矫正封底环缝

　　此衬铁的作用还有很多，如方形白铁件的折角不清时，可在外侧衬上衬铁，内侧用斩口锤击打之，钝角便变成了直角；在白铁件外侧钻孔时，可用自重较大的衬铁衬于内侧，钻孔便能顺利进行；在白铁件的外侧铆铆钉时，可在狭窄的内侧衬一衬铁，铆接工作便可顺利进行。

22. 手动压鼓机

　　图 12-68 所示为一种自制的手动压鼓机，压鼓机也叫起线机，可以压内鼓，也可以压外鼓，鼓起的作用，一是增加断面积加大刚性；二是利用凸起的特殊形状，起连接和限位作用，便于两者咬合和连接。其工作原理是：铰链 4 连接上凸模 5和下凹模 8，将待压板料按线放入凸凹模之间，用限位装置 6 控制其转动后的轨迹，下凹模 8、固定凹模装置 10 点焊为一体与前述的方铁砧连为一体，工作时用钢管插入杠杆座 7，以加长力臂，便可轻松地压出所需要的内或外鼓。

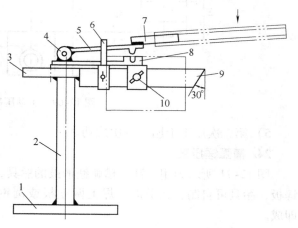

图 12-68　自制手动压鼓机工作图

1—底座　2—立柱　3—上圆盘　4—铰链
5—上凸模　6—限位装置　7—杠杆座
8—下凹模　9—30°方规铁　10—固定凹模装置

　　压制时要循序渐进地施力，不要一次压到设计的深度，要分多次压成。

　　凸凹模可用碳素工具钢或 45 钢经锻打和刨削并淬火而成。

　　压鼓机的部件图如图 12-69 所示。

23. 压力机压鼓

　　图 12-70 所示为作胎具在压力机（包括立式和卧式两种）上压鼓，适用于大批量生产，胎具可用铸钢或碳钢经刨削而成，其操作方法如下：

　　1）将上下胎放正，落下上胎试对正。

　　2）将待压鼓板置于下胎上，并与限位铁靠紧。

　　3）第一次压下作为试压，所以要轻压。

　　4）升起上胎，视偏离情况作微量调整。

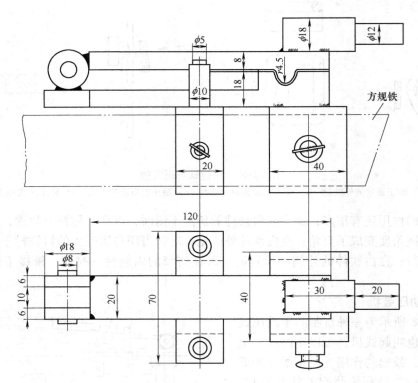

图 12-69　手动压鼓机部件图

5）第二次压下上胎，一次成功。

24. 槽弧锤压鼓

图 12-71 所示为用大锤、槽弧锤槽鼓的胎具，此胎具适于槽制较薄的碳钢板和较厚的镀锌板，胎具可自制，在平板上焊上两立板或圆钢，槽弧锤可用 45 钢刨削而成，焊上手柄即成。

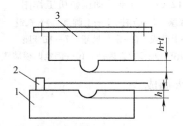

图 12-70　压力机压鼓胎具（t 为板厚）
1—下胎　2—限位铁　3—上胎

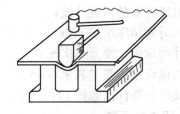

图 12-71　用槽弧锤压鼓

操作方法：

1）划出压鼓线。

2）在下胎上放正待压板，使槽鼓线对正下胎中线。

3）一个人把持槽弧锤，一个人打锤，第三人把持板使之平稳。

4）不要一次成形，应循序渐进，分23次成形。

5）翻身后进行整体矫正。

25. 钝刃扁錾冲鼓

图12-72所示为用钝刃扁錾冲鼓的方法、根据板厚的情况，决定钝刃的程度，如果起鼓较窄、较浅，钝刃的程度就差一些，反之，若起鼓较宽、较深，钝刃的程度就大一些，其操作方法如下：

1）划出压鼓线。

2）在平台上铺一张胶皮，这张胶皮即是下胎，将待压鼓板置于其上，左手持钝刃錾，这个錾即是上胎，右手持锤击打扁錾，开始时要轻打，刚出印即可，打下一锤，扁錾和锤同时抬起，然后扁錾落下顺冲的痕迹向前滑行，不要脱离痕迹，不脱离痕迹的长度约是扁錾刃的一半，目的是以此作导向向前冲压，继而打下第二锤，如此循环，在有节奏的悦耳的扁錾滑动声和锤击声默契配合下，便冲出符合设计要求的鼓了，最后，将不平滑、凹凸不整齐的部位修整一下，最后再经多次翻身，将冲鼓的板整平。

26. 简易压鼓器

以上介绍的两种压鼓器，适于大批量生产，制造较复杂，牵扯到车、刨、铣等工序，下面介绍适于小批量而制作简单的压鼓器。

（1）压外鼓器　如图12-73所示。

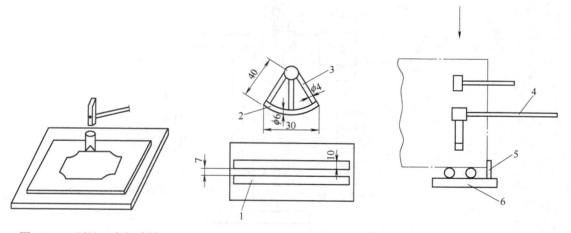

图12-72　用钝刃扁錾冲鼓

图12-73　自制简易压外鼓器

1—下胎圆钢　2—上胎圆钢　3—支承圆钢　4—把手　5—限位铁　6—胎底板

1）操作方法：一人在一端操作，左手握把手，按压鼓线放正位置，右手打锤，另端由一人持筒体，将筒体托平并顶到限位铁上进行转动。

2）操作要领：将筒体顶到限位铁上轻轻打一遍，使其刚刚起鼓，打第二遍时，由于起鼓占用了一部分长度，就不能顶到限位铁上，只能以槽出的浅鼓作导向进行操作，直至槽到所需的深度，由于下胎为直胎，槽完后可能会出现凹凸状不圆滑，可用上胎轻轻地槽制12圈，鼓道便会圆滑美观了。

（2）压内鼓器　如图12-74所示。

操作方法和要领完全同压外鼓，此略。

27. 环缝咬合器

图 12-75 所示为一种自制的环缝咬合器，主要用在圆形件的环缝咬合上，工作时根据环缝的高度调好定位框 2、7 的距离，并用蝶形螺母 3、6 固定定位框 2，为适应各种不同直径的筒体，故设调节高度支架 4，以使待咬环缝桶体始终处于水平状态，同时设计出 r_1、r_2 两种弧度的模块。

28. 锅、壶底环缝成形器

在咬合锅、壶底的环缝时，应有一种方便的咬合工具才是，于是编者自制了两种成形器，一种是适于锅底的固定成形器，另一种是适于壶底的可调式成形器，下面分述之。

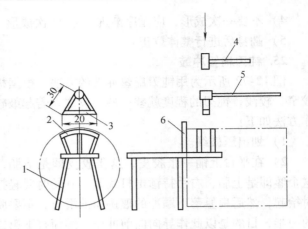

图 12-74　自制简易压内鼓器
1—支承凳　2—下胎圆钢　3—上胎圆钢
4—锤子　5—上胎把手　6—限位铁

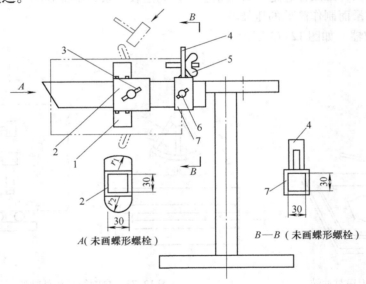

图 12-75　自制环缝咬合器
1—弧度不同的模块　2、7—定位框　3、5、6—蝶形螺栓　4—调节高度支架

（1）固定式成形器　图 12-76 所示为固定式锅底咬合成形器。从图中可看出，1 为固定体，可根据矩形砧体的断面形状，用 34mm 厚的薄铁板焊制而成；2 为支架，其上焊有支承圆钢 3，其上表面与加高咬缝器的上表面等高；5 为弧形铁，可用 45 钢经刨削而成，经淬火后使用，上表面为弧形，其曲率半径按最小的铝锅直径设计，编者按 $R80mm$，既照顾到小直径锅底能用，也保证大直径锅底能成形；4 为定位螺栓，以保证锅上口与环缝中心的距离不变。

使用方法：使用前先将限位器套入，然后再将加高咬缝器套入并紧固，拿起待咬合的锅体从外侧一比划，便可决定限位器的大致位置，并固定之。使用时可保证任何时候弧形铁 5

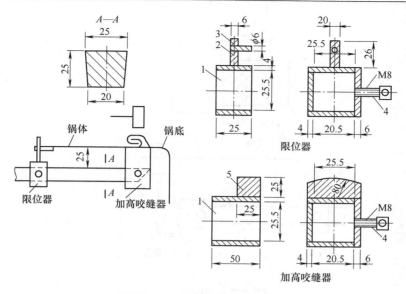

图 12-76　自制锅底环缝成形器

1—固定体　2—支架　3—支承圆钢　4—定位螺栓　5—弧形铁

能在环缝下，既保证了质量，又提高了效率。

（2）可调式成形器　如图 12-77 所示，为了适应壶底和口直径差较大，而设计了这种可调式成形器，从图中可看出，可调式与固定式的结构原理基本相同，因后者大小端的直径不同，而且各壶的直径差各异，所以应将加高咬缝器设计为能升降的结构。限位器、固定体和弧形铁基本同固定式，故叙述从略。这里只就加高咬缝器部分的结构叙述如下。

1）螺栓长度：从各种壶体来找规律，其大小端的半径差或大或小，约在 40~50mm，若限位器的上表面高度固定为 25mm，按壶体最大半径差 50mm 计算，螺栓的最大调节长度 75mm 就足够了。

2）螺栓、螺母、弧形铁和螺钉的组焊方法：螺杆上升或下降到任何位置，弧形铁的工作方位必须保持不变。为适应此需要，螺杆上必须加工出滑道，螺母上在平面部位加工出丝孔，四者组合定位的方法是试组对法，其程序是：

①　将弧形铁 3 焊于螺栓 2 的端部，在焊以前用试验的方法，必须保证弧形铁的工作方位和螺栓滑槽的方位相匹配，经试升降不匹配时，应再进行微调使之匹配为止。

②　将螺母 4 焊于固定体 1 的端部，在焊之前根据弧形铁与滑槽的相对位置，决定螺母丝孔的位置，或前或后，不能在棱上，更不能在端部，若在端部会触及锅底，不合理。

③　使用方法，将限位铁套入矩形砧体，再穿入加高咬缝器，并固定之，拿起壶体从外侧在两者间一比划，便可决定限位铁的位置，然后固定。旋起定位螺钉 5，调节螺栓 2 的高度，试放后观察，当壶体在水平状态后，说明加高咬缝器的高度正合适，然后旋紧定位螺钉 5，便可进行咬缝了。

29. 钢卷尺

钢卷尺也是必备工具之一，常用的为自卷式和制动式，自卷式不能定位，制动式可确定长度后定位，各有各的长处，如图 12-78 所示，其规格有 1m、2m、3m、3.5m 和 5m，可根据自己的需要在市面上选购。主要用来测量长度和盘取周长等。

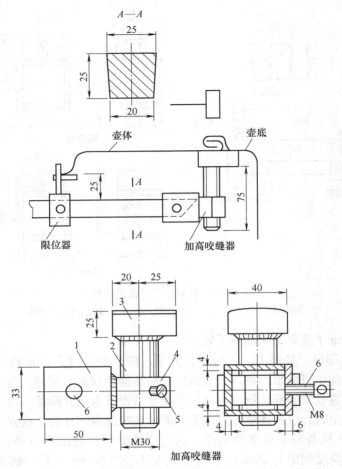

图 12-77　自制壶底环缝成形砧

1—固定体　2—螺栓　3—弧形铁　4—螺母　5—定位螺钉　6—定位螺栓

30. 宽座角尺

图 12-79 所示为宽座角尺的立体图，可用来检验直角、划垂线和安装定位等，白铁工常用在型钢的划正断面线，宽座靠在不划线面，尺苗压在待划线面，便可划出正断画线，市面有售，也可以用碳素工具钢经刨削淬火而成。

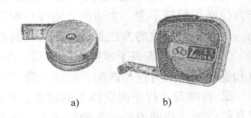

图 12-78　钢卷尺

a) 自卷式（小钢卷尺）　b) 制动式（小钢卷尺）

其规格有：63mm × 40mm、125mm × 80mm、200mm × 125mm、315mm × 200mm、500mm × 315mm、800mm × 500mm、1250mm × 800m、1600mm × 1000mm。白铁工主要用前两种就够了。

为了保证角尺的直角度，不能将其当锤子用，敲敲打打，更不能放在有热源的地方，以防变形。

31. 钢直尺

不同规格的钢直尺也是白铁工必备工具之一，如图 12-80 所示，其材质为不锈钢，规格有 150mm、300mm、500mm、1000mm、1500mm、2000mm 数种，常用来测量直径、深度、划线等。

为保证尺子的精确使用，不要用来打飞溅、除药皮；放置时，要平放，不能使之弯曲，更不能放在有热源的地方，以防变形。

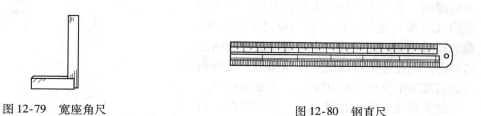

图 12-79　宽座角尺　　　　　　　　　　图 12-80　钢直尺

32. 钢直角尺

图 12-81 所示为钢直角尺的平面图，可用来检验直角、划垂线和安装定位，由于富有弹性，除了正常作为直线的量具外，还可以量取弧线长。其规格有：150mm × 300mm、250mm × 500mm，宽 17mm，厚 1mm。

为了保证直角的精确度，不用时要平放或挂起，不能受热，不能受击打，不能作为工具敲打污物或毛刺等。

33. 电钻和钻头

（1）电钻　电钻也是白铁工必备的工具之一，主要用于工件的钻孔。常用的电钻有手枪式和手提式两种，如图 12-82 所示。由电动机、减速装置、钻夹头、手柄和开关等组成。

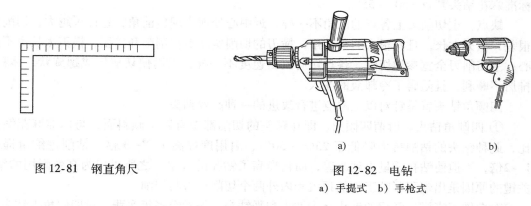

图 12-81　钢直角尺　　　　　　　图 12-82　电钻
a）手提式　b）手枪式

手枪式电钻，电压为 220V，最大钻孔直径为 6mm；手提式电钻，电压为 220V，最大钻孔直径为 13mm，这种钻由于体积较大而笨重，用的频率较少，最常用的为前者。

（2）钻头及修磨方法　对于白铁工来说，常接触到较小的孔径，最大也不过 13mm，所以上述的两种电钻就足够用了。用钻就要用钻头，用钻头就要会修磨钻头，下面叙述钻头的种类和修磨方法。

常用的钻头有三种，即麻花钻头、扁钻头和带锥度多棱钻头，麻花钻头又分四倾角钻头和薄板钻头。

1）麻花钻头：所谓麻花钻头，即是说它的外形像麻花的螺旋状，其作用是方便排屑，有助于钻头的散热，图 12-83 所示为标准麻花钻头的切削角度和结构形式。

切削角度：螺旋槽表面称为前倾面，切屑沿着这个表面流出，切削部分顶端两曲面称为主后隙面，它与工件加工表面相对应，钻头的棱边（刃带）是与已加工表面相对应的表面，称为副后隙面。前倾面与主后隙面的交线叫主切削刃。两条主后隙面的交线是横刃，前倾面与副后隙面的交线是副切削刃，也就是棱刃。

钻头两主切削刃的夹角 2φ 称为顶角，目前工具厂出品的标准钻头，顶角磨成 118°±2°。顶角大，钻尖强度大，但轴向力小；顶角小，轴向力小，钻尖强度低，一般钻硬材料顶角磨得大，软材料磨得小。

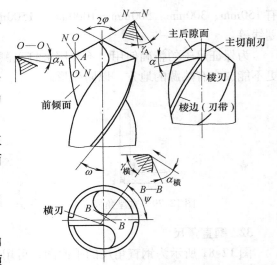

图 12-83　标准麻花钻头的切削角度和结构形式

前角 γ，主切削刃上各点的前角都不一样，外径边缘处，前角最大，约为 30°，自外至中心逐渐减小，到半径为钻头半径的 35% 处前角约为 0°，再往里主切削刃上的前角就是负角了，近横刃处为 −30° 左右。横刃上的前角为 −54°~60°（见 $B-B$ 剖面）。

钻头的后角 α，在切削刃上各点也磨得不一样，它在外径边缘较小（$\alpha=8°~14°$），越近中心越大（钻心处 $\alpha=20°~26°$）。

横刃斜角 ψ，即横刃与主切削刃在垂直于钻头轴线的平面内所夹的锐角。工具厂出品的标准麻花钻头其 $\psi=50°~55°$。

缺点：主切削刃上各点的前角不一样，近中心处即出现负前角，越往里越大，切削条件很差；横刃太长，且有很大的负前角，横刃的切削实际是在刮削和挤压，横刃太长也不好定心；主切削刃全宽参加切削，各点切屑流出速度不一样，因而使切屑形成螺旋状，体积大，排屑不顺利，且阻碍了冷却液的注入。

四倾角钻头就是针对以上缺点进行改进的一种高效钻头。

① 四倾角钻头。所谓四倾角，即在钻头的切削部位有四个倾斜面，与标准麻花钻头相比，此种钻头的钻削抗力降低了 25%~50%，耐用度提高了 2~3 倍，钻削进给量提高了 1~2 倍，不但使钻孔质量得到改善，而且提高了钻孔的效率。之所以成为高效耐用的钻头，关键的原因是出现了紧咬工件的顶尖和内外两个切削刃参与切削。

对白铁工来讲，常用的钻头有尖钻头和平钻头，编者经多年实践，对四倾角尖钻头、平钻头的修磨取得了一定的手法和经验，在实际工作中用起来得心应手，钻削速度较快，大大提高了工作效率。本文只就四倾角尖钻头和平钻头的结构形式与修磨方法介绍如下。

结构形式：尖钻头可磨成四倾角的形式，平钻头也可以磨成四倾角的形式，图 12-84 所示为尖钻头的结构形式，图 12-85 所示为平钻头的结构形式，切削部分共有四对（每对钻头轴心对称）与主切削平面成不同倾斜角度的平面，下面分别叙述各斜面的结构形式。

斜面①：斜面①给出了主切削刃的主后角，根据被加工材料的不同，可取 5°~10°。具体数值见表 12-4。出现此斜面的目的是提高主切削刃的强度，提高其耐用度，以防崩裂。在实际工作中，如钻较脆而强度低的铸铁材料时，此斜角不出现也可以。

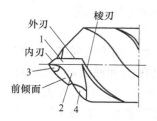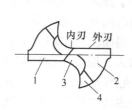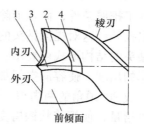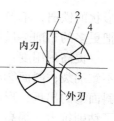

图 12-84　四倾角钻头结构形式　　　　　　　图 12-85　四倾角平钻头结构形式
1—斜面①　2—斜面②　3—斜面③　4—斜面④　　　1—斜面①　2—斜面②　3—斜面③　4—斜面④

表 12-4　主切削刃的主后角角度　　　　　　　　（单位：°）

被钻材料（强度或硬度）	主顶角	主后角
碳钢（800MPa）	120	8
合金钢（800MPa）	120	7
（1400MPa）	130	6
不锈钢（900MPa）	135	7
耐火钢（200HBW）	130	6
铸铁（200HBW）	120	7
钛合金（900～1300MPa）	130	7
铝合金（85HBW）	140	9
铜合金（140HBW）	120	9

　　斜面②：位于斜面①的后面，斜面②与斜面①的交线叫辅助切削刃，正好位于钻头的半径上，辅助切削刃的后角固定为30°，出现此斜面的目的是增加容屑空间，减少主切削刃和棱刃的磨损，提高钻孔效率。这是因为，切屑如同研磨剂一样，夹在钻头主后隙面、棱边和工件之间，产生剧烈的摩擦，钻头的磨削几乎完全发生在后隙面上，被磨损最大的部位是主切削刃和两角，使生产效率降低。

　　斜面③：斜面③沿径向切入横刃，与主切削的切削平面成固定50°角，不但使横刃变薄，形成具有90°顶角的内刃，具有切削作用，而且形成一个恰好通过钻头轴线的顶尖。这样，钻芯部位不但具有切削作用，而且这个顶尖钻孔时具有自动定心的作用。

　　斜面④：此面位于斜面②下角部，在磨削斜面③的同时，从后隙面外下角部切入横刃，已经形成了一个倾角，但还不够，为了尽可能增加容屑空间而又不削弱钻头的整体强度，可再磨出斜面④，其角度可大可小，与斜面②的夹角一般为10°～20°，其作用是增加容屑空间，减小轴向抗力，减少主切削刃和两尖部的磨损，再次扩大斜面②的作用。

　　降低钻削抗力提高进给量：对于不同结构形式的钻头，主切削刃承受的钻削抗力基本相同，而钻芯部位的形状对总的钻削抗力影响很大。对于标准麻花钻头，大约50%的钻削抗力是由横刃产生的。四倾角钻头在钻芯部位增加了一个顶尖为90°的内刃，并具有一个定心作用的顶尖，当顶尖一接触到工件，内刃便开始工作，继而外刃（主切削刃）参与切削，因而大大减小了钻削抗力，提高了进给量。

　　另外，排出的铁屑随进给量的增加，逐渐从细长的螺旋状变成小面积的块状，这种理想形状的铁屑，不但改变了排屑条件，而且消除了螺旋状铁屑损坏孔壁的现象。此外，还可以把更多的钻削热量带出孔外，这对提高钻头的耐用度非常有利。

提高耐用度：由钻头的结构形式可看出：斜面①的出现，可增加主切削刃的强度，使其不致崩裂；斜面②和④的出现，使容屑空间加大，减少了铁屑对主切削刃和两尖部的磨损；斜面②的出现，形成了成90°顶角的两内刃，先内刃后外刃，先钻小孔后再扩孔，大大降低了钻削抗力，提高了进给量，使螺旋状铁屑变成块状铁屑，便于热量的带走，更便于冷却液的注入，使钻头不致过热，故可提高钻头的使用周期。

提高钻孔精度和质量：由于斜面③的出现，使横刃变薄缩短而形成内刃和通过轴心的尖部，顶尖一接触工件便开始切削，不存在标准麻花钻头的"迷走"现象，可使钻出的孔不偏，对圆管、圆钢和球体的钻孔更为重要。

四倾角钻头可大大减少飞边现象。钻孔时，当钻头的轴向力超过了未钻透部分的剪切强度时，这部分材料便会被冲出形成翻边，尽管在将要钻透时减少轴向力，也不可避免地产生不同程度的翻边。用四倾角钻头可大大减少或消除这种翻边，这是因为两重顶角的关系，内顶角起钻削作用，外顶角（即主切削刃）不但担负切削作用，还起到了精铰作用，会将翻边的部分铰掉。

修磨方法：这里所述的修磨方法，是指由工具厂出品的标准麻花钻头修磨出四倾角钻头的过程。

修磨主切削刃（外刃）：这里分别按尖钻头和平钻头修磨主切削刃叙述。

尖钻头主切削刃的修磨：图12-86所示为尖钻头主切削刃的修磨方法。磨削时，一般用右手握住钻头的前部，右手小指支在防护罩上，以保持稳定，左手握住尾部，使钻头轴线与砂轮圆柱面母线在水平面内夹角等于 φ。由主后隙面下部开始，慢慢接触砂轮，左手上摆，右手沿钻头轴线旋转，便可开始从下往上磨削，继而可上上下下连续磨削，与磨普通麻花钻头不同之处，是横刃不能触及砂轮，横刃部位高出主切削刃 2～2.5mm，以备再磨斜面③后形成内刃，最后举高平视钻头，观察两刃的高度是否等高，并微修之。

平钻头主切削刃的修磨：图12-87所示为平钻头主切削刃的修磨方法。其修磨方法基本同四倾角尖钻头的修磨方法，不同之处是钻头轴线与砂轮圆柱面母线的夹角，开始时应垂直砂轮圆柱面母线，结束时，垂直砂轮母线可磨出直主切削刃，倾斜7°～10°时可磨出弧状主切削刃。同样，使横刃部位高出 2～2.5mm，以备再磨斜面③时形成内刃，最后检查高度。

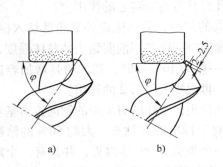

图12-86　尖钻头主切削刃（外刃）的修磨方法
a）开始时放置位置　b）结束时放置位置

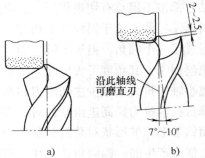

图12-87　平钻头主切削刃（外刃）的修磨方法
a）开始时放置位置　b）结束时放置位置

　　磨削斜面①、②：这里叙述磨削斜面①、②，完全适于尖钻头和平钻头，只是放置夹角不同而已，尖钻头斜角 φ 同图 12-86 所示，平钻头 90°同图 12-87 所示，磨削时主后隙面的下部先接触砂轮，在保证不接触横刃和主切削刃的前提下，由下往上逐渐接触直推磨削，最上磨削线在钻头的直径上即止，此线叫辅助切削刃，起到加强主切削刃的作用，其上就是斜面①，其下就是斜面②，斜面②与切削平面成 30°固定角。

　　磨斜面③：磨斜面③即修磨横刃，如图 12-88 所示，此法同样适于尖钻头和平钻头，按照图示的角度摆正钻头位置，由主后隙面的下部开始接触砂轮，由外往内沿径向切入横刃，但不能伤及横刃，保证斜面③与主切削平面成 50°固定角，同法磨出另一刃，这时便巧妙地磨出了顶角为 90°、高约 1.5～2mm 的内刃和通过钻头中心的顶尖。这样，钻芯部位不但具有切削作用，而且这个顶尖能紧紧咬住工件，起到定心作用。

　　若内刃稍高，可沿辅助切削刃方向，由外往里用砂轮的圆弧部位接触横刃磨削变低。

　　磨斜面④：如图 12-89 所示，此法同样适于尖钻头和平钻头，按图示摆正角度，主后隙面的下部先接触砂轮，磨斜面③时已磨出一部分，由轻到重直推磨削，约与斜面②成 15°～20°角即可，其长度一般为主后隙面长度的 $\frac{1}{3}$。

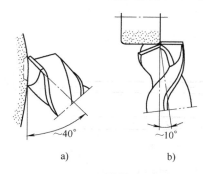

图 12-88　磨斜面③的方法
a）左视　b）顶视

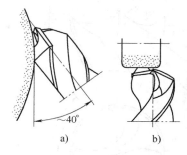

图 12-89　磨斜面④的方法（适于尖、平钻头）
a）侧视图　b）俯视图

　　检查磨削质量的方法：钻头磨完后要进行校验，主要是校验两刃是否等高和顶尖是否在钻头轴线上。

　　钻头两刃是否等高，可将钻头位置，由于视线的误差，可两刃转着观察，如左侧高，转180°后仍高，说明此面高；若转 180°后反而显得低，说明左侧并不高，经反复几次的转动观察，才能决定是否等高。

　　另外，还可用试钻法决定是否等高，试钻后，若两个铁屑同时卷出，说明等高；若只有一铁屑卷出，说明一边高、一边低。不等高还会因抗力不同而使孔钻偏。

　　钻尖是否在钻头轴线上的检查方法如下。

　　尖钻头的检查方法：如图 12-90a 所示为尖钻头的样孔板，用经过严格校验的尖钻头，在一钢板上钻浅孔，上端刚露出划痕即可，作为检查样孔板。将磨完的钻头在样孔板上试转，两角若与样孔板上的外轮廓线完全重合，说明钻头不偏心，若不重合，说明偏心。

　　平钻头的检查方法：如图 12-90b 所示，在一钢板

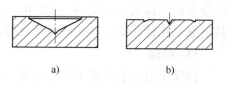

图 12-90　校验钻头的样孔板
a）四倾角尖钻头　b）四倾角平钻头

上打一较深的样冲眼，将钻尖插入其中，试转后两尖各划出痕迹，若两痕迹重合说明不偏心，否则说明偏心。

检查出缺陷的维修方法，通过以上的叙述已很明确，此不重复。

② 薄板钻头。图 12-91 所示为钻薄板时所用的钻头，由于板薄，可考虑用上述的四倾角平钻头，但最好是用薄板钻头，其工作原理是顶尖咬住工件，起定位作用，两外刃将板圆形划断，形成一硬币状而成孔，其修磨方法基本同四倾角钻头，此略。

2）扁钻头。如图 12-92 所示，柄部有方形（见图 12-92a）和圆形（见图 12-92b）两种；刃部为直线凸状，可用 T7、T8 钢或 45 钢锻打淬火而成，主要用于野外或实在无钻头可用的情况，钻孔的圆度和光洁度都较差，但总比无法钻孔要好得多。

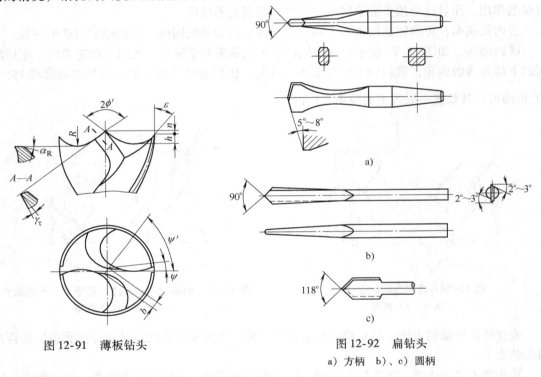

图 12-91　薄板钻头

图 12-92　扁钻头
a）方柄　b）、c）圆柄

3）带锥度多棱钻头。所谓多棱钻头，即有三个棱以上的多棱体，如图 12-93 所示，其本身并不能钻孔，严格地说，是扩孔钻头，主要用在白铁的薄板加工中，如钻孔或冲孔后位置不恰当或偏小时，可用这种扩孔钻头或锉刀把柄，用力下按转动后，利用棱刃进行切削，孔径便会扩大，其优点是灵活实用，可控制孔径的大小，其缺点是孔径的圆度和光洁度都较差。

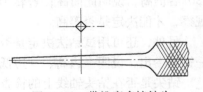

图 12-93　带锥度多棱钻头

34. 锡焊

白铁工另一道重要工序是锡焊，常用在薄板不能铆接或咬接、或能铆接能咬接但又要求密封的接缝。下面就有关锡焊的工具、钎料、熔剂和焊接操作方法等叙述之。

（1）锡焊的基本原理　锡焊是钎焊的一个分支，根据钎料的熔点分为软钎焊和硬钎焊，本文叙述的是白铁件，故只叙述软钎焊里的锡焊。

写到这里，应该解释一下钎焊才对，编者查了很多资料，都未找到这种焊接为什么要用个"钎"字。通过查词典知道，"钎"就是钎子的"钎"，钎子是在岩石上凿孔的工具，用六角、八角或圆形钢材制成，有以大锤为动力的钎子，有以压缩空气或电力为动力旋转的钎子。根据编者的工作实践，由于岩石的硬度很大，工作的刃部常焊以价格昂贵的高强度耐磨耐高温的钨钼及其合金，以提高钎子的寿命，提高凿孔速度，这种刃部的钨钼合金（实际是钨钼合金与钻头体钎焊，钻头体再与钎体活动相连）怎样与钻头体相连呢？因用熔接焊的焊接质量极差，所以就采用了一种与钻头体材质、钨钼合金材质完全不同的材料（钎料）作为焊料，为施焊的需要再配以熔剂，所以这种焊接方法叫钎焊。

根据钎料熔点的高低，将钎焊分为硬钎焊和软钎焊两种，熔点高于500℃的叫硬钎焊，如上述的钎刃钻头的焊接就属硬钎焊，车工用的车刀、刨工用的刨刀的焊接皆属于硬钎焊；低于325℃的叫软钎焊，如本文所述的锡焊就属于软钎焊。

锡焊是利用熔点比母材低的钎料同母材一起加热，钎料熔化而母材不熔化，母材的加热温度必须高于钎料的熔点，在母材不熔化而钎料已熔化的状态下，钎料与母材相互溶解和渗透并形成新的合金，钎料与母材之间，一是母材溶解于液态钎料，二是液态钎料向母材扩散，以便与洁净的母材表面牢固地结合在一起，加上毛细管作用使钎料沿咬接缝的微小间隙灌注其间，更增加了焊接的强度，两者便牢固地连接在一起了。

（2）烙铁概述　将金属加热后烫、熨衣物的过程叫烙，烙是通过铁来实施的，所以叫烙铁，烙铁是锡焊的主要工具，它有电烙铁和火烙铁两种，其作用是将自己本身贮存的热量传递给待焊接缝和钎料，并使刃部的钎料过渡到接缝上，形成牢固的焊道。

国产电烙铁的规格电压为220V，功率为15～500W，焊接小件可采用25～150W，焊接白铁件可采用150～300W。

如图12-94所示为烙铁。

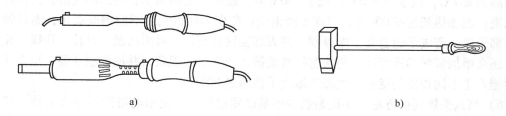

图12-94　烙铁
a）电烙铁　b）火烙铁

1）电烙铁。电烙铁分直头和弯头两种，是利用电流通过镍铬电阻丝而加热的，电阻丝的温度比烙铁头的温度高出很多，会使电阻丝氧化，容易损坏，故当烙铁头温度近600℃时，应切断电源使用。

电烙铁可边施焊边加热，当发现挂锡较难或刃部有微黄色时，说明刃部温度已接近600℃，此时可将电源拔下后继续旋焊；当发现焊锡熔化较慢和焊道不圆滑时，说明刃部温度在300℃以下，此时可插上电源，稍后可继续施焊，整个焊接过程可这样反复施焊，不需停机待焊。

2）火烙铁。火烙铁一般为锤形，其质量一般为0.3～0.7kg，小规格贮热量少，适于焊薄而小的工件，最大不要超过1kg，大规格贮热量多，适于焊较厚而大的工件。这种烙铁还有特殊的用场，很适于野外作业和无电的偏远地区、乡村，不能被淘汰。其加热方法有木炭炉、焦炭炉、电炉、煤气炉、氧-乙炔焰和喷灯等，图12-95所示为火烙铁的加热炉规格和加热方法，因为它们的含碳量高，杂质少，火焰呈蓝色，温度高，能提高加热速度，减少烙铁的氧化；不能用原煤作燃料，因原煤的灰分高且含硫，燃烧不充分，加热速度慢，容易使刃部产生污垢，影响挂锡。

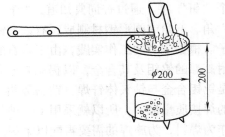

　　火烙铁加热时，应使锤顶部接触燃料，使刃部朝上，以免沾污了刃部，增加了施焊难度。

图12-95　火烙铁的加热炉规格和加热方法

　　3）烙铁材质。在20世纪50年代，家用火烧的熨斗常是生铁的，那时的人普遍认为，凡是金属都是铁，所以沿用到现在有的叫熨铁，有的叫烙铁。随着科学技术的发展，发现纯铜的导热性能和导电性能都比生铁好，故改用纯铜，后来又发现电解铜因杂质比纯铜更少，其导热和导电性能比纯铜还好，故也可用电解铜。

　　4）烙铁的形状优势。不论是电烙铁还是火烙铁，不论是弯头烙铁还是直头烙铁，其端头形状皆为钝刃状，其本体尽量粗厚，这是因为：

　　① 因为焊接缝很窄且呈线状，为适应焊缝的需要，所以刃部一定要呈线状。

　　② 为了增加刃部的接触面以增加挂锡量，从而提高焊接速度，故将线状刃磨成钝的线状刃。

　　③ 尖端放热，热量能集中在刃部释放，以提高焊接速度。

　　④ 本体粗厚，其目的是尽量多地贮存热量，减缓散热速度，以提高焊接效率。

　　5）烙铁的加热温度分析。不管是电烙铁还是火烙铁，其加热方式不同，但加热温度是一样的，一般控制在350~550℃，这是因为：从各种焊锡的熔点看，熔点最低为219℃，熔点最高为257℃，故定出350℃，低于350℃时，便出现熔锡困难和焊道不光滑，致使焊接速度减慢；当加热超过600℃时，刃部光泽由暗红色变为淡黄色，不但铜被氧化，而且铜还吸收一部分锡，变成了锡合金，即青铜，使刃部变硬变脆，不再耐高温，且挂不住锡，无法施焊，还会增加钎料的漫流性，使液态钎料流散，产生熔蚀现象，并使焊层变薄，也会使母材的性能发生不同程度的变化，故加热温度不能超过600℃。

　　6）烙铁头镀锡的方法。不论是新的还是已用过的、不论是电烙铁还是火烙铁，其头部都必须镀上一层焊锡（即钎料），这是因为：烙铁头的材质是纯铜，与锡铅基的钎料有很好的润湿性，亲和力极强，但经加热后，在表面随加热温度的不同，会产生一层不同厚度的氧化铜和烧焦的熔剂，另外，当纯铜的烙铁头加热到较高温度后，会吸收一部分锡，变成了锡合金，即青铜，不管氧化铜也好，青铜也罢，都会大大降低热量的传导，并降低钎料的润湿性、亲和力变差，施焊时挂不住钎料，无法施焊。若将烙铁头（镀层）和钎料都变为一种材质，即使在热状态下也不会发生化学变化，对焊接就不会造成影响了，故烙铁头应镀一层钎料。

　　镀钎料的方法是：将锉出（先用锉后用砂布）光洁面的烙铁头加热至300~350℃（其检验方法是，将烙铁头的刃部往氯化锌溶液中蘸一下，若发出"吱、吱"的响声或冒烟较多时，说明已加热到此温度），然后将刃部在氯化锌溶液中蘸一下，其目的是去除刃部的污物和氧化层，然后立即接触钎料棒来回反复摩擦，使刃部均匀地镀上一层钎料，便可使用了。经一段时间使用后，若发现有脱落的部位，应按上法重新施镀。

7）鉴别烙铁头已达施焊温度的方法。上面已叙述了鉴别最低温度和最高温度的方法，但未叙述怎样鉴别正常施焊温度的方法，其方法大致有三：一是将加热后的烙铁刃部触及氯化锌溶液（或焊锡膏），若发出"吱、吱"的响声，或冒出较多的酸性蒸汽，说明烙铁已加热到施焊的温度；二是观察刃部镀层，光泽变暗但尚未变黄，说明已加热到施焊温度，若已变黄，说明超过施焊温度；三是将烙铁刃部触及钎料条，若在 5～6s 内便有熔锡蠕动，说明已加热到施焊温度，若较长时间不熔或一触即熔，说明加热温度欠或过。

8）去除烙铁头或工件表面污垢的方法。烙铁头部或工件表面有污垢，都不能正常施焊，其去除方法如下。

① 去除烙铁头污垢：烙铁使用一段时间后，在刃部表面生成了较厚的氧化物、污物、熔剂焦渣等，使焊接不能正常进行，因为经常时间高温，不但铜会被氧化，同时刃部也吸收了一部分锡，形成了锡合金，即使蘸过熔剂也不能还原，会使铜质变硬变脆，刃部还会出现凹坑，影响施焊。这时就应用锉刀将其锉削，将污垢清除，将凹坑锉平，重新镀钎料待用；若有轻度污垢，可用湿抹布擦拭，最简单的办法是在氯化锌溶液中蘸一下，污垢便可去除，若不彻底，可再蘸一下，直至镀层显出亮白的颜色。

② 去除工件污垢：工件的污垢有几种，若是灰尘之类，可用干净布擦拭之；若用油脂，可用酒精或快干清洗液擦拭之；若是锈渍，可用锉刀、刮刀、砂布等将其表面处理到光洁的原始状态。

（3）锡焊所用熔剂　将熔化的钎料与母材形成牢固的焊道，必须通过熔剂才能实施，熔剂的作用主要有以下方面。

1）去除母材表面（包括加热前后）的污垢。

2）保护已处理洁净的母材表面不再被氧化。

3）在焊接过程中还能保护熔池不被氧化，并去除熔滴表面的氧化膜。

4）能改善熔化钎料的润湿性，增加漫流性，取得致密牢固的焊道。所谓润湿性，即当熔化的钎料与母材形成合金接头，钎料表面与母材圆滑过渡的程度。润湿的能力，是锡焊的首要特性，钎料中随锡含量的增加，润湿能力会大大提高。当锡含量达 50%～60% 时，润湿性最好。

锡焊常用的熔剂见表 12-5。

表 12-5　软钎焊熔剂的成分及用途

序号	成分（%）	用途
1	氯化锌 25、水 75	钎焊钢、铜及其合金、镍合金等
2	氯化锌 18、氯化铵 7、水 75	钎焊钢、铜及其合金
3	氯化锌 25、盐酸 25、水 50	钎焊不锈钢、耐热合金等
4	松香与松香酒精溶液	钎焊铜及其合金
5	松香 28、氯化锌 3、氯化铵 1、酒精 68	钎焊镀锌铁皮、铜及其合金等
6	氯化锌 45、氟化钠 10、氯化镉 30、氯化铵 15	软钎焊铝青铜
7	氯化锌 65、氟化钠 10、氯化镉 10、氯化铵 15	软钎焊铝黄铜

下面介绍在实践工作中常用的熔剂。

1）自配氯化锌熔剂的方法。氯化锌熔剂属于无机盐熔剂，有强烈的酸性，能溶解较厚的污垢层，但焊后残液留在接头或焊道外，会有很强的腐蚀性，既降低了接头质量，又使母材很不美观，其去除方法就是用抹布蘸上热水即可清洗掉。

当无成品的熔剂时，白铁工常自己配制氯化锌熔剂，并取得了很好的焊接质量和效率，其配制方法如下。

① 用锌块配制：按1:1的比例将浓盐酸配制成稀盐酸，再按1:10的比例放入锌块，锌块溶解后即可使用。

② 用碎镀锌板配制：按1:1的比例将浓盐酸配制成稀盐酸，再将剪碎了的镀锌板放入其中，便开始反应冒烟，大约也按1:10的比例放入即可，待不再冒烟时便可使用。

③ 用稀盐酸作熔剂：在锡焊镀锌板时，可直接用稀盐酸作熔剂，其配剂方法是将浓盐酸一滴一滴地注入水中，直至盐酸不冒烟为止，即可使用。

2）成品熔剂。小而精密并且不允许腐蚀的工件，可采用松香、焊锡膏之类的熔剂施焊，皆可在市面购到。

① 松香：松香熔剂属于有机酸熔剂，它没有足够的强度去除污垢层，吸氧作用小，纯松香适用于焊接纯铜、黄铜、银及表面光洁的工件，也适用于焊接金、铂、锡、铅或这类金属的电镀工件；尤其对铅是一种很有效的熔剂；对容易氧化的金属，如铁、钢、镍等，不能用松香作熔剂，必须用活性熔剂。

② 焊锡膏：是粉末状钎料与熔剂的混合物，适用于焊接所有的电气和电子元件，属熔剂也属钎料。

③ 熔剂芯钎料：钎料呈管状，芯内装有松香，适于小件的焊接，属熔剂也属钎料。

后两种熔剂属于活性熔剂，即在松香内添加活性剂，即碱性有机氯，这种有机氯只占0.5%的比例，这种熔剂只有达到焊接温度时才能溶解锈污，并且不腐蚀母材，即使在焊接的高温下，与母材也不起化学反应。因此这种熔剂的残渣允许留在接头上，适用于焊接所有的电气元件和电子元件。

（4）锡焊所用钎料　要使母材形成牢固的焊道，必须有钎料作填充物，在熔剂的协作下与母材溶解、扩散形成一种合金将母材牢固地连接在一起，其材质与母材不同。

锡焊钎料的主要成分是锡和铅，锡与母材反应并形成合金，纯锡能与大多数金属起反应，形成化合物。它虽然强固但很脆，因此必须用另一种金属与锡熔合以缓和锡的作用，那就是锡铅合金，这种合金还可降低钎料熔点并增加其强度。当锡63%、铅37%时，钎料有最低熔点、最大的焊接强度。

锡铅合金在铜及钢上具有良好的漫流性，熔点低，基本不氧化，耐腐蚀性好，容易操作。锡铅钎料中常加入少量的锑，以减少钎料在液态时被氧化并提高接头的热稳定性；加入银可使晶粒细化并提高耐蚀性，主要应用于钎焊铜及其合金（需配以松香和焊锡膏作熔剂）、钢、锌及镀锌板（需配以氯化锌水溶液作熔剂）、不锈钢（需配以氯化锌盐酸溶液或磷酸作熔剂）。

锡焊常用的钎料见表12-6。

表 12-6　锡铅及镉银钎料的成分和性能及用途

牌号	名称	化学成分（%）							熔化温度/℃	抗拉强度/MPa	用途
		锡	锑	铅	锌	镉	银	杂质			
料601	锡铅钎料1号	17~18	2.0~2.5	余量	—	—	—	<0.5	183~277	28	含锡量低，但结晶温度间隔大，烙铁钎焊时操作比较困难且力学性能较差。可钎焊油壶、容器、镀锌铁皮、黄铜等
料602	锡铅钎料2号	29~30	1.5~2.0	余量	—	—	—	<0.5	183~256	33	是应用较广的锡铅焊料，润湿性较好。用于钎焊铜、黄铜、铁、锌板、白铁皮、散热器、仪表、无线电器械、电动机的匝线、电缆套及刮擦钎焊铝管等
料603	锡铅钎料3号	39~40	1.5~2.0	余量	—	—	—	<0.5	183~235	38	是应用最广的锡铅钎料。用来钎焊铜及铜合金、钢、锌零件等，可得到较光洁的表面。常用于钎焊散热器、无线电设备、仪表导线及镀锌铁皮等
料604	锡铅钎料4号	89~90	≤0.15	余量	—	—	—	<0.3	183~222	43	含锡量高，可用来钎焊大多数钢材、铜材和很多其他金属。这种焊料的特点是抗腐蚀性好，多用来钎焊煮制或贮存食品的器皿和医疗器材的内部钎缝
料605	锡银钎料	95~97	—	—	—	—	3~5	—	220~232	55	抗腐蚀性好，强度较高。适合钎焊铝青铜及铝黄铜
料503	—	—	—	—	—	95±1	5±0.5	—	340~390	115	是一种耐热的软钎料，250℃时仍保持抗拉强度32MPa。有良好的润滑性及填满间隙能力。常用于钎焊散热器及各种电机的换向器
HLSnPb50（YB 568—65）	—	49~51	≤0.8	余量	—	—	—	<0.5	210	38	钎焊散热器、计算机零件、黄铜和镀锡白铁皮制件
HLSnPb39（YB 568—65）	—	59~61	≤0.8	余量	—	—	—	<0.5	183	47	钎焊无线电零件、电气开关器材零件、计算分析机零件、易熔金属制品以及热处理（淬火）件

在实践中还有常用的两种成品钎料，属钎料也属熔剂，在熔剂中已介绍过，此不重述。

（5）锡焊操作方法　锡焊的焊接方法大致有以下三种。

1）涂焊件。此法适于焊接小件，如无线电线路、电气开关零件等，将待对焊零件分别涂上焊锡膏，并固定牢固，将加热至焊接温度的小型烙铁刃部触及，听"吱"一声响，并冒微烟，牢固的接头便形成了。

2）挂锡焊接法。此法适于较小型焊接件，如镀锌板的壶嘴、壶盖的焊接，可在待焊处涂抹氯化锌溶液，目的是去除其上的氧化层或污垢，然后用加热至施焊温度的烙铁刃部吊锡滴于焊缝上，朝施焊前方徐徐拖动，不要施压，也不要来回移动，便可形成均匀亮洁的焊道，续焊再吊直至焊完。

3）并行焊接法。如图 12-96 所示为锡焊并行焊接法示意图，此法适于焊接较大工件，如抽油烟机的油槽为 1mm 厚的镀锌板，咬接后的缝隙较大且需要密封，此时用挂锡法就显得太慢了，应采用并行焊接法，其方法是：在焊道涂抹氯化锌溶液后，右手持已加热到施焊温度的烙铁，使刃部对准焊道加热，当闻到有加热后的酸溶剂味并微微冒烟时，说明母材已加热到施焊的温度，同时左手持钎料条（焊锡条）触及烙铁头的左面，当有熔滴蠕动时，右手迅速将烙铁头抬起，置于熔滴的上方，左右手协调配合，左手往上，右手往下，将熔滴往下一

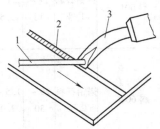

图 12-96　并行焊接法
1—钎料　2—焊道　3—烙铁

刮，熔滴便进入了焊道，随即徐徐往前方移动烙铁头，不要来回移动，也不要加压，根据形成焊道的厚薄决定快慢，视熔滴的大小和焊道的需要，以均匀地供给熔滴为原则，可随时抬起或落下烙铁头，可随时触及或移开钎料条，默契配合，熟能生巧，便可焊出平滑、洁净、亮丽的焊道。

4）在焊接操作中，出现的缺陷和解决措施如下。

① 施焊中若发现熔锡滞流、焊道表面不光滑或呈现豆腐渣状焊道、焊道熔滴的漫流性差，说明烙铁的温度偏低，应加热后使用。

② 施焊中若发现熔滴的漫流性很好、刃部挂不住熔滴、焊道变薄，说明烙铁的温度偏高，应停止加热。

③ 施焊一段时间后，刃部会覆盖上一层氧化膜或烧焦的熔剂，这层覆盖物导热不良，且影响挂锡，对形成焊道很不利，此时应用湿的干净抹布擦拭刃部，最简捷有效的办法还是在氯化锌溶液中蘸一下或几下，一切污垢便被清除掉，可继续施焊。

④ 涂抹氯化锌溶液时，应用窄的条状毛笔涂抹，以免刷到焊道外，焊毕后应及时用热湿抹布清洗残存熔剂，以防腐蚀洁净美观的产品。

四、白铁件制作工艺举例

（一）单立咬缝水桶的制作方法

所谓单立咬缝水桶是指桶体与封底咬合的形式。

如图 12-97 所示为单立咬缝水桶的施工图，从图中可看出，纵缝采用六、六、七型式单平双抗弧咬缝，封底采用五、六、七型式单立咬缝。

1. 下料计算

图 12-98a 所示为桶体展开图，图 12-98b 为封底展开图。

1）桶体净展开长 $l = \pi \times 280\text{mm} = 880\text{mm}$。

2）卷丝展开长 $s = d\left(\dfrac{\pi}{2}+1\right) = 4\text{mm} \times \left(\dfrac{\pi}{2}+1\right) = 10\text{mm}$。

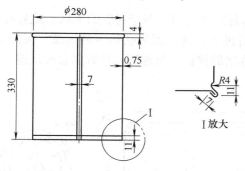

图 12-97　封底环缝单立咬缝水桶

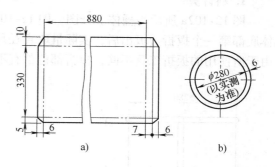

图 12-98　展开图
a）桶体展开图　b）封底展开图

2. 咬缝方法

（1）桶体加工抗弧　如图 12-99 所示为桶体加工抗弧过程，利用薄板滚鼓器滚出抗弧，若无滚鼓器时，可用弧状圆钢手工槽出。

（2）封底的扳折方法与桶体的扳折方法　请参见本章"带护圈水桶的制作方法"。

（3）封底与桶体的咬合顺序和方法　如图 12-100 所示为封底与桶体咬合的顺序和方法，叙述如下。

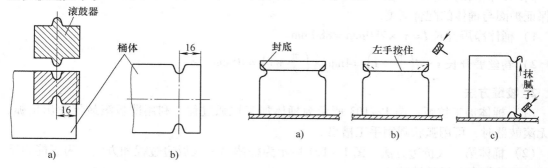

图 12-99　桶体滚鼓过程

图 12-100　封底与桶体咬合顺序和方法
a）压入封底　b）固定封底　c）砸实折边

1）将桶体底部朝上置于平台上，将封底压入其中，并用木锤轻轻击打使与抗弧紧贴，如图 12-100a 所示。

2）为了防止颤动，用左手按住封底，右手持木锤击打桶体的 5mm 的折边，本着多次拍成的原则，只将封底固定即可，如图 12-100b 所示。

3）为了便于击打，将桶体卧置，抹入腻子后，用木锤或钝刃锤将 5mm 折边砸实，如图 12-100c 所示。

（二）带护圈水桶的制作方法

所谓带护圈水桶，是指为了解决桶体底部易磨损而减少使用寿命所采用的防护措施，为适应装护圈的需要，采用单平单抗弧的咬缝形式。

图 12-101 所示为带护圈水桶的施工图，从图中可看出，纵缝采用五、五、六型式单平

双抗弧咬缝，封底采用五、六、七型式单平单抗弧咬缝。

1. 料计算

图 12-102a 所示为桶体展开图，图 12-102b 为封底展开图，对于封底的下料，最好在桶体底部第一个扳折边扳出后，实际量取直径尺寸后再下，这是因为在桶体的滚鼓、扳折时，由于所使用的扳折工具不同，扳折部位都有不同程度的伸长，与理论计算数据总有误差。

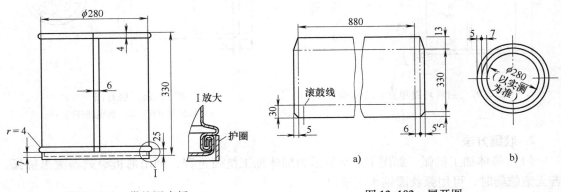

图 12-101　带护圈水桶

图 12-102　展开图
a) 桶体展开图　b) 封底展开图

同理，护圈的下料也应在咬缝成形后，实际盘取外周长和高度再决定下料尺寸，这样才能保证护圈与桶体的配合紧度。

1) 桶体净展开长 $l = \pi \times 280\text{mm} = 880\text{mm}$。

2) 卷丝展开长 $s = d\left(\dfrac{\pi}{2} + 1\right) = 4\text{mm} \times \left(\dfrac{\pi}{2} + 1\right) = 10\text{mm}$。

2. 咬缝方法

（1）桶体加工抗弧　图 12-103 所示为桶体加工抗弧过程，利用薄板滚鼓器滚出抗弧，若无滚鼓器时，可用弧状圆钢手工槽出。

（2）桶体第一次折边方法　图 12-104 所示为桶体第一次扳边过程和方法，为了能容下抗弧，要选择有凹槽的铁砧。

（3）封底第一次折边方法　图 12-105 所示为封底第一次折边过程和方法，叙述略。

（4）封底与桶体的咬合方法　如图 12-106 所示为封底与桶体的咬合过程和方法，这里主要分析两个问题。

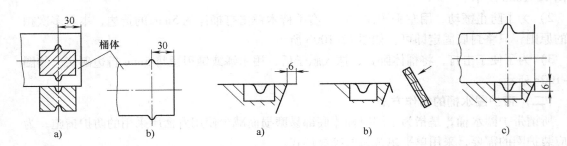

图 12-103　桶体滚鼓过程

图 12-104　桶体扳边过程和方法

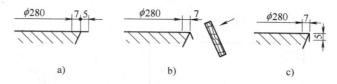

图 12-105　封底扳边过程和方法

1）图 12-106d、f 所示，封底与桶体最后咬合时，不要用带 45°的长条规铁，用这种规铁因接触面积小会将封底顶出，成形后封底与桶体会有间隙；要用有正断面的圆管或圆钢，因有弧度和接触面积大，能保证封底与桶体紧贴。

2）图 12-106e 所示，当最后扳至约 45°时，由于三层同时扳折，内层会起纵向褶皱，若不设法将褶皱压平，成形后会出现三种缺陷：咬缝宽度不一致；咬缝不严密；褶皱将桶体顶向内腔。用无齿手钳压平台，可消除上述缺陷，此时抹入腻子，便可继续往下扳折至成形。

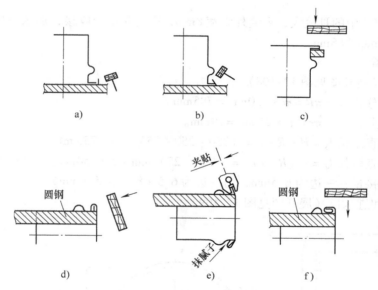

图 12-106　封底与桶体的咬合过程和方法

（三）甜水桶的制作方法

有些人愿意喝深山老林里的矿泉水，为了运输的方便，便设计出了甜水桶，装在地排车上或人力推车上，其规格根据车的规格不同而不同，但结构型式大同小异，大致与本文的结构形式相同。

图 12-107 所示为装在地排车上的甜水桶，上有灌水口，下有放水口，本例采用 DN20 的水嘴，两端采用单平角咬缝。纵缝在底部，缝外观宽 8mm，采用 0.7mm 的不锈钢板，下面分别叙述之。

1. 板厚处理

1）图 12-107 中的 Ⅰ 放大所示为单平角咬缝，缝外观宽 8mm，那么桶的第一次折边量应为 4~5mm，绝不能超过 6mm，若超过会将封底顶向内侧，造成咬接失败；封底的第一次折边量以 7mm 为最合适。

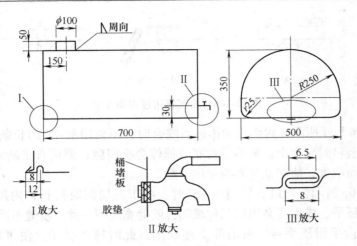

图 12-107　甜水桶

2）图 12-107 中的Ⅲ放大，纵缝外观宽 8mm，因为是平板咬接，那么一边应为 6.5mm，另一边应为 6.5mm 和 8mm。

2. 下料计算

（1）桶体（展开图见图 12-108）

1）大弧部分长 $l_1 = \pi R = \pi \times 250mm = 785mm$。

2）小弧部分长 $l_2 = \pi r = \pi \times 25mm = 79mm$。

3）近大弧直段长 $l_3 = H - R - r = （350 - 250 - 25）mm = 75mm$。

4）近底部直段长 $l_4 = 2（R - r）= （250 - 25）mm \times 2 = 450mm$。

5）纵缝咬接量：一边为 6.5mm，另一边为 6.5 + 8 = 13.5（mm）。

（2）堵板和进水口（展开图见图 12-109）

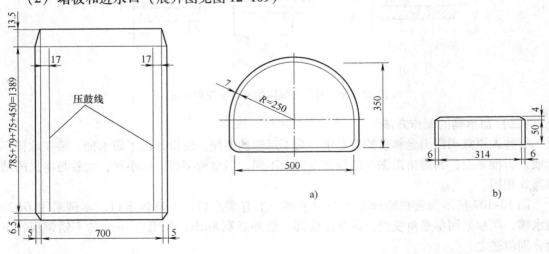

图 12-108　桶体展开图　　　　　　　图 12-109　堵板和进水口展开图

　　　　　　　　　　　　　　　　　a）堵板（工件）　b）进水口

1）如图 12-107 中Ⅰ放大所示，堵板与桶体的咬接量为 7mm。

2）进水口展开长为 $\pi D = \pi \times 100mm = 314mm$。

3）纵缝每边咬接量为 $\dfrac{5 + 3.5 \times 2}{2}mm = 6mm$。

4）进水口上端平折边量为 4mm。

3. 加工方法

1）桶体。

① 在平板状态下，按大弧、小弧和直段的展开长在展开料上划出间距线，以便按线扳折、压弧。

② 在平板状态下，将纵缝、咬接量扳折至∧形状，以备咬接。

③ 在平板状态时，用扁錾凿出进水口孔。

④ 按线操作，在直径 $\phi150mm$ 的圆管上，按压出大弧部分，在直径 $\phi20mm$ 的圆管上按压出小弧部分。

⑤ 以道轨的底面为砧面，将桶体穿入其中，将纵缝咬接成功。

⑥ 用手动压鼓机将两端鼓压出，滚压时应循序渐进，不要急于求成，压到一定深度后，应用堵板试之，若欠时应加深。

2）堵板

① 在平板状态下，用扁錾凿出出水口孔。

② 在45°规铁端头，用斩口锤的钝刃将 7mm 的边砍至80°～90°。

3）桶体与堵板的咬合方法

① 将桶体的端口朝上，立于平台上。

② 将堵板放于设计的空间，通过几度调整，将两者的间隙调匀。

③ 左手压住堵板，右手用斩口锤的钝刃砍倒 5mm 的边 3～4 处，并抹入腻子。

④ 将其余的 5mm 折边全部砍倒、砸平、砸贴。

4）将水嘴用螺母配胶垫与堵板紧固连接。

5）用氩弧焊的方法，将进水口焊接牢固。

至此，甜水桶便制作完毕。

（四）豆浆桶的制作方法

图 12-110 和图 12-111 所示分别为豆浆桶的施工图和局视图、放大图，由于规格大，用 0.8mm 厚不锈钢板，纵缝外观宽10mm，近上端处出现两道外鼓，以增加桶体的刚性，封底环缝采用内嵌式单立咬缝，外观缝宽6mm，为了移动的需要，还安设了桶体抓手，此抓手的下料和制作稍有难度，请看下面的分析。

1. 板厚处理

1）从施工图中可看出，从端口往下 100mm、加设两道外鼓，这是因为本例直径大并且板薄，为了增加桶体的强度而设计的。

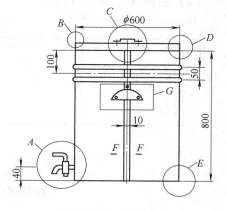

图 12-110　豆浆桶

2）由于规格大、板较薄，所以上端口用 $\phi6mm$ 的卷丝，以增加端口的刚性。

3）图 12-111 中的 C 放大和 K 向所示，为了增加抓手的强度，并且使用时又不致刺手，

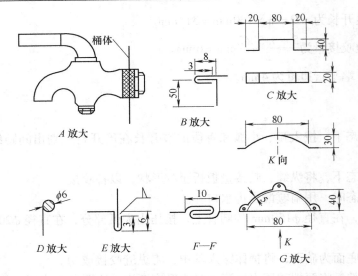

图 12-111　局视图和放大图

抓手板的敞口端采用了平折边的方法。

4）虽然是 0.8mm 的薄板，但桶体与桶盖的配合间隙不能忽视，由于桶体和桶盖不一定是很正圆，故桶盖直径设计为 597mm，比桶体直径小 3mm，既起到了盖子的作用，又保证了使用时的松动配合。

2. 计算下料（展开图见图 12-112、图 12-113）

（1）**桶体**（见图 12-112a）

1）桶体展开长 $s = \pi \times 600\text{mm} = 1885\text{mm}$。

2）纵缝每边咬接余量 $B_1 = \dfrac{8 \times 2 + 10}{2}\text{mm} = 13\text{mm}$。

3）上端口卷丝宽 $B_2 = d \times \left(\dfrac{\pi}{2} + 1\right) = 6\text{mm} \times \left(\dfrac{\pi}{2} + 1\right) \approx 15\text{mm}$。

（2）**盖板**（见图 12-112b）

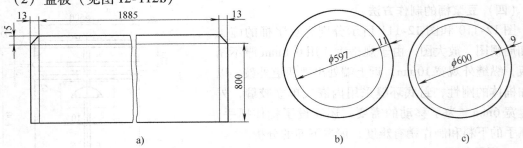

a)　　　　　b)　　　　　c)

图 12-112　展开图（一）

a）桶体展开图　b）盖板展开图　c）封底展开图

1）盖板净直径 $\phi = 597\text{mm}$。

2）与盖桶体咬接余量 $B_3 = (8 + 3)\text{mm} = 11\text{mm}$。

（3）**封底展开图**（见图 12-112c）

1）封底净直径 $\phi = 600\text{mm}$。

2）与桶体咬接余量 $B_4 = (6+3)\text{mm} = 9\text{mm}$。

（4）盖桶（见图 12-113a）

1）盖桶展开长 $s_2 = \pi \times 597\text{mm} = 1876\text{mm}$。

2）盖桶连接采用搭接电阻点焊，搭接量 $B_5 = 20\text{mm}$。

3）与盖板咬接余量 $B_6 = 7\text{mm}$。

（5）盖抓手（见图 12-113b）

1）展开长 $s_3 = (2 \times 20 + 2 \times 40 + 80)\text{mm} = 200\text{mm}$。

2）外沿平折边 3mm。

（6）桶体抓手（见图 12-114）

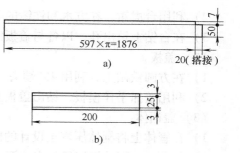

图 12-113　展开图（二）
a）盖桶展开图　b）盖抓手展开图

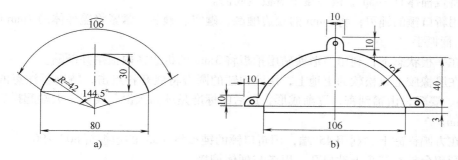

图 12-114　桶体抓手计算图
a）R 计算方法图　b）抓手展开图

1）抓手 R 的计算：从局视图和放大图中 K 向得知，大端投影长为 80mm，大端弦高为 30mm，由此，可求得 $R = \dfrac{80^2 + 4 \times 30^2}{8 \times 30}\text{mm} = 42\text{mm}$（相交弦定理）。

2）抓手大端外沿包角 $2\alpha = 2\arcsin\dfrac{40}{42} = 144.5°$。

3）抓手大端弧长 $s_4 = \pi R\dfrac{2\alpha}{180°} = \pi \times 42\text{mm} \times \dfrac{144.5°}{180°} = 106\text{mm}$。

4）抓手展开数据（展开图见图 12-114b）。

① 抓手大端展开长 $s_5 = 106\text{mm}$。

② 抓手纵向长 $l = 40\text{mm}$。

③ 抓手大端内平折边 3mm。

④ 抓手外沿翻边 5mm。

⑤ 根据 106mm × 40mm 尺度便可近似、圆滑划出抓手展开空间，外加 5mm 便得出外沿平折边。

⑥ 近似 10mm × 10mm 为连接铆钉的位置。

3. 加工方法

（1）盖抓手

1）在矩形铁砧上用拍板将两长边的 3mm 扳折至 90°，继而砸平、砸实、砸贴。

2）利用台虎钳，在方木和铁锤的配合下，扳折至设计的来回弯形状。

3）在台钻上钻出孔，以备与盖板铆接。

（2）盖板

1）在方圆铁砧上，利用45°端头，用斩口锤的钝刃，将3mm的边扳折至90°。

2）利用盖抓手作模板，钻出盖板上对应的孔。

（3）盖桶体

1）在管体上将桶体压弯至设计的曲率。

2）将20mm宽的搭接量找定位置后，用电阻焊点焊牢固。

3）在方圆铁砧上，利用45°端头，用斩口锤的钝刃，将7mm的折边外翻至90°。

（4）盖板与盖桶体的咬接

1）将盖板置于平台上，3mm立边朝上。

2）将盖桶体有7mm立板端覆于盖板空间内。

3）用斩口锤的钝刃，将3mm的立边砸倒、砸实、砸贴，紧紧将盖桶体的7mm咬住。

（5）桶抓手

1）在平板状态下，利用矩形铁砧用拍板将3mm的折边往内扳平并砸贴。

2）在厚橡胶上或松软的土地上，用圆顶锤的圆端将展开料点击，特别要注意的是击点一定要小、要轻，由稀到密，逐渐成形，最后的标准是球面圆滑、美观，大端起拱后的投影长为80mm。

3）在方圆铁砧上，利用45°端，用斩口锤的钝刃将5mm的边扳折80°~90°。

4）利用台钻在三爪上钻出孔，以备与桶体铆接。

（6）桶体

1）在平板状态下，将两端的13mm在角钢砧上用拍板扳折至设计的曲线状态。

2）在平板状态下，在角钢砧上用拍板配合无齿手钳将 $\phi6mm$ 的圆钢卷入，近纵缝10mm处暂不卷制。

3）在卷板机上将桶体卷至成形，并同时利用上轴辊咬合纵缝成形。

4）将余卷丝卷制完毕。

5）将桶体抓手覆于桶体上，一是检查两者的吻合程度并调整，二是以抓手为模板钻出桶体上的孔，待后相铆，并同时钻出放水阀孔。

6）按设计位置，利用压鼓机压出桶体上的两道外鼓。

7）两抓手与桶体铆接。

（7）封底

1）在45°端头上用拍板将3mm边扳折至90°。

2）翻转底板，使3mm边朝上，45°尖对准6mm线，3mm、6mm一同被往下击打，便完成了设计的曲线状。

3）在拍打时，3mm的边会被砸贴，可用一字形螺丝刀转拨之，使之达到1.5mm左右为最佳状态。

（8）桶体与封底的咬合

1）将扳好边的封底立于平台上，将桶体直插入封底缺口中。

2）将桶底环缝置于具有正断面的卧置管体中，用拍板将待焊环缝砸贴、砸实，并同时在此管体上施以平焊连接之。

（9）放豆浆阀门的安装方法　在桶体阀门孔的两侧各垫一个胶皮垫，在内侧用螺母拧紧，既能固定，又能密封。

（五）饮水桶的制作方法

图 12-115 所示为公共场所常见的饮水桶，下端用 $DN15$ 的水嘴往外放水，上端卷丝，靠墙侧为直段，外侧为弧形，用 0.5mm 的不锈钢板制作，为适应本例的抗弧单平角咬缝，在直和弧的交汇处设置一过渡段，一般设 $R = 30$mm。图 12-116 所示为剖视图和放大图。

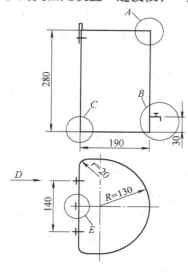

图 12-115　饮水桶

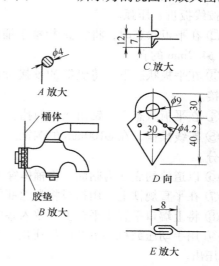

图 12-116　剖视图和放大图

1. 板厚处理

1）图 12-116C 放大为抗弧单平角咬缝，外观宽 7mm，那么封底的被咬接量只能为 6mm，桶体的二次折边量必小于 4mm 才行，5mm 偏大，会造成咬接失败。

2）图 12-116E 放大，纵缝的外观宽为 8mm，那么纵缝的咬接量：一边为 6.5mm，另一边为 6.5mm 和 8mm。

2. 下料计算

（1）桶体（展开图见图 12-117）

1）大弧部分长 $l_1 = \pi R = \pi \times 130$mm $= 408$mm。

2）小弧部分长 $l_2 = \pi r = \pi \times 20$mm $= 63$mm。

3）近大弧直段长 $l_3 = (190 - 130 - 20)$mm $\times 2 = 80$mm。

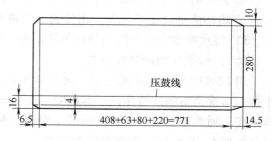

图 12-117　桶体展开图

4）近平板直段长 $l_4 = (130 - 20)$mm $\times 2 = 220$mm。

5）纵缝的咬接量：一边为 6.5mm，另一边为 6.5mm + 8mm = 14.5mm。

6）上端卷丝长 $l_6 = d\left(\dfrac{\pi}{2} + 1\right) = 4$mm $\times \left(\dfrac{\pi}{2} + 1\right) = 10$mm。

7）下端咬接量 $l_7 = 4mm$。

（2）封底（展开图见图 12-118）

封底与桶体的咬接量为 6mm。

3. 加工方法

1）绞缝：在台钻床上钻出 $\phi 9mm$ 和 $\phi 4.2mm$ 的孔。

2）桶体：

① 在平板状态下，按大弧、小弧和直段的数值划出间距线，以便按线扳折、压弧。

② 在平板状态时，将绞缝板覆于桶体的设计位置，用套钻法钻出 $\phi 4.2mm$ 的孔。

③ 在平板状态下，将纵缝的咬接量用拍板扳折成∧形状，以备咬接。

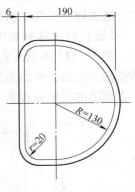

图 12-118　封底展开图

④ 在平板状态下，钻出水嘴的孔。

⑤ 按线操作，在 $\phi 100mm$ 的圆钢上，按压出大弧部分，在 $\phi 20mm$ 的圆钢上，按压出小弧部分。

⑥ 以道轨的底面为砧面，将桶体穿入其中，用拍板将纵缝咬接完毕。

⑦ 在平直规铁上，用拍板将卷丝部位的 10mm 扳折近 90°。

⑧ 将上端口平置于平台上，放入 $\phi 4mm$ 的铁丝，用斩口锤的钝刃配无齿手钳卷至成功。

⑨ 用手动压鼓机将下端的鼓压出，其深度应符合设计要求，否则起不到抗弧作用，应分次压出。

3）封底：在 45°规铁端头，用拍板将 6mm 的边扳折约 80°～90°。

4）桶体与封底的咬合方法：

① 将桶体的底部朝上，立放于平台上。

② 将封底放于设计的底部空间，通过微调将两者的间隙调匀。

③ 左手压住封底，右手持斩口锤，将 4mm 的边砍倒 3～4 处以作临时定位，并抹入腻子以密封。

④ 将所有立着的 4mm 全部砍倒并至均匀。

⑤ 将桶体平放于平台上，用锤的平端将 4mm 的边砸平、砸贴直至美观并密封。

5）将水嘴用螺母配胶垫与桶体紧固并密封连接，至此，饮水桶即全部完工。

（六）带盖方桶的制作方法

图 12-119 所示为市面上卖豆腐干常用的带盖方铁桶，为了配盖的需要，上部要内卷丝才行，这就是本例的特殊性。本例采用 0.7mm 的镀锌板，纵缝宽 7mm，采用双抗弧单平咬缝相连；桶盖外卷丝，用连接板铆接相连；为实现桶体与桶盖为松动配合，可在桶盖的长和宽上各加 1～1.5mm，下面分别叙述之。

1. 板厚处理

1）如图 12-119C 放大为单角咬缝，外观宽 7mm，桶体必为 6mm，桶底必为（7 + 5）mm = 12mm，或（7 + 4）mm = 11mm，若不按此比例分配，定会造成咬接失败。

2）图 12-119E 放大为双抗弧单平咬缝，外观宽 7mm，因为是平板连接，其咬接量一边为 5.5mm，另一边为 5.5mm 和 7mm。

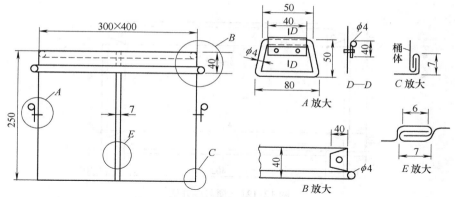

图 12-119 卖豆腐干用方铁桶

2. 下料计算

（1）桶体（见图 12-120） 为咬接方便的需要，纵缝安排在端头或纵向的侧板上，不安排在棱上。

1）$\frac{1}{2}$ 净料尺寸 250mm × 700mm。

2）下端折边宽 $B_1 = 6$mm。

3）上端内卷丝宽 $B_2 = d\left(\dfrac{\pi}{2} + 1\right) = 4$mm $\times \left(\dfrac{\pi}{2} + 1\right) = 10$mm，本例采用内卷丝，所以必须剪 45°缺口。

4）纵缝每边咬接余量 $B_3 = \dfrac{5.5 \times 2 + 7}{2}$ $= 9$mm。

（2）桶底（见图 12-120）

1）从图中可看出，第一次折边量为 4mm，第二次折边量为 7mm，共折 11mm。

2）净料尺寸 300mm × 400mm。

（3）桶盖（见图 12-121）

1）从图中可看出，为了桶体与桶盖的匹配，其长度上应加 1.5 ~ 2mm，故净料为 302mm × 402mm。

2）外卷丝宽度 $B = d\left(\dfrac{\pi}{2} + 1\right) = 4$mm $\times$ $\left(\dfrac{\pi}{2} + 1\right) = 10$mm。

（4）把手

1）连接板长 $l_1 = (\pi \times 4 + 36 \times 2)$mm $= 85$mm。

2）连接板尺寸 40mm × 85mm。

3）把手圆钢长 $l_2 \approx 230$mm。

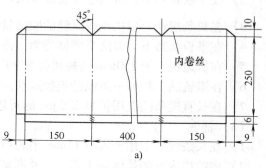

a)

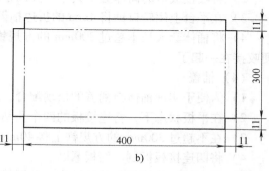

b)

图 12-120 桶体、桶底展开图

a) $\frac{1}{2}$ 桶体 b) 桶底

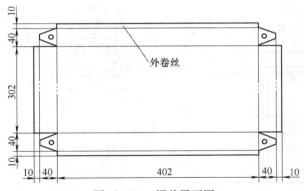

图 12-121　桶盖展开图

3. 加工方法

（1）把手

1）将把手圆钢在台虎钳上煨制成形，使对口安排在连接板轴孔中，以增加美观。

2）用煨制好的把手圆钢作内胎，在台虎钳上将连接板煨制成形，并钻出 $\phi4\text{mm}$ 的孔，以备与筒体相连。

（2）桶体

1）在平板状态下，将把手连接板覆于桶体板上，打上样冲眼，并钻出 $\phi4\text{mm}$ 的孔 4 个。

2）在平板状态下，将内卷丝卷制成功，使之处于能抽动的状态，以便与另 $\frac{1}{2}$ 相连。

3）在长条规铁上用拍板将纵缝的咬接量扳折边至设计的曲线状。

4）在平板状态下，将两半桶体连为一体。

5）在折边机上沿 250mm 的棱线折弯 90°。

6）在道轨砧上将另一条纵缝连接成功。

7）在长直规条砧上用拍板将 6mm 的折边向外扳折 90°，以备与桶底相连。

（3）桶底

1）在长条规铁上用拍板将 11mm 中的 4mm 的折边拍出。

2）将咬接成形的筒体置于其上，并调整到间隙合适为止。

3）在平台上用斩口锤将 4mm 的折边拍倒，与筒体的 6mm 折边相贴合。

4）将桶体套入长不超过 300mm 的方规铁上，用拍板将 7mm 的折边拍倒，桶体与桶底便咬接在一起了。

（4）桶盖

1）为便于实现桶体与桶盖的松动配合，长宽尺度上各加上 1.5~2mm，便可达到目的。

2）在平板状态下，将连接板的四个孔钻出。

3）在不超过 300mm 的方规铁上将 40mm 高的立侧板扳折成功。

4）将四连接板扳倒与堵板紧贴。

5）用套钻法将堵板上的孔钻出，并用铆钉相连。

6）用前述方法将外卷丝卷至成功。

（七）理发店洗发筒的制作方法

几乎所有的理发店皆用到一种洗发筒，这种洗发筒挂于墙壁上，由两条挂条固定，并设计成半圆形，上端口为敞口入水，下为水嘴出水，为顾客洗头。下面介绍它的制作方法。

图 12-122 所示为洗发筒的施工图和放大图。

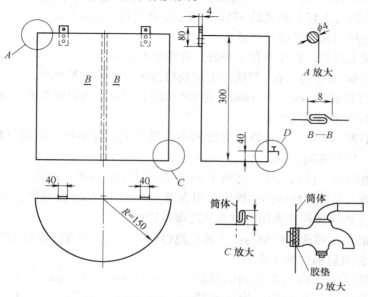

图 12-122　理发店洗发筒

1. 板厚处理

1）如图 12-122*B* 放大所示，纵缝外观宽 8mm，那么纵缝的咬接量一边为 6.5mm，另一边为 6.5mm 和 8mm。

2）如图 12-122*C* 放大所示，底部的单平咬缝外观宽 7mm，那么封底的咬接余量应为（7＋4）mm＝11mm，筒体的咬接量必为 6mm。

2. 下料计算（展开图见图 12-123）

1）卷丝宽度 $D = d\left(\dfrac{\pi}{2}+1\right) = 4 \times \left(\dfrac{\pi}{2}+1\right)$ mm＝10mm。

2）$\dfrac{1}{2}$ 纵缝折边量：一边为 6.5mm，另一边为 6.5mm 和 8mm，$\dfrac{2 \times 6.5 + 8}{2}$ mm＝10.5mm。

3）筒体下端咬接量 6mm。

4）筒体半圆弧展开长 $s = \dfrac{2\pi R}{2} = \dfrac{\pi \times 300}{2}$ mm＝471mm。

5）筒体半直段长 $l = 150$ mm。

6）封底咬接量（7＋4）mm＝11mm。

3. 加工方法

1）筒体：

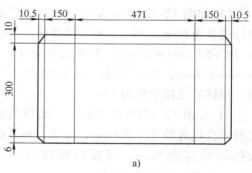

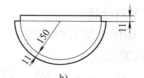

图 12-123　展开图

a）筒体展开图　b）封底展开图

① 在平板状态下，将半纵缝的咬接量在规铁上用拍板扳折至设计的∧形状。

② 将直段150mm在角钢规铁上用拍板扳折到近90°。

③ 在架空的圆管上将半圆弧的471mm用手压弯至设计的曲率。

④ 在规铁上用拍板将纵缝咬合成功。

⑤ 先在规铁上扳折、后在平台上翻折，将卷丝卷制完毕。

⑥ 将筒体的6mm折边，在45°铁砧上用斩口锤的钝刃扳折至90°。

2）封底：将封底11mm中的4mm，在45°铁砧上用斩口锤的钝刃扳折至90°。

3）筒体与封底的咬合方法：

① 将封底平置于平台上，将筒体立放其中，找定配合间隙后，用斩口锤的钝刃周向对称砍倒5~6处，以作临时定位。

② 再次调整间隙，抹入腻子，将余下4mm全部砸倒、砸平、砸贴。

③ 将筒体插入具有正断面的圆管内，用方锤将4mm和7mm段砸倒、砸实。

4）将预钻孔的筒体和挂条用铆钉或抽芯铆钉连接之。

5）将下端的出水嘴通过胶垫与筒体紧紧地结合在一起。至此，洗发筒便制作完毕。

（八）半锥台消防桶的制作方法

图12-124所示为库房前常见到的消防桶，用0.5mm厚的黑铁皮制成，为了在较远处能看到消防桶，故用红防锈漆涂抹（其原理同公路上的红绿灯）；因消防桶不常用，大部分时间需要挂在墙面上，故作成有一个平面的圆锥台状，以保持其稳定性。

1. 板厚处理

1）如图12-124C放大所示，封底环缝的外观宽为6mm，那么，封底的咬接余量必为（4+6）mm=10mm，至少也应为（3+6）mm=9mm，大于或小于上两值都不可以，桶体的咬接余量为5mm。

2）如图12-124D放大所示，堵板与桶体的咬合纵缝外观宽为6mm，那么，桶体的咬接余量应为9mm，堵板的咬接量应为5mm，否则会造成咬接失败。

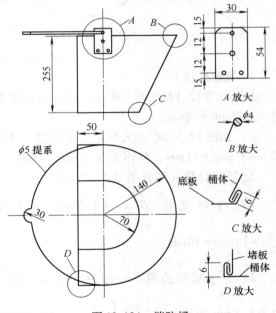

图12-124　消防桶

2. 下料计算

1）桶体（展开图见图12-125）：桶体的几何形状实际上是一个大半的圆锥台，故应按圆锥台计算之。

① 整锥台高 $H = \dfrac{Dh}{D-d} = \dfrac{280 \times 255}{280-140}$ mm = 510mm。

② 上部锥台高 $h_1 = H - h = （510-255）$ mm = 255mm。

③ 整圆锥展开半径 $R = \sqrt{H^2 + \left(\dfrac{D}{2}\right)^2} = \sqrt{510^2 + 140^2}$ mm = 529mm。

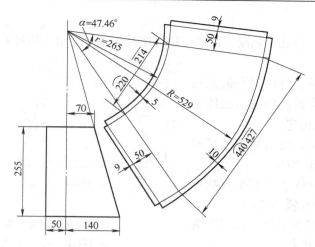

图 12-125　桶体展开料

④ 上部圆锥的展开半径 $r = \dfrac{h_1 R}{H} = \dfrac{255 \times 529}{510}$mm $= 265$mm。

⑤ 半展开料夹角 $\alpha = \dfrac{180° D}{2R} = \dfrac{180° \times 280}{2 \times 529} = 47.64°$。

⑥ 半展开料大端弧长 $s = \dfrac{\pi D}{2} = \dfrac{\pi \times 280}{2}$mm $= 440$mm。

⑦ 半展开料小端弧长 $s_1 = \dfrac{\pi d}{2} = \dfrac{\pi \times 140}{2}$mm $= 220$mm。

⑧ 半展开料大端弦长 $A = 2R\sin\dfrac{\alpha}{2} = 2 \times 529$mm $\times \sin\dfrac{47.64°}{2} = 427$mm。

⑨ 半展开料小端弦长 $A_1 = 2r\sin\dfrac{\alpha}{2} = 2 \times 265$mm $\times \sin\dfrac{47.64°}{2} = 214$mm。

⑩ 大小端弦心距 $B = (R - r)\cos\dfrac{\alpha}{2} = (529 - 265)$mm $\times \cos\dfrac{47.64°}{2} = 242$mm。

⑪ 与底板的咬接余量为 5mm。

⑫ 与堵板的咬接余量为 9mm。

⑬ 上端卷丝量 4mm $\times \left(\dfrac{\pi}{2} + 1\right) = 10$mm。

2）堵板（展开图见图 12-126a）：

① 堵板尺寸为 280mm × 140mm × 255mm。

② 与底板的咬接余量为 5mm。

③ 与桶体的咬接余量为 5mm。

④ 上端卷丝量为 4mm $\times \left(\dfrac{\pi}{2} + 1\right) = 10$mm。

3）底板（展开图见图 12-126b）：

① 与桶体的咬接余量为 $(3 + 6)$mm $= 9$mm。

② 与堵板的咬接余量为 $(3 + 6)$mm $= 9$mm。

4）提系展开长 $l \approx (\pi \times 140 + 50)$mm $= 500$mm。

3. 加工方法

1）提系连接板：号孔、钻眼，以备与桶体连接，在台虎钳上将提系撅制成形。

2）桶体：

① 在平板状态下，将钻出孔的连接板覆于桶体的设计位置，套钻出桶体上的孔，以备与连接板相连。

② 在平板状态下，将与堵板连接的 9mm 中的 3mm 扳折至 90°。

③ 将上端的 10mm 卷丝在平板状态下卷制成功，近纵缝处暂不卷出。

④ 以圆管或圆钢为上胎，以双手为下胎，压制出桶体的弧状。

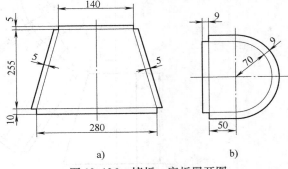

图 12-126　堵板、底板展开图

a）堵板展开图　b）底板展开图

⑤ 将与底板连接的 5mm 扳折至 90°，以备与底板咬合。

3）堵板：

① 将其上的三个 5mm 扳折至 90°。

② 将其上的 10mm 扳折至空心状，敞口处能放入 ϕ4mm 的铁丝为度，以备成形后穿铁丝。

4）桶体与堵板的咬合方法：

① 将堵板平置于平台上，使 3mm 的立边朝上。

② 将卷好曲率的桶体的 3mm 的立边置于堵板 5mm 的立边空间内，调定间隙后，将 3mm 立边砸倒 4 处，以作临时定位，抹入腻子后将余下之 3mm 全部砸倒、砸平，并将上述复合缝再次砸倒、砸平。

5）桶体、堵板与底板的咬合方法：

① 将周向扳好 3mm 立边的底板平置于平台上，3mm 立边朝上。

② 将桶体和堵板的结合体放于底板 3mm 立边空间，找定位置后将周向的 3mm 砸倒3～4处，作临时定位。

③ 抹入腻子后将余下之 3mm 全部砸倒、砸平，继而将上述复合缝再次砸倒、砸平。

6）将桶体与连接板用铆钉相连，然后与提系相连，即完成了消防桶的制作。

（九）锥台洗衣盆的制作方法

图 12-127 所示为常用锥台洗衣盆施工图，卷丝直径5mm，用 0.5mm 镀锌板，纵缝采用五、五、六型式双抗弧单平咬缝，封底采用五、六、七型式单抗弧单平咬缝。

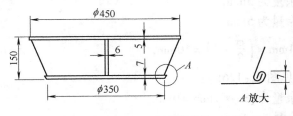

图 12-127　锥台洗衣盆

1. 锥台料计算

如图 12-128 所示为 $\frac{1}{2}$ 锥台展开图和封底展开图。

1）锥底角 $\alpha = \arctan \dfrac{150 \times 2}{450 - 350} = 71.565°$。

2）大端展开半径 $R = \dfrac{225\text{mm}}{\cos 71.565°} = 711.5\text{mm}$。

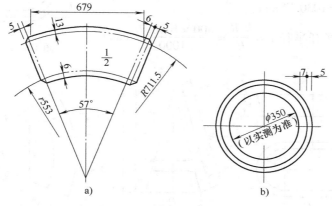

图 12-128　展开图

a）$\frac{1}{2}$ 锥台展开图　b）封底展开图

3）小端展开半径 $r = \dfrac{175\text{mm}}{\cos 71.565°} = 553\text{mm}$。

4）半展开料夹角 $\beta = \dfrac{180° \times 45°}{2 \times 711.5} = 57°$。

5）半展开料大端弦长 $A = 2 \times 711.5\text{mm} \times \sin \dfrac{57°}{2} = 679\text{mm}$。

6）半展开料小端弦长 $A_1 = 2 \times 553\text{mm} \times \sin \dfrac{57°}{2} = 528\text{mm}$。

7）卷丝展开长 $s = d\left(\dfrac{\pi}{2} + 1\right) = 5\text{mm} \times \left(\dfrac{\pi}{2} + 1\right) = 13\text{mm}$。

2. 卷丝方法

卷丝方法在本文开头已叙述过，此不重述，但要说及一点，必须先卷丝后上封底，这样做的好处是：先卷丝可增加桶体刚性，便于将桶体整成正圆，再加后来底部的第一次折边，更增加了桶体的刚性，既便于整成正圆，又便于咬合封底。

3. 封底的咬合方法

锥台洗衣盆的封底咬合过程和方法完全同"带护圈水桶的咬合"，此不重述。

（十）幼儿浴盆的制作方法

如图 12-129 所示为常见幼儿浴盆的施工图，由于规格较大，应采用 1mm 厚的镀锌板，咬缝也应加宽，纵缝 8mm，底缝 10mm，下面叙述之。

1. 下料计算

如图 12-130 所示为计算原理图。

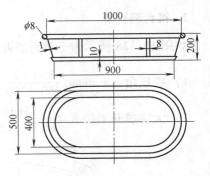

图12-129　幼儿浴盆

1）整锥台高 $H = \dfrac{Dh}{D-d} = \dfrac{500 \times 200}{500 - 400}$ mm $= 1000$ mm。

2）上部锥台高 $h_1 = H - h =$（$1000 - 200$）mm $= 800$ mm。

3）整锥台展开半径 $R = \sqrt{H^2 + \left(\dfrac{D}{2}\right)^2} = \sqrt{1000^2 + 250^2}$ mm $= 1030.78$ mm。

4）上部锥台展开半径 $r = \dfrac{h_1 R}{H} = \dfrac{800 \times 1030.78}{1000}$ mm $= 824.62$ mm。

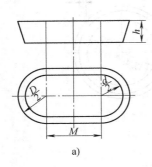
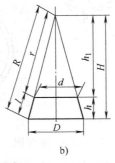
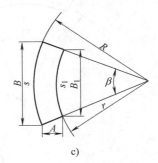

a)　　　　　　　　　　b)　　　　　　　　　　c)

图12-130　计算原理图

5）半展开料夹角 $\beta = \dfrac{180°D}{2R} = \dfrac{180° \times 500}{2 \times 1030.78} = 43.66°$。

6）半展开料大端弧长 $s = \dfrac{\pi D}{2} = \pi \times 250$ mm $= 785.4$ mm。

7）半展开料小端弧长 $s_1 = \dfrac{\pi d}{2} = \pi \times 200$ mm $= 628.32$ mm。

8）半展开料大端弦长 $B = 2R\sin\dfrac{\beta}{2} = 2 \times 1030.78$ mm $\times \sin\dfrac{43.66°}{2} = 766.6$ mm。

9）半展开料小端弦长 $B_1 = 2r\sin\dfrac{\beta}{2} = 2 \times 824.62$ mm $\times \sin\dfrac{43.66°}{2} = 613.28$ mm。

10）半展开料大小端弦心距 $A = (R - r)\cos\dfrac{\beta}{2} =$（$1030.78 - 824.62$）mm $\times \cos\dfrac{43.66°}{2}$ $= 191.38$ mm。

11）大端卷丝长 $s_2 = d\left(\dfrac{\pi}{2} + 1\right) = 8$ mm $\times \left(\dfrac{\pi}{2} + 1\right) = 21$ mm。

12）直侧板长 $M =$（$900 - 400$）mm $= 500$ mm。

13）直侧板宽 $l = R - r =$（$1030.78 - 824.62$）mm $= 206.16$ mm。
展开图如图12-131所示。

2. 制作加工

由于规格较大，卷丝又较粗，给成形带来较大的难度，其程序如下：

1）按照双抗弧咬接法将端头板和侧板接为一整体平板。

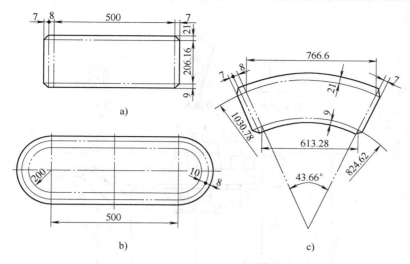

图 12-131　展开图

a）直侧板 2 件　b）封底 1 件　c）弧侧板 2 件

2）在平板状态下将卷丝卷入，基本按照锥台洗衣盆的卷制方法卷之。

3）将平曲面板卷成弧状的盆体，卷制的难点主要在 8mm 的铁丝，可用悬空胎具配木锤加工之，最后合茬咬缝成整盆体。

4）仍按照洗衣盆盆底的加工方法，将盆体扳折，并与盆底咬合成形。

（十一）烧芯炉的制作方法

现在流行的一种烧芯炉，由于燃料取之容易，很受广大民众的欢迎，其原理基本同企事业单位的水锅炉，下面介绍它的制作方法。

如图 12-132 所示为烧芯炉的施工图及其放大图，它主要由四大部件组成，一是上盖板，二是外桶体，三是内胆，四是壶嘴。下面分别介绍之。其中一些常规的知识，如加水口 3，抓手 1、提系耳 7 等，文中皆从略介绍。

1. 上盖板

上盖板的形状，角部可以是圆弧过渡，也可以是直角状，展开图如图 12-133 所示。计算过程从略，这里主要叙述一下加工方法。

1）关于角部的折边，扳折量 22mm，若用手工在 45°铁砧上扳出，难度较大，最好是作胎压制。

2）在 45°铁砧上分别扳出 12mm 和 5mm 的折边，以备与外桶体上口咬合。

3）用扁錾切出加水孔，稍大于 $\phi 40mm$，内胆孔稍大于 $\phi 97.32mm$ ［锥台底角 $\alpha = 77.2°$，$\left(110 - \dfrac{270}{\tan 77.2°}\right)mm \times 2 = 97.32mm$］。

4）将加水口 3 与上盖板咬合，并从外侧锡焊密封。

2. 外桶体

如图 12-134 所示为外桶体的展开图，计算方法较简单，这里着重说一说加工方法。

1）按六、六、七型式（咬接量分居两端，$\dfrac{2 \times 6 + 7}{2}mm = 9mm$），扳出纵缝折边。

2）在小型卷板机上卷出桶体。

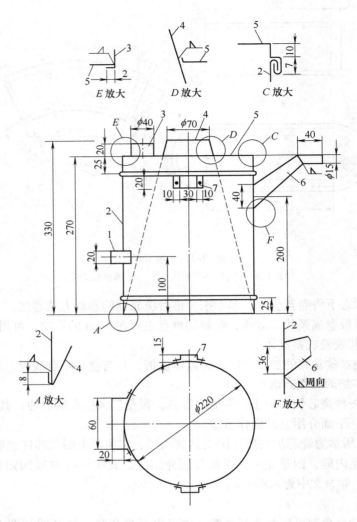

E 放大　　　D 放大　　　C 放大

图 12-132　烧芯炉

1—抓手　2—外桶体　3—加水口　4—内胆　5—上盖板　6—壶嘴　7—提系耳

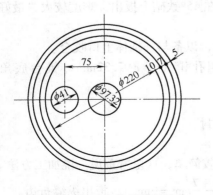

图 12-133　上盖板展开图

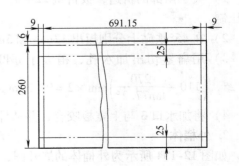

图 12-134　外桶体展开图

3）在圆管或圆钢胎上咬合纵缝。

4）在压鼓机上滚出上下端的外鼓。

5）在上端扳出 6mm 折边，以备与上盖板咬合。

6）在上端开出 36mm×30mm 的椭圆孔以备与壶嘴相连。

3. 内胆

如图 12-135 所示为内胆的施工图和展开图。

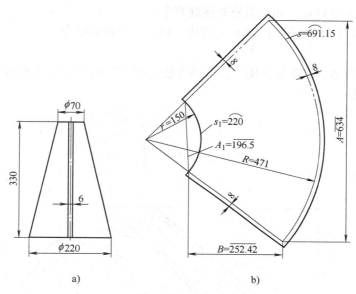

图 12-135　内胆施工图和展开图
a）施工图　b）展开图

（1）下料计算

1）整锥台高 $H = \dfrac{Dh}{D-d} = \dfrac{220 \times 330}{220 - 70}$mm $= 484$mm。

2）上部锥台高 $h_1 = H - h = (484 - 330)$ mm $= 154$mm。

3）整圆锥展开半径 $R = \sqrt{H^2 + \left(\dfrac{D}{2}\right)^2} = \sqrt{484^2 + 110^2}$mm $= 471$mm。

4）上部圆锥展开半径 $r = \dfrac{h_1 R}{H} = \dfrac{154 \times 471}{484}$mm $= 150$mm。

5）展开料夹角 $\alpha = \dfrac{180° D}{R} = \dfrac{180° \times 220}{484} = 81.82°$。

6）展开料大部弧长 $s = \pi D = \pi \times 220$mm $= 691.15$mm。

7）展开料小端弧长 $s_1 = \pi d = \pi \times 70$mm $= 220$mm。

8）展开料大端弦长 $A = 2R\sin\dfrac{\alpha}{2} = 2 \times 484$mm $\times \sin\dfrac{81.82°}{2} = 634$mm。

9）展开料小端弦长 $A_1 = 2r\sin\dfrac{\alpha}{2} = 2 \times 150$mm $\times \sin\dfrac{81.82°}{2} = 196.5$mm。

10）大小端弦心距 $B = (R - r) \cos \dfrac{\alpha}{2} = (484 - 150)$ mm $\times \cos \dfrac{81.82°}{2} = 252.42$ mm。

（2）加工方法

1）按五、五、六型式（咬接量为 $\dfrac{2 \times 5 + 6}{2}$ mm $= 8$ mm，分居两端），在长条砧上用斩口锤扳出内胆对口折边。

2）在锥形铁砧上将内胆卷制成形，并注意将对口边调直，以备对咬。

3）在锥形或圆管铁砧上用拍板将对接缝咬牢。

4）在45°铁砧上将大端扳出8mm外折边，以备与外桶体咬合。

4. 壶嘴

如图12-136所示为壶嘴展开图，其下料方法、结合线的求法、咬合方法，完全同标准手提壶的制作方法。

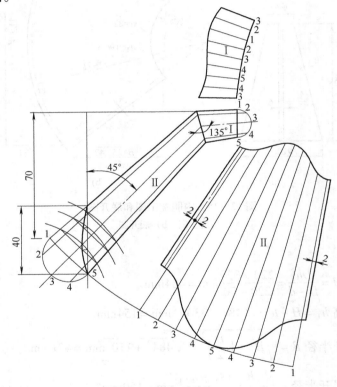

图 12-136 壶嘴展开图

1）用辅助球面法求出下端结合线。

2）用旋转法求出各素线实长。

3）用放射线法求其展开图Ⅱ。

4）嘴部折弯用正圆切线法求结合线，用旋转法求实长，便得Ⅰ的展开图。

5）在锥形铁砧上咬合壶嘴Ⅰ、Ⅱ。

6）壶嘴Ⅰ、Ⅱ及与桶体的连接，全用烙铁焊连之。

7）桶体孔用覆盖法切出。

（十二）蜂窝煤燃烧炉的制作方法

蜂窝煤炉的设计是比较合理的，炉体和炉底用镀锌板，以减少炉体的重量，便于提进提出；炉膛 $\phi110\text{mm}$，是为了容纳 $\phi100\text{mm}$ 的蜂窝煤，四周还有 5mm 的空间可以通风燃烧；其高度也较合理，炉膛放入两块高度为 80mm 的蜂窝煤后，上面还有 40mm 的燃烧室；保温层的设计也是比较合理的，太薄了散热快容易熄火，故设计四周和下端皆为 55mm 的保温层，这个厚度能保证 24h 不熄火；更合理的是进风口和排灰口的默契配合，所以此炉热效率很高，可做饭也可取暖。

图 12-137 所示为一蜂窝煤炉的施工图，炉体和炉底皆为 0.7mm 厚的镀锌板，对口缝 7mm 宽，但必须安排在支腿上，以增加纵缝的强度。下面叙述之。

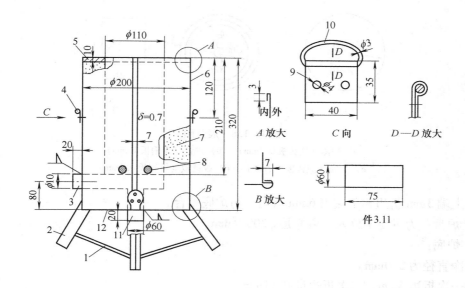

图 12-137　蜂窝煤燃烧炉

1—连接扁钢　2—∠20×20×3（三条）　3—进风口　4—把手　5—炉盘　6—炉体
7—保温耐火材料　8—炉条　9—绞链板　10—$\phi3$mm 把手　11—进风与排灰口　12—炉底

1. 板厚处理

1）如图 12-137 中 B 放大所示，炉底环缝外观宽 7mm，炉体的咬接量必为 6mm，炉底的咬接量必为 $(4+7)\text{mm} = 11\text{mm}$。

2）纵缝外观宽 7mm，那么每边的咬接量应为 $\dfrac{6\times2+7}{2}\text{mm} = 9.5\text{mm}$，最好为 $\dfrac{5.5\times2+7}{2}\text{mm} = 9\text{mm}$，但扳折时仍应按 5.5mm 和 7mm 画线。

2. 下料计算（展开图见图 12-138）

1）炉体：

① 展开长 $s = \pi D = \pi \times 200\text{mm} = 628\text{mm}$。

② 纵缝每边咬接量 $B = (5.5\times2+7)\text{mm} \div 2 = 9\text{mm}$。

③ 净高为 320mm。

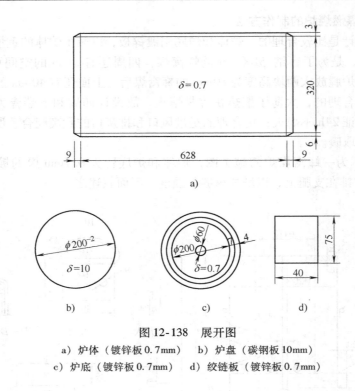

图 12-138　展开图

a）炉体（镀锌板 0.7mm）　　b）炉盘（碳钢板 10mm）

c）炉底（镀锌板 0.7mm）　　d）绞链板（镀锌板 0.7mm）

④ 上端 3mm 折边，下端需 6mm 折边，与炉底咬合。

2）炉盘：为了便于放入，最好是 $\phi200^{-2}$mm。

3）炉底：

① 净直径为 200mm。

② 一次折边 4mm，二次折边量共 11mm。

4）绞链板：

① 绞链长 $l = d\left(\dfrac{\pi}{2} + 1\right) + 2H - d = \left[3 \times \left(\dfrac{\pi}{2} + 1\right) + 2 \times 35 - 3\right]$mm $= 75$mm。

② 绞链板尺寸为 40mm × 75mm。

5）进风口和排灰口的展开尺寸为 75mm × 188mm。

3. 加工方法

1）炉体：

① 在平板状态下，将上端 3mm 折边，将把手 4 的四个孔、下端 $\phi60$mm 孔全部完成。

② 在直条方规铁上用拍板将纵缝扳折量扳折至设计的曲线形状。

③ 在卷板机上（手动或机动）卷出炉体，并同时在滚筒上咬合纵缝。

④ 将件号 2 一端拍平、钻孔，以备与炉体连接。

⑤ 将件号 2 一端已钻好的孔号出炉体上的对应孔，并钻孔成形。

2）炉底：

① 用扁錾开出 $\phi60^{+0.5}$mm 的孔，以备与排灰口 11 相连。

② 在 45°铁砧上扳出 5mm 的折边，并矫正平整。

3）把手：在台虎钳上完成绞链板的煨制，并钻出 $\phi 4mm$ 的孔，以备与炉体连接。

4）在平台上将炉体与炉底用斩口锤将 5mm 的折边压贴。

5）用铆钉或螺栓将三支腿（件号2）固定在炉体下端；并将扁钢（件号1）用电焊相连，以增加稳定性。

6）用锡焊的方法将排灰口（件号11）与炉底相连，将进风口（件号3）与炉体相连。

7）用纸壳做一个 $\phi 110mm \times 270mm$ 的直筒，置于炉体内，并保证居中，下端正好与件11平齐。

8）将搅拌均匀的稀状保温耐火材料填充于炉体内，并同时安装上炉条2根。

9）最后放上炉盘5。

10）待保温耐火材料凝固后，便可放入蜂窝煤燃烧，纸壳自焚，不必刻意作拆除处理。

（十三）标准手提壶的制作方法

所谓标准手提壶，即是说各几何尺寸都与直径 D 有关，这样制作出来的壶，形体匀称，比例搭配适当，较美观。壶体直径 D、壶体高、壶体探出水平距离和壶梁直径皆等于 D；壶脖高和壶嘴下端直径皆为 $\frac{D}{4}$；壶脖领的高度和壶嘴上端直径皆为 $\frac{D}{10}$；壶脖领直径为 $\frac{D}{2}$，其他还有 $\frac{4D}{5}$ 和 $\frac{D}{3}$，都与 D 有关，有了各标准尺寸，故壶体中心线与壶嘴中心线的夹角必为 28.61°，如图 12-139 所示。

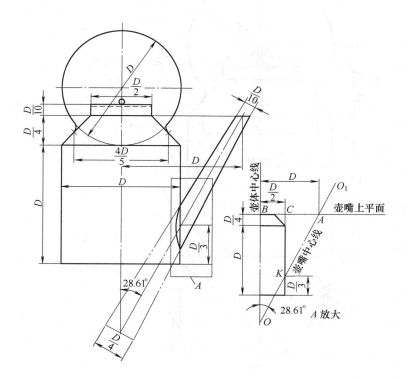

图 12-139　标准手提壶的定型尺度

如图 12-139 中 A 放大，在直角三角形 ACK 中

因为 $\angle AKC = \arctan \dfrac{AC}{CK} = \arctan \dfrac{100}{183.33} = 28.61°$

所以壶体中心线与壶嘴中心线的夹角为 28.61°

$$AO = \frac{AB}{\sin 28.61°} = \frac{200\text{mm}}{\sin 28.61°} = 417.67\text{mm}$$

$$BO = \frac{AB}{\tan 28.61°} = \frac{200\text{mm}}{\tan 28.61°} = 366.67\text{mm}。$$

图 12-140 所示为标准手提壶的施工图，用 0.6mm 厚的镀锌板，不考虑板厚，壶体纵缝采用五、五、六型式单平双抗弧咬缝（咬缝安排在壶嘴对侧，载重时可大大提高壶体强度），封底环缝采用四、五、六型式单平单抗弧咬缝，壶体与壶脖的环缝采用四、五、六型式单立咬缝，壶盖环缝采用二、二、三型式单立咬缝，壶脖与脖领的连接，采用锡焊连接，壶嘴与壶体可采用锡焊，也可采用壶嘴翻边再用锡焊密封，比较起来还是用前者，用前者有微调壶嘴空间位置的优势，为了提高封底的使用寿命，最好使用护圈装置，如图 12-140 中的 D 放大所示。

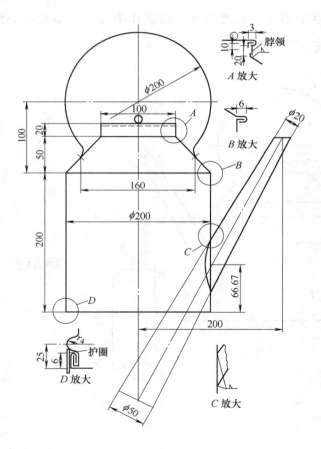

图 12-140 标准手提壶

1. 下料计算

（1）壶体与封底　如图 12-141 所示，图 12-141a 所示为壶体展开料，图 12-141b 为封底展开料，封底的下料必须在壶体咬接成形后，实际量取直径再下料，这是因为壶体咬接过程随操作手法和板料变薄多少不同而有差异。

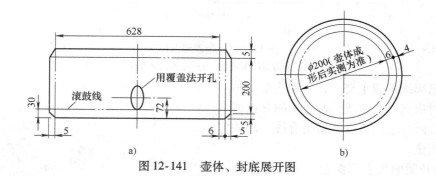

图 12-141　壶体、封底展开图

a）壶体展开图　b）封底展开图

同理，护圈的下料也应在壶体与封底咬接成形后，量取实际直径再下料。

为保证壶体与壶嘴的连接间隙，最好在壶嘴成形后用覆盖法开孔。

（2）壶脖　如图 12-142 所示为壶脖展开图，其计算方法是：

1）壶脖锥台底角 $\beta = \arctan \dfrac{50 \times 2}{200 - 100} = 45°$。

2）大端展开半径 $R = \dfrac{100\text{mm}}{\cos 45°} = 141.42\text{mm}$。

3）小端展开半径 $r = \dfrac{50\text{mm}}{\cos 45°} = 70.71\text{mm}$。

4）整净展开料包角 $\alpha = \dfrac{180° \times 200}{141.42} = 254.56°$。

5）整净展开料大端弧长 $s = \pi \times 200\text{mm} = 628.32\text{mm}$。

（3）壶脖领　如图 12-143 所示为壶脖领展开图，叙述从略。

（4）壶盖　如图 12-144 所示为壶盖展开图，图 12-144a 为直段展开图，图 12-144b 为盖板展开图。

（5）壶嘴　如图 12-145 所示为壶嘴展开原理和展开图，其求结合线的原理是辅助球面法，其求展开实长的原理是旋转法。这里主要说一说求结合线的过程和展开图的放实样画法。

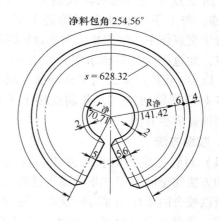

图 12-142　壶脖展开图

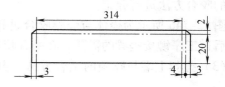

图 12-143　壶脖领展开图

1）结合线的求法：以 O 为圆心，大约在结合线范围内为半径画几个同心圆弧，与壶体

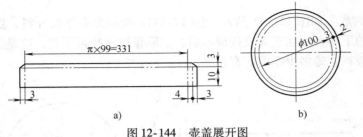

a)

b)

图 12-144　壶盖展开图

a) 壶盖直段展开图　b) 壶盖板展开图

及锥台的轮廓线得四个交点，分别连接壶体和锥台两对应点得两直线，两直线的交点即为结合点，圆滑连接各点即得结合线，此法叫辅助球面法。

2) 展开图的放实样画法：为了缩小放样图画，从下结合点 1 作中心线 OO_1 的垂线，得出锥台最简大端直径，将此直径画出半圆端面并分为四等份，等分点 1、2、3、4、5，过各点作端面线的垂线后再与锥顶 O_1 相连，与上下结合线分别得若干交点，过此若干交点作中心线的垂线与锥台轮廓线得交点，此过程叫旋转法求实长。以 O_1 为圆心，以 O_1 至各点实长为半径画弧与展开图上各对应素线得交点，分别连接上下各点，即得壶嘴展开图。

2. 咬缝方法

（1）封底与壶体的咬合方法　其咬合

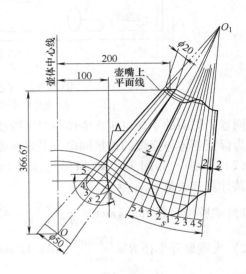

图 12-145　壶嘴展开原理及展开图

过程和方法完全同本章"带护圈水桶的咬合过程和方法"，但由于后者的几何形状较前者复杂，所以咬合时要使用加高咬缝器（见本章"铝锅整体换底的方法"）。

（2）壶体与壶脖的咬合方法　壶体与壶脖的咬合方法，大致有两种，一是单立咬缝，二是单角咬缝，两者的结合强度相近，且前者比后者少了一步工序，所以常用前者，本文以前者的咬合方法进行介绍。

图 12-146 所示为壶体与壶脖咬合过程和方法，为增加密封性和强度，咬合后加锡焊。为了后道工序铆接提梁的需要，在两者咬合前应先将壶脖上的提梁孔冲出。

（3）壶脖上端与脖领的结合方法　其结合方法可将壶脖上端扳折 2mm 后与脖领锡焊连接。

（4）壶盖板与直段的咬合方法　其咬合方法属单立咬缝，操作方法同壶体上端与壶脖的咬合过程和方法，叙述略。

（5）壶嘴的咬合方法　由于壶嘴的直径较小，操作不方便，只能采用单平无抗弧的咬缝方法，咬合后用锡焊以密封，具体咬合过程和方法如图 12-147 所示。

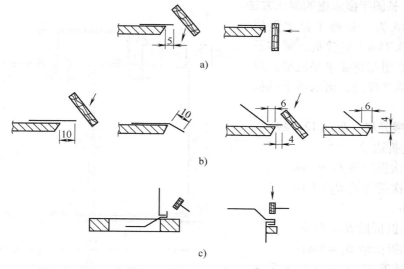

图 12-146　壶体与壶脖咬合顺序

a）壶体扳直角边　b）壶脖扳来回弯　c）壶体与壶脖咬接

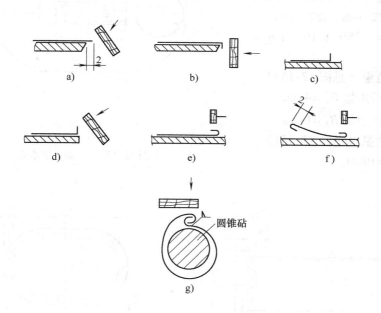

图 12-147　壶嘴的咬合顺序

（6）壶体与壶嘴的结合方法　其结合方法有两种，一是扳边咬合，二是锡焊结合。比较起来，前法咬合难度较大且成形后的壶嘴水平度不好保证，后法难度较小且能保证壶嘴水平度，故常用后法。后法的工作程序是：在壶体、壶脖和脖领结合为一体后，此时刚性增强，便于整为正圆，将咬合成形后的壶嘴置于壶体上，通过上下移动使壶嘴上平面和壶脖上平面在一平面内，在壶体上划出孔实形，在未咬合封底前用扁錾开孔并磨光，咬合封底后锡焊壶嘴。

（十四）长圆手提水壶的制作方法

图 12-148 为一长圆手提水壶施工图，采用 0.75mm 镀锌板，桶体及出水嘴纵缝采用双抗弧单平咬缝，封头封底采用单立咬缝，出水嘴下端扳 90°锡焊。

1. 壶体展开料（见图 12-149）

1) 纵缝折边量：

① 第一次折边量 $B_1 = 7mm$。

② 第二次折边量 $B_2 = 8mm$。

共 15mm。

2) 上端扳折量 $B_1 = 5mm$。

3) 下端扳折量 $B_1 = 5mm$。

4) 槽弧高度 $h = (5 + 7 + 4)mm = 16mm$。

5) 展开长 $s = [(280 - 180) \times 2 + \pi \times 180 + 22]mm = 787.5mm$。

6) 高 $H = (280 + 10)mm = 290mm$。

2. 封顶折边量（见图 12-150）

1) 第一次折边量 $B_1 = 4mm$。

2) 第二次折边量 $B_2 = 6mm$。

3. 封底折边量（见图 12-151）

折边量 $B_1 = 6mm$。

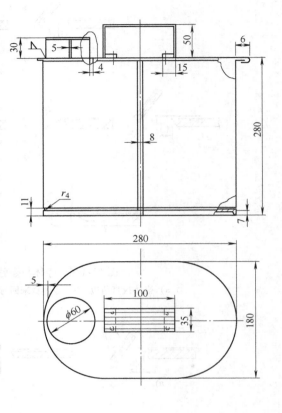

图 12-148 长圆手提水壶

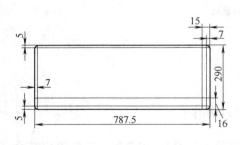

图 12-149 壶体展开图

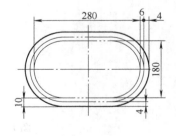

图 12-150 封顶展开图

4. 壶嘴展开料（见图 12-152）

1) 上、下折边量 $B_1 = 4mm$。

2) 展开长 $s = (\pi \times 60 + 13)mm = 201.5mm$。

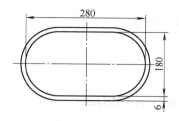

图 12-151　封底展开图

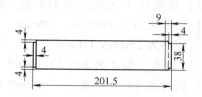

图 12-152　壶嘴展开图

（十五）机油壶的制作方法

机油壶的规格各异，图 12-153 所示为球磨机上用的大规格机油壶的施工图，用 0.5mm 厚的镀锌板制作，纵缝安排在把手下，以增加壶体的强度，壶底采用单平角咬缝，壶盖与壶体采用单立咬缝，本例的难点在于壶嘴的下料，因为壶嘴的空间位置较特殊，在某些情况下，放实样比计算更简捷，故本例采用了放实样的方法作展开图。

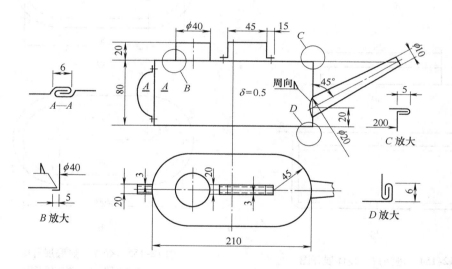

图 12-153　机油壶

1. 板厚处理

1）如图 12-153 中 A—A 剖视图所示，纵缝外观宽 6mm，每边的咬接量为 $\dfrac{6+5\times2}{2}$mm $=8$mm。

2）如图 12-153 中 C 放大所示，单立咬缝的外观宽为 5mm，那么壶盖的咬接量必为 $(5+3)$mm $=8$mm，壶体的咬接量必为 4mm。

3）如图 12-153 中 D 放大所示，单平角咬缝的外观宽为 6mm，那么壶体的咬接量必为 5mm，壶底的咬接量必为 $(6+3)$mm $=9$mm。

2. 下料计算

（1）进油口（纵缝采用锡焊对接焊，展开图见图12-154a）

1）展开长为 $\pi \times 40\text{mm} = 126\text{mm}$。

2）规格为 $25\text{mm} \times 126\text{mm}$。

（2）壶体（展开图见图12-154b）

1）展开长为 $(200 - 80) \times 2 + 2\pi R = (120 \times 2 + 2\pi \times 40)\text{mm} = 491\text{mm}$。

2）规格为 $80\text{mm} \times 491\text{mm}$。

（3）壶盖（展开图见图12-155a）

1）壶盖为长圆，规格为 $80\text{mm} \times 200\text{mm}$。

2）与壶体的咬接量为 $(3 + 5)\text{mm} = 8\text{mm}$。

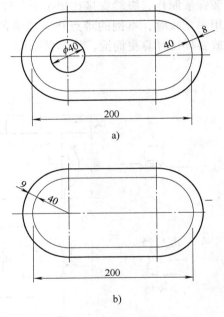

a）

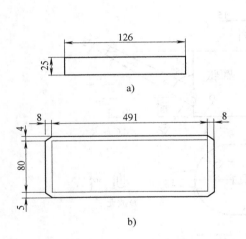

a）

b）

图12-154　进油口、壶体展开图

a）进油口展开图　b）壶体展开图

b）

图12-155　壶盖、壶底展开图

a）壶盖展开图　b）壳底展开图

（4）壶底（展开图见图12-155b）

1）壶底为长圆，规格为 $80\text{mm} \times 200\text{mm}$。

2）与壶体的咬接量为 $(3 + 6)\text{mm} = 9\text{mm}$。

（5）壶嘴

按1:1放实样作展开图，如图12-156所示。

1）画出壶嘴的主视图和俯视图，画图过程如下：

① 画出下端口的断面图，得各等分点为1、2、3、4、5，由各等分点作端口线1—5的垂线，得各交点为1、2′、3′、4′、5，连锥顶 O 得锥台各素线 $O1$、$O2′$、$O3′$、$O4′$、$O5$。

② 在俯视图上，壶嘴与壶体轮廓线的交点为 K 点。

③ 由 K 点往上投，与 $O3′$ 的延长线得交点 $K′$ 点，圆滑连接 $1″$、$K′$、$5″$ 三点，即得两者

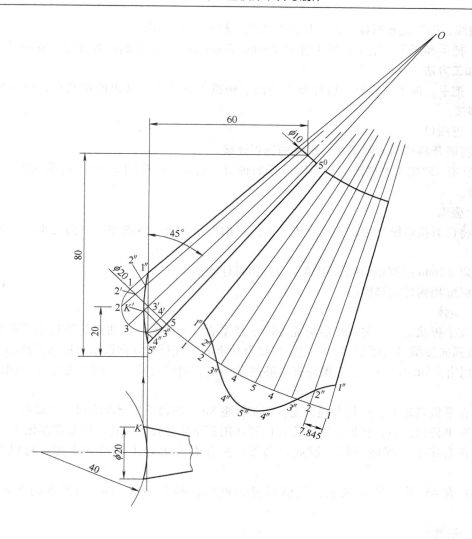

图 12-156　壶嘴展开原理与展开图

的结合线。

④ 过锥台各素线与结合线的交点（图中未显示）作端口线 1—5 的平行线，与锥台轮廓线得交点 1″、2″、3″、4″、5″。

⑤ O1″、O2″、O3″、O4″、O5″，即为锥台各素线的实长（旋转法求实长）。

2）展开图的画法：

① 以素线 O5 为半径画弧，将此弧分为 8 等份，等分点为 1、2、3、4、5、4、3、2、1，每等份的弧长为 $\frac{\pi \times 20 \text{mm}}{8} = 7.854$（mm）。

② 以上各点与锥顶 O 相连，得各素线 O1、O2…。

③ 在以上各素线上，对应截取 O1″、O2″…，等于主视图 O1″、O2″…。

④ 圆滑连接 1″、2″、3″…各点，即得下端曲线，以 O5⁰ 为半径，以 O 为圆心画弧，便

得上端曲线，因下端和对接缝都是用锡焊连接，故不加咬接量。

（6）把手和抓手　把手和抓手皆宽20mm，3mm平折边，由制作者自行下料即可。

3. 加工方法

（1）把手、抓手　将符合设计要求的把手和抓手在钻床上钻出两端的孔，以备与壶体和壶盖铆接。

（2）进油口

1）将展开料槽制为圆筒状，纵缝用锡焊连接。

2）在有45°端头的规铁上，用斩口锤的钝刃，将25mm中的5mm扳折至90°，以备与壶体焊接。

（3）壶嘴

1）将待对接口纵缝边，在长直规铁上，用拍板预扳出一点曲率，以防成形后出现直边（外桃形）。

2）以ϕ8mm的圆钢为胎，用锤子击打出设计的曲率。

3）纵缝用锡焊满焊连接。

（4）壶体

1）在平板状态下，将成形后的壶嘴覆于壶体的设计位置，因曲面的弦长小于平面的弦长，所以横向按端口边缘划线，一定能保证有足够的搭接量；纵向按端口边缘划线后、再往内5mm划出实际切口线，也能保证有足够的搭接量，划线完成后，用窄扁錾开出桶体上的壶嘴孔。

2）在平板状态下，在长直规铁上，用拍板将8mm的边扳折至∧形状，以备咬合纵缝。

3）在平板状态下，将把手覆于设计位置，用套钻法号孔、钻孔，以备铆接把手。

4）在卷床上，将展开料卷制成长圆形，并在卷床上以上轴辊为下胎，将纵缝咬接完毕。

5）在有45°端头的规铁上，用斩口锤的钝刃，将上端的4mm和下端的5mm扳折至90°。

（5）壶盖

1）在平板状态下，用窄刃扁錾配锤子开出ϕ40mm的孔。

2）在平板状态下，将抓手覆于设计位置，用套钻法，钻出抓手孔。

3）将8mm中的3mm，在45°端头的规铁上用斩口锤的钝刃，扳折至90°，以备与壶体咬合。

（6）壶底　将9mm中的3mm，在端头为45°的规铁上，用斩口锤的钝刃，扳折至90°，以备与壶体咬合。

（7）壶体与壶嘴、把手的连接

1）将壶体嘴孔朝上置于平台上，下垫平垫稳。

2）将整好形的壶嘴覆于孔上，纵横调好间隙和搭接量并无错心差后，用锡焊周向先点焊3~4处，以作临时定位。

3）观察壶体与壶嘴有无错心差，调整后便可全周满焊之。

4）用铆接的方法将把手连接于壶体上。

（8）壶盖与进油口和抓手的连接

1）从盖内侧插入进油口筒节，从外侧施以锡焊。

2）用铆接的方法将抓手连于壶盖。

（9）壶体与壶底的咬合

1）将壶底平放于平台上，使 3mm 的立边朝上，再将壶体放入其中，找定间隙后，用斩口锤的钝刃将 3mm 边砍倒 5~6 处，以作临时定位，并抹入腻子，继而全部砍倒、砸贴、砸平。

2）将上述的结合体套入具有正断面的规铁中，圆部位用圆管，直段部位用方铁砧，用锤子的平端头将上述的复合缝砸倒、砸平、砸实。

（10）壶盖与壶体的咬合

1）将壶盖上平面置于平台的边缘，目的是避开进油口和抓手，将壶体上端口放入其中，并同时调好两者的间隙。

2）用斩口锤的钝刃将 3mm 的立边砍倒 5~6 处，以作临时定位，再次调整间隙后，将余者全部砸倒、砸贴、砸平。

至此，机油壶的制作便完成了。

（十六）灌浆壶的制作方法

图 12-157 所示为陶瓷厂用灌泥浆、灌釉子浆的壶，用 0.75mm 的镀锌板制作，纵缝安排在壶把手下，以增加纵缝的强度并美观，壶底采用抗弧单平角咬缝，上端口卷丝 ϕ5mm，与壶嘴交接处为裸卷丝，此件的难点在壶嘴的下料，因难度较大，故采用放实样的方法下料。

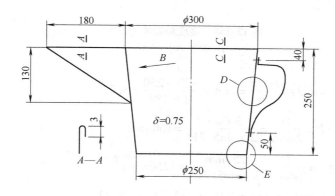

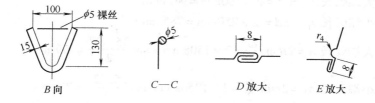

图 12-157   灌浆壶

1. 板厚处理

1）如图 12-157 中 D 放大所示，纵缝外观宽 8mm，那么每边的咬接量应为 $\dfrac{8+6.5\times2}{2}$mm＝11mm；扳折时应仍按 6.5mm 和 8mm 画线。

2）如图 12-157 中 E 放大所示，为抗弧单平角咬缝，缝外观宽 8mm，那么壶体的咬接量应为 13mm，壶底的咬接量必为 7mm。

2. 下料计算

（1）壶体（展开图见图 12-158）

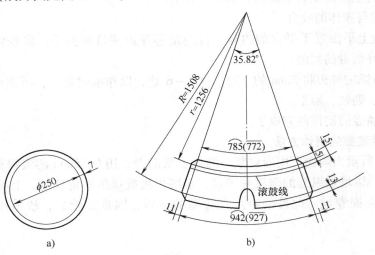

图 12-158　壶底和壶体展开图
a）壶底　b）壶体

1）整锥半顶角 $\alpha=\arctan\dfrac{D-d}{2h}=\arctan\dfrac{300-250}{2\times250}=5.71°$。

2）整锥展开半径 $R=\dfrac{D}{2\sin\alpha}=\dfrac{300\text{mm}}{2\times\sin5.71°}=1508\text{mm}$。

3）上锥展开半径 $r=\dfrac{d}{2\sin\alpha}=\dfrac{250\text{mm}}{2\times\sin5.71°}=1256\text{mm}$。

4）展开料包角 $\omega=360°\times\sin\alpha=360°\times\sin5.71°=35.82°$。

5）展开料大端弧长 $s=\pi D=\pi\times300\text{mm}=942\text{mm}$。

6）展开料小端弧长 $s_1=\pi d=\pi\times250\text{mm}=785\text{mm}$。

7）展开料大端弦长 $A=2R\sin\dfrac{\omega}{2}=2\times1508\text{mm}\times\sin\dfrac{35.82°}{2}=927\text{mm}$。

8）展开料小端弦长 $A_1=2r\sin\dfrac{\omega}{2}=2\times1256\text{mm}\times\sin\dfrac{35.82°}{2}=772\text{mm}$。

9）纵缝咬接量为 $\dfrac{8+6.5\times2}{2}$mm＝11mm。

10）大小端弦心距 $B=(R-r)\cos\dfrac{\omega}{2}=(1508-1256)\text{mm}\times\cos\dfrac{35.82°}{2}=240\text{mm}$。

11）壶的孔实形也可以用计算法取得数据，但最简捷的办法还是用覆盖法，既快捷又准确。

12）滚鼓线的高度为$(8+5+2)$mm$=15$mm。

式中　　D、d——大小端直径（mm）；

h——锥台两端口间的垂直距离（mm）。

（2）壶底

1）壶底直径为$\phi250$mm。

2）与壶体咬接量必为7mm。

（3）壶嘴（展开图见图12-159）。

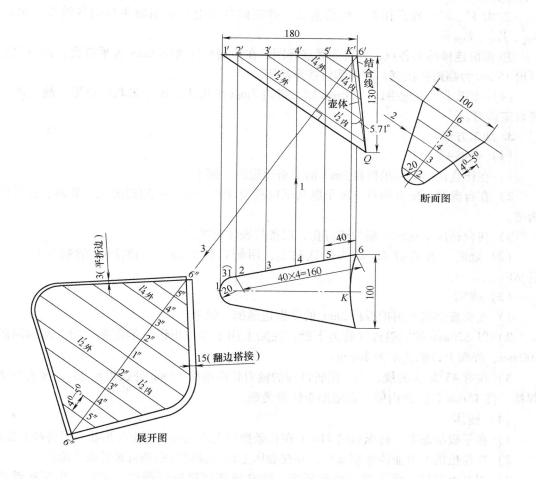

图12-159　壶嘴展开原理与展开图

1）整锥半顶角 $\alpha = \arctan \dfrac{D-d}{2h} = \arctan \dfrac{300-250}{2 \times 250} = 5.71°$。

2）用放实样法求得展开实形。在钣金展开工作中，有很多情况，因形体的千变万化，放实样求展开图要比计算法求展开数据省劲、快捷得多，本例即如此，故用放样法。

① 画出壶嘴的主视图和俯视图。

② 在俯视图的上端口轮廓线上，从外向内截取 31mm（从实样量取），剩余的直线部分分成四等份，得各点 1、2、3、4、5、6。

③ 由 1、2、3、4、5、6、K 点上投至主视图的上口轮廓线上，得各点 $1'$、$2'$、$3'$、$4'$、$5'$、K'、$6'$，K'—Q 为壶体，$6'$—Q 为结合线。

④ 由 $6'$ 点作壶嘴下轮廓线的垂线并延长，得 $6''$—6，以备作展开图用。

⑤ 由 $1'$、$2'$～$6'$ 各点作壶嘴下轮廓线的平行线，得炉嘴的断面图，以得出炉嘴的展开长。

⑥ 在 $6''$—6″ 线上，截取断面图轮廓线上的各线段，如 4^0—5^0，得 $1''$、$2''$、$3''$、$4''$、$5''$、$6''$ 各点。

⑦ 由 $1''$、$2''$…各点作 $6''$—$6''$ 的垂线，并在此各线上对应截取主视图各线长，如 $l'_{2外}$、$l'_{2内}$、$l'_{4外}$、$l'_{4内}$ 等。

⑧ 圆滑连接端头各点，即得壶嘴展开图，在外端平行画出 3mm 为平折边，在内端平行画出 15mm 为翻边搭接宽，或铆铆钉或焊接用。

（4）壶把手　壶把手设计 30mm 宽，每边 3mm 平折边，由于形状属奇形，故长度制作者自定即可。

3. 加工方法

（1）壶把手

1）在长直铁砧上用拍板将 3mm 的平折边砸倒、砸平。

2）在台虎钳上配合胎具和锤子煨制至接近设计的形状，以达到美观、顺眼、方便使用为度。

3）在台钻床上钻出两端的铆钉孔，以备与壶体铆接。

（2）壶底　在具有 45°端头的铁砧上，用斩口锤的钝刃，将 7mm 的咬接量扳折至近 90°。

（3）壶嘴

1）在长直铁砧上用拍板将 3mm 的平折边砸倒、砸平。

2）以 ϕ20mm 的圆钢或圆管为下胎，在胎上用手按压出设计的曲率，即上端的间距为 100mm，外端上口的曲率为 20mm。

3）在有 45°端头的规铁上，用斩口锤的钝刃将内端的 15mm 外扳折至 90°，准备与壶体焊接，使 15mm 折边在内侧，以增加壶体的美观。

（4）壶体

1）在平板状态下，将纵缝的 11mm 在长条铁砧上用拍板扳折至 ∧ 形状，以备咬合纵缝。

2）在卷板机上将壶体卷制成形，并在卷床上以上轴辊为砧铁将纵缝咬合成形。

3）用平板滚鼓器将下端的外鼓压出，注意滚压时要循序渐进，不能一次两次就能压出，要慢慢多次压出。

4）在具有 45°端头的规铁上，用斩口锤的钝刃将上端口的卷丝 13mm 扳折至 90°左右。

5）将大端口朝下置于平台上，将卷丝置于卷板内，在无齿手钳和斩口锤的默契配合下，将卷丝卷制完毕，注意卷丝的接头不要安排在壶嘴处，以保证上端口的铁丝为封闭状，以增加上端口的强度，因为壶嘴部位为裸丝，故卷丝时壶嘴部位的板不要卷起。

6）将壶体平躺于平台上，其下要垫稳、垫平。

7）将成形的壶嘴覆于壶嘴的设计部位，找定位置后用笔划出孔实形。

8）将壶体套入横置的圆钢中，用短刃扁錾冲切出孔实形。

（5）壶体与壶底的咬合方法

1）将壶体大端口朝下置于平台上。

2）将壶底放于已滚压出鼓的壶体上，观察壶体的鼓能否抗住壶底，若将壶底一压便压入壶体内，说明压的鼓不够深，应重新压鼓。

3）将壶底再次放于已滚压出鼓的壶体上，观察壶底的 7mm 折边是否与壶体的鼓和 13mm 边相吻合，若不吻合应调至吻合。

4）将壶底再次放入壶体中，左手压住壶底，右手持锤子，以壶底 7mm 的立边为铁砧，将壶体的 5mm 扳倒，开始时先扳倒周向的 4～6 处，将壶底初步固定，最后，周向全部扳倒，应知道，此时的咬合缝不需要抹腻子，因壶内所盛介质为糊状，自身就是很好的密封剂，保证不会泄漏。

5）将壶体平置于长条铁砧上，用锤子的平顶端将上述的 5mm 砸实、砸平。

（6）壶嘴与壶体的连接方法

1）将壶嘴试插入壶体缺口中，使 15mm 翻边在内侧，观察翻边与壶体的吻合情况，若吻合不好，应进行调整。

2）用锡焊的方法在内侧施以满焊，以保不泄漏（用铆接的方法也可以）。

（7）把手的固定　将把手覆盖于纵缝的设计位置，钻套眼后与壶体铆接固定。

至此，灌浆壶便制作完毕。

（十七）抽油器的制作方法

图 12-160 所示为抽油器施工图，采用 0.5mm 镀锌板，圆筒及锥台纵缝采用双抗弧单平

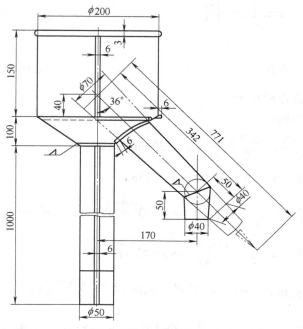

图 12-160　抽油器

咬缝，咬缝宽6mm；圆筒与锥台环缝采用单立咬缝，咬缝宽6mm；锥台与嘴部采用单抗弧单平咬缝，圆筒上部为实心卷边，ϕ3mm 铁丝。

1. 圆筒展开料（见图 12-161）

1）纵缝折边量：

① 第一次折边量 $B_1 = 5\text{mm}$。

② 第二次折边量 $B_2 = 6\text{mm}$。

共 11mm。

2）上端卷丝扳折量 $l = D\left(\dfrac{\pi}{2} + 1\right) = 3\text{mm} \times \left(\dfrac{\pi}{2} + 1\right) = 8\text{mm}$。

3）下端折边量 $B_1 = 5\text{mm}$。

4）展开长 $s = (\pi \times 200 + 16)\text{mm} = 644\text{mm}$。

5）料宽 $H = (150 + 13)\text{mm} = 163\text{mm}$。

2. 锥台展开料（见图 12-162）

1）纵缝折边量完全同圆筒纵缝折边量，此从略。

2）上端第一次折边量 4mm。

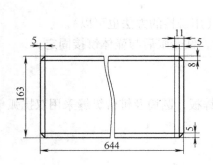

图 12-161 圆筒展开图

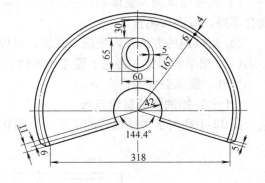

图 12-162 锥台展开图

3）上端第二次折边量 6mm。

4）下端为承插后锡焊。

5）整锥高 $H = \dfrac{Dh}{D - d} = \dfrac{200 \times 100}{200 - 50}\text{mm} = 133\text{mm}$。

6）上锥高 $h_1 = H - h = (133 - 100)\text{mm} = 33\text{mm}$。

7）整锥展开半径 $R = \sqrt{H^2 + \left(\dfrac{D}{2}\right)^2} = \sqrt{133^2 + 100^2}\,\text{mm} = 167\text{mm}$。

8）上锥展开半径 $r = \dfrac{h_1 R}{H} = \dfrac{33 \times 167}{133}\text{mm} = 42\text{mm}$。

9）展开料缺口夹角 $\alpha = 360° - \dfrac{180°D}{R} = 360° - \dfrac{180° \times 200}{167} = 144.4°$。

10）展开料大端弦长 $A = 2R\sin\dfrac{\alpha}{2} = 2 \times 167\text{mm} \times \sin 72.2° = 318\text{mm}$。

3. 嘴部展开料（见图12-163）

此料采用放样与计算相结合的方法求得。

1）通过放样得：

① 大端直径 $D = 70\text{mm}$。

② 整锥高 771mm。

③ 整锥展开半径 $R = 774\text{mm}$。

④ 上锥展开半径 $r = 430\text{mm}$。

2）通过计算得：

① 展开料夹角 $\alpha = \dfrac{180°D}{R} = \dfrac{180° \times 70}{774} = 16.3°$。

② 展开料大端弦长 $A = 2R\sin\dfrac{\alpha}{2} = 2 \times 774\text{mm} \times$

$\sin 8.15° = 219\text{mm}$。

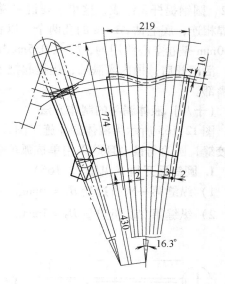

图12-163 壶嘴展开图

4. 说明

1）锥台与嘴部用球面法求结合线，用旋转法求实长。

2）嘴部折弯用正圆切线法求结合线，用旋转法求实长。

3）锥台孔实形，在锥台成形前用覆盖法划线开孔并咬接完毕。

4）嘴部采用无抗弧单平咬缝或双抗弧单平咬缝。

5. 提油葫芦

提油葫芦也是抽油器的重要组成部件，如图12-164所示，主要部件由葫芦桶1、扁钢提

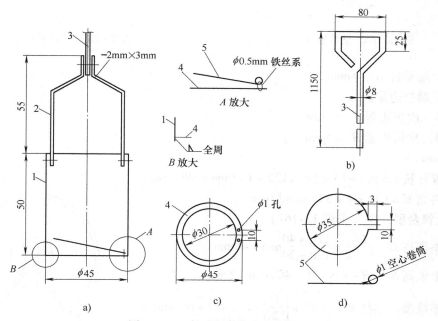

图12-164 抽油器工作原理详图

a）抽油葫芦桶 b）把手杆 c）桶底板展开图 d）活门结构

1—葫芦桶 2—扁钢提系 3—圆钢提杆 4—桶底板 5—活门

系2、圆钢提杆3组成，这里主要说一说桶底部的活门结构，扁钢圈形式的底4与桶体1用锡焊相连，底上钻 $\phi1mm$ 的孔两个，以备与活门用 $\phi0.5mm$ 的铁丝系结，活门5上的 $3mm \times 10mm$ 是卷空心筒用的，穿入 $0.5mm$ 的铁丝与活门5相连，见A放大。当压下把手杆3时，活门开启，桶内灌满油，当提起把手杆3时，活门闭合，油便被提入圆筒体，然后自流入嘴部。

（十八）液体漏斗的制作方法

图12-165所示为液体漏斗施工图，采用 $0.5mm$ 镀锌板，圆筒及锥台纵缝采用双抗弧单平咬缝，圆筒与锥台环缝采用单抗弧单平咬缝，下锥台纵缝采用无抗弧单平咬缝加锡焊。

1. 圆筒展开料（见图12-166）

1）纵缝第一次折边量 $B_1 = 4mm$。

2）纵缝第二次折边量 $B_2 = 5mm$。

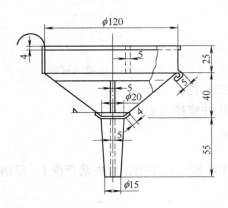

图 12-165　液体漏斗

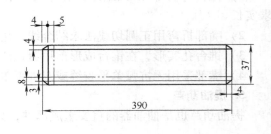

图 12-166　圆筒展开图

3）上端平折边量 $4mm$。

4）下端折边量。

① 第一次折边量 $B_1 = 3mm$。

② 第二次折边量 $B_2 = 5mm$。

共 $8mm$。

5）展开长 $s = \pi D + 13 = (\pi \times 120 + 13)mm = 390mm$。

6）料宽 $H = (25 + 4 + 8)mm = 37mm$

2. 上锥台展开料（见图12-167）

1）整锥高 $H = \dfrac{Dh}{D-d} = \dfrac{120 \times 40}{120 - 20}mm = 48mm$。

2）上锥高 $h_1 = H - h = (48 - 40)mm = 8mm$。

3）整锥展开半径 $R = \sqrt{H^2 + \left(\dfrac{D}{2}\right)^2} = \sqrt{48^2 + 60^2}mm = 77mm$。

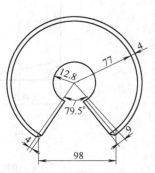

图 12-167　上锥台展开图

4）上锥展开半径 $r = \dfrac{h_1 R}{H} = \dfrac{8 \times 77}{48}$mm $= 12.8$mm。

5）展开料缺口夹角 $\alpha = 360° - \dfrac{180°D}{R} = 360° - \dfrac{180° \times 120}{77} = 79.5°$。

6）展开料缺口大端弦长 $A = 2R\sin\dfrac{\alpha}{2} = 2 \times 77$mm $\times \sin\dfrac{79.5°}{2} = 98$mm。

3. 下锥台展开料（假设为正圆管近似计算，见图 12-168）

1）大端展开长 $s = \pi D + 13 = (\pi \times 20 + 13)$mm $= 76$mm。

2）小端展开长 $s_1 = \pi d + 13 = (\pi \times 15 + 13)$mm $= 60$mm。

3）锥台高 $h = (55 + 4)$mm $= 59$mm。

（十九）磨虾酱下料漏斗的制作方法

图 12-169 所示为市面上磨鲜虾酱的下料漏斗，上下为方筒，中为方矩锥管，用 0.5mm 厚的不锈钢板制作。

1. 板厚处理

1）如图 12-169 中 B 放大所示为单平咬缝，缝外观宽 7mm，那么上方筒的咬接量必为 6mm，方矩锥管的咬接量应为 $(5 + 7)$mm $= 12$mm，最好为 $(4 + 7)$mm $= 11$mm，若超过 12mm，到最后时会将上方筒侧板顶向内侧，造成咬接失败。

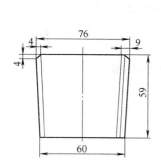

图 12-168 下锥台展开图

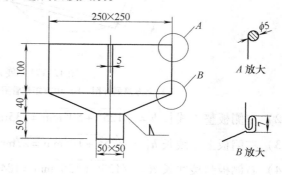

图 12-169 磨虾酱下料漏斗

2）上方筒纵缝的咬接缝外观宽为 5mm，其每边的咬接量为 $\dfrac{5 + 2 \times 3.5}{2}$mm $= 6$mm。若大于 6mm，抗弧会起不到作用，容易脱扣。

2. 下料计算

如图 12-170 所示为求展开半径原理图，如图 12-171 所示为展开图。

（1）展开半径

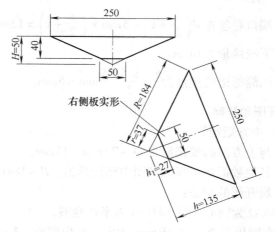

图 12-170 求展开半径原理图

1）正方矩锥管整高 $H = \dfrac{40 \times 250}{250 - 50}$mm $= 50$mm。

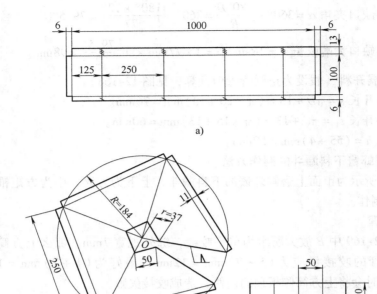

图 12-171　展开图

a）上方筒展开图　b）中方矩锥管展开图　c）下方筒展开图

2）左侧板整中线长 $h = \sqrt{125^2 + 50^2}$mm $= 135$mm。

3）右侧板上中线长 $h_1 = \sqrt{25^2 + 10^2}$mm $= 27$mm。

4）右侧板整棱线长 $R = \sqrt{125^2 + 135^2}$mm $= 184$mm。

5）右侧板上棱线长 $r = \sqrt{27^2 + 25^2}$mm $= 37$mm。

（2）上方筒

1）端口卷丝宽 $d\left(\dfrac{\pi}{2} + 1\right) = 5$mm $\times \left(\dfrac{\pi}{2} + 1\right) = 13$mm。

2）下咬接量为 6mm。

3）纵缝每边咬接量为 $\dfrac{5 + 3.5 \times 2}{2}$mm $= 6$mm。

展开图画法略。

（3）中方矩锥管

1）与上方筒的咬接量为 $(4 + 7)$mm $= 11$mm。

2）其他数据在计算原理图中已计算出：$R = 184$mm，$r = 37$mm。

3）展开图的画法：

① 以 O 为圆心，以 184mm 为半径画圆。

② 在圆周长上，以 250mm 为定长截取四段，得各点并相连，即得上端口轮廓线，各点

再与 O 点相连，即得棱线。

　　③ 以 O 为基点，在各棱线上截取 37mm 得各点，各点相连，即得下端口轮廓线。

　　④ 以上端口轮廓线为基线，平行 11mm 画外平行线，即得咬接边。

　　（4）下方筒

　　展开图如图 12-171c 所示，计算与画法略。

3. 加工方法

（1）上方筒

1）在平板状态下，先用剪刀剪开各棱线的上下端。

2）在平板状态下，在长直规铁上，用拍板扳折至∧形状。

3）在折边机上，按棱线折至 90°。

4）在长直规铁上，用拍板将下端的 6mm 扳折至 90°。

5）在长直规铁上，用拍板将纵缝咬接成功。

6）将上端口朝下置于平台上，用无齿手钳和钝刃锤将卷丝卷制完毕。

（2）中方矩锥管

1）在折边机上，按棱线作轻微折弯，以使对口合拢，并用氩弧焊焊接完毕。

2）在长直规铁上，用拍板将 11mm 外扳约 150°，再将其中的 4mm 回扳 90°。

（3）下方筒　用手工按棱线折成方筒，并用氩弧焊焊完纵缝。

（4）上方筒与中方矩锥管的咬合方法

1）将中方矩锥管大端朝上置于平台上。

2）将上方筒覆于中方矩锥管上端口。

3）调整好间隙和咬接量后，先将 4mm 砸倒几点，以作临时定位。

4）再度调整后，将 4mm 全部砸倒、砸平。

5）将上体套入方砧中，用拍板将上述的复合缝再次砸倒、砸平，两者便牢固地连接在一起了。

6）将下方筒与方矩锥管用氩弧焊连接，至此，漏斗便制作完毕。

（二十）圆偏心磨麻酱下料斗的制作方法

　　图 12-172 所示为农贸市场磨麻酱下料斗的施工图，因为石磨上的下料口是偏心的，为了保证石磨转动后下料斗能在石磨的范围内而不致伤人，故下料斗采用了偏心结构；用 0.5mm 厚的镀锌板制作，正圆筒和斜圆锥台的纵缝宽 6mm，下正圆筒纵缝宽 5mm，纵缝的咬接量皆均等于两侧。本例的难点主要是直角斜圆锥台的展开计算。下面详细叙述。

1. 板厚处理

1）如图 12-172 中 A 放大所示，单平角缝外观宽 7mm，那么正圆筒的咬接量必为 6mm，直角斜圆锥台的咬接量应为 $(5+7)mm=12mm$，最好为 $(4+7)mm=11mm$。

2）如图 12-172 中 C—C 所示，缝外观宽 6mm，那么每边的咬接量应为 $\dfrac{4.5\times2+6}{2}mm=7.5mm$，但扳折时还应按 4.5mm 和 6mm 画线。

2. 下料计算

（1）正圆筒

1）展开长 $l=\pi D=\pi\times200mm=628mm$。

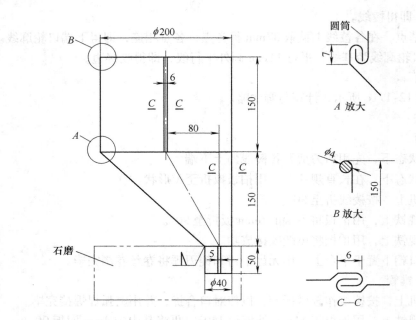

图 12-172　磨麻酱下料斗

2）纵缝每边咬接量 $B_1 = \dfrac{4.5 \times 2 + 6}{2}\,\text{mm} = 7.5\,\text{mm}$。

3）上端卷丝宽 $B_2 = d\left(\dfrac{\pi}{2} + 1\right) = 4\,\text{mm} \times \left(\dfrac{\pi}{2} + 1\right) = 10\,\text{mm}$。

4）下端折边量 $B_3 = 6\,\text{mm}$。

正圆筒展开图如图 12-173 所示。

（2）直角斜圆锥台

1）计算原理分析：图 12-174 所示为计算原理分析图，下面分析之。

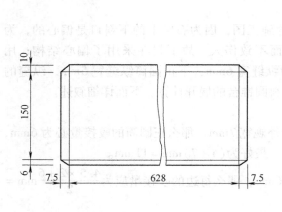

图 12-173　正圆筒展开图

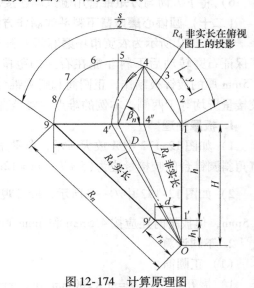

图 12-174　计算原理图

① 求整圆锥实长素线 R_n 的方法：上端的半断面图，实际是个半俯视图，1—4 线为 $O4''$ 线在俯视图上的投影，$O4''$ 线为非实长素线，不能以此线作展开图，怎样求实长素线呢？其方法是，以 1 点为圆心，以线段 1—4 为半径画弧，在 1—9 线上得交点 $4'$，$O4'$ 线即为 $O4''$ 线的实长素线，此方法叫直角三角形求实长法。

② 上小圆锥求实长线的方法：此方法叫相似三角形法。在直角三角形 $O1'9'$ 和 $O19$ 中

$\dfrac{h_1}{H} = \dfrac{r_n}{R_n}$，故 $r_n = \dfrac{R_n h_1}{H}$。

2）下料计算：

① 整斜圆锥高 $H = \dfrac{Dh}{D-d} = \dfrac{200 \times 150}{200 - 40}\,\text{mm} = 187.5$（mm）。

② 上部斜锥高 $h_1 = H - h = (1875 - 150)\,\text{mm} = 37.5\,(\text{mm})$。

③ 整斜圆锥任一展开半径 $R_n = \sqrt{\left(D\sin\dfrac{\beta_n}{2}\right)^2 + H^2}$

如 $R_4 = \sqrt{\left(200 \times \sin\dfrac{67.5°}{2}\right)^2 + 187.5^2}\,\text{mm} = 217.95\,\text{mm}$。

同理得：$R_1 = H = 187.5\,\text{mm}$，$R_9 = 274.11\,\text{mm}$，$R_2 = 191.52\,\text{mm}$，$R_3 = 202.52\,\text{mm}$，$R_5 = 234.85\,\text{mm}$，$R_6 = 250.62\,\text{mm}$，$R_7 = 263.25\,\text{mm}$，$R_8 = 271.36\,\text{mm}$。

④ 上部斜圆锥任一展开半径 $r_n = \dfrac{R_n h_1}{H}$（相似形）

如 $r_4 = \dfrac{R_4 h_1}{H} = \dfrac{217.95 \times 37.5}{187.5}\,\text{mm} = 43.59\,\text{mm}$。

同理得：$r_1 = 37.5\,\text{mm}$，$r_9 = 54.83\,\text{mm}$，$r_2 = 38.3\,\text{mm}$，$r_3 = 40.5\,\text{mm}$，$r_5 = 46.97\,\text{mm}$，$r_6 = 50.12\,\text{mm}$，$r_7 = 52.65\,\text{mm}$，$r_8 = 54.27\,\text{mm}$。

⑤ 大端每等分弦长 $y = D\sin\dfrac{180°}{m} = 200\,\text{mm} \times \sin\dfrac{180°}{16} = 39.018\,\text{mm}$。

⑥ 大端展开长 $s = \pi D = \pi \times 200\,\text{mm} = 628\,\text{mm}$。

⑦ 纵缝每边咬接量 $B_1 = \dfrac{5 \times 2 + 6}{2}\,\text{mm} = 8\,\text{mm}$。

⑧ 大端咬接量 $B_2 = (7 + 5)\,\text{mm} = 12\,\text{mm}$。

式中　D——大端直径（mm）；

　　　d——小端直径（mm）；

　　　h——锥台高（mm）；

　　　β_n——圆周各等分点与同一大端端面线的夹角（°）；

　　　m——大端全圆周等分数。

3）作展开图方法（见图 12-175）：

① 作 $O9$ 线等于 274.11mm。

② 以 O 点为圆心，以 $R_8 = 271.36\,\text{mm}$ 为半径，在 9 点附近画弧，与以 9 点为圆心、$y = 39.018\,\text{mm}$ 为半径画的弧相交，所得交点即 8 点，同法画到 1 点，此法叫三角形法作展开图。

③ 用曲线板将上述各点圆滑连接，即得锥台大端展开曲线，各点为 1~9。

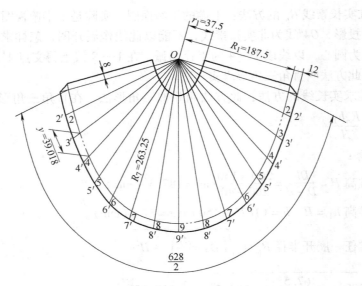

图 12-175　直角斜圆锥台展开图

④ 连接 $O1 \sim O9$，即得直角斜圆锥台 R_n。

⑤ 在台 R_n 上，以 O 点为圆心，对应截取各 r_n，圆滑连接各点，即得锥台小端展开曲线。

⑥ 在大端平行加出咬接量 12mm，得各点为 $1' \sim 9'$，圆滑连接各点，至此，作直角斜圆锥台展开图即告完成。

（3）下直管（展开图见图 12-176）

1）展开长 $l = \pi D = \pi \times 40\text{mm} = 126\text{mm}$。

2）纵缝每边咬接量 $B = \dfrac{4 \times 2 + 5}{2}\text{mm} = 6.5\text{mm}$。

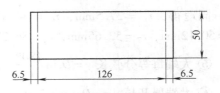

图 12-176　下直管展开图

3. 加工方法

1）正圆筒：

① 在平板状态下将上端的卷丝卷至成形。

② 在长条方规铁上用拍板将 7.5mm 的咬接量拍打至设计的曲线状。

③ 在圆管上将筒体卷制成形。

④ 在圆管或圆钢砧上将纵缝咬接成形。

⑤ 在端头为 45°的方砧上，将 6mm 的咬接量用拍板扳折至 90°，以待与直角斜圆锥台咬合。

2）直角斜圆锥台：

① 将 8mm 的纵缝咬接量用拍板扳折至设计的曲线状。

② 在圆管砧上将锥台弯曲成形。

③ 在直圆管砧上将纵缝咬合成形。

④ 将大端的 12mm 在直方铁砧上用拍板扳折至设计的角度待与正圆筒体咬合。

3）下直管的加工方法从略。

4）按前述的方法，用斩口锤将正圆筒和锥台咬接为一体。

5）将下直管与斜圆锥台用锡焊连为一体。

至此，麻酱下料斗制作完成。

（二十一）镀锌板烟囱的制作方法

图 12-177 所示为常用镀锌板烟囱的施工图和展开图，举本例的目的有二：一是为了多节烟囱套接的需要，一端为正常展开长，另一端需减少 6mm；二是为了咬接的需要，扳折后的咬接缝要直，如果不直，要用常规的方法矫直，矫直后扳折边可能被砸实，此时可用一字形螺丝刀拨离之。纵缝的咬合方法应在圆管或圆钢上用拍板进行，这样可防止伤及抗弧和板材。扳折和咬接的方法请参见本章"纵缝的咬合方法"。

为了多节连接使用，常在大端压出内鼓，一是加强连接的稳定性，二是增加两者的密封性，压鼓的方法可使用本章介绍的滚鼓器。

压鼓时注意不要压到纵缝上，一是会破坏纵缝的严密性，二是无意义地浪费人力。

（二十二）拨火烟囱的制作方法

图 12-178 所示，为火锅上的拨火烟囱，无它时燃烧得慢，有它时燃烧得旺。这种烟囱属于锥台烟囱，给计算下料增加一定难度；两端的外鼓是为了增加构体的刚性；把手的安装应安装在纵缝上，以增加纵缝的刚度；本例使用 0.5mm 厚的镀锌板，纵缝宽度 6mm。下面分别叙述。

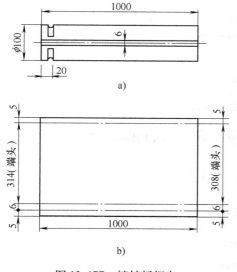

图 12-177 镀锌板烟囱

a）施工图 b）展开图

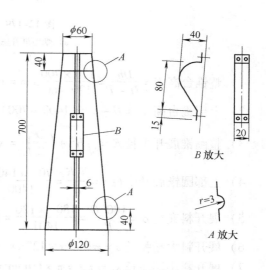

图 12-178 拨火烟囱

1. 板厚处理

1）纵缝外观宽 6mm，那么每端的咬接量为 $\dfrac{5 \times 2 + 6}{2}\text{mm} = 8\text{mm}$，但扳折时还应按 5mm 和 6mm 画线。

2）上下端压外鼓是为了增加刚性，故使用压辊的 R 大小皆可，不必计较。

2. 下料计算

（1）烟囱锥体（展开图见图12-179）

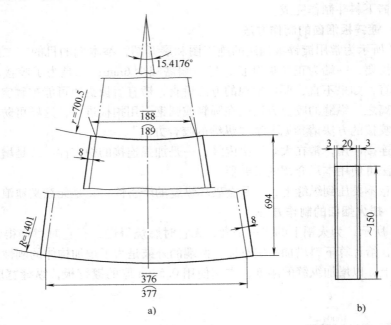

图12-179　烟囱展开图

a）烟囱展开图　b）把手展开图

1）整锥台高 $H = \dfrac{Dh}{D-d} = \dfrac{120 \times 700}{120 - 60}\text{mm} = 1400\text{mm}$。

2）上部锥台高 $h_1 = H - h = (1400 - 700)\text{mm} = 700\text{mm}$。

3）整圆锥展开半径 $R = \sqrt{H^2 + \left(\dfrac{D}{2}\right)^2} = \sqrt{1400^2 + 60^2}\text{mm} = 1401\text{mm}$。

4）上部圆锥展开半径 $r = \dfrac{h_1 R}{H} = \dfrac{700 \times 1401}{1400}\text{mm} = 700.5\text{mm}$。

5）展开料夹角 $\alpha = \dfrac{180° D}{R} = \dfrac{180° \times 120}{1401} = 15.4176°$。

6）展开料大端弧长 $s = \pi D = \pi \times 120\text{mm} = 377\text{mm}$。

7）展开料小端弧长 $s_1 = \pi d = \pi \times 60\text{mm} = 189\text{mm}$。

8）展开料大端弦长 $A = 2R\sin\dfrac{\alpha}{2} = 2 \times 1401\text{mm} \times \sin\dfrac{15.4176°}{2} = 376\text{mm}$。

9）展开料小端弦长 $A_1 = 2r\sin\dfrac{\alpha}{2} = 2 \times 700.5\text{mm} \times \sin\dfrac{15.4176°}{2} = 188\text{mm}$。

10）大小端弦心距 $B = (R - r)\cos\dfrac{\alpha}{2} = (1401 - 700.5)\text{mm} \times \cos\dfrac{15.4176°}{2} = 694\text{mm}$。

11）纵缝每边折边量 $B_1 = \dfrac{5 \times 2 + 6}{2}\text{mm} = 8\text{mm}$。

式中　D、d——大、小端直径（mm）；

h——锥台高（mm）。

（2）把手　把手属于不规则形体，通过放实样定长度约150mm。

3. 加工方法

（1）烟囱

1）在直条规铁上用拍板将纵缝扳折量加工至设计的曲线形状。

2）在ϕ30mm以下的圆管或圆钢上用手工的方法将烟囱锥体弯曲成形，并同时将纵缝咬接成形。

3）用前述的压外鼓器压出外鼓，以增加烟囱的刚性，压鼓时若遇到纵缝时，纵缝处可以不压，不会影响压鼓质量。

（2）把手

1）在直条规铁上用拍板将3mm的折边拍打成形，出现折边的目的有二：一是防止原始边刺手，二是增加把手的刚性。

2）在把手的两端钻ϕ3mm的孔，以备用ϕ3mm的铝铆钉铆接。

3）在规铁和台虎钳上扳折出把手的形状，使之符合设计的形状。

4）将把手覆盖于锥体上，通过预钻出的孔号出锥体上的孔，并钻或冲出孔。

5）用ϕ3mm的铝铆钉铆接牢固把手。

（二十三）拉面馆锅上排汽罩的制作方法

图12-180所示为拉面馆煮面条锅上的排汽罩，本例的特点是：罩主体为天圆地方，圆端连圆管，方端连方管，且下要外卷丝，由于规格较大，主体分两瓣下料，纵缝外观宽8mm，用0.8mm的镀锌钢板制作。下面分别叙述之。

1. 板厚处理

图12-180中B向视图所示为下方筒的单平角缝，从外观看缝宽为7mm，正确的咬缝余量应该是：左右板应为6mm，前后板应为7mm和5mm，最好是7mm或4.5mm。

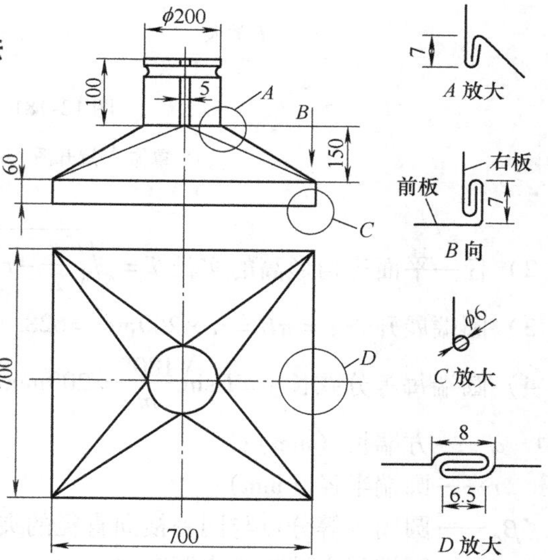

2. 计算下料

图12-181所示为锅罩的展开图。

图12-180　锅上的排汽罩

（1）罩体（见图12-181a）

1）任一实长过渡线 $l_n = \sqrt{\left(\dfrac{a}{2} - r\sin\beta_n\right)^2 + \left(\dfrac{a}{2} - r\cos\beta_n\right)^2 + H^2}$

如 $l_3 = \sqrt{\left(\dfrac{700}{2} - 100 \times \sin45°\right)^2 + \left(\dfrac{700}{2} - 100 \times \cos45°\right)^2 + 150^2}$ mm

$= 422.5$mm

同理得：$l_1 = l_5 = 455.5$mm，$l_2 = l_4 = 431$mm。

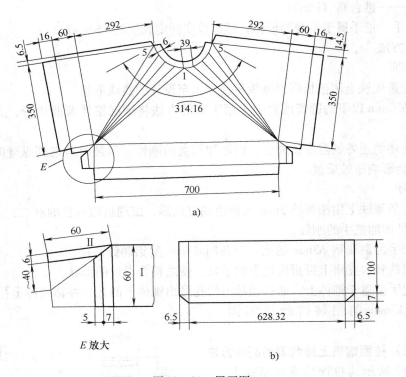

图 12-181 展开图

a) 罩体 $\frac{1}{2}$ 展开图 b) 上承接管展开图

2）任一平面三角形高的实长 $T = \sqrt{\left(\frac{a}{2}-r\right)^2 + H^2} = \sqrt{\left(\frac{700}{2}-100\right)^2 + 150^2}\,\text{mm} = 292\,\text{mm}$。

3）圆端展开长 $s = \pi D = \pi \times 200\,\text{mm} = 628.32\,\text{mm}$。

4）圆端每等分弦长 $y = D\sin\frac{180°}{m} = 200\,\text{mm} \times \sin\frac{180°}{16} = 39\,\text{mm}$。

式中　a——方端长（mm）；

　　　r——圆端半径（mm）；

　　β_n——圆周各等分点与同一横向直径的夹角（°）；

　　　H——圆端至方端的垂直距离（mm）；

　　　D——圆端直径（mm）；

　　　m——圆周等分数。

5）纵缝的咬接量应按：一边为 6.5mm，另一边为 6.5mm 和 8mm，共 14.5mm。

6）方端外卷丝宽 $B_2 = d \times \left(\frac{\pi}{2}+1\right) = 6\,\text{mm} \times \left(\frac{\pi}{2}+1\right) = 15.42\,\text{mm} \approx 16\,\text{mm}$。

7）前后板的咬接余量 $B_3 = (7+5)\,\text{mm} = 12\,\text{mm}$。

8）左右板的咬接余量 $B_4 = 6\,\text{mm}$（见图 12-181 的 E 放大）。

9）圆端内扳折量 6mm。

（2）上承接管（见图 12-181b）

1）筒体展开长 $s = \pi \times 200\mathrm{mm} = 628.32\mathrm{mm}$。

2）纵缝每边咬接余量 $B_5 = \dfrac{4 \times 2 + 5}{2}\mathrm{mm} = 6.5\mathrm{mm}$。

3）下端外折边量 $B_6 = 7\mathrm{mm}$。

3. 加工方法

（1）罩体

1）在平板状态下将纵缝的 14.5mm 和 6.5mm 扳折至设计的曲率状态。

2）在压制圆锥的胎具上，按线压制出过渡段的曲面。

3）以角钢或 H 钢的平面为铁砧，用拍板将两半罩体咬合为整体。

4）将方端 60mm 和卷丝 16mm 一起扳折至设计的空间位置。

5）先将 Ⅱ 板的 6mm 扳折 90°，再将 Ⅰ 板的 5mm 扳折 90°，咬合成单平角缝。

6）在罩体扳折、咬合成整体后，再卷方端的卷丝。

7）将圆端的 6mm 向内扳折，如果不便使用扳折工具的话，可用无齿手钳逐段扳至设计的角度。

（2）上承接管

1）在平板状态下，将 6.5mm 的纵缝边扳折至设计的形状。

2）在圆管上卷制成形，并利用管体作下胎，将纵缝咬合成形。

3）将下端 7mm 的折边，用斩口锤的钝刃，在 45°铁砧上边转边打，外翻折至设计的角度。

（3）罩体与上承接管的咬合

1）在平台点焊一 $\phi50\mathrm{mm} \times 150\mathrm{mm}$ 的圆管，作为两者用斩口锤钝刃击打咬合的铁砧。

2）将罩体的大端朝上，圆端朝下，置于短节管外，再将上承接管插入圆端孔中。

3）通过试插，使两者咬缝吻合。

4）用无齿手钳将咬缝夹紧 4～5 点以定位，以短节管为铁砧，用斩口锤钝刃击打，将两者砸贴、砸实。

至此，该锅罩便制作完毕。

（二十四）吸烟罩的制作方法

图 12-182 所示为饭店常用的一种吸烟罩；用 0.75mm 的镀锌板制作，为了便于废油的收集，下设集油槽，最后流入废油桶而弃之；顶板与四板的连接采用如图 12-182 中 B 放大所示的单平角缝；前后板与左右板的连接采用如图 12-182 中 E—E 所示的单平角缝；烟囱与顶板的连接采用单折边加锡焊的方法连接，如图 12-182 中 D 放大所示；烟囱与烟囱的连接采用法兰连接，如图 12-182 中 C 放大所示；油槽的结构型式如图 12-182 中 A 放大所示；挂鼻的形式如图 12-182 中 F 放大所示。

1. 板厚处理

1）图 12-182 中 B 放大所示为单平角咬缝，缝外观宽 10mm，顶板咬接量应为（8 + 10）mm = 18mm，最好为（7 + 10）mm = 17mm，下四板的咬接量必为 9mm。

2）图 12-182 中 E—E 所示为单平角咬缝，缝外观宽为 10mm，前后板的咬接量应为（8 + 10）mm = 18mm，但最好为（7 + 10）mm = 17mm，右板的咬接量必为 9mm。

3）图 12-182 中 G 向所示为四个角部加强板，为了能轻松套入角部，其宽应加大 2mm，

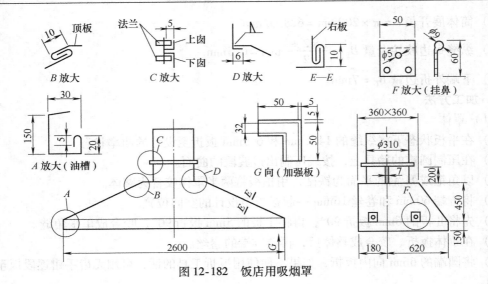

图 12-182　饭店用吸烟罩

为 32mm。

2. 下料计算

展开图如图 12-183 所示。

（1）前后板

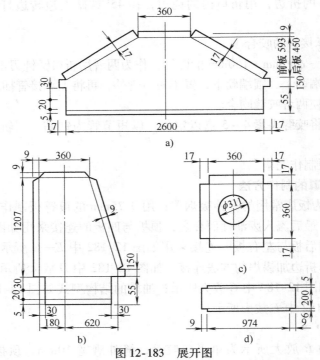

图 12-183　展开图

a）前后板展开图　b）左右板展开图　c）顶板展开图　d）烟囱展开图

1）前板实高为 $\sqrt{\left(620-\dfrac{360}{2}\right)^2+450^2}\ \mathrm{mm}=593\,\mathrm{mm}$。

2）后板实高为 450mm。

3）油槽用料实宽为$(30+20+5)$mm $=55$mm。

4）与上端顶板的咬接量为9mm。

5）与左右板的咬接量为$(8+10)$mm $=18$mm，最好为$(7+10)$mm $=17$mm。

（2）左右板

1）左右板实高为$\sqrt{\left(\dfrac{2600-360}{2}\right)^2+450^2}$mm $=1207$mm。

2）与上端顶板的咬接量为9mm。

3）与前后侧板的咬接量为9mm。

4）油槽用料实宽为$(30+20+5)$mm $=55$mm。

（3）顶板

1）顶板尺寸为360mm×360mm。

2）与其下四板的咬接量皆为17mm。

（4）烟囱

1）展开长为$\pi\times310$mm $=974$mm。

2）上端与法兰的连接量为5mm。

3）下端与顶板的连接量为6mm。

4）纵缝每边咬接量为$\dfrac{7+6\times2}{2}$mm $=9.5$mm，但最好为$\dfrac{7+5.5\times2}{2}$mm $=9$mm。

（5）挂鼻

1）绞链部位展开长为$\pi\times9$mm $=28$mm。

2）展开长为$(60-9+28)$mm $=79$mm。

3）挂鼻尺寸为50mm×79mm。

3. 加工方法

（1）挂鼻

1）以$\phi8$mm的圆钢为芯轴，在台虎钳上用铁锤搌制成形。

2）在钻床上钻出$\phi5$mm的孔，以备用$\phi4$mm的铆钉铆接。

（2）左右板

1）在平板状态下，在长条规铁砧上用拍板将油槽的5mm砸倒、砸平。

2）在平板状态下，按设计位置，钻出连接挂鼻的$\phi5$mm的孔。

3）在平板状态下，在折边机上将20mm、30mm和150mm段折至设计的角度，折边顺序必为从外向内进行。

4）在长条规铁砧上用拍板将三条9mm的边扳折成90°。

（3）前后板

1）在平板状态下，在长条规铁砧上，用拍板将油槽上的5mm砸倒、砸平。

2）在平板状态下，在折边机上将20mm、30mm和150mm段折至设计的角度，折边顺序必为从外向内进行。

3）翻身后，在长条规铁砧上，用拍板将9mm边和17mm中的7mm边扳折至90°。

（4）顶板

1）在长条规铁砧上，用拍板将17mm中的7mm扳折至90°。

2）在其中央用剪刀剪出 $\phi311mm$ 的孔，以备与 $\phi310mm$ 的烟囱相焊接。

（5）烟囱

1）在长直规铁砧上，用拍板将9mm的纵缝边扳折至∧∨形状。

2）在卷板机上将上料卷制成形。

3）在卷板机上将纵缝咬接成形。

4）在长直规铁砧上，用斩口锤的钝刃端，边转边砍，分别将两端的5mm和6mm扳折至90°，注意，应先将法兰和顶板套入烟囱上。

（6）前后板与左右板的咬合方法

1）将后板置于平台上。

2）将左右板立放于后板的两端，后板7mm立边的空间内。

3）找定位置后，将7mm立边用斩口锤的钝刃砍倒、砸平、砸贴。

4）将上述三板组合件套于具有正断面的轨道铁砧上，用铁锤的平端将上述复合缝砸倒、砸平、砸实。

5）将角部底面的直角状加强板铆接牢固，并达到密封的程度。

（7）前后板、左右板组合件与顶板的咬合方法

1）将顶板置于平台上，使7mm的立边朝上。

2）将前后板、左右板组合件放入7mm立边的空间中。

3）用斩口锤的钝刃将7mm立边砸倒、砸贴。

4）将上述组合件置于具有正断面的规铁中，用铁锤将7mm的立缝再次砸倒、砸平、砸实。

5）将上述组合件倒置，将烟囱与顶板用锡焊连接之。

（二十五）锥形锅盖的制作方法

图 12-184a 所示为市面上蒸馒头常用的锥形锅盖的施工图，用 0.7mm 厚的镀锌板制作，对口缝可咬合连接，也可铆接连接，下面叙述之。

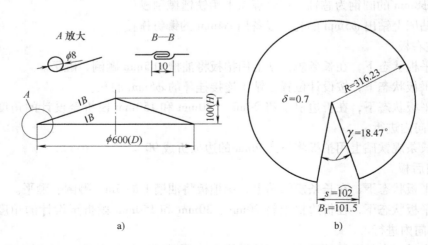

a)　　　　　　　　　　　　b)

图 12-184　锥形锅盖施工图及展开图（净料）

a）施工图　b）展开图

1. 板厚处理

从图 12-184 中 *B—B* 可看出，纵缝外观宽 10mm，那么每边的咬接量应为 $\dfrac{8 \times 2 + 10}{2}$mm = 13mm，扳折时应按 8mm 和 10mm，画线扳折。

2. 下料计算

1）圆锥底角 $\lambda = \arctan \dfrac{2H}{D} = \arctan \dfrac{2 \times 100}{600} = 18.44°$。

2）展开半径 $R = \dfrac{H}{\sin\lambda} = \dfrac{100\text{mm}}{\sin 18.44°} = 316.23\text{mm}$。

3）锥体半顶角 $\beta = 90° - 18.44° = 71.57°$。

4）展开料包角 $\alpha = 360° \times \sin\beta = 360° \times \sin 71.57° = 341.53°$。

5）展开料缺口包角 $\gamma = 360° - \alpha = 360° - 341.53° = 18.47°$。

6）展开料缺口弧长 $s = \pi R \dfrac{\gamma}{180°} = \pi \times 316.23\text{mm} \times \dfrac{18.47°}{180°} = 102\text{mm}$。

7）展开料缺口弦长 $B_1 = 2R\sin\dfrac{\gamma}{2} = 2 \times 316.23\text{mm} \times \sin\dfrac{18.47°}{2} = 101.5\text{mm}$。

8）大端卷丝宽度 $B_2 = d\left(\dfrac{\pi}{2} + 1\right) = 8\text{mm} \times \left(\dfrac{\pi}{2} + 1\right) = 21\text{mm}$。

9）设计成形后的咬缝宽 10mm，其分居两边的咬缝宽 $B = \dfrac{2 \times 8 + 10}{2}\text{mm} = 13\text{mm}$，扳折时应按 8mm 和 10mm 分配。

式中 H——圆锥高（mm）；

       D——大端口直径（mm）；

       d——卷丝直径（mm）；

       δ——锥体板厚（mm），本例为 0.7mm；

3. 加工方法

这里所述的加工方法主要是指卷丝的方法和对口缝的加工方法。

（1）卷丝方法   卷丝的方法在卷丝一节中已叙述的很详尽，这里主要说一说卷丝和对口缝的咬合前后顺序，有些人是在对口纵缝咬合后卷丝，有些人是在对口缝咬合前卷丝。根据本例的实际情况，由于规格较大，若对口缝咬合后卷丝，远不如在平板状态下卷丝好操作，故编者建议还是在平板状态下卷丝为好！

（2）对口缝的加工方法   对口纵缝的加工方法大致有两种：一是铆接法，二是咬接法。下面分别叙述之。

如图 12-185 所示为纵缝的两种加工方法。

1）咬接法：如图 12-185a 所示，本例的咬接余量是分居在两侧，各 13mm，其咬接方法前已述及，此不重述。

2）铆接法：如图 12-185b 所示，在净料的基础上，一边加出约 40mm，在平板状态下钻好 40mm 宽的孔，孔距约 150mm 即可。由于缺口范围很小，稍压下几道素线，对口缝便能重合在一起，定位后，再依据前孔套钻出净料上的孔，下垫铁砧，铆接即成。

3）用上述两法时，顶端的咬接和铆接处，会有较多的余量妨碍操作，此时可用剪刀剪

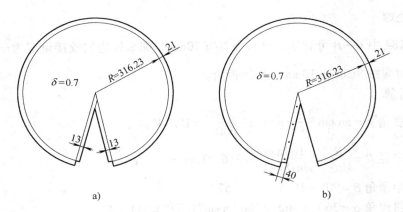

图 12-185　纵缝的两种结合方法

a）咬接法　b）铆接法

去一部分，不会影响产品质量。

（二十六）两节 90°圆管弯头的制作方法

图 12-186 所示为常用两节 90°圆管弯头施工图，用 0.5mm 镀锌板制作，纵缝宽 6mm，环缝外角及中部采用三、四、五型式单立咬缝，内角采用顶直角，纵缝采用五、五、六型式双抗弧单平咬缝。两纵缝安排在长、短素线上，此安排的最大好处是能充分节约料。

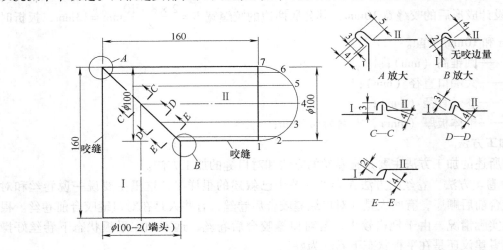

图 12-186　两节 90°弯管

1. 下料计算

两节 90°弯头的料计算主要是各素线实长和展开长。展开长如图 12-187 所示，为了方便与直管的套接，一端为设计直径，另一端为设计直径减 2mm，周长为 6mm，即一个纵缝咬接宽度。

1）各素线长 $l_n = (r \pm r\sin\beta_n)\tan45° + m$

式中　r——圆管半径；

　　　β_n——圆周各等分点与同一直径的夹角；

　　　m——弯头短边长；

±——内侧用"－"，外侧用"＋"。

如 $l_3 = (50 - 50 \times \sin30°) \times \tan45° + 60 = 85(\text{mm})$

$l_5 = (50 + 50 \times \sin30°) \times \tan45° + 60 = 135(\text{mm})$

同理得：$l_1 = 60\text{mm}$，$l_2 = 66.7\text{mm}$，$l_4 = 110\text{mm}$，$l_6 = 153\text{mm}$，$l_7 = 160\text{mm}$。

2）设计展开长 $s = \pi \times 100\text{mm} = 314\text{mm}$。

3）小端展开长 $s_1 = \pi \times 98\text{mm} = 308\text{mm}$。

2. 咬缝方法

图 12-188 所示为两节 90°圆管弯头的咬合过程和方法，中间部位圆滑过渡。图中交代较详细，叙述如下。

1）将覆盖节覆于规铁外上面，往外扳出外上角 8mm 及中段部位，如图 12-188a$_1$ 所示。

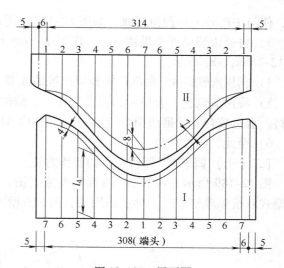

图 12-187　展开图

Ⅰ—咬边量平行弧线 4mm　Ⅱ—咬边量从中间 8mm 渐缩至零

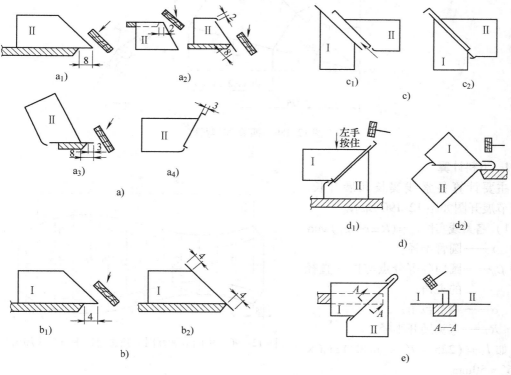

图 12-188　两节 90°弯管咬合过程和方法

a）覆盖节扳边过程　b）被覆盖节扳边过程

c）两节吻合顺序　d）两节咬合过程　e）中部咬合方法

2）将规铁置于覆盖节内侧，往内扳出 2mm 的折边，只是一小段，并渐增扳边量至中部，使与中部外上角圆滑过渡，如图 12-188a₂ 所示。

3）将扳边端口置于规铁上，二次扳出 3mm 的折边，与下角点的往内扳边圆滑过渡，如图 12-188a₃、a₄ 所示。

4）利用规铁的 45°角部用拍板扳出被覆盖节 4mm 的折边，如图 12-188b 所示。

5）将两节试套，合格后，覆盖节在下、被覆盖节在上置于平台上，左手用力按住以防颤抖，扳边咬合，并砸成单咬缝形式，如图 12-188d、e 所示。

6）至此，咬合结束。

（二十七） 四节 90°圆管弯头的制作方法

图 12-189 所示为四节 90°圆管弯头施工图，用 0.5mm 镀锌板制作，纵缝采用五、五、六型式双抗弧单平咬缝，环缝采用三、四、五型式单立咬缝。

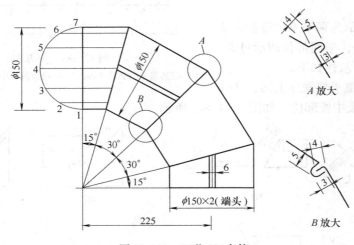

图 12-189 四节 90°弯管

1. 下料计算

主要计算各素线实长和展开长，中间节展开图如图 12-190 所示。

1）各素线实长 $l_n = (R \pm r\sin\beta_n)\tan\alpha$

式中 r——圆管半径；

β_n——圆周各等分点与同一直径的夹角；

α——端节包角；

R——弯头展开半径。

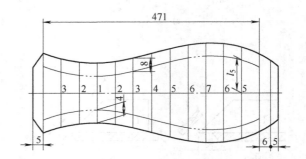

图 12-190 中间节展开图（扳边量应平行弧线加出）

如 $l_3 = (225 - 75 \times \sin30°)$ mm × $\tan15° = 50$mm

$l_5 = (225 + 75 \times \sin30°)$ mm × $\tan15° = 70$mm

同理得：$l_1 = 40$mm，$l_2 = 43$mm，$l_4 = 60$mm，$l_6 = 78$mm，$l_7 = 80$mm。

2）净展开长 $s = \pi \times 150$mm $= 471$mm

2. 咬缝方法

咬合方法，可采用单立咬缝，也可采用单平咬缝，前者比后者少一道工序，本例采用了前者，其咬合过程如图 12-191 所示，图示较详细，叙述如下，并着重叙述扳边变形原理和扳边要领。

1）扳折变形原理。

① 扳筒体纵缝或对接缝：由于是直线扳折，不论扳多大量都不会影响内部板的形状，所以可用拍板或方木锤或圆顶铁锤锤击之。

② 扳折筒体内外环缝：由于是拱形，往内扳折由设计直径变为小直径，必须使板料内沿变厚才能达到扳边目的；往外扳边由设计直径变为大直径，必须使板料外沿变薄伸长才能达到扳边目的。为适应变厚变薄的需要，扳边锤击时应利用拍板的平面或棱刃或斩口锤的一字形钝刃（此工具有伤板的可能）进行扳折，这样接触面积小，变形快，既不伤板，又不致使筒体因变形面积大而影响圆度和椭圆度，更不致使外沿开裂。

2）扳折操作要领。

① 扳折外环缝：如图 12-191a 所示，在规铁的长边用拍板进行，按扳边量（不熟练者可预先用圆规划出）边转边拍打，往前拍约 45°一段，再后转拍至 90°，不要一次拍成。熟能生巧，以打出部分作导向，每锤打在已打出部分的前方，若有误差时，由于是第一次扳折，还有调节的余地，可通过上下微动筒体的方法调节之，这样可保证扳边宽度并提高效率。

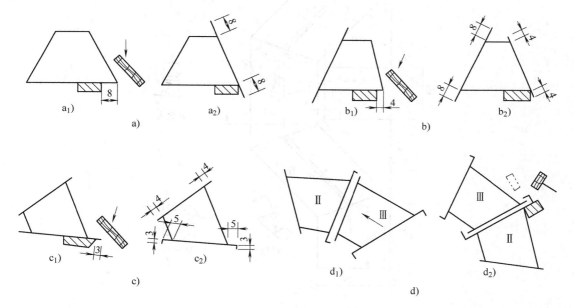

图 12-191　四节 90°弯管咬合过程和方法
a）覆盖端扳边过程　b）被覆盖端扳边过程
c）小覆盖边扳边过程　d）两节咬合过程

② 扳折内环缝：如图 12-191c 所示，在规铁的 45°端头用拍板进行，操作要领完全同扳折外环缝，此略。

③ 由于扳折时的变形，会影响到筒体的圆度和椭圆度，咬合前必须整圆，不论弧过或弧欠只施力于扳折边即可，可很方便地得以矫正。

3）在规铁的长方向用拍板扳折两端的 8mm 和 4mm，如图 12-191a、b 所示。

4）在规铁的 45°端头用拍板往内扳出 3mm 的咬接边，如图 12-191c 所示。

5）两节试套，以使两节有晃动间隙为好，不要使两者紧配合，如图 12-191d₁ 所示。

6）两节套合，覆盖节在下、被覆盖节在上，下垫规铁，左手按住，用木锤咬合，内侧由于空间狭窄，可用斩口锤击打之，拍至单立咬缝即可。

（二十八）避开障碍物的圆形下水管的制作方法

图 12-192 所示为从楼上往楼下泄水的圆形下水管施工图，在墙壁的中段出现了圈梁，不能垂直下行，只好避而行之，倾斜的角度一般为 45°，管道 φ100mm，采用 0.75mm 镀锌板，纵缝外观宽 5mm，且各节交叉设置，由于环缝是单立咬缝，故与墙壁的距离定为 10mm，下面分别叙述之。

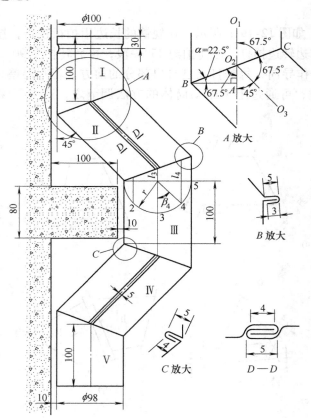

图 12-192　避开障碍物的圆形下水管

1. 板厚处理

下水管道的特点是承接关系，即下节为正常直径，上节直径缩小 2mm，上节插在下节内，防止水的外溢；为了防止两者的位移，还在下节的端头压出内鼓，从施工图上可看出，Ⅰ节的上端口直径 φ100mm，且压内鼓，下端口 φ98mm，不压鼓。

2. 计算下料（展开图见图 12-193）

（1）中间节（展开图见图 12-193a）

1）端头倾斜角 α（见图 12-192 中 A 放大）

因为设计 $\angle AO_2O_3 = 45°$

所以 $\angle O_1O_2C = \angle CO_2O_3 = (180° - 45°) \div 2 = 67.5°$

所以 $\angle O_2BA = 22.5°$。

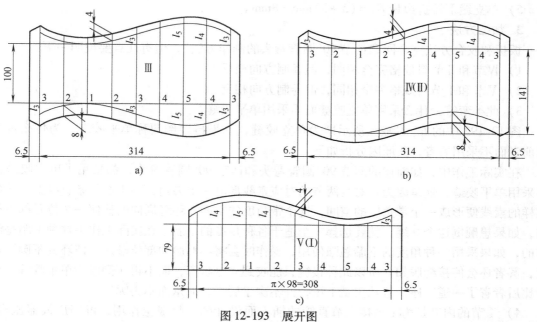

图 12-193 展开图

a）中间节展开图　b）Ⅳ（Ⅱ）节展开图　c）Ⅴ（Ⅰ）节展开图

2）端头任一素线 $l_n = \tan\alpha(r \pm r\sin\beta_n)$

如 $l_2 = \tan22.5° \times (50 - 50 \times \sin45°)\,\text{mm} = 6\text{mm}$

同理得：$l_1 = 0$，$l_3 = 21\text{mm}$，$l_4 = 35\text{mm}$，$l_5 = 42\text{mm}$。

3）管体展开长 $s = \pi D = \pi \times 100\text{mm} = 314\text{mm}$。

4）纵缝每边咬接余量 $B_1 = \dfrac{4 \times 2 + 5}{2}\text{mm} = 6.5\text{mm}$。

5）单立缝上端折边量 $B_2 = 4\text{mm}$。

6）单立缝下端折边量 $B_3 = (5 + 3)\text{mm} = 8\text{mm}$。

（2）Ⅳ（Ⅱ节）（见图 12-193b）

1）素线长 $L = \dfrac{100\text{mm}}{\sin45°} = 141\text{mm}$。

2）管体展开长 $s = \pi D = \pi \times 100\text{mm} = 314\text{mm}$。

3）纵缝每边咬接量 $B_1 = \dfrac{2 \times 4 + 5}{2}\text{mm} = 6.5\text{mm}$。

4）单立缝上端折边量 $B_2 = 4\text{mm}$。

5）单立缝下端折边量 $B_3 = (5 + 3)\text{mm} = 8\text{mm}$。

（3）Ⅴ（Ⅰ）节（见图12-193c）

1）本节最短素线 $l_5 = 100 - l_3 = (100 - 21)\,\text{mm} = 79\,\text{mm}$。

2）管体展开长 $s = \pi D = \pi \times 98\,\text{mm} = 308\,\text{mm}$（注：上端口长314mm，下端口长308mm）。

3）纵缝每边折边余量 $B_1 = \dfrac{4 \times 2 + 5}{2}\,\text{mm} = 6.5\,\text{mm}$。

4）单立缝上端折边量 $B_2 = 4\,\text{mm}$。

5）单立缝下端折边量 $B_3 = (5 + 3)\,\text{mm} = 8\,\text{mm}$。

3. 加工方法

扳折和咬合方法完全同"四节90°圆管弯头的制作方法"，但有几点要说明一下：

1）Ⅳ节和Ⅱ节料规格完全相同，但卷制方向相反。

2）Ⅴ节和Ⅰ节料规格完全相同，但卷制方向相反。

3）此类弯管为什么采用单立咬缝而不采用单平咬缝？

图12-192中的 B、C 放大所示即为单立咬缝，如果再砸倒便称单平咬缝，为什么常采用前者而不采用后者，其原因分析如下。

在实际工作中，如前述的两节90°圆管弯头和四节90°圆管弯头，都采用了单立咬缝而不采用单平咬缝，这是因为：对咬两节的对应素线形成一个夹角，而不在一条直线上，几条这样的素线便形成一个带角度的空间，这个带角度的空间在环缝周向的任何一个位置都不相同，如果想砸倒这个立缝，就要选择一个适于各种角度的下胎，在实际工作中这种下胎是没有的，如果采用一种角度的下胎勉强使用，操作时会将不贴胎的部位砸瘪，使环缝不圆滑过渡，甚者还会使接缝脱扣，所以此种接缝只能咬到立缝状态，而不再砸倒成为单平咬缝。前者比后者省了一道工序，且从美观上论，并不次于后者，何乐而不为呢？

4）Ⅰ节的内鼓是为了承接上节直管的插入而设计的，起限位作用，可用压鼓器压出，纵缝处因板厚重叠不方便压出，可不压，既不影响管道的美观，也不影响承接的使用。

5）Ⅴ节的下端展开长 $l = \pi D = \pi \times (100 - 2)\,\text{mm} = 308\,\text{mm}$ 是为了顺利插下直管，本节的上端线展开长仍为314mm。

（二十九）异径排烟三通管的制作方法

图12-194所示为家用煤气加热炉的异径排烟管，采用 $\delta = 0.5\,\text{mm}$ 厚的镀锌板，支主管咬缝宽均为7mm，支管与主管的连接处用锡焊密封。图12-195为计算原理图。

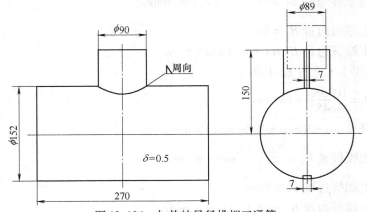

图12-194 加热炉异径排烟三通管

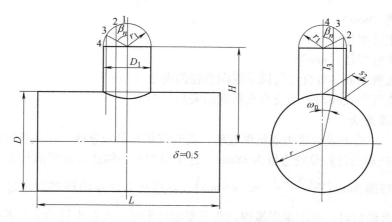

图 12-195　异径排烟三通管计算原理图

1. 下料计算

1）支管各素线长 $l_n = H - \sqrt{r^2 - (r_1\sin\beta_n)^2}$（左视图）

如 $l_2 = 150 - \sqrt{76^2 - (45 \times \sin60°)^2}\,\text{mm} = 85\,\text{mm}$

同理得：$l_4 = (150 - 76)\,\text{mm} = 74\,\text{mm}$，$l_3 = 77\,\text{mm}$，$l_1 = 89\,\text{mm}$。

2）主管孔各点与同一直径的夹角 $\omega_n = \arcsin\dfrac{r_1\sin\beta_n}{r}$

如 $\omega_3 = \arcsin\dfrac{45 \times \sin30°}{76} = 17.22°$。

同理得：$\omega_4 = 0$，$\omega_2 = 30.85°$，$\omega_1 = 36.3°$。

3）主管各点与同一纵向直径的弧

长 $s_n = \pi r\dfrac{\omega_n}{180°}$

如 $s_3 = \pi \times 76\,\text{mm} \times \dfrac{17.22°}{180°} = 23\,\text{mm}$

同理得：$s_4 = 0$，$s_2 = 41\,\text{mm}$，$s_1 = 48\,\text{mm}$。

4）孔实形横向距离 $p_n = r_1\sin\beta_n$

如 $P_3 = 45\,\text{mm} \times \sin60° = 39\,\text{mm}$

同理得：$P_4 = 45\,\text{mm}$，$P_2 = 22.5\,\text{mm}$，$P_1 = 0$。

5）支管展开长 $s' = \pi D_1 = \pi \times 90\,\text{mm} = 283\,\text{mm}$。

6）主管展开长 $s = \pi D = \pi \times 152\,\text{mm} = 478\,\text{mm}$。

支、主管展开图如图 12-196 所示。

式中　H——支管端面至中管中心的距

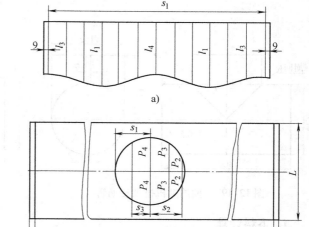

图 12-196　支、主管展开图

a）支管展开图　b）主管展开图

离（mm）；

r——主管半径（mm）；

r_1——支管半径（mm）；

β_n——支管端面各等分点与同一纵向直径的夹角（°）；

ω_n——支管各素线与主管交点所形成的夹角（°）。

2. 扳折加工方法

本例的支、主管的咬合皆为双抗弧咬缝，支管安排在最短素线上，主管安排在底部，咬缝宽度7mm，按理论计算总咬边量为18mm，这个量加在一端或分居两端皆可，本例展开图加在了两端，每端9mm$\left(\dfrac{2\times5.5+7}{2}\text{mm}=9\text{mm}\right)$，其扳折方法在前面都叙述过，此从略，支管与主管若要求密封时，可用锡焊施焊，若不要求严密时，可在支管的最长素线处穿一自攻螺钉，以增加连接强度。

本例的形式为上三通，不论上三通或下三通或水平三通，因为不是绝热三通，没有绝热层的干扰，下料方法完全一样。

还有一点要述及，不论哪种三通，为保证支主管的方便结合，主管孔实形的长度可微量小一点圆滑过渡，支管的最长素线可适量加长一点圆滑过渡，现场组对时可灵活调节。

（三十）等径排烟三通管的制作方法

上文叙述了异径三通管的制作，本文叙述等径三通管，两者略同，但也有差异，故分别叙述之。

图12-197所示为抽油烟机上用的三通管，支主管$\phi_{\text{外}}$152mm，正与排风机相匹配，用0.5mm厚的镀锌板，支主管的咬缝宽度皆为7mm，为密封的需要，连接处用锡焊以密封。

如图12-198所示为计算原理图。

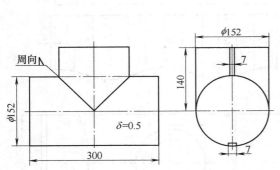

图12-197　抽油烟机排烟三通管

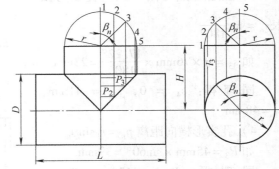

图12-198　等径排烟三通管计算原理图

1. 下料计算

1）支管各素线长 $l_n = H - \sqrt{r^2 - (r\sin\beta_n)^2}$

如 $l_3 = 140 - \sqrt{76^2 - (76\times\sin45°)^2}\text{mm} = 86\text{mm}$

同理得：$l_5 = 64\text{mm}$，$l_4 = 70\text{mm}$，$l_2 = 111\text{mm}$，$l_1 = 140\text{mm}$。

2）主管各等分点与同一纵向直径弧长 $s_n = \pi r \dfrac{\beta_n}{180°}$（左视图）

如 $s_3 = \pi \times 76\text{mm} \times \dfrac{45°}{180°} = 60\text{mm}$

同理得：$s_4 = 30\text{mm}$，$s_2 = 90\text{mm}$，$s_1 = 119\text{mm}$。

3）孔实形横向距离 $P_n = r\sin\beta_n$（主视图）

如 $P_3 = 76\text{mm} \times \sin45° = 54\text{mm}$

同理得：$P_1 = 0$，$P_2 = 29\text{mm}$，$P_4 = 70\text{mm}$，$P_5 = 76\text{mm}$。

4）支、主管展开长 $s = \pi D = \pi \times 152\text{mm} = 478\text{mm}$。

式中　H——支管端面至主管中心距离（mm）；

　　　r——支、主管半径（mm）；

　　　β_n——支管断面各等分点与同一纵向直径的夹角（°）。

图 12-199 所示为支、主管展开图。

2. 扳折加工方法

等径三通管的扳折加工方法完全同上文异径三通管，此不重述。

（三十一）　矩形方弯管的制作方法

白铁件的弯管中，有圆管弯管，也有方管弯管，前者叙述得较多，故本文将矩方弯管也叙述一下，以丰富弯管的内容，现将燃烧炉上的吸烟弯管叙述如下。

弯管上端是介绍方弯管与直管的连接方法，下端是介绍方弯管与方矩锥管的连接方法及下料方法。此文是白铁件中较具代表性的一文。

图 12-200 所示为燃烧炉上吸烟弯管的施工图，采用 0.7mm 的镀锌板；A 放大是介绍方管与方管的连接方法，即焊成角钢法兰，套入管内，用 5mm 的翻边与对方相

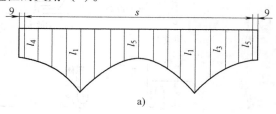
a)

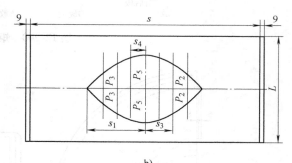
b)

图 12-199　支、主管展开图

a）支管展开图　b）主管展开图

连，再用螺栓把紧即可；C 放大，这种咬合方法叫联合角缝，先将前后板扳（8+8+5）mm = 21mm，然后再扳回 13mm，在这个扳边过程中可能会将二次折边砸实、可用一字形螺丝刀拨离之，之后，将扳折好 5mm 边的顶板压入空隙中，最后再将前后板的 5mm 用拍板拍实，边拍打边弯曲顶板，四板的咬合即可完成，至于具体操作方法，在前面已讲了很多，此不重述。

此缝最好用机械咬合，可用陕西省安装机械厂出的 YZL-12 和 YZL-16C 联合角咬口机，效率高、质量好，可放心使用。图 12-200 中的 B、D 放大，若用机械折边时，可用陕西省安装机械厂出的 YZD-12A、YZD-15A 单平口咬边机，效率也很高。其他如 E 放大，在前诸文中已叙述过，此略。

下面叙述料计算方法。

1. 弯管料计算

图 12-201 所示为方弯管展开图。

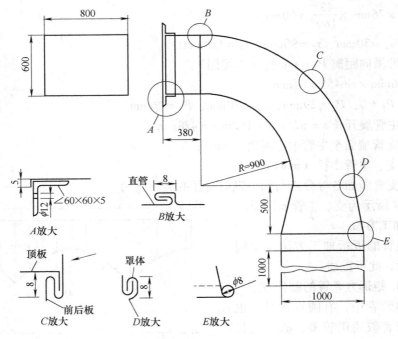

图 12-200　矩方弯管

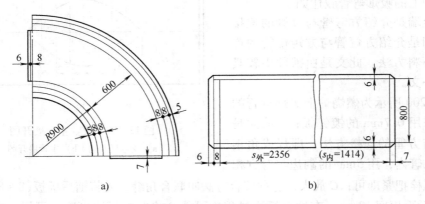

a)　　　　　　　　　　　　　b)

图 12-201　弯管展开图

a）前后板展开图　b）顶底板展开图

（1）前后板尺寸　如图 12-201a 所示，两侧的 8mm、8mm、5mm 是联合角咬缝使用，上端的 8mm、6mm 是单抗弧环缝使用，下端的 7mm 是与下端罩体环缝咬接。

（2）顶底板尺寸　如图 12-201b 所示，左右端皆按六、七、八型式咬缝下料。

2. 方矩锥管尺寸

图 12-202 所示为罩体计算原理图及展开图，图 12-202a 所示为计算原理图，其计算原理是勾股定理，主要在俯视图上运作；图 12-202b 为展开图的具体数据，计算过程如下。

1）左右板中线长 $l_1 = \sqrt{\left(\dfrac{a-b}{2}\right)^2 + h^2} = \sqrt{\left(\dfrac{1000-600}{2}\right)^2 + 500^2}\,\text{mm} = 538.5\,\text{mm}$。

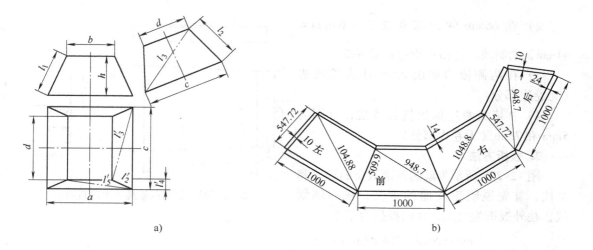

图 12-202　罩体计算原理图及展开图

a）计算原理图　b）展开图

2）左右板棱线长 $l_2 = \sqrt{\left(\dfrac{c-d}{2}\right)^2 + \left(\dfrac{a-b}{2}\right)^2 + h^2}$

$= \sqrt{\left(\dfrac{1000-800}{2}\right)^2 + \left(\dfrac{1000-60}{2}\right)^2 + 500^2}\,\mathrm{mm}$

$= 547.72\,\mathrm{mm}$。

3）左右板对角线长 $l_3 = \sqrt{\left(1000 - \dfrac{1000-800}{2}\right)^2 + \left(\dfrac{1000-600}{2}\right)^2 + 500^2}\,\mathrm{mm}$

$= 1048.8\,\mathrm{mm}$。

4）前后板中线长 $l_4 = \sqrt{\left(\dfrac{1000-800}{2}\right)^2 + 500^2}\,\mathrm{mm} = 509.9\,\mathrm{mm}$。

5）前后板对角线长 $l_5 = \sqrt{\left(1000 - \dfrac{1000-600}{2}\right)^2 + \left(\dfrac{1000-800}{2}\right)^2 + 500^2}\,\mathrm{mm}$

$= 948.7\,\mathrm{mm}$。

6）大端卷丝长度 $L = \dfrac{D}{2} + (D+\delta)\dfrac{3\pi}{4} = \left[\dfrac{8}{2} + (8+0.7) \times \dfrac{3\pi}{4}\right]\mathrm{mm}$

$= 24\,\mathrm{mm}$。

3. 组对安装方法

分别将上短节、弯管、方矩锥管组咬成形，然后再在地面上将三者连为一体，最后整体吊入燃烧炉的框架上固定。

（三十二）灰簸箕的制作方法

图 12-203 所示为常用灰簸箕的施工图，制作的关键是下料和扳折顺序，下面分别叙述。

1. 下料方法

图 12-204 所示为展开图，其中 B 放大为扳折顺序，顺序不当则咬合不成。

1）在展开料的角部划出 66mm×66mm 的正方形（包括卷丝 6mm），如 B 放大所示。

2）在 66mm 的角部量取 $\frac{2}{3} \times 66\text{mm} =$ 44mm，划斜线，得出扳折边的分界线。

3）在两侧板边加出 6mm 作为被咬边（无卷边部分）。

4）在堵头两边加出复合咬边，分别为 5mm 和 7mm（无卷边部分）。

2. 扳折方法

图 12-205 所示为簸箕角部扳折的顺序和方法，首先说明正反曲的含义，在内侧划线，往外扳折为反曲，往内扳折为正曲。

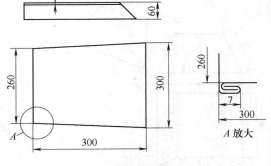

图 12-203　常用灰簸箕（上部折边）

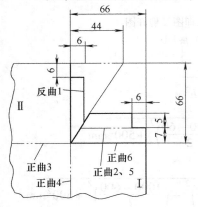

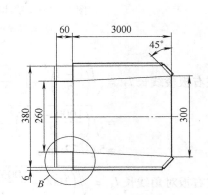

图 12-204　展开图

1）往外扳折反曲线 1，如图 12-205a 所示使折角约为 90°。

2）往内扳折正曲线 2，使折角大于 90°，以方便与反曲 1 板相贴合，如图 12-205b 所示。

3）扳折侧板正曲线 3，使折角约为 90°，如图 12-205c 所示。

4）扳折堵板正曲线 4，使折角为 90°，此时正曲线 2 板与反曲线 1 板相吻合，此时便看出正曲线 2 不能扳成 90°的道理了，继续扳折正曲线 2，为了防扳折时的振动，在堵板侧垫以规铁便可奏效，如图 12-205d 所示。

5）用拍板继续扳折并砸实，如图 12-205e、f 所示。

6）利用角钢的棱部将 6mm 的折边折至 90°，如图 12-205g、h 所示。

7）将 6mm 的折边砸实，灰簸箕的制作即告结束。

（三十三）肩背式流动簸箕的制作方法

图 12-206 所示为环卫工人肩背的流动簸箕，采用 0.5mm 厚的镀锌板，纵缝安排在大面上，分 $\frac{1}{2}$ 下料，外观宽 7mm；环缝采用单平角缝，外观宽 8mm，为增加筒体端口的刚性，端口三面卷丝，大面平折边，便于往筒内扫集垃圾。

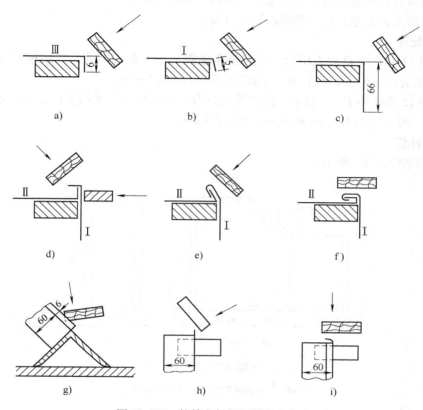

图 12-205 簸箕角部扳折顺序和方法

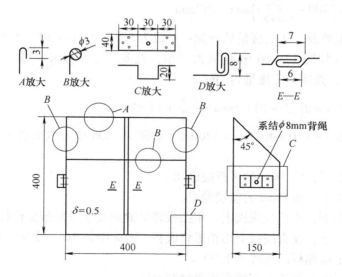

图 12-206 肩背式流动簸箕

此筒的特点有以下三点：

1）可系结 $\phi 8mm$ 的软绳，背在肩上流动收集垃圾。

2）立放可作为固定垃圾筒，因端口为斜面，可增大收集面。

3）平放后大面着地，便于往筒内扫集垃圾。

1. 板厚处理

1）如图 12-206 中 D 放大所示，底环缝外观宽 8mm，那么筒体的咬接量必为 7mm，底板的咬接量应为 $(8+6)\text{mm}=14\text{mm}$，最好为 $(8+5)\text{mm}=13\text{mm}$。

2）如图 12-206 中 E—E 所示，纵缝外观宽为 7mm，因为是平板咬接，所以咬接量：一边为 5.5mm，另一边为 5.5mm 和 7mm，共 12.5mm。

2. 下料计算

展开图如图 12-207 所示。

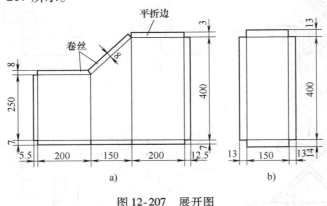

图 12-207　展开图

a）$\dfrac{1}{2}$ 侧板展开图　b）底板展开图

1）短侧高 $h=\left(400-\dfrac{150}{\tan45°}\right)\text{mm}=250\text{mm}$。

2）因为是平板咬缝，故咬接量的分配：一边为 5.5mm，另一边为 5.5mm 和 7mm。

3）环缝的安排如图 12-206 中 D 放大所示，按 8、7、6（mm）分配，故底的咬接量为 $(8+5)\text{mm}=13\text{mm}$，筒体的咬接量为 7mm。

4）卷丝展开长 $l=d\left(\dfrac{\pi}{2}+1\right)=3\text{mm}\times\left(\dfrac{\pi}{2}+1\right)=8\text{mm}$。

5）绳耳展开长 $s=(90+40)\text{mm}=130\text{mm}$，如图 12-206 中 C 放大所示。

3. 扳折方法

1）在平板状态下，将 3mm 的平折边砸死。

2）在平板状态下，将 8mm 的卷丝卷成。

3）在平板状态下，在直长规铁上，用拍板将纵缝的咬接量扳折至设计的形状。

4）在平板状态下，在直规铁上用拍板将底板 13mm 中的 5mm 扳折至 90°。

5）在折边机上将侧板的棱线折至 90°。

6）在架高的工字钢规铁上用拍板将纵缝咬合完毕。

7）将底板平放于平台上，将筒体置于其上，使筒体的 7mm 折边覆盖底板的 8mm，并微调间隙后，用斩口锤将底板的 5mm 砸倒、砸贴。

8）在具有正断面的角钢规铁上，将筒体套入其中，用斩口锤将底板的 5mm 再次翻折与筒体紧贴。

9）在上述规铁上，钻出筒体和绳耳的孔，并将两者用抽芯铆钉紧固。至此，肩背式流动簸箕的制作便完成了。

（三十四）有盖手提式流动簸箕的制作方法

图 12-208 所示为环卫工人手提的流动簸箕，采用 0.5mm 厚的镀锌铁皮，前后板与底为一块，顶板和左堵板各为一板，其连接形式为单平角咬缝，形式如 $B—B$ 所示，外观宽 7mm，为增加端口的刚性，端口四面 3mm 平折边，形式如 $C—C$ 所示；为便于手提移动，用 30mm 宽的手提系，为增加手提系的刚性和防止刺手，边缘为 2mm 的平折边，形式如 $A—A$ 所示。

1. 板厚处理

1）图 12-208 中 $B—B$ 所示为顶板与侧板的咬缝节点图，那么侧板的咬接量必为 6mm，顶板的咬接量为（7 +5）mm =12mm，（7 +4）mm =11mm 也可以。

2）图 12-208 中 $B_1—B_1$ 所示，为堵板与侧板的咬接节点图，那么堵板的咬接量必为 6mm，侧板的咬接量应为 $(7 +5)$mm =12mm，或 $(7 +4)$mm =11mm。

2. 下料计算

（1）底板和前后板展开图（见图 12-209）

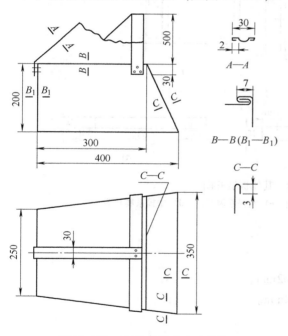

图 12-208　有盖手提式流动簸箕

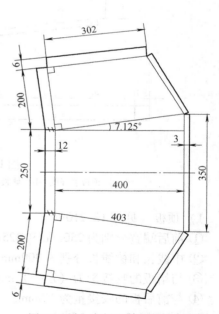

图 12-209　底板和前后板展开图

1）底板：

① 板长 l =400mm；

② 后、前端宽分别为 250mm 和 350mm；

③ 与堵板的咬接量为 $(7 +5)$mm =12mm；

④ 前端平折边量为 3mm；

⑤ 前后端斜度为 $\arctan\dfrac{\dfrac{350-250}{2}}{400}=7.125°$。

2）前后板：

① 前后板与底板棱线长 $l=\sqrt{400^2+\left(\dfrac{350-250}{2}\right)^2}\,\mathrm{mm}=403\,\mathrm{mm}$；

② 顶板前端宽为 $350\,\mathrm{mm}-(100\times\tan7.125°)\times2\,\mathrm{mm}=325\,\mathrm{mm}$；

③ 顶板与前后板棱线长 $l_2=\sqrt{\left(\dfrac{325-250}{2}\right)^2+300^2}\,\mathrm{mm}=302\,\mathrm{mm}$；

④ 前后板与堵板棱线长 $l_3=200\,\mathrm{mm}$。

（2）其他板展开图（见图 12-210）

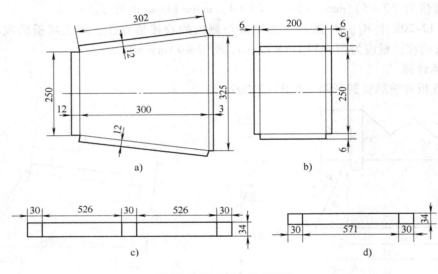

图 12-210　其他板展开图

a）顶板展开图　b）堵板展开图　c）前提系展开图　d）中提系展开图

1）顶板（见图 12-210a）：

① 前后端宽分别为 250mm 和 325mm。

② 中线长和棱线长分别为 300mm 和 302mm。

③ 与堵板的咬接量为 $(7+5)$ mm＝12mm。

④ 与前后板的咬接量为 12mm。

2）堵板（见图 12-210b）：

① 高和宽分别为 200mm 和 250mm。

② 与顶、底和前后板的咬接量皆为 6mm。

3）前提系（见图 12-210c）：

① 斜边长 $l=\sqrt{\left(\dfrac{325}{2}\right)^2+500^2}\,\mathrm{mm}=526\,\mathrm{mm}$。

② 系宽 34mm。

4）中提系（见图 12-210d）：

斜长 $l = \sqrt{275^2 + 500^2}\,\text{mm} = 571\text{mm}$。

3. 扳折方法

（1）底板、前后板

1）在平板状态下，将 3mm 的平折边砸死。

2）在平板状态下，在直长规铁上，用斩口锤将 12mm 中的 5mm，扳折至直角状，须注意扳折方向，前后板的 6mm 也扳折至 90°。

3）在角钢规铁上按棱线折成直角状，形成筒体。

（2）顶板　在平板状态下，将 3mm 的平折边砸死，将 12mm 中的 5mm 用斩口锤扳折至直角状。

（3）堵板　不用预加工。

（4）提系　由于平折边较窄，必须在直长规铁上用斩口锤操作，将 2mm 扳折至平折边。

（5）筒体与顶板咬合

1）将顶板平放于平台上。

2）将筒体放于其上 5mm 立边的空间，并找定配合间隙。

3）将咬合缝置于方直的规铁上，用斩口锤扳折 3~4 处，作为临时固定，并再次调配合间隙。

4）再次在铁砧上操作，将其余 5mm 的边扳折，紧紧压住前后板的 6mm 的边。

5）再次翻转筒体，在铁砧上将上述复合咬缝再次扳折成如图 12-208 中所示的 B—B 形式。至此，筒体和顶板便咬合在一起了。

（6）筒体与堵板咬合

1）将筒体堵板空间翻至正上，将堵板置于堵板空间，调好间隙后，用斩口锤的钝刃将 5mm 立边砸倒 4 处，以临时定位，调正间隙后再次砸贴。

2）在铁砧上再度翻转，将上述复合咬缝砸贴、砸实。

（7）提系安装　提系的下料可较计算数据稍长 20~30mm，根据实际情况随意安装，以不妨碍使用和美观为原则，可用抽芯铆钉、螺栓或铆钉连接。

至此，有盖手提式流动簸箕便制作完毕。

（三十五）盛鱼虾方锥盆的制作方法

图 12-211 所示，为在市面上见到的盛鱼虾用的盆子，采用 0.75mm 的镀锌板，此件的特点是：形体呈锥状，端口角部为弧状，其半径等于侧板的投影长 50mm，角部实际上是 $\frac{1}{4}$ 圆锥体，四侧板与底板连为一体，连接缝在角部，用铆钉连接。

1. 板厚处理

此件无板厚处理的部位。

2. 下料计算（展开图见图 12-212）

1）四侧板实高 $h = \sqrt{150^2 + 50^2}\,\text{mm} = 158\text{mm}$。

2）角部 $\frac{1}{4}$ 弧长 $s = \frac{\pi r}{2} = \frac{\pi \times 50}{2}\,\text{mm} = 79\text{mm}$。

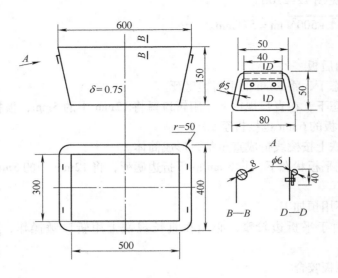

图 12-211 盛鱼虾的方锥盆

3）卷丝宽为 $d\left(\dfrac{\pi}{2}+1\right)=8\,\mathrm{mm}\times\left(\dfrac{\pi}{2}+1\right)=21\,\mathrm{mm}$。

4）角缝连接爪附在前后侧板上，板宽15～20mm 即可。

3. 加工方法

（1）抓手 在台虎钳上将抓手撼制成形，并同时钻出连接盆体的孔。

（2）盆体

1）在平板状态下，将抓手覆于堵板的设计位置，钻套眼出孔，并钻出连接爪上的孔。

2）在平板状态下，在折边机上将四侧板折弯至设计的角度，但为了角部槽弧的需要，还要按折线压平，这样处理的折线不会影响下道工序的折弯。

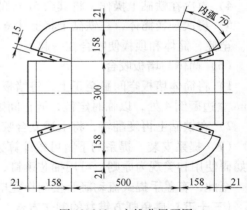

图 12-212 方锥盆展开图

3）在平板状态下，将角部的 $\dfrac{1}{4}$ 锥体槽制至设计的弧度。

4）二次将四侧板的折线折起，由于存在第一次的折痕，用手的推力即可将侧板折起。

5）由两人操作，按连接爪上预钻出的孔套钻出盆体上的孔。

6）用铆钉并抹入腻子将四角部铆接牢固。

7）端口朝上置于平台上，用无齿手钳将 21mm 的边扳折至 90°。

8）将端口朝下置于平台上，用无齿手钳、斩口锤等工具将 ϕ8mm 的铁丝卷入盆口。

9）用铆钉将四抓手铆接牢固。至此，方锥盆便制作完毕。

（三十六）排风扇活页窗的制作方法

在仓库等的墙壁上，常安装有自动排风的活页窗，如图 12-213 所示，活页通过铰链与埋在墙壁中的内揿角钢圈用抽芯铆钉相连，为计算的需要，设排风扇的外径与角钢圈的外径相等，并设等分线与铰链轴的下沿重合，下面以最上活页为例计算，其他页同理。

1. 下料计算（最上面的活页的展开图见图 12-214）。

1）下端折弯的增加长度 $l_1 = (\sqrt{5.4^2 + 5.4^2} - 5.4)\,\text{mm} = 2.2\,\text{mm}$。

2）上端去掉的宽度 $b = (15 + 2.7)\,\text{mm} = 17.7\,\text{mm}$。

3）展开页片的总高 $h = (125 + 2.2)\,\text{mm} = 127.2\,\text{mm}$。

4）卷丝长 $l_2 = 2.7\,\text{mm} + 4\,\text{mm} \times \left(\dfrac{\pi}{2} + 1\right) = 13\,\text{mm}$。

5）下端弦长 $B = 2 \times \sqrt{250^2 - 127.2^2}\,\text{mm} = 435.52\,\text{mm}$。

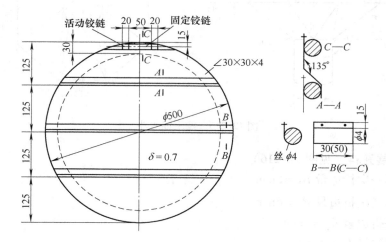

图 12-213　排风扇活页窗

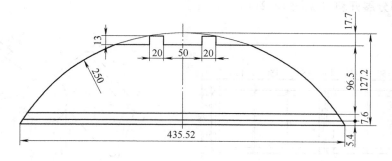

图 12-214　最上面的活页展开图

2. 制作安装方法

1）在折边机上先反折 5.4mm 一段，后折 7.6mm 一段，并卡 135° 样板检查。

2）活页简易加工方法：在 5.4mm 的折线上，用 φ6mm 的圆钢作上胎，槽至半圆弧状，调直后使用。

3）安装时从上往下进行，压下上活页并固定铰链，便可定出下固定铰链的位置，钻眼并用抽芯铆钉固定，达样安装省时并提高安装质量。

4）铰链卷完丝后要用拍板进行调直并试穿，转动自如后方可安装。

（三十七）檐下漏水斗的制作方法

图 12-215 所示为檐下漏水斗施工图，采用 0.5mm 镀锌板，斗体方部分采用双抗弧单平咬缝，其上部为平折边；方圆部分采用单抗弧单平咬缝，其下端不折边承插锡焊；方与方圆连接采用单角咬缝。

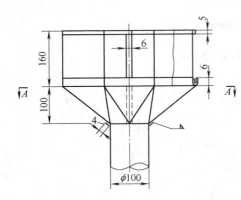
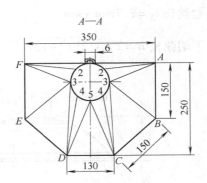

图 12-215　檐下漏水斗

1. 方部分展开料（见图 12-216）

1）纵缝第一次折边量 $B_1 = 5$mm。

2）纵缝第二次折边量 $B_2 = 6$mm。

3）上端平折边量 $B_1 = 5$mm。

4）下部折边量 $B_1 = 5$mm。

5）展开料尺寸 170mm × 1096mm。

2. 方圆部分展开料（见图 12-217）

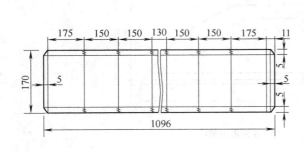

图 12-216　方部分展开图

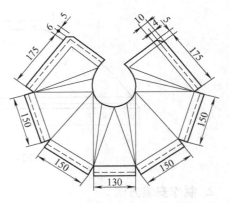

图 12-217　方圆展开图

1）纵缝折边量：完全同方部分纵缝，此略。

2）上端折边量：

① 第一次折边量 $B_1 = 4$mm；

② 第二次折边量 $B_2 = 6$mm。

3）净料计算：请参见方圆连接管章。

（三十八）天圆地方形中草药盘的制作方法

图 12-218 所示为中药房盛中草药的天圆地方形中草药盘子的施工图，由左端的半圆端倒入药袋中，采用 0.5mm 厚的不锈钢板，上端 5mm 平折边，后堵用铆钉连接，可下成整料。

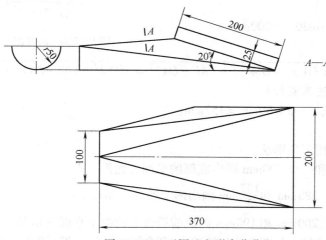

图 12-218　天圆地方形中草药盘

1. 板厚处理

本例为整料折边，只有上周边为平折边，无板厚处理。

2. 计算下料

图 12-219 为计算原理图，图 12-220 为展开图。

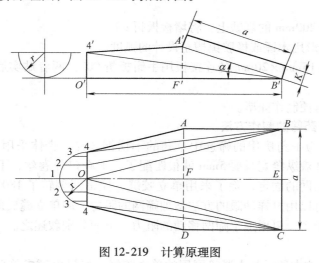

图 12-219　计算原理图

1）$OB = \sqrt{EB^2 + EO^2} = \sqrt{100^2 + 370^2}$ mm
$= 383$ mm。

2）$F'B' = A'B' \times \cos\alpha = 200$ mm $\times$
$\cos 20° = 188$ mm。

3）$O'F' = O'B' - F'B' = (370 - 188)$ mm $= 182$ mm。

4）$4B = \sqrt{OE^2 + (BE - O4)^2 + O'4'^2}$
$= \sqrt{370^2 + (100 - 50)^2 + 50^2}$ mm $= 377$ mm
（半弦长差法求实长。）

5）$A'F' = A'B' \times \sin 20° = 200$ mm $\times$
$\sin 20° = 68$ mm。

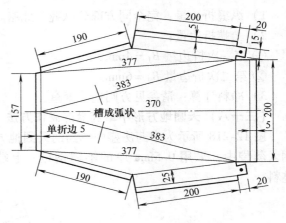

图 12-220　展开图

6）$A'4' = \sqrt{O'F'^2 + (A'F' - O'4')^2 + (AF - O4)^2} = \sqrt{182^2 + (68 - 50)^2 + (100 - 50)^2}$ mm
$= 190$ mm（用半弦长差法求实长）

7）小端半圆展开长 $S = \pi \times 50$ mm $= 157$ mm。

3. 作展开图的方法

作展开图的方法是用三角形法。

1）以两个 383mm 和一个 200mm 画出底部的平面三角形。

2）分别以 377mm、383mm 和 $\dfrac{157}{2}$ mm 画出两个曲面三角形。

3）分别以 377mm、200mm 和 190mm 画出前后板上的两个平面三角形。

4）利用作平行线的方法，分别画出方端 25mm 和全周上端 5mm 的平折线，即得展开图。

4. 加工方法

1）在平板状态下，将前后板上的连接堵板的两个孔预钻出。

2）在平板状态下，在角钢规铁上用拍板将 5mm 的边扳折，并翻身后砸实。

3）在平板状态下，在角钢规铁上，用拍板按从外往里的顺序将 200mm、377mm 和 383mm 折出棱线。

4）在长度小于 200mm 的规铁上，将堵板扳折 90°。

5）将弧状三角形用木锤或橡胶锤槽至设计的弧度。

6）将侧板上的 15mm $\times$ 20mm 的连接板用手钳扳折 90°，两者贴实后，钻套孔、铆铆钉以连接固定。

至此，中草药盘便制作完毕。

（三十九）**中草药筛的制作方法**

图 12-221 所示为中药房用的筛选中草药的不锈钢丝筛，壳体采用 0.5mm 厚的不锈钢板，因规格小，故外观纵缝宽只要 5mm 就很匹配了，上端口外卷丝，下端口外平折边。本例的难点主要在于筛网的固定，除了采用单立咬缝，使筛网翻转了 180°，大大增加了筛网移动的阻力外，还可以用打样冲眼的方法增加筛网的阻力，即单立缝成形后在最上的折边上用样冲打上冲眼若干个，更增加了筛网移动的阻力。下面分别叙述之。

1. 板厚处理

图 12-221 中 D 放大所示是夹紧筛网用的单立咬缝，如果再砸成单平咬缝，其两对口的

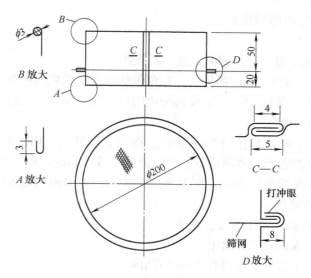

图 12-221　中草药筛

咬接量分配应是 8、7、6（mm），即上端口为 7mm，下端口为 8mm 和 6mm，现在是单立咬缝，其两端口咬接量的分配用 8、7、7（mm）完全无问题，即上端口为 7mm，下端口为 8mm 和 7mm，因为筛网还要占用一部分长度，所以用 8、7、7（mm）完全可以。

2. 计算下料

展开图如图 12-222 所示。

（1）上筒体（见图 12-222a）

1）净展开长 $s_1 = \pi D = \pi \times 200\text{mm} = 628\text{mm}$。

2）对口纵缝每边咬接量 $B_1 = \dfrac{4 \times 2 + 5}{2}\text{mm} = 6.5\text{mm}$。

3）上端口卷丝宽 $B_2 = d\left(\dfrac{\pi}{2} + 1\right) = 3\text{mm} \times \left(\dfrac{\pi}{2} + 1\right) = 7.7\text{mm}$。

4）下端口咬缝宽 $B_3 = 7\text{mm}$。

（2）下筒体（见图 12-222）

1）净展开长 $s_2 = \pi D = \pi \times 200\text{mm} = 628\text{mm}$。

2）对口纵缝每边咬接量宽 $B_4 = 6.5\text{mm}$。

3）上端口咬接量宽 $B_5 = (8 + 7)\text{mm} = 15\text{mm}$。

4）下端口外平折边宽 $B_6 = 3\text{mm}$。

（3）筛网（见图 12-222c）　20mm 说明：8mm 和 7mm 为折边量，还剩 5mm，为扳折咬

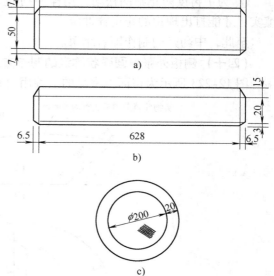

图 12-222　展开图

a）上筒体展开图　b）下筒体展开图　c）筛网展开图

合前用手夹捏量，以便将筛网拉紧。

3. 加工方法

1）上下筒体的加工方法基本相同，故一并叙述。

① 在平板状态下，将6.5mm的折边，在角钢铁砧上用拍板扳折至设计的曲线状态。

② 在平板状态下，将上筒体7.7mm的折边用斩口锤的钝刃配无齿手钳在H钢铁砧上扳折至能放进 φ3mm 铁丝状态。

③ 在平板状态下，将下筒体的3mm折边，在H钢铁砧上，用拍板扳折至平折状态。

④ 将上下筒体在圆管胎上卷制成形，并在此胎上咬合纵缝成形，并将余卷丝卷完。

⑤ 将下筒体15mm折边的7mm，在H钢铁砧上，用斩口锤的钝刃端扳折90°。

2）筛网的加工方法略。

3）下筒体、筛网和上筒体的咬合方法。

① 将下筒体的上端口立于平台上。

② 将筛网覆盖于下筒体上端口有7mm空间内。

③ 将上筒体有7mm折边的下端口覆于筛网上，并用力压紧。

④ 之后，应两人共同操作，一个人直径方向用手捏住筛网，用力搜紧，同时另一人用斩口锤的钝刃紧靠搜紧处将7mm立边砸倒，并砸贴、砸实，以不使筛网回撤，同法，直径方向再砸实4~5处，此时，筛网已处于绷紧状态。

⑤ 将余下7mm立边全部砸倒、砸实、砸贴。

⑥ 将靠近上筒体约5mm的剩余筛网用剪刀除去。

⑦ 为了再度防止筛网松动，用样冲约隔20mm打一冲眼，注意，打冲眼时立缝下一定填实，才能打出理想的止退样冲眼。

至此，中药筛的制作即告结束。

（四十）侧板外张呈圆弧状称盘的制作方法

图12-223所示为市面上常见的一种用白铁咬合制成的称盘，它的特点是：底为平底，反

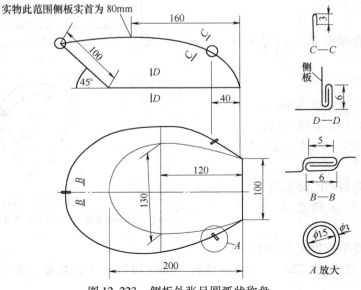

图 12-223　侧板外张呈圆弧状称盘

映实形，为蛋圆形，距前端 120mm 处最宽为 130mm；前端宽 100mm，长为 200mm，侧板的前端与底板的前端相交，距前端 160mm 处侧板宽为 80mm，后端侧板实长为 100mm，且倾角为 45°，其他任何一位置都不反映实长。虽是一件不起眼的白铁件，但它代表着一种下料原理，这就是它能保证侧板与底板结合线的弧长。

它是一件不规则形状的白铁件，给下料带来一定的难度，为了解决这个难点，编者采用了近似下料法，即在保证大尺度符合设计要求的前提下，其他尺寸以圆滑、美观、实用为原则即可。下面随编者的思路看一看。

1. 板厚处理

1）如图 12-223 中 B—B 所示，纵缝外观宽 6mm，那么每边的咬接量为 $\dfrac{5 \times 2 + 6}{2}$mm = 8mm。扳折时仍应按 5mm 和 6mm 画线进行。

2）如图 12-223 中 D—D 所示，缝外观宽 6mm，那么侧板的咬接量必为 5mm，底板的咬接量为（4 + 6）mm = 10mm。

2. 下料计算和作展开图（见图 12-224）

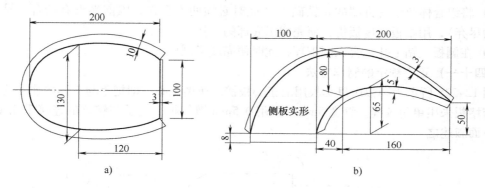

图 12-224　展开图

a）底板展开图　b）$\dfrac{1}{2}$侧板展开图

（1）底板

1）画出 200mm 线段，从前端量取 120mm 作垂线，使垂线长 130mm。

2）过前端点作垂线，使其等于 100mm。

3）过前、中、后三点圆滑连接即为底板实形。

4）底板咬接余量为（6 + 4）mm = 10mm。

5）前端平折量为 3mm。

6）在前端、底板弧线分别外加 3mm 和 10mm，并圆滑连接，即得底板实形。

（2）$\dfrac{1}{2}$侧板

1）以上述画出的粗实线范围的底板实形为基础，作 $\dfrac{1}{2}$ 侧板实形。

2）距前端 160mm 处，作中心线的垂线，使其底板外的长度为 80mm。

3）在底板中心线上，从后端往外量取 100mm。

4）圆滑连接上述三点，即得 $\frac{1}{2}$ 侧板实形（粗实线范围）。

5）分别向外加 3mm、5mm 和 8mm，即得有咬接余量的 $\frac{1}{2}$ 侧板实形。

3. 加工方法

1）底板：

① 在平板状态下，在 45°铁砧上，将与侧板咬接的 4mm 折边扳折至 90°。

② 将 3mm 的折边往外砸实。

2）侧板：

① 在平板状态下，将 8mm 的折边扳折至设计的曲线形状，准备咬接纵缝。

② 将 3mm 的外折边砸实。

③ 将后端的纵缝咬接成形。

④ 将 5mm 的折边外扳至 90°。

3）将侧板置于底板内，用斩口锤将 4mm 的折边扳倒。

4）将组合体放于有方端的直铁砧上（此时必须两人合作，因前端没有咬合，易脱扣，会前功尽弃），用拍板再度扳折，便完成了底部的咬接。

5）在侧板上钻上孔，套入圆钢环，此时便完成了制作。

（四十一）正心粮铲的制作方法

图 12-225 所示为杂粮店里卖粮用的正心粮铲。所谓正心，即把手与铲体的连接为正心，铲体与堵板采用单角咬缝，缝宽 5mm，采用 0.5mm 镀锌板，把手与铲体的连接采用铆钉连接，下面叙述之。

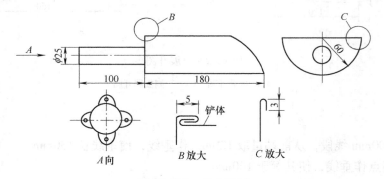

图 12-225 正心粮铲

1. 板厚处理

1）如图 12-225 中 B 放大所示，角缝外观宽 5mm，铲体的一次折边量必为 4mm，若大于 4mm，会将铲体板顶向内侧。

2）如图 12-225 中 C 放大所示，扳折 3mm 的目的就是增加板厚，增加刚性。

2. 下料计算（展开图见图 12-226）

（1）把手

1）展开长 $l = \pi \times 25\,\text{mm} = 78.5\,\text{mm}$。

2）外加 6mm 的余量，用锡焊连接。

3）把手长 100mm。

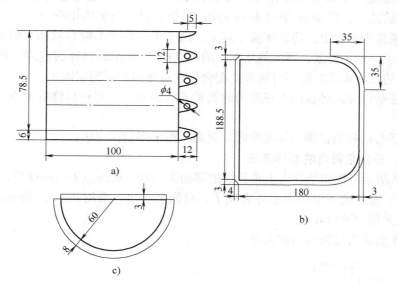

图 12-226　展开图

a）把手展开图　b）铲体展开图　c）堵板展开图

（2）铲体

1）展开料长 $l = \pi R = \pi \times 60\text{mm} = 188.5\text{mm}$。

2）与堵板的咬接余量 4mm。

3）上端口及前端的外折边 3mm。

4）铲体长为 180mm。

（3）堵板

1）上端的外折边 3mm。

2）与铲体的咬接余量 $(5 + 3)\text{mm} = 8\text{mm}$。

3. 加工方法

1）把手：

① 在平板状态下，钻出 4 个 $\phi 4\text{mm}$ 的孔，并在连接爪的根部边缘线上微微折一下弯，以出现压痕为度，目的是为了把手卷制成形后再折边更容易些和更准确些。

② 在圆管砧上将展开料卷制成形，并用锡焊点焊成形。

③ 用手钳将连接爪扳折至 90°，这个爪越窄越好扳，所以设计这个爪的宽度时，在不减弱使用效果的情况下，尽量使宽度小一些为好。

2）铲体：

① 在平板状态下，将 3mm 的折边，在直长条铁砧上用拍板向外扳折并贴实。

② 在圆钢砧上用手工将铲体弯曲至设计的曲率。

③ 在 45°铁砧上用斩口锤的钝刃将 4mm 的边扳折至 90°，以备与堵板咬合。

3）堵板：

① 在平板状态下，将 3mm 的折边向外砸实。

② 在平板状态下，将扳折好连接爪的把手覆于堵板的设计位置上，号出孔并钻出孔。

③ 在45°铁砧上，将8mm中的3mm外扳至90°，以备与铲体相咬合。

4）将堵板置于平台上，将铲体覆于其上，由于铲体处于半敞口状态，两者的吻合可能不会太得心应手，这不要紧，可先将堵板上的直立的3mm用斩口锤的钝刃间断的砸倒3～4处，作到临时的松动固定，待调好两者的配合位置后再将余者砸实固定。

5）将上述铲体套入卧置的有正断面的圆管或圆钢砧上，用斩口锤的方端将上述的复合折边砸实。

6）将把手与堵板用铝铆钉铆接牢固。至此，粮铲即制作完毕。

（四十二）移动菜肴盒的制作方法

图12-227所示为饭店给客人上菜肴用的移动菜肴盒，从讲卫生的角度看，应设置盒盖，为了安设提系，盒盖的下沿就不能外卷丝了，只能平折边，采用0.5mm的不锈钢板，盒底和盒体的连接采用单平角咬缝。

图12-228所示为局视图和放大图。

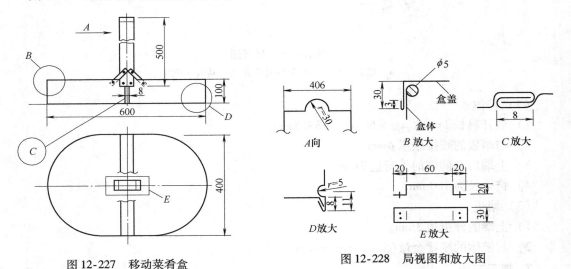

图12-227 移动菜肴盒　　　　　　图12-228 局视图和放大图

1. 板厚处理

1）如图12-228中A向视图和B放大图所示，为了实现盒盖与盒体、提系与盒盖的松动配合，盒盖比盒体的长宽各大3mm，提系又较盒盖大3mm，以便盒盖能轻松地放入和提出。

2）如图12-228中C放大图所示，纵缝外观宽8mm，一次折边量应为6.5mm，以免抗弧失效，那么每边的咬接余量应为$\frac{8+6.5\times2}{2}$mm＝10.5mm，偏大或偏小都不可以，扳折时仍按6.5mm和8mm进行。

3）如图12-228中D放大图所示，单平角咬缝的外观宽为8mm，那么盒底的咬接余量应为7mm，盒体的咬接余量应为5mm，4mm更好。

2. 下料计算

（1）提系（展开图见图12-229a）

1）展开长 $s = (500 \times 2 + 406 - 60 + \pi \times 30)\,\text{mm} = 1440\,\text{mm}$。

2）宽30mm，折边宽3mm。

（2）盒盖（展开图见图12-229b）

1）为了实现盒盖与盒体的松动配合，故安排 $r = 201.5\,\text{mm}$，同理盖长为603mm。

2）为了便于盒盖立板的扳折，应尽量降低立板宽度，故设计为30mm，（作胎压制可以，用斩口锤钝刃扳折就很难了）。

3）立板边为3mm平折边。

（3）盒体（展开图见图12-230a）

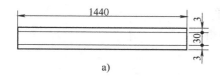

a)

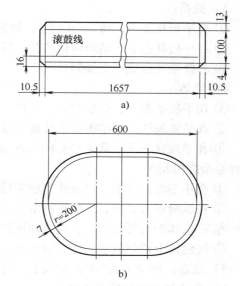

a)

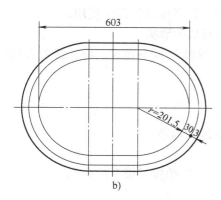

b)

图12-229　提系和盒盖展开图

a）提系展开图　b）盒盖展开图

图12-230　盒体和盒底展开图

a）盒体展开图　b）盒底展开图

1）盒体展开长 $s = 2\pi r + 400 = (2\pi \times 200 + 400)\,\text{mm} = 1657\,\text{mm}$。

2）纵缝每边咬接量为 $\dfrac{8 + 6.5 \times 2}{2}\,\text{mm} = 10.5\,\text{mm}$。

3）内卷丝宽为 $d\left(\dfrac{\pi}{2} + 1\right) = 5\,\text{mm} \times \left(\dfrac{2\pi}{2} + 1\right) = 13\,\text{mm}$。

4）盒体下端扳折量为4mm。

5）下端压鼓线宽为 $(12 + 4)\,\text{mm} = 16\,\text{mm}$。

（4）盒底（展开图见图12-230b）　盒底扳折量为7mm。

（5）盖抓手

1）抓手长为 $(60 + 40 \times 2)\,\text{mm} = 140\,\text{mm}$。

2）抓手宽为 $(30 + 3 \times 2)\,\text{mm} = 36\,\text{mm}$。

3）盖抓手尺寸为 $140\,\text{mm} \times 36\,\text{mm}$。

3. 加工方法

1）盖抓手：

① 将 3mm 的平折边扳折、砸平。

② 在平板状态下，钻出两端的四个眼。

③ 将抓手在台虎钳上撅成冖形状。

2）盒盖：

① 在平板状态下，将抓手覆于盒盖的设计位置，用套钻法钻出盖上的孔，以备盖与抓手铆接。

② 用钢板作出上下胎，在压力机上压出盒形。

③ 在具有正断面的铁砧上，用拍板扳折 3mm，并砸平。

3）提系：

① 在平板状态下，将 3mm 的平折边扳折、砸平。

② 在平板状态下，钻出两端的孔，以备与盒体铆接。

③ 将提系在台虎钳上撅制成冂形状。

4）盒体：

① 在平板状态下，分配好弧、直段，并划出界线，以备撅成长圆时使用。

② 在长直规铁上用拍板将纵缝扳折量 10.5mm 扳折成∧形状。

③ 在平板状态下，将上端的内卷丝卷至成形，近纵缝处暂不卷成，待纵缝咬合成功后再续卷余之内卷丝。

④ 在小型卷板机上，将盒体卷成圆形。

⑤ 将纵缝咬合成形，之后再将余之内卷丝卷完。

⑥ 在盒体为圆形状下，在电动压鼓机上压出下端的内鼓。

⑦ 按盒体上预划的线，将其矫正为长圆形。

5）盒底：在端头为 45°的规铁上，将 7mm 的咬接边用拍板扳折至近 90°。

6）盒体与盒底的咬合方法：

① 将盒体底端朝上置于平台上，将压鼓及其以外的部分微调至无缺陷。

② 将盒底放于盒底应在的空间，观察配合间隙是否合适，若抗弧偏小时，可回压鼓机加深。

③ 左手压住盒底，使两配合间隙尽量小，抹入腻子。

④ 用斩口锤的钝刃周向砍倒盒体的 4mm 7～8 处，以作临时定位。

⑤ 继续调缺陷达到能咬合的状态，用斩口锤的钝刃全部砍倒剩余的 4mm。

⑥ 将盒体平躺于平台上，用斩口锤的平端将 4mm 砸倒、砸平、砸贴，成为圆滑密封状态。

7）将抓手铆于盒盖上，将提系铆于盒体上，将斜支撑铆于提系和盒体上。

8）调整盒盖与盒体的配合间隙，调整提系与盒盖的配合间隙，若偏紧时，可用锤击法使外者拉伸、变薄，扩大间隙。

（四十三）铝锅局部换底的方法

铝锅的换底，可整体换，也可局部换，在此叙述局部换底，整体换底将在下面叙述。

图 12-231 所示为铝锅局部换底的施工图，其操作过程如图 12-232 所示。

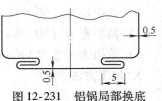

图 12-231　铝锅局部换底

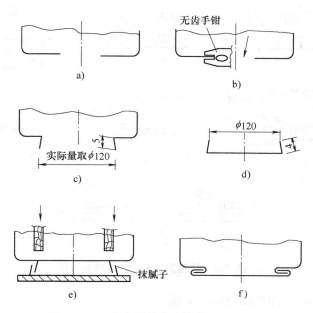

图 12-232　铝锅局部换底操作过程和方法

1）将旧锅底的待换部分用圆规划线并剪出圆形。

2）咬接量按四面形式安排，即锅体为 5mm，锅底为 4mm，3.5mm 更好，绝对不能为 5mm。

3）用无齿手钳将锅体扳出 5mm 折边，扳时应注意三点，一是手钳往前移动的距离要小，二是成形的角度要循序渐进，不要一次扳到设计角度，三是扳折的角度要大于 90°，以适于特殊的咬合方法，如图 12-232b、c 所示。

4）在 45°铁砧上或用无齿手钳扳出锅底的 4mm 折边，3.5mm 更好，使角度大于 90°，并量取与锅体的折边直径是否匹配，如图 12-232d 所示。

5）将两者试套并抹入腻子，置于平台上，用拍板端头径向两个同时往下击打，借折边的倾斜趋势，徐徐成形，最后反复击打成形，如图 12-232e、f 所示。

（四十四）铸铝锅换锅底的方法

图 12-233 所示为铸铝锅换锅底施工图，锅底为 2mm 厚的铸铝板无法扳折，只好在补料上做文章，因而难度较大。补料为 0.5mm 铝板（此板不能太厚，厚了不好来回扳折），采用单双平咬缝，其咬缝操作过程如图 12-234 所示。

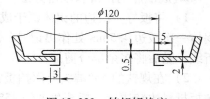

图 12-233　铸铝锅换底

1）从施工图中可看出，总扳折量为 15mm，实际咬合量为 10mm。

2）在规铁 45°端头（用无齿手钳也可）用拍板扳出 10mm 折边，前进距离尽量小，边转边扳，转一圈增加一个角度，最后扳至 180°的角，并将其压平，如图 12-234a、b、c 所示。

3）用无齿手钳夹住 5mm 的双折边，用一字形螺丝刀撬拨起 5mm，并使之达到 90°，同

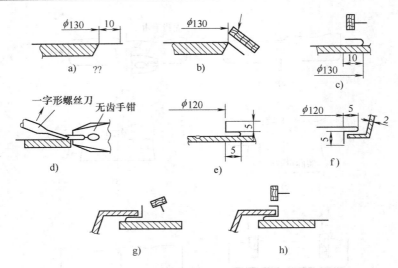

图 12-234　铸铝锅换底操作顺序和方法

样遵循循序渐进的原则，如图 12-234d、e 所示。

4）将锅底试套入锅体孔中，合适后抹入腻子，如图 12-234f 所示。

5）将锅底朝上，从内侧托牢新锅底，再次抹入腻子，用木锤或拍板将 3mm 折边扳倒，此时若有 2mm 的咬边量就算很理想的折边量了，如图 12-234g 所示。

6）将锅底经反复内外击打、砸平，即告结束。

（四十五）铝锅整体换底的方法

图 12-235 所示为铝锅整体换底的施工图，咬缝宽 7mm，现将咬接方法叙述如下。

1. 锅体的扳折

1）以锅端口或腰部凹槽为滑道，用圆规划出剪切线，将欲换部分剪掉。

2）在规铁的长方向用拍板扳出第一个折边 6mm，其方法是边转边扳，扳至约 45°一段后，再回转扳至 90°，不要一次扳成。

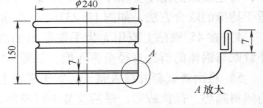

图 12-235　换底铝锅

2. 成品底的扳折和咬合方法（见图 12-236）

1）将扳好一次边的锅体覆于成品锅底上，以两者的内皮平齐为原则，在成品锅底上离锅体一次扳边 4.5mm 处作出记号，以成品锅底边缘为划道，用圆规在成品底上划出一次扳折线，随后将多余部分剪掉。

2）在规铁的 45°端头上用拍板往内扳出第一个扳折边 4.5mm，如图 12-236a、b 所示，按扳折量边转边扳，扳至角度约 45°一小段后，再回转扳至 90°，不要一次扳至 90°。

3）将锅体与锅底试套，以两者有一定的晃动间隙为合适，不要太紧，但太松动了也不行，并在规铁上用拍板扳至约 45°，如图 12-236c 所示。

4）用斩口锤的钝刃部将 45°的一次折边砸实，如图 12-236d 所示。

5）用拍板将单立咬缝折至约 45°，注意要多次拍成，由于在扳折过程的击打，一次折边会翘起，不利于下道工序的扳折，应用无齿手钳夹平，如图 12-236e、f 所示。

6）将扳至 45°的复合边内侧抹入腻子，以保证密封，如图 12-236g 所示。

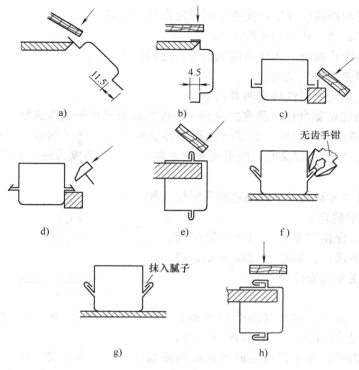

图 12-236　铝锅换成品底扳折咬合方法

7）用拍板在规铁上边转边打，直至砸平砸实，如图 12-236h 所示。

8）清除咬缝边缘的油腻，便完成咬接。

3. 一种咬合锅底环缝的专用工具

图 12-237 所示为咬合锅底环缝的专用工具，其使用方法如下：

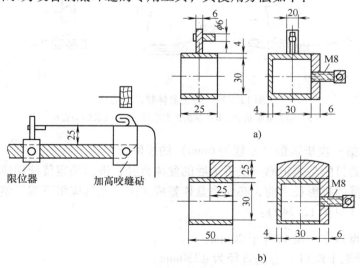

图 12-237　自制咬合锅底环缝工具

a）限位器　b）加高咬缝砧

1）将限位器和加高咬缝砧按实物距离固定在长条规铁上。

2）用拍板或铁锤边转边拍至约45°。

3）用无齿手钳将扳折后出现的褶皱夹平，之后抹入腻子。

4）用拍板或铁锤拍至咬紧。

5）在规铁上从内侧用铁锤将两者找平。

（四十六）带弧度铝盆换成品底的决窍——成品底直径小于盆体直径

带弧度铝盆经长期使用后，底部凸起圆周容易被磨损，进而漏水，需进行换底方可再用，可换成平底，也可换成品底，因平底来之不易，一般都换成品底，下面就按换成品底叙述之。

图12-238所示为家庭常用的铝盆的几何尺寸和形状。

1. 剪下位置的确定

为了尽量多地保留原盆体，剪的位置应确定在磨损最严重的部位，如图12-238所示，剪下后的断面必为正断面为合理。

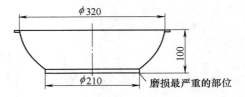

图12-238　带弧度铝盆

2. 盆体整形

剪下废底后，应将原盆体局部凸凹处和底部的待折边部分进行矫正、打平和锉削飞边，使之达到咬合的需要；为了使换后的成品底与原盆体尽量圆滑过渡，应将盆体进行放弧处理，其方法如图12-239所示，图12-239a为砸直底部折边的方法，下垫木板或胶皮，用木锤击打便可矫正；图12-239b为盆体放弧（扩大盆底直径同法）的方法，几经转圈、换位置放弧，并确认不能再放弧时（勉强放弧加大盆底直径下端口会开裂），即应停止放弧；图12-239c为缩小盆底直径的方法，从内侧垫入木板，用木锤从外侧往内侧击打，直径便会缩小。

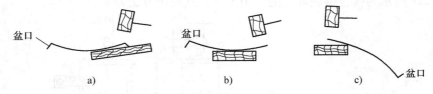

图12-239　矫正盆体缺陷的方法

a）砸直底部折边　b）盆底扩大直径　c）盆底缩小直径

3. 确定盆体第一次折边量（常规为6mm）的投影长

确定投影长的目的是确定第一次折边后的盆体直径，进而确定待使用成品底的直径。在确定第一次折边量的投影长之前，必先将盆体整成正圆，尤其应将下端口整成正圆，计算水平投影的方法是（见图12-240）：

1）A、B两点自定，设$\overset{\frown}{AB}$等于20mm。

2）用直尺量取下端口B点的直径为ϕ230mm。

3）用外卡尺量取A点的外直径为ϕ254mm。

4）半直径的投影长 $l = \dfrac{254-230}{2}\text{mm} = 12\text{mm}$。

5）6mm 折边的投影长 $l' = 3.6\text{mm}$。

因为 $12:x = 20:6$　所以 $x = 3.6\text{mm}$。

6）第一次折边后的下端口直径为 $(230 + 3.6 \times 2)\ \text{mm} = 237.2\text{mm}$。

4. 确定所使用成品底的直径（见图 12-241）

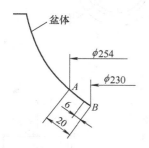

图 12-240　确定 6mm 折边量的投影长

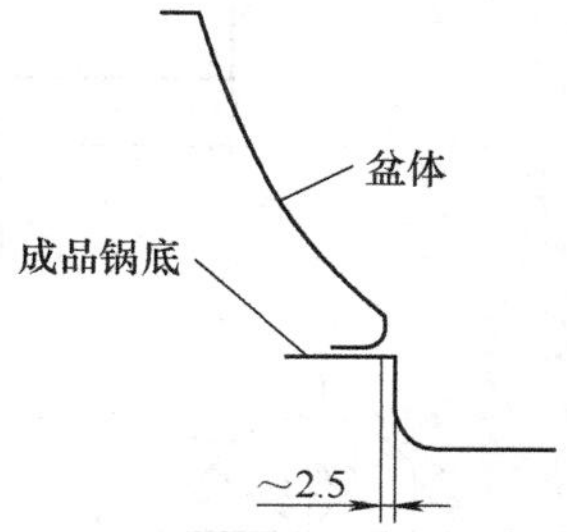

图 12-241　成品锅底与盆体直径匹配原理

1）成品底与盆体咬合，是经三次扳折后完成的，此过程成品底上端口受拉伸变薄，直径会被拉大，根据实践经验，不论大小，成品底直径都会增大约 5mm。

2）假设盆体和成品底两者内径相等，由于成品底上端口有一个较大的过渡段（不是清角），盆体的第一次折边和成品底的第二次折边咬合时，由于成品底的变薄拉伸、直径增大，便会造成脱扣、咬接失败，造成废品。

3）经上述分析，盆体和成品底经扳折后直径都会变大，两者量基本相等，故决定成品底的直径即是 B 点的直径。

5. 卡腰缺陷的处理方法

弧形盆体的基本形状是锥体，而成品底的基本形状是成 90° 的折线断面，两者咬接后会出现明显的内卡腰状，很不美观，也不便使用。其处理方法很简单，在外侧下垫平行胎，在内侧用木锤或铜锤击打之，由轻到重，转圈击打，咬缝是不会开裂的，直至新产品圆滑过渡而美观。

（四十七）三通管绝热铁皮的制作方法

三通管包括直交、斜交、偏心交等形式，按接触形式分有插入式和骑马式，按规格分有异径相交和等径相交，下面分别叙述之。

从防水浸入的角度看，可分为上三通管、下三通管和水平三通管。

1. 异径三通管

如图 12-242 所示为异径三通管的施工图，绝热后的三通支管 $\phi 1500\text{mm}$，主管 $\phi 1800\text{mm}$，原钢管板厚 $\delta = 10\text{mm}$，绝热层厚 100mm。绝热铁皮用 0.5mm 镀锌板。

（1）上异径三通管　如图 12-243 所示为上异径三通管绝热铁皮计算原理图，从防水浸入的需要，应先包主管，后包支管，与下述的下异径三通管完全相反，故有分别叙述的必要。

1）支管各素线长 $l_n = H - \sqrt{r^2 - (r_1 \sin\beta_n)^2}$（左视图）

如 $l_3 = (1900 - \sqrt{900^2 - (750 \times \sin 45°)^2})\,\text{mm} = 1173\text{mm}$

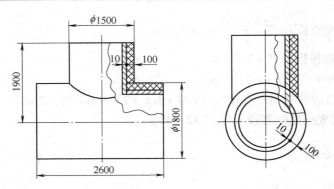

图 12-242 绝热异径三通管

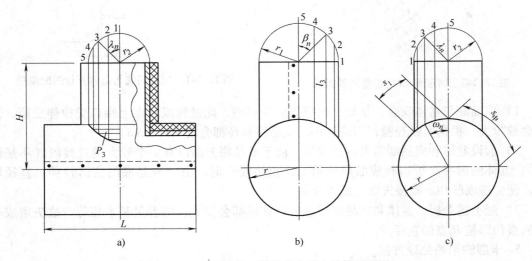

图 12-243 上异径三通管绝热铁皮计算原理图

a）计算 p_n 值 b）计算 l_n 值 c）计算 ω_n 值和 s_n 值

同理得：$l_5 = 1000\text{mm}$，$l_4 = 1047\text{mm}$，$l_2 = 1326\text{mm}$，$l_1 = 1403\text{mm}$。

2）支管各等分点与主管纵轴的夹角 $\omega_n = \arcsin\dfrac{r_1\sin\lambda_n}{r}$

如 $\omega_3 = \arcsin\dfrac{650 \times \sin 45°}{900} = 30.7°$

同理得：$\omega_5 = 0$，$\omega_4 = 16°$，$\omega_2 = 41.85°$，$l_1 = 46.24°$。

3）孔实形各纵向分点的弧长 $s_n = \pi r\dfrac{\omega_n}{180°}$

如 $s_3 = \pi \times 900\text{mm} \times \dfrac{30.7°}{180°} = 482\text{mm}$

同理得：$s_5 = 0$，$s_4 = 251\text{mm}$，$s_2 = 657\text{mm}$，$s_1 = 726\text{mm}$，$s_中 = 1414\text{mm}$。

4）孔实形各横向实长 $P_n = r_2\sin\lambda_n$（主视图）

如 $P_3 = 650\text{mm} \times \sin 45° = 460\text{mm}$

同理得：$P_5 = 650\text{mm}$，$P_4 = 600.5\text{mm}$，$P_2 = 249\text{mm}$，$P_1 = 0$。

5）支管展开长 $s = 2\pi r_1 = 2\pi \times 750\text{mm} = 4712\text{mm}$。

6）主管展开长 $s = 2\pi r = 2\pi \times 900\text{mm} = 5655\text{mm}$。

支、主管展开图如图 12-244 所示。

式中　　H——支管端口至主管中心距离（mm）；

r——主管绝热铁皮的半径（mm）；

r_1——支管绝热铁皮的半径（mm）；

β_n——支管绝热铁皮端面各分点与同一纵向直径的夹角（°）；

r_2——支钢管外皮半径（mm）。

（2）下异径三通管　如图 12-245 所示为下异径三通管绝热铁皮计算原理图，为节约篇幅，仍利用上异径三通的施工图说明之。为防水，应先包支后包主。

1）支管各素线长

$$l_n = H - \sqrt{r_2^2 - (r_1\sin\beta_n)^2}$$

如 $l_3 = 1900 - \sqrt{800^2 - (750 \times \sin45°)^2}$
$= 1301\text{mm}$

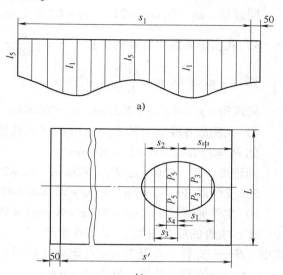

图 12-244　上异径三通管支、主管绝热铁皮展开图
a）支管展开图　b）主管展开图

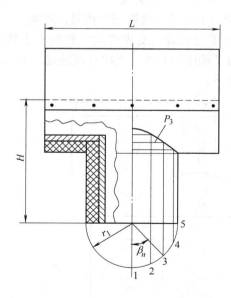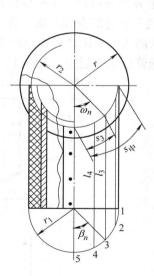

图 12-245　下异径三通管绝热铁皮计算原理图

同理得：$l_5 = (1900 - 800) = 1100\text{mm}$，$l_4 = 1153\text{mm}$，$l_1 = 1622\text{mm}$，$l_2 = 1500\text{mm}$。

2）支管各分点与主管纵轴的夹角 $\omega_n = \arcsin\dfrac{r_1\sin\beta_n}{r_2}$

如 $\omega_3 = \arcsin \dfrac{750 \times \sin 45°}{800} = 41.5°$

同理得：$\omega_5 = 0$，$\omega_4 = 21°$，$\omega_1 = 69.6°$，$\omega_2 = 60°$。

3）孔实形各纵向分点的弧长 $s_n = \pi r_2 \dfrac{\omega_n}{180°}$（左视图）

如 $s_3 = \pi \times 800\text{mm} \times \dfrac{41.5°}{180°} = 579\text{mm}$

同理得：$s_5 = 0$，$s_4 = 293\text{mm}$，$s_1 = 972\text{mm}$，$s_2 = 838\text{mm}$，$s_中 = 1257\text{mm}$。

4）孔实形各横向实长 $P_n = r_1 \sin\beta_n$（主视图）

如 $P_3 = 750\text{mm} \times \sin 45° = 530\text{mm}$

同理得：$P_5 = 750\text{mm}$，$P_4 = 693\text{mm}$，$P_2 = 287\text{mm}$，$P_1 = 0$。

5）支管展开长 $s_1 = 2\pi r_1 = 2\pi \times 750\text{mm} = 4712\text{mm}$。

6）主管展开长 $s = 2\pi r = 2 \times \pi \times 900\text{mm} = 5655\text{mm}$。

支、主管的展开图如图 12-246 所示。

式中　H——支管端口至主管中心距离（mm）；

　　　r_1——支管绝热铁皮外半径（mm）；

　　　r_2——原主钢管外皮半径（mm）；

　　　r——主管绝热铁皮外半径（mm）；

　　　β_n——支管绝热铁皮端面各分点与同一纵向直径的夹角（°）。

（3）水平异径三通管　水平异径三通管与下异径三通管完全相同，此略。

（4）异径三通管的安装方法　异径上与下三通管的支主管的绝热铁皮下料有明显的差异，这是因为防水的原因，因而也产生了施工顺序的差异，上面已叙述过，上三通管应先主后支，下三通管应先支后主，其施工方法如下。

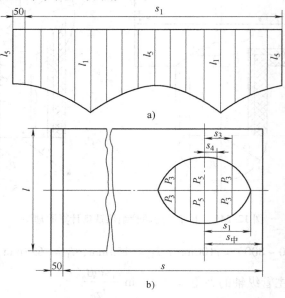

图 12-246　下异径三通管支、主管绝热铁皮展开图

a）支管展开图　b）主管展开图

1）绝热层的固定方法：

① 用铁丝或钢带（20mm×1mm）配打包机将矩形绝热层按应在位置捆扎固定。

② 不规则的位置或死角位置，据具体形状锯切后用玻璃胶粘接，至全面积覆盖。

2）绝热铁皮的固定方法

① 将绝热铁皮用人工围拢，再用棕绳交叉围拢，两人用力各拉一个绳头，便将铁皮紧紧地围在绝热层上，先从一端开始，位置、松紧度符合要求后，可先固定一个自攻螺钉，然后将棕绳上移，用棕绳拉紧、再上钉，但这第二次的上钉不同于第一次，第一次是一个钉，可以转动板端，待上第二个钉时，必须全部符合位置、松紧度后才能进行，之后全部上完钉。

② 用 ST 4mm 的自攻螺钉，钻底孔用 3.2mm 的麻花钻头，用手工或电动螺丝刀拧紧之，其原理是底孔直径比自攻螺钉直径小，自攻螺钉还带锥度，利用自攻螺钉的攻入且翻边，便自动形成丝扣，板与自攻螺钉便形成了丝扣连接，两板便紧紧地连接在一起了。

③ 安装铁皮时，要做到灵活运用，如上异径三通，应先主后支，为防水的需要，支管展开图最长的 1 线范围，可灵活地圆滑加长一点，如认为不太紧固，也可加个自攻螺钉以助之，如下异径三通，应先支后主，最长的 1 线范围处理方法，完全同上异径三通，此处不再叙述。

2. 等径三通管

如图 12-247 所示为等径三通管的绝热施工图，从图中可看出，原钢支管插入钢主管，在主管中径处相交，绝热层厚 100mm，绝热铁皮采用 0.5mm 镀锌板。

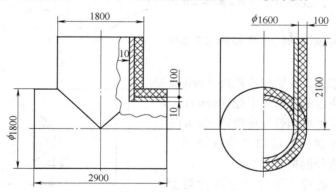

图 12-247　绝热等径三通管

（1）上等径三通管（计算原理图见图 12-248）

1）支管各素线长 $l_n = H - \sqrt{r^2 - (r\sin\beta_n)^2}$（左视图）

如 $l_3 = (2100 - \sqrt{900^2 - (900 \times \sin45°)^2})\,mm = 1464mm$

同理得：$l_1 = 2100mm$，$l_2 = 1756mm$，$l_4 = 1269mm$，$l_5 = 1200mm$。

2）主管孔实形任一点至纵轴弧长 $s_n = \pi r \dfrac{\beta_n}{180°}$

如 $l_3 = \pi \times 900mm \times \dfrac{45°}{180°} = 707mm$

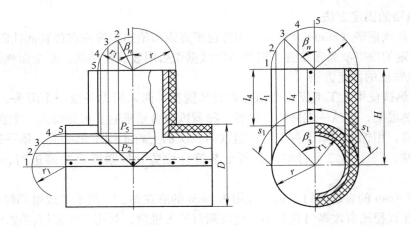

图 12-248　上等径三通管绝热铁皮计算原理图

同理得：$s_5 = 0$，$s_4 = 353\text{mm}$，$s_2 = 1060.3\text{mm}$，$s_1 = 1414\text{mm}$。

3）主管孔实形半素线长 $P_n = r_1 \sin\beta_n$（主视图）

如 $P_3 = 800\text{mm} \times \sin45° = 566\text{mm}$

同理得：$P_5 = 800\text{mm}$，$P_4 = 739\text{mm}$，$P_2 = 306\text{mm}$，$P_1 = 0$。

4）支主管绝热铁皮展开长 $s = 2\pi r = 2\pi \times 900\text{mm} = 5655\text{mm}$。

支、主管绝热铁皮展开图如图 12-249 所示。

式中　H——支管端面至主管中心距离（mm）；

　　　r——支、主管绝热铁皮半径（mm）；

　　　r_1——支、主管原钢管外皮半径（mm）；

　　　β_n——支管绝热铁皮端口各分点与同一纵向直径的夹角（°）。

（2）下等径三通管　下等径三通管与上等径三通管从下料到安装完全不同，其原理图如图 12-250 所示，不同处是先支后主，下面叙述计算方法。

1）各素线长 $l_n = H - \sqrt{r_1^2 - (r\sin\beta_n)^2}$

如 $l_4 = (2100 - \sqrt{800^2 - (900 \times \sin22.5°)^2})\text{mm}$
$\quad\quad = 1378\text{mm}$

$l_5 = (2100 - 800)\text{mm} = 1300\text{mm}$

$l_1 = 2100\text{mm}$

$l_3 = 1615\text{mm}$，l_2 无交点。

其他素线因有绝热层的原因，无固定的断面半径，所以无法计算长度，因为支管插在主

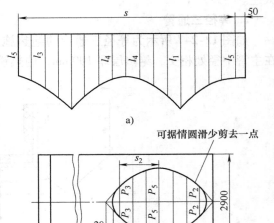

可据情圆滑少剪去一点

图 12-249　上等径三通管绝热铁皮展开图
a）支管展开图　b）主管展开图

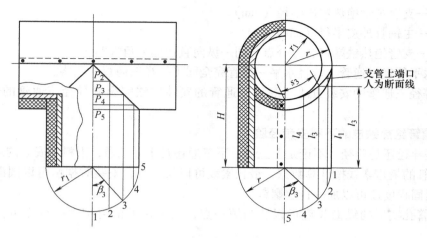

图 12-250　下等径三通管绝热铁皮计算原理图

管孔实形内部，宁长勿短，最长素线 $l_1 = 2100\text{mm}$，有了这四点便可画出此端口的人为断面线，有了此断面线，便可画出支管的展开曲线，故可画出支管展开图，支管主管组对时，支管 l_1 线可能长一点，灵活修切一下即可。

2）主管孔实形任一点至纵轴弧长 s_n。从原理图中可看出，支管上端口人为断面线各交点之间的弧长即为弧长 s_n，画展开孔实形时可直接量取即可。支、主管展开图如图 12-251 所示。为了真正实现主包支的防水效果，将孔实形往内平移 10mm，围拢后将其扳起约 45°。安装完支管铁皮后，再安装主管铁皮，最后将扳起的 10mm 扳下以覆盖，必要时可用自攻螺钉固定。

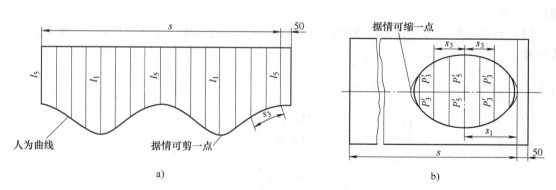

图 12-251　下等径三通管绝热铁皮展开图

a）支管展开图　b）主管展开图

3）主管孔实形半素线长 $P_n = r\sin\beta_n$（主视图）

如 $P_3 = 900\text{mm} \times \sin45° = 636\text{mm}$

同理得：$P_1 = 0$，$P_2 = 344\text{mm}$，$P_4 = 831\text{mm}$，$P_5 = 900\text{mm}$。

4）支、主管展开长 $s = 2\pi r = \pi \times 1800\text{mm} = 5655\text{mm}$。

式中　H——支管端面至主管中心距离（mm）；

r——支、主管绝热铁皮半径（mm）；

r_1——主钢管外皮半径（mm）；

β_n——支管绝热铁端口各等分点与同一纵向直径的夹角（°）。

（3）水平等径三通管　等径水平三通管完全同下等径三通管，此略。

（4）等径三通管的安装方法　等径三通管的安装方法完全同异径三通管的安装方法，此略。

3. 三通管绝热铁皮的下料安装经验

不论是异径还是等径，不论是上三通、下三通还是水平三通，下料和安装的规律是：

1）支管的最短素线按计算数据，最长素线可以长一点，安装时据情可以圆滑地剪掉一部分，视紧固程度还可以加一自攻螺钉。

2）主管孔实形的纵向长度可以适当短一点，安装时据情再扩大一点亦可，有调节的余地。

3）孔实形的横向长度按计算数据即可。

（四十八）圆形弯管绝热铁皮的制作方法

圆形弯管的绝热铁皮的下料方法完全同前述的多节弯管的下料方法，只是在节与节的连接方法上有不同。另外，由于弯管所处空间位置的不同，如上升弯管、下降弯管、水平弯管，下料方法相同，但压鼓方向、搭接方位却不同、安装方法也各异。下面分别叙述之。

1. 上升弯管

图 12-252 所示为锅炉房排烟弯管绝热铁皮的施工图，采用 0.5mm 镀锌铁板，岩棉厚 150mm，分 26 节下料，仍按中国弯管规范，即端节为中间节之半。断面圆周分 28 等份。

（1）计算原理　瓣片计算原理图如图 12-253 所示，整断面圆周按 16 等分，即 16 条素线计算。

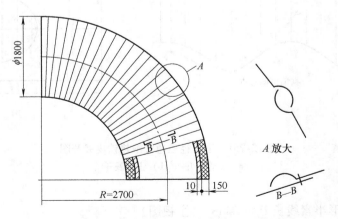

图 12-252　锅炉房通风绝热弯管（26 节）

（2）下料计算

1）端节角度 $\alpha_1 = \dfrac{90°}{2(n-1)} = \dfrac{90°}{2 \times (26-1)} = 1.8°$。

2）端节任一素线长 $l_n = \tan\alpha_1(R \pm r\sin\beta_n)$

$l_1 = \tan 1.8° \times (2700 - 900 \times \sin 90°)\text{mm}$

　　$= 56.57\text{mm}$

$l_{15} = \tan 1.8° \times (2700 + 900 \times \sin 90°)\text{mm}$

　　$= 113\text{mm}$

同理得：$l_2 = 57.28\text{mm}$，$l_{14} = 112.43\text{mm}$；
$l_3 = 59.37\text{mm}$，$l_{13} = 110.33\text{mm}$；$l_4 = 62.74\text{mm}$，
$l_{12} = 106.96\text{mm}$；$l_5 = 67.22\text{mm}$，$l_{11} = 102.49\text{mm}$；
$l_6 = 72.58\text{mm}$，$l_{10} = 97.12\text{mm}$；$l_7 = 78.56\text{mm}$，
$l_9 = 91.14\text{mm}$；$l_8 = 84.9\text{mm}$。

3）展开料长 $s = \pi D = \pi \times 1800\text{mm}$

$= 5655\text{mm}$。

式中　n——弯管节数；

　　　r——断面半径（mm）；

　　　D——断面直径（mm）；

　　　β_n——圆周各等分点与同一横向直径的夹角（°）；

　　　R——弯管弯曲半径，按 1.5 倍（mm）；

　　　$\pm$——内侧素线用"$-$"，外侧素线用"$+$"。

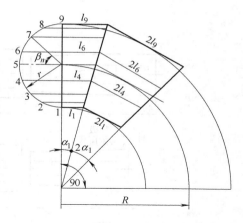

图 12-253　瓣片计算原理图

（3）展开图　如图 12-254 所示为各种空间位置的展开图，这都是从防水的角度考虑安排的，从图 12-254a 可看出此弯管即为上升弯管，从图 12-252 中 B—B 剖视图可看出，平面端必在下面，曲面端必在上面，曲面端压鼓，平面端加 40mm 余量，在纵向直边处用自攻螺钉固定即成；如图 12-254b 所示为下降弯管用的展开图，压鼓端必在上，平面加 40mm 端必在下；如图 12-254e 所示是两端皆加 20mm 余量，适用于上升下降弯管，只是压鼓的位置不同而已；如图 12-254c、d 所示为水平弯管用的展开图，由于是水平状态，对口只能安排在内或外侧，也就是说，安排在最短素线或最长素线都行，绝不能安排在中长素线 l_8 上，那样对防水不利。

以上各种空间位置的弯管，纵缝按平板搭接也完全可以，只是要注意搭接方位。

（4）铁皮瓣片加工方法

1）不管哪种空间位置的弯管，环缝的压鼓必为一反一正，纵缝的压鼓只压一端，另端为平板，或两端皆为平板。

2）在平板状态下，用压鼓机压出鼓，可推荐用陕西省安装机械厂出的 YG－100A 型压鼓机，效率高、质量好。

3）端节的加工方法：上面叙述过，端节为中间节之半，一侧为直边，一侧为曲边，下面仅以本文的施工图上升弯管为例说明之。其他弯管同理，据情决定。

①环缝：

上端节，直边加长 100mm（长度随意定）不压鼓，与其直管段的压外鼓铁皮外搭用自攻螺钉周向固定之；环缝边压外鼓与弯管中节的内鼓环向扣合，不用自攻螺钉。

下端节，直边加长 100mm 压外鼓，与其直管道的不压鼓外搭连接，用自攻螺钉周向固定之；曲边环缝压内鼓与弯管中节的外鼓环向扣合，不用自攻螺钉。

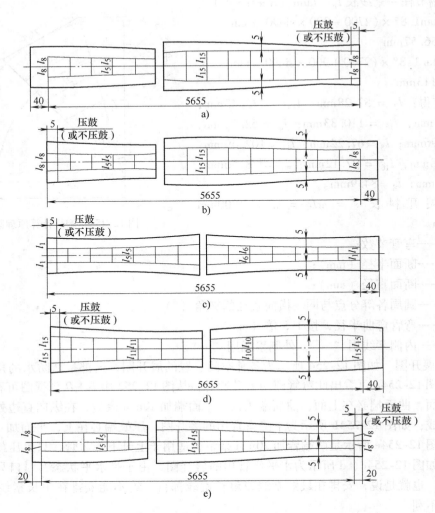

图 12-254 各种空间位置弯管的展开图

a）上升弯管 b）下降弯管 c）水平弯管（一）

d）水平弯管（二） e）上升下降弯管通用

② 纵缝：纵缝的连接是一端压鼓在外（或不压鼓），另一端为加长 40mm 的平板在内，纵向自攻螺钉固定。

（5）绝热层的加工和固定

1）按原始的弯管节实形下料，缺角缺棱可用碎片以补之，用胶黏剂相连为整瓣片。

2）小片用铁丝周向固定，大片以钢带（20mm×1mm）用打包机周向固定于原弯管上。

（6）外包铁皮的安装方法 为了叙述方便，仍按本文的施工图上升弯管为例叙述之，其他方位的弯管同理，据情况决定。

1）接缝的位置：接缝的位置，不管哪种方法的弯管，必须从防水浸入的角度考虑，如上升弯管和下降弯管，接缝必在中长素线上；如水平弯管，接缝必在最长或最短素线上。至于在一侧或分居两侧要视设计定、据实践现场看，大部分都在一侧，其好处是便于操作，尤其是高空作业，只在一侧操作就可以了，免得两侧来回跑。

2）施工方向：从纵管道的直段开始，从下往上，将铁皮围拢，用麻绳或棕绳勒紧，松紧度合适后，先在下端固定一自攻螺钉，往上再勒紧再钉钉，到了弯管部位，除了找定长短素线的正确位置外，还要找定上下端曲面的扣合，最后才能用麻绳或棕绳勒紧，松紧度合适后在纵缝的直边上用自攻螺钉定位，一般用两个就够了。

3）自攻螺钉：标准螺栓用 M 表示，而自攻螺钉用 ST 表示，常用的自攻螺钉为 ST4 × 10 或 ST4 × 16，钻孔用 ϕ3.2mm 的钻头，用手动或电动十字形螺丝刀紧固之。

2. 下降弯管

如图 12-254b 所示，纵缝的压鼓端与平面端正好与上升弯管搭接相反。其他事宜完全同上升弯管。

如图 12-254e 所示是两端皆加余量，这种加余量的方法是上升、下降弯管通用的方法，只是压鼓的端头据情决定而已，灵活性很强。

3. 水平弯管

如图 12-254c、d 所示，对接缝必须安排在最短或最长素线上，才能达到防水的目的，其他事宜完全同上升管，此不重述。

（四十九）大型圆锥台绝热工程的施工方法

在设备的绝热工程中，常遇到各种锥台的绝热，其难度有三：一是保护层的下料，二是绝热层的固定，三是与上下管的连接，难度较大。本文为正锥台，上下直管在其他节中叙述过，不再重复，只叙述正锥台的绝热。

图 12-255 所示为一正锥台的绝热施工图，为保温绝热、绝热材料为岩棉板，厚 80mm，用销钉与自锁紧板固定。

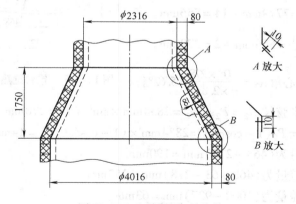

图 12-255　正圆锥台的绝热

1. 保护层铁皮下料计算

锥台的下料完全可以用原板，即用 0.5mm × 1000mm × 2000mm 的镀锌板，竖着用，左端压鼓覆盖另板，上端被上直管覆盖，搭接量 10mm，用自攻螺钉固定，右端被另板覆盖，下端覆盖下直管，搭接量 10mm，用自攻螺钉或抽芯铆钉固定。

通过反复计算，最后找定横向搭接量 63mm，外覆盖板长为 937mm，下料块数为

$13119 \div 937 = 14$（块）。

下面进行有关数据的计算。

1）下上端半径：$r_1 = 2088\text{mm}$，$r_2 = 1238\text{mm}$。

2）下上端口周长 $s = 2\pi r_n$

$s_1 = 2\pi \times 2088\text{mm} = 13119\text{mm}$，$s_2 = 2\pi \times 1238\text{mm} = 7779\text{mm}$。

3）锥台半顶角 $\alpha = \arctan\dfrac{2088 - 1238}{1750} = 25.9°$。

4）下、上端展开半径 $P_n = \dfrac{r_n}{\sin\alpha}$

$P_1 = \dfrac{2088}{\sin 25.9°}\text{mm} = 4780\text{mm}$，$P_2 = \dfrac{1238}{\sin 25.9°}\text{mm} = 2834\text{mm}$。

锥台绝热带板展开图如图 12-256 所示。

5）大端占据的块数，通过试算以 14 块为合理。

6）大端弧长 $s_3 = 13119\text{mm} \div 14 = 937\text{mm}$。

7）大端半弧长 $\dfrac{s_3}{2} = 937\text{mm} \div 2 = 469\text{mm}$。

8）半弧长所对圆心角 $\alpha_1 = \dfrac{180° \times 469}{\pi \times 4780} = 5.62°$。

9）半弧长所对弦长 $B_1 = P_1\sin\alpha_1 = 4780\text{mm} \times \sin 5.62° = 468\text{mm}$。

10）大端弦高 $h_1 = P_1(1 - \cos\alpha_1) = 4780\text{mm} \times (1 - \cos 5.62°) = 23\text{mm}$。

11）小端弧长 $s_4 = 7779\text{mm} \div 14 = 556\text{mm}$。

12）小端半弧长 $\dfrac{s_4}{2} = 556\text{mm} \div 2 = 278\text{mm}$。

13）半弧长所对圆心角 $\alpha_2 = \dfrac{180° \times 278}{\pi \times 2.834} = 5.62°$。

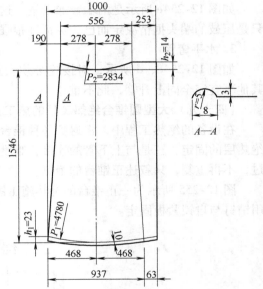

图 12-256　锥台绝热带板展开图（14 块）

14）半弧长所对半弦长 $B_2 = P_2\sin\alpha_2 = 2834\text{mm} \times \sin 5.62° = 278\text{mm}$。

15）小端弦高 $h_2 = P_2(1 - \cos\alpha_2) = 2834\text{mm} \times (1 - \cos 5.62°) = 14\text{mm}$。

16）左上端渐缩量为 $(468 - 278)\text{mm} = 190\text{mm}$。

17）右上端被覆盖量为 $(468 + 63 - 278)\text{mm} = 253\text{mm}$。

18）右下端被覆盖量为 $(1000 - 937)\text{mm} = 63\text{mm}$。

从图 12-256 可看出，带板的下端起拱高 23mm，必须切成弧状，整弧才能圆滑过渡，上端口与上直管搭接相连，搭接量 10mm；右端被另板左端所覆盖，覆盖量上为 253mm，下为 63mm，左端压鼓可用电动压鼓机压出，形式如图 12-256 中 A—A 所示。下端扳折 10mm，型式如图 12-255 中 B 放大所示。

2. 保护层的加工方法

从防水的角度出发，一律采用上搭下结构，左端压鼓覆盖另板，再用自攻螺钉连接，上下皆采用搭接上钉连接，很有实用价值，压鼓型式如图 12-256 中 A—A 所示。

3. 绝热层的固定方法

此锥台为保温绝热，用 80mm 厚的岩棉板，可在锥台钢板上焊接保温销钉，销钉的位置和间距可根据绝热板的外形尺寸灵活掌握，将绝热板固定于绝热销钉后，再套入自锁紧板，用内径大于 6mm 的短管配锤子将自锁紧板击打至设计的紧度，便将绝热层紧紧地固定在锥台上了。

4. 保护层的安装方法

1）将下直管的保护层安装完毕。

2）将上直管保护层的 10mm 在地面扳折至设计的角度，并在中线下端往上 5mm 钻出 $\phi3.2mm$ 的孔，以备与锥台保护层板上钉相连，并压鼓。

3）将锥台保护层板的 10mm 在地面扳折至设计的角度，并在中线上端往下 5mm 钻出 $\phi3.2mm$ 的孔，以备与上直管保护层板上钉相连，并压鼓。

4）将上直管保护层板按前述的安装方法安装完毕。

5）将锥台保护层板的小端一扇一扇地塞入上直管的 10mm 下面，同时用自攻螺钉连接，直至全周。

6）调正纵缝的搭接量后，从上往下上钉连接固定。

7）压贴锥台保护层板下端的 10mm，上钉连接直至全周。

（五十）保温火烧桶的制作方法

图 12-257 所示为保温火烧桶的施工图，图 12-258 所示为局视图和放大图。此例的特点是：为了加强桶盖和桶体的刚性，分别在端口加设了外卷丝，这两个卷丝又要相互套接，又要相互吻合，给桶体的扳折又增加了一个工步；为了保温的需要，盖体上也要设保温层，因而出现了盖内衬板。下面分别叙述之。

1. 板厚处理

1）为实现盖与桶体的松动配合，桶体为设计尺度，盖体扩大 2mm，故尺度为 502mm × 502mm。

2）纵缝的外观宽 8mm，其第一次扳折量为 7mm，最好为 6.5mm，若大于这个值，两者咬合后，便超过了抗弧，即抗弧不起抗弧的作用，容易脱扣，故纵缝每边的咬接余量安排为

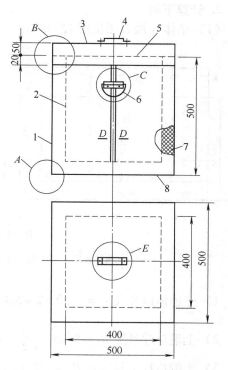

图 12-257　保温火烧桶
1—外桶　2—内胆　3—桶盖
4—盖抓手　5—盖内衬板　6—桶抓手
7—保温层　8—封底

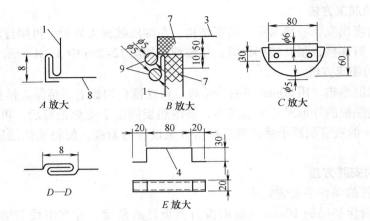

图 12-258　局视图和放大图

$$\frac{6.5 \times 2 + 8}{2} \text{mm} = 10.5 \text{mm}。$$

3) 为了实现桶抓手的松动配合，抓手绞链板应为 $\phi 6 \text{mm}$，抓手圆钢应为 5mm。

2. 计算下料

（1）桶体（展开图见图 12-259a）

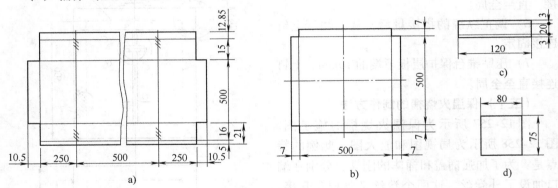

图 12-259　展开图（一）

a) $\frac{1}{2}$ 桶体展开图　b) 封底展开图　c) 盖抓手展开图　d) 桶绞链板展开图

1) $\frac{1}{2}$ 桶体展开长 $s_1 = (250 \times 2 + 500) \text{mm} = 1000 \text{mm}$。

2) 上端口卷丝宽 $B_1 = 5 \text{mm} \times \left(\frac{\pi}{2} + 1\right) = 12.85 \text{mm}$。

3) 上端口往下折边宽 $B_2 = (10 + 5) \text{mm} = 15 \text{mm}$。

4) 下端口联合角咬接余量 $B_3 = (8 + 8 + 5) \text{mm} = 21 \text{mm}$。

5) 纵缝每边折边量 $B_4 = \dfrac{6.5 \times 2 + 8}{2} \text{mm} = 10.5 \text{mm}$。

（2）封底（展开图见图 12-259b）

1) 净尺寸为 $500 \text{mm} \times 500 \text{mm}$。

2）联合咬缝折边宽 $B_5 = 7mm$。

（3）盖抓手（展开图见图 12-259c）

1）展开长 $s_2 = 120mm$。

2）两长边平折边量 $B_6 = 3mm$。

（4）桶绞链板（展开图见图 12-259d）

1）绞链板宽 $B_7 = 80mm$。

2）绞链板长 $B_8 = \left[6 \times \left(\dfrac{\pi}{2} + 1 \right) + 30 \times 2 \right] mm = 75mm$。

3）抓手圆钢长 $s_3 = \left(\dfrac{\pi \times 120}{2} + 120 \right) mm = 308mm$。

（5）桶盖

1）桶盖（展开图见图 12-260a）。

① 桶盖净尺寸为 502mm × 502mm。

② 往下折边宽 $B_9 = (50 + 5) mm = 55mm$。

③ 下端卷丝宽 $B_{10} = 5mm \times \left(\dfrac{\pi}{2} + 1 \right) = 12.85mm$。

2）桶盖内衬板（展开图见图 12-260b）。

① 净尺寸为 502mm × 502mm。

② 密封用垂直折边量 $B_{11} = 4mm$。

（6）内胆　内胆采用 0.5mm 不锈钢板，纵缝宽 6mm，采用单平双抗弧咬缝，封底环缝采用单平角咬缝，缝外观宽 7mm。

3. 加工方法

（1）盖抓手和桶抓手

1）两者的加工方法为在台虎钳上，配以方木、衬铁和铁锤等，便可撤制到设计的形状。

2）用台钻钻出铰链板上的孔。

（2）桶体

1）在平板状态下，在角钢砧上将 10.5mm 的纵缝折边量用拍板扳折至设计的形状。

2）在折边机上折出纵向棱线。

3）在折边机上折出上端的 （15 + 12.85） mm = 27.85mm、下端的 21mm，并将两者砸至平折。

4）将两半桶体在角钢砧上用拍板咬合纵缝成形。

5）在成形状态下，将上端口的 12.85mm 卷丝完毕，将下端口的 21mm 联合角咬缝余量扳折完毕。

6）以桶体抓手为模板，在桶体上号出并套钻出桶体上的孔，并两者铆接相连。

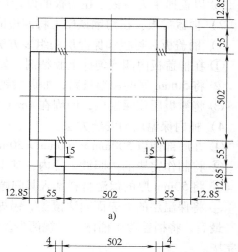

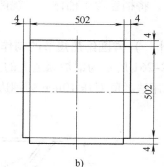

图 12-260　展开图（二）
a）桶盖展开图　b）桶盖衬板展开图

（3）封底　在角钢砧上用拍板将7mm的边扳折至90°，以备与桶体相连。

（4）桶体与封底的咬合方法　将桶底下端口朝上置于平台上，将封底的7mm直角边插入桶体的联合角缝中，调整无误后用拍板将桶体上的5mm折边扳倒，压住封底，两者便紧紧地咬合在一起了。

（5）桶盖

1）桶盖板。

① 先将四角的15mm连接板扳折至小于90°。

② 将左右的55mm和12.85mm扳至90°。

③ 将前后的55mm和12.85mm扳折至90°。

④ 将四角的15mm连接板微调至90°，用电阻焊连接为盒形。

⑤ 将12.85mm外卷丝完毕。

⑥ 以盖抓手为模板，在盖板的设计位置套钻出孔，并铆接相连。

2）桶盖衬板：在角钢铁砧上将四边的4mm扳折至90°；并微调至外皮尺寸为502mm。

3）桶盖板、衬板和保温层的组装方法。

① 在桶盖板内侧均匀抹上胶粘剂，如聚醋酸乙烯或天然胶乳等。

② 将50mm厚的保温材料，如硅酸钙棉或硅酸铝棉，压入桶盖板内侧空间。

③ 将衬板压住保温层，四周在4mm直边上用锡焊点焊固定。

4）桶内保温层的安装方法。

① 在底部铺以500mm×500mm×50mm厚的保温材料。

② 将制作完毕的内胆放入桶内，基本调至中间位置。

③ 将50mm厚的保温材料塞入其间隙，内胆便自动居中。

④ 将保温层的上表面同法覆盖、锡焊。

最后，将桶盖覆于桶体上，视两卷丝的吻合情况再作适当微调。至此，保温火烧桶即制作完毕。

（五十一）　方圆绝热短节的制作方法

图12-261所示为锅炉烟道上的方圆连接管的施工图，绝热层为厚度100mm的岩棉，上下端口采用法兰间对压10mm的翻边连接；采用0.75mm的镀锌板，由于规格较大，可根据

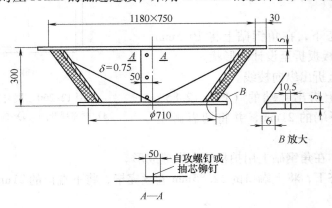

图12-261　锅炉烟道方圆绝热短节

如何节约料的原则，下成$\frac{1}{2}$或$\frac{1}{4}$皆可，本例下成了$\frac{1}{2}$；为便于保护层纵缝的连接，本例采用了搭接的形式，用自攻螺钉或抽芯铆钉连接。

1. 下料计算

图 12-262 为计算原理图。

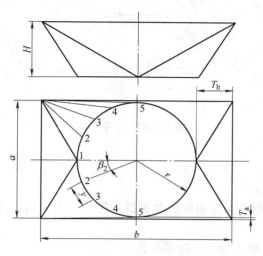

图 12-262　计算原理图

1）任一实长过渡线 $l_n = \sqrt{\left(\frac{a}{2} - r\sin\beta_n\right)^2 + \left(\frac{b}{2} - r\cos\beta_n\right)^2 + H^2}$

如 $l_2 = \sqrt{\left(\frac{750}{2} - 355 \times \sin22.5°\right)^2 + \left(\frac{1180}{2} - 355 \times \cos22.5°\right)^2 + 300^2}\ \text{mm} = 465\text{mm}$

同理得：$l_1 = 535\text{mm}$，$l_3 = 469\text{mm}$，$l_4 = 546\text{mm}$，$l_5 = 662\text{mm}$。

2）任一平面三角形的实长 $T_a = \sqrt{\left(\frac{a}{2} - r\right)^2 + H^2}$　$T_b = \sqrt{\left(\frac{b}{2} - r\right)^2 + H^2}$

① $T_a = \sqrt{\left(\frac{750}{2} - 355\right)^2 + 300^2}\ \text{mm} = 301\text{mm}$。

② $T_b = \sqrt{\left(\frac{1180}{2} - 355\right)^2 + 300^2}\ \text{mm} = 381\text{mm}$。

3）圆端展开长 $s = 2\pi r = 2 \times \pi \times 355\text{mm} = 2231\text{mm}$。

4）圆端每等分弦长 $y = 2r\sin\frac{180°}{m} = 2 \times 355\text{mm} \times \sin\frac{180°}{16} = 138.5\text{mm}$。

式中　a、b——分别为方端短边和长边（mm）；

　　　　r——圆端半径（mm）；

　　　　β_n——圆周各等分点与同一横向直径的夹角（°）；

　　　　H——方圆短节的垂直高（mm）；

　　　　m——圆周等分数。

$\dfrac{1}{2}$展开图如图 12-263 所示。

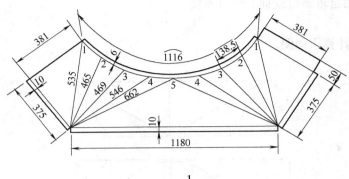

图 12-263 $\dfrac{1}{2}$展开图

2. 加工方法

1）扁钢法兰的加工。

① 根据设计尺寸，点焊出方扁钢法兰和圆扁钢法兰各一对，并将对应的一对用点焊的方法连接在一起。

② 根据设计尺寸，钻出每一对的螺栓孔。

③ 将每对中的一个满焊为整方扁钢法兰和整圆扁钢法兰，另一个为单片方扁钢法兰和圆扁钢法兰，对应位置必须作出记号，以方便使用。

2）绝热层的加工。

① 在折边机上，将各过渡线扳折至一定的曲率，这个曲率只能凭经验压出，扳折的顺序必须是由外向内进行。

② 将两扇料置于平台上，观察各过渡线的扳折深度，过或欠都应进行调整至符合设计要求。

③ 将 $\dfrac{1}{2}$ 料移于平台的边沿，平台边沿即是铁砧，用拍板将 10mm 直边扳折至大于 90°。

④ 继续换向移动上述料于平台边沿，呈悬臂状，用无齿手钳将圆端 6mm 扳折至小于 90°。

3）将待绝热的碳钢方圆短节管进行绝热层的安装，保冷的用粘结剂粘结，保温的用保温钉固定。

4）保护层的安装方法。

① 将两扇 $\dfrac{1}{2}$ 镀锌板围拢于绝热层外。

② 为了使保护层与绝热层紧贴，可用丁字绳围拢之，因方端粗、圆端细容易下滑，可在方端螺栓孔与丁字绳之间用铁丝周向连 4~5 处，可防止丁字绳下滑。

③ 保护层与绝热层紧贴后，其搭接缝可用自攻螺钉或抽芯铆钉固定之。

④ 方端 10mm、圆端 6mm 翻边，可用对应的单片法兰片与对应的整法兰用 M10 的螺栓压紧固定之。

⑤ 单片法兰片之间，焊与不焊皆可，只要能将 10mm 的翻边压住，就达到固定保护层

的目的了。

至此，保护层的制作和安装便完成了。

（五十二）方圆连接管和方弯管绝热铁皮的制作方法

图 12-264 所示为锅炉房绝热排烟管的施工图，其中有直圆管、方圆连接管和方弯管，直圆管的绝热操作较简单，此略。本节主要叙述方圆连接管和方弯管，保温材料为岩棉板，厚度 100mm。

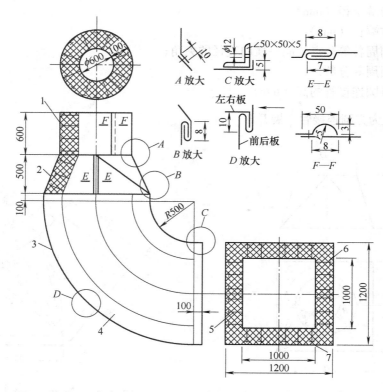

图 12-264　锅炉房绝热排烟管
1—直圆管　2—方圆连接管　3—方弯管　4—绝热层
5—销钉　6—自锁紧板　7—镀锌钢板

1. 直圆管

直圆管的绝热操作较简单，此略。

2. 方圆连接管

图 12-265 所示为方圆连接管的镀锌钢板的计算原理图。

（1）下料计算

1）任一实长过渡线 $l_n = \sqrt{\left(\dfrac{a}{2} - r\sin\beta_n\right)^2 + \left(\dfrac{a}{2} - r\cos\beta_n\right)^2 + h^2}$

如 $l_3 = \sqrt{\left(\dfrac{1200}{2} - 400 \times \sin45°\right)^2 + \left(\dfrac{1200}{2} - 400 \times \cos45°\right)^2 + 500^2}\,\text{mm} = 672\text{mm}$。

同理得：$l_1 = l_5 = 806\text{mm}$，$l_2 = l_4 = 709\text{mm}$。

2）任一平面三角形高的实长 $T = \sqrt{\left(\dfrac{a}{2} - r\right)^2 + h^2} = \sqrt{(600 - 400)^2 + 500^2}\,\text{mm} = 539\text{mm}$。

3）圆端展开长 $s = \pi D = \pi \times 800\text{mm} = 2513\text{mm}$。

4）圆端每等分弦长 $y = D\sin\dfrac{180°}{m} = 800\text{mm} \times \sin\dfrac{180°}{16} = 156\text{mm}$。

式中　D——圆端直径（mm）；

　　　　r——圆端半径（mm）；

　　　　a——方端长（mm）；

　　　　β_n——圆周各等分点与同一横向直径的夹角；

　　　　m——圆周等分数；

　　　　h——方圆连接管的高（mm）。

图 12-266 为方圆连接管 $\dfrac{1}{4}$ 展开图。

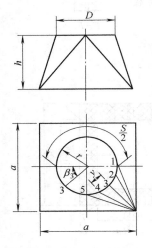

图 12-265　方圆连接管计算原理图

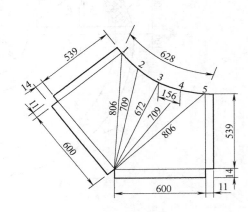

图 12-266　方圆连接管 $\dfrac{1}{4}$ 展开图

（2）展开料规格分析　由于本例的规格较大，根据镀锌钢板的规格一般最大是 2000mm × 1000mm 和 3000mm × 1000mm 两种，故按 $\dfrac{1}{4}$ 下料较为合理，这样安排的好处是接缝在平面处，不在过渡线处也不在棱角处，对咬缝很有利。

1）上端采用搭接缝，如图 12-264 中 A 放大所示，上搭接量 10mm，不用压箍，顺势而下便于防水，故上端未加咬接量。

2）下端采用单平咬缝，如图 12-264 中 B 放大所示，接缝外观宽 8mm，按 6mm、7mm、8mm 分配，故方圆连接管的大端咬接量为 (8 + 6)mm = 14mm，弯管上端的咬接量为 7mm。

3）纵缝外观宽 8mm，按 8mm、6.5mm、6.5mm 分配，将咬接量分居两端则应该是 $\dfrac{8 + 6.5 + 6.5}{2}\text{mm} = 11\text{mm}$。

（3）绝热层的安装方法

1）将绝热层按平面整三角形和过渡区整三角形或按平面半三角形和过渡区整三角形下料，本例按后者。

2）在钢板外壁焊接销钉。

3）将绝热层压入销钉并套入自锁紧板。

4）用内直径大于 6mm 的短钢管配手锤将自锁紧板往下击打，利用自锁紧板的翻边便将绝热层紧紧地固定在钢板外壁上了。

（4）保护层的安装方法

1）将 $\frac{1}{4}$ 展开料的大端的 14mm，在平板状态时扳折至如图 12-264 中 B 放大所示的形状。

2）在平板状态下，将两个 $\frac{1}{4}$ 展开料咬接为 $\frac{1}{2}$ 展开料。

3）在平板状态下，将 $\frac{1}{2}$ 展开料的两个纵缝扳折至如图 12-264 中 $E—E$ 所示的形状，以备在绝热层外围咬合。

4）在平板状态下，将 $\frac{1}{2}$ 展开料的过渡区间弯折至设计的曲率。

5）将两个 $\frac{1}{2}$ 展开料分别扣合于绝热层的表面，并同时安排 2～4 人用力压紧保护层，使之达到紧贴绝热层的状态。

6）在绝热层外保护层内插入厚度 10mm 的扁钢条，以此为铁砧，用斩口锤将纵缝咬接至如图 12-264 中 $E—E$ 所示的形状。

7）抽出扁钢条，便完成了保护层的安装。

3. 方弯管

图 12-264 中的 3 所示为排烟管中的方弯管，图 12-267 为方弯管展开图。

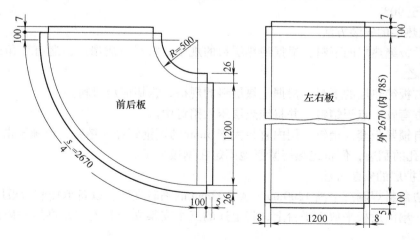

图 12-267　方弯管展开图

（1）展开料的计算

1）前后板的画法：分别以 $R_2 = 500\text{mm}$ 和 $R_1 = 1700\text{mm}$ 画 $\frac{1}{4}$ 同心圆，并上下端各加长 100mm，分别与方圆连接管和方直管相连。

2）左板展开长 $l_1 = \dfrac{\pi R_1}{2} + 100 \times 2 = \left(\dfrac{\pi \times 1700}{2} + 100 \times 2 \right)\text{mm} = 2870\text{mm}$。

3）右板展开长 $l_2 = \dfrac{\pi R_2}{2} + 100 \times 2 = \left(\dfrac{\pi \times 500}{2} + 100 \times 2 \right)\text{mm} = 985\text{mm}$。

（2）展开料的分析

1）方弯管的上端与方圆连接管相连，下端用角钢与方直管相连，两端口带有一定的曲率，为了增加整排烟管的美观，故增设两个直段为合理。

2）前后板与左右板的连接，采用联合角咬缝形式，如图 12-264 中 D 放大所示，∧ 形安排在前后板，直角形安排在左右板上，很便于扳折加工。

3）前后板和左右板的上端与方圆连接管相连，采用单平咬缝连接，如图 12-264 中 B 放大所示，按 6mm、7mm、8mm 分配，方圆连接管咬接量为 $(8+6)\text{mm} = 14\text{mm}$，方弯管按 7mm。

4）前后板与左右板的咬接缝为联合角咬缝，如图 12-264 中 D 放大所示，前后板按 10mm、10mm、6mm 分配，故扳折量为 $(10+10+6)\text{mm} = 26\text{mm}$，左右板按 8mm 分配，故扳折量为 8mm。

5）方弯管下端与方直管用角钢法兰连接，将保护层外扳折 5mm，扣住角钢法兰而牢固连接，故扳折量为 5mm。

（3）展开料的预加工

1）在平板状态下，将前后板的上端口 7mm 和下端口 5mm 在规铁上用拍板扳折至 90°。

2）在平板状态下，将前后板的内外弧侧的 26mm 加工成 ∧ 形状，如图 12-264 中 D 放大所示。

3）在平板状态下，将左右板的上端口 7mm 和下端口的 5mm 及两侧的 8mm，在规铁上用拍板扳折至 90°。

（4）绝热层的安装方法

1）前后板绝热层的下料：根据绝热层料的规格，将料下成扇形，遇有死角或缺角处可用碎料以补之。

2）左右板绝热层的下料：根据绝热层料的规格，锯切成矩形料。

3）在方弯管上点焊销钉，并将绝热层压入销钉中。

4）将自锁紧板套入销钉，用内直径大于 6mm 的短钢管穿入销钉，用锤子击打之，利用自锁紧板内孔的翻边，便将绝热层紧紧地固定在钢板上了。

（5）保护层的安装方法

1）用边角料焊制三个高 1200mm、宽 500mm 的临时支架，以备承托前后板用。

2）将一扇前后板平放于平台上，将上述的三个支架立于其上，并将另一扇前后板置于其上。

3）将两扇左右板分别放于各自的内外侧。

4）由于规格较大，镀锌钢板又较薄，刚性小，操作时应多加几个人，用拍板将左右板和前后板咬合在一起。

5）由于规格大，板薄刚性小，方弯管在平台上原位不动，先与方圆连接管的大端连为一体，咬缝形式如图 12-264 中 B 放大所示。

6）将上述连体垫高 60mm，将角钢法兰套于应在的端头，以角钢法兰为铁砧，用拍板翻 5mm 的边，角钢法兰和弯管便紧紧地连在一起了。

7）上述连体仍是前后板平放于平台上，将直圆管推于方圆连接管的圆端，找定位置和咬接量后用自攻螺钉或抽芯铆钉固定之。

至此，排烟管的安装便完成了。

（五十三）大型锥顶罐绝热工程的施工方法

所谓锥顶罐，即罐顶为正圆锥形，筒体为圆筒形，锥顶的底角一般为 10°~15°，比起球罐和拱顶罐都较好制作。锥顶和筒体的连接采用联合角咬缝，顶端圆管周向使用脖领。下面叙述其制作安装工艺。

如图 12-268 所示为甲醛贮罐的绝热施工图，为常温、常压贮存容器，保温材质为硅酸铝，厚度 80mm。

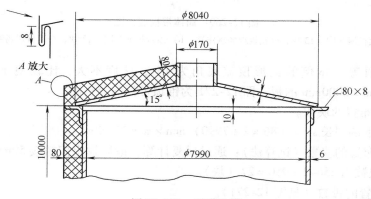

图 12-268 甲醛贮罐

1. 保护层铁皮料计算

（1）筒体 筒体的下料完全可以用原板，即用 0.5mm × 2000mm × 1000mm 的镀锌板制作，左、下端压鼓，上端、右端为平板被覆盖，然后上钉连接；筒体板与锥顶板的连接采用联合角咬缝，筒体上端为承接端呈∧形，较难加工，故设计筒体最上带时尽量使板宽窄一些，但不能低于 500mm。

1）筒体带板分析（展开图见图 12-269）。

2）筒体外周长 $s = (7990 + 86 × 2)\text{mm} × π = 25642\text{mm}$。

3）周向布置的块数（用试算法）：通过反复计算搭接量按 70mm，外露板长为 1930mm，即下料块数为 25642 ÷ 1930 = 13.2858（块）。因为 0.2858 × 1930mm = 552mm，所以合茬时这 552mm 现场量取制作即可。

4）纵向布置的带数（用试算法）：按搭接 50mm 计算，外露板宽为 950mm、下料带数为（10000 + 77）÷ 950 = 10.6（带），因为 0.6 × 950mm = 570mm，这 570mm 安排在最上带为最合适。

5）保护层筒体增加的高度：如图 12-270 所示为保护层带板增加高度计算原理图，在直角三角形 ABC 中，∠BAC = 15°，故 AC = 80mm × cos15° = 77mm。

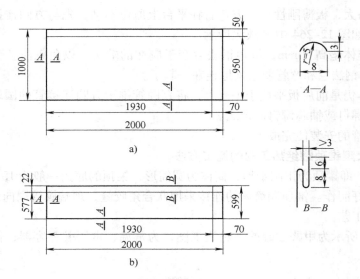

图 12-269　筒体带板展开图

a) 大板展开图（13 块，合茬板现场制作）　b) 顶带板展开图（13 块，合茬板现场制作）

（2）锥形顶盖　本例的锥形顶盖底角为 15°，坡度不大，比较便于安装，故采用 0.5mm×1000mm×2000mm 的板。图 12-271 为锥顶带板的分析图。

1）第一带布置的块数。

① 第一带下端周长 $s_1 =$ （86×2＋7990）mm×π＝25642mm。

② 第一带布置的块数（试算法）：通过反复计算，最后找定按搭接 50mm，外露板长为 950mm，下料块数为 25642÷950＝27（块）。

2）纵向布置的带数（见图 12-271）。

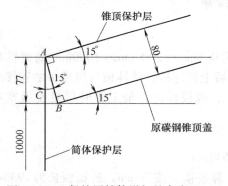

图 12-270　保护层筒体增加的高度 77mm

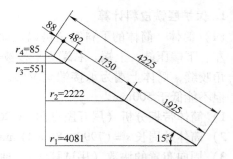

图 12-271　锥顶带板分析图

① 锥顶斜边长 $l = \dfrac{4081\text{mm}}{\cos 15°} = 4225\text{mm}$。

② 支管半斜长 $l' = \dfrac{85\text{mm}}{\cos 15°} = 88\text{mm}$。

③ 带板分配：经过 n 次的试算，考虑到弧端的起拱高和对应的搭接量是否符合设计要求，最后定出分配尺寸为（1925＋1730＋482＋88）mm＝4225mm。

④ 各点的纬圆半径 r_n

如 $r_2 = (4081 - 1925 \times \cos15°)\text{mm} = 2222\text{mm}$

同理得：$r_3 = 551\text{mm}$，$r_4 = 85\text{mm}$，$r_1 = 4081\text{mm}$；

⑤ 各点的整纬圆周长 $S_n = 2\pi r_n$

如 $S_2 = 2\pi \times 2222\text{mm} = 13961\text{mm}$。

同理得：$S_3 = 3462\text{mm}$，$S_1 = 25642\text{mm}$，$S_4 = 534\text{mm}$；

⑥ 各点的展开半径 $P_n = \dfrac{r_n}{\cos15°}$

如 $P_3 = \dfrac{551\text{mm}}{\cos15°} = 570\text{mm}$

同理得：$P_2 = 2300\text{mm}$，$P_1 = 4225\text{mm}$，$P_4 = 88\text{mm}$

3）锥顶各带板的计算。

① 第一带板（展开图见图 12-272）。

a. 大端占据的块数，通过试算以 27 块为合理。

b. 大端弧长 $s_1 = 25642\text{mm} \div 27 = 950\text{mm}$。

c. 大端半弧长 $\dfrac{s_1}{2} = 950\text{mm} \div 2 = 475\text{mm}$。

d. 半弧长所对圆心角 $\alpha_1 = \dfrac{180° \times 475}{\pi \times 4225} = 6.44°$。

e. 半弧长所对弦长 $B_1 = P_1\sin\alpha_1 = 4225\text{mm} \times \sin6.44° = 474\text{mm}$。

f. 大端弦高 $h_1 = P_1(1 - \cos\alpha_1) = 4225\text{mm} \times (1 - \cos6.44°) = 27\text{mm}$。

g. 小端弧长 $s_1' = 13961\text{mm} \div 27 = 517\text{mm}$。

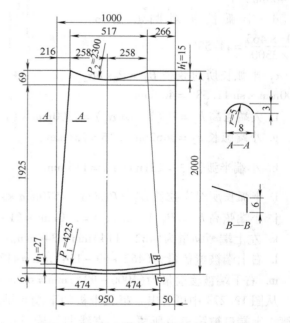

图 12-272　锥顶第一带板展开图（27 块）

h. 小端半弧长 $\dfrac{s_1'}{2} = 517\text{mm} \div 2 = 259\text{mm}$。

i. 半弧长所对半弦长 $B_1' = P_2\sin\alpha_1 = 2300\text{mm} \times \sin6.44° = 258\text{mm}$。

j. 小端弦高 $h_1' = P_2 \cdot (1 - \cos\alpha_1) = 2300\text{mm} \times (1 - \cos6.44°) = 15\text{mm}$。

k. 左上端渐缩量为 $(474 - 258)\text{mm} = 216\text{mm}$。

l. 右上端被覆盖量为 $(474 + 50 - 258)\text{mm} = 266\text{mm}$。

m. 右下端被覆盖量为 $(1000 - 950)\text{mm} = 50\text{mm}$。

从图 12-272 中可看出，第一带板的下端起拱高 27mm，必须切成弧状，整弧才能圆滑过渡，上端口被第二带所覆盖，直线曲线皆可；右端被右板所覆盖，覆盖量上为 266mm，下为50mm，左、下端压鼓和折边，可用电动压鼓机压出，如图12-272中A—A和B—B所示。

② 第二带板（展开图见图12-273）。

a. 大端占据的块数，通过试算以15块为合理。

b. 大端弧长 $s_2 = 13961\text{mm} \div 15 = 931\text{mm}$。

c. 大端半弧长 $\dfrac{s_2}{2} = 931\text{mm} \div 2 = 465\text{mm}$。

d. 半弧长所对圆心角 $\alpha_2 = \dfrac{180° \times 465}{\pi \times 2300} = 11.58°$。

e. 半弧长所对弦长 $B_2 = P_2 \sin\alpha_2 = 2300\text{mm} \times \sin 11.58° = 462\text{mm}$。

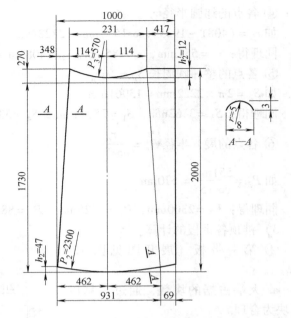

图 12-273　第二带板展开图（15 块）

f. 大端弦高 $h_2 = P_2(1 - \cos\alpha_2) = 2300\text{mm} \times (1 - \cos 11.58°) = 47\text{mm}$。

g. 小端弧长 $s'_2 = 3462\text{mm} \div 15 = 231\text{mm}$。

h. 小端半弧长 $\dfrac{s'_2}{2} = 231\text{mm} \div 2 = 116\text{mm}$。

i. 半弧长所对半弦长 $B'_2 = P_3 \sin\alpha_2 = 570\text{mm} \times \sin 11.58° = 114\text{mm}$。

j. 小端弦高 $h'_2 = P_3(1 - \cos\alpha_2) = 570\text{mm} \times (1 - \cos 11.58°) = 12\text{mm}$。

k. 左上端渐缩量为$(462 - 114)\text{mm} = 348\text{mm}$。

l. 右上端被覆盖量为$(462 + 69 - 114)\text{mm} = 417\text{mm}$。

m. 右下端被覆盖量为$(1000 - 931)\text{mm} = 69\text{mm}$。

从图12-273中可看出，第二带板的下端起拱高47mm，必须切成弧状，整弧才能圆滑过渡，上端口被第三带所覆盖，直线曲线皆可；右端被右板所覆盖，覆盖量上为417mm，下为69mm，左、下端压鼓，可用电动压鼓机压出，形式如图12-273中A—A所示。

③ 第三带板（展开图见图12-274）。

a. 大端占据的块数，通过试算以4块为合理。

b. 大端弧长 $s_3 = 3462\text{mm} \div 4 = 866\text{mm}$。

c. 大端半弧长 $\dfrac{s_3}{2} = 866\text{mm} \div 2 = 433\text{mm}$。

d. 半弧长所对圆心角 $\alpha_3 = \dfrac{180° \times 433}{\pi \times 570} = 43.5°$。

e. 半弧长所对弦长 $B_3 = P_3 \sin\alpha_3 = 570\text{mm} \times \sin 43.5° = 393\text{mm}$。

f. 大端弦高 $h_3 = P_3(1 - \cos\alpha_3) = 570\text{mm} \times (1 - \cos 43.5°) = 157\text{mm}$。

g. 小端弧长 $s'_3 = 534\text{mm} \div 4 = 134\text{mm}$。

h. 小端半弧长 $\dfrac{s_3'}{2} = 134\,\text{mm} \div 2 = 67\,\text{mm}$。

i. 半弧长所对半弦长 $B_3' = P_4\sin\alpha_3 = 88\,\text{mm} \times \sin43.5° = 61\,\text{mm}$。

j. 小端弦高 $h_3' = P_4(1 - \cos\alpha_3) = 88\,\text{mm} \times (1 - \cos43.5°) = 24\,\text{mm}$。

k. 左上端渐缩量为 $(393 - 61)\,\text{mm} = 332\,\text{mm}$。

l. 右上端被覆盖量为 $(393 + 134 - 61)\,\text{mm} = 466\,\text{mm}$。

m. 右下端被覆盖量为 $(1000 - 866)\,\text{mm} = 134\,\text{mm}$。

从图 12-274 中可看出，第三带板的下端起拱高 157mm，必须切成弧状，整弧才能圆滑过渡，上端与直管相吻合；右端被右板所覆盖，覆盖量上为 466mm，下为 134mm，左、下端压鼓，可用电动压鼓机压出，形式如图 12-274 中 A—A 所示。

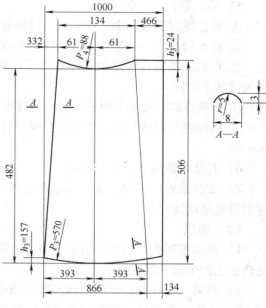

图 12-274　第三带板展开图（4 块）

2. 保护层的加工方法

1）为了防水的需要，不论筒体还是锥顶盖，皆为上覆盖下的结构，左、下压鼓，以覆盖另板，再上钉连接，上、右为被覆盖端，不用压鼓、压鼓时推荐使用陕西省安装机械厂制造的 YG－100A 型压鼓机，如图 12-274 中 A—A 所示。

2）锥顶与筒体保护层的连接可采用联合角咬缝，推荐使用陕西省安装机械厂制造的 YZL－12 和 YZL－16C 联合角咬口机；若采用手工扳折时，可参见本书有关章节。

3. 绝热层的固定方法

此锥顶罐为保温绝热，用 80mm 厚的玻璃棉板，可在筒体上和锥顶上焊接保温销钉，销钉的位置和间距可根据保温板的外形尺寸灵活掌握。将保温板压入保温销钉后，再套入自锁紧板，用内径大于 6mm 的短管配手锤将自锁紧板击打至一定的紧度，便将保温层紧紧地固定在筒体和锥顶上了。

4. 保护层的安装方法

（1）筒体

1）将棕绳围拢于基础以上 800mm 处，以松动状态为合适。

2）将第一带所有板塞围于棕绳以内，并按预先用记号笔所作的搭接记号用钉连接之，最后一道纵缝不要连。

3）用棕绳配紧线器将棕绳拉紧，以使保护层紧贴绝热层，直径大时可多设置几个紧线器，以利于板的移动，约隔 7~8 块板应设置一个紧线器。

4）紧线器配棕绳拉紧后，会出现三种情况：

一是合茬板偏小，应另外量取实际空间的大小更换新板；二是合茬板偏大，这是好事，多搭接些上钉即可；三是合茬板正好，这种情况的机率很小很小。

5）第二带板的安装。

① 将棕绳围于第二带上端位置，保持有一定的松动状态。

② 将 S 钩挂于第一带板的上端口于全周。

③ 将第二带所有板都立于 S 钩中，下端有 S 钩以承托，上端有棕绳以围揽，第二带所有板就基本定位了。

④ 按所作的搭接记号纵缝上钉，合茬缝暂不上钉。

⑤ 用棕绳配紧线器将第二带保护层围拢并拉紧，最后合茬纵缝上钉，合茬缝的处理同第一带。

6）其他各带同第二带，此略。

7）安装最后一带时，应注意与锥顶第一带的联合角咬缝的密切吻合，若偏高或偏低时应用搭接量以微调之。

（2）锥顶

1）吊运锥顶板，仍使用吊装小车，结构形式同拱顶罐顶小车，此略。当然应是在安装绝热层之前吊置于锥顶板上。

2）将第一带联合角咬缝的插入端（当然包括筒体最上带的承接端）在地面预制完毕。

3）将第一带的所有板的联合角咬缝的插入端插入筒体上带的承接端，并将覆盖的 6mm 微微往下砸一点，以取得活动连接和定位作用。

4）由两人操作，一人调搭接量，一人钻孔上钉，将一周板连为一体。

5）将 6mm 的覆盖端砸牢、砸死，便完成了第一带板的安装。

6）将第一带板的上端挂入 S 钩，以承托第二带板，每板至少应挂两个。

7）将第二带板全部放入 S 钩中，周向调正搭接量，合茬板空间或大或小时，可用周向搭接量微调之，合格后上钉固定之。

8）同上法完第三带板。

9）直管与第三带的接缝应抹以玛琋脂以密封。

（五十四）标准椭圆封头绝热铁皮的制作方法

化工企业 80% 的设备和管道都要进行绝热（保温，保冷），本节就标准椭圆封头的绝热铁皮的下料、制作和安装方法介绍如下。

立式封头和卧式封头，从防水的角度考虑，瓣片的制作和安装稍有不同，故分立式封头和卧式封头分别叙述。

1. 立式封头

图 12-275 所示为标准椭圆封头外包镀锌铁皮的施工图和瓣片展开图，绝热采用岩棉硅酸铝，厚度 160mm，分 48 片下料。

（1）计算公式 图 12-276 所示为计算原理图。

1）任一点纬圆半径 $r_n = R\sin\beta_n$

在直角三角形 OO_26 中可证得。

2）任一点至横轴的距离 $f_n = h\cos\beta_n$

在直角三角形 OO_16' 中可证得。

3）任一点至圆心的距离 $l_n = \sqrt{f_n^2 + r_n^2}$

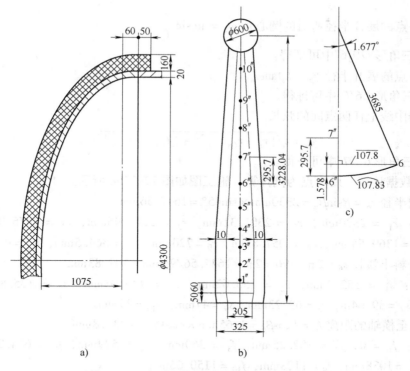

图 12-275　标准椭圆封头绝热图及瓣片展开图

a）施工图　b）瓣片展开图　c）6″点的具体数据

在直角三角形 $OO_16″$ 中可证得。

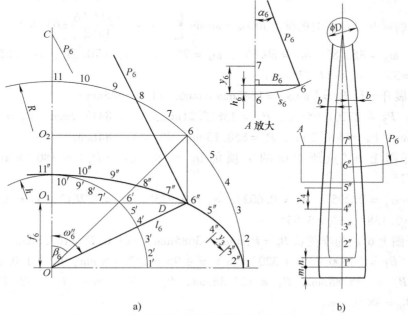

图 12-276　绝热瓣片计算原理图（用同心圆法画出）

a）原理图　b）瓣片展开图

4）任一点的展开半径所对的圆心角 $\omega_n = \arcsin \dfrac{r_n}{l_n}$

在直角三角形 OO_16'' 中可证得。

5）任一点的展开半径 $P_n = l_n \tan \omega_n$

在直角三角形 $C6''O$ 中可证得。

6）瓜瓣中线上任两点间的弦长

$$y_n = \sqrt{[r_n - r_{(n+1)}]^2 + [f_{(n+1)} - f_n]^2}$$

在直角三角形 $6''D7''$ 中可证得。

（2）各数据计算　以 $6''$ 点为例计算，施工图如图 12-275c 所示。

1）纬圆半径 $r_6 = R\sin\beta_n = 2330\text{mm} \times \sin45° = 1647.56\text{mm}$

同理得：$r_1 = 2330\text{mm}$，$r_2 = 2301.31\text{mm}$，$r_3 = 2215.96\text{mm}$，$r_4 = 2076.05\text{mm}$，$r_5 = 1885\text{mm}$，$r_7 = 1369.54\text{mm}$，$r_8 = 1057.8\text{mm}$，$r_9 = 720\text{mm}$，$r_{10} = 364.5\text{mm}$，$r_{11} = 0$。

2）展开料半弧长 $s_6 = 2\pi r_6 / 96 = 2\pi \times 1647.56/96\text{mm} = 107.83\text{mm}$

同理得：$s_1 = 152.5\text{mm}$，$s_2 = 150.62\text{mm}$，$s_3 = 145.03\text{mm}$，$s_4 = 135.88\text{mm}$，$s_5 = 123.37\text{mm}$，$s_7 = 89.64\text{m}$，$s_8 = 69.23\text{mm}$，$s_9 = 47\text{mm}$，$s_{10} = 39\text{mm}$。

3）$6''$ 点至横轴的距离 $f_6 = h\cos\beta_6 = 1165\text{mm} \times \cos45° = 823.78\text{mm}$

同理得：$f_1 = 0$，$f_2 = 182.25\text{mm}$，$f_3 = 360\text{mm}$，$f_4 = 529\text{mm}$，$f_5 = 684.77\text{mm}$，$f_7 = 924.5\text{mm}$，$f_8 = 1038\text{mm}$，$f_9 = 1108\text{mm}$，$f_{10} = 1150.66\text{mm}$。

4）$6''$ 点至圆心的距离 $l_6 = \sqrt{f_6^2 + r_6^2} = \sqrt{823.78^2 + 1647.56^2}\text{mm} = 1842\text{mm}$

同理得：$l_1 = 2330\text{mm}$，$l_2 = 2308.5\text{mm}$，$l_3 = 2245\text{mm}$，$l_4 = 2142.39\text{mm}$，$l_5 = 2005.53\text{mm}$，$l_7 = 1652.37\text{mm}$，$l_8 = 1482\text{mm}$，$l_9 = 1321.44\text{mm}$，$l_{10} = 1220.7\text{mm}$。

5）$6''$ 点的展开半径所对的圆心角 $\omega_6 = \arcsin \dfrac{r_6}{l_6} = \arcsin \dfrac{1647.56}{1842} = 63.44°$

同理得：$\omega_2 = 85.48°$，$\omega_2 = 80.77°$，$\omega_4 = 75.72°$，$\omega_5 = 70.03°$，$\omega_7 = 55.98°$，$\omega_8 = 45.54°$，$\omega_9 = 33°$，$\omega_{10} = 17.37°$。

6）$6''$ 的展开半径 $P_6 = l_6\tan\omega_6 = 1842\text{mm} \times \tan63.44° = 3685\text{mm}$

同理得：$P_2 = 29201.95\text{mm}$，$P_3 = 13815.21\text{mm}$，$P_4 = 8417.2\text{mm}$，$P_5 = 5519.14\text{mm}$，$P_7 = 2447.9\text{mm}$，$P_8 = 1510.2\text{mm}$，$P_9 = 858.13\text{mm}$，$P_{10} = 381.84\text{mm}$。

7）展开图上 $6''$ 点所对应的半顶角 $\alpha_6 = 180° s_6 / (\pi P_6) = 180° \times 107.83/(\pi \times 3685) = 1.677°$。

同理得：$\alpha_2 = 0.295°$，$\alpha_3 = 0.602°$，$\alpha_4 = 0.925°$，$\alpha_5 = 1.281°$，$\alpha_7 = 2.098°$，$\alpha_8 = 2.627°$，$\alpha_9 = 3.138°$，$\alpha_{10} = 5.85°$。

8）展开图上 $6''$ 点的半弦长 $B_6 = P_6\sin\alpha_6 = 3685\text{mm} \times \sin1.677° = 107.8\text{mm}$

同理得：$B_1 = (4300 + 40 + 320)\text{mm} \times \pi \div 96 = 152.498\text{mm}$，$B_2 = 150.61\text{mm}$，$B_3 = 145.03\text{mm}$，$B_4 = 135.88\text{mm}$，$B_5 = 123.36\text{mm}$，$B_7 = 89.61\text{mm}$，$B_8 = 69.22\text{mm}$，$B_9 = 46.97\text{mm}$，$B_{10} = 38.93\text{mm}$。

9）展开图上 $6''$ 点的弦高 $h_6 = P_6(1 - \cos\alpha_6) = 3685\text{mm} \times (1 - \cos1.677°) = 1.578\text{mm}$，即从 $6''$ 点往上截取的数值。

同理得：$h_2 = 0.387\text{mm}$，$h_3 = 0.761\text{mm}$，$h_4 = 1.097\text{mm}$，$h_5 = 1.379\text{mm}$，$h_7 = 1.64\text{mm}$，$h_8 = 1.587\text{mm}$，$h_9 = 1.287\text{mm}$，$h_{10} = 2\text{mm}$。

10）展开图上相邻两点的弦长 $y_n = \sqrt{\left[r_n - r_{(n+1)}\right]^2 + \left[f_{(n+1)} - f_n\right]^2}$

如 $y_6 = \sqrt{(r_6 - r_7)^2 + (f_7 - f_6)^2}$

$\quad = \sqrt{(1647.56 - 1369.54)^2 + (924.5 - 823.78)^2}\text{mm}$

$\quad = 295.7\text{mm}$

同理得：$y_1 = 184.5\text{mm}$，$y_2 = 197.18\text{mm}$，$y_3 = 219.4\text{mm}$，$y_4 = 246.5\text{mm}$，$y_5 = 275\text{mm}$，$y_7 = 331.76\text{mm}$，$y_8 = 345\text{mm}$，$y_9 = 358\text{mm}$，$y_{10} = 365\text{mm}$。

（3）瓣片压制形状分析　为了防止雨水的浸入，瓣片与瓣片间的结合是通过凸面弧互相搭盖而实施的，类似屋面陶土瓦的结构，为了防止移动，在凸起的近处用自攻螺钉以定位，其瓣片的断面图如图 12-277 所示，图 12-277a 所示为搭接量加在一起，图 12-277b 为搭接量加在两边，图 12-277c 所示为顶圆。为什么要压成弧状呢？主要是从防水的角度考虑，不管是立式还是卧式，假设只用平板搭接的方式连接，一是由于水表面存在有表面胀力，即使是平面，也会产生液体的位移，二是毛细现象，即使有一定的高差，也会产生液体的流动。特别是雨水暴降的时候更明显，所以应变平面搭接为曲面搭接。其搭接量是放在

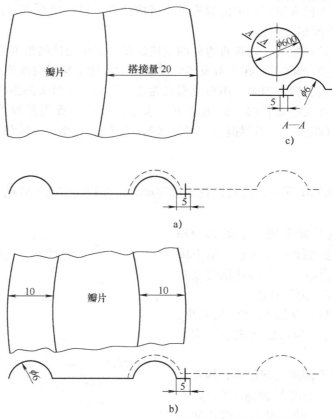

图 12-277　瓣片加搭接量的安排
a）搭接量加在一起　b）搭接量加在两边　c）顶圆

一边还是分居两边好呢？其实都可以，根据实践经验还是安排在两边好，放在一边整体看容易斜，不美观，安排在两边不容易斜，凸状搭接量可用电动起线机压出，从搭接缝的断面图看，凸起与平面可能有很大差距，由于弧状断面起弧很小而又是近半圆，所以凸起比平面差不了多少。瓣片的起鼓推荐使用陕西省安装机械厂制造的 YG – 100A 型压鼓机、顶圆也可使用手动压鼓机压出。

（4）岩棉的安装方法

1）在封头的直边部位，用棕绳配自行车内胎围成一个松动有弹性的圈。

2）将矩形岩棉塞入圈中至全周，然后用打包机将钢带（20mm×1mm）紧固其外，据松动情况，在其上边还可以再捆扎一圈。

3）往上铺设矩形岩棉，其间隙及角部可根据具体形状锯出塞入其中，直至铺设全封头，不用设保温钉或用胶粘。

4）在顶圆处设圆钢圈（约 ϕ16mm 圆钢，ϕ500mm）。

5）最下钢带圈与最上圆钢圈用打包机以钢带相连，至此，整个封头的岩棉保温层便紧紧地固定在封头上了。

（5）外绝热铁皮的安装方法

1）在地面几瓣用自攻螺钉组对成一大瓣（本例为 8 小片）。

2）将各大瓣覆于已安装好岩棉的封头上，搭接位置、搭接量全部定位后，用细铁丝配瓣片上的孔与上圆钢圈相连定位。

3）在直边处用棕绳配紧线器将直边处的绝热铁皮固定至设计的松紧度。

4）以 200mm 左右的间距，在下端及各大瓣纵缝的直边上穿以自攻螺钉以固定。

5）各大瓣定位后，盖上顶圆，用自攻螺钉固定，至此，全封头的绝热铁皮安装完毕。

6）说明一点，在安装瓣片时，或由于下料误差，或由于保温层厚度误差，最后合茬时，不一定正好纵缝相搭，这不用担心，可根据剩余空间的大小，量体裁衣，定作一瓣安装即可。

2. 卧式封头

卧式封头的绝热基本同立式封头，只是从防水的角度和因空间位置的不同有点差别，现叙述如下。

1）上下瓣片的起鼓不同，如图 12-278 所示，最上瓣片两边起鼓不带直边，最下瓣片两边起鼓带 8mm 直边，其他瓣片谐与立式封头同，即两边起鼓一边带直边。

2）安装顺序不同，从图 12-278 可看出，必须先从下往上安装（当然也是先组对成大片）。

3）立式封头的顶圆周向起鼓后，压在各瓣片的小端头上，完全可起到防水的作用，但卧式则不然，由于顶圆仍是盖在瓣片的小端外侧，有雨水时会流入内部，浸湿绝热层，解决的方法是，在顶圆的边缘周向抹以密

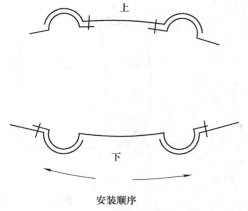

安装顺序

图 12-278　卧式封头起鼓和安装方向

封胶。

4）绝热层的固定方法不同。由于立式封头的空间位置的优势，在直边处用棕绳和车内胎定位后，绝热层从下至上安装不会下滑，所以不管是保温还是保冷，都不需要设保温钉或保冷钉；而卧式封头，由于空间位置的特殊性，属保温的，要设保温钉，属保冷的，要设塑料保冷钉或玻璃胶粘接，这里只就保温钉的设置方法叙述之。

① 在大端直边处和顶圆处各设一扁钢圈（30mm×3mm），不能与封头点焊。

② 在两圈之间用电焊连接同样规格的扁钢。

③ 在扁钢上点焊保温钉，至此，保温钉结构便罩在了整个封头上。

④ 将绝热层压入保温钉中、高出的部分用空心管扳倒即成。

⑤ 铁皮的安装基本同立式封头，此不重复。